光学零件制造工艺学

任志君　汤一新
钱义先　秦　华　编著

上海科学技术出版社

内 容 提 要

本书系统地介绍了光学材料、光学零件(包括精密及特殊光学零件)加工的基础理论、基本工艺及检测方法,全面反映了当前国内外光学加工技术的水平和最新研究成果。内容上侧重于光学仪器类专业所必需的基本工艺知识及理论。

本书可作为光电系光学制造专业的本科专业基础教材,也可作为光学工艺技术人员与工人的培训教材,亦可供相关专业师生、科技人员和工程技术人员参考。

图书在版编目(CIP)数据

光学零件制造工艺学 / 任志君等编著. —上海:上海科学技术出版社,2019.3(2024.7重印)

ISBN 978-7-5478-4344-4

Ⅰ. ①光… Ⅱ. ①任… Ⅲ. ①光学零件—制造—高等学校—教材 Ⅳ. ①TH740.6

中国版本图书馆CIP数据核字(2019)第022558号

光学零件制造工艺学

任志君 汤一新 钱义先 秦 华 编著

上海世纪出版(集团)有限公司
上 海 科 学 技 术 出 版 社 出版、发行

(上海市闵行区号景路159弄A座9F-10F)

邮政编码 201101 www.sstp.cn

上海当纳利印刷有限公司印刷

开本 787×1092 1/16 印张 27.75

字数 627千字

2019年3月第1版 2024年7月第8次印刷

ISBN 978-7-5478-4344-4/O·70

定价:98.00元

前言

光学工业在现代工业、农业、航天、航空、国防以及人民生活中起着非常重要的作用。随着现代科学技术的发展和人民生活水平的不断提高，在各领域中都要用到各种各样的光学仪器。光学零件是组成光学仪器的基本元件，它的加工质量和生产效率对光学仪器的性能、使用寿命有直接的影响，有时甚至起着关键的作用。因此，研究如何运用工艺方法又快又好地制造光学零件是“光学零件制造工艺学”这门课程的主要任务。

“光学零件制造工艺学”是一门研究光学零件制造过程与工艺原理的应用课程，具有很强的实践性和应用性。光学零件工艺学主要包括利用传统方法制造折射、反射光学零件的研磨工艺，制造消色差透镜，能改变光程和有保护作用的胶合工艺，通过光辐射能产生各种物理光电效应的镀膜工艺，制造各种分划元件的刻划、照相复制工艺以及在光学加工过程中所采用的各种辅助工艺和光学辅料的制备工艺等。随着现代科学技术的发展，还包括相继出现的与传统工艺概念完全不同的新工艺，例如毛坯加工的一步成型、光学零件的切削加工、塑料光学零件的注射压铸、光学零件的复制、变折射率光学零件的制造、聚合物光学零件的制造、衍射光学元件、纤维光学元件以及集成光路等。因此，光学零件工艺学既是一门古老的学科，又是一门涉及现代材料学、控制学和测量学等方面，引人注目的较新颖的学科。光学零件工艺学是从生产实践中总结出来的，并经过生产实践反复验证和不断充实的学科。

学习本课程有以下几个方面的要求：

(1) 掌握光学零件加工工艺的基础知识和基本理论，在光学仪器设计的过程中能够合理地选择光学材料、零件的外形尺寸和公差，制订恰当的技术指标，使得所设计的光学零件既满足设计要求，又符合经济合理的工艺原则。

(2) 具有分析问题和解决问题的能力，经过一定时间的实践后，能够从事光学工艺相关的技术工作。

(3) 了解光学加工的操作方法，初步具备工艺实验的能力。

与金属零件的加工相比，光学零件的加工方法和装夹方法有很大不同，这是因为：

(1) 光学零件加工的对象大多是一些脆性材料(如玻璃、晶体等),而金属则是塑性材料。

(2) 相对于金属加工,光学零件的面型精度和表面质量的加工要求要高得多。

光学零件中大量的透镜、棱镜及平面零件,它们的加工工艺流程一般为:

毛坯(块料或型料)→粗加工→精磨→抛光→定心磨边(对透镜)→表面镀膜、刻划或胶合。

因此,本课程的主要内容为:

(1) 光学材料与辅料的性能。光学玻璃的光学性能、化学性能、机械性能及热性能,光学玻璃的分类及质量指标,光学晶体和光学塑料的性能及其在光学仪器中的应用。

(2) 光学零件的基本工艺。光学零件的一般加工过程,主要包括光学零件的技术条件、毛坯的成型、精磨和抛光及定心磨边的原理、设备、工夹具、辅料及工艺因素的影响等。

(3) 精密及特殊光学零件的加工工艺。光学样板、薄形零件、非球面及晶体的加工原理和方法。

(4) 光学零件的特种工艺。光学零件的表面镀膜、刻划及胶合的原理、作用、设备及工艺。

"光学零件制造工艺学"是光电信息类专业、仪器仪表类专业的一门专业基础课,学习它要求具有工程光学、光学设计及其他相关的基础知识。由于其固有的实践性强的特点,在学习本课程之前,应对光学零件的加工过程有比较完整的感性认识和了解,在学习中紧密联系生产实际,才能把学到的书本知识更好地运用到生产实践中去。

该书稿是在任志君教授和汤一新副教授为浙江师范大学光电信息科学与工程专业本科生讲授光学冷加工技术所编写的讲义基础上形成的,钱义先博士和山东理工大学秦华博士补充了他们最新的研究成果和教学心得。在书稿试用过程中,虽经多次修改完善,但限于水平,错误仍在所难免,恳请读者不吝赐教,并多提宝贵意见。

作者　于浙江师范大学

2019 年 3 月

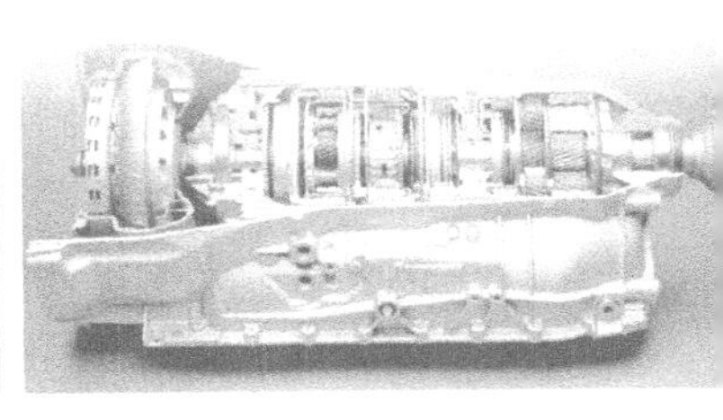

目录

第 3 篇　光学制造的辅助工序

第 4 篇　精密及特殊光学零件加工工艺

第1篇
光学零件的材料与辅料

制造光学零件的材料主要分为光介质材料、光功能材料。

光介质材料是以折射、反射或透射的方式，改变光线的方向、强度和相位，使光线按照预定的要求在材料中传输，也可以吸收或透过一定波长范围的光线而改变光线的光谱成分。简而言之，光介质材料就是传输光线的材料，它属于传统的光学材料。

近代光学的发展，特别是激光的出现，使另一类光学材料——光功能材料得到了发展。这种材料在外场(力、声、热、电、磁和光)的作用下，其光学性质会发生变化，因此可作为探测和能量转换的材料。近年来蓬勃发展的压光、声光、磁光、电光、弹光和激光材料都属于光功能材料，光功能材料已成为光学材料中一个新的大家族。

光学零件制造工艺所用的光学材料指光学零件加工的对象，主要是光学玻璃、光学晶体和光学塑料。光学加工辅助材料指实现光学零件加工所必需的各种材料，如基本加工的磨料、抛光粉、抛光模层材料、保护材料、特种加工的镀膜材料、分划用材料等；还包括加工过程通用的辅助材料，如清洗剂、擦拭材料、保护材料、冷却液等。

随着光学零件加工工艺的发展，光学零件工艺的材料和辅助材料也在不断地发展和更新。传统的“一把砂一把水”的研磨工艺，效率太低，金刚石工具的出现和应用使得生产效率大大提高。金刚石工具在光学加工中的使用和完善，给光学零件加工技术带来了一场革命。古典的泥锯下料变为金刚石锯片切割，金刚砂散粒磨料细磨变为金刚石丸片高速研磨。高速抛光工艺的发展，使传统抛光用的红粉逐渐被氧化铈所取代。高速精磨和高速抛光工艺也促使光学机床的运动形式发生了重大改变，由平面摆动发展为准球心弧线摆动。因此，系统地研究和了解光学零件加工技术的材料和辅料，熟悉其理化性能，掌握它的工艺特性，对掌握和应用光学零件加工技术、提高光学零件的加工精度和加工效率、发展光学零件加工工艺具有重要意义。

第1章 光学材料

光学材料是光学仪器的核心，它的主要功能是光能传输和成像。近年来随着激光和光功能材料的出现和发展，光学材料的范围和作用已大大加宽。这里仍讨论以成像和光传输为主要目的的一般光学材料，这也是目前使用得最普遍和最主要的光学材料，通常分为3类，即光学玻璃、晶体材料和光学塑料。其中，光学玻璃制作光学零件的历史最久、工艺最成熟、精度最高、应用最广。

1.1 光学玻璃

光学玻璃包括无色光学玻璃、有色光学玻璃和特种光学玻璃。光学玻璃是光学零件加工中最常用的光学材料，尤其是无色光学玻璃。绝大多数的光学透镜、棱镜等光学零件都是由无色光学玻璃制成的。

光学玻璃的理化性能包括其光学特性和工艺特性，是受光学玻璃的内部结构制约的。因此，对于光学零件制造者来说，应该深入了解光学玻璃的质量要求及工艺特性，即玻璃的物理、化学性能。

1.1.1 玻璃的一般特性

玻璃是由多种氧化物混合熔融而成的，因而不能以一定的化学分子式来表示。由于熔融氧化物冷却速度非常快，熔融体在迅速冷却时，其黏度急速增加，内部分子来不及规则排列就凝固成固体，因此，玻璃保留了液态分子无规则的排列结构。这种低温固态保留高温熔融态的无定形结构称为玻璃态，玻璃就是玻璃态的特殊物质。

玻璃主要是由硅、磷、硼、铅、钾、钠、砷、铝等多种氧化物组成，大多数光学玻璃以SiO_2为主要成分，属硅酸盐玻璃，其次还有以B_2O_3为主要成分的硼酸盐玻璃和以P_2O_5为主要成分的磷酸盐玻璃。

根据结构理论，组成玻璃的氧化物(见表1-1)可以分成3类。一类能独立形成足够长的链状硅氧四面体玻璃网络，称这类氧化物为玻璃生成体氧化物，如SiO_2，B_2O_3，P_2O_5等分别属于A_2O_3，AO_2和A_2O_5型氧化物；另一类是碱金属离子氧化物，如Al_2O_3，它们不能生成玻璃的网络，但在一定的条件下能进入玻璃的网间空隙，称为中间体氧化物；还有一类只能破裂网络使硅氧四面体的网络被破坏、断裂，改变玻璃的性质，如Na_2O，K_2O，CaO，PbO，BaO等，分别属于A_2O和AO型氧化物，称为网络外体氧化物。玻璃的性质主要取决于硅氧骨架(网络)的连接程度和阳离子的配位数,玻璃中的中间体氧化物和网络外体氧化物都不能形成玻璃态,但是它们能改变玻璃的性质,一般称为网络改良氧化物。

表 1-1 几种玻璃牌号的化学成分

玻璃牌号 \ 化学成分		SiO_2	B_2O_3	Sb_2O_3	As_2O_3	PbO	ZnO	BaO	K_2O	Na_2O	Al_2O_3	MgO
冕	K9	69.13	10.75		0.36			3.07	6.29	10.40		
钡冕	BaK7	49.80	4.91	0.2	0.5	2.18	12.52	21.54	7.09	1.26		
重冕	ZK10	35.85	7.86				4.38	44.07			3.73	
火石	F2	47.24			0.5	45.87			6.39			
钡火石	BaF1	58.10	3.67	0.23	0.13	10.89	4.26	11.69				11.13
重火石	ZF2	39.10			0.25	55.40			4.49			

玻璃中氧化物的组成不同,玻璃的结构和性质亦不同。因此,可以根据光学玻璃中每一类氧化物的百分比,初步判断光学玻璃的性能。例如,组成玻璃网络的玻璃生成体氧化物含量高,玻璃的化学稳定性就好;相反,网络体外氧化物的含量高,化学稳定性降低,玻璃折射率增大,玻璃工艺性改变。各种氧化物对玻璃特性的影响如表 1-2 所示。

表 1-2 各种氧化物对玻璃特性的影响

名　　称	减　　小	增　　大
SiO_2	相对密度、膨胀系数	化学稳定性、耐温性、机械强度、黏度
Al_2O_3	析晶能力(当加入 2%~5%时)	机械强度、化学稳定性、黏度
B_2O_3	析晶能力、黏度、膨胀系数	化学稳定性、温度急变抵抗性、折射率
Na_2O 和 K_2O	化学稳定性、耐温性、机械强度、结晶能力、硬度	膨胀系数
MgO	析晶能力、黏度(当加入量达 25%时)	耐温性、化学稳定性、机械强度
BaO	化学稳定性	相对密度、折射率、折晶能力
ZnO	膨胀系数	耐温性、化学稳定性、机械强度
CaO	耐温性	膨胀系数、硬度、化学稳定性、机械强度、折晶能力
PbO	化学稳定性、硬度、色散系数	折射率

1) 各向同性

由于玻璃(包括光学玻璃)具有玻璃态,它保留了液态分子无规律排列结构,从统计观点看其排列具有均一性,即玻璃内部沿任何方向的物理性质(如折射率、热膨胀系数、导电系数、硬度、摩擦系数等)都是相等的。因此,玻璃在光学性质上是各向同性的。

2) 介稳性

因为玻璃是经过冷却而制成的无定形体,它在冷却过程中黏度急剧增大,质点来不及形成晶体的有规则排列，系统内能不是处于最低值。在一定条件下，玻璃态具有放出这部分内能向结晶态转变的可能。但是玻璃经长期放置也无明显的结晶析出，这是由于玻璃在常温下黏度极大，阻止它向晶体转化，因此，在常温下玻璃不可能自发转变为结晶体（动力学因素）。只有在一定的外界条件下，克服物质由玻璃态转化为晶态的势垒，才能使玻璃析晶。从热力学的观点看，玻璃态是不稳定的；从动力学的观点看，它又是稳定的。虽然它具有从自发放热转化为内能较低的倾向，但在常温下转化为晶态的概率很小，所以说玻璃处于介稳状态。

3）无固定熔点

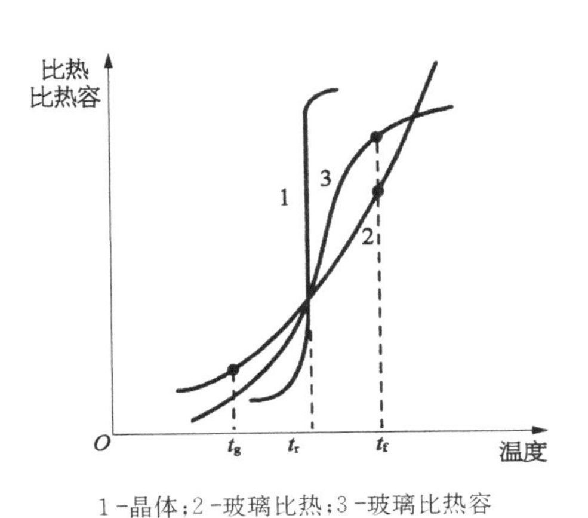

1-晶体；2-玻璃比热；3-玻璃比热容

图1-1 玻璃比热、比热容与温度的关系曲线

玻璃的比热、比热容与温度的关系，如图1-1所示，当温度低于转变温度 t_g 时，其黏度大于 10^{12} N·s/m^2，玻璃呈脆性；当温度高于软化温度 t_f 时，其黏度小于 10^8 N·s/m^2，玻璃出现液体的典型性质，$t_g \sim t_f$ 为玻璃软化的温度范围。可以看出，玻璃态物质由固体转变为液体是在一定温度范围（转化温度范围）内进行的，没有一个固定的温度（即没有熔点）。而晶体则有一个严格的熔点 t_r，其物化特性也随之发生突变。因此，严格地说玻璃不是固体，它只是具有固体的性质。

光学玻璃具有普通玻璃的共性，但又有别于普通玻璃，它应能满足光学仪器性能的要求。其主要特点有2个：一是光学玻璃原料纯度要求高，有害杂质含量控制在100 ppm（1 ppm=1×10^{-6}）以下，光吸收系数控制在 $10^{-2}\sim10^{-5}$ cm 范围内，从而保证了光通过玻璃之后的吸收损耗极小；二是光学玻璃在物理与化学性质上的高度均匀，以保证在光学系统中满足光学成像的要求。此外，光学玻璃在可见光波段没有吸收带或吸收线，具有均匀的折射率，具有较好的表面耐蚀性。

4）性质变化的连续性

玻璃态物质从熔融状态到固体状态的性质变化过程是连续的、可逆的。所谓连续变化是由于除能够形成连续固熔体外，二元以上晶体化合物有固定的原子和分子比。因此，它们的性质变化是不连续的。但是，玻璃则不同，在玻璃形成范围内，由于化学成分可以连续变化，因此玻璃的一些物理性质必然随其所含各氧化物组成的变化而连续变化。

5）性质变化的可逆性

性质变化的可逆性，是指玻璃由固体向熔融态或相反过程可以多次进行，而不会伴随新相生成。

1.1.2 无色光学玻璃的分类

光学玻璃的品种繁多，其中绝大多数是无色光学玻璃，它是制造光学透镜、棱镜等光学元件的主要材料。光学玻璃按光学常数与化学成分不同分成不同的牌号和类别。不同牌号的玻璃由于化学成分不同，不仅光学常数不同，而且对其工艺性能和其他理化特性也产生影响。

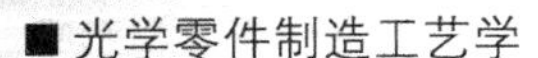

光学玻璃通常是根据其折射率 n_d 及阿贝数 ν_d 值的不同，命名为不同类型的各种牌号的玻璃，目前已有三百多个牌号。一般可将光学玻璃分为两大类，即冕牌玻璃与火石玻璃。国外和国内部分厂是把所有 $n_d>1.60$，$\nu_d>50$ 和 $n_d<1.60$，$\nu_d>55$ 的玻璃叫冕牌玻璃；除冕牌玻璃以外的玻璃叫火石玻璃。而苏联和我国的一些工厂是将光学玻璃组成 PbO 含量小于 3%（重量分数）的划归冕类光学玻璃，PbO 含量大于和等于 3%的划归火石光学玻璃。冕类玻璃具有低折射率、低色散特性；火石玻璃具有高折射率、高色散率特性。两种玻璃的主要性能指标如表 1-3 所示。

表 1-3　冕牌玻璃与火石玻璃性能比较

冕牌玻璃 K(PbO<3%)	火石玻璃 F(PbO>3%)
折射率低 ($n_d=1.50\sim1.55$) 色散小 ($\nu_d=55\sim62$) 性硬、质轻、透明度好	折射率高 ($n_d=1.53\sim1.85$) 色散大 ($\nu_d=30\sim45$) 性软、质重、带黄绿色

冕类光学玻璃的基本组成为 $R_2O-B_2O_3-SiO_2$（R 代表碱金属元素），即属于硼硅酸盐与铝硅酸盐玻璃。据说这类玻璃问世之初，因其光泽晶莹夺目，非常珍贵，被作为皇冠上的装饰品，因此冠以“冕”玻璃。火石玻璃的基本组成为 $K_2O-PbO-SiO_2$，因为原料中含有氧化铅（俗称燧石、火石），所以称为火石玻璃，属于铅硅酸盐玻璃。

无色光学玻璃按照化学组成及光学常数接近原则分成若干个细类。我国根据“无色光学玻璃”国家标准（GB/903—1987），将现有光学玻璃分成 18 个类别，如表 1-4 所示，每一类按氦黄线 d 光的折射率 (n_d) 和阿贝常数 (ν_d) 的大小分成若干细类，每一种牌号的光学玻璃在 $n_d-\nu_d$ 领域图（见图 1-2）中占有一定的位置。

表 1-4　无色光学玻璃的类别、代号、折射率及色散

名　称	代号	玻 璃 系 统	n_d 范围	中部(平均)色散 $d_n=n_F-n_C$	ν_d 范围
氟冕	FK	氟化物和氟磷酸盐	1.486 05～1.486 56	0.005 760～0.005 941	81.81～84.47
轻冕	QK	氟硅酸盐和硼硅酸盐	1.470 47～1.487 46	0.006 960～0.007 290	65.59～70.04
冕牌	K	硼硅酸盐	1.499 67～1.533 59	0.007 580～0.009 620	55.47～66.02
磷冕	PK	磷酸盐	1.519 07～1.548 67	0.007 430～0.008 060	68.07～69.86
钡冕	BaK	钡硅酸盐	1.530 28～1.574 44	0.008 710～0.010 176	56.05～63.36
重冕	ZK	锌钡硼硅酸盐	1.568 88～1.638 54	0.009 040～0.011 507	53.91～62.93
镧冕	LaK	镧钡硼硅酸盐	1.640 50～1.746 93	0.010 658～0.014 660	50.41～60.10
特冕	TK	氟化物和氟砷酸盐	1.585 99	0.009 600	61.04
冕火石	KF	铅钡硅酸盐	1.500 58～1.526 29	0.008 750～0.010 320	51.00～57.21
轻火石	QF	铅硅酸盐	1.531 72～1.585 51	0.010 905～0.015 200	39.18～48.76
火石	F	铅硅酸盐	1.603 24～1.636 04	0.015 900～0.018 001	35.35～37.94

（续表）

名　称	代号	玻璃系统	n_d 范围	中部(平均)色散 $d_n = n_F - n_C$	ν_d 范围
钡火石	BaF	钡铅硼硅酸盐	1.548 09～1.626 04	0.010 160～0.016 010	39.10～53.95
重钡火石	ZBaF	钡铅硼硅酸盐	1.620 12～1.723 40	0.011 710～0.019 040	35.45～53.14
重火石	ZF	铅硅酸盐	1.647 67～1.917 61	0.019 120～0.042 658	21.51～33.87
镧火石	LaF	镧钡铅硼酸盐	1.693 62～1.788 31	0.014 100～0.021 421	34.99～49.19
重镧火石	ZlaF	镧钽钡硼酸盐	1.801 66～1.910 10	0.017 168～0.025 610	35.54～46.76
钛火石	TiF	氟钛硅酸盐	1.532 56～1.616 50	0.011 580～0.019 904	30.97～45.99
特种火石	TF	铅锑硼酸盐	1.529 49～1.680 64	0.010 220～0.018 305	37.18～51.81

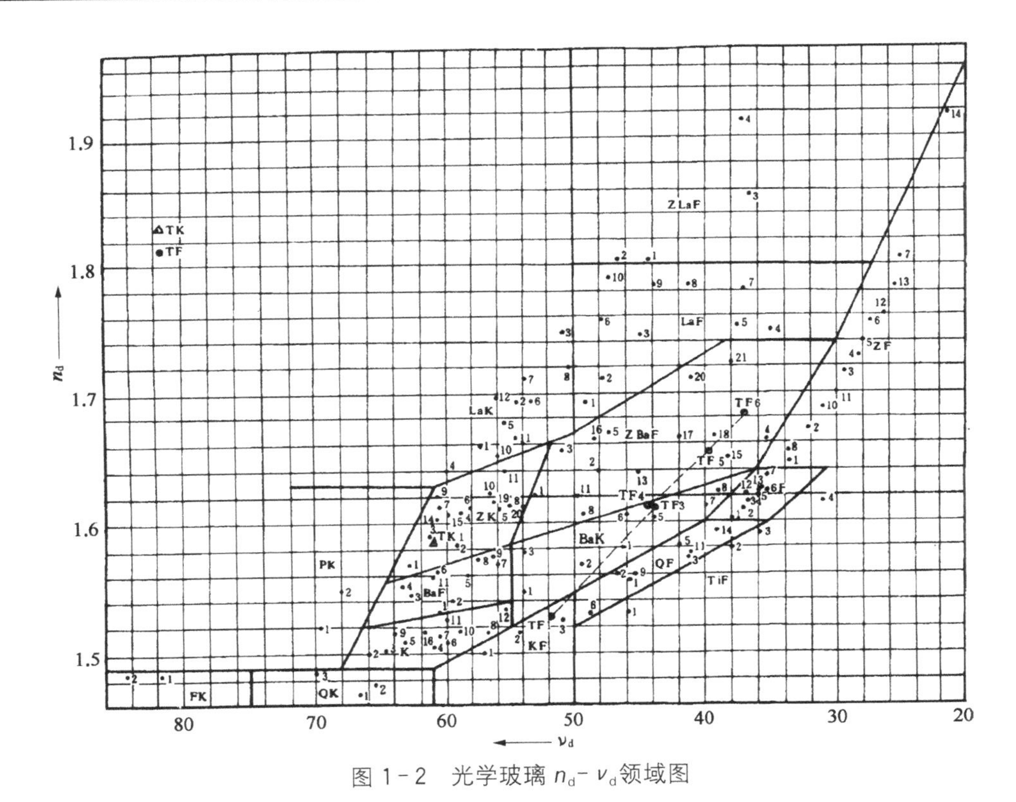

图 1-2　光学玻璃 n_d-ν_d 领域图

用不同符号加顺序号来表示每一种玻璃，即光学玻璃的牌号，可以从以下几点加以识别。从牌号组成的最后一个字母识别是冕牌玻璃或火石玻璃，符号 K 表示冕牌光学玻璃，F 表示火石玻璃。在冕牌与火石玻璃两大类别中又细分为若干子类，用英文字母加以标明，前面的字母表示掺杂的主要元素，后面的字母表示属于那一大类别。如 LaK，表示掺镧的冕牌玻璃，称为镧冕玻璃；如 BaF，表示掺钡的火石玻璃等。用汉语拼音字母 Z(重)、Q(轻)表示玻璃折射率的高低或比重的大小，如 ZF，QF 分别称为重火石玻璃，轻火石玻璃。最后的数字表示折射率从低向高的排列次序，例如，K9 表示冕类第 9 种玻璃；QK4 表示轻冕第 4 种玻璃；ZLaF2 表示重镧火石第 2 种玻璃；PK1 表示磷冕第 1 种玻璃。但也有例外的情况，如 KF1，不能称为钾火石第 1 种玻璃，而应称为冕火石第 1 种玻璃。另外将具有特殊相对部分色散的玻璃用 TF 表示。

普通系列无色光学玻璃共有 135 个牌号，耐辐射系列的玻璃有 45 个牌号，一共有 180 个牌号。

为了用玻璃的名称表明其特性，国际玻璃码用 9 位数字表示，形式为"××× ×××.×××"，这 9 位数字玻璃码由 3 部分组成。玻璃码前 3 位数字表示折射率 n_d，取折射率值小数点后 3 位数字；玻璃码后 3 位数字用阿贝数值（或 V 值）的头 3 位数字，不计小数点；玻璃码小数点后 3 位数字代表玻璃的密度，不计小数点。如 K9 玻璃的 $n_d=1.516\,3$，$\nu_d=64.1$，$\rho=2.5$，则可表示为"516 641.250"。这种表示法特别方便计算机程序检索。

1.1.3 无色光学玻璃的质量指标及检测方法

光学参数表征不同光学玻璃的主要光学性能指标，无色光学玻璃的光学参数共有 7 项，包括折射率和色散率、光学均匀性、光的吸收系数、应力双折射、条纹度、气泡度、耐辐射性等。

1）折射率、色散系数与标准数值的允许差值

折射率是光学玻璃的一个十分重要的光学参数，是光学设计的基本参数之一，它要求有很高的准确度，一般都测定到小数点以后的第 4 位至第 5 位。

对于透明介质来说，折射率（又称绝对折射率）可简单地表示成光在真空中的速度 c 与在介质中的速度 v 之比，即 $n=c/v$。

相对折射率是两种不同介质的绝对折射率之比：$n_{rel}=n_{mat}/n_{air}$。表示材料相对于空气的折射率，其中 n_{mat} 为材料的绝对折射率（相对于真空的折射率），n_{air} 为空气的折射率。

光学材料的折射率与光的波长有关，一般用夫琅和费特征谱线来测定，夫琅和费特征谱线的颜色、符号、波长值如表 1－5 所示。

表 1－5　夫琅和费特征谱线的颜色、符号及波长

光源符号	汞紫外 Hg	汞紫 Hg	氢蓝 H	汞青 Hg	氢青 H	汞绿 Hg	氦黄 Ne	纳黄 Na	氢红 H	氦红 He	钾红外 K
谱线符号	i	h	G	g	F	e	d	D	C	b	A
波长/nm	365.01	404.66	434.1	435.84	486.13	546.07	587.65	589.29	656.27	709.5	768.50

玻璃的折射率随波长不同而不同，并受温度影响。通常在 20 ℃时用标准谱线测量玻璃的折射率。用于目视仪器的常规光学玻璃（光介质材料）以 d 光谱线的折射率 n_d 或平均折射率 n_D，F 线和 C 线的折射率 n_F 和 n_C 为主要指标。这是因为 F 线和 C 线位于人眼灵敏光谱区的两端，而 d 线位于其中间，比较接近人眼最灵敏的谱线 555 nm。

不同牌号的光学玻璃是由不同的氧化物所组成的，各种氧化物均有自己的折射率。光学玻璃的折射率，用含氧化合物的百分比及折射率加和公式计算（精确度可达 0.001）。因此不同牌号的光学玻璃其折射率是不同的。

测量光学玻璃折射率常用最小偏向角法、V 形棱镜法、临界角法等，详见附录 1。绝大多

数折射率是用最小偏向角法测定的。

当入射光为非单色光(白光)时,将出现色散现象。色散的大小常用两种选定的波长折射率之差表示,如中部色散定义为 $n_F - n_C$,相对色散为

$$\nu_m = \frac{n_m - 1}{n_s - n_l} \tag{1-1}$$

式中,n_m 为在中部波长处的折射率;n_s 为在短波长处的折射率;n_l 为在长波长处的折射率。色散系数为

$$\nu_D = \frac{n_D - 1}{n_F - n_C} \tag{1-2}$$

或

$$\nu_d = \frac{n_d - 1}{n_F - n_C} \tag{1-3}$$

部分色散为 $n_{\lambda1} - n_{\lambda2}$(两个波长下的折射率之差)。光学玻璃的色散性质常用色散系数(即阿贝常数)$\nu_d = \frac{n_d - 1}{n_F - n_C}$ 表示,阿贝数越大,色散作用越小。

(1) 折射率 n_d、色散系数 ν_d 与标准值的允差。光学玻璃的折射率在1.45～1.96,阿贝数在20～85之间。不同牌号的玻璃具有不同的组成成分,需要采用不同的熔炼工艺制造,以保证质量达到要求。精确生产具有确定性能的光学玻璃是非常困难的,只能尽最大可能使产品的特性控制在一定的误差范围内。通常用折射率差、允差来反映误差的范围。

折射率差是指相同牌号的玻璃折射率与该牌号玻璃的标准值的偏差。

允差是指在设计、制造光学零件过程中,选用的光学玻璃其实际折射率与标准值之间的偏差。通常低折射率玻璃的允差为±0.001,较高折射率的允差为±0.001 5。同样折射率的偏差会使色散率有所改变,中部色散值低于46时,其允差为±0.5。中部色散值在46～58之间时,允差为±0.4;当中部色散值高于58时,允差为±0.3。绝大多数玻璃制造厂家都能够提供符合上述允差范围的玻璃。

我国将无色光学玻璃按光学常数与标准值允差大小分成6类,如表1-6所示。00类要求为最高,其折射率允差为 $\pm 2\times10^{-4}$,中部色散的允差为±0.2%。

表1-6　无色光学玻璃折射率 n_d、色散系数 ν_d 的允差分类

类　别	折　射　率(n_d)	色散系数 ν_d 允许差值
00	$\pm 2\times10^{-4}$	±0.2%
0	$\pm 3\times10^{-4}$	±0.3%
1	$\pm 5\times10^{-4}$	±0.5%
2	$\pm 7\times10^{-4}$	±0.7%
3	$\pm 10\times10^{-4}$	±0.9%
4	$\pm 20\times10^{-4}$	±1.5%

例如K9玻璃的 n_d 标准值为1.516 3，如果某一炉号玻璃的实际折射率在1.515 8～1.516 8之间，差值为0.001，则为00类。K9玻璃的中部色散（n_F-n_C）的标准值为0.008 06，如果玻璃的实际色散值在0.008 01～0.008 11之间，差值小于±0.5%，则为1类。

（2）同一批玻璃中，折射率及色散差的一致性。在同一炉号或同一批的光学玻璃中，因为配料、熔融、冷却等过程中条件的变化，折射率以及色散系数也有可能存在偏差，常用同一批玻璃中折射率及色散系数一致性来表示它们不一致的程度。按国家标准分成四级（见表1-7）。最高为A级，其折射率最大差值为 0.5×10^{-4}，色散的最大差值为0.15%。同一批玻璃各部分之间的实际折射率相差较小，因此，一般用同一炉号或同一退火号的玻璃制造同一批产品。

表1-7　同一批玻璃中折射率和中部色散的一致性

级　别	同一批光学玻璃中最大差值	
	折 射 率	中部色散率
A	0.5×10^{-4}	0.15%
B	1×10^{-4}	
C	2×10^{-4}	
D	在规定的类别允许差值范围内	

折射率及色散差两项指标将影响光学元件的焦距，影响元件的互换性。因此，上述两项指标要在光学零件图中在"对材料的要求"一栏内同时给出，标记为 Δn_d，ν_d。如

Δn_d	3C
ν_d	2D

表示零件所要求玻璃的折射率 Δn_d 与标准值允许差值为3类，同一批玻璃中折射率一致性为C级；色散系数允差为2类，同一批玻璃中折射率一致性为D级。它们的具体数值可以从有关手册中查得。

2）光学均匀性

光学玻璃的"光学均匀性"，是指同一块玻璃中，各部分折射率变化的不均匀程度，也即在同一块玻璃的光学参数是否一致。广义上讲，光学玻璃的不均匀性包括物理不均匀性和化学不均匀性。物理不均匀性是指同一块玻璃中折射率变化的不均匀程度。物理不均匀性又称为光学不均匀性，主要是由于退火时退火炉内各处温度不均匀而不能完全消除残余应力或产生新的应力，使光学玻璃各部分折射率产生差异。表现为玻璃的折射率是渐变的，这种渐变不能用折射率仪测定，但是它会降低像的分辨率及成像质量。化学不均匀性是指玻璃中存在气泡、条纹与结石。

在工厂，常用平行光管测量样品鉴别率的方法测量光学材料的均匀性。测定时，先将样品两端面细磨抛光后，置于平行光管与望远镜之间，测出玻璃最小鉴别角 Φ，再将 Φ 与平行光管的理论鉴别角 Φ_0 相比较，来判别光学均匀性的大小。依据 Φ/Φ_0 的比值（最大值）分为4类，如表1-8所示（GB903—87）。

表1-8　光学玻璃均匀性的类别

类　别	Φ/Φ_0	星　　点　　图
1	1.0	中央是一个明亮的圆斑，外面是一些同心的圆环，不出现断裂、尾翘、畸角及扁圆变形等
2	1.0	中央是一个明亮的圆斑，外面是一些变形的同心圆环，所有圆环趋向一致，大致保持圆形，两环之间的间隔大体相等，每个环的宽度允许有变化，但不应出现断裂、尾翘、畸角等
3	1.1	—
4	1.2	—

表中，Φ_0-平行光管的理论分辨率；Φ-样品玻璃放入平行光管后的分辨率。

当玻璃直径或最大边长不大于150 mm时，光学均匀性用分辨率的比值分为4类，相应记为1，2，3，4。1类最好，其分辨角和理论分辨角比值$\Phi/\Phi_0=1.0$。当光学玻璃的光学均匀性要求为1类时，除鉴别率检查外尚需进行星点观察，要求星点衍射像的中心为明亮的同心圆环。2类玻璃的光学均匀性亦为$\Phi/\Phi_0=1.0$，但不加星点图检验。

对于直径或最大边长为150～300 mm的玻璃，光学均匀性以一块玻璃中各部分间折射率最大微差表示，4类分别记为H1，H2，H3，H4，如表1-9所示。H1类为最好，其折射率最大微差值$\Delta n_d=\pm2\times10^{-6}$。该项指标要在“对材料的要求”栏内以“光学均匀性”字样出现，注明类别代号。该项质量指标主要影响光学元件的成像鉴别率。因此，对高精度、大尺寸光学元件，复检该指标就成为必不可少的一个步骤。

光学均匀性测量见附录2。

表1-9　无色光学玻璃光学均匀性分类

类　别	折射率最大微差	类　别	折射率最大微差
H1	$\pm2\times10^{-6}$	H3	$\pm1\times10^{-5}$
H2	$\pm5\times10^{-6}$	H4	$\pm2\times10^{-5}$

3）光的吸收系数

光通过光学零件要产生反射和吸收，使光的强度降低，视场变暗，影响仪器的鉴别率。光吸收系数即白光在玻璃中透过1 cm厚度时被吸收的百分比，在吸收系数测量仪中，测出未放入试样的光通量I_0及放入试样后的光通量I_τ，则透过系数τ为

$$\tau=\frac{I_\tau}{I_0}=(1-\rho)^2\mathrm{e}^{-El}$$

式中，ρ为反射系数；E为吸收系数；l为玻璃厚度(cm)。

显然

$$E=\frac{1}{l}[2\ln(1-\rho)-\ln\tau] \tag{1-4}$$

一般来说，冕牌玻璃表面反射率较低，为4%～5%，透明度较高。火石玻璃反射率较大，

为 5%～7%，透明度较低。当垂直入射时，反射系数为

$$\rho=\left(\frac{n-1}{n+1}\right)^{2} \tag{1-5}$$

光学玻璃的总透过率取决于光学玻璃的吸收系数和表面反射系数。对于包含多片透镜的光学系统，提高总透过率的主要途径是减少透镜表面的反射损耗，最有效的方法是在透镜表面镀增透膜。

光学玻璃的吸收系数是一个与厚度无关的量，一般随光波波长变化。根据国标 GB903—1987，光学玻璃的吸收系数按其大小分成 8 类。记为 00，0，1，2，3，4，5，6。00 类为最高，光吸收系数为 0.001，如表 1－10 所示。

表 1－10　光吸收系数类别

类　别	光吸收系数(%)不大于	类　别	光吸收系数(%)不大于
00	0.001	3	0.008
0	0.002	4	0.010
1	0.004	5	0.015
2	0.006	6	0.030

4）*应力双折射*

理想的光学玻璃是各向同性的，没有双折射现象。但是，当光学玻璃受到外力(如装夹太紧)或内力(不均匀的冷却与加热)作用时，在玻璃内部可产生内应力。另一方面，在退火过程中由于光学玻璃内外温度不一致，或者退火炉内各处的炉温不一致，也会使光学玻璃不能完全消除残余应力或者产生新的应力。内应力的存在，破坏了光学玻璃的各向同性，当一束光线通过存在内应力的光学玻璃时，将产生传播速度不同的两束光线，这种现象称为应力双折射。光学玻璃的应力双折射用测量寻常光线和非寻常光线通过单位长度(1 cm)光学玻璃产生光程差的大小来表示。按 GB903—1987 规定，双折射光程差有两种分类方法，一种是用中部光程差表示，即用其最长边中部，单位长度上光程差 δ(nm/cm)表示。分为 4 类(见表 1－11)，记为 1，1*a*，2，3。1 类最好，每厘米长度的光程差为 2 nm；另一种是以距光学玻璃边缘 5%处单位厚度上的最大光程差 δ_{max}(nm/cm) 表示，即边缘最大光程差。亦分为 4 类，记为 S1，S2，S3，S4。S1 类为最好，每厘米厚度下光程差为 3 nm。前一种表示方法适用于块料玻璃，后一种表示方法适用于圆板形的型料玻璃。

表 1－11　应 力 类 别

类别	玻璃中部光程差 δ/(nm/cm)	类别	玻璃边缘最大光程差 δ_{max}(nm/cm)
1	2	S1	3
1*a*	4	S2	5
2	6	S3	10
3	10	S4	20

存在内应力的玻璃，在加工过程中内应力会慢慢释放而导致表面变形，使加工难以掌握。在使用过程中会产生双折射而使像质下降，故对高精度的光学元件，其要求非常苛刻。在加工高精度的光学零件前，应对玻璃复检该项质量指标。

材料的应力双折射检测参见附录 3。

5）条纹度

“条纹”是指在光学玻璃内部，出现丝状或层状的化学成分不均匀而造成的局部缺陷，缺陷处的折射率不同于主体的折射率，光学上的作用相当于细微的柱面透镜，造成光线的散射，影响鉴别率。

条纹度一般用投影法进行检验，按 GB903—1987 规定，用投影条纹仪从规定方向观测时，条纹度分为 4 类 3 级，类别是按规定方向检查玻璃的质量指标来划分，分为 00，0，1，2 共 4 类，00 类最好。级别则按观察样品的方向数来划分，分为 A，B，C 级，A 级观察 3 个方向，B 级观察 2 个方向，C 级观察 1 个方向。测量时光阑孔径尺寸 $\Phi=1$ mm，样品与投影屏的距离为 650±20 mm，光阑与投影屏的距离为 2 000±100 mm，屏上无任何条纹影像，规定为 00 类，如表 1－12、表 1－13 所示。

表 1－12　条纹度分类

类别	光点直径/mm	样品与投影屏距离/mm	光点与投影屏距离/mm	观　察　结　果
00	1	650±20	2 000±100	屏上无条纹影像
0	24	650±30	2 000±100	屏上无条纹影像
1	2	250±10	750±30	屏上无条纹影像
2	4	250±10	750±3	每 300 cm^3 玻璃中允许有长度小于 12 mm 的条纹影像 10 根，但彼此相距不得小于 10 mm

表 1－13　条纹度级别

级　　别	观察毛坯方向数
A	3
B	2
C	1

容易产生条纹的光学玻璃是含 PbO、BaO 较高的玻璃，最容易产生条纹的是 ZF 类重火石玻璃，其次是 F 类火石玻璃、BaF 类钡火石玻璃和 BaK 类钡冕玻璃等。

在“对材料的要求”栏上一并给出条纹度的两项指标，用“条纹度”字样写明、注上类型、级别。对于 C 级光学玻璃，在垂直于检测方向的表面上盖上“此面无条纹”的标记。切割时必须按此方向要求切割，这是光学玻璃落料时某种意义上的“定向”。

条纹度一般用投影法进行检测。

6）气泡度

光学玻璃中的气泡是光学玻璃在熔炼澄清过程中，内部气体来不及逸出所形成的气泡，或者是真空泡。光学玻璃中气泡相当于一个细微的凹透镜，入射光通过时会使成像光线散射、折射使波面变形。因而成像面上的光学零件(如分划板)须严格控制气泡。

按国家标准规定根据玻璃毛坯中的最大气泡允许直径分为3类(见图1-3)，按每立方厘米玻璃体内允许含有气泡总截面积(mm^2)分为A00,A0,A,B,C,D,E共7级。如表1-14所示。

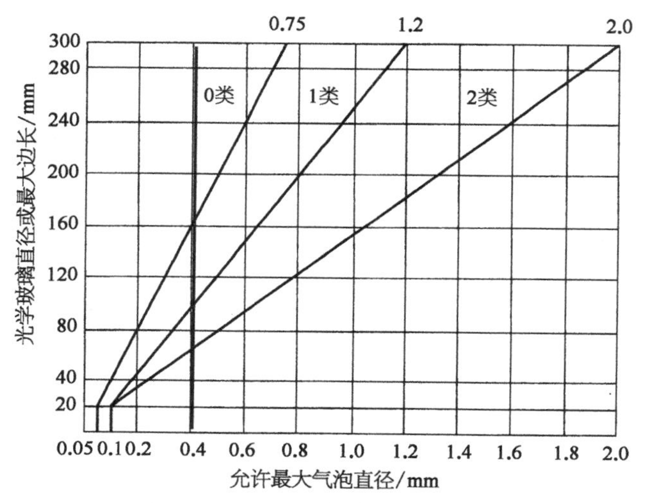

图1-3 无色光学玻璃气泡分类

表1-14 气泡的分级

级别	直径大于等于0.05 mm的气泡的总截面积/($mm^2/100\ cm^3$)	级别	直径大于等于0.05 mm的气泡的总截面积/($mm^2/100\ cm^3$)
A00	≥0.003～0.03	C	>0.50～1.00
A0	>0.03～0.10	D	>1.00～2.00
A	>0.10～0.25	E	>2.00～4.00
B	>0.25～0.50		

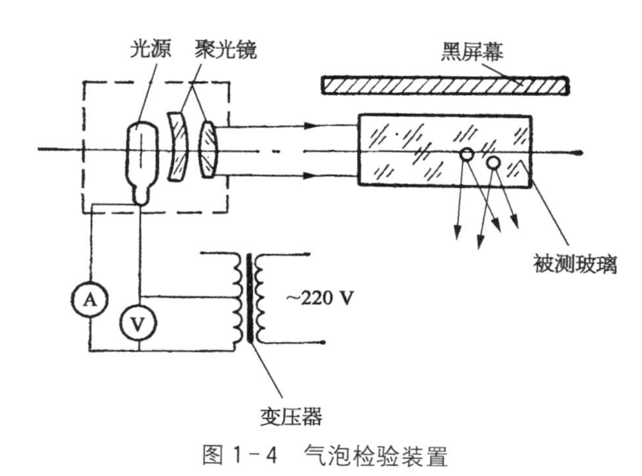

图1-4 气泡检验装置

利用气泡对光线的散射作用检测玻璃中的气泡度，其装置如图1-4所示。光源从侧面照射玻璃，正面直接观察气泡，当检测2～8类玻璃时，用300 W电影放映灯泡；当检测0～1类玻璃时用500 W电影放映灯泡。气泡的直径大小可用气泡样品标准来比较。要求精确测量时应用低倍读数显微镜。

比较容易产生气泡的光学玻璃是含有BaO的BaK类钡冕玻璃、BaF类钡火石玻璃和ZK类重冕玻璃。

定级气泡度的另一种方法是按下式：

$$N = m \frac{100}{V} \tag{1-6}$$

式中，N 为每 100 cm^3 玻璃体中，直径 $\phi > 0.05$ mm 的气泡个数的(平均值)；m 为玻璃实测气泡个数；V 为玻璃体积。

以上 6 项质量指标实质上是关于光学玻璃的 2 个最基本的要求：一是光学玻璃要求在物理性质与化学性质上的高度均匀(应力双折射、气泡度等属于物理不均匀性；条纹度等属于化学不均匀性)。二是光学玻璃要求高度透明，其原材料要求有较高的纯度，有害杂质含量须小于 1×10^{-9}，光吸收系数处于($10^{-2}\sim10^{-5}$)cm^{-1}量级，使光通过玻璃吸收损耗少。这两条是光学玻璃与普通玻璃的最大区别。

1.1.4　无色光学玻璃的其他特性

1) 光学玻璃的机械性能

(1) 比重。玻璃的比重决定于组成玻璃各氧化物的比重及含量比，它具有可加性。各氧化物中，氧化铅，氧化铋等比重较大，所以凡氧化铅含量多的玻璃比重大(牌号中带有 Z 字的光学玻璃)，光学玻璃的比重一般在 2.27～5.19。

大型零件加工过程中，应该考虑自重引起的变形问题。

(2) 硬度。材料抵抗其他物体入侵的能力称为硬度。玻璃的硬度至今没有确切的定义，随测试方法不同而不同。一般分为 3 类：刻划硬度、相对抗磨硬度和显微硬度。

刻划硬度，也称为莫氏硬度。它是表示矿物硬度的一种标准，由德国矿物学家莫斯首创。划痕法是用四棱锥金刚钻针刻划被测试矿物表面发生划痕，划痕的深度表示硬度，分为 10 级。硬度分级定义：滑石硬度为 1，硬度最小；金刚石硬度为 10 级，硬度最大；玻璃的硬度为 4～6 级；石英的硬度为 7 级。这种定义硬度的方法简单容易，但不精确。

我国用相对抗磨硬度表示，即在相同的条件下，单位时间磨去的玻璃量与 K9 玻璃(K9 玻璃的莫氏硬度约为 6)磨去量之比。如果比值小于 1，称为硬玻璃；如果比值大于 1，则称为软玻璃。含铅量越多的玻璃，硬度越低；火石玻璃的硬度要比冕牌玻璃小些；高铅玻璃硬度最低。一般而言，硬度高的玻璃，磨削效率低、光洁度好，硬度低的玻璃则反之。

显微硬度是以 kg/mm^2 表示其抵抗塑性变形的能力，显微测定方法一般采用压入法，所以又称为压入硬度。以金刚石作为压痕头，在一定负荷下压入玻璃中，根据压出的压痕大小，测出压痕对角线的长度，然后通过计算得出显微硬度数值，计算公式为

$$H_V = 1.854 \frac{P}{L^2} (kg/mm^2) \tag{1-7}$$

式中，P 为负荷(kg)；L 为对角线长度(mm)。

压痕头一般做成四棱锥体，棱边间的夹角为 136°。其负荷大小、金刚锥打入玻璃的时间与玻璃表面质量对所测硬度均有影响。玻璃硬，压痕小；玻璃软，压痕就大；负荷过大，超过负荷打压痕，玻璃表面角端会出现显著的脆性破损，影响测量准确性；负荷过小，也不易准确

测定。所以国内一般加负荷为 100 g，最大为 150 g。压入时间一般持续 2 s。冕牌玻璃的硬度一般比火石玻璃硬度都高，冕牌玻璃中不含碱金属氧化物的重冕玻璃具有最大的显微硬度。在火石玻璃中，随 PbO 含量的增加，硬度下降，因此硼酸盐光学玻璃的硬度甚小。

(3) 脆性。有些材料当应力稍微超过它们的强度极限就立即破裂，称此种材料为脆性材料。玻璃是典型的脆性材料，当玻璃受到冲击力后，不经明显变形便直接破裂，这一特点限制了玻璃的加工方法及使用范围。

(4) 抗张、抗压强度。玻璃的抗张、抗压强度随玻璃的成分不同而不同，它也具有可加性。

玻璃的抗张强度一般为 30～85 N/mm^2。玻璃的抗压强度接近钢的抗压强度，一般在 $(5\sim20)\times10^8\ N/m^2$之间。

(5) 弹性。光学玻璃的弹性决定玻璃在受外力、自重作用下变形的大小，用弹性系数 E 表示，一般在$(4.8\sim8.3)\times10^9\ N/m^2$之间。玻璃中 CaO，$B_2O_3$ 含量小于 12%时，E 将增加。玻璃中含有碱金属氧化物将降低弹性系数。

2) 光学玻璃的热性能

玻璃对热很敏感，温度可以改变玻璃的折射率，也可以改变玻璃的其他许多性能。各种光学仪器根据使用要求，要适合不同场合、不同气候条件，尤其是军用光学仪器使用的环境恶劣，因此光学玻璃应该能适应严寒和酷暑的温度变化。另外，光学零件在加工过程中，温度的变化对加工质量有很大的影响，光学车间需要恒温就是这个道理。

(1) 折射率温度系数。光学玻璃的折射率随着温度的变化也会发生变化，单位温度折射率增量称为光学玻璃折射率温度系数。无色光学玻璃折射率温度系数用 β 表示，它是指在测量温度范围－60～20 ℃及 20～80 ℃范围内，测量 C，D，F 光谱线，温度每增高 1 ℃时折射率 n_C，n_D，n_F 的增加值，分别以 β_C，β_D，β_F 表示。除个别如 QK1，QK3 等牌号玻璃为负值外，其他牌号的玻璃都是正值，一般在 $0.1\times10^{-6}\sim1.28\times10^{-6}$之间，在高温下折射率的增加值更大。

(2) 热膨胀系数。用线胀系数和体胀系数表示玻璃的热膨胀程度。表 1－15 给出了几种光学玻璃在温度为 20～120 ℃线胀系数。

表 1－15　玻璃的线张系数

名　称	冕　牌	火　石	钢	F7	QK2	派勒克斯玻璃	石英玻璃
线胀系数/($\times10^{-7}$)	70～80	7.5～80	105	101	35	30	5.8

(3) 退火温度。国家标准规定了各牌号玻璃的退火温度，在加工中应注意加热温度不能超过或接近退火温度，否则原有的退火效果将丧失，从而产生很大的应力。若工艺中需要在超过退火温度的情况下进行操作，那么此零件就应该按原来精密退火规程重新进行退火。

(4) 导热率和导温率。导热率是指在一秒钟内，厚度为 1 cm、面积为 1 cm^2 的玻璃板，两表面温度差为 1 ℃时，通过此板的热量，以 λ 表示。显然，导热率表示材料传热快慢的性能。

导温率是指温度从材料的一些点传到另一些点时的速度快慢，以 Q 表示。Q 与导热率 λ 成正比，与材料的比热和比重成反比。导温率愈高的玻璃，当四周温度改变时，玻璃内外温度趋于一致所需要的时间越少，对光学玻璃加工愈有利。同时，导温率高的玻璃还可减少检查工件时。检查工件时是指为达到一定温度而需要等待的时间。

（5）热稳定性。光学玻璃的热稳定性是指其经受骤冷骤热的性能，即从高温到急剧冷却所能承受的温度范围。它与玻璃组成、零件大小及形状有关。影响热稳定性的具体因素有玻璃的抗张强度、杨氏相关性系数、导热率、比热、比重及热膨胀系数，尤以热膨胀系数的影响为最大。

3）光学玻璃的化学稳定性

光学玻璃抵抗水溶液、潮湿空气及其他侵蚀性介质（如酸、碱、盐等）破坏的能力，称为化学稳定性。

玻璃受到侵蚀性介质侵蚀时，在玻璃表面会生“雾”、发霉，产生白斑等蚀损痕迹。这种侵蚀作用在磨边、抛光、胶合、镀膜、检验以及成品存放过程中都会发生，对光学仪器的性能有很大的影响。

硅酸盐玻璃的化学稳定性有两种指标：

其一，根据对潮湿大气的稳定性，分为 3 级：

A 级：在温度 50 ℃、相对湿度为 85%的条件下，抛光玻璃表面形成水解斑点的时间超过 20 h 者。

B 级：在与 A 级相同的条件下，形成水解斑点的时间在 5～20 h 者。

C 级：在与 A 级相同的条件下，形成水解斑点的时间不超过 5 h 者。

其二，根据对酸溶液的稳定性，分为 3 级：

1 级：在 0.1 N 醋酸溶液作用下、温度 50 ℃、玻璃表面破坏层深度达 135 nm 时，所需要的时间超过 5 h 者。

2 级：在上述条件下，玻璃表面破坏层深度达 135 nm，所需时间在 1～5 h 者。

3 级：在上述条件下，玻璃表面破坏层深度达 135 nm，所需时间不到 1 h 者。

在加工过程中，对化学稳定性差的玻璃要采取防护措施，如注意干燥，在加工好的表面涂中性保护漆。化学稳定性较差的玻璃可以用表面镀膜的方法加以保护。

1.1.5　有色光学玻璃

有色光学玻璃是指对特定波长的可见光、紫外光或红外光具有选择吸收和透过性能的光学玻璃，又称滤光玻璃。

有色玻璃是在基本的无色光学玻璃成分中加入少量着色剂制成的。加着色剂的目的是使光学玻璃具有特定的光谱特性，光谱特性是光学玻璃的最主要特性，通常以对各种波长的透射比 τ_λ、吸收率 E_λ 和光密度 D_λ 表示。有色光学玻璃的光谱特性，主要取决于加入玻璃的着色剂的性质和含量、玻璃的成分、熔制工艺等。按着色剂的不同可以分为胶体着色玻璃、离子着色玻璃两大类。我国按照颜色的汉语拼音字母标注牌号，牌号前面的一个或者两个字母指出光学玻璃的颜色（如 HB，ZWB 分别表示红色玻璃和透紫外玻璃）或特性（如 FB

表示防护玻璃），后面的一个字母"B"表示光学玻璃，字母右下角的数字表示有色玻璃的序号。表1-16给出WJ277-65采用的代号及常用牌号。

表1-16　有色光学玻璃的代号及常用牌号

名　称	代　号	常用条件	常用牌号
透紫外玻璃	ZWB	—	ZWB_1，ZWB_2
透红外玻璃	HWB	夜视仪器	HWB_1～HWB_4
紫色玻璃	ZB	—	ZB_1，ZB_2，ZB_3
蓝(青)色玻璃	QB	显微镜照明	QB_1～QB_{22}
绿色玻璃	LB	测量与观察仪器的照明	LB_1～LB_{16}
红色玻璃	HB	远距离照相摄影	HB_1～HB_{16}
防护玻璃	FB	防护眼镜	FB_1～FB_7
橙色玻璃	CB	霾天照相、观察仪器、测远机	CB_7～CB_7
黄(金)色玻璃	JB	照相摄影	JB_1～JB_8
中性(暗)色玻璃	AB	照相摄影	AB_1～AB_{10}
透紫外白色玻璃	BB	观察，瞄准仪器(对空)	BB_1～BB_8

1）胶体着色玻璃

胶体着色玻璃是在无色光学玻璃原料中加少量的(0.7%～4%)胶体着色剂制成。常用的胶体着色剂有硫化镉(CdS)和硒化镉(CdSe)等。由于胶体离子对光具有选择吸收性，所以加入不同的离子可以得到黄色(JB)、橙色(CB)、红色(HB)玻璃。这一类玻璃称为硒镉(着色)玻璃。硒镉玻璃的特点是有一个较宽的高透过区和一个高吸收区。此外，硒镉玻璃透射比的变化异常迅速，过渡区窄，光谱特性曲线的斜率大，玻璃的截止性能好。图1-5中曲线3表示硒化镉玻璃的光谱特性曲线。硒镉玻璃属于截止型光学滤光玻璃。

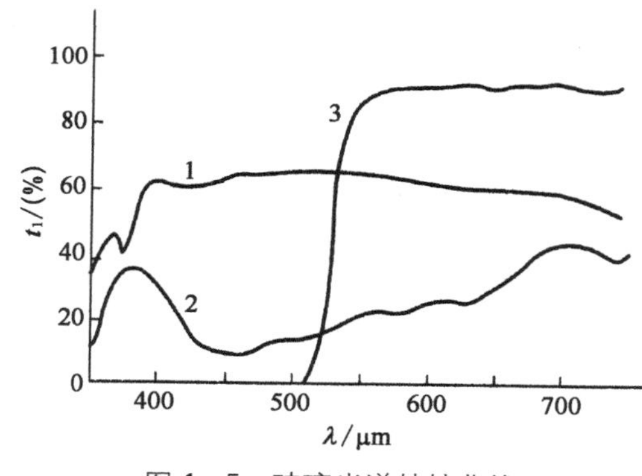

图1-5　玻璃光谱特性曲线

2）离子着色玻璃

着色剂以离子状态存在于玻璃中，这种玻璃称为离子着色玻璃。离子着色玻璃是选择性吸收玻璃，常用的金属氧化物有钴(Co)、镍(Ni)、锰(Mn)、铬(Cr)、钛(Ti)、铜(Cu)、铀(U)、钼(Mo)等元素的氧化物，按照玻璃成分和着色剂的氧化程度、数量和种类形成对光的选择性吸收，呈现出不同的颜色。如氧化亚钴使玻璃呈蓝色，氧化亚镍使玻璃呈紫色或棕色。离子着色玻璃的牌号包括除了JB,CB,HB以外的所有其他牌号，其中包括中性(暗色)玻璃与选择吸收玻璃。除此以外，在玻璃中加入某些氧化物或某些元素能使玻璃具有特定的颜色。如钠-钙-硅系玻璃含有 Mn_2O_3，则玻璃呈紫色；含有 Cr_2O_3，则玻璃呈黄绿色；含有 Fe_2O_3时，则玻璃呈黄色；含有 FrO 则呈蓝绿色；含有金或铜则呈红宝石色。

离子着色玻璃在有色玻璃中占有比重最大、品种最多。离子着色玻璃的特征是，在整个光谱区内，对某一波段吸收多一些，对另一波段透过多一些。因此，离子着色玻璃的 $\tau_\lambda-\lambda$ 光谱特性曲线有明显的"谷"和"峰"，故称选择吸收玻璃。如图 1-5 中曲线 2。

3）中性玻璃

中性玻璃也是着色玻璃，它的特点是在可见光区域内能比较均匀地降低透射光的强度，但不改变其光谱成分。这类玻璃主要是做中性滤光片、光衰减器。

中性玻璃的牌号有 AB_1，AB_2，AB_3，…，AB_{30}。图 1-5 中曲线 1 表示某种中性玻璃的光谱曲线。

1.1.6　特种光学玻璃

1）石英玻璃

石英光学玻璃是用纯水晶作为原料制得的玻璃态 SiO_2，也称为熔石英。由于石英玻璃的 SiO_2 含量高，一般在 99.99%以上，因此它具有一系列优良性能：

(1) 有优良的光谱特性，光学石英玻璃在 0.2～4.7 μm 波长的光谱范围内，具有高度的透明性。

(2) 耐高温，热膨胀系数小。石英玻璃耐高温远远超过任何一种玻璃。它的熔点高达 1 713 ℃，软化温度高达 1 580±10 ℃，能承受 1 000 ℃以上的高温，短时间内可在 1 450 ℃高温下使用。

石英玻璃在 20 ℃时的线胀系数为 5.8×10^{-7}℃$^{-1}$，是普通玻璃的 1/10～1/20。因此，石英玻璃有极高的热稳定性，可以经受瞬时高温和突然冷却等剧烈的温度变化而不致炸裂。

(3) 化学稳定性好。光学石英玻璃的化学稳定性好，其耐酸性优于所有光学材料，且表面不易受潮湿大气及化学试剂的腐蚀。但是耐碱性能较差，因此，石英玻璃不适合在强碱介质中使用。

(4) 机械性能高。光学石英玻璃抗压强度高，抗折强度和抗拉强度次之，唯独抗冲击强度差。光学石英玻璃硬度高，达莫氏硬度 7 级，比普通无色光学玻璃高许多，因此表面耐磨性能好，不易被划伤。

光学石英玻璃是制造光学零件、光学样板及光学工具的高级优质材料，在现代光学技术领域有着广泛的应用。但是石英光学玻璃熔炼比较困难、价格昂贵，限制了它的应用。

我国光学石英玻璃分为 3 种，其种类如表 1-17 所示。

表 1-17　石英玻璃的种类

牌号	名　　称	应用光谱波段/nm	特　　点
JGS1	远紫外光学石英玻璃	185～2 500	以 $SiCl_4$ 为原料，氢氧焰中气相熔炼沉淀而成，内部比较均匀

（续表）

牌号	名　　称	应用光谱波段/nm	特　　点
JGS2	紫外光学石英玻璃	220～2 500	以优质天然水晶为原料，氢氧焰中熔炼而成，内部有旋转条纹
JGS3	红外光学石英玻璃	760～3 500	以优质天然水晶为原料，在石墨加热体的真空加压炉中熔化而成，是电熔石英，内部颗粒状结构严重

光学石英玻璃具有优良的光谱特性，可以透过红外光，又能透过紫外光。

2）红外、紫外光学玻璃

第二次世界大战后，红外物理与红外技术有了迅速发展，促进了红外材料的发展，红外光学玻璃便成为制造红外摄谱、探测、追踪、导航、夜视等仪器中棱镜、透镜、窗口等光学零件的重要材料。

红外技术的发展主要取决于红外材料和红外探测器的水平。红外光学材料不可能在整个红外波段（0.76～300 μm）均具有良好的透过率，它只能在某一红外波段内具有一定的透过能力。目前，国内红外光学材料发展的重点是适用于 1.0～3.0 μm，3.0～5.0 μm 和 8～14 μm 等 3 个大气窗口（光衰减最小）的光学材料。

红外光学玻璃按使用要求可分为 4 类。第一类是耐高温红外玻璃，用作红外追踪仪器的头部材料。这类材料有光学熔石英、高硅氧玻璃、钽钛硅玻璃和铝酸钙玻璃等。第二类是高折射率红外透镜玻璃。这类材料的透过范围为 15～25 μm，折射率高达 3 以上（λ 为 3～4 μm），其中硫化砷玻璃已得到实际应用。第三类是红外滤光片，通常与光敏电阻配合使用，逐渐代替由多层介质膜制成的干涉滤光片。第四类是红外窗口材料。这类材料有氟磷酸盐玻璃、容易焊接的铅硅酸盐玻璃、透光波长较远的锑酸盐及碲酸盐玻璃等。

主要的红外光学玻璃有以下几种：

（1）光学石英玻璃。石英玻璃中的 JGS3 为红外光学石英玻璃，它的光谱透过范围为 0.24～3.6 μm。

（2）铝酸钙玻璃。铝酸钙玻璃是以 CaO，Al_2O_3 为主要成分的透红外玻璃，它的透过率波长为 1～1.5 μm。我国的铝酸钙红外光学玻璃的牌号有 HWC_{31}。由于氧的化学键强烈吸收能透过大于 7 μm 的红外辐射。

（3）高硅氧玻璃。石英玻璃虽然有许多优良性能，但它熔炼温度高、成本贵，特别是制造大尺寸零件较为困难。因此，为了克服石英玻璃的缺点，人们通过简单的手段获得了高硅氧玻璃，这种玻璃 SiO_2 的含量高，可高达 96%，其性能接近于石英玻璃。它的膨胀系数小、软化温度高、化学稳定性好、熔炼温度比石英玻璃低得多，因而成本也大大降低。

（4）硫系玻璃。硫系玻璃（如硫化砷玻璃、锗砷玻璃、锗砷硒玻璃、锗砷碲玻璃）波长透过宽，但软化点低。其中锗砷碲仅 178 ℃，锗砷硒软化点最高也只有 474 ℃。

紫外光学玻璃主要有以下几种：

（1）光学石英玻璃。JGS1，JGS2 两种牌号的光学石英玻璃是目前制作高功率紫外线高压汞灯及金属卤化物紫外灯的唯一可用的管壁材料。此外，光学石英玻璃还是紫外光谱分析仪中较理想的分光棱镜材料。

(2) 透紫外黑色玻璃(伍德氏玻璃)。透紫外黑色玻璃对 400～700 nm 可见光不透明，对 300～400 nm 紫外光有很高的透过率，国外称这种玻璃为伍德氏玻璃。表 1－18 列出了透紫外黑色玻璃的主要成分。

表 1－18　透紫外黑色玻璃组成

原料名称	SiO_2	BaO	KCl	NiO	CuO
含量/(%)	50.0	25.0	15.0	9.0	1.0

透紫外黑色玻璃不仅适用于制造紫外滤光片，还适用于制作小功率(80～160 W)高压汞灯的管壁材料。这种灯输出 365 nm 的线光谱，可用于荧光分析、保健治疗和化学实验。

(3) 钠钙硅透短波紫外玻璃。主要成分如表 1－19 所示，这种玻璃能透过 254 nm 的短紫外线，它的价格比光学玻璃便宜，又能与杜美丝电极匹配封接，所以是制作热阴极低压汞灯的理想管壁材料。

表 1－19　钠钙硅玻璃的组成

原料名称	SiO_2	Na_2CO_3	$Na_2B_4O_7 \cdot 10H_2O$(硼砂)	$CaCO_3$	$Al(OH)_3$	$C_4H_6O_6$(酒石酸)
含量/(%)	59.8	21.2	4.5	11.0	1.9	1.6
原料级别	5A－5	AR	AR	特制	CP	CP

(4) 钠钙透紫外玻璃。这种玻璃能透过 280～350 nm 的中波紫外线，而不能透过 280 nm 以下的对人体有害的短波紫外线，是专门用于制作保健紫外线荧光灯的管壁材料。这种玻璃的主要成分如表 1－20 所示。

表 1－20　钠钙玻璃的组成

原料名称		SiO_2	Al_2O_3	CaO	MgO	Na_2O	PbO
含量/(%)	配方Ⅰ	72	2	6	3	17	—
	配方Ⅱ	58	1	—	—	13	28

3) 微晶玻璃

微晶玻璃是 20 世纪 60 年代发展起来的新型光学材料。它是按制作 $Li_2O－Al_2O－SiO_2$玻璃所采用的方法进行熔炼和成型的，然后进行高温热处理。热处理时玻璃经历了两个阶段：第一阶段是在玻璃内部各处形成晶核；第二阶段形成晶核的玻璃在晶体生长过程中，逐渐转为陶瓷，故又称为玻璃陶瓷。微晶玻璃与普通玻璃的区别主要是具有结晶结构，而与陶瓷的主要区别是它的结晶结构要细得多，晶体大小为几十纳米到 10^3 nm。由于玻璃陶瓷是在均匀的玻璃基体内，通过晶体生长来制造的，所以最后制得的材料是非常均匀而致密的。微晶玻璃在热处理中析出大量负膨胀系数的微小晶相颗粒，使微晶玻璃的整体在某一温度区域的膨胀系数达到或接近于零，故称这种玻璃是具有零膨胀系数的玻璃。

由于微晶玻璃的尺寸稳定性极高，因此可以用来制作平晶、样板和大型反射镜等。

微晶玻璃的优良性能有：

(1) 热膨胀系数小。微晶玻璃在很宽的温度范围内($-160\sim+160$ ℃)热膨胀系数均很小(线胀系数范围在$7\times10^{-7}\sim57\times10^{-7}$)，室温下线胀系数接近于零。

(2) 强度大。微晶玻璃比普通压延玻璃的强度高8倍，因此变形小，尺寸稳定性好。

(3) 热稳定性高、强度高。强度比熔融石英还高，接近淬火钢的硬度。

(4) 密度低、比重小，约在$(2.44\sim2.62)\times10^3$ kg/m^3。

微晶玻璃在光学工艺上有重要的用途。例如可以代替石英玻璃用于制作精密加工的光学工具、分离器、抛光模的基底等，还可作为大型反射镜的材料。甚至代替铂合金制成标准米尺。

4) 耐辐射光学玻璃

普通光学玻璃在强放射性辐射作用下，玻璃体内将产生一定量的自由电子和空穴，这些电子和空穴与玻璃中的缺陷相结合，形成吸收光线的"色心"。玻璃中色心的吸收带位于紫外、可见和红外波段。所以，一般玻璃受到辐照后往往呈现为褐色或黑色，玻璃在可见光区的透过率大大降低。耐辐照玻璃是一种在高能射线辐照或粒子轰击后，可见光透过率下降很小的光学玻璃，具有耐辐照稳定性强、透光性大、物化性能稳定及热稳定性好等特点。

为避免辐照着色，提高辐照稳定性，耐辐照玻璃的组成特点是在基础玻璃中引入适量的辐照稳定剂。常见的基础玻璃系统有硼硅玻璃、钠钙硅玻璃、锂铝硅玻璃等。辐照稳定剂主要有CeO_2，Cr_2O_3，Sb_2O_3，Fe_2O_3等。玻璃的耐辐照机理可概括为：辐照稳定剂的变价离子俘获辐照产生的自由电子和空穴，减少了电子和空穴与玻璃中的缺陷相结合的机会，阻碍了"色心"的形成。以引入CeO_2稳定剂为例，铈离子在玻璃结构中有Ce^{3+}和Ce^{4+}两种价态，存在$Ce^{4+}+e=Ce^{3+}$电价平衡，其中Ce^{3+}有俘获空穴而被氧化的倾向，Ce^{4+}有俘获自由电子而被还原的倾向，使辐照产生的自由电子和空穴不能与玻璃结构缺陷复合为色心，从而提高了玻璃的辐照稳定性。

耐辐射光学玻璃的命名，是在原有无色光学玻璃牌号的脚标数字上加上百位数来表示。例如能够耐10^5伦琴剂量的玻璃，则称为500号玻璃；能够耐10^6伦琴剂量的玻璃，则称为600号玻璃；如K509玻璃即相应于K9的能够耐10^5伦琴剂量的耐辐射光学玻璃，而K609玻璃即相应于K9的能够耐10^6伦琴剂量的耐辐射光学玻璃。能够耐10^5伦琴剂量的耐辐射性能是用20 mm厚的样品经受10^5伦琴剂量的γ射线辐照后，每厘米厚的光密度增量ΔD，或厚度为10 mm的样品经X射线等效辐照后，每厘米光密度增量ΔD_1来表示。我国生产的500号玻璃的光密度增量的最大允许值可参见书末附表。

5) 防辐射光学玻璃

在原子技术中，通常用玻璃制造透明的窥视窗，以便观察热核实验中所发生的现象和反应过程。这种透明窗口，必须采用具有吸收有害辐射能力的特种防辐射光学玻璃，以便保证操作人员的安全。

γ射线是一种穿透能力很强的射线，它的穿透本领取决于它本身的能量和被穿透物质的性质。玻璃吸收 γ 射线的能力，随其厚度的增加而急剧增大。目前我国使用的防辐射玻璃是铅、钡含量高，密度大的 ZF1、ZF6、ZF7 玻璃，其中，ZF7 玻璃的密度高达 5.19 g/cm^3。

防辐射光学玻璃能吸收各种射线，对操作人员起到有效的保护作用。为防止玻璃着色，还必须加入耐辐射的抑制剂。但要求玻璃完全不着色，也是不可能的。不过，高能辐射的着色过程是可逆的，如将着色玻璃置于日光下照射或加热至软化温度下，颜色就会消失。

国际上著名的制造光学玻璃的工厂有 Bausch Lomb Company（Rochester，New York），Corning Glass Works（Corning，New York），德国的 Schort and Gen，英国的 Chance Bros，Ltd 和法国的 Parra-Mantois et Cie 等。

目前，我国主要生产光学玻璃的厂家有成都光明股份有限公司，湖北新华光信息股份有限公司等。另外，中国科学院长春光机所和成都光电所可以生产特种牌号的光学玻璃。

1.2　光学晶体

光学晶体也是较早被人类利用的光学材料。早在 17 世纪中叶，人们就发现一些天然晶体的特殊光学性质，如冰洲石和水晶的双折射现象。到了 19 世纪的中叶，冰洲石、水晶等材料就已经制成光学元件，并首先应用于光学仪器。20 世纪 50 年代，随着红外与紫外光学仪器和技术的发展，岩盐、萤石等天然晶体被用作紫外与红外光学仪器以及可见光的消色差镜头。至此，光学晶体成为一类重要的光介质材料而得到日益广泛的应用。

1.2.1　晶体的一般概念

1）晶系

晶体具有规则的多面体外形，内部构造质点呈现严格的点阵结构。按晶体对称性划分的结晶学分类称为晶系。对称性就是物体各部分有等同的图形，且有规律地重复（对称动作）。对称动作依据的几何要素是对称要素，晶体的宏观对称要素有 4 类，即旋转轴、反映面、对称中心和反轴。一次旋转轴记为 1，二次轴记为 2（旋转 180°），依次类推。旋转轴只有 $\underline{1}$、$\underline{2}$、$\underline{3}$、$\underline{4}$、$\underline{6}$ 共 5 种；反轴只有两种记为 $\bar{4}$、$\bar{6}$；对称中心记为 i，反映面记为 m。

在晶体中，常把空间排列的分子、原子或离子抽象成几何学上的点（称为节点），然后用直线将这些节点连接起来，构成一个三维空间格架，称为晶格。晶体就是具有晶体结构的固体。晶体的基本性质不仅取决于晶体材料中的性质，而且还与晶体的晶格构造有关。

晶格中节点在直线上的排列称为行列，节点在平面上的分布称为面网。在三维空间中，晶格的最小单位是平行六面体，它由 3 组两两平行且全等的面网所组成。组成晶体多面体外形的平面称为晶面，两个晶面相交而成的直线称为晶棱。三晶棱会聚的点称为角顶。

通常把组成晶体的最小单位称为晶胞，它与晶格中的平行六面体相对应，晶胞中的角顶、晶棱、晶面则是与平行六面体中的节点、行列、面网相对应。

2）晶胞常数

晶胞常数亦称为晶格常数，晶胞尺寸很小，只有埃（Å）的数量级，但可用晶胞常数来具

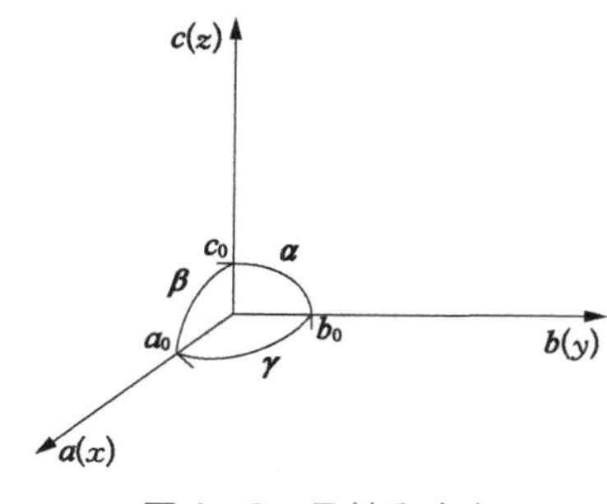

图 1-6　晶轴和方向

体描述晶体的对称性。从晶胞的一个角顶为原点，选择 3 个矢量，称为晶轴。如图 1-6 所示。通常以 a 轴、b 轴、c 轴(或 x 轴、y 轴、z 轴)表示，a 轴是前后方向，趋前为正；b 轴是左右方向，趋右为正；c 轴为上下方向，趋上为正。这种 a，b，c 坐标称为结晶学取向坐标，晶轴主要用来描述晶体对称性。a，b，c 3 个矢量的单位长度，即 3 个棱长，亦称为晶胞 3 个不同行列上节点的间距，称为轴单位，记为 a_0，b_0，c_0。

对于三方和六方晶系还要增加一个 u 轴，a，b，u 轴互成 120°角。因此，三方和六方晶系有 4 根晶轴。各晶轴间的夹角称为轴角，分别用希腊字母 $\alpha(b \wedge c)$，$\beta(a \wedge c)$，$\gamma(a \wedge b)$ 表示。a_0，b_0，c_0 加上轴间角 α，β，γ 是决定晶胞形状和大小的特征参数，称为晶胞常数。根据晶胞常数的不同，可以把所有晶体分为 3 个晶族 7 大晶系，如表 1-21 所示。

表 1-21　3 大晶族 7 大晶系

晶　族	晶　系	特　征	
		轴　单　位	轴　角
低级晶族	三斜晶系 单斜晶系 正交晶系	$a_0 \neq b_0 \neq c_0$ $a_0 \neq b_0 \neq c_0$ $a_0 \neq b_0 \neq c_0$	$\alpha \neq \beta \neq \gamma$ $\alpha = \gamma = 90°, \beta > 90°$ $\alpha = \beta = \gamma = 90°$
中级晶族	四方晶系 六方晶系 三方晶系	$a_0 = b_0 \neq c_0$ $a_0 = b_0 \neq c_0$ $a_0 = b_0 = c_0$	$\alpha = \beta = \gamma = 90°$ $\alpha = \beta = 90°, \gamma = 120°$ $\alpha = \beta = \gamma \neq 90°$
高级晶族	立方晶系 (等轴晶系)	$a_0 = b_0 = c_0$	$\alpha = \beta = \gamma = 90°$

三斜晶系在晶体中的对称性最小，也即没有对称性，通常 b_0 最长，c_0 最短，α，β 一定是钝角。

单斜晶系有一个 2 次轴，单斜晶系晶体种类很多，石膏与云母就是其中的两种。

正交晶系也叫斜方晶系，正交晶系有 3 个 2 次轴。

六方晶系存在一个 6 次轴。因此六方晶系也叫六角晶系，如石英晶体，刚玉晶体就属于六方晶系，刚玉中含微量铬者叫红宝石，含铁和钛叫蓝宝石。

三方晶系也叫菱面晶系。三方晶系有铌酸锂($LiNbO_3$)、方解石($CaCO_3$)，方解石是典型的双折射材料。三方晶系有一个 3 次轴。

四方晶系又称正方晶系或四角晶系，它有一个 4 次轴。

立方晶系也叫等轴晶系，它有 4 个 3 次轴，此类晶体有锗(Ge)、硅(Si)、氟化钙(CaF_2)、氯化钠(NaCl)、金刚石(C)、石榴石族、YAG(掺钕钇铝石榴石)、钛酸钡($BaTiO_3$)和砷化钾(GaA_3)。

光学晶体多用中级晶族和高级晶族的晶体，如石英晶体是中级晶族中六方晶系，萤石是属于高级晶族中的立方晶系。

3）晶面与晶面系数

晶体加工前要定向，这种定向在晶体坐标系已确定的前提下标定。根据所加工晶体的特性，定出晶体零件加工的方向和所要求方向的偏角，即已知晶体实际晶面和要求晶面的偏角，它是由晶体的各向异性决定的。

晶面即晶体中若干节点构成的并与晶轴相交的平面，晶面在晶体中所处位置用晶面指数（也叫密勒指数）表示。

晶面指数是晶面在晶体各结晶轴上截距倒数的整数倍。3 个结晶轴的晶体，任何晶面在结晶轴上的截距最多只有 3 个，为了运算方便，晶面指数常用截距的倒数来表示，分别记为 (h, k, l)。在立方、四方、正交、单斜、三斜各晶体中，晶体有 3 根晶轴，故密勒指数有 3 个数表示；在三方、六方晶系中用 4 个数字表示，因此它有 3 个水平轴和 1 个垂直轴。

用密勒指数表示晶面时，在 3 个或者 4 个字母旁加圆括弧来表示，如 $3(h, k, l)$ 或 $4(h, k, i, l)$。密勒指数有正负之分，负指数在数字头上加一个短横线表示，表示该晶体截晶轴于负端。当晶面和某晶轴平行时，截距为 ∞，指数为 0，一个晶面可同时平行于两个晶轴，但永远不可能和 3 个晶轴平行，故一组晶面指数中最多只能有两个零指数。

与晶面相关的“晶向”，指晶体中任意两节点连线方向，该方向和通过坐标原点的平行矢量方向一致。晶向用 3 个数字加方括弧表示，表示平行矢量上任意一点在 a, b, c 3 个坐标上坐标位置的最小整数比。只有 3 轴正交的晶体（立方、正方、正交晶系），(h, k, l) 晶向垂直于晶面，一般情况下不垂直。

由于晶体的对称性，同一晶系晶体就有一组等效晶面，等效晶面用密勒指数加大括弧表示，如$\{100\}$。对于立方晶系，$\{100\}$包括以下 6 个晶面：(100)，(010)，(001)，$(\bar{1}00)$，$(0\bar{1}0)$，$(00\bar{1})$。

1.2.2　晶体的性质

1）晶体的基本性质

（1）均一性。晶体最突出的结构特点是其内部质点（分子、原子、离子等）的排列具有周期性。晶体是由一个能够完全反映晶体几何特征的最小单位（晶胞），在三维空间重复堆砌而成，表现出来的各项性能也是完全相同的。因此，不论宏观还是微观，晶体都是均匀的。

（2）各向异性。晶体的空间点阵性质及内部质点排列方式在各个方向是不同的，但是排列得都很有规律，因而造成光学性质的各向异性（如折射率、弹性常数、压电常数、介电常数、导热性、导电率等）都具有方向性，如冰洲石晶体的双折射现象。

（3）对称性。晶体的性质一般来说是各向异性的。但是晶胞的重复排列，使相同的性质在不同方向上或不同位置上产生有规律的重复出现，这种现象称为对称性。晶体的对称性是由晶体内部的格子构造所决定的。如果在几个方向上质点的性质和排列均相等，那么在这几个方向的性质必然相同，也就是对称的。晶体中这种特定的方向称为晶轴，其他方向的性质对于晶体晶轴具有对称的分布。

(4) 自范性。晶体的自范性是指晶体具有自发地形成封闭几何多面体外形的性能，它是晶体内部点阵结构的外在表现。晶体生长的过程，实质上就是晶体的质点按照空间点阵结构进行有规律地排列和堆积的过程，这个过程使晶体组成一个规则的几何多面体，并封闭在一定的空间内。

(5) 最小内能性。所谓内能就是物体内部质点做无规则运动的动能以及质点相对位置所决定的势能之和，任何物体都具有一定的内能。一般情况下晶体内部质点之间的引力与斥力是平衡的，晶体内部质点呈规则排列，当质点间的距离增加或减小时，都将导致质点相对势能的增加。这就意味着，在相同的热力学条件下，对于具有同种化学成分而呈现不同物相的物体而言，以晶体的内能为最小。另外，由于晶体中处于平衡位置的各质点间的相互作用力是相同的，因而要使晶体中任何一个质点离开其平衡位置时，该质点本身所具有的动能最小值也都是一样的。所以晶体熔化时表现为具有稳定的熔点。而玻璃不是晶体，所以没有确定的熔点。

(6) 稳定性。晶体的稳定性乃是最小内能的必然结果。正是由于晶体的内能最小，因此要破坏质点间的平衡位置使其产生相变的话，必须对它做功。当由质点排列不规则的非晶体，向着晶体转变时要释放出能量，因此结晶态是一个相对稳定的状态。

2) 晶体的机械性质

晶体的加工特性和晶体的解理、硬度、溶解度等物理性质有密切关系。

(1) 解理性。指晶体在受到外界定向机械力作用下，按照一定的方向分裂成光滑的平面，这种现象称为晶体的解理。因解理而形成的晶面称为解理面。解理面不同于自然界面，也不同于断口，后者是指材料在外力作用下，不依一定方向破裂而形成凹凸不平的表面，如金属零件的断裂表面就是断口。

根据晶体解理能力的不同，分为极完全解理、完全解理、中等解理、不完全解理和极不完全解理5种。云母能分裂成极薄的薄片，解理面平滑，是一种极完全解理晶体；冰洲石可用小锤分离成晶体碎块，破裂时主要按解理方向发生，解理面平滑，属于完全解理；中等解理者有金刚石，在晶体碎块上可看到连续的解理面，也能见到断口面。

不同晶体或是同一晶体的不同晶面，解理程度一般是不同的。晶体的解理面总是沿着垂直于晶体结构中键力最弱的方向，加工者可以利用晶体的解理特性进行晶体的切割。只有充分了解所加工晶体的解理特性后，才能运用合理的加工规范，以避免在整个加工过程中，使晶体因受过大的外力冲击而碎裂，造成产品的报废。

(2) 硬度。通常表示材料抵抗外来机械侵入的能力。材料抵抗这种破坏的能量越强，硬度越大。测定的方法不同，硬度的标准也不同。根据测量方法不同有3类常用的硬度标准，即压入硬度（如布氏硬度、洛氏硬度、显微硬度）、刻划硬度（如莫氏硬度）、相对抗磨硬度。

莫氏硬度分级较为粗糙，但简便、直观，晶体加工常常使用莫氏硬度。

莫氏硬度是由 Friedrich Mohs 于1812年提出来的。莫氏硬度法从自然界选出十种矿物晶体作为硬度标准通过相互刻划来确定其他晶体的硬度。这10种标准矿物晶体如表1-22所示。

表1-22 莫氏硬度标准矿物晶体

晶体名称	分子式	莫氏硬度	布氏值
滑石	$Mg_3(OH)_2[Si_2O_5]$	1	3
石膏	$CaSO_4$	2	12
方解石	$CaCO_3$	3	53
萤石	CaF_2	4	64
磷灰石	$Ca_5F(PO_4)_3$	5	137
正长石	$K[AlSi_3O_8]$	6	147
石英	SiO_2	7	178
黄玉	$Al_2(F,OH)_2SiO_4$	8	306
刚玉	Al_2O_3	9	667
金刚石	C	10	

显然，上述硬度顺序并无简单的线性关系，尤其是金刚石的硬度。如以石英的硬度定为1，则金刚石硬度为石英硬度的1 150倍，滑石的硬度为石英硬度的1/3 500。

晶体的硬度如同晶体的解理性一样，具有明显的各向异性，这是因为晶体的硬度是由其内部的结构来确定的。一般说来，共价键、离子键、金属键结合的晶体硬度大于分子键结合的晶体；同类化合物，离子间距越小，硬度越大，离子价数越高则硬度越大；同种晶体，各种晶面因原子（离子）在该面上密度不同，硬度不同。

光学晶体的硬度差异很大，这和光学玻璃硬度比较接近的特点不同，从石膏的莫氏硬度为2，绿宝石的硬度为9.4可以看出，不同晶体其硬度不同。常见晶体的硬度如表1-23所示。

表1-23 常用晶体莫氏硬度

晶体名称	莫氏硬度	晶体名称	莫氏硬度
透明石膏	2	砷化镓	4.5
KDP	2.4	铊酸铌	5
氯化钠	2.5	氟化镁	6
钼酸铅	2.75	锗	6.25
云母	2.8	水晶	7
氟化钡	3	钇铝石榴石	8.5
氟化钠	3.2	铝酸钇	8.5～9
硒化镉	3.25	白宝石	9.2～9.4
锑化铟	3.8	金刚石	10
硫化锌	4		

晶体加工者也可以用以下一些手段粗略确定晶体材料硬度值。

硬度与软铅笔芯相仿者,硬度值为1。

硬度与食盐相仿者,硬度值为2。

硬度与指甲相仿者,硬度值为2.5。

硬度与铜钥匙相仿者,硬度值为3。

硬度与铁钉相仿者,硬度值为4。

硬度与玻璃相仿者,硬度值为5。

硬度与小刀相仿者,硬度值为5~5.5。

掌握晶体的硬度,对于合理地选择晶体加工的磨料和抛光剂十分重要。

(3) 溶解度。表示在一定的温度下,该晶体在100 g水中所能溶解的克数。晶体溶解度的大小是晶体潮解性能的重要指标,它决定了晶体的加工和使用条件。潮解晶体和非潮解晶体,在加工工艺上有很大的不同。

一般来说,温度升高,晶体的溶解度加大,即晶体越容易潮解。对于那些溶解度大的易潮解晶体,其抛光表面不能长久裸露于潮湿的空气中,否则它将吸收空气中的水分而失去透光性。因此,潮解晶体有它特殊的加工方法和相应的表面保护措施。部分潮解晶体水中溶解度如表1-24所示。

表1-24 晶体的溶解度

晶体名称	溶解度	晶体名称	溶解度
ADP($NH_4H_2PO_4$)	22.7	氯化钠(NaCl)	35.7
明矾($K_2SO_4Al_2$)	24.04	溴化钾(KBr)	53.48
KDP(KH_2PO_4)	33.25	硝酸钠($NaNO_3$)	73.0
碘化钾(KI)	12.5	溴化铯(CsBr)	124.30

3) 晶体的热学性质

晶体的热学性质包括导热性和热胀性,各种晶系的热学性质并不相同。对立方晶系,各个方向上热传播速度指示面和热胀系数指标面是一个球形;中级晶族的三方、四方、六方晶系的指示面是一个椭圆形回转体;低级晶族则是一个三轴椭球体,且三轴彼此不等。故石英晶体切成圆形后会因受热而沿3次轴方向压缩而变成椭圆回转体。

4) 晶体的电学性质

晶体的电学性质主要指它的热电效应和压电效应。

热电晶体如石英晶体,将其切成火柴盒般的薄片,沿其2次轴方向施加压力,则在垂直于2次轴的两面上分别带正电荷和负电荷,电荷大小与压力成正比,即$q=kf$。其中k为压电常数,石英的k常数为6.5×10^{-8}静电单位/达因,如沿3次轴方向施压则无压电效应。机械力产生的称为正压电效应。石英片放在交流电场内,晶片将伸长和缩短产生振动,同时推动周围介质产生超声波,其频率为几十万赫兹,这是负压电效应。压电效应只发生在不具有对称中心的晶体中。

5）晶体的光学性质

晶体的光学性质与光学玻璃不同，主要在于折射率具有各向异性（立方晶系除外）。自然光进入各向异性晶体中将分解成具有不同折射率的偏振光，称为双折射。

从晶体内任一点沿各个方向的法线速度矢量 $\boldsymbol{v}_k$，其端点的轨迹是一个曲面，称为光性指示面，如图1-7所示。对于立方晶体，光性指示面为一个球面，故立方晶系如同均质体，不产生双折射，制造光学零件时无须进行光性定向。立方晶系又称为高级晶族。

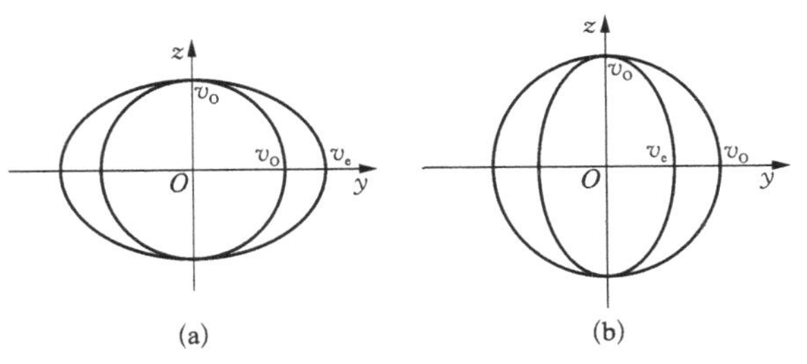

图1-7　单轴晶体的光波面

(a) 负晶体；(b) 正晶体

三方、四方、六方晶系，光性指示面为椭圆回转体，其圆截面垂直于旋转轴。它有两种回转方式，绕长轴回转的，为正光性；绕短轴回转的称负光性，如图1-7光性指示面回转轴与晶体的主对称轴（高次轴）重合。圆截面表示垂直于截面传播的光波（如图中 z 方向），在此方向光线不会一分为二，即没有双折射。光线不发生双折射的方向称为晶体的光轴。三方、四方、六方晶系仅有一个光轴称为单轴晶体，也叫中级晶族。显然，中级晶族有两个特征常数，即回转体轴半径和圆截面的半径，它们分别表示晶体的最大折射率 n_{max} 和最小折射率 n_{min}。常把圆截面所对应的光叫作寻常光，记为o光；其余的叫作非寻常光，记为e光，可见正光性晶体中o光速度大于e光，负光性晶体中则e光速度大于o光。

对于低级晶族，即正交、单斜、三斜晶系，其光性指示面为三轴椭圆体，三轴不相同且互相垂直，相当于3个不相等的折射率，记为 n_g，n_m，n_p。三轴椭圆体中过 n_m 轴可有2个圆截面，垂直于每一圆截面有一光轴通过，即低级晶族有2个光轴方向，称为双轴晶体。2光轴均在 n_g，n_p 组成的平面内，n_g，n_p 组成的面因此叫光轴面。2光轴间的分角线如果与 n_g 方向重合，则该晶体为正光性晶体，和 n_p 方向重合则为负光性晶体。

光在晶体中沿光轴方向传播时，不产生双折射现象。但是在有些晶体中，线偏振光沿光轴方向通过晶体时，偏振面会绕光轴旋转一定的角度，这种现象称为旋光性。能够产生旋光现象的晶体称为旋光晶体。如石英晶体就是一种旋光性很强的物质。一般以偏振光通过1 mm厚的晶体时偏振面旋转的角度来比较，这个角度称为该物质的旋光系数，一些常见晶体的旋光系数如表1-25所示。旋光角也随波长不同而异，波长越长，旋光角越大。

表1-25　偏光(0.589 3 μm)通过1 mm厚的晶体时的旋转角

晶体名称	旋光角	晶体名称	旋光角
$NaClO_3$	3.08°	SiO_2	21.67°
$NaBrO_3$	2.10°	$NaIO_4 \cdot 3H_2O$	23.18°
$KLiSO_4$	3.26°		

光学晶体结构的各向异性，不仅产生折射率的各向异性，即产生双折射现象，而且能够产生吸收率的各向异性，即光学晶体对光的选择吸收程度随入射光线偏振方向的不同而异。一般来说，入射光波的振动方向与较大折射率的振动方向相一致时，所表现的吸收性较强。这种由于光波在晶体中的振动方向不同，而使在同一晶体的不同方向上呈现出不同的颜色改变的现象，称为多色性。颜色深浅发生改变的现象称为吸收性。

在单轴晶体中，光的偏振方向与两个主折射率的振动方向相对应，出现两个主色，称为二色性。两轴晶体中具有3个主色，称为三色性。多色性与吸收性紧密联系，吸收性显著的晶体，多色性也一定显著。

1.2.3 光学晶体的用途

20世纪50年代以来科学技术的发展，使光学由可见光区扩展到光谱的紫外、红外和X射线波段，60年代激光技术、电子技术和空间技术的发展，对光学晶体提出了新的要求。

1) 紫外、红外晶体

光学晶体在光学性质上表现出来的主要特点是透光范围宽，利用晶体的紫外、红外的透过特性制造紫外、红外光学仪器上的分光棱镜和透镜等元件。几种常用晶体的透过率范围如表1-26所示。

表1-26 紫外、红外晶体透光范围

名　称	分子式	透光范围/μm	名　称	分子式	透光范围/μm
石　英	SiO_2	0.16～3.5	硅	Si	～15
萤　石	CaF_2	0.2～0.8	锗	Ge	～23
氟化锂	LiF	0.11～0.2	溴化钾	KBr	10～25
氟化钡	BaF_2	0.15～11	KRS-5	TlBr-TlI	～40
岩　盐	NaCl	0.2～1.5			

其中石英、硅和锗等还具有耐高温、高压等性能，可以用作制造人造卫星、宇宙飞船或导弹的窗口。

2) 复消色差晶体

复消色差晶体以三价过渡族金属离子或三价稀土离子为激活离子。主要有钇铝石榴石($Y_3Al_5O_{12}$)、钆石榴石($Gd_3Sa_3O_{12}$和$Gd_3Ga_3O_5$)、铍酸镧($La_2Be_2O_5$)、钨酸钙($CaWO_4$)、锰酸钙($CaMnO_4$)、铌酸锂($LiNbO_3$)等。

利用复消色差晶体的特殊色散特性可以制造高级复消色差物镜，例如氟化钙晶体与玻璃组合设计成复消色差的显微镜系统和摄影系统，可消除色球差和二级光谱。

3) 偏振晶体

偏振晶体是指利用晶体各向异性产生的双折射特性产生偏振光，常用的偏振晶体有方解石($CaCO_3$)、水晶(SiO_2)、硝石($NaNO_3$)和硫酸钾(K_2SO_4)、电气石【$NaMg_3Al_6$〔$(OH)_4(BO_3)_3$-Si_6O_{18}〕】等晶体，它们的折射率如表1-27所示。

表1-27　偏振晶体的折射率

晶　体	分　子　式	n_o	n_e	Δn
方解石	$CaCO_3$	1.658 3	1.486 4～1.658 8	−0.172
电气石	$NaMg_3Al_6[(OH)_4(BO_3)-Si_6O_{18}]$	1.640	1.620～1.640	−0.031
硝酸钠	$NaNO_3$	1.585 4	1.336 9～1.585 4	−0.248 5
金红石	TiO_2	2.616	2.903	0.287
云　母	$KH_2Al_3(SO_4)_3$	1.599	1.594	−0.005
石英晶体	SiO_2	1.544 2	1.544 2～1.553 3	0.009 1
硫酸钾	K_2SO_4	1.490	1.493～1.502	0.009
冰	H_2O	1.309	1.313	0.004

方解石具有最大的双折射性能，是偏光仪器中不可缺少的晶体材料，常用方解石做成尼科尔棱镜、渥拉斯顿棱镜等。硝石人工晶体的双折射比方解石大得多，常用于代替方解石制作散射型的人造偏振片。

4）窗口晶体材料

窗口晶体材料是指用于探测仪、红外光学仪器、人造卫星、导弹、宇宙飞船和太阳能电池上的窗口式穹面罩晶体材料。

窗口晶体材料可以分为两类：一类只要求具有良好的透过率，用作室温下使用的仪器的窗口，如氟化锂（LiF）、萤石（CaF_2）、NaCl、KBr、CsI、KRS－5（TlBr－TlI的混合物）、KRS－6（TlBr－TlCl的混合物）等碱金属、碱土金属及铊的卤化物单晶；另一类窗口晶体材料除要求具有良好的透过率外，还需要具有一定的耐高温性、耐高压性、高稳定性、优良的热传导性、抗热振性、耐磨损性等物理、化学、机械性能，这种窗口晶体材料称为压力窗口晶体材料，主要有宝石（Al_2O_3）、方镁石（MgO）、水晶（SiO_2）、Si和Ge等半导体晶体、氧化物单晶等。

5）激光晶体

激光晶体是指在光或电的激励下能够产生激光的晶体。激光晶体由基质晶体和激活离子（作为发光中心）两部分组成。

基质晶体是激光晶体的主要组成部分，激光晶体的性能直接取决于基质晶体的性能，因此基质晶体必须具有良好的机械强度和硬度、良好的导热性、稳定的物理化学性能和较小的光弹性。除此之外，对基质晶体还有下列要求：

（1）在输出波长上，基质晶体本身对输出激光的吸收应接近于零，即有高度的透明度。基质晶体内部激活离子以外的杂质对输出波长的激光的吸收要小。

（2）应具有高度的光学均匀性及良好的热光稳定性。

（3）能制成大（尺寸）而完美的单晶体。

6）非线性光学晶体

非线性光学晶体是指在强光作用下能产生非线性效应的晶体，一般在激光技术中对光进行调制、偏转、变频等，包括：

(1) 电光晶体。当电场加于电光晶体时,晶体折射率发生变化。在激光技术中用作电光开关,包括Q开关,电光调制器和偏转器等。应用较广的电光晶体有磷酸二氘钾(KD^*P,分子式是KH_2PO_3)、磷酸二氢氨(ADP,$NH_4H_2PO_4$)、铌酸锂(LN,$LiNbO_3$)、铌酸锶钡(BNN,$Ba_2NaNb_5O_{15}$)。

(2) 声光晶体。当光入射到有超声波传输的晶体中时,晶体的折射率发生周期性变化,使光反射或衍射,这种现象称为光弹效应,利用声光效应使光束受到调制和偏转,可用作声光偏转器。主要的声光晶体有TeO_2,$PbMoO_4$,a-HIO_3,TlA_3S_4(硫砷铊)。

(3) 变频晶体。当光通过某些非线性晶体,可获得比入射光频率高一倍或几倍的谐振波。如入射两种不同频率的光波,会产生两种频率复合波(和频与差频)的光波,称为光学混频。利用入射激光和低频信号波混频作用,在一定范围内可获得可调频激光,叫参量振荡。光倍频、光混频和参量振荡等都属于光的非线性效应,只能在非线性晶体(变频晶体)上产生。常用的变频晶体有KDP,ADP,LN,BNN,Ag_3AS_4(淡红银矿)等。

1.3 光学塑料

光学塑料指可用来代替光学玻璃的有机材料。由于光学塑料具有一定的光学、机械、化学性能和许多特有的优点,能满足光学设计的要求,可制造各种光学零件,着色后也能制成各种滤光片。由于光学塑料具有质量轻、强度高、成本低、易成型、耐冲击、可回收等诸多优点,近年来在一些中、低档的光学仪器中,光学塑料逐步取代了玻璃,如在光盘、眼镜片,照相机和摄像机镜头、精密透镜、非球面透镜等材料上得到广泛应用。

1.3.1 光学塑料的组成及种类

塑料的主要成分是有机高分子聚合物——树脂,约占总质量的40%~100%。塑料的基本性质主要取决于树脂的性质,在树脂中添加增强剂、增塑剂、稳定剂和润滑剂等,可以大幅度改进塑料的性能。

塑料按其成型时采用方法不同可以分为两大主类:热塑性塑料和热固性塑料。热塑性塑料是通过加热塑料单体至适当温度,使其达到熔融状态后压入或注入铸模而成型,如再加热,又可以变软,塑制成各种形状的零件,即可以多次反复加热仍有可塑性的塑料。如聚甲基丙烯酸甲酯(PMMA)、苯乙烯-丙烯腈共聚物(SAN)、聚碳酸酯(PC)、聚苯乙烯(PS)、聚甲基戊烯-1(YPX)等。

热固性塑料是由加热固化的合成树脂制成的塑料,这类塑料的合成树脂在加热初期,树脂软化具有可塑性,可制成各种形状的制品,继续加热,则伴随着化学反应的发生而变硬,使形状固定下来,固化以后即使再加热也不再具有可塑性。如常见的烯丙基二甘醇碳酸酯(CR-39)树脂眼镜片,环氧光学塑料均属于热固性光学塑料。

光学塑料之所以有热塑性和热固性两种不同的性质,主要是由合成树脂本身分子结构引起的。从树脂的结构来说,可分为3类;第一类是线性形分子链结构;第二类是支链形的;

第三类是网状形结构，如图 1－8 所示。如果合成树脂分子的结构是线形或者支链形的，就属于热塑性塑料；如果是网状的，就属于热固性塑料。

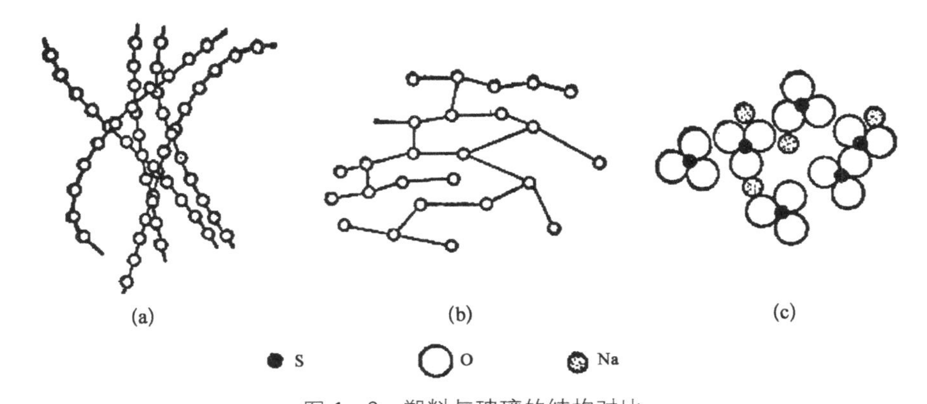

图 1－8　塑料与玻璃的结构对比

(a) 热塑性塑料；(b) 热固性塑料；(c) 钠硅玻璃

1.3.2　光学塑料的主要特性和优缺点

图 1－9 给出了 8 种光学塑料和 2 种光学玻璃的 $n_d-\nu_d$ 曲线。主要的常用光学塑料物理、化学性能和光学性能如表 1－28 所示。

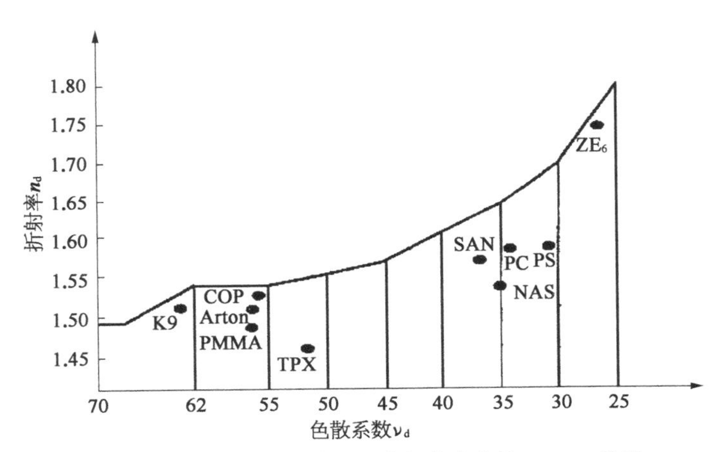

图 1－9　8 种光学塑料和 2 种光学玻璃的 $n_d-\nu_d$ 曲线

表 1－28　主要的常用光学塑料物理化学性能

塑料性能		聚甲基丙烯酸甲酯(PMMA)	聚苯乙烯(PS)	聚碳酸酯(PC)	苯烯酸和苯乙烯共聚物(NAS)	YPX	CR－39	SAN
热性能	玻璃化温度/℃	105	100	149				
	熔点/℃	160～200	131～165	225～250				130～160
	线胀系数/℃$^{-1}$	$(5\sim9)\times10^{-5}$	$(6\sim8)\times10^{-5}$	6×10^{-5}	$(6\sim8)\times10^{-5}$		8×10^{-5}	

（续表）

塑料性能		聚甲基丙烯酸甲酯(PMMA)	聚苯乙烯(PS)	聚碳酸酯(PC)	苯烯酸和苯乙烯共聚物(NAS)	YPX	CR-39	SAN
热性能	热变形温度/℃	68	65	135	85			
	计算收缩率/(%)	1.5～1.8	0.5～0.6	0.5～0.7				
	导热系数/[w/(m·K)]	0.670～0.251	0.100～0.138	0.139	0.125～0.167			
化学性能	耐酸性及对盐稳定性	除强氧化酸外，对酸盐均稳定	能耐有机酸、盐等溶液	稀酸、盐水稳定				
	耐碱性	强碱侵蚀 弱碱稳定	对碱类化合物稳定	弱碱影响较轻 强碱不行				
	耐油性	对油类稳定	影响表面颜色	稳定				
	耐有机溶剂	芳香族氯化烃能溶解	受许多烃类、酮类、脂肪族侵蚀而软化	不溶于脂肪族、碳氢化合物和醇类				
	耐日光及气候性	紫外透过率73.56%	日光照射会变黄	曝光照射微脆化				
光学性能	n_d^{20}	1.490	1.590～1.600	1.586	1.533	1.465	1.504	1.571
	υ_d	57.2～57.8	30.8～30.9	29.9	42.4	56.2	57.8	35.3
	透过率/(%)	92.0	88.0～92.0	80.0～90.0	80.0～88.0	90.0	92.0	
物理性能	密度/g·cm^{-3}	1.17～1.20	1.04～1.06	1.20	1.12～1.16	0.83	1.32	1.10
	抗张屈服强度/Pa	8×10^7	$(35\sim63)\times10^6$	72×10^6	63×10^6			
	抗张断裂强度/Pa	8×10^7	$(35\sim63)\times10^6$	6×10^7				
	抗张弹性模量/Pa	3.16×10^9	$(2.80\sim3.50)\times10^9$	2.30×10^9	3.50×10^7			
	弯曲弹性模量/Pa	2.56×10^9		1.54×10^9				
	静弯曲强度/Pa	145×10^6	$(61\sim98)\times10^6$	113×10^6	$(113\sim130)\times10^6$			
	断裂伸长率	2～10	1	75 泊松比0.38	4～5			
	布氏硬度/HB	15.3	65.0～80.0	11.4～75.0	70.0～85.0			

1.3.3 常用的光学塑料

现有的透明塑料有上百种，而且还在不断地研制新的塑料品种。但是真正符合光学要求、在光学系统中得到广泛应用的光学塑料并不多，下面介绍几种主要的光学塑料。

1）传统光学塑料

（1）聚甲基丙烯酸甲酯（Polymethyl Methacrylate，简称PMMA，也称Acrylic）。属于丙烯酸系塑料，通常称为有机玻璃，是一种最重要、用途最广泛的热塑性光学塑料，目前使用的光学塑料零件中有90%是用它制造的。PMMA除具有高透明度外，还具有综合性能好、容易模塑和机械加工、尺寸稳定性好、价格便宜等优点。其缺点是吸湿性大，表面硬度和耐溶剂性差。

PMMA在其热历史中有三态，依次为玻璃态、高弹态、黏流态。玻璃化的温度为105℃，黏流温度大于200℃，加工温度范围为180～250℃。黏流温度是聚合物成型加工的下限温度，上限温度为分解温度，PMMA的分解温度为350℃（空气中），其软化温度在100～120℃，最高使用温度为80℃。

PMMA在玻璃态一般是不能加工的，但这一状态对于用机械方法加工和注塑制品的脱模过程都是很重要的。模具最高允许温度比玻璃化温度低20～30℃，或者比热变形温度低20℃，所以PMMA在注塑时，注塑模最高允许温度为80～90℃。

PMMA是非晶态热塑性塑料，它的剪切模量在玻璃化温度以下是相当高的，随温度的变化很小，因此注塑制品通常有足够的刚性，甚至可以在模具的最高允许温度下脱模。制品要顺利脱模而不变形，其中心层的温度应降低到热变形温度，此值对于非晶体态聚合物接近于玻璃化温度T_g。

PMMA目前广泛地用来制造照相机、摄录一体机、投影电视、光盘读取头以及军用火控和制导系统中的非球面透镜或反射镜；还用来制造菲涅耳透镜、微透镜阵列、隐形眼镜、光纤和光盘基板等零件。

（2）聚苯乙烯（Polystyrene，简称PS，也称Styrene）。PS是一种透明热塑性塑料，折射率高，阿贝数小，与火石玻璃相接近，故称为“火石”塑料。因此与PMMA组合能对F线和C线校正色差，二级光谱的校正比用玻璃制造的消色差透镜还要好一些。

PS双折射率较大。但是，用PS加工的零件经退火热处理后可减少内应力。退火热处理还可以提高机械强度，降低受溶剂的侵蚀引起的开裂，并增加其热变形温度。热变形温度随退火时间延长而升高，如退火温度为77℃、退火时间为17 h，则热变形温度可达90℃。如果退火温度不变，但退火时间缩短至2 h，则热变形温度降至85℃。

PS的一个突出的特点是耐辐射性能好，是最耐辐射的光学塑料之一，可以耐高剂量的辐射。此外PS还具有吸湿性小（饱和吸水率为0.2%，仅为PMMA的1/10），所以它在潮湿环境中能保持制品的强度和尺寸。

PS无味无毒，不产生霉菌，镜片尺寸稳定性好。PS能自由着色、成型性好、易加工、价格便宜。缺点是硬度低、耐磨性差、脆性大、容易产生裂痕。

PS除了和PMMA组合成消色差透镜外，还用于复制光栅元件。

为了改善PS的性能，通过苯乙烯与不同单体共聚或与其他聚合物的共混，制造出一系列PS的改性品种。例如由70%聚苯乙烯和30%丙烯酸酯共聚，形成新的光学塑料NAS。

另一种共聚物是丙烯腈——苯乙烯的共聚物，称为SAN。在SAN聚合物链中引入极性的氰基(—CN—),可以增加分子之间的吸引力使共聚物的软化点提高,耐化学腐蚀、耐气候性和耐应力开裂性能也得到了改善,是一种十分稳定并容易模塑的光学塑料。增加共聚物中的氰基含量,可提高机械性能,但流动性变差。它具有高的冲击强度和抗弯强度,故又称高冲击聚苯乙烯,其拉伸弹性模量是现有光学塑料中较高的一种。它的主要用途是制造工程塑料制品,光学上主要用作窗口材料。

(3) 聚碳酸酯(Polycarbonate,简称 PC)。PC 是一种综合性能优良的热塑性塑料,有良好的耐热性和耐寒性,并在较宽温度范围内(−137～120 ℃)保持较高机械强度,尺寸稳定性好。聚碳酸酯吸水率低,在水中浸泡 24 h,仅增重 0.13%。但它具有很高的延展性,不易进行机械加工,注射成型是最常用的方法。

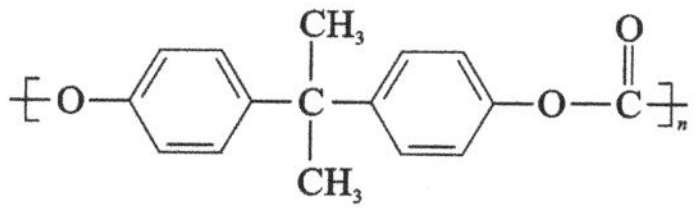

图 1-10 聚碳酸酯的结构式

以双酚 A 作主要原料制成的 PC 的结构式如图 1-10 所示。它的密度为 1.20 kg/m^3,本色呈淡黄色,加点淡蓝色后,得到无色透明制品。折射率 $n_d=1.586$, $\nu_d=34.0$,透过率为 88%～91%(3 mm 厚)。

PC 的机械特性是韧而刚,无缺口抗冲击强度极限在热塑性材料中名列前茅。成型零件可达到很精密的公差,并在很宽的变化范围内保持尺寸的稳定性,成型收缩率稳定在 0.5%～0.7%。PC 的机械强度与摩尔量有关。PC 的机械性能如表 1-29 所示。

表 1-29 聚碳酸酯的机械性能

性　　能	数　值	性　　能	数　值
密度/(kg/m^3)	1.2	线膨胀系数/(10^{-5} K^{-1})	7.0
吸水率(2 h)/(%)	0.24	热变形温度(1.82 MPa)/℃	135
拉伸强度/MPa	61.74	长期使用温度/℃	110
弯曲强度/MPa	93.1	电阻率/Ω·m	10^8
缺口耐冲击强度/(J/m)	127.4	击穿电压强度/(MV/m)	90
表面硬度(ASTM D785-62)	M70	耐电弧性/s	120

PC 的热变形温度为 135～143 ℃,它的线胀系数比其他塑料低。当 240～300 ℃时熔融黏度为 10^3～10^4 Pa·s。PC 的热固化过程在 180 ℃时较缓慢,但在接近玻璃化温度(145～150 ℃)时变速。而且该过程是可逆的,即超过玻璃化温度时又能稍软。在 100 ℃以上长时间热处理,它的刚硬性稍有增加,表现出弹性模数、弯曲强度、拉伸强度增加,而抗冲击值有所下降。在 100 ℃以上温度下退火,可消除 PC 的内应力。PC 的热性能如表 1-30 所示。

表 1-30 PC 的热性能

性　　能	数　值	性　　能	数　值
结晶熔点/℃	263	平均线膨胀系数	6×10^{-5}
熔融/℃	220～223	可燃性	自熄

（续表）

性　能	数　值	性　能	数　值
脆化温度/℃	<−100	载荷下变形温度	
玻璃化温度/℃	145～150	181.898 6×10^4 Pa	138
最高使用温度/℃	135	45.474 6×10^4 Pa	143
比热容/[J/(kg·K)]	1 172	热导率/[W/(m·K)]	0.197 2

PC在室温下耐水、耐稀酸、耐氧化剂，还原剂、盐、油、脂肪烃的侵蚀。它不耐碱、胺、酮、芳香烃的侵蚀。在很多有机液体或蒸汽中溶胀，并会导致开裂。PC能溶于二氯甲烷、二氯乙烷、甲酚、二恶烷，长期浸入水中会引起水解而导致脆化。

由于PC的光学常数和PS相似，所以可以和PMMA组成消色差透镜。

2）新型光学塑料

由于传统光学塑料的性能远远不能满足人们对光学元件高性能、高精密度的要求，因此，近年来陆续开发出了一些新型的光学塑料。

(1) OZ-1000光学塑料。是具有特殊脂环基的丙烯酸树脂塑料，由日本日立化成公司研制生产。其透光性可与PMMA相媲美，而且在吸水性(只有PMMA的1/10)、色散性、双折射性、耐热性等性能方面均优于PMMA。适合于高精密透镜的精密成型，已经在激光读取装置和照相机镜头上应用。

(2) KT-153光学塑料。是一种螺烷树脂塑料，由日本东海光学公司研制生产。其优点是透光性好、无双折射、着色性好、刚而韧、薄而轻等。

(3) ARTON光学塑料。是一种聚烯烃类塑料，由日本合成橡胶公司研制生产。ARTON光学塑料具有非常好的耐热、机械、物理、光学性能，其密度极小，是目前热塑性塑料中最小的。适合于制作非球面透镜。

(4) MR系光学塑料。是带有芳环的硫代氨基甲酸树脂塑料，由日本三井化学公司研制生产。其突出优点是折射率高，如MR-7的折射率高达1.660。

(5) APO光学塑料。是由乙烯和环状烯烃共聚而成，是由日本三井石油公司研制生产的一种光盘基板材料。其特点是透光性非常好(透光率达93%，大于PMMA)、双折射小、吸水率很低(小于0.1%)、使用温度高(可达150 ℃)、热成型收缩率小(仅为0.5%)、耐溶剂腐蚀能力强等，而且它的物理机械性能与PC相当。因此，APO是一种非常理想的塑料基板材料。

(6) TS26光学塑料。是由苯乙烯、甲基丙烯酸乙酯和三溴苯乙烯共聚而成，是一种高折射率光学塑料。它具有高折射率($n_d=1.592$)、无双折射、强而韧、表面耐磨、薄而轻等特点。适合于制作高度近视患者佩戴的超薄、超轻近视眼镜片，如与同样度数的CR-39镜片相比，厚度可减少15%，重量可减轻10%。

此外还有COC光学塑料、MH光学塑料、E818光学塑料、COP光学塑料、EYAS光学塑料等，而且新品种正在不断出现。

1.3.4 光学塑料的优、缺点

1) 密度小、重量轻

光学塑料的密度在 0.83～1.46 g/cm^3，而光学玻璃的密度在 2.27～6.26 g/cm^{3}之间。可见光学塑料的密度仅为玻璃的 1/2～1/4。因此，用光学塑料制造的光学零件，可以减轻零件本身的重量，从而减轻整个光学仪器的重量，特别是对复杂的光学系统尤为重要。

2) 耐冲击

抗拉强度从 TPX 的 281.2 kg/cm^2 到退火的聚苯乙烯塑料 843.6 kg/cm^2 不等。有机玻璃抗拉强度可达 421.8～703 kg/cm^2，接近 BK7 玻璃，冲击强度可达 25 cm · kg/cm^2，比 BK7 玻璃大 11 倍。所以光学塑料能经得起撞击和跌落，不易破碎。其中聚碳酸酯塑料的耐冲击强度最高，0.22 in 口径的子弹打不穿 0.3 cm 厚的聚碳酸酯塑料板，虽然在射击点形成凹坑，但不破裂。这对军事和野外使用的光学仪器具有非常重要的意义。

3) 抗温度骤变能力强

光学塑料虽然耐热性能比玻璃差。但耐温度骤变能力比玻璃强，只要温度低于塑料熔点温度，不管温度怎样急剧变化，光学性能也不会改变。

4) 透红外、紫外性能好

光学塑料在可见光波段的透过率约为 92%，接近冕牌光学玻璃。而在红外、紫外区的透过率高于光学玻璃。

5) 易成型，成本低

(1) 光学塑料的原材料丰富，且价格便宜。

(2) 光学塑料成型性能好，只要制造出精密的模具，就可以用模压方法或注塑成型的方法大批量生产，并且可以一模多腔(最大时可以一模 32 腔)达到非常大的批量生产能力。而且，光学塑料零件的一致性很好。

(3) 光学玻璃、光学晶体很难通过研磨、抛光成球面与平面以外的形状。对于用光学玻璃或光学晶体不能制造或难以制造的光学零件如非球面、微透镜阵列、菲涅耳透镜和开诺(Kinkform)衍射光学表面等面型很复杂的零件，采用光学塑料很容易、非常经济地制造出来。而且用模塑方法制造的光学零件比玻璃零件清晰度高，具有减少像差畸变等优点。

(4) 光学塑料采用注射成型的方法可以把透镜、垫圈和镜框制成一个整体，这不仅降低了系统的制造成本，而且减少了装配的工作量，改进了装配的重复精度。

(5) 光学塑料可以通过车削、铣削加工，工艺性好，生产成本低。一般来说，单个光学塑料零件的成本只有光学玻璃零件的 1/10～1/30。

尽管光学塑料有很多的优点，并且已经成为光学零件制造中一类较重要的光学材料，但是由于目前尚存在明显的缺点而限制了它的应用范围。光学塑料的缺点表现在：

(1) 硬度低、易划伤。由于光学塑料的硬度远远低于光学玻璃和光学晶体，因此耐磨性差、表面易划伤，因此需要对塑料透镜的表面在低温下进行真空镀膜，使其表面的硬度与玻璃相近。

(2) 导热性差。光学塑料的导热性差，其热导率为 0.14～0.23 W/(m · K)，约为光学玻璃热导率[0.5～1.5 W/(m·K)]的 1/5。

(3) 耐高温性能差。塑料的耐热性比玻璃差，易变形，加热时会变色和分解。使用温度一般不能超过 120 ℃。当使用温度超过 150 ℃时，通常不能用塑料作光学零件。

(4) 热膨胀系数大。光学塑料的热膨胀系数大，比光学玻璃大约 10 倍，加上吸湿性大，膨胀率就更高。因此，胶合光学塑料元件必须选择两种膨胀系数相同的元件胶合在一起，否则在温度变化时就会脱胶，或者引起很大的应力，产生应力双折射，甚至使元件炸裂。

(5) 抗有机溶剂腐蚀的能力差。光学塑料化学稳定性差，在受到有机溶剂侵蚀时，容易产生裂纹。

(6) 折射率温度系数大。光学塑料的折射率温度系数为 $-1\times10^{-4}\sim2\times10^{-4}$ ℃$^{-1}$，是光学玻璃的 100 倍，这对于光学系统来说是特别不利的。

(7) 光学常数选择范围较窄。目前光学塑料的品种较少，光学常数的选择范围窄。一般光学塑料的折射率在 1.47～1.6 之间，阿贝数在 30～50 之间，因此满足不了光学设计的要求，使它不能在光学仪器中得到广泛应用。

(8) 折射率均匀性较差。光学塑料的折射率均匀性不如光学玻璃。

(9) 易产生静电。光学塑料在脱模及进行各种加工处理时，往往会带上静电，从而吸附许多灰尘。解决的方法是在制造光学塑料元件的过程中镀上抗静电膜，或者用电离气体将静电中和。

(10) 光学塑料容易产生应力双折射。用热成型方法制造的光学塑料元件以及后续加工过程中都会产生残余应力，可能会使光学塑料零件产生不同程度的应力双折射。因此使用中需要特种退火处理，以消除应力双折射。

这些缺陷限制了塑料光学元件的广泛应用。针对塑料光学元件的这些特点，可通过改变塑料成分，改进加工工艺和在表面上涂膜等方法加以改进。

1.3.5　光学塑料的应用

光学塑料尽管在许多性能上不如光学玻璃，但它具有质轻、耐破损、价格便宜、易于加工成型等优点，因此近年来得到了广泛的应用。光学塑料的应用可以分为两个方面：一是光学塑料的一般应用，即作为光学玻璃或光学晶体的替代品；二是光学塑料的特殊应用，即作为光学玻璃或光学晶体难以胜任或不能胜任的，只有光学塑料才能制造的光学元件。

1) 光学塑料的一般应用

由于光学塑料具有诸多优良的特性，因此，光学塑料已经在许多应用领域替代光学玻璃或光学晶体。

(1) 在光学仪器中的应用。在光学仪器中应用的光学塑料主要有 PMMA、PC、CR-39、OZ-1000 等，可应用于望远镜、瞄准望远镜、测距仪、航空照相机、放大镜、幻灯仪、示波器、地震仪、照相机、摄像机等光学仪器上，制作具有反射、透射、折射、聚焦、散射等性能的光学元件，如透镜、反射镜、棱镜、窗口、偏振片、滤光片等。

(2) 用作镜片材料。光学塑料由于其质量轻、安全性高(光学塑料耐冲击、不易破碎，而且即使破碎也不会像玻璃镜片那样容易产生碎片飞散而损伤眼睛)的特点，使得它逐渐代替光学玻璃和光学晶体，成为镜片材料的主要来源，目前光学塑料在镜片上的普及率已达70%～90%，而且正在逐年增长。

眼镜片可分为视力矫正镜片和保护性镜片两类。

视力矫正镜片包括近视镜片、远视镜片、老花镜片、弱视镜片、双焦点镜片、渐变光镜片、散光镜片、治疗镜片等，其中用量最大的是近视镜片和老花镜片。视力矫正镜片主要采用PMMA，PC，CR－39等光学塑料，且以CR－39为主。

保护性镜片包括劳保镜片、风镜、太阳镜等，主要采用PC和CR－39光学塑料。

(3) 用作光盘材料。最早使用的光盘材料是光学玻璃，其优点是吸水性小、尺寸稳定、不易变形、误码率低、信噪比高。其缺点是传热速度快、成型困难、质量大、易碎。由于光学塑料具有密度小、不易碎、易于加工成型、成本低等特点，已逐步取代光学玻璃成为制作光盘的理想材料。目前用于制作光盘的光学塑料主要有PMMA，PC，TPX，APO及环氧树脂等。

(4) 在交通运输上的应用。光学塑料主要用作机动车反光镜、交通安全标志、信号灯、灯具、风挡玻璃等，主要材料为PMMA和PC。

(5) 用作塑料光纤。与石英光纤相比，塑料光纤的优点是数值孔径大、耦合效率高、传输功率大、价格便宜、加工简便等。缺点是损耗大、耐热性差、不适合远距离传输。目前用作光纤材料的光学塑料主要有PMMA，PC，PS及有机聚硅氧烷等。

(6) 用作梯度折射率光学材料。梯度折射率光学材料是一种用于微型光学系统和光纤通信的新型光学材料。与光学玻璃和光学晶体等无机梯度折射率材料相比，梯度折射光学塑料具有工艺简单、质轻、柔软性好、成本低、梯度深度和梯度差较大等优点，因此受到广泛关注。其缺点是红外、紫外透过率和化学稳定性较差、硬度低、耐热性差等。

目前，梯度折射率光学塑料主要用于制作通信光纤的连接和转换器件、光波导元件、医用内窥镜、复印机镜头的棒透镜阵列等。

2) 光学塑料的特殊应用

(1) 制作非球面透镜。在光学系统中采用非球面透镜有改善像质、简化系统、减小系统的外形尺寸、减小重量等优点。如果用光学玻璃加工非球面透镜，一般非常困难。而采用注塑成型技术可以生产出高精度的塑料非球面透镜，不仅成本低、质量轻，而且还简化了系统的结构，提高成像质量。

(2) 制作菲涅耳透镜。菲涅耳透镜是一种形状非常复杂的光学元件，如果用光学玻璃制作，不仅成本高、研磨和抛光强度大，而且生产的菲涅耳透镜质量较差。采用精密模压注射技术成型的菲涅耳透镜的出现，极大地推动了菲涅耳透镜的应用。光学塑料菲涅耳透镜最突出的优点是质轻、光程小、可节约材料和空间。它主要用于投影机、探照灯和信号灯，出射平行光。用于看书、看报的菲涅耳放大镜只有传统的光学玻璃放大镜厚度的1/5、重量是光学玻璃放大镜的1/40。

(3) 制作复杂的塑料复制光学元件。利用塑料的可铸性，可以生产出各种各样复杂的塑料光学元件，尤其是采用塑料复制光栅技术制作的光学塑料光栅的出现，使得光栅得到了极为广泛的应用。例如，分光光度计用的塑料光栅已经全部替代了原来使用的狭缝分光光栅。塑料光学元件还用于制作光学分析仪中复杂的光学元件以及在飞行模拟装置、大型画面的电影投影系统、太阳能捕集器、激光系统、卫星通信等装置中大型质轻的光学塑料反射镜。

(4) 制作与人体接触透镜。接触透镜与眼镜片不同，它直接与人体接触，是一种装在眼睑内，贴在眼球膜上的微型透明镜片。它包括用于视力矫正和白内障手术后使用的软性的隐形眼镜、有色透镜、二重焦点透镜、人工水晶眼球、假眼球等。

用作接触透镜的材料必须对人体无毒无害、无过敏性、可透气，而且在人眼中长期使用不变质、高透光。对于软性隐形眼镜，软性有色透镜等，还要求具有良好的吸水性、吸水后变软但不改变曲率，能够透水、透氧等。

自从PMMA工业化以来，光学塑料就完全取代光学玻璃制作接触透镜。光学塑料接触透镜可分为硬接触透镜和软接触透镜。硬接触透镜采用PMMA制造，软接触透镜采用乙烯基吡咯烷酮等单体与聚甲基丙烯酸羟乙酯共聚而成的吸水性交联树脂制造，吸水率可高达80%，而且透光性仍很理想。

第2章 光学加工的辅助材料

光学加工中需要用到的工艺材料，称为光学加工辅助材料，简称为光学辅料。光学辅料是粗磨、精磨、抛光过程必不可少的磨削光学玻璃的材料。主要有磨料、抛光粉、抛光膜层材料、黏结材料、冷却液、清洗材料、擦拭材料、保护材料、防腐防霉材料等。

2.1 磨料与磨具

磨料是光学加工中粗磨和精磨过程磨削光学玻璃的物质，它是散粒型的，磨削时将磨料与水混合制成磨料悬浮液添加在磨具与零件之间，借助于磨具与零件的相对运动进行研磨。

2.1.1 磨料的一般特性

作为磨料，主要特点是具有研磨性。因此，首先要求磨料有均匀的颗粒度；第二，要求磨料有较高的硬度，能破坏玻璃层。例如光学玻璃的莫氏硬度为5～6，则研磨玻璃的磨料其硬度应高于此值，如常见的金刚砂莫氏硬度为7～9；其三，要求磨料有良好的形状，呈片状或多边形，这种形状切削性能好；其四，磨料应有良好的导热性，便于散热，同时磨料应该价廉易得，经济性好。

磨料按其来源分为天然磨料和人造磨料。天然磨料有金刚石（代号为JT）、刚玉（Al_2O_3）、石榴石、石英砂等。在我国光学加工行业中使用最多的是金刚砂，金刚砂也是一种天然磨料。人造磨料有人造金刚石、人造刚玉（Al_2O_3）、碳化硅（SiC）、碳化硼（B_4C）、氮化硼（BN）、石英砂（SiO_2）等。

1）磨料的分级和粒度

在光学加工时，一般用粗的磨料研磨玻璃效率比较高，但是研磨后玻璃表面粗糙度大；用细的磨料研磨玻璃表面粗糙度小、细致，但效率低。因此为了合理、经济地选择使用磨料。根据磨料的颗粒大小，将磨料分成许多级。一定的级别和一定的粒度组相对应，所以磨料的级别也就是相应的粒度号。光学加工时，磨料的种类选定后，粒度号就是最主要的工艺选用指标。

磨料的分级方法有两种。较粗磨料是用过筛法分级，即用具有一定大小网眼的铜网（或绢网）过筛，每一个筛一个分号。由于网眼是正方形的，所以筛选出来的磨料颗粒尺寸近似等于网眼的尺寸。筛分法是根据单位平方厘米上网眼的数目来定义磨料的粒度，称为目，记为“#”。粒度号越大，颗粒越细。用过筛法分级的颗粒尺寸一般到40 μm为止，称为磨粉。

这些磨料按颗粒大小分为16个号，记为12#、14#、16#、20#、24#、30#、46#、60#、70#、80#、100#、120#、150#、180#、240#、280#。

较小的颗粒用沉降法分级。沉降法是根据不同大小的磨料颗粒，在水中沉降速度不同的原理将磨料分级，其粒度以其基本粒度尺寸（微米数）命名，分级的颗粒尺寸一般从40 μm到0.5 μm以下。这些磨料粒度按颗粒大小分为12个号：W40，W28，W20，W14，W10，W7，W5，W3.5，W2.5，W1.5，W1.0，W0.5。利用沉降法获得的磨料称为微粉。

沉降法可分为：

（1）自然沉降分选法（见图2-1）。可用于大于W5的各种粒度分选。在具有一定高度和容量的容器中，盛有砂和水混合均匀的混浊液，室温保持在20 ℃，使其平静地沉降一定时间 t 后，利用虹吸法吸出离液面高度为 H 的混合液，如此反复进行多次（10～20次）后，高度为 H 的液体中不再含有较细颗粒。

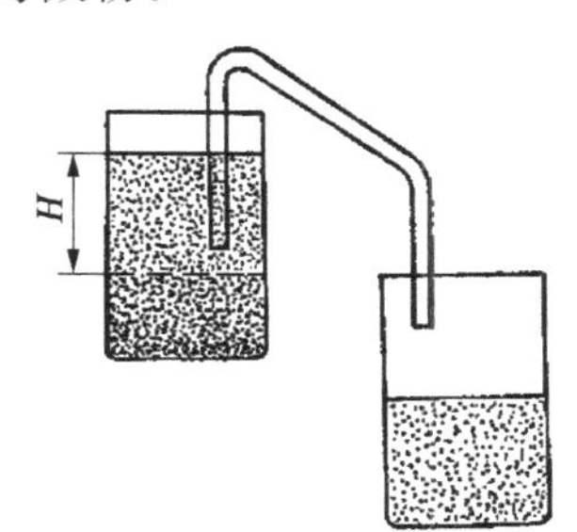

图2-1　自然沉降（静水）分级法

只要改变沉降时间，再用同样方法可分出较粗颗粒。各种粒度抽取时间如表2-1所示。

表2-1　沉降粒度与沉降时间

粒度	W3.5	W5	W7	W10	W14	W20	W28
沉降时间	3 h	1 h 20 min	50 min	20 min	10 min	5 min	2.5 min

这种方法在抛光粉的分选中经常采用。

（2）在上升水流中分级。可以在间歇操作或连续操作的锥形容器中进行，图2-2为间歇操作锥形容器示意图。沉降速度小于水流速度的磨料颗粒被水流带走，大于水流速度的颗粒沉淀下来。水流的速度根据锥形容器的工作特性通过实验确定。经过一定时间以后，当溢出的水不再混浊时，改变水流速度可以再分较粗的颗粒。

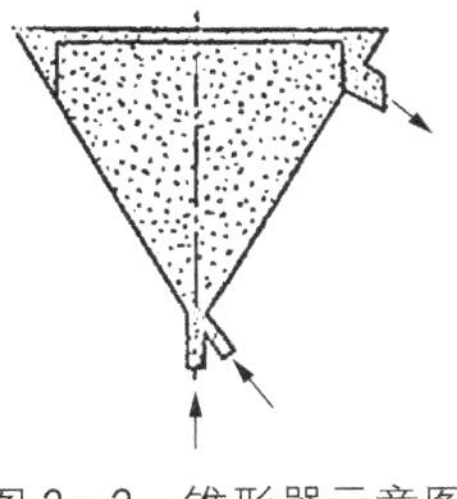
图2-2　锥形器示意图

2）磨料粒度的检测

粗粒度的检验可用过筛法，细粒度的磨料在显微镜下测定。

（1）筛分法是用 ϕ200型标准振筛机，其主要参数为：转速280 r/min、拍击次数140次/min、标准筛直径200 mm。

试样必须保持干燥，150#～280#磨料在筛分前必须烘干。

（2）显微镜分析法。取少许试样置于小器皿中，滴入适量的甘油，拌匀，取一点置于载玻片上，均匀摊开，盖上盖片。检查时，在视域内必须从试样的一端起沿直线看到另一端止。若被检颗粒中，混合颗粒数不足500时，须另起一行继续检查达500以上，颗粒不得重复测量。测量结果按下式计算：

$$某粒群重量\ \% = \frac{某粒群的颗粒数 \times 其计算系数}{各(粒群颗粒数 \times 其计算系数)之和} \times \%$$

3）磨料的回收

由于添加到研磨盘上的磨料，大约只有30%左右的颗粒参与研磨，其余的随着水被带走，因此，磨料回收具有重要意义。回收不同颗粒分级的方法同前所述。

磨料中落入的金属杂质可用浓硫酸清洗除去，然后用清水反复冲洗以除去残留的酸液。回收磨料时应注意将不同种类的磨料分开，因为它们比重不同，若混在一起会造成分级错误。

2.1.2 常用磨料的种类与性能

1）金刚砂

金刚砂有天然和人造两种，人造金刚砂就是碳化硅。在我国光学行业古典工艺中基本上采用天然金刚砂作为磨料。天然金刚砂以天然矿石原料经过机械加工、化学处理、沉淀分级后制成。其磨切力略低于电炉刚玉，但其韧性强，磨出的表面光洁度高，且价格远低于刚玉。国产天然金刚砂主要有钻石牌天然金刚砂，其化学成分如表2-2所示。莫氏硬度为7～9，外观为锋利边缘的棱角形结晶体，磨粉为淡红色，微粉为乳白色。常用的金刚砂磨料粒度号及用途对照表如表2-3所示。金刚砂与其他磨料的性能比较如表2-4所示。

表2-2　钻石牌金刚砂化学成分

成分 \ 粒度范围		12#～80# 磨料	100#～280# 磨料	W40～W5 磨料	W3.5～W0.5 磨料
化学成分	SiO_2	35～37	35～37	35～38	36～40
	Fe_2O_3	35～37	34～36	32～35	27～34
	Al_2O_3	25～28	25～28	25～28	25～28
	CaO	1.5～4	1.5～4	1.5～4	1.5～4
	MgO	0.5～1	0.5～1	0.5～1	0.5～1
矿物组成	$3FeO \cdot Al_2O_3 \cdot 3SiO_2$	74	72	64	55
	$3CaO \cdot Al_2O_3 \cdot 3SiO_2$	4	4	4	4
	$3MgO \cdot Al_2O_3 \cdot 3SiO_2$	1	1	1	1
	$Al_2O_3 \cdot 3SiO_2$	17	18	20	22
	SiO_2	2	2	2	2

表2-3　一些主要国家金刚石粒度号对照

中国		美国、日本		苏联		德国、瑞士		
粒度号	公称尺寸/μm	粒度号	公称尺寸/μm	粒度号	公称尺寸/μm	粒度号	公称尺寸/μm	在光学加工中的用途
46#	400～315	36	600	A50	500～630	D500	400～600	锯料
60#	315～250	46	424	A40	400～500	D350	300～400	粗磨、锯料

（续表）

中国		美国、日本		苏联		德国、瑞士		
粒度号	公称尺寸/μm	粒度号	公称尺寸/μm	粒度号	公称尺寸/μm	粒度号	公称尺寸/μm	在光学加工中的用途
70#	250～200	54	360	A32	315～400	D250	200～300	粗磨、锯料
80#	200～160	60	320	A25	250～315	D150	120～200	粗磨、锯料
100#	160～125	70	250	A20	200～250	D100	80～120	粗磨
120#	125～100	80	220	A16	160～200	D70	60～80	粗磨
150#	100～80	90	180	A12	125～160	D50	38～60	粗磨、磨边
180#	80～63	100	140	A10	100～125	D30	18～60	粗磨、磨边
240#	63～50	120	120	A8	80～100	D15	9～18	粗磨
280#	50～40	150	95	A6	63～80	D7	5～9	粗磨、精磨
W40	40～28	190	85	A5	50～63	D3	2～5	粗磨、精磨
W28	28～20	220	70	A4	40～50			粗磨
W20	20～14	240	60	AM40	28～40			精磨
W14	14～10	280	50	AM28	20～28			精磨
W10	10～7	320	42	AM20	14～20			精磨
W7	7～5	400	38	AM14	10～14			精磨
W5	5～3.5	600	30	AM10	7～10			精磨
W3.5	3.5～2.5	700	22	AM7	5～7			
W2.5	2.5～1.5		15	AM5	3～5			
W1.5	1.0～0.5	1 500	10	AM3	1～3			抛光
W1.0	1.0～0.5	2 000	7	AM1	<1			抛光
W0.5	<0.5	3 000	5					抛光

表 2-4　各种磨料性能比较

名称	化学式	莫氏硬度	显微硬度/(kg/mm²)	熔点/℃	比重	弹性模量/(kg/mm²)	抗压强度/(kg/mm²)
金刚石	结晶碳 C	10	10 600	3 700	3.15～3.35	9×10^4	200
刚玉	$\alpha-Al_3O_2$结晶	9	2 000～2 600	2 050	3.4～4		757
红玉粉	Al_2O_3	9					
金刚砂	Al_2O_3 60%以下	7～9			4.0		
电炉刚玉	$\alpha-Al_2O_3$	9～9.2					
碳化硅	SiC	9.5～9.75	2 900～3 340	2 200	3.1～4.0	3.9×10^4	150

（续表）

名　称	化　学　式	莫氏硬度	显微硬度/(kg/mm^2)	熔点/℃	比重	弹性模量/(kg/mm^2)	抗压强度/(kg/mm^2)
碳化硼	B_4C	9～9.8	4 800～4 900	2 350	2.52	2.96×10^4	180
石英砂	SiO_2	7	1 000～1 100	1 610	2.7		
石榴石	$3R_{11}O\cdot R_2O_3\cdot 3SO_2$	6.5～8	1 150～1 400		3.4～4.3		
水晶粉	SiO_2	7					
碧玉粉	SiO_2	7					
浮石	SiO_2	6					
硅藻土	SiO_2	6～7					
红粉	Fe_2O_3	5.5～6.5		1 560	5.1～5.3		1 560～1 570
氧化铈	CeO_2	7～8		2 600	7～7.3		2 600
氧化锆	ZrO_2	5.5～6.5		2 715	5.7～6.2		2 700～2 715
氧化钛	TiO_2	3.8～4.2		1 855	3.9～4.2		
氧化铬	Cr_2O_3	7～7.5		1 990	5.2		
二氧化锡	SnO_2	6～7		1 127	6.9		

2）金刚石

金刚石是目前自然界中已知硬度最高的一种物质。它具有抗压强度高，耐热、耐磨、耐腐蚀等一系列优异的物理机械性能，被广泛地用来制造砂轮、锯片、钻头、修正工具、硬度计压头、拉丝模、抛光剂。在光学加工中，用金刚石微粉制成切料锯片、铣削磨轮、高速精磨片等，金刚石工具使用愈来愈广泛。

金刚石分天然和人造两大类。纯净的金刚石无色，当混有杂质时呈黄色、蓝色、褐色。天然金刚石由碳(C)元素在熔岩中在一定条件下结晶而成。含量稀少，开采困难，每 15～20 t的脉石中只含有一克拉金刚石，量少，价格昂贵。因此，常用人造金刚石代替。人造金刚石以石墨为原料，以镍、铬、铁等元素的合金为触媒，在高温(1 350～1 500 ℃)、高压(55 000～65 000 大气压)下转化生成。

(1) 成分与结构。金刚石与石墨一样都由碳原子组成，是一种晶体结构，属等轴晶系，是面心立方格子。它的每一个碳原子都直接与其他 4 个碳原子相结合，而每个碳原子中心到任一个相邻碳原子的中心距离均为 1.54 Å。对每一个碳原子来说，它的 4 个相邻的碳原子是排列在正四面体的 4 个顶角上。碳原子每两根键间夹角为 109°28′。金刚石中碳原子之间的键属于最纯粹的共价键，键能很大，因此金刚石有极高的硬度；同时，金刚石中的碳原子对于扭歪键角的阻力也十分大，这也是使金刚石硬度大的原因。

(2) 硬度。金刚石的硬度为莫氏硬度 10，显微硬度达 1 060 kg/mm^2，是自然界中已知的最硬的物质。但是金刚石硬度是各向异性的，即在不同晶面上的硬度不同。八面体在(111)面上最大。菱形十二面体在(110)面上的硬度次之，而立方体(100)面上的硬度最小，

在同一晶面上的不同地方也有差异。

(3) 耐磨性。金刚石的耐磨性为硬质合金的 100 倍，刚玉的 140 倍，钢的 900 倍，石英的 1 000 倍。金刚石的耐磨性也是各向异性的，在立方晶面上与对角线平行的方向最耐磨，在八面体晶面上，则由三角形底边中点朝着顶点的方向最耐磨。

(4) 弹性模量和强度。弹性模量表示材料的强度及其在加工中抵抗变形的能力。弹性模量愈大，变形愈小。金刚石的弹性模量为 9×10^4 kg/mm^2，约为刚玉的 3 倍，远高于硬质合金和自然界中所有其他矿物。金刚石的抗弯强度为 21～49 kg/mm^2，抗压强度为 200 kg/mm^2，高于碳化硅，而低于刚玉及硬质合金。这是由于金刚石的脆性所致。

金刚石比较脆，在受一定的冲击力时，容易沿晶体的解理面破裂，这是它的最大弱点。金刚石抗冲击能力与晶体的形态、晶体的缺陷和尺寸有关。金刚石晶体在动负荷下破碎所需要的能量约为静负荷下的 0.3～0.4，这是在制作和使用金刚石工具时应注意的问题。

(5) 热性能。金刚石有较大的热容量和良好的导热性，这是它作为工具使用时能使被加工表面有较好质量的重要因素。金刚石的导热系数为刚玉的 5 倍，比热为刚玉的二分之一。同时，金刚石的线膨胀系数很小，只有钢的 80%。表 2-5 和表 2-6 分别列出了金刚石与某些材料的导热性能和线膨胀系数的比较。

表 2-5　金刚石与几种材料导热性能比较

性能 \ 材料	金刚石	碳化硼	碳化硅	刚玉	陶瓷	硬质合金
导热系数/[cal/(cm・s・℃)]	0.35	0.04	0.02	0.072	0.009	0.19
比热/[cal/(g・℃)]	0.12	0.06	0.228	0.28	0.20	0.04

表 2-6　金刚石与几种材料的线膨胀系数

性能 \ 材料	金刚石	铟钢	硬质合金	刚玉	石英	铸铁	钢	铜
线膨胀系数 0～100 ℃ ($\times10^{-6}$/℃)	0.9～1.18	1.5	5～7	7.8	8	10.5	10～16	17

(6) 光学性能。金刚石在黄绿光下，其全反射角为 24°24′，折射率因入射光波长不同而异，在汞绿光下，其折射率 $n_e=2.423\,7$，在氢红光下，其折射率 $n_c=2.409\,9$，对于波长 $\lambda=2\,265$ Å 的入射光，其折射率 $n=2.715\,1$。

(7) 电磁性质。金刚石多数为电介质，电阻率大于 10^{16} Ω・cm(20 ℃时)。极少数具有半导体性质，其电阻率为 10^{13} Ω・cm。当温度升高至 600 ℃或下降至 −150 ℃时，其电阻率升高。天然金刚石没有磁性，有的人造金刚石有磁性，它的抗磁化力为 0.49×10^{-6} Ω・cm。

(8) 化学性质。金刚石由碳元素组成，但含少量杂质。天然金刚石中主要杂质元素为氮、铝、硅、钙、镁等。人造金刚石的杂质有石墨、触媒金属、叶蜡石、氮等。

金刚石在氧中于 720～800 ℃可燃烧而石墨化，在空气中加热至 850～1 000 ℃即可燃烧。人造金刚石的碳化温度与晶体的完整程度有关。完整晶体的碳化温度较高，非完整晶体的碳化温度稍低，在 740～840 ℃之间。所以，使用金刚石工具时要注意冷却问题。

金刚石不溶于酸和碱，但能溶于硝酸钠、硝酸钾及碳酸钠的盐类熔融体中。它在高温下(800 ℃以上)与铁或铁合金起反应，能被溶解。

由于金刚石价格昂贵，因此，光学加工中只是将金刚石用作磨轮、锯片的镶嵌物。粒度为微米级的金刚石粉末常配制成膏，用来研磨和抛光红宝石等一类硬度比较大的晶体。

3）刚玉

刚玉系氧化铝(Al_2O_3)的结晶体，天然刚玉比重在 3.9～4.0 之间，氧化铝具有较大的韧性，硬度约为莫氏硬度 9。天然刚玉中氧化铝的含量有的高达 99%；人造刚玉中氧化铝的含量有的高达 99.5%。纯净的人造刚玉是白色的，但是由于杂质的存在而呈粉红色、棕褐色、黑色等。

4）碳化硅

碳化硅(SiC)结晶系薄板状，硬度在莫氏 9.15～9.75 之间。由于杂质的存在常带有各种颜色，常见的为绿色和黑色。黑色的碳化硅(代号为 TH)含量约为 98%，绿色的碳化硅(代号为 TL)约为 98.5%。碳化硅韧性较小，绿色碳化硅比黑色的更脆些，适宜加工脆性材料。

5）碳化硼

碳化硼(B_4C)(代号为 TP)的比重约为 2.5，硬度超过碳化硅而接近于金刚石。目前由于价格较贵，尚未普遍采用，仅用于部分需要高硬度磨料的场合。

2.1.3 金刚石磨具

20 世纪 60 年代以来，金刚石磨料及其制品逐渐引入光学加工行业。利用金刚石的优异性能制成磨具，提高了光学加工的效率，使光学零件加工工艺发生了巨大的变革，古典的一把砂一把水的零件粗磨工艺被金刚石铣磨工艺所取代，传统的精磨工艺被高速精磨工艺所改造，散粒磨料被各种磨具所替代。金刚石磨具就是将金刚石以固结状态制成成型磨具磨削光学玻璃的工具。如金刚石锯片、金刚石磨轮、金刚石丸片等。

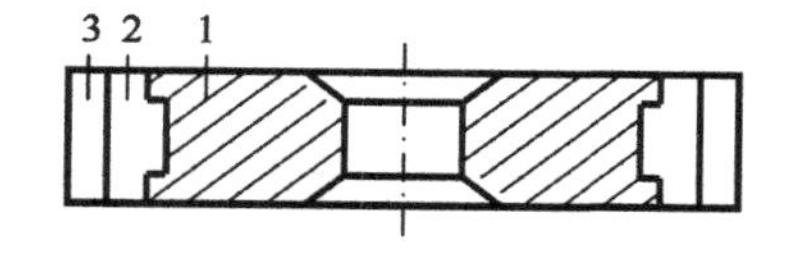

1 -基体；2 -过渡层；3 -金刚石层

图 2-3

金刚石磨具通常由基体、金刚石层和非金刚石(过渡层)层 3 部分组成，如图 2-3 所示。基体起着承负工作层的作用，一般用钢、铜、铝、电木等材料制造，要求有一定的加工精度，且平行性要好，在保证强度的条件下，愈轻愈好，一般开有一至多槽或钢纹等，以使过渡层和基体黏结牢固。过渡层是连接基体和金刚石层的部分，以充分发挥金刚石层的有效作用，它是由结合剂或其他材料组成，不含金刚石。金刚石层是金刚石磨具的工作部分，由金刚石颗粒和结合剂组成，金刚石是稀缺资源，所以金刚石颗粒只分布在磨具的表面很薄的一层，厚度在 1.5～5 mm 之间。

1）金刚石磨具特性及标志

(1) 磨料，天然金刚石代号为 JT，人造金刚石分为 JR-1，JR-2，JR-3 三种。

(2) 粒度，常用 80# ～W5。

(3) 硬度，常用 Z～y。

(4) 浓度，人造金刚石浓度是指含有金刚石的结合剂层中，每立方厘米体积中所含金刚石的克拉数。

(5) 结合剂，树脂结合剂以 S 表示；青铜结合剂以 Q 表示；陶瓷结合剂以 A 表示；电镀结合剂以 D 表示。

(6) 形状，平行以 P 表示；碗形以 BW 表示。

(7) 外径，代号 D。

(8) 厚度，代号 H。

(9) 孔径，代号 d。

(10) 金刚石层环宽，代号 b。

(11) 金刚石层层厚，代号 h。

(12) 金刚石层角度，代号 α。

2) 金刚石磨具特性的选择

(1) 磨料，指金刚石种类。一般来说，天然金刚石表面光滑、韧性好、多呈块状、强度高、耐磨性好。人造金刚石表面粗糙，多呈片状、针状、块状等不一，强度较低，脆性大。根据结合剂和被加工材料的性质，一般树脂结合剂选用 JR－1 型金刚石；如果用来加工高硬的金属材料，用金属或陶瓷结合剂，则选用 JR－2 型金刚石；若用来加工硬、脆的非金属材料，如玻璃时，采用金属结合剂，则选用 JR－3 型金刚石；电镀结合剂应该选用强度高的金刚石 JT。

(2) 粒度，表示颗粒尺寸的大小，金刚石磨具的粒度对磨削效率和表面粗糙度的影响正好相反：颗粒细的磨料，加工表面光洁度好，但磨削效率低；粒度粗的磨料，加工表面光洁度差，但磨削效率高。所以对磨料粒度要进行合理选择，原则上存在一种最佳粒度值，在此粒度值下，磨削效率最高，光洁度也好。所以具体操作时，一般在保证工件粗糙度要求的前提下，尽可能采用粒度大一点的磨具。但是，浓度一定时，粒度愈粗，磨粒数愈少，每个磨粒上受到的压力增大，容易磨钝，也容易脱落，造成磨具的磨耗增大。

不同粒度所能达到的表面光洁度如表 2－7 所示。实际使用时，粗磨选用 80# ～120#，粗精磨(细磨)选用 120# ～180#，精精磨选用 180# ～280#，研磨选用小于 W40 粒度的金刚石微粉。

表 2－7　粒度与光洁度的关系

粒　度	被加工的硬质合金表面光洁度	
	树脂结合剂	金属结合剂
80# ～100#	/	$\nabla_6 \sim \nabla_8$
100# ～150#	$\nabla_8 \sim \nabla_9$	$\nabla_7 \sim \nabla_9$
150# ～240#	$\nabla_9 \sim \nabla_{10}$	$\nabla_8 \sim \nabla_9$
280# ～W_{20}	$\nabla_{10} \sim \nabla_{12}$	/
W14～W5	$\nabla_{11} \sim \nabla_{13}$	/

(3) 浓度，指镶嵌在金刚石层中单位体积内的金刚石含量，以每立方厘米中含4.4克拉金刚石作100%浓度计算(1克拉=0.2 g)。浓度过高，金刚石颗粒数增加，结合剂数量相对减少，会降低结合剂对金刚石的把持能力。金刚石微粉的颗粒细小，浓度过高，颗粒数甚多，在磨削过程中金刚石颗粒容易脱落，降低磨具寿命，还会使加工质量变坏；浓度过低，金刚石颗粒数减少，作用在每个颗粒上的压力相应增加，也容易使磨具过早磨损，所以对浓度要作适当选择。一般依照结合剂的强弱选用不同浓度。树脂结合剂选用75%浓度，金属结合剂选用100%浓度，电镀结合剂选用200%浓度为宜。粗磨时用浓度较高的磨具，精磨时用浓度较低的磨具；金刚石粒度愈细，浓度应偏低。金刚石浓度和含量关系如表2-8所示。

表2-8　金刚石浓度和含量的关系

浓度/(%)	25	50	75	100	150	200
单位体积内金刚石含量/(克拉/cm^3)	1.10	2.20	3.30	4.40	6.60	8.80
金刚石层中金刚石所占的百分比/(%)	6.25	12.50	18.75	25.00	37.50	50.00

(4) 结合剂，是将金刚石磨粒通过一定方法，固结在磨具基体上，起把持金刚石磨料的作用。常用的结合剂有青铜结合剂、树脂结合剂、陶瓷结合剂、电镀结合剂。各国结合剂代号如表2-9所示。

表2-9　各国结合剂代号

代号 名称 \ 国别	中国 JB1192-71	日本 JIS	美国 Norton	英国 Universal	德国	瑞士 Diametal	苏联
树脂结合剂	S	R	B	R	K	KS	B
金属结合剂	Q	M	M	M	BI	BZ	M
陶瓷结合剂	A	V	V	V	V	Vit	K
电镀结合剂	D	(P)	PL	(NP)	S	F	

树脂结合剂(S)：磨削效率高、加工表面光洁度高、自锐性好、容易修正，但结合力弱，不适合于大负荷磨削。同时耐磨性差、磨耗大。多用于精磨、半精磨、刃磨、抛光及高硬度的金属材料和淬火零件的内(外)圆与平面加工等。

金属结合剂(Q)：主要指青铜结合剂(QT)。它的结合力强、耐磨性好、磨耗小、可以承受较大负荷磨削，但自锐性较差、易堵塞发热、不易修正、磨削效率不如树脂结合剂。主要用于硬质合金工件及刀具的粗磨、半精磨以及光学玻璃、宝石、半导体、石材等硬脆材料的磨削切割。

陶瓷结合剂：耐磨性强、磨削中不易堵塞和发热、磨削效率高，但磨具磨损快、制造困难，所以用得较少。

电镀结合剂：是金属结合剂的一种，是用电镀、电泳或化学镀的方法将金刚石磨粒牢牢黏结在金属基体上，主要是镀镍，也有镀铜、铬、铁等，也可以镀复合金属如镍铬等。可以镀一层，也可以镀多层。电镀结合剂磨具结合力很强，磨削效率高，制造工艺简单、方便，但金刚石层不能太厚。一般多用于制造各种特小、特薄和其他异型磨具。如磨头、油石、什锦锉、内圆切割锯片、掏料刀等专用工具。

(5) 硬度，指磨具工作表面的磨粒在外力作用下，受到切削阻力后脱落的难易程度，也就是磨粒被结合剂把持的牢固程度。磨具的硬度与磨粒无关，而与结合剂的性质、成分、数量、成型压力、烧结温度有关。磨具硬度如表2-10所示。

表2-10　金刚石磨具硬度

硬度等级			硬度等级			硬度等级		
大级	小级	代号	大级	小级	代号	大级	小级	代号
超软	超软3 超软4	CR3 CR4	中软	中软1 中软2	ZR1 ZR2	硬	硬1 硬2	Y1 Y2
	软1 软2 软3	R1 R2 R3	中	中1 中2	Z1 Z2	超硬		CY
			中硬	中硬1 中硬2 中硬3	ZY1 ZY2 ZY3			

磨具的硬度如果过高，磨粒不易脱落，虽然已经磨钝也不掉，不仅使切削能力下降，而且会增加摩擦阻力，使磨具与工件发热，甚至会爆裂。如果磨具过软，磨粒在锋利时就脱落了，使磨具很快失去正确的形状，不仅会影响磨削效率，还会影响磨削质量。所以，一般加工软材时，磨具应偏硬，加工硬材时，磨具要偏软。光学玻璃加工常用磨具硬度值为Z～Y级。

金刚石磨具的形状和代号如表2-11所示。

表2-11　金刚石磨具的形状和代号

磨具名称	代号	断面图	磨具名称	代号	断面图
平行砂轮	P	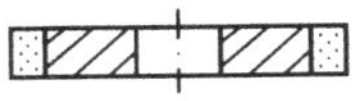	双斜边砂轮	PsX	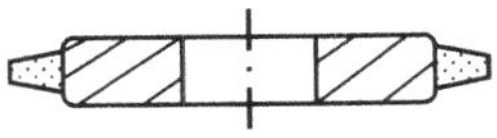
小砂轮	P	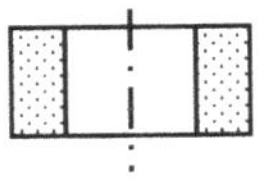	单斜边砂轮	PDX	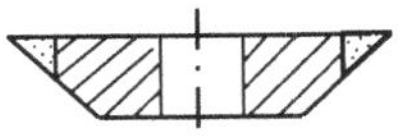
薄片砂轮	PB	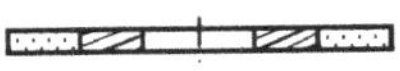	双面凹砂轮	PSA	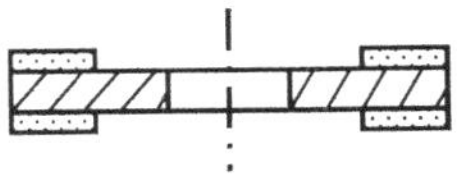
杯形砂轮	B	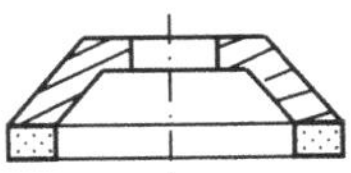	平面带弧砂轮	PH	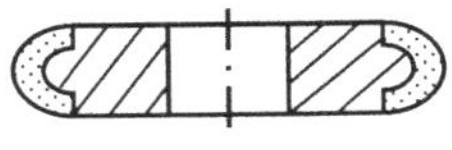

(续表)

磨具名称	代号	断 面 图	磨具名称	代号	断 面 图
碗形一号砂轮	BW1	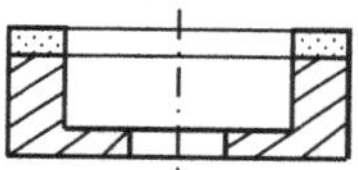	切断砂轮	PBG	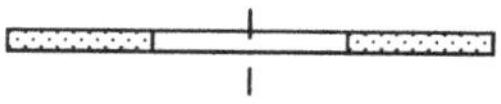
碗形二号砂轮	BW2	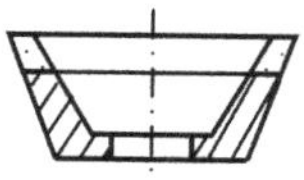	光学磨边斜边砂轮	PXG	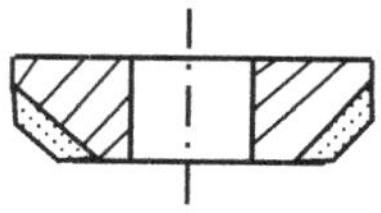
碟形一号砂轮	D1	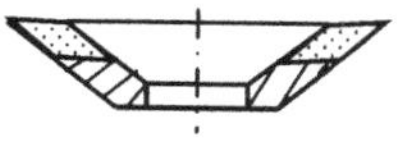	光学磨边平行砂轮	PG	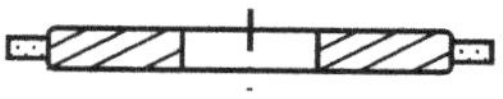
碟形二号砂轮	D2	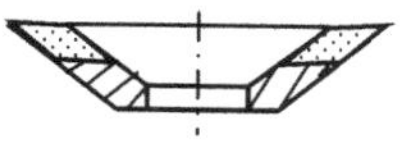	光学筒形砂轮	NH	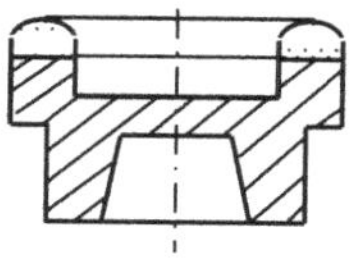
单面凹砂轮	PDA	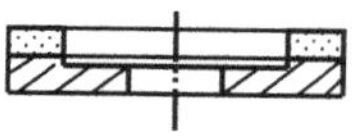	光学筒形砂轮	NP	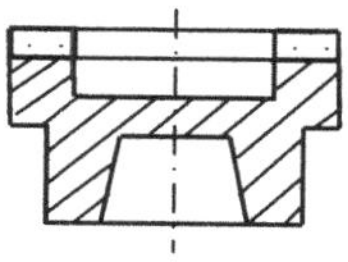

金刚石磨具的名称代号一般用英文字母加数字表示,英文字母的含义见前所述。书写顺序依次为磨料代号、粒度号、硬度代号、结合剂种类及浓度值。磨具形状代号、尺寸。尺寸书写顺序依次为外径、厚度、孔径、金刚石层环宽、金刚石层厚度、角度。在结合剂代号和磨具形状代号之间用圆点隔开。

例如,JR－100Y_1Q100・NH40×55×37×3×7 表示:JR－1 型金刚石、粒度 100 号、硬度 Y_1、青铜结合剂、光学筒形砂轮、中径 40 mm、厚度 55 mm、孔径 37 mm、金刚石层环宽 3 mm、金刚石层厚 7 mm;GB80#ZRS・P400×40×203 表示:白刚玉磨料、粒度为 80#、中软硬度、树脂结合剂、平行砂轮、外径 400 mm、厚度为 40 mm、孔径为 203 mm。

2.2 抛光材料

玻璃抛光是光学零件精磨后的一道主要工序,抛光粉是抛光的主要化工辅料。抛光的目的有两个:一是去除精磨后的凹凸层及裂纹层,使表面透明光滑,达到规定的表面疵病等级;二是精确地修正光学零件表面的几何形状,达到规定的面型精度 N 和 ΔN。

抛光机理对抛光剂的要求:① 外观均匀一致,不含机械杂质;② 粒度大小基本均匀一致;③ 具有一定的晶格形态和晶格缺陷,化学活性高;④ 具有良好的分散性(不易结块),具有良好的吸附性;⑤ 有合适的硬度和比重。

2.2.1　常用的抛光材料

目前普遍采用的抛光粉是稀土元素的氧化物，用得较多的是红粉(Fe_2O_3)，二氧化铈(CeO_2)，氧化锆(ZrO_2)。

1) 几种常用的玻璃抛光剂

(1) 氧化铁抛光粉。氧化铁属于α型氧化铁($\alpha-Fe_2O_3$)，斜方晶系，颗粒外形呈球形，边缘有紫状物。比重为5.2，粒度较小，一般为0.5～1.0 μm，硬度低(莫氏硬度4～7级)。由于焙烧温度不同，颜色有从浅红到暗红若干种。氧化铁随其制备工艺的不同其结晶结构略有不同，其抛光效率也略有不同，一般来说$\alpha-Fe_2O_3$的抛光能力较$\gamma-Fe_2O_3$或$(\alpha+\gamma)-Fe_2O_3$为低。

氧化铁生产成本低，抛光能力也较低，用于光洁度要求较高的零件加工。

(2) 氧化铈抛光粉(Ce_2O_3)。它是稀土金属氧化物，属立方晶系，颗粒较大，平均直径约为2 μm，外形呈多边形，棱角分明，比重7.3，莫氏硬度6～8级。因此，氧化铈的抛光能力强、污染小。有的工厂将氧化铈按粒度分为5类：1#为1～5 μm；2#为6～10 μm；3#为11～20 μm；4#为21～30 μm；5#为31～40 μm。抛光粉粒度大、抛光效率高，但光洁度差。

还有一种含氟化铈(CeF_3)和氧化铈(CeO_2)的稀土氟碳酸盐抛光粉，它是面心立方晶格和六方晶格，氧化铈含量为80.6%，氟化铈含量为5.1%，平均粒度为0.5 μm，比重为6.4～6.7。因为这种抛光粉含氟，有利于提高抛光质量，易消除玻璃表面的起雾现象。

氧化铈按粒度大小采用不同的制备方法和处理工艺，一般来说抛光剂的硬度随烧结温度的高低而不同，质硬的抛光能力大、寿命长，但易划伤玻璃表面，质软的抛光能力小、寿命短、抛光表面质量好，但总的说来烧结温度低一些为好，过高会使化学活性降低、表面积减小，从而使抛光效率降低。

从两种抛光剂的性能来看，由于氧化铈的硬度高，颗粒较大，且多呈多边形，抛光效率较高。因此，大多数生产厂家使用氧化铈作为抛光材料。

(3) 氧化锆抛光粉。它是单斜晶系，呈白色粉末状，莫氏硬度为5.7～6.2，其抛光能力和氧化铈相比较，随玻璃品种而不同，对软玻璃氧化铈抛光能力大，对硬质玻璃则氧化锆较好，当氧化锆粒度为0.5～1.0 μm时，抛光速度最大，它可单独使用，也可和氧化铈混合使用。

2) 晶体抛光材料

特殊材料如晶体(锗、碘酸锂氟化物)以及光学塑料，一般不能用红粉和氧化铈抛光，而采用金刚石软磨膏、氧化铝粉、氧化铬、氧化硅、氧化钛、氧化锡、氧化钕、氧化镁、氧化锌等作为抛光材料。对于硬质晶体，如红宝石、石英等，常用金刚石或二氧化硅粉抛光，也有用含量为99.9%的二氧化铈抛光粉。对于铯的卤化物晶体可用氧化铝粉，对于锗晶体或氟化物晶体常用氧化钛，抛光碘酸钾或磷酸二氘钾晶体可用氧化锡。

这些抛光粉的物化性能如表2-12所示。

表 2-12 抛光粉物化性能

材 料	晶体结构	莫氏硬度	熔点/℃	比 重	颜 色
金刚石粉	等轴	10	3 500	3.15～3.53	黄褐
氧化铝	等轴六方	8～9	2 020	3.4～4	白
氧化铬 Cr_2O_3	六方	6～7.5	1 990	5.20	绿
氧化硅 SiO_2	六方	6.5～7	1 610	2.70	白
氧化钛	正方	6～7.5	1 855	3.9～4.2	白、褐
氧化锡	正方	6～7.5	1 127	6.9	白、淡褐
氧化镁	等轴	5.5	2 800	3.2～3.7	白
氧化锌	六方	4～4.5	2 000	5.5	白

2.2.2 抛光膜层材料

抛光模是由抛光膜层和抛光模基体两部分组成，抛光膜层直接与工件接触，在抛光过程中，除了承载抛光粉粒子外，还参与抛光过程的许多化学作用。

抛光膜层可分为两大类：一类是热塑性抛光膜，以热塑性树脂为主要成分，热塑性树脂受热熔化(软化)，冷却至软化点以下，能保持模具形状，如柏油模、古马隆模等；另一类是热固性树脂为主的抛光膜，热固性树脂在热和催化剂或热和压力的作用下，发生化学反应而变硬，它在受热软化成型，冷却后变成不溶不熔状态，如环氧膜。

1）对抛光膜层的要求

(1) 要有微孔结构，一方面能够吸附、贮存大量的抛光粉，另一方面，使抛光膜层与玻璃表面保持少量的表面接触，增大比压。

(2) 有一定的硬度，使之耐磨；吻合性好，能长期保持膜层的面型精度。

(3) 具有良好的耐热性，使膜层在加工中不会因受热而变形。

(4) 具有一定的弹性、塑性和韧性，以保证零件加工时的精度。

(5) 成型收缩率小、老化期长、吸水性能较好。

(6) 有一定的黏性，能牢固地黏附在抛光模基体上。

(7) 能溶于一般的有机溶剂中，易于清洗。

根据对抛光膜的要求，可以用作抛光膜层的材料有 3 类。

第一类是树脂——基体材料。包括天然树脂(如沥青、古马隆、天然橡胶等)、合成树脂或合成橡胶(如环氧树脂、丙烯酸树脂、聚氮脂、尼龙、聚四氟乙烯、丁腈橡胶、丁苯橡胶等)。

第二类是填料。它的作用是增强抛光膜层的强度、硬度、耐磨性，提高其耐热性，降低固化收缩率和膨胀系数。材料应呈中性，不参与化学反应。如碳酸钙、石膏粉、白垩粉、氧化铈、金刚砂、碳化硅、玛瑙粉、碳黑、氧化锌等。

第三类是辅助材料。借以改变抛光膜的弹性、韧性、黏性及表面的微孔结构。这些材料包括固化剂、增塑剂、发泡剂、防老剂、热稳定剂等，如邻苯二甲酸二丁酯、聚酰胺、乙二胺、亚磷酸三苯酯、发泡灵等。

2）常用的抛光膜层材料及性能

（1）沥青。是许多有机物的混合物。如石油沥青包含有油分、胶脂及沥青质等主要成分。油分使沥青具有流动性，胶脂使沥青具有弹性及延展性，而沥青质使沥青具黏度及温度稳定性。

沥青在不同温度下的流动能力用它的黏度 η 表示。黏度的绝对单位为泊[1 泊 = 1 g/(cm·s)]。在一定温度下的黏度值常用对数表示，如 $\lg \eta_{25} = 7$，表示在温度等于 25 ℃ 时的黏度等于 10^7 泊。测定沥青的黏度是根据斯托克斯定律，即在一定的压力和温度条件下，测量一个钢球在沥青中的运动速度（匀速运动），由于球速与黏度有关，就可以通过计算求得黏度 η。

沥青的黏度也可用针入法（又称硬度）来表示，不过这时测得的是相对黏度。它是在一种叫作针入仪的仪器上进行的。针入度表示在一定的温度、荷重及延续时间下，标准刺针穿入样品沥青内的深度。

由于沥青是混合物，又是非晶体，因此没有熔点，只有软化点，即到一定温度开始软化。测定沥青软化点的方法，是在一个注满沥青的中空圆环上放上一定重量的钢珠，然后将圆环放入水浴（或甘油浴），加热至一定的温度，钢珠开始下坠，此时的温度即为沥青的软化点。

沥青易溶于汽油、煤油、苯、二硫化碳、四氯化碳及吡啶，但不溶于丙酮、乙醚及乙醇。沥青的比重一般在 1.16～1.25，有光泽，在温度足够低时呈脆性，断面平整，呈介壳纹，黏结性、抗水性和防腐蚀性良好。

（2）松香。俗称熟松香或熟香，是由松脂（俗称生松香）经蒸馏去除松节油而得到的固体剩余物，是一种透明的玻璃状脆性物质，无一定熔点，软化点的温度在 50～70 ℃，外观为淡黄色到深褐色，纯度越高的松香其透明度越好。松香具有较高的黏结能力和足够的硬度，性脆，易溶于乙醇、乙醚、丙酮、苯、二硫化碳、松节油、油类和碱溶液中，但不溶于水。

松香在抛光膜层中，主要起增硬作用。同时能调节黏性和热稳定性，没有一定的熔点，具有较高的黏结能力。

（3）蜂蜡。是由蜜蜂（工蜂）腹部的蜡腺分泌出来的蜡，是构成蜂巢的主要成分，黄色至灰黄色固体，比重 0.953～0.970（15 ℃），熔点 62～66 ℃。能溶解于汽油、乙醚、热乙醇、苯、丙酮、氯仿和四氯化碳等有机溶剂，对酸、碱有较好的稳定性。

蜂蜡具有可塑性、黏结性，在抛光膜层中可提高膜层硬度的耐热性。

（4）松香改性酚醛树脂。是由苯酚与甲醛缩合成可溶性酚醛树脂再与松香反应改性而制成的合成树脂。它是琥珀色透明固体，软化点温度为 135～150 ℃。硬度大，在抛光膜层中可提高膜层的硬度和耐热性。

酚醛树脂分为热塑性和热固性两类。热塑性酚醛树脂能与六次甲基四胺或多聚甲醛反应生成不溶不熔的固化树脂。酚醛树脂耐酸性、耐热性及耐水性都较好。在抛光中常用

2123,2130,2127 等酚醛树脂制成抛光膜层和塑料抛光磨轮。

(5) 固体环氧 E12(604)。固态,黏结力强、收缩率小、耐腐蚀性强、对酸碱和溶剂具有很强的抵抗力,在抛光膜层中,能提高面型稳定性。

(6) 纤维材料。包括天然与合成纤维材料。天然的主要是羊毛和呢绒,合成的主要是绵纶、粘胶丝。纤维材料耐酸、耐碱性都很好,有一定耐磨性和较好的吸水性以及对抛光粉的吸附性等。天然的动物纤维含有氨基酸,主要成分是角朊、羊毛脂,表面呈鳞状结构,具有细密、质软、耐磨等特点。纤维能对各种原料起连接作用,可提高膜层的硬度、弹性和切削率,合成纤维除对原料起连接作用外,还可与高分子材料起大分子反应,形成网状结构,提高膜层强度。

3) 几种常用的抛光膜

(1) 柏油混合膜。主要由沥青和松香组成。

抛光柏油应具有一定的硬度。硬度的选择主要根据车间的室温而定,其次还决定于加工条件。一般来说,当车间温度高、玻璃硬度大、压力大、转速快时,抛光柏油应选择硬一些;反之,则选择软一些。抛光柏油的硬度以针入度值来表示。抛光柏油的硬度取决于沥青和松香的比例,一般情况下,松香的含量大,抛光膜“硬度”增加;反之,减少松香含量,抛光柏油硬度降低。在单纯考虑温度因素情况下,抛光柏油的配方选择如表 2-13 所示。

表 2-13 各种温度下抛光沥青的配比

成分百分比(%) \ 车间温度/℃ 成分	40~35	35~30	30~25	25~23	23~20	20~15
特级松香	84	70	60	50	38	15
蜂蜡	1	1	1	1	1	1
5# 石油沥青	15	29	39	49	61	84

抛光柏油适用于低速抛光,亦即古典法抛光,其混合柏油配方如表 2-14 所示。

表 2-14 沥青混合模层配方

抛光柏油 (5# 沥青:松香:蜂蜡=13:86:1)	201 松香改性酚醛树脂	604 固体环氧树脂	羊毛
100 g	50 g	20 g	4 g

(2) 古马隆混合抛光膜。又称香豆酮-茚树脂。它由煤焦油 150~200 ℃的馏分经缩合、蒸馏而得,主要含豆香酮和茚树脂。古马隆树脂分黏稠体和固体两种,在抛光膜层多用固体古马隆树脂。它属热塑性树脂,质硬而脆,颜色从浅黄色到棕褐色,外观像松香。若熔融后,在空气中继续加热,则颜色变深。它耐酸、耐碱,不溶于低级一元醇、多元醇及蓖麻油,溶于氯化烃、酯类、酮类、硝基苯、苯胺等有机溶剂及多数脂肪油。古马隆作膜层基体,可提高膜层的耐温性、耐磨性和硬度。古马隆混合抛光模的配方如表 2-15 所示。

表 2－15　古马隆抛光膜层配方

材料＼配方	球面抛光		平面抛光
	Ⅰ	Ⅱ	
古马隆树脂	77%	75%	100 g
641 氧化铈	15%	15%	10 g
5# 沥青	5.5%	4.5%	
氧化锌	2%	2%	
羊毛(细绒)	0.2%	0.2%	
地蜡(白色)	0.3%	0.3%	
邻苯二甲酸二丁酯			6 g

(3) 环氧抛光膜。凡含有环氧基团的高分子化合物统称为环氧树脂，未固化前，它是线型结构的热塑性树脂，加入固化剂后，能使线型环氧树脂分子交联成网状结构的大分子，成为不溶的固化物。在环氧树脂中添加一定的增韧剂、填料经固化而成的抛光膜层，具有机械强度高、耐热性能好、黏结力好、不易变形等优点。环氧树脂抛光膜的配方如表 2－16 所示。

表 2－16　环氧树脂抛光膜配方

材料名称	规　格	配比				主要作用
		1#	2#	3#	4#	
环氧树脂	E－44	100	100	100	100	基本材料
聚酰胺	650	45	50	70	80	增韧剂
乙二胺	化学纯	13	10	8	6	固化剂
玛瑙粉		100	70	80		填充剂
核桃粉			30			填充剂
尼龙粉					80	填充剂

(4) 聚氨酯膜。是一种新型抛光膜，又称聚氨基甲酸乙酯微孔橡胶抛光膜。它耐磨性能优异、强度高、具有微孔结构、能储存抛光液、去麻点快、能挤压、变形小、易保存面型、膜层寿命长。聚氨酯抛光膜配方如表 2－17 所示。

表 2－17　聚氨酯膜配方

用量/g 序号＼材料名称	1	2	3	备　注
聚醚	400	400	400	基本材料
TDI(甲苯二异氰酸酯)	285	285	285	基本材料
MOCa(3.3－二氯－4.4′二氨基二苯甲烷)	103	88	103	硫化剂使胶体从线形结构变成体型网状结构

（续表）

用量/g 序号 材料名称	1	2	3	备　注
水	177	177	177	发泡剂
氧化锌	14			填料
红粉	7			填料(增加耐磨性)
高耐磨碳黑		140		填料(增加耐磨性)
炭化硼			200	填料(提高寿命)

4）固着磨料抛光片和聚四氟乙烯抛光膜

聚四氟乙烯抛光膜这种膜层以环氧树脂作为基体，加入固化剂和金刚石微粉做成丸片，有如金刚石精磨片一样按一定方式排列在抛光膜基体上进行抛光，无须另加抛光液，而抛光效率显著提高，一般比以上所述几种常见抛光膜的抛光效率提高 5～10 倍。

例如，以环氧当量等于 200 的双酚 A 环氧树脂 763 g，加入 57 g 二乙撑三胺做固化剂，加入 164 g 金刚石微粉，其金刚石微粉平均直径大约为 12 μm(直径范围 8～16 μm)，三者混合经强烈搅拌，搅入大约为体积 20%的空气发泡，然后把它注入模具中形成高度大约为 2 mm、直径为 10 mm 的小圆片。此模具在 160 ℃左右的温度下烘烤 4 h，进行固化，脱模后即成。然后按一定方式排列在抛光膜基体上，以环氧胶进行胶合组成抛光膜。抛光膜抛光时，通入冷却液(如水)即行。当然也可加入抛光浆液，抛光后，表面质量良好。

2.3 黏结材料

1）对黏结材料的要求

(1) 有良好的黏结性。

(2) 适当的软化点，良好的热稳定性。

(3) 有良好的化学稳定性，不致腐蚀零件表面。

(4) 成分均匀，无有害硬料杂质。

2）黏结材料的种类、性能和用途

黏结材料主要有松香、蜂蜡(或石蜡)、沥青、漆片以及一定数量的填充剂(滑石粉、石膏粉、碳酸钙粉等)。

石蜡，又称白蜡。精制石蜡外观为白色结晶物质，熔点在 42～54 ℃(个别品种可高达 102 ℃)。精制石蜡应无水溶性酸、碱及机械杂质、水分等。石蜡易溶于汽油、煤油等溶剂中，对酸、碱有较高的化学稳定性。

石膏粉，系将天然石膏磨碎适当加热(120～200 ℃)以后得到的半水硫酸钙。

石膏粉在光学零件制造工艺中用于固定光学零件，因此，要求有较小的膨胀系数，以减少零件在石膏凝固过程中引起“走动”。根据石膏的膨胀系数将石膏分为三级：

1 级，膨胀系数不大于 4 μm/cm。

2 级，膨胀系数不大于 10 μm/cm。

3 级，膨胀系数不大于 20 μm/cm。

石膏粉在保管过程中应放在能防潮的容器中，以避免吸收空气中的水分而使石膏粉变质。常用的黏结材料性能与用途如表 2-18 所示。

表 2-18　常用的黏结材料性能与用途

种　类	主要成分	性　能	用　途
蜂蜡	软脂酸蜂蜡酯和蜡酸的混合物	淡黄色到褐黄色固体。不溶于水，易溶于热乙醇、乙醚、氯仿、苯和四氯化碳。蜡层厚度中等	粗磨、黏结、蚀刻保护蜡、抛光膜层的成分
石蜡	固体石蜡烃的混合物	易溶于汽油、丙酮、苯。蜡层较薄、熔点低	粗磨翻胶黏结
胶条蜡	松香、固体古马隆和蜡类的混合物	黏结强度高、耐温性好，能溶于一般有机溶剂中	粗磨翻胶黏结
石膏水泥	熟石膏和水泥	熟石膏与水泥 1∶1 搅匀，5 min 内固结成白色致密的硬块，但体积膨胀，所以加入水泥	棱镜精磨抛光上盘
火漆	松香、沥青和中性填料	松香和沥青起黏结作用，填料提高强度和硬度	精磨抛光黏结胶
磨边胶	松香、虫胶	不溶于水，易溶于乙醇、乙醚、丙酮、苯、松节油及油类，有一定的黏结能力、化学稳定性、热稳定性	定心磨边黏结胶

用于透镜弹性胶法的黏结胶（又称为火漆）主要由松香、沥青、粉末填充剂组成。黏结胶要求呈中性，具有良好的黏结能力，对温度变化不敏感。增加填充剂的含量能提高黏结胶的机械强度，但黏结能力降低，因此填充剂应不超过 60%为宜。增加松香含量、降低沥青含量能提高黏结硬度。

松香和蜂蜡（或石蜡）的混合胶，常用于平面粗磨上盘及用于透镜刚性黏结。根据室温的变化及加工时发热等情况，调整松香和蜂蜡的比例。温度高时增加松香含量使黏结胶硬度加大，温度低时则反之。松香和蜂蜡的混合胶还常用于透镜定心磨边。

漆片和松香、蜂蜡（或石蜡）的混合物黏结力较大，但是黏结零件时，零件需加热到较高的温度。实际上只有需要特别大的黏结力的场合才单独用漆片作黏结胶。

2.4　光学擦拭材料

光学擦拭材料是光学零件制造行业所特有的一种材料，光学零件的清洗是光学零件制造过程中非常重要的一项工作，清洗光学零件的质量影响到光学仪器的质量和寿命。

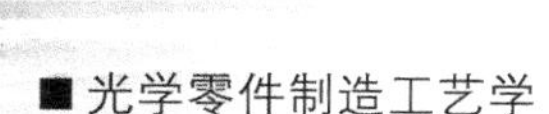

1）脱脂擦布

擦布常用细白布、绸布、麻纱、府绸或普通白布，要求柔软洁净，经过碱性脱脂和乙醇脱脂、烘干就能使用。脱脂擦布分为两类，其质量要求及用途如表 2－19 所示。

表 2－19 脱脂擦布的性能与用途

类别	脂肪含量/(%≯)	水分含量/(%≯)	反应	用　途
一	0.1	8	中性	用于清擦胶合、镀膜、装配的光学零件以及卷棉花球的衬垫
二	0.15	8	中性	用于清擦抛光、刻线、照相制版过程中的光学零件

脱脂布脱脂的碱溶液是由每升水中含 2 g 碳酸钠和 6 g 肥皂(或皂片)均匀溶解而成。将擦布放入配制好的碱溶液中，煮沸半小时，并要经常搅动，保持擦布淹没状态。然后移出倒入洗布机内，开动机器洗涤 20 min。在洗涤过程中应不断将脏水排出，将擦布取出放入 0.2% 醋酸水溶液中煮沸 20 min，取出用蒸馏水搓洗 2～3 次达中性。接着用离心甩干机甩干，置于烘箱中用 80 ℃温度烘干或自然干燥。

接着将干燥后的擦布放入新蒸馏的乙醇(含 95%)中，于常温下浸泡 24 h 脱除微量油脂。取样分析合格后取出烘干供使用。

简单的脱脂方法是将擦布用肥皂洗净后，再放在清水中加少量碱(约 3%)煮沸半小时左右，然后再用清水漂洗多次，直至呈中性为止。

另一种方法是将擦布用普通洗涤法洗净干燥后放入准备好的数份乙醚(或四氯化碳、苯、甲苯等某一种)有机溶剂内，依次浸泡数十分钟至一小时，然后取出挤干压平。

2）脱脂棉花

光学高级脱脂棉是光学生产中用来清擦光学玻璃零件或其他零部件的重要材料，它与一般的脱脂棉或医用脱脂棉不同，具有非常洁白、疏松的外观，纤维长，条理整齐，油脂、蜡质和无机盐含量极低，无机械杂质，毛细管作用较强等特点。它必须由质量优良的棉花，经过去除机械杂质、梳理卷条，并经过一系列化学加工，如水煮、碱性脱脂、漂白、有机溶剂脱脂等处理，使杂质和蜡质含量降低到最低限度或完全除去。

光学高级脱脂棉根据使用的技术要求和含脂量的多少可以分为零级(分划板级)高级脱脂棉和一级高级脱脂棉两种规格。零级脱脂棉主要用来清洗光学分划镜，而一级脱脂棉主要用来清擦普通光学透镜、棱镜及其他光学零件等。

脱脂要求不高时，也可用医用脱脂棉。如果脱脂要求高，可用上述有机溶液脱脂方法再一次脱脂。油脂及蜡质物的含量，以重量计不大于 0.1%，水分不大于 8%，氯盐、硫酸盐、钙盐不大于 0.01%，反应呈中性。

3）擦拭纸

(1) 光学擦拭纸。是一种纤维疏软、吸水能力强、落毛少的棉纸，质量与脱脂棉相近。

(2) 擦镜纸。是一种纤维素纸，色质一致，具有一定吸水能力的棉纸，一般用于表面疵病要求不高的光学零件及镜头的擦拭。

4）清洗材料

清洗材料对被清洗物应有良好的溶解能力，对零件腐蚀小，无毒。一般分酸、碱、盐溶液和有机溶剂。酸、碱、盐溶液主要用于除去各种镀层、漆层及零件表面的污物。而有机溶剂主要用于清洗光学玻璃表面的油污、手迹。

有机溶剂沸点较低（35～70 ℃）、易挥发、易燃（特别是乙醚）、比重小、冰点低，有特殊的气味。常用的有机溶剂有乙醇、乙醚、丙酮、石油醚、汽油等。

（1）乙醇。比重为 0.789 3（20 ℃），沸点为 78.3 ℃，熔点为－117.3 ℃。无水乙醇中乙醇的含量在 99%以上，水分为 0.3%左右，主要用于擦拭抛光面。普通乙醇中水分含量较高，主要用于清洗光学零件。乙醇能溶解松香、漆片、少量油脂等。

（2）乙醚（麻醉剂）。比重为 0.713 5（20 ℃），沸点为 34.5 ℃，凝固点为－116.2 ℃，有特殊的气味，极易挥发。常和无水乙醇混合，制成醇-醚混合液，用于擦拭抛光面，乙醚能溶解松香、漆片、油脂等。

醇-醚混合液的配方一般为：乙醇 13%～17%；乙醚 87%～83%。

（3）丙酮。比重为 0.789～0.791，沸点为 37.5 ℃，冰点为－93.9 ℃，有特殊的气味，能溶解松香、漆片、油脂等。

（4）石油醚。比重不超过 0.675，沸点为 35～70 ℃，易挥发，有优良的去油性能。

（5）汽油。航空汽油有良好的去油性能，特别适用于某些精密仪器金属部件的擦拭，如球径仪的测量环、标准量块、精密量具等。普通汽油常用于清洗光学零件，汽油易溶解蜡、沥青等。

（6）苯。比重为 0.873（25 ℃），沸点为 80.08 ℃，冰点为－5.483 ℃，有特殊的气味，有良好的去油性能，易溶解蜡、松香、沥青等。

常见有机溶剂的性能和用途如表 2－20 所示。

表 2－20　常见有机溶剂的性能和用途

名　称	性　　能	用　　途
乙醇	无色、透明、易挥发、易燃。能溶于水、甲醇、乙醚、苯、氯仿等有机溶剂。能溶解虫胶、松香、柏油及黏结材料	无水乙醇用于配制醇醚混合物，化学镀膜溶液。普通乙醇用于光学加工过程清洗零件
乙醚	无色、透明、易流动、易燃、易挥发。易溶于乙醇、苯、氯仿及石油醚等有机溶剂。乙醚蒸气有麻醉作用，能溶解油脂、沥青、松香、蜡类及冷彬树脂	用于配制醇醚混合液
溶剂汽油 工业汽油	无色至淡黄色易流动液体，在空气中易点燃，其蒸气与空气成一定比例时发生爆炸，能与苯、石油醚、煤油、柴油等混溶，能溶解沥青、松蜡以及它们所组成的混合物	光学加工时清洗光学零件
丙酮	无色、透明、易挥发、易燃液体。能与水、醇、醚、氯仿和多数油类混溶。丙酮蒸气对人体有害。能溶解漆、树脂及有机物质	擦拭光学表面油污

（续表）

名　称	性　　能	用　　途
苯 甲苯	无色、透明、易燃、易流动的液体。对人体有害。能溶解沥青、松香、树脂、脂肪、腊及油类。苯不溶于水、能与乙醇、醚互溶。甲苯挥发性小于苯，微溶于水，能与醇、醚、甲酮、三氯甲烷互溶	擦拭光学零件表面的附着物，清洗碲、镉汞、锑化铟等晶体
三氯乙烯	无色、易流动而不易燃的液体，不溶于水、溶于醇和醚。性能稳定，并呈酸性反应。能溶解脂肪、油用蜡等物质	超声波清洗光学零件，要密封
四氯化碳	无色、透明、不燃、重质液体，不溶于水，溶于醇、醚、苯、油类、三氯甲烷、汽油等。具有麻醉性和毒性。能溶解脂肪、各种树脂、橡胶等有机物质	超声波清洗光学零件及晶体零件
二硫化碳	无色、透明液体、恶臭、易挥发、易燃烧、有毒。能与无水乙醇、醚、苯、氯仿、四氯化碳、油脂以任何比例混合。溶于苛性碱。能溶解碘、溴、硫、油脂、蜡、树脂、橡胶、樟脑及黄磷等物质	超声波清洗光学零件及清洗 NaCl
松节油	无色至棕黄色透明液体。具有特殊气味。溶于乙醇、乙醚、氯仿等有机溶剂。能溶解松香、蜡及树脂	清洗光学零件及作为稀释剂

2.5 保护材料

1）保护胶液

用于加工工艺中零件表面的保护，如表 2-21 所示。

表 2-21　保护胶液的组成、性能及用途

名　称	配　　方	性　　能	用　　途
虫胶漆 洋干漆 假漆	虫胶片　1 份 无水乙醇　2.5～3 份	有保护作用，不透水，干燥迅速，有一定的黏结力	用于抛光表面的保护
冷杉树脂胶液	冷杉树脂胶　10 g 松香或乳香　10 g 二甲苯或无水乙醇　150 ml	黏结力强，清洗容易，水洗胶层不受影响，干燥速度较慢	用于抛光表面的保护
	冷杉树脂胶　3% 赛璐珞片　1% 乙醚　40% 甲基三乙氧基硅烷　3% 香蕉水　53%	涂层烘干后为二氧化硅膜，可防止零件在储存中产生的霉雾	用于光学零件储存时的保护
橡胶液	生橡胶　1～2 g 工业汽油　100 ml 松香　少量	有一定的黏结力，室温易干燥，易于清洗，便于检验观察	用于抛光表面的保护

（续表）

名　称	配　　方	性　　能	用　　途
沥青漆	10# 建筑沥青　20 g 甲苯　50 ml 松节油　50 ml	有一定的黏结力，易于清洗，便于检验观察	用于照相修版及保护光学零件表面
丙烯漆	甲基丙烯酸甲酯　200 ml 甲苯　300 ml 过氧化二苯甲酰　2 g	按配方在100 ℃下，加热回流至要求黏度即可	保护光学零件表面
晾干沥青漆	石油沥青，干性植物油溶于200号溶剂油和二甲苯溶剂中	干燥快、易于清洗、易于检验观察	抛光表面及刻蚀零件表面保护
聚乙烯醇缩醛胶液	聚乙烯醇缩醛胶用香蕉水稀释成适当黏度	牢固性好、不发霉，可用乙醇清洗	晶体表面保护
硝基纤维漆	赛璐珞　2～5 g 醋酸丁酯：丙酮＝1：1　100 ml	干燥快、黏结力好、操作方便	用于胶合零件清洗时保护
酚醛树脂胶液	2133醇溶性酚醛树脂　8% 无水乙醇　40% 乙醚　45% 正硅酸乙酯　5% 乙烯基三乙氧基硅烷　2%	涂层烘干后，形成二氧化硅膜，可防止霉雾产生	用于抛光表面的保护
环氧树脂胶液	E-06固体环氧树脂　6% 乙基三乙氧基硅烷　4% 乙烯基三乙氧基硅烷　2% 香蕉水　88%	不溶于水、乙醇，耐水性好，涂层烘干后 SiO_2 膜可防霉雾产生	磨边保护层
酚醛树脂液	1. 2133酚醛树脂　2% 　无水乙烯 C.P.　250 ml 2. 聚乙烯醇缩丁醛　10 g 　无水乙烯 C.P.　250 ml 3. 乙烯基三乙氧基硅烷　2%	1，2分别配制后，以1：1混合，过滤，加入总量2%的3，清洗时，用乙醇溶解	防腐蚀保护漆
酚醛树脂环氧树脂液	210松香改性酚醛树脂　160 g E12环氧树脂　25 g X-1硝基漆稀释剂　400 ml	清洗时用汽油，乙醇浸泡	防腐蚀保护漆
萜烯树脂液	α-萜烯树脂　30 g 香蕉水　100 ml	清洗时用汽油溶解	防腐蚀保护漆
丙烯清漆液	丙烯清漆　100 ml 乙醇乙酯　100 ml	清洗时用乙醇清洗	防腐蚀保护漆
环氧树脂液	甘油松香　50 g E12环氧树脂　10 g 乙醇-苯溶液　30 ml	清洗时汽油、乙醇浸泡	防腐蚀保护漆
过氧乙烯清漆	过氯乙烯防腐清漆　1份 X-23过氯乙烯稀释剂　1份	清洗时浸入过氯乙烯稀释剂或乙醚	防腐蚀保护漆

2）可剥性涂料

可剥性涂料具有一定的黏结力、透明、容易从零件表面剥落、使用方便，有多种配方，如：

(1) 100 份丙酮：甲苯：苯＝1：1：1，加入 10 份过氯乙烯树脂。

(2) 100 份苯，加 2 份聚苯乙烯。

(3) 丁苯橡胶：氧化锌：氧化镁：防老化剂：2402 树脂：GO_{4-1}：甲苯：二甲苯＝11.71：1.17：1.17：0.23：4.68：7：46.85：23.42。

第3章 光学零件技术条件与技术准备

光学零件的技术条件是光学设计的技术要求和质量指标的表述，是选择光学材料、进行工艺规程设计的原始资料，也是光学加工和检测光学零件的依据。它反映了光学系统的设计要求并保证光学系统设计的质量指标，因此必须在加工中予以达到。光学零件的技术条件的全部内容，由光学设计人员设计，并反映在光学工程图上。为此，光学设计人员必须了解光学零件的工艺性指标，设计并绘制出合理的、先进的、可制造的光学零件图。光学零件制造人员必须认识、读懂光学工程图，了解光学设计的技术要求和质量指标，加工制造出符合技术要求，达到质量指标的光学零件。

光学工程图包括光学系统图、光学部件图、光学零件图。光学零件图主要反映光学零件的形状、结构尺寸和制造时的技术要求。

3.1 光学制图

光学制图的对象是光学零件。而光学零件至少有一个平面或球面，或非球面的有光学效应的结构元件。

光学制图的内容包括图样、尺寸标注和标记符号的使用3个方面。图样包括视图、剖面图、引出线、倒角和检验范围。尺寸标注包括对透镜、平板玻璃、棱镜、反射镜、滤光镜等光学零件的尺寸标注方法。标记符号指光学零件制图中使用的特殊符号和特征号。

3.1.1 光学制图的一般规定

我国光学制图标准GB/T13323—1991对图纸类型，图纸上对光学零件、部件和系统的绘制技术要求都作了规定，并列举了各种图纸类型的应用。

光学制图的一般规定：

(1) 光学图样的幅面、比例、字体、图线、剖面符号、图样画法、尺寸公差与配合及表面粗糙度的注法等，应按GB4457～4460和GB131的规定执行，而倒角按GB1204的规定执行。

(2) 在光学图样上光轴用“长线-点-长线”表示，光轴应尽量置于水平方向；光轴中断线用双波浪线(见图3-1)。

(3) 在光学图样中，零件的有效孔径应在所列表格的“D_0”栏内注明，圆形标注“ϕ 直径”例“ϕ30”；方形标注“□边长”，例“□10”；矩形标注“▭长×宽”，例“▭ 30×20”；椭圆标注“⬭长轴×短轴”，例如“⬭ 30×20”等。

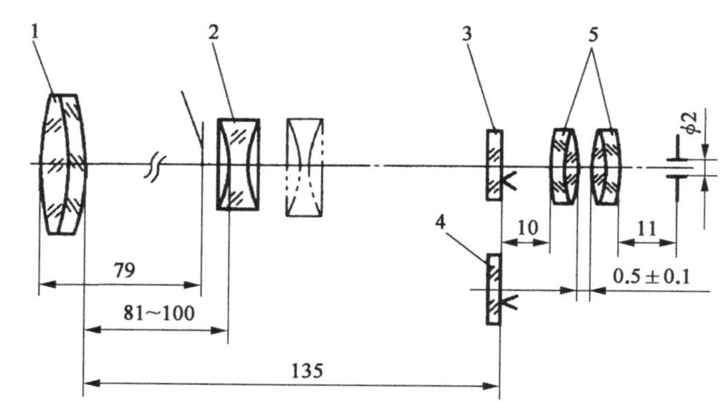

1-物镜；2-调焦镜；3-十字分划板；4-读数分划板；5-高斯目镜

图 3-1　光学系统图

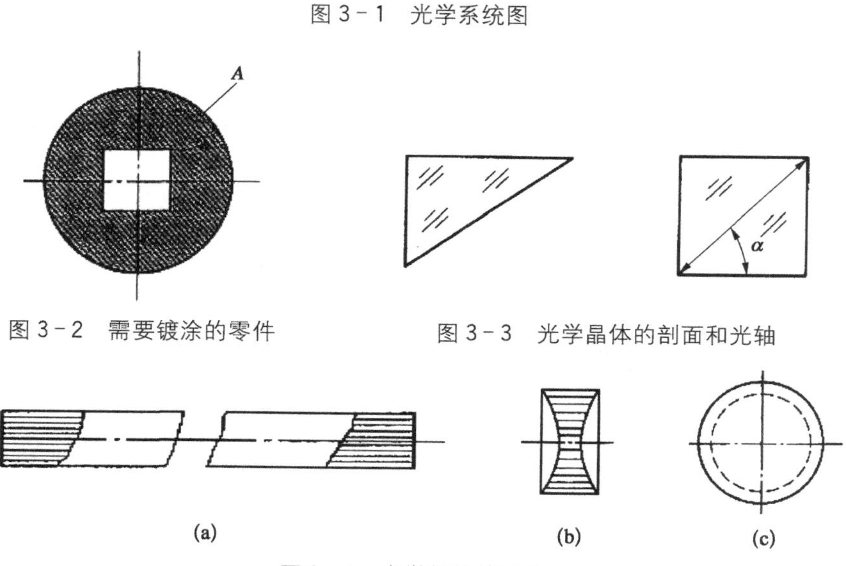

图 3-2　需要镀涂的零件

图 3-3　光学晶体的剖面和光轴

图 3-4　光学纤维的画法

(a) 单根光纤沿纤维方向；(b) 多根光纤沿纤维方向；(c) 多根光纤垂直纤维方向

(4) 光学零件表面上需要标明有特殊要求的范围，用细实线或涂色画出其范围，并予以说明(见图 3-2)。

(5) 光学晶体的剖面和光轴(c 轴的画法见图 3-3)。

(6) 光学纤维件的剖面画法如图 3-4 所示。

图样上的标记规定按表 3-1 所示执行。

表 3-1　光学制图的标记符号

序号	名　称	符　　号	尺　　寸	图线名称	附　　注
1	光栏或光瞳		1.5a a a/2	粗实线	1. 尺寸 a 的选取应与整幅图面相协调

（续表）

序号	名　称		符　号	尺　寸	图线名称	附　注
2	狭缝			30°；(2~4)a；a	粗实线	2. 光源与光电接收器的型号和要求在图样的明细栏中注明 3. 毛面符号仅适用于系统图中
3	眼点			a		
4	光源			90°；45°；φa		
5	光电接收器			a/4；φa；a		
6	物面或像面			90°；45°；a/2；a		
7	分划面			30°；60°；a	粗实线	
8	毛面			30°；60°；a		
9	反射膜	内反射膜		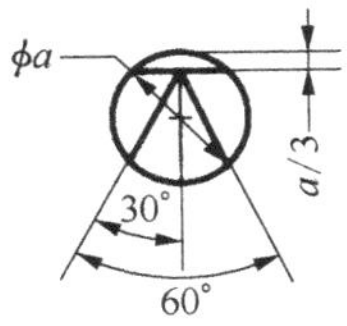 φa；a/3；30°；60°		
10		外反射膜		60°；30°；φa		

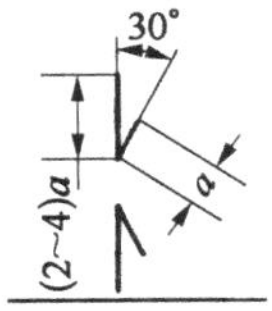

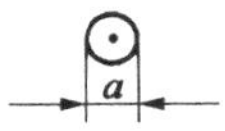

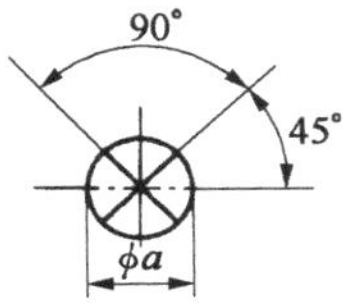

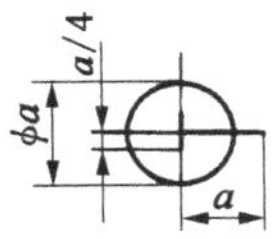

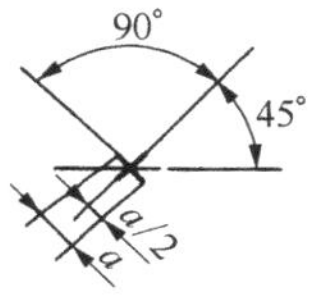

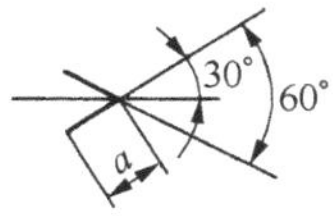

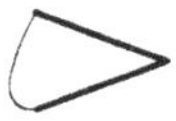

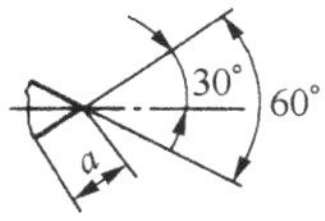

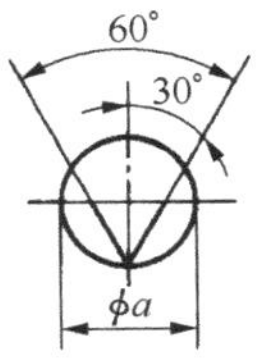

（续表）

序号	名　称	符　　号	尺　　寸	图线名称	附　　注
11	分束(色)膜		60° 60° ϕa	粗实线	
12	滤光膜		$a/2$ ϕa		
13	保护膜		$a/6$ $a/3$ ϕa		
14	导电膜		ϕa		
15	偏振膜		ϕa		
16	涂黑		a		
17	减反射膜		ϕa 90° $a/2$		

3.1.2　光学零件图

光学零件含义很广，包括传统的透镜、棱镜、分划板、光楔、反射镜以及以光电子为基础的半导体激光器，进而发展到光学集成元件。本书所述光学零件是传统意义上的光学零件，亦即由单块材料制成的体积型元件。

从形状特点看，光学零件表面主要有 3 类，即平面、球面、非球面。前者是中心对称的，后者则是轴对称或数轴对称的。中心对称的表面可以通过磨具和工具的相对摆动研磨、抛光形成，而非中心对称的表面则不能。两者具有不同的运动学、动力学状态。

从表面的用途来看，光学零件表面有 3 类，即工作表面、辅助表面及自由表面。

工作表面(或叫光学表面)，用于光的透射、反射、改变光束方向或会聚光线等。工作表面在制图时用“A”,“B”标记。工作表面粗糙度均达到$R_a \not> 0.01\ \mu m$，而且对擦痕、麻点等表面疵病的要求作出规定。对工作表面有表面形状偏差及位置偏差的要求，表面形状偏差包括球面的曲率半径偏差、局部偏差。平面的平面偏差和局部偏差，它们都可以用光学干涉法（牛顿环）来表示。面型偏差也叫面型精度。粗糙度和表面疵病，一般称为表面质量。

辅助表面，指用于连接、支撑、固定的表面，如透镜的外圆柱面、棱镜的侧面等。其尺寸与公差和相关的机械零件相一致。其粗糙度不低于$R_a = 2.5\ \mu m$。在光学制图时，辅助表面用“C”标记。

自由表面，是为了限制零件形状和尺寸而去掉多余材料层得到的表面。只是为了完善结构和工艺形式，不与其他零件的表面配合，因此要求较低。

光学零件技术条件和加工要求主要在光学面。

光学零件图应能全面表达光学零件的形状、结构尺寸和制造时的技术要求，是光学零件制造过程中选择光学材料、制定工艺规程、进行光学加工、加工过程检验的依据，是设计和生产部门的重要文件之一。

光学零件图的绘制执行国家标准(GB/T13323—1991)及机械制图国家标准。但是光学零件图与普通机械零件图有很大的不同，主要是由于光学零件图中有许多特殊的要求和标注。

光学零件图应能反映出光学零件的几何形状、结构参数及公差，还要反映出所用材料的质量指标的类别和级别以及技术要求。下面以透镜零件图、棱镜零件图为例说明一般光学零件的格式和内容。

一般透镜零件图只需给出沿光轴的剖面图。光线方向自左向右，并将零件中先遇到光线的一面放在左边。棱镜零件则以最少的视图能说明其形状为原则。

决定透镜形状和结构的主要参数有：球面表面曲率半径和曲率中心位置；透镜的中心厚度d和边缘厚度t；侧圆柱面直径D和有效孔径D_0；倒角的位置、角度及宽度等。

决定棱镜形状和结构的主要参数有：棱镜各面间的夹角；棱镜的厚度和高度；倒角和成形截面的位置、角度和宽度。

光学零件图的下部是标题栏，国家标准(GB/T10609—1989)对标题栏格式作了统一规定，如图3-5所示。包括零件名称，有关设计、制图、审核、批准、校对人员的签名，使用单位、图号、材料等。

在光学零件图中应能反映光学零件对光学材料的质量要求、对光学零件加工精度与表面质量的技术要求，它们通常是以表格的形式填写在光学零件图的左上角。光学零件图“对材料的要求”一栏中，要填写光学玻璃各项质量指标规定的类别、级别。其中包括折射率和中部色散与标准数值的允差、同一批光学玻璃的折射率和中部色散的一致性、光学均匀性、应力双折射、条纹度、气泡度、光吸收系数，还包括表面处理或其他技术条件。

对无色光学玻璃的要求，原则上应根据光学系统像差设计的要求来确定。但是不同用途的光学零件对光学玻璃材料的要求是不同的，可参考国家标准(GB903—1987)规定的质量指标选用，也可以根据零件的要求参照表3-2的经验数据选用(此表主要适用于无色光学玻璃应用于可见光波段的参数)。

对材料的要求	
ΔN_D	2C
$\Delta(N_F - N_C)$	2C
光学均匀性	3
光吸收系数	3
应力双折射	2
条纹度	1C
气泡度	1C

对零件的要求	
N_1	5
N_2	-6
ΔN_1	1
ΔN_2	1
ΔR_1	A
ΔR_2	A
B	3×0.063
C	0.06
f'	141.185
l'_F	
l_F	
D_0	ϕ65

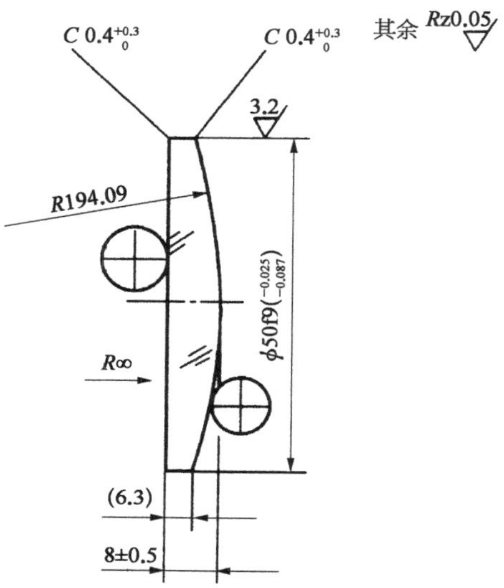

技术要求：

JB/T8226.1，λ_0=520 nm

零件名称		胶合物镜正片		件数	材料	净重	图号
设计		制图					TEL300－WJT
审核		校对		浙江师范大学 光信息科学与技术系			共　张
批准							第　张

图 3－5　球面光学零件图

表3-2　光学零件对无色光学玻璃的要求

技术指标	物镜			目镜		分划板	棱镜	聚光镜
	高精度[1]	中精度[2]	一般精度	$2\omega>50°$	$2\omega<50°$			
Δn_D	1B	2C	3C	3C	3D	3D	3D	3D
$\Delta\nu_d$[3]	1B	2C	3C	3C	3D	3D	3D	3D
光学均匀性	3	3	4	4	4	4	3	5
应力双折射	2	2	3	3	3	3	3	4
光吸收系数[4]	3	3	4	3	4	4	3	5
条纹度	1C	1C	2C	1B	1C	1C	1A	2C
气泡度	1C	3C	1C	1B	1C	1A	1C	1D

注：1 高精度物镜一般指大孔径照相物镜、高倍显微镜和制版镜头等。
2 中等精度物镜一般指普通照相物镜、低倍显微镜物镜等。
3 对于需知实际折射率的物镜而言，此项可不填。
4 对该项指标若有较高要求时，请参考光学玻璃产品目录中的生产最高水平，以符合生产实际情况。

对于有色光学玻璃的均匀性、双折射、气泡度和条纹度的指标规定与无色光学玻璃类同，另外必须规定光谱特性的指标。

(1) 光谱特性指标按有色光学玻璃的品种而定。① 选择性吸收的有色光学玻璃，其光谱特性指标包括特定波长峰值λ(nm)、该处的透过率值$T\%$及其允许偏差值$\Delta T\%$。② 截止型有色光学玻璃，其光谱特性指标包括透过界限波长λ_{ij}(nm)及其允许偏差、吸收曲线斜率K和规定波长λ_0的最低透过率$T_{\lambda_0}\%$。③ 中性灰玻璃，其光谱特性指标包括可见光范围(400～700 nm)内的平均透过率值$T_p\%$、平均透过度允许偏差值$\Delta T_p\%$和最大允许偏差值Q_z。

(2) 选用指标的原则。对均匀性、双折射、条纹度和气泡度的要求一般比无色光学玻璃降低1～2级，而光谱特性指标则根据生产单位提供的指标及实际需要来定。

光学零件对晶体材料的要求，按无色光学玻璃的质量指标给定，可参考表3-3的经验数据。

表3-3　光学零件对晶体材料的要求

质量指标	ΔN_D	$\Delta(N_F-N_C)$	均匀性	双折射	光吸收系数	条纹度	气泡度
棱镜	—	—	2	2	1	1A	2C
透镜	—	—	3	3	1	2C	4D

3.1.3　平面光学零件图

在光学系统中常常需要一些平面零部件，包括棱镜、平面反射镜、光楔、分划板、保护玻璃等。平面零件有一些特殊的要求和标注方法。图3-6表示棱镜的零件图。

对材料的要求	
ΔN_D	3C
$\Delta(N_F-N_C)$	3C
光学均匀性	3
光学吸收性	
应力双折射	4
条　纹	1A
气　泡	2D
对零件的要求	
N_2	31
N_1	0.5
ΔN_1	0.5
ΔN_2	0.1
θ_1	5′
θ_2	5′
B	1×0.063
D_0	$D_0=\phi 26$， $D_0=\phi 37\times 26$
倒两面角	$0.4_0^{+0.3}$
倒三面角	$1.5_0^{+0.5}$

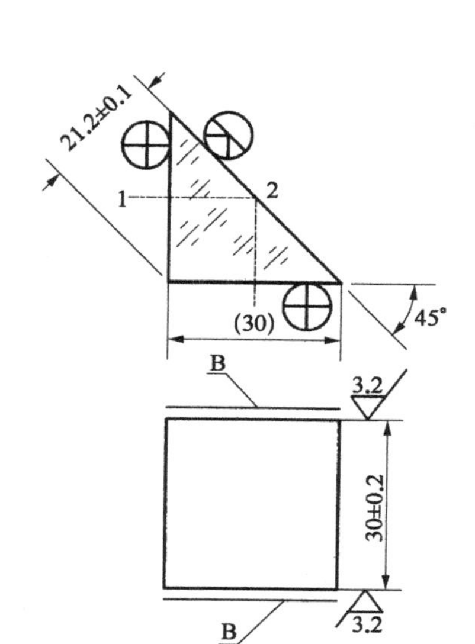

技术要求：
1. ⊕ GB1316/1.1，$\lambda_0=520$ nm
2. ⊗ GB1316/1.1，$\alpha=45°$
3. B面涂黑漆

零件名称	棱　镜			浙江师范大学 光信息科学与技术系			
设计		制图		件数	材料	净重	第　张
审核		校对			玻璃 K9		图　号
批准							共　张

图3-6　棱镜

平面光学零件图中要求清楚表达棱镜或平行平面平晶的几何形状、光学表面、加工精度和技术要求。表格中对零件的要求一栏中与透镜零件图不同之处在于，除了标出球面光学零件所有参数 N，ΔN，c，ΔR，B，q 外，还应标出光学平行差 θ、角度误差 $\Delta\alpha$、两相同角度的误差(如 $\delta 45°$，$\delta 67°30'$)。

1）光学平行差 θ

光线从反射棱镜的入射面垂直入射，出射光线相对出射面法线的偏差，或者将反射棱镜展开成等效平行玻璃板时，等效平行玻璃板的平行差称为光学平行差。在光轴截面方向的偏差称为第一平行差，以 θ_{I} 表示；在垂直于光截面方向上的偏差称为第二平行差，记为 θ_{II}。

光学平行差与棱镜几何轴误差有关，对于入射光轴截面与出射光轴截面共面的单个棱镜，第一光学平行差是由反射镜在光轴截面上的角度误差引起的；第二光学平行差是由反射棱镜的位置误差引起的(棱的位置误差称为棱向误差)。对于复杂的棱镜，可以分解为两个以上的简单棱镜来处理。

棱向误差有 r_A，r_C 两种。r_A 表示棱镜任一工作面(屋脊面除外)与所对棱的平行差。r_C 表示屋脊棱在垂直于屋脊平分面的平面内相对于理论位置的倾角。

光学平行差 θ_{I}、θ_{II} 是光学量，在测角仪上可读到。r_A，r_C 是几何量，可通过几何测量求得。在工艺上，常常需要把由图纸规定的设计人员决定的 θ_{I} 换算成 r_A，r_C，以便于在加工过程中控制。对于平面棱镜(光轴处于同一截面者)，若某一反射面与其所对棱构成棱差 r_A，其 $\theta_{\mathrm{I}} = r_A$。由此可见，选用不同的基准棱有不同的 θ_{I}，r_A 的关系式，在计算时必须指明基准棱(GB/T600—1987)。在表示三棱镜的棱向误差时，曾用符号 Π，其含义与 r_A 是相同的。三棱镜 3 条棱理想状态下应该严格平行，不平行将形成宝塔状，故 r_A 又叫尖塔差。

光学零件图上须区分 θ 和 θ_{I}，θ_{II}。θ 表示平行平板两表面的不平行度。

2）屋脊棱镜双像差

平行光射入屋脊棱镜后，由于屋脊角(90°)的误差，出射光束成为相互成一定角度的两束光，因而在成像面上形成双像，此夹角值就称为双像差，用符号 S 表示。

当入射平行光束与屋脊棱垂直时，由图 3-7 可以看出

$$S = 4n\delta$$

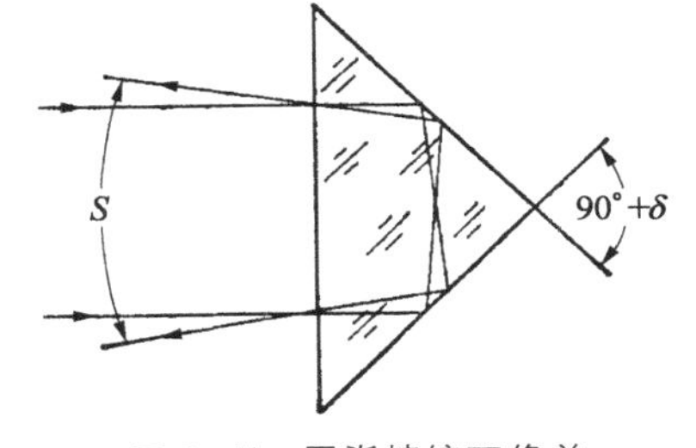

图 3-7　屋脊棱镜双像差

当入射平行光束与屋脊棱镜夹角为 β 时，则双像差与屋脊角误差之间的关系为

$$S = 4n\delta\cos\beta$$

3.1.4　胶合件图

胶合件是一种很常见的光学零部件。胶合件中最常用的是球面双胶合透镜、三胶合透镜，还有胶合棱镜、光楔等，平面胶合件和一些特殊的胶合件。在设计时胶合面是作为一个

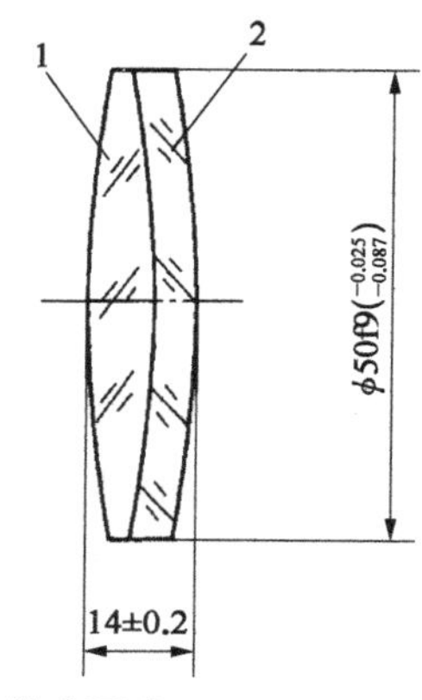

技术要求：
1. 用冷杉树脂胶合
2. 胶合层不得有油渍、灰尘与气泡

图 3-8 胶合件图

面处理件图，具有比较特殊的技术要求和参数描述。如图 3-8 所示，表示一个透镜的胶合图。与光学零件图相似，胶合件图应该给出焦距等光学系统参数，以便于测量。由于胶合通常是有两个以上零件胶合，因此要有类似于系统图的零件列表，从表中可以查出各零件的名称、材料和图号（文件名）。

胶合件对于镜筒设计者来说是一个单独的零件，应该给出胶合件与镜筒配合的公差要求。

在技术要求中可以提出胶合质量、定中精度及胶合材料的要求，对光学粘胶剂的要求以及使用的胶合材料。

3.1.5 光学系统图

光学系统图的作用是标明组成光学系统的各个光学零件以及光栏的相对位置、标明主要的外形尺寸、标明该光学系统的光学性能。它是了解产品光学性能的主要依据，也是设计光学系统的主要依据。

图 3-1 是一个光学系统图的样图。可以看出光学系统图是按照机械装配图的方式绘制的，图中给出了光学零部件之间的位置关系和安装公差。要注意的是图中的间隔为中心间隔，而设计镜筒的隔圈时使用的是边缘间隔。如果光学系统中存在实像面，可以给出像面的位置，对光学系统的装配和调整会有帮助，图中可以给出光学系统的长、宽、高等参考值。

光学系统图按光路前进的方向自左向右、自上而下绘制，亦可根据使用位置绘制。光学系统图应绘出所有属于系统的光学零件、光学胶合件、光源和接收器，反映出它们之间与机械结构有关的特征位置；亦可根据需要绘出物面、像面、光栏、光瞳、狭缝、眼点、特征面（如分划面、镀膜面、毛面等）和被测物体；可活动部分绘于初始位置，亦可根据需要绘出极限位置；光学系统中有多个分划元件（如分划板、度盘、标尺等）在同一视场中成像时，可将像面上的视见情况绘出示意图，并注出“视见示意图”字样。此图的比例可以不与整个图样一致，细节允许夸大。

有关光学系统的性能参数可以在技术要求中用文字或符号说明，不同的系统需要标注的内容有所不同，表 3-4 是不同光学系统需要标注的内容。其他光学系统，可以根据其用途自行确定标注内容。

表 3-4 不同的光学系统需要标注的内容

光学性能 \ 光学系统		望远系统	显微系统	照相系统	光谱系统
视觉放大率	Γ	标注	标注		
工作波段					标注
像方焦距	f'			标注	
相对孔径	A			标注	标注
数值孔径	NA	标注	标注		

（续表）

光学系统 光学性能		望远系统	显微系统	照相系统	光谱系统
成像质量	分辨率		必要时标注	必要时标注	标注
	星点	必要时标注	必要时标注	必要时标注	
	光学传递函数	必要时标注		标注	
	波像差		必要时标注		
	中心点亮度		必要时标注		
角视场（2ω）				标注	
线视场（$2y$）					
出瞳直径		必要时标注	必要时标注		
出瞳距离		必要时标注	必要时标注		
镜目距离		必要时标注			
像面尺寸				标注	
线色散倒数					标注
共轭距离			标注		

光学系统图与机械装配图类似也有零部件列表，光学系统图应标注以下参数与尺寸。

（1）各组成部分以及与机械结构有关的特征位置之间的相对位置；光栏、光瞳及狭缝的大小和方位；活动部分的变化范围（此项也可以列表表明）。

（2）光学系统图上一般以光源、光学零件、光学胶合件和接收器为单元，沿光路前进方向编排序号，序号应与引线注明零部件一致，一般按自左至右、自下而上编排。置换使用的零件、胶合件序号连续编排；重复出现的相同零件、胶合件均标第一次编排的序号，最后编排附件序号。

（3）零件名称，可以包含像面、出瞳面等光学面。

（4）图号，如果使用计算机绘图，则图号可以是计算机文件名，以便于查找。

（5）材料，主要给出光学零部件的材料，光阑材料等在机械设计中决定，在此可不给出。

3.2 光学零件技术条件综述

光学系统中为了保证像质和其他特定的要求，应对光学零件加工后的质量提出技术指标。

3.2.1 光学零件的技术要求

1）球面半径

球面半径应选用“光学零件球面半径数值系列”国家标准 GB/T3158—1982 中所规定的

数值，并优先选用表中为黑体字的数值。

光学零件球面半径数值系列由公比为 $\sqrt[n]{10}$ 并将数值化为几何级数构成。根据实际经验将半径数值分成 7 个疏密程度不同的区域，各区域的划分和根指数 n 的取值如表 3－5 所示。

表 3－5　区域划分和根指数的取值

半径/mm	0.5～2	2～5	5～10	10～200	200～1 000	1 000～5 000	5 000～10 000
根指数 n	125	250	500	1 000	500	250	125
半径数目	75	99	150	1 302	349	175	38

具体半径数值参见 GB/T3158—1982。

2）光学零件参数

f'：透镜焦距（主面到焦点的距离）最好标注测量焦距时所用的波长的焦距值。

l'_F：像方顶焦距（后球面顶点到后焦点的距离）。

l_F：物方顶焦距（前球面顶点到前焦点的距离）一般可以不标。

D_0：有效孔径。

3）透镜中心最小厚度及边缘最小厚度的确定

正透镜的边缘及负透镜的中心必须有一定的厚度，以保证光学零件必要的强度，使其在加工过程中不易变形。透镜的中心厚度与边缘最小厚度应按标准 GB/T1205—1975 给定。数值如表 3－6 所示。

表 3－6　正透镜的最小边缘厚度和负透镜的最小中心厚度

透镜外径 ϕ/mm	正透镜最小边缘厚度 t/mm	负透镜最小中心厚度 d/mm	透镜外径 ϕ/mm	正透镜最小边缘厚度 t/mm	负透镜最小中心厚度 d/mm
3～6	0.4	0.6	30～50	1.8～2.4	2.4～3.0
6～10	0.6	0.8	50～80	2.2～3.5	3.5～5.0
10～18	0.8～1.2	1.0～1.5	80～120	3.0～4.0	5.0～8.0
18～30	1.2～1.8	1.5～2.2	120～1 500	4.0～6.0	8.0～12.0

透镜中心厚度的公差随透镜的大小及用途不同而不同，具体数值参见表 3－7，要求高的可按计算结果给出。

表 3－7　透镜中心厚度公差参考表

透镜类别	仪器种类	厚度公差
物　镜	显微镜及实验室仪器	±0.01～±0.05
	照相物镜及放映镜头	±0.05～±0.3
	望远镜	±0.1～±0.3
目　镜	各种仪器	±0.1～±0.3
聚光镜	各种仪器	±0.1～±0.5

4）零件外径及配合公差的确定

光学零件的外径根据光学设计的通光口径加上装配应放大的尺寸得到全直径，该全直径的数值也必须系列化、标准化。胶合透镜的外径名义相同，但是在制订公差时要保证负透镜大一些，使之成为装配的基准，不至于引起正、负透镜错开现象。如胶合透镜直径为 $\phi 8.5$，负透镜采用 $\phi 8.5_{-0.049}^{-0.013}$，正透镜采用 $\phi 8.5_{-0.17}^{-0.08}$。

光学零件外径在有效口径值上加上装配余量，装配方式不同，外径值不同（见表3-8）。

表3-8　光学零件的外径

通光孔径 D_0/mm	滚边固定方式	压圈固定方式	通光孔径 D_0/mm	滚边固定方式	压圈固定方式
≤6	$D_0+0.6$	—	>30～50	$D_0+2.0$	$D_0+2.5$
>6～10	$D_0+0.8$	$D_0+1.0$	>50～80	$D_0+2.5$	$D_0+3.0$
>10～18	$D_0+1.0$	$D_0+1.5$	>80～120	—	$D_0+3.5$
>18～30	$D_0+1.5$	$D_0+2.0$	>120	—	$D_0+4.5$

5）光学零件的倒角

光学零件的倒角分为保护性倒角和工艺性倒角两大类。

设计倒角主要用于系统拦光、方便装配等。工艺性倒角可采用GB1204—1975标准的要求。倒角的宽度可参阅表3-9，倒角的斜角 α 根据 D/r 的比值可参阅表3-10选取。

表3-9　圆形光学零件倒角宽度

零件直径 D	倒角宽度“b”			倒角位置
	非胶合面	胶合面	用滚边固定	
3～6	$0.1^{+0.1}$	$0.1^{+0.1}$	$0.1^{+0.1}$	
>3～6	$0.1^{+0.1}$	$0.1^{+0.1}$	$0.3^{+0.2}$	
>10～18 >18～30	$0.3^{+0.2}$ $0.3^{+0.2}$	$0.2^{+0.1}$	$0.4^{+0.2}$ $0.5^{+0.3}$	
>30～50 >50～80	$0.4^{+0.3}$ $0.4^{+0.3}$	$0.2^{+0.2}$	$0.7^{+0.3}$ $0.8^{+0.4}$	
>80～120	$0.5^{+0.4}$	$0.3^{+0.3}$	—	
>120～150	$0.6^{+0.5}$	—	—	

表3-10　圆形光学零件倒角的角度

零件直径与表面半径的比值 D/r	倒角的斜角“α”		
	凸　面	凹　面	平　面
<0.7	45°	45°	45°
>0.7～1.5	30°	60°	
>1.5～2.0	不倒角	90°	

保护性倒角是为了防止零件在装配时，尖锐的边缘被碰破，也免得划破工人的手。在透镜磨边时，砂轮和透镜的接触不是十分均匀。因此磨边以后，总是发生大大小小的破边，倒角可以去掉一些小的破边。

在光学零件图中依据 GB1240—1975 标准的要求标注倒角宽度和倒角的斜角 α，或倒角凹球模的半径 R_ϕ 。

$$R_\phi = \frac{D}{\sqrt{2 \pm D/r}} \text{（对凹面取负号）}$$

在光学零件图上一般用图形和文字标明倒角要求，例如：$0.3^{+0.4} \times 45°$ 或 $0.3^{+0.4} \times R_\phi 27$。若倒角尺寸在图形上小于 2 mm，可不绘制倒角图形，只需在倒角处引出细实线，标注倒角尺寸或用文字说明。不允许倒角的棱用细实线引出，并注明“尖棱”字样（见图 3-9）。

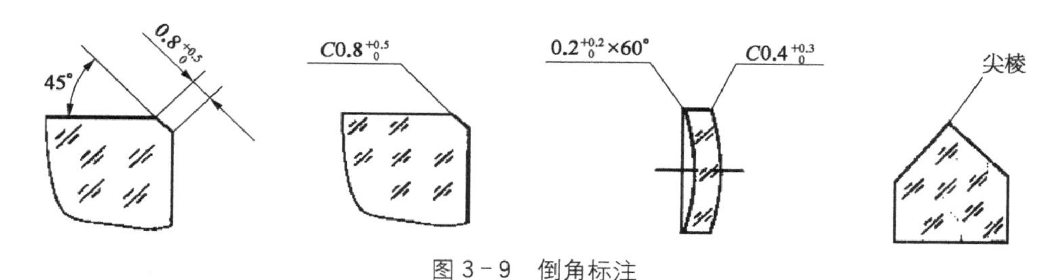

图 3-9 倒角标注

3.2.2 光学零件的加工要求

对于透镜应标注下列技术指标：光圈数 N、光圈的局部误差 ΔN、中心偏差 c、样板精度 ΔR、表面疵病 B、光学零件气泡度 q。

对于棱镜，除标出 N，ΔN，c，ΔR，B，q 外，还应标出光学平行差 θ_{I}，θ_{II}，屋脊棱镜的双像差 S、有效孔径 D_0。

在加工过程中，首先要保证光学零件的面型误差，尽可能减小面型误差。光学零件的面型误差是指光学零件的有效表面对玻璃样板或检验仪器的测量表面之间偏差，如球面零件的半径误差、平面零件的平行性偏差以及光学表面的局部误差。

光学零件的面型误差包括两部分：一是光学样板本身的误差；二是零件表面相对于样板表面之间存在的误差，即光学零件的面型偏差。面型偏差是通过垂直位置观察干涉条纹的数目、形状、颜色来确定的，即“看光圈”。面型偏差主要反映在 3 个方面：

一是被检光学表面的曲率半径相对于光学样板表面曲率半径的偏差，这种偏差反映了被检光学表面的曲率半径不同于工作样板的曲率半径。

二是被检光学表面在 2 个相互垂直的方向产生的光圈数不等，这种偏差称为像散偏差。

三是被检光学表面与参考光学表面在任何一方产生的干涉条纹的局部不规则现象。

光学零件的面型偏差执行 GB/T2831—1981 标准。

1）样板精度 ΔR

在制造球面或平面光学零件时，零件表面曲率半径正确与否是通过球面工作样板或平面工作样板(或称为平面平晶)来测定的。每一种曲率半径的球面光学零件都应有一个对应的样板。样板实际上就是一个测量基准,因此对其精度等各方面的要求远远高于一般的球面,生产样板的周期长、成本高。不过专业的生产厂都会有自己的样板库。库中的样板多少也是衡量一个光学球面生产单位生产能力的重要标志。当然库中样板不会刚好同设计的曲率半径一致。因此,生产单位应给光学设计人员提供其样板库的数据。设计者在像差校正之后,在保证成像质量要求的前提下,通过对曲率半径的微调,尽可能多地采用样板库中的曲率半径数值。样板数据包括球面半径、样板直径。

光学样板分为标准样板(或称基准样板)和工作样板。前者用于存档、复制,其 ΔR 值按"GB1240-76"标准(见表3-11)分为A、B两级。工作样板直接用于检验加工的光学零件,是用基准样板复制而来的,其精度是由工作样板对基准样板的光圈要求来保证的。ΔR 表示光学样板的精度等级,即样板曲率半径实际值对名义值的偏差量。

表3-11 光学样板精度

精度等级	球面标准样板曲率半径 R/mm					
	0.5~5	>5~10	>10~35	>35~350	>350~1 000	>1 000~40 000
	允差(±)					
	μm			公称尺寸百分数		
A	0.5	1.0	2.0	0.02	0.03	0.03R/1 000
B	1.0	3.0	5.0	0.03	0.05	0.05R/1 000

2) 光圈数 N 及光圈局部误差 ΔN

在制造球面或平面光学零件时,零件表面曲率半径正确与否是通过与球面工作样板或平面工作样板(或称为平面平晶)来测定的。将工作样板紧贴在光学零件表面,通过垂直于被检面方向观察,零件表面与样板表面之间的空气隙将产生等厚干涉条纹,干涉条纹称为光圈,工人们常称为"靠样板"或"看光圈"。光圈数 N 表示工件的光学面和样板标准面曲率半径允许存在的最大干涉条纹数。如果环形干涉条纹出现不规则的变化,表示该处表面存在局部误差,用 ΔN 表示,N 和 ΔN 一起表示光学表面面型误差。不同的光学零件对面型误差有不同的要求,表3-12给光圈选择的参考数据。

表3-12 各种光学零件允许的面型误差

仪器类型	零件性质	表面误差	
		N	ΔN
显微镜和精密仪器	物镜 低于10倍	2~3	0.2~0.5
	物镜 10~40倍	1~2	0.5~0.1
	物镜 高于40倍	0.5~1	0.05~0.1
	目镜	3~5	0.5~1.0
照相系统	物镜	2~5	0.1~1.0
投影系统	滤光镜	1~5	0.1~1.0

（续表）

仪器类型	零件性质	表面误差	
		N	ΔN
望远系统	物镜 转像透镜 目镜	3～5 3～5 3～6	0.5～1.0 0.5～1.0 0.5～1.0
	棱镜 ① 反射面 ② 折射面 ③ 屋脊面	1～2 2～4 0.1～0.4	0.1～0.5 0.3～0.5 0.05～0.1
	中等精度反射镜	0.1～1.0	0.05～0.2
	场镜、滤光镜、分划板	5～15	0.5～5.0
光栅盘和分划板 保护玻璃或物镜前的滤光片 目镜前或后的滤光片 中等精度的反射镜		5～15 3～5 5～10 0.5～1.5	1.0～2.0 0.3～0.5 0.3～2 0.1～0.3

（1）条纹数（光圈数）N 的度量。光圈有正负之分。在白光下观察时，当被检光学零件表面与工作样板中央接触，中心出现暗斑，随后是一圈圈彩色条纹自中心向外扩散时，则表示高光圈，也就称为“正光圈”；反之称为“低光圈”或“负光圈”。

如图 3-5 中，对“零件的要求”一栏中，N_1 和 N_2 分别表示对光学零件的第一个面和第二个面的光圈数要求。$N_1=5$ 表示光学零件的第一个面的半径偏差最大为 5 个光圈；$N_2=-6$，表示第二个面的半径偏差最大为 6 个光圈，且是低光圈。一般标注时不需要标注正负号，但是有些表面的公差分析结果可能会有正负号的要求，还有一些特殊的面，如胶合面有胶合工艺要求，加工时应该给负光圈（低光圈），以保证胶合时两个胶合面不是中心接触。

条纹数的度量，N 是指条纹对称时在半径方向上存在的同色条纹数，当条纹不对称时以整个直径上条纹数的一半作为条纹数，如图 3-10 所示，假定条纹的弯曲量为 h，两相邻同色条纹的中心间距为 H，则条纹数为

$$N=\frac{h}{H}$$

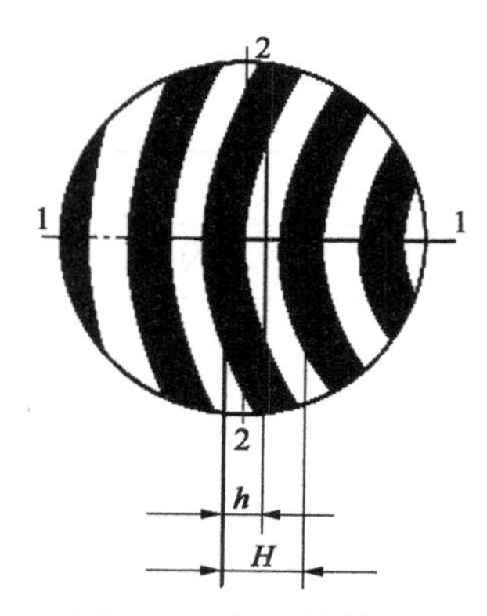

图 3-10　条纹数的度量

检验用的光波长规定为 $\lambda=0.546\ 1\ \mu m$（绿色）。若用其他单色波长检验面型偏差时，其条纹数应乘一个修正因子。例如用 $\lambda=0.655\ \mu m$ 时，则应乘以修正因子 0.83。

（2）局部面型偏差。ΔN_1，ΔN_2 分别表示光学零件的第一个面和第二个面允许存在的局部面型误差。它是由工件表面上局部微小的不规则性引起的，并以局部不规则干涉条纹对理想平滑干涉条纹的偏离量 e 与相邻条纹间距 H 的比值来量度。

N 和 ΔN 之间有一定的比例要求，一般 $\Delta N = (0.1 \sim 0.5)N$。

相同的光学系统也会有不同的等级，表 3－13 给出了光学零件精度等级分类。

表 3－13　光学零件精度等级分类

零件精度等级	精度性质	公差/mm	
		N	ΔN
1	高精度	0.1～2.0	0.05～0.5
2	中精度	2.0～6.0	0.5～2.0
3	一般精度	6.0～15.0	2.0～5.0

注意，表 3－13 只能作为设计时参考。制定公差最好还是使用公差分析。

靠样板时，不仅要注意采用给定的球面半径数值，还要注意样板直径大小。如果样板直径小于零件直径时，在小得不多的情况下可以通过换算测出光圈数，但是使用不太方便，如果样板直径比零件直径小得多时则不宜采用。由于可变化的曲率半径随着靠上的样板数的增加而减少，所以难度随之增加。因此靠样板应采用先难后易的原则，具体可以采用以下顺序。

先多后少：如果系统中有几个面半径很相近，如胶合面等，可以采用同一个样板的首先解决。

先精后粗：光学系统中每个面的变化对成像质量的贡献是不同的，有些面很敏感，这样的面如果留到最后靠样板就会很困难。

先疏后密：样板表格中的数值并非间隔的，有些区段比较多，有些区段比较少，通常应先靠比较稀疏区段的样板。

先大后小：由于大直径样板制作比较困难，因此，靠样板时应优先考虑大直径的零件。一些直径很小，曲率半径不大，而又很灵敏的面可以不靠样板。

3) *光学零件表面的疵病 B*

这是一项质量指标，只有光学表面才有，表示对光学表面存在的亮丝、擦痕、麻点等限制。GB/T1185—1989(见附录 4)规定了光学零件表面疵病的术语、代号、级数换算及标志方法，适用于光学零件抛光表面的检验。

(1) 表面疵病分级和选择。光学零件表面的疵病是指光学零件加工过程中产生的麻点、擦痕、开口气泡、破点及破边等，用符号“B”表示。

光学零件的表面疵病会产生散射光，使像面衬度降低。位于像面附近的零件，其表面疵病会扰乱视场，影响观察、读数、甚至错判目标。有表面疵病的光学零件容易长霉生雾，此外，表面疵病也影响整个光学仪器的美观。

表面疵病大小用级数 J 表征，允许的表面疵病数目用 G 表示。疵病级数定义为

$$J = \sqrt{M}$$

式中，M 表示疵病的面积(mm^2)。正方形表面疵病的级数 J 是以毫米为单位的边长数值。

根据光学零件在光学系统上所处的位置来选择表面允许的疵病大小和数目。

位于光学系统像平面上及其附近的光学零件，如玻璃分划板、分划尺、度盘或场镜，可选 $J=0.004\sim0.025$ mm，$G=4\sim15$ 个。

G 可按零件的有效直径选取，例如

$D_0\leqslant20$　　$B=4\times0.004$

$D_0>20\sim40$　　$B=6\times0.004$

$D_0>40\sim60$　　$B=9\times0.004$

$D_0>60$　　$B=15\times0.004$

不位于光学系统像平面上的光学零件，如物镜、目镜、棱镜、放大镜、聚光镜和保护玻璃等。可选为 $J=0.004\sim1$ mm，$G=(0.5\sim2)D_0$ 个，式中，D_0 为零件的有效直径(mm)。

例如，$D_0=20$ 的物镜表面疵病可选 $B=16\times0.063$。

国家标准 GB/T 1185—1989 尚适用于将较大级数的表面疵病，用若干个具有较小级数的表面疵病来代替，其面积之和不超过原级数的表面疵病面积。不允许将表面疵病换算为多于 40 个较小级数的表面疵病。

根据需要，表面疵病也可以不允许换算。

表面疵病级数与疵病个数换算系数的关系如表 3-14 所示。

表 3-14　表面疵病级数与疵病个数换算

疵病个数换算系数	1	2.5	6.3	16	40
	0.004	—	—	—	—
	0.006 3	0.04	—	—	—
	0.01	0.006 3	0.04	—	—
级数 J	0.016	0.01	0.006 3	0.04	—
	0.025	0.016	0.01	0.006 3	0.04
	0.04	0.025	0.016	0.01	0.006 3
	0.063	0.04	0.025	0.016	0.01
	0.10	0.063	0.04	0.025	0.016
	0.16	0.10	0.063	0.04	0.025
	0.25	0.16	0.10	0.063	0.04
	0.40	0.25	0.16	0.10	0.063
	0.63	0.40	0.25	0.16	0.10
	1.0	0.63	0.40	0.25	0.16
	1.6	1.0	0.63	0.40	0.25
	2.5	1.6	1.0	0.63	0.40
	4.0	2.5	1.6	1.0	0.63

（续表）

疵病个数换算系数	1	2.5	6.3	16	40
级数 J	6.3	4.0	2.5	1.6	1.0
	10	6.3	4.0	2.5	1.6

注：1 表面疵病原级数个数换算系数等于换算后的级数个数（结果应化为整数）。
2 级数公比数为 1.6，疵病个数换算系数公比数为 2.5。
3 级数小于 0.004 和擦痕宽度小于 0.001 mm 的疵病不作考虑。
4 开口气泡和破点均当作麻点处理。

例如，对级数 $J=0.63$ 的 3 个表面疵病可换算为级数 $J=0.63$ 的一个表面疵病（原级疵病），级数 $J=0.25$ 的 6 个表面疵病（换算系数为 6.3）和级数 $J=0.16$ 的 16 个表面疵病（换算系数为 16）。

（2）标注方法。在图样上，零件的表面疵病用代号 B 表示，可标注于零件图上“对零件的要求”栏内，亦可标注于零件的表面上，其值由 $G\times J$ 表示，一般标志为 $B/G\times J$。若不允许换算的表面疵病，其值加括号（ ）表示，如图 3－11 所示。对于有分区要求的零件可分区表示，图上划出范围线并标志尺寸，范围线用细实线，如图 3－11 和图 3－12 所示。

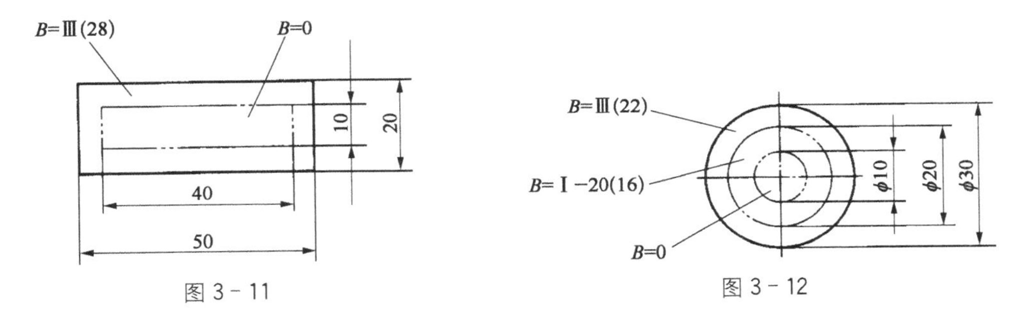

图 3－11　　图 3－12

4）光学零件的中心偏差 C

光学零件的中心偏差是指光学表面中心顶点的法线（即过中心顶点的切平面法线）与基准轴的不重合度。其中，中心顶点指的是光学表面与基准轴的交点。而基准轴是用来标注、检验和校正中心误差的一条确定的直线，该直线应体现光学系统的光轴。中心偏差会使轴上像点产生彗差、像散等像差。

透镜的中心偏差是指光轴（过光学表面两个曲率中心的一条直线）与基准轴的不重合度，用 C 表示。透镜的基准轴根据其相应的形状和装配位置确定，常见的有以透镜外圆柱面的对称轴为基准轴（见图 3－13）；以透镜外缘面与光学表面交线圆中心 p 和该光学表面球心 c_1 的连线为基准轴（见图 3－14）；也有以透镜边缘面和端平面交线圆中心 p 对该圆平面的法线为基准轴（见图 3－15）；还有以光学表面球心 c_1 和透镜几何轴与一选定平面的交点的连线为基准轴（见图 3－16）。

透镜的中心偏差可以用平面倾角 χ（度量单位是角分）表示，平面倾角 χ 是过中心顶点的平面法线与基准轴之间的夹角。当透镜表面的曲率半径为有限值时，χ 可以由曲率半径 r 和球面曲率中心到基准轴的垂直距离 C（mm）表示：

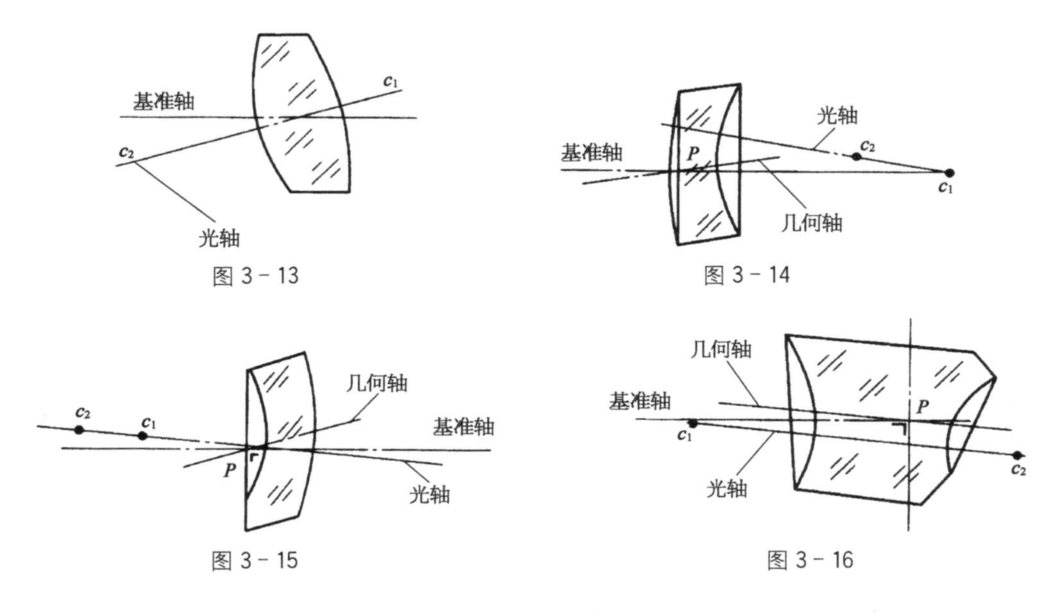

图 3 - 13　　图 3 - 14

图 3 - 15　　图 3 - 16

$$\chi = 3\,438' \frac{C}{r}$$

或
$$C = 0.291\chi r \times 10^{-3}$$

当透镜存在中心误差时，透镜的边缘厚度也有差别。当偏差属于平行偏移时，边厚差与 C 之间有如下关系；

$$\Delta t = \frac{D \cdot C}{f'(n-1)}$$

式中，Δt 为边厚差，D 为透镜直径，f' 为焦距，n 为材料的折射率。

Δt 与磨边余量 D 之间又有如下关系：$\Delta D = \Delta t \cdot f'/D$。因此，透镜的中心关系到光学零件整个加工过程，是球面透镜一项不可少的指标。为了保证成像质量，在加工时必须规定允许的中心偏差。根据仪器的不同，透镜中心偏差执行 GB/T7242—1987 标准，中心偏差可参考表 3 - 15 的数值确定。

表 3 - 15　中心偏差允许值参考表

透 镜 性 质	中心偏差	透 镜 性 质	中心偏差
显微镜与精密仪器	0.002～0.01	望远镜	0.01～0.1
照相、投影系统	0.005～0.1	聚光镜	0.05～0.1

从理论上讲，给出透镜几何轴与光轴的面倾角更为合理，但限于国内实际检验设备情况，给出透镜外圆的几何轴与光轴的偏差量更为实用，但是一定要考虑透镜焦距的长短，不要照搬硬套。

5）光学零件的气泡度 q

除对玻璃材料提出气泡度的要求外，加工完成的光学零件本身也不得超过气泡度规定。

其标注方法有3种：

第一种，只规定气泡大小，不限数量。如 $q=0$，表示整个表面不允许有气泡存在；$q=0.01$ 表示整个表面只允许有直径小于0.01 mm的气泡，数量不限但不得密集。

第二种，分区限制气泡的大小和数量。如 $q=(\phi2)0\times(\phi10)0.01\times3+0.02\times5$，表示零件表面分为3个区域，$\phi2$ 范围内不允许有气泡，$\phi2\sim\phi10$ 范围内允许有小于0.01 mm的气泡少于3个，大于 $\phi10$ 范围内，允许有小于0.02 mm的气泡少于5个，均不得密集。

第三种，限制一定面积内所允许气泡的总面积。如 $q=\phi0.5/\phi7$，表示在零件直径7 mm的圆面积内，允许气泡的总面积小于 $\phi0.5$ 的圆面积；$q=\phi0.6/D_0$ 表示在整个有效工作区内，允许气泡的总面积小于 $\phi0.6$ 的圆面积。

这种对零件气泡度的要求是通过计算，参照光学玻璃气泡度标准加以确定的。

3.2.3 光学零件图的其他技术要求

1）光学零件表面镀膜

为了某种特定的要求，在光学零件表面镀制一层或多层薄膜。根据其用途薄膜可以分为下列几类：减反射膜、内反射膜、外反射膜、分束(色)膜、滤光膜、保护膜、导电膜和偏振膜。按薄膜的结构又可分为单层膜、双层膜、三层膜和多层膜。

（1）薄膜的特性。

光学特性，包括波长、入射角及角度范围、光谱透过率、光谱反射率和光谱吸收率、杂散光、荧光或偏振光以及其他特殊要求的光学性质等。

机械强度特性，包括黏附强度、耐磨强度及其他特殊的机械要求。

抗辐射特性，是指抗红外、紫外和其他辐射特性，包括规定辐射的强度和持续时间。

化学稳定性，是指膜层对油渍和溶剂的稳定性以及对特殊化学物质的稳定性。

气候的稳定性，包括对冷冻、干温、湿温、恒温、缓慢的气候变化、剧烈的气候变化或周期性气候变化的稳定性要求。

特殊要求，包括对炎热的稳定性、对盐雾的稳定性或尘埃及受到其他侵蚀的稳定性要求。

（2）光学零件镀膜要求。薄膜的类型、图形符号以及各种薄膜所具有光学特性指标按国家机械行业标准JB/T6179—1992和JB/T8226—1999中规定执行。薄膜的镀制方法符号如表3-16所示，图形符号如表3-1所示。

表3-16 薄膜镀制方法符号

制造方法	符　号	制造方法	符　号	制造方法	符　号
溶液沉淀法	Y	真空蒸发法	F	气体沉淀法	Q
酸蚀去碱法	S	阴极溅射法	R	喷刷及其他	B
电解或氧化法	D	加热熔化法	G		

（3）薄膜的标注方法。在光学零件需要镀膜的表面应绘注图示符号，绘注方法按GB/T13323—1991《光学制图》的规定，并在“技术条件”一项列出对薄膜的要求内容。对于

国家已规定的标准按下列次序填写：表 3-1 中规定的薄膜符号、镀膜要求在光学系统中的使用条件、标准允许的选择要求、验收依据的机械标准号。

例如：“⊕ $\lambda_0=0.5\ \mu\text{m}$，JB/T8226.1—1999”，表示镀单层氟化镁及双层二氧化钛加二氧化硅和一氧化硅加氟化镁的减反射膜，中心波长 $\lambda_0=0.5\ \mu\text{m}$，机械工业部 1999 标准。

例如：“⊕JB/T8226.1—1999”，表示用水解法镀二氧化钛和二氧化硅及其混合物的减反射膜。因该标准已规定使用条件和选择指标，故只须标注相应标准号。

对国家暂无标准规定的薄膜，包括有标准而又有特殊要求和特定使用条件的情况，可按下列次序填写要求：薄膜符号（按表 3-16 中规定的符号）、镀膜零件在光学系统中的使用条件、薄膜的技术要求、其余按照国家有关标准号验收。

例如：“⊕ $\alpha=45°$，$\lambda_0=0.5\ \mu\text{m}$，$R=21\%$，其余按照 JB/T8226.3—1999 中验收”，表示用斜光束射入减反射膜时的要求，须标注其入射角 α，表示入射角对应的反射比 R。

例如：“$\alpha=45°$，$R\geqslant 90\%$，其余按照 JB/T8226.3—1999 中验收”，这是对反射比超过某标准规定值时的要求，所以须标注反射比值。

例如：“⊕ $\alpha=45°$，$P=99.5\%$，$T\geqslant 45\%$，其余按照 JB/T8226.3—1999 中验收”，这是对暂无标准的偏振膜的要求，故须标注入射角 α，偏振度 P 值和透过率 T。

2）表面粗糙度

GB1031—1983《机械制图表面粗糙度代号及其注法》规定了零件表面粗糙度的代号及标注方法，如表 3-17 所示，详见附录 5。

表 3-17　表面粗糙度的符号及含义

符　号	含　　义
3.2 √（基本符号）	用任何方式获得的表面
3.2 √（带横线符号）	用去除材料的方法获得的表面，如车、铣、钻、磨等加工方法形成的表面。在玻璃加工中通过磨削、抛光等方法获得的表面
3.2 √（带圆圈符号）	用不去除材料的方法获得的表面，如铸、锻、冲压等方法获得的表面。在光学中加工中，通过注塑加工的塑料透镜用此符号
	“3.2”表示轮廓算术平均偏差 R_a 最大允许值为 3.2 μm。在光学表面 R_a 一般取 0.012 或 0.01，非光学面取 3.2 或 1.6。

3）加工余量

在光学零件加工过程中，为了从玻璃毛坯获得所需要的零件形状、尺寸和表面质量，必须去除一定量的玻璃层，这一定量的玻璃层就称为加工余量。

加工余量的给定非常重要，如果给出的余量小，则加工不出符合技术要求的零件；如果余量太大，又会造成材料和加工工时的浪费。

根据光学零件加工工序，零件的加工余量分为锯切余量、整平余量、表面的粗磨余量、精磨余量、抛光余量、定中心磨边余量。

在每一道工序之后给下一道工序留下余量叫作中间工序的余量。由许多中间工序余量所组成的加工余量的总和称为总加工余量。鉴于各工序的加工特点不同,所以要研究如何合理地规定各道工序的加工余量。

光学零件的绝大部分余量都是借助于散粒磨料或固着磨料研磨去除的,在研磨过程中磨料对玻璃表面施加压力,形成一定的破坏层,下一道工序(精磨、抛光等)就要去除这一破坏层,使玻璃表面形成符合要求的光学表面。因此,确定加工余量的原则是每道工序中去除的余量 Δ 等于上一道工序产生破坏深度 F_{n-1} 与本道工序产生的破坏层深度 F_n 之差。图 3-17 表示散粒磨料研磨、抛光时加工余量与破坏层的关系,玻璃经过第一道砂粗磨后,加工表面产生凹凸层 h_c 和破坏层 F_c,破坏层最深处以 AA′表示;当用第二道砂粗磨时,产生凹凸层 h_1 和破坏层 F_1,而破坏层深度应与 AA′线重合,则加工余量应为图中的 Δ_1,显然 Δ_1 等于 F_c 与 F_1 之差。以后各道磨料的研磨加工余量均可类推。最后一道磨料精磨所产生的凹凸层 h 与破坏层 F 都已相当精细,因此,应该使最后一道磨料的 F 略微超过 AA′线,然后,通过抛光去除残余的相当微细的破坏层。余量的表达式为

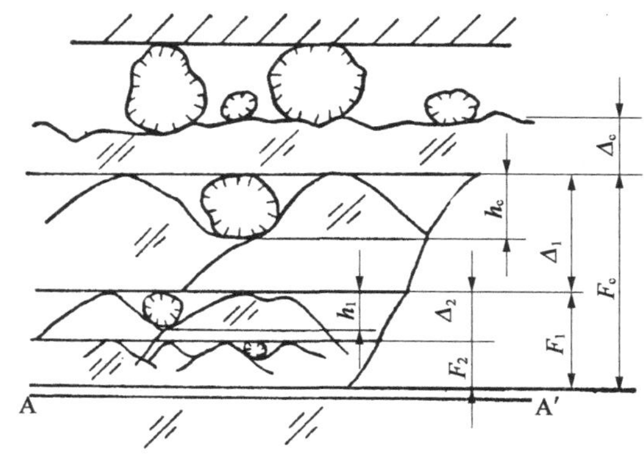

图 3-17 散粒磨料产生的凹凸层和破坏层

$$\Delta_1 = F_c - F_1$$
$$\Delta_2 = F_1 - F_2$$
$$\Delta_n = F_{n-1} - F_n$$

各工序余量的计算如下:

(1) 锯切余量与公差。锯切余量与锯片侧向振动、机床的振动、锯切的深度等因素有关。一般可按经验公式确定:

$$a = d + \delta - 1(\text{mm})$$

式中,a 为锯切余量,d 为锯片的厚度,δ 为锯片转动的振动余量。

当锯切深度 $B < 10$ mm 时,$\delta = 1.5$;当 10 mm $< B <$ 65 mm 时,取 $\delta = 2.0$;当 $B >$ 65 mm 时,取 $\delta = 2.5$。

(2) 研磨、抛光余量与公差。研磨的余量与被加工零件的形状和尺寸、毛坯的种类、机床精度等因素有关。抛光余量十分微小,它与精磨余量一起给出。

用散粒磨料研磨时,粗磨余量可参考表 3-18。

粗磨和抛光的余量:当零件直径小于 10 mm 时,单面余量取 0.15~0.2 mm;零件直径大于 10 mm 时,单面余量取 0.2~0.25 mm。

对于精度要求更高、玻璃材料较软、研磨模硬度较大(如铸铁模)、单件加工时,精磨余量应取较大值。

表 3-18　散粒磨料粗磨余量

零　件	毛坯种类	加工面型	透镜直径或长方形零件边长/mm							
			单面余量							
			0～25		25～40		40～65		>65	
			1	2	1	2	1	2	1	2
透　镜	球面型料	凸面和凹面	0.2	0.3	0.3	0.4	0.4	0.6	0.6	0.9
	块料	凸面	0		0		0		0	
		凹面	h		h		h		h	
平面镜	平面型料	平面	0.2	0.4	0.3	0.5	0.4	0.6	0.6	0.9
棱　镜	型料和锯料	平面	0.5	0.5	0.6	0.6	0.7	0.7	0.9	0.9

用固着磨料研磨时，粗磨铣切余量可参考表 3-19。

表 3-19　固着磨料粗磨余量

种　　类		零　件　直　径	
		直径<10 mm	直径>10 mm
		单面余量/mm	
双凸透镜		0.15	0.20
平凸透镜		0.075	0.10
双凹透镜	有平台	1	0
	无平台	0.1	0.15
平凹透镜		0.05	0.075

对于棱镜，考虑到修磨角度，余量应当增大。高速抛光余量一般取 0.1 mm。

(3) 定心磨边余量。凹透镜的定心磨边余量可参考表 3-20 选取。

表 3-20　凹透镜定心磨边余量

透镜直径/mm	1.5～2.5	2.5～4	4～6	4～10	10～15	15～25	25～65	65～100	>100
加工余量/mm	0.4	0.6	0.8	1.0	1.2	1.5	2.0	2.5	3

对于凸透镜，可选取比表 3-20 低一级的余量；对于容易产生偏心的透镜(如正月形透镜、负月形透镜等)，余量应适当放大，可按下式计算：

$$\Delta d = \frac{2\Delta t}{d\left(\frac{1}{R_1} + \frac{1}{R_2}\right)}$$

式中，Δd 为定心磨边的余量；Δt 为粗磨后能达到的边缘厚度差；R_1，R_2 为透镜的曲率半径，凸面取正值，凹面取负值；d 为透镜直径。

各工序的加工余量确定之后，就可以计算出毛坯尺寸。

透镜的毛坯尺寸计算：

对于双凸透镜，

$$t = t_0 + 2(p_j + p_z)$$

对于凹凸透镜，

$$t = t_0 + 2(p_j + p_z) + h$$

对于双凹透镜，

$$t = t_0 + 2(p_j + p_z) + h_1 + h_2$$

式中，t 为毛坯的厚度；t_0 为透镜的中心厚度；p_j 为精磨余量；p_z 为粗磨余量；h_1，h_2 为凹面矢高。

棱镜的毛坯尺寸计算：

棱镜的形状多种多样，但是都可以认为是若干个三棱镜的组合，所以只需要分析三棱镜的毛坯尺寸的计算。

设棱镜的 3 个角分别为 α，β，γ，其对应的面分别为 3，2，1，由图 3－18 可知：

$$d_{x1} = d_1 + (p_j + p_z)\left(\cot\frac{\alpha}{2} + \cot\frac{\beta}{2}\right)$$

$$d_{x2} = d_2 + (p_j + p_z)\left(\cot\frac{\alpha}{2} + \cot\frac{\gamma}{2}\right)$$

$$d_{x3} = d_3 + (p_j + p_z)\left(\cot\frac{\beta}{2} + \cot\frac{\gamma}{2}\right)$$

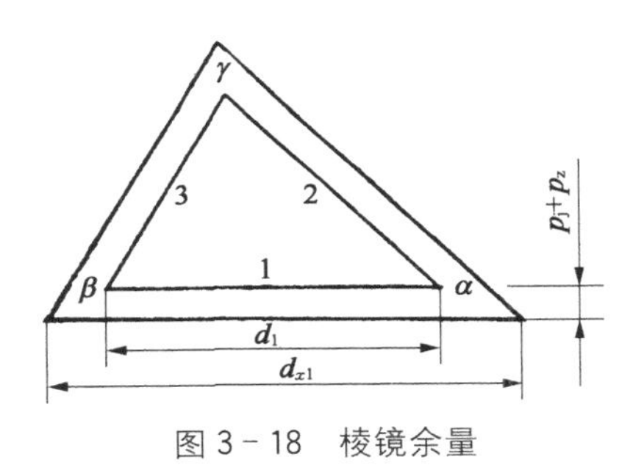

图 3－18　棱镜余量

式中，d_x 为毛坯的尺寸；d 为棱镜的最大允许尺寸；p_j 为精磨余量；p_z 为粗磨余量。

3.3　光学零件设计的工艺性

在设计光学零件时，除满足光学设计所提出的要求外，还应注意零件加工工艺中的合理性、经济性及先进性，使产品既满足设计要求，同时又能方便制造和获得最经济的效果。

3.3.1　工艺合理性

包括产品的材料、结构和精度等都应有合理的要求，要考虑材料来源、加工的可能性、难易程度、设备条件和操作工人的技术水平等具体情况。

1）材料选择的合理性

以选用光学玻璃牌号为例，应注意几个问题：① 尽量选用大批量生产的玻璃，如 K9，F2

等。② 尽量选用化学稳定性好的玻璃,慎用镧系玻璃。③ 胶合玻璃对的折射率不要过于接近,而膨胀系数不要相差太多。④ 蚀刻零件要注意选用腐蚀性能好的玻璃,如 BaK7 等。⑤ 一般用途的没有特定折射率要求的棱镜、平面镜、光楔、保护玻璃和聚光镜等应选用价廉物美的 K9 玻璃。⑥ 高精度透射平行平板多采用 QK2、石英玻璃,高精度反射镜多采用 QK2、微晶玻璃。⑦ 高精度光学系统的玻璃光学常数,可以采用玻璃的某一炉号、退火号的实测数据。

在质量指标上则应从使用精度、生产批量、光学系统位置等各方面因素综合考虑,以可用为原则,不要片面为了提高质量指标而选用高等级玻璃,使价格大幅度上升。

对光学玻璃的选择要考虑以下因素:

(1) 在进行光学设计时,按折射率和中部色散的实际值进行像差修正,为了补偿由于折射率和中部色散的偏差而引起的角差变化,可对透镜的空气隙、厚度等作一些改变。在这样的条件下,对于小批量生产的高级照相机物镜和高倍望远镜,可选用 Δn_d 为 3 类,色散系数 $\Delta \nu_d$ 为 2～3 类的玻璃,在大批量生产中,应选用 Δn_d 和色散系数 $\Delta \nu_d$ 均为 1～2 类的玻璃。

对于望远镜的第二组和光焦度不大的透镜,会聚光路上的棱镜,可使用 Δn_d 和色散系数 $\Delta \nu_d$ 均为 3～4 类的玻璃。而保护玻璃、分划板、反射镜、聚光镜、场镜、平行光路中的棱镜及弯月透镜,对玻璃的 Δn_d 和 $\Delta \nu_d$ 均不作规定。

(2) 对玻璃光学均匀性的要求。对高分辨率和高像质观察仪器的物镜(如高精度干涉仪、天文仪器、测地仪、准直仪和显微镜等),应使用光学均匀性第 1 类的玻璃。而均匀性第 2～3 类玻璃可用于制作精密的望远镜、瞄准镜、观察镜以及具有高分辨率和高像质的复制物镜。

对普通的照相物镜,应使用第 3～4 类光学玻璃。对于望远镜的第二组透镜,广角物镜的弯月透镜,位置靠近像平面的光学零件(场镜、分划板、棱镜),均可采用第 4 类光学玻璃,对于有一面为毛面的分划镜,均匀性不作规定。对于保护玻璃、棱镜和滤光镜,其玻璃的均匀性要求可与其位置靠近的零件的均匀性要求相同。

(3) 对玻璃双折射性的要求。干涉仪和天文仪器,只能使用双折射为第 1 类的玻璃,使寻常光线与非寻常光线的光程差不超过瑞利极限,即波长的 1/4。对于高精度的望远镜、准直镜和复制显微镜的物镜以及反射镜,玻璃的应力双折射应该是第 2～3 类玻璃。聚光镜、普通光学仪器的目镜、放大镜采用双折射第 3 类光学玻璃。

(4) 对玻璃吸收性的要求。直接与空气接触面较多、玻璃内的光程长度较短(20～50 mm)的复杂系统,光的主要损失是反射。因此,在这种系统中以及较薄的光学零件,应采用第 4～6 类玻璃。玻璃内光程较长的零件(棱镜、天文观察仪器和照相仪器的透镜),光的透过系数的降低主要是光的吸收造成的。因此,这类零件应选用 0～3 类光学玻璃。

另外,材料来源的难易和价格无疑也是需要加以考虑的。

2) 结构设计的合理性

(1) 对零件曲率半径的要求:① 按工厂已有的库存样板设计,以降低制造成本。光学样板的光圈数应比零件要求高 3～4 级。② 在一组光学系统中,各光学零件的曲率半径数应该越少越好,尽量多次重复使用相同的曲率半径,当两个曲率半径很接近时,如 $R52.34$ 与

$R52.35$，应该设计成同一种曲率半径，这样不会影响光学系统的像质，而可以使生产成本大为下降。③ 对曲率半径数值的选取，一般以大曲率半径的工艺性为优，显然平面是最好的。④ 同一块透镜，两个面的曲率半径不要过于接近，否则，难以鉴别，也可以设计相同曲率半径的两个表面。

(2) 对厚度的要求。光学零件的厚度越厚，表面变形越小，但会增加仪器的自重，因而其间距应有一个最佳值，一般平行平板零件厚度与其外径之比要大于1∶10。凹透镜的中心厚度一般不低于直径的1/10，否则在加工中容易变形，产生不规则误差。凸透镜的边缘厚度亦应大于一定数值，否则容易形成"飞边"零件，使操作者难以加工。正透镜最小边缘厚度及负透镜最小中心厚度参照表3-6的规定。

厚度公差从0.01～0.5不等。聚光镜要求公差可达±0.5 mm，望远镜物镜为±0.1～0.3 mm，胶合物镜应为±0.03～0.05 mm，照相物镜为±0.05～0.1 mm。

在选择材料时除考虑光学性能外还应考虑材料的机械性能(软硬程度)、化学稳定性、热膨胀性能等。例如对重火石、重冕类玻璃应充分注意其化学稳定性，加工过程应注意保护，及时涂保护胶或防雾剂，镀膜前应特殊处理并缩短在空气中的时间。贮放过程中应保持干燥清洁的环境。又如特殊色散的玻璃TF3和卤化物晶体的耐水性差，在精磨、抛光和镀膜时也需要特殊处理。

(3) 结构。零件的形状、尺寸设计得合理与否，对工艺有很大的影响，合理的结构既能满足使用要求，又应符合工艺要求，一般形状越简单越好，因为加工面少，尺寸小，生产方便。

3) 精度要求

零件的各项质量指标是根据零件在光学系统中对误差担负的"贡献"提出来的。精度的确定或是根据经验，或是对整个系统进行精度计算后提出，在不影响产品性能的情况下，一般应对精度放宽要求，以提高生产效率，有利于降低生产成本，在设计中不应抱有精度越高越保险的思想。

3.3.2　经济性

在选择材料、确定零件形状、制订精度时都应该考虑经济性，尽量采用先进工艺，提高生产效率和改善质量。

此外，在设计时还应注意提高产品三化(标准化、系列化、通用化)程度和继承性。

三化程度可用标准化系数 K 来表示，它包括件数、品种、重量等几个方面。

$$K=\frac{B}{Z}\%$$

式中，B 为标准化对象数；Z 为专用对象数。

系数 K 越大，工艺越合理。

继承性也是提高工艺经济性的有效措施之一，由于光学加工时，每一面都要有一整套专用工具、模具、样板等工艺装备，需要较长的工艺准备时间，因此在设计过程中应尽量借用原有典型结构，以便利用现成的工装和工艺规程，从而可节省大量的工装设计、加工工时和费用，缩短试制周期、加速新产品的批量生产，提高生产率。继承性可用继承系数 K_j 表示：

$$K_j = j / z_j \%$$

式中，j 为借用件（种）数；z_j 为产品零件（种）数。

3.3.3 先进性

随着光学工业的发展，新材料、新工艺、新技术不断涌现，在设计过程中应及时反映。如现在用作光学零件或光电元件材料的已不仅仅是玻璃或晶体，像塑料、金属、陶瓷及半导体等其他材料也已经得到了广泛的应用。光学零件的类型已不仅仅是体积大、分离的球面透镜或棱镜，而越来越多地采用非球面透镜、微透镜阵列、衍射光学元件和梯度折射率元件等新型光学元件，使零部件小型化、阵列化或集成化。光学零件的相关制造技术也已大大超出古典的研磨抛光方法，如采用数控加工、精密模压技术及细微加工等近代高新技术。古典的研磨抛光技术也随着技术的发展，发生了重大的变化，如准球心法抛光，离子抛光工艺的应用，提高了加工精度，并且通过程序控制进行自动和连续的加工，为高精度光学零件和非球面光学零件的加工开辟了新的途径。

第2篇
光学零件制造基本工艺

光学零件的基本工艺指一般光学零件制造中需掌握的工艺技术。它包括对制造光学零件各项技术指标的认识和应用、光学零件典型工艺过程及设计、光学零件表面成型理论、光学加工机床和磨夹具设计与制造、检验技术及检验调整、工艺过程各工艺因素对表面加工精度和表面质量的影响。

如前所述，制造光学零件的材料是玻璃、晶体和塑料。玻璃和晶体是典型的硬脆性材料，且导热性差，其加工特性与此有很大关系，因此不可能像金属加工方法一样用剪切滑移破坏的方法去处理材料，而只能采用研磨的方法获得表面形状和表面精度，即利用磨料切削。磨料的切削力通过具有一定几何面型的模具与工件接触形成应力分布，应力大的地方去除材料多，通过调节接触面的应力分布去除材料，将模具的面型转移到工件上，其精度可达到波长的数量级。这种研磨加工由粗到精依次分为毛坯准备、粗磨、精磨、抛光、定心磨边、镀膜、胶合定心等工序。工序安排从内容到次序对大多数光学零件的加工来说基本上是一样的。但是采用不同工艺，其成形原理、机床设备、研磨工具、研磨材料等都是不同的。

本篇主要介绍几种不同的基本工艺。① 传统工艺。传统工艺的加工方式，已经沿用了几百年，所以又叫古典工艺。传统工艺适合多品种、小批量、精度变化大的制造光学零件的单位(如研制部门、尖端设备生产工厂)。传统工艺生产方法也适用于生产高精度、有特殊结构的光学零件以及晶体光学零件的生产单位。② 高效工艺。高效工艺是随着金刚石工具的采用，先进高速机床的发展，研磨、抛光材料的开发应用而发展起来的，故又称为新工艺。与传统工艺相比，主要区别在于基本工序。其主要特点是：全部采用固着磨料、专用机床，以轨迹传递型通过碗形磨具对工件进行范成法成型；用金刚石丸片黏结成成型模具对工件进行细磨(精磨)；用抛光丸片黏结成抛光模对工件进行抛光，或用聚氨酯片抛光；上盘工序在成盘铣削前，采用专用带承座的刚性模上盘。③ 精密模塑技术。一次精密模塑成型，这是本世纪开发的具有划时代意义的光学透镜生产方法，对于大批量生产的光学零件是一种最具经济价值的方式。该技术成本低、面型重复性精度高，可以同时制造出安装定位面。特别对于非球面零件，由于其光学面形状复杂而无法采用传统工艺或用金刚石工具加工，只能单件加工，难度大、周期长、检测难。采用精密模塑技术，非球面零件就可以批量生产，也可以获得较高的精度，因此一次精密模塑成型是一种高效工艺。

第4章 光学零件的毛坯成型

光学零件的粗磨毛坯有块料和型料两种。块料是通过锯切、滚圆等古典工艺加工毛坯，这种方法工艺落后、生产效率低、原材料消耗大。但是由于设备简单，容易上手，目前国内使用块料毛坯的工厂还很多，尤其是小厂或多品种小批量生产的单位。型材有热压成型和液态成型两种方法，国内采用的都是二次压型毛坯。型料生产工艺繁，材料利用率低，加工余量大，满足不了光学生产发展的需要。近年来，我国已试制生产了多坩埚连续熔炼玻璃棒料的新工艺，并且玻璃棒料已经用于光学零件的生产。利用棒料毛坯生产光学零件，材料利用率高，简化了毛坯生产的工艺过程，降低了生产成本，有利于实现光学加工的机械化和自动化，具有广泛的应用前景。

4.1 块料毛坯的加工成型

透镜块料加工成型是将大块光学玻璃经过锯切下料、整平、划割、滚外圆、开球面等主要工序达到粗加工所规定的要求。

1）锯切下料

锯切的目的是将大块玻璃材料，按要求的尺寸和角度切割成小的块料。锯切的方法有两种，一是用散粒磨料锯切，二是用金刚石锯片锯切。

（1）散粒磨料切割（又称泥锯）。这是一种古老的加工方法，它不需要很复杂的工艺和设备，只需要一台电动机通过皮带传动驱动装有金属圆片的主轴，即可锯切玻璃。工作原理如图4-1所示。锯片多为钢片，锯片有一部分浸没在它下方盛有磨料和水的混合物的盘子里，依靠锯片在旋转过程中带起来的磨料对玻璃进行切割，玻璃的送进是由手工沿平台推向锯片。

这种设备的锯片速度一般不高，电动机功率为0.5～1 kW，转速为300～1 500 r/min，线速度为10 m/s左右。

泥锯切割的优点是简单易行，比较经济。缺点是切口较宽，为2～3 mm，线性精度为0.5～1 mm，角精度为30′～5°，加工精度差，锯切薄片材料很困难，效率不高，劳动强度大，只适用于生产量不大的情况。对于生产量较大的开料工作，现在用金刚石锯片代替用散粒磨料进

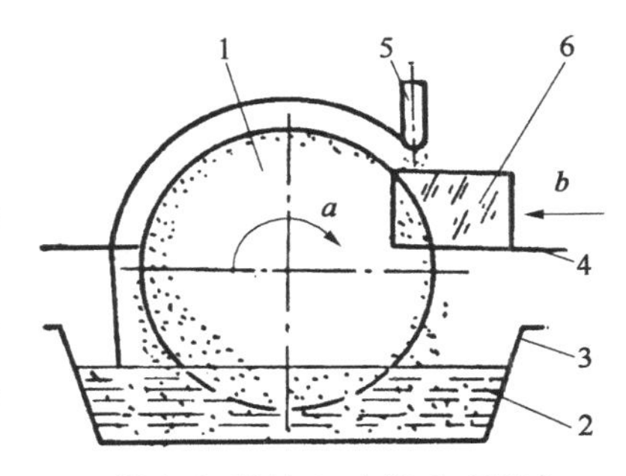

1-锯片；2-磨料；3-水槽；4-工作台；5-工件；6-送料器

图4-1 泥锯原理图

行开料。

(2) 金刚石锯片切割。是以固着有金刚石的锯片代替金属圆片加散粒磨料的方法对玻璃进行切割。这种方法效率高、精度好,改善了劳动条件,有利于实现自动化开料。

金刚石锯片是类似于泥锯圆盘锯片,在圆盘的边缘,用粉末冶金的方法烧结一圈青铜和金刚石的混合物。混合物的厚度比圆盘基体的厚度略厚一些,使切割时基体不会与玻璃发生摩擦。如果烧结层与基体等厚,则由于基体的磨损而引起金刚石过早脱落。锯片的外圆线速度在 20~40 m/s。玻璃工件采用机械装夹和磁性装夹,玻璃的送进量与工件的形状及锯片性能等有关,每转为 0.007~0.06 mm。

玻璃的送进方式一般有 4 种方法:手动送料、丝杆传动送料(刚性给进)、重锤牵引送进(弹性给进)、液压送进和射流控制使之自动进料和退刀。最后一种方法是较好的送进方式。锯料的冷却液有苏打液、肥皂水和煤油加机油等。前两种冷却性能较好,但润滑性能不及后者。

除上述方法外还有电热切割、薄形砂轮切割、非接触热切割、套料切割,对于多根棒料可以采用集束切割法,为了提高生产效率,还可采用排锯切割。

2) 整平

整平的目的是将锯切后的坯料不平整的表面磨平或修磨角度,为胶条工序创造条件。整平的方法一般采用带有平盘的粗磨机上加散粒磨料,手工操作。

3) 划割

将锯切后的玻璃板料制造小块坯料时,常用金刚石玻璃刀(或滚刀)进行划割加工。玻璃刀是在刀杆下端焊接一颗具有锋利棱尖的金刚石晶体的刀具。玻璃刀的金刚石颗粒,其切削刃的各棱面成 60°~80°角,其中一个棱面平行于刀杆中心线。玻璃滚刀是用硬质合金制成的小圆片形刀具,滚刀直径约为 15 mm,滚刀刃口一般为 60°角。

玻璃板料厚度在 10 mm 以内用金刚石刀划割,较厚的玻璃板料用滚刀划割。划割玻璃时,使金刚石刀杆与玻璃表面成 40°~60°的倾角轻轻加压,在玻璃表面上划割,形成划痕裂纹。划割到玻璃边缘时,应将玻璃刀提起,以防刀具与玻璃碰撞,划痕不应相交,然后用小扁锤沿划痕背面敲击,使裂纹加深沿划痕折断。

对于直径大于 30 mm 的圆形零件毛坯,如果后道工序是手搓滚圆,划割后应再割去四角,或用扁钳大体钳圆。钳圆后的直径应大于滚圆余量 3~6 mm。

4) 胶条

为了便于滚圆坯料和粗磨棱镜棱面,要用黏结胶把零件坯料胶成长条,如图 4-2 所示。

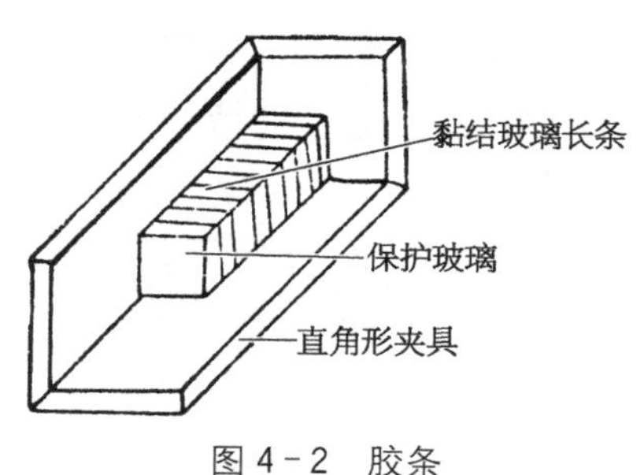

图 4-2 胶条

胶条的长度取决于长条的强度,即当坯料直径或棱镜宽度较大时,长条长度可大些,一般取直径或宽度与长度之比为 1∶4~1∶10。

5) 磨外圆

磨外圆是将方形、圆形、多边形的棒料按要求磨成一定直径的毛坯的工艺过程。对于圆形光学零件的毛坯，先将多片胶成长条后再磨外圆。常用散料磨料滚圆和磨床磨外圆两种方法。

滚圆的方法：将胶成长条的工件放在一定形状的工具上，特长的工件用 V 形槽模，一般的可用平磨盘，用手搓动工件，使工件与模具发生相对运动。

滚圆工艺：用粗砂将条形工件磨成正四方（用角尺检查角度），再磨成八方；对直径较大的零件，可再磨成十六方，然后滚圆。

在批量生产时，磨四方一般用胶平模上盘，成盘加工；磨八方时可用带 90°角槽的夹模上盘，成盘加工。

长条磨成八方后，转胶成十六方，即可在平磨盘上加散粒磨料手搓滚圆，如图 4-3 所示。用高出平磨盘几毫米放置的木条挡住玻璃长条，用手或木板搓动长条，经散粒磨料研磨达到磨外圆的目的。在研磨过程中应随时测量直径、锥度、椭圆度及母线与两端的垂直度。按直径尺寸精度考虑转条次数及其余量大小。为了避免长条磨成大小头，须随时调头滚磨，以避免工件磨成椭圆，滚完 180# 砂后（余量 0.4～0.5 mm），应转胶一次。零件精度要求较高时，可在磨完 240# 砂后（余量 0.1～0.2 mm）再转胶一次。

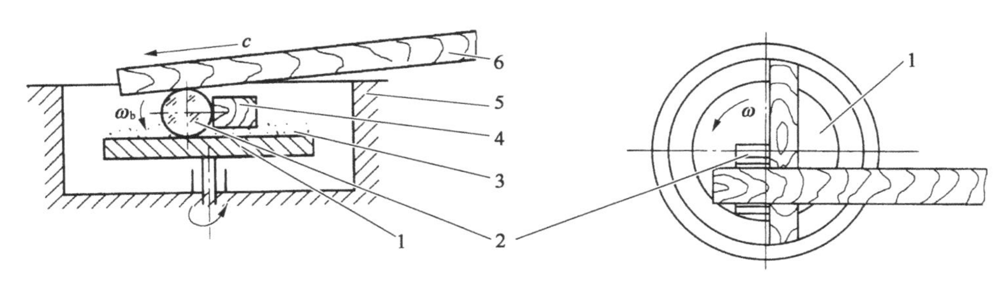

1-平模；2-工件；3-磨料；4-木条；5-水锅；6-搓板

图 4-3　滚外圆

散粒磨料滚外圆工序繁杂，劳动强度大，精度低，目前生产中用得越来越少了。

磨床磨外圆就是用外圆磨床磨外圆。一般都用普通外圆磨床，工件直径很小的用无心外圆磨。这种方法效率高，精度也高，外圆公差在 0.05 mm 以内。

(1) 普通外圆磨床磨外圆。对于直径大于 7 mm 的零件毛坯，一般采用普通外圆磨床磨外圆，如图 4-4 所示。先将工件胶成长条，工件长度视直径大小而定，一般取直径和长度比为 1∶7～1∶10。为了防止玻璃被夹碎，两平面接头各黏一块毡垫。磨床开动后，工件、砂轮相对旋转，工件左右往复运动，通过进刀手轮带动砂轮架横向进刀，对玻璃长条进行磨削。

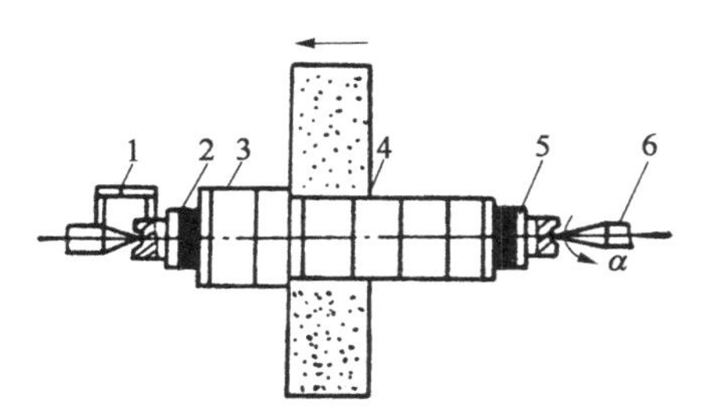

1-拨盘；2-毡垫；3-工件；4-砂轮；5-接头；6-顶尖

图 4-4　普通外圆磨床磨外圆

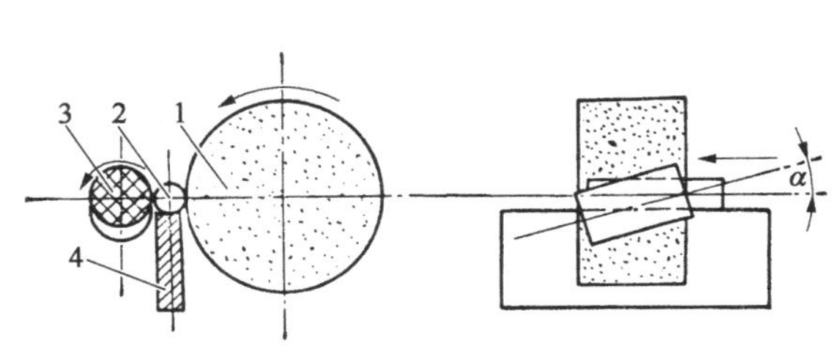

1-砂轮；2-工件；3-导轮；4-支板

图 4-5　无心外圆磨磨外圆

(2) 无心外圆磨磨外圆。对于直径小于 7 mm 的零件毛坯，一般将块料切成长条，在无心外圆磨床上磨成圆柱，然后按所需要的厚度切片，这种方法加工效率较高。

无心外圆磨工作原理如图 4-5 所示。工件放置在砂轮与导轮之间，下面由支板挡住。砂轮与导轮的旋转方向相同，但是速度不等，砂轮的线速度大得多，导轮与工件之间的摩擦力也大，所以工件被导轮带动并以与导轮相反的方向旋转，用砂轮将工件磨圆。为适应玻璃工件易碎的特点，导轮用耐磨橡胶制成。导轮与砂轮轴线保持一个倾角 α(约 1°～6°)，目的是使工件自动纵向进给。调整倾角 α 的大小，可改变工件进给速度，磨削量可参照表 4-1。

表 4-1　无心外圆磨磨削量及进给速度的选择

类　　别	一次最大磨削量/mm	工件进给速度/(mm/min)
去棱角	0.2～0.3	140～180
粗磨外圆	0.2	120～140
精磨外圆	0.1～0.3	110～120

(3) 磨外圆的余量及公差。磨外圆的加工余量应根据毛坯直径的大小选用，一般毛坯直径小于 30 mm，磨削余量取 1.5～2 mm；毛坯直径大于 30 mm，磨削余量取 2～4 mm。

磨外圆后的球面零件还应留出磨边余量，平面镜和分划板等零件的毛坯，通常磨外圆后不需要再磨边，这类零件磨外圆按最后完工尺寸加工。

平面镜和分划板以及其他不需要磨边的零件，按设计图纸公差要求加工。球面零件磨外圆公差一般取 ±0.1～±0.2 mm，采用真空吸附装夹方法铣磨球面时，透镜直径差应取 ±0.05 mm 为宜。

4.2　二次加热成型

光学零件二次加热加压成型是一种热加工方法，把玻璃坯料加热软化，放入成形模具内加压成型，从而获得所需要的光学零件毛坯。

热压成型工艺有许多优点，第一是省工，比块料加工提高工效 3 倍左右；第二是省料，块料毛坯对用料形状有一定的要求，而热压成型与用料的形状无关，只决定于用料的体积。因此，比块料节省 1/2～1/3 的材料；第三是有利于大批量生产和实现机械化加工。

热压成型的工艺过程：备料→加热→压制→退火。

1) 备料

热压成型的坯料应是具有一定的体积或重量的块料，通过划线、切割、修整和滚磨等工序制成热压成型所需要的坯料。

坯料重量依下式计算：

$$W = V \cdot d + \Delta$$

式中，W 为块料的重量(选用上限值，kg)；V 为毛坯零件的体积(cm^3)；d 为玻璃的密度

(g/cm³)；Δ 为备料损耗(g)。

备料损耗 Δ 应根据生产工艺来决定，而且不同材料的损耗也略有不同，一般取毛坯重量的 5%(K9)～8.5%(ZF6)。

划线开料。划线是按照计算重量或体积在大块料上划出标线，沿线开料。开料时必须注意随时在分割玻璃上写上原玻璃牌号和代表原玻璃性能指标的各种标记。

选修。对开料后的小块料，放在灯下，检查气泡、结石、条纹和疵病，用特制的小锤敲去不合格的部分和多余重量。注意留足后道工序的滚磨余量。滚磨余量依料块的几何形状、玻璃种类和滚磨工艺而定，一般取 2%～4%。

滚磨。目的是除去料块尖角利棱及裂痕，并使料块重量控制在规定的公差范围内。常有 3 种方法，第一种为砂轮湿磨法，即在装有水槽的砂轮机上，用手工修磨；第二种为滚筒滚磨法，将玻璃料块、水和磨料按 1∶0.8∶1 的比例装入滚筒内，约占容积的 1/2～1/5，转动滚筒，磨去料块的尖角利棱，以达到滚磨的目的；第三种方法是用立式振动机滚磨，这种机床能产生 2 800 r/min 的多向振动，使料块与磨料产生圆环形螺旋运动，磨料对料块在运动中进行修磨。磨料用粒度为 100#～200# 的金刚砂、天然鹅卵石(大小不超过料块尺寸)和适当的废砂轮小块等。磨料与玻璃的比例可取鹅卵石∶细砂∶料块∶水为 1.5∶10∶20～22.5∶1。振磨时间钡冕玻璃为 12～13 h，火石玻璃为 7～11 h。

2) 加热

加热指对料块预热至软化，以便压型，同时将压模也加热到相应的温度。加热过程一般采用带有控温装置的箱式电炉或隧道式电炉。工作温度即炉温和压模温度随玻璃种类不同而不同，常用玻璃压型的工作温度如表 4-2 所示。可以看出，拍型温度要比该玻璃的退火温度高 350 ℃左右。一般料块的加热速度是阶梯上升的，当料块处于低温退火温度时，为防止应力急剧变化而炸裂，升温速度要慢，这个阶段的时间占总加热时间的 70%～80%，超过这个温度则可加快速度。坯料加热时间长短与其形状、大小、厚度以及压型压力大小等因素有关，一般只要坯料在炉内能用拍型板将棱角压圆即可压型。

当坯料软后用拍型板将坯料棱角压圆或拍成与压模相应的比较规整的形状。

表 4-2　不同材料的压型工作温度

玻璃牌号	工作温度/℃			玻璃牌号	工作温度/℃		
	精密退火温度	拍型电炉炉温	压模工作面		精密退火温度	拍型电炉炉温	压模工作面
QK1	400	750±20	320～400	ZK6、ZK7、ZK10	620	930±20	540～620
K3	600	910±20	520～600	F2、F3	460	840±20	400～460
K7、K9	565	900±20	520～600	ZF1、ZF2	440	830±20	390～450
BaK2	560	890±20	520～600	ZF5、ZF6	400	810±20	360～420
BaK5		830±20	540～620	耐 200 ℃高温计玻璃	540	900±20	520～600
BaK7	570	900±20	520～600				
ZK4	610	930±20	540～600	NO.23		900±20	520～600

3）压制

料块加热软化、拍型后，立即用拍型板将已加热软化的料块送入预热过的压模内，用压力机加压成型。一般压制 2～3 s(见表 4－3)即可退模。压力、脱模渐冷方式和时间的选择如表 4－4 所示。

表 4－3 压 制 时 间

毛坯直径/mm	压制时间/s
50 以下	0.5～1.5
50～120	1.5～2.0
120 以上	2.0～3.0

表 4－4 压力和渐冷规范

毛坯重量/g	工作压力/MPa	渐 冷 规 范			
		方 式	时间/s	方 式	时间/s
≤50	$(3.5\sim4)\times10^{-2}$	模上	0	石棉板上	4～6
50～100	$(5\sim48)\times10^{-2}$	模上	3～5	石棉板上	40～120
50～100	$(8\sim10)\times10^{-2}$	模内	10	石棉板上	120～300
200 以上	$(10\sim12)\times10^{-2}$	模内	30 以上	专用放置板	360 以上

压制过程中要防止杂质进入，要控制好模具温度，模具温度过高工件易变形，模具温度过低工件易炸裂；冷却时间也要适当，否则也会引起工件变形和炸裂。所选用的压力与工件尺寸大小有关，一般要求工件表面压力为 78.84～117.72 N/cm^2。

压模是热压成型的主要工具，它的质量直接影响工件表面质量和尺寸。压模一般用耐高温不锈钢制作，若用优质工具钢，表面要镀铬，小批量生产也可用球墨铸铁。模压设计要求装卸方便，脱模容易，模孔模芯加热后配合要良好。

4）退火

在二次热压成型过程中，玻璃从较高的温度迅速冷却，使玻璃产生内应力和光学不均匀性。退火的目的是为消除应力，消除玻璃各部分光学不均匀性。

热压成型毛坯的退火可以分为粗退火和精密退火两个阶段。

粗退火是为了防止刚脱模的压型毛坯因急冷而变形炸裂。粗退火有两种方法：一是用草木灰退火；二是用电炉退火。重量大于 50 g 的毛坯用电炉退火，先将电炉加热至退火温度，同时将刚压制成型的毛坯分层装在铁箱内，然后放入电炉内保温一定时间再逐步降温，其退火温度如表 4－5 所示。重量小于 50 g 的毛坯可用草木灰退火，方法是将压制后的毛坯分层放入预热后的草木灰箱中，自然冷却到 50 ℃左右即可取出零件。

精密退火的目的是为了保证毛坯达到所需要的光学常数和质量指标。精密退火又分为 4 步。

表4-5　粗退火规范

序　号	玻璃种类	保温时间/h	毛坯直径/mm				出炉温度/℃
			<40	40～80	80～120	120～180	
			降温速度/(℃/h)				
1	火石、轻火石	1～2	40	20	10	8	50～60
2	重火石		20	20	10		
3	冕牌		20	20	10		
4	重冕		20	10	8		

(1) 装炉。精密退火是在特制的具有很厚保温层的惰性电炉内进行的，炉温应精确控制，退火炉内的温度分布是不均匀的，故毛坯应装在炉膛中间，装炉的方法如表4-6所示。

表4-6　装炉方法

序　号	装炉方法	毛　坯　形　状
1	平放或叠放	各种平凸或双凸透镜 圆形或方形板料 棱形或其他矩形毛坯 重50 g或直径80 mm以上的凸透镜
2	堆放	直径小于80 mm的各种双凸透镜 直径或边长小于20 mm的棱镜与平片

(2) 升温。工件装入炉内后，以较快的速度升温到该玻璃的热处理温度上限T_B(随玻璃的不同而不同)后，立即停止加热。升温速度可按工件大小和厚度而定，如表4-7所示。

表4-7　升温速度

序　号	毛坯尺寸/mm		允许最大升温速度/(℃/h)
	直　径	厚　度	
1	<80	30	60
2	80～120	50	40
3	80～120	60	20
4	80～120	80	18

(3) 保温。持续保温是决定毛坯应力消除程度的重要阶段。保温时间根据毛坯尺寸的大小、装炉零件数及技术要求选择，如表4-8所示。

(4) 降温。分两个阶段：第一阶段降温，退火温度以下一个温度区是冷却过程中的关键阶段，也是决定毛坯折射率、光学均匀性、应力消除程度的重要时刻。具体要求见表4-8～表4-11。第二阶段降温，这一阶段切断电源，使其自然降温。降温及出炉温度见表4-12。

表 4－8　退 火 规 范

退火规程号	在退火温度下持续保温时间/h	第一阶段降温	
		降温速度/(℃/h)	连续降温范围/℃
1	≥24	1	120～150
2	14～24	2	120～150
3	8～14	4	120～150
4	5～8	6	<120
5	3～5	10	<120

表 4－9　按光学均匀性选择退火规范

毛坯尺寸[1]/mm 光学均匀性类别	退火规程号									
	冕和冕火石玻璃					火石玻璃				
	1	2	3	4	5	1	2	3	4	5
1	120	45	20	15	12	140	52	26	16	12
2	170	65	30	20	15	200	80	37	22	16
3	210	80	40	22	20	240	94	45	28	21
4	240	90	45	28	20	280	110	53	32	24
5	275	103	52	32	26	324	125	61	37	29

注 1：凸透镜以中心厚度计；凹透镜以边缘厚度计；凸凹透镜以最大厚度计。

表 4－10　按应力选择退火规范

毛坯尺寸[1]/mm 光学均匀性类别	退火规程号				
	1	2	3	4	5
1	58	35	24	20	20
2	100	60	40	30	28
3	120	80	52	40	38
4	160	110	80	50	58
5		200	130	100	90

注 1：与表 3－9 注同。

表 4－11　常用材料的压型工作温度

序号	玻 璃 牌 号	工作温度/℃			
		精密退火	电炉粗退火	拍型炉温	压模工作面
1	QK1	400	370±15	750±20	320～400
2	K3	600	570±15	910±20	520～600

（续表）

序号	玻　璃　牌　号	工作温度/℃			
		精密退火	电炉粗退火	拍型炉温	压模工作面
3	K7、K9	565	540±15	900±20	520～600
4	BaK2	560	530±15	890±20	520～600
5	BaK7	570	540±15	900±20	520～600
6	ZK4	610	580±15	930±20	540～600
7	ZK6、ZK7、ZK10	620	590±15	930±20	540～620
8	F2、F3	460	420±15	840±20	400～460
9	ZF1、ZF2	440	410±15	830±20	390～450
10	ZF5ZF6	400	370±15	810±20	360～420
11	耐 200 ℃高温玻璃	540	520±15	900±20	520～600

表 4－12　第二阶段降温及出炉温度

毛坯尺寸/mm		第二阶段降温速度/(℃/h)	退火炉吊盖温度/℃	出炉温度/℃
直　径	厚　度			
<80	<30	30	120	80
80～120	50	20	100	80
120～180	60	8	80	50

4.3 槽沉成型

槽沉法成型是利用玻璃坯料在塑性变形状态下依靠自重变形(自由槽沉)或真空热吸(强制槽沉)，使其充满一定形状和尺寸的模具成型。

1）自由沉槽

沉槽坯料准备与热压成型毛坯的准备相似。玻璃坯料软化前，要控制内部的疵病，磨去棱角。放在自由槽沉内，玻璃坯料的体积应与槽沉后的体积相同。

将装有玻璃坯料的槽沉模，置于箱式或隧道式电炉内。槽沉后的毛坯经过粗退火，以较大的冷却速度降到退火温度上保持 3 h 后，在第一降温阶段(在退火温度以下 100 ℃左右)以 3～5 ℃/h 的速度冷却，降至第二降温阶段，再以 6～8 ℃/h 或更慢的均匀速度降温。对于应力要求较高的零件，还要进行精密退火。

2）强制槽沉

强制槽沉是在半自动设备上进行的，强制槽沉与自由槽沉的区别是用真空泵抽去槽沉模内的平板玻璃坯料下面的空气，在真空作用下，实现槽沉，最后得到成型毛坯。

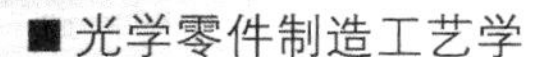

强制槽沉法可以加工直径达 600 mm、厚度为 8 mm 的坯料。强制槽沉毛坯的表面质量取决于模子的加工精度，因为在塑性变形温度下玻璃的黏度很大，如果模子不光滑，则难以形成光滑的表面。模具用铸铁材料制成，其工作表面的加工质量，用样板检验，样板与模具设计曲面的偏差不大于 0.03 mm。

4.4 连续压制成型

连续压制成型，又称为滴料成型法，首先将熔炼好的玻璃加热熔化，然后辊成玻璃长条，再压制成型，这是一种连续加工方法。其工艺流程为：熔化玻璃原料→辊成玻璃长条→加热玻璃条端部成滴状→压型→切断→零件脱模→退火→送库。

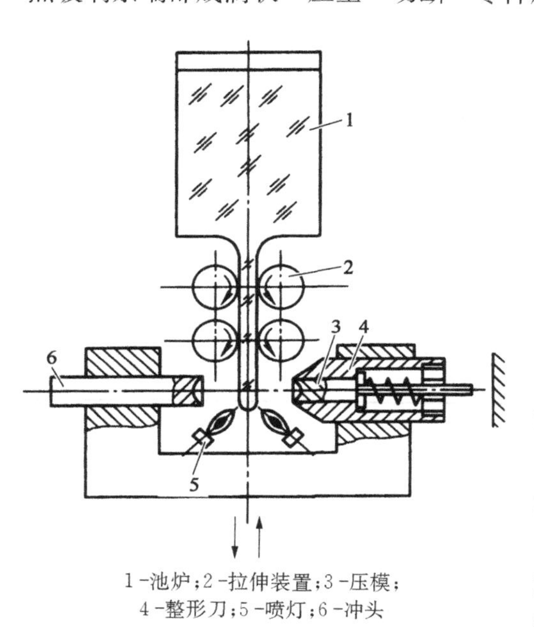

1 -池炉；2 -拉伸装置；3 -压模；
4 -整形刀；5 -喷灯；6 -冲头

图 4-6　滴料成型原理

连续压制成型原理如图 4-6 所示，将池炉 1 中的玻璃加热到黏度达$10^{-5}\sim10^{-6}$ Pa·s 时，通过拉伸装置将其拉成截面比零件稍大(拉伸部位加热)并与所压零件截面相似的条状玻璃(条料要适合预定的毛坯形状如圆形、椭圆形等)。条料的端部用喷灯 5 熔化成滴状，并进入压型区，用气动剪刀剪切玻璃，根据玻璃的比重，黏度、型料重量，把一定量的玻璃从条料上切下。送入冲头(3,6)冲压成型。对大型零件(如 ϕ200 mm)，还应预热压模 3 与冲头 6(压模 3 装于整型刀 4 内)。与此同时，滴状玻璃压成毛坯，通过成型装置，以大于条料的拉制速度，沿着条料运动方向向下运动，把切下的毛坯分开。压型装置退出成型区后即停止。零件在整形刀框上稍停后，被退料器以足够的运动速度退出母模到容槽中，同时，成型装置向上运动，重新回到原始位置。

滴料成型的优点：

(1) 边拉边冲压，连续动作，生产效率很高。每小时可生产 350～450 件。

(2) 加工余量小表面质量好，用这种方法加工的毛坯直径为 $\phi12\sim\phi22$ mm，直径公差仅为±0.1 mm，厚度公差仅为±0.3 mm。

滴料成型的缺点：

(1) 只适用于零件直径为 $\phi12\sim\phi22$ mm 的透镜压型。

(2) 不能用于全部光学玻璃的热压成型。

(3) 切口刀印难以解决。

第5章 光学零件的研磨成型

将光学零件的毛坯加工成透明的光学表面，无论是采用散粒磨料，还是用固着磨料加工，均需要经过3道基本工序——粗磨、精磨和抛光。

粗磨是将块料或型料毛坯加工成具有一定几何形状、尺寸精度和表面粗糙度的光学零件半成品的过程。根据生产批量和加工条件不同可以选择不同的粗磨方法，如用散粒磨料手工操作或用固着金刚石磨料的磨具研磨，或在铣磨机上进行自动或半自动的机械加工。用散粒磨料加工光学零件的工艺，称为古典工艺法。而用固着金刚石磨料的磨具或在铣磨机上进行自动或半自动的机械加工光学零件的方法，称为高效工艺。

5.1 散粒磨料粗磨

5.1.1 散料磨料粗磨原理

散粒磨料粗磨就是用金刚砂和水混合而成的悬浮液对玻璃工件进行粗磨加工。光学零件表面形状取决于研磨模具工作面的几何形状，因此称为轮廓成形法。研磨的工作物质是磨料，一般用金刚砂，而悬浮液的溶剂一般用水，水不仅使磨料呈自然分散状态，均匀分布于工作面，而且可以带走研磨下来玻璃碎屑，冷却摩擦产生的热，促成玻璃表面水解成硅酸凝胶薄膜。工件与磨具之间的动力是封闭的，加工的动力通过磨具传递到磨料颗粒，对玻璃进行破碎。工件的厚度是随模具的压力和加工时间而变化，不是事先可以一次设定的。因此该方法不宜进行自动化、流水线生产，但极方便修磨。

散粒磨料粗磨的特点是设备简单、手工操作，因此生产效率不高。适用于生产批量不大，或者不具备铣磨加工条件的生产单位。粗磨机床如图5-1所示。粗磨机由一电动机通过皮带驱动主轴转动，主轴上端装有平模或球模，主轴转速可以利用塔轮变速。研磨时可根据工作余量的大小，向平模或球模添加不同粒度的磨料与水的混合物。

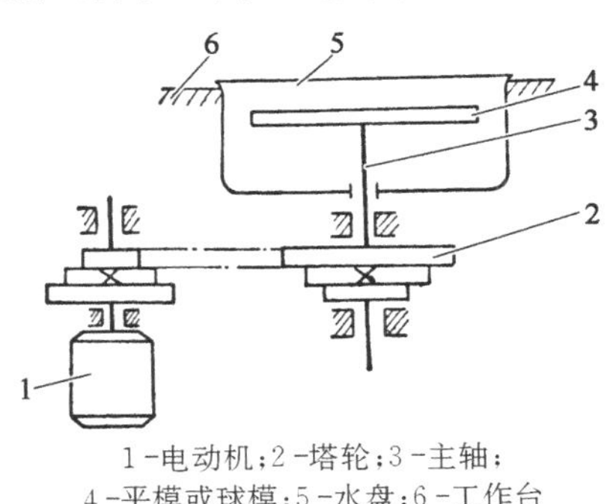

1-电动机；2-塔轮；3-主轴；
4-平模或球模；5-水盘；6-工作台

图5-1 粗磨机

使用散粒磨料对玻璃工件进行粗磨加工，其工作原理如图5-2(a)所示，散布于研磨模3和工件表面1之间的磨料颗粒2，由于磨盘与工件的相对运动，在某一瞬间磨料的上端顶在研磨模上，下端作用在玻璃上。作用

力 R 分解为水平力 F_K 和垂直力 F_N，磨料作用于玻璃的力 F_N 的作用方向与相对运动的方向垂直，因此不可能为磨削玻璃做功，但是 F_N 使玻璃表面出现裂纹，其裂纹角可达 90°～150°。

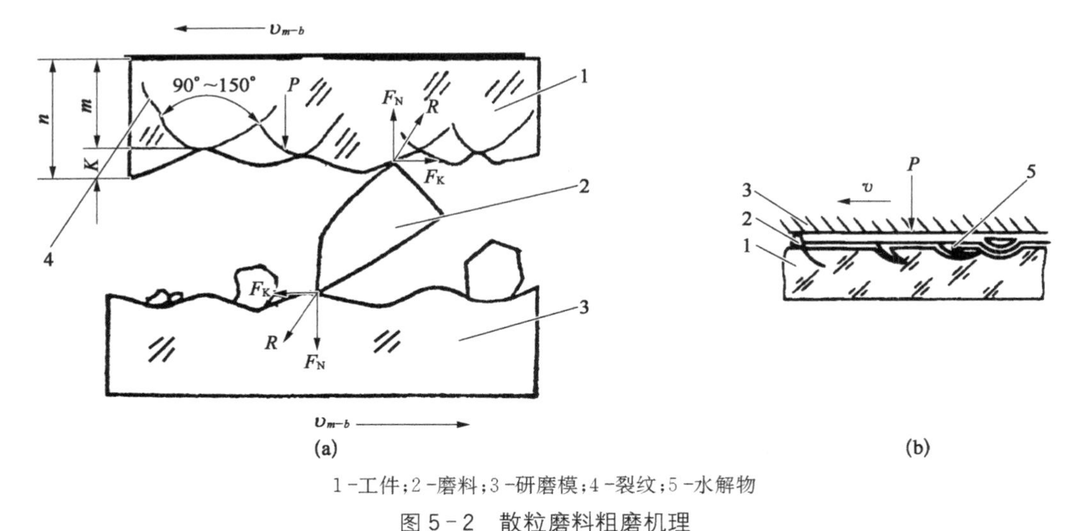

1 -工件；2 -磨料；3 -研磨模；4 -裂纹；5 -水解物

图 5 - 2　散粒磨料粗磨机理

(a) 研磨过程受力分析；(b) 研磨引起的倾斜裂纹

磨料作用于玻璃的水平力 F_K 与玻璃的宏观表面相切，并与相对运动方向相反，水平力 F_K 使玻璃表面凹凸不平的表面顶部被磨削，也会使磨具表面磨损。另外，每个磨粒所受到的力 F_K 和 F_N 构成力偶，使磨粒滚动，于是又有别的磨粒重复上述过程。

大小不同的磨料在滚动过程中对玻璃产生冲击和振动，这种冲击和振动的力往往很大，玻璃表层在这种冲击、振动的作用下，产生裂纹并逐渐加深。加上渗入裂纹的水，对玻璃产生水解作用，加剧玻璃表面破碎。磨料将玻璃进行微量破碎，形成破坏层 n，它由凸凹层 K 和裂纹层 m 组成，凸凹层的高度大约是磨料平均尺度的 1/4～1/3，裂纹层 m 的深度是凸凹层 K 的 1～3 倍。

在研磨过程中，玻璃表面产生划痕的原因主要有两点：其一，个别磨料会长时间黏在研磨模上，每一颗磨料就像一把刀在玻璃表面滑动产生划痕；其二，若有 5%以上的磨料尺寸大于基本尺寸的 3 倍时，它们在玻璃表面滑动或滚动留下的痕迹会很深，不易被正常尺寸的磨粒磨去，通常磨粒的最大尺寸与最小尺寸的比为 2∶1，一般研磨表面的凸凹层厚度与磨粒尺寸有关。所以磨料越细，表面粗糙度越小。

图 5 - 2(b)表示由于磨料传递给表面的压力不可能完全与零件表面法线一致而引起裂纹方向发生倾斜。水在毛细管的作用下渗入裂纹内，并与玻璃初生表面发生化学作用。对于硅酸盐玻璃来说，水解生成的硅酸胶体体积膨胀对裂纹壁产生压力，形成楔裂作用，进一步促使玻璃碎屑脱落。

粗磨过程玻璃的磨削量与表面的粗糙度、磨具和玻璃之间的压力、相对速度、磨料种类和粒度、玻璃品种、磨料供给量、磨料的浓度都有一定的关系。

5.1.2　散粒磨料粗磨光学零件

用散粒磨料粗磨光学零件时，根据上盘方法不同，有单件加工，也有成盘加工。单件手

工研磨时，只要将非成型的球面毛坯加工成圆形薄片，放在粗磨机上用手工操作即可。

1）粗磨光学零件的要求

粗磨光学零件有 3 个基本要求：

（1）要形成一定的几何形状。由所用研磨模具工件的几何面限制，在操作时，由操控者调节工件与模具接触位置，施加压力等工艺而获得。工件所形成的几何形状须满足下道细磨工序对毛坯曲率的匹配要求。

采用研磨方式加工光学零件，添加的磨料要从粗到细，逐步逼近最后所要求的光学表面。光学零件表面曲率半径（特别是球面零件）也是从粗磨、细磨、抛光依次变化，逼近光学表面的面型精度。因此各道工序间模具的曲率半径值，甚至同一道工序各道砂研磨后的曲率半径值都必须符合以下变化规律：工件是凸球面时，模具的曲率半径由 $R_{粗} > R_{细} > R_{抛}$；工件是凹球面时，模具的曲率半径由 $R_{粗} < R_{细} < R_{抛}$。

（2）要有一定的粗糙度。粗磨后工件表面的粗糙度应该符合下道细磨工序用砂的要求，一般为 $R_a = 3.2\ \mu m$，相当于 W40 磨料的加工面。

（3）要给下道工序留下足够的加工余量。光学玻璃加工成光学零件是去除加工，每一道工序都要除去一定的材料层，粗磨是光学零件研磨加工的第一道工序，加工过度，留下的材料厚度不够，是无法弥补的，因此，在粗磨结束时，工件的厚度必须包括精磨、抛光等各道工序所要除去的全部加工余量。

2）粗磨完工零件尺寸计算

（1）曲率半径计算。这一项仅对球面零件进行。有关系式：

$$R_c = R_0 \pm k \cdot \Delta h \tag{5-1}$$

式中，R_c 为粗磨完工后工件的曲率半径；R_0 为抛光结束后工件的曲率半径（零件图要求的曲率半径）；Δh 为粗磨完工和抛光完工球面的矢高差，Δh 一般取 0.015～0.03，可按 $\Delta h/h = 0.008$ 选择；k 为系数，有

$$k = \frac{-\sqrt{4 - \left(\frac{\phi_c}{R_0}\right)^2}}{2 - \sqrt{4 - \left(\frac{\phi_c}{R_0}\right)^2}} \tag{5-2}$$

式中，ϕ_c 为粗磨完工口径，它应是零件图上包括装配余量的全口径值加上以后磨边定心工序余量。

（2）厚度计算。显然，粗磨完工零件厚度应在抛光完工零件厚度的基础上，加上细磨、抛光过程的加工余量。

3）粗磨用砂

磨料对粗磨效率和表面粗糙度的影响主要包括磨料硬度、磨料粒度、磨料供给量、磨料悬浮液浓度等几方面。

磨料硬度越高、粒度越大，磨削能力越强，粗磨效率就越高。磨料粒度的选用非常重要，

选用的标准是既要能够迅速磨去多余的玻璃量，又要得到符合表面粗糙度要求的毛面；加工余量较大时，选用较粗的磨料；加工余量较小时，选用较细的磨料。一般散粒磨料粗磨所用的磨料粒度在 60# ～W28 之间。粗磨时，一般选用其中 2～3 个不同粒度的磨料，先用粗粒磨料，后用细粒磨料，而且粗磨完工的最后一道磨料须采用 W40 或 W28，否则细磨过程需要很大的加工工作量，甚至会造成产品的报废。

磨料的供给量及磨料悬浮液的浓度对散粒磨料粗磨效率的影响也很大。

散粒磨料粗磨通常是利用磨料和水配制而成的磨料悬浮液进行“湿法”研磨，除了尖硬磨料的研磨作用外，还有化学作用，即水与光学玻璃表层的水解反应。在研磨时，尖硬磨料对光学玻璃表面的研磨作用使其产生大量微细裂纹，水会渗入裂纹与玻璃发生水解反应，形成体积膨胀的硅酸凝胶膜，致使玻璃表面的微细裂纹加宽加深，使玻璃碎屑脱落。磨料悬浮液以研磨作用为主，水解作用为辅。

粗磨磨料常用金刚砂。这是一种天然矿物材料，经开采、球磨，筛选或水选分级后获得具有不同粒度群的磨料，其主要成分为 $Al_2O_3 \cdot 3SiO_2 \cdot 3Fe_2O_3$，莫氏硬度 7～9，密度 3.99 g/cm^3（微粉级），100# ～300# 磨料呈淡红色，W28～W1 呈淡灰色或乳白色，以四川乐山出产的最著名。使用时用水调和，因为磨料呈自然分散状态，故而叫散粒磨料。散粒磨料除金刚砂外还有金刚石、刚玉、碳化硅、碳化硼等。金刚石硬度最高，刚玉硬而韧，碳化硅性脆而硬度介于金刚石与刚玉之间，碳化硼比碳化硅硬而耐磨，常用于宝石等硬质材料加工。就加工能力而言，石英砂、刚玉、碳化硅三者之比为 1∶1.8∶2.6。

4）粗磨工具——研磨模

用散粒磨料粗磨时，常用的平模直径为 300～400 mm，使用速度为 400～500 r/min。平面模具有较大的通用性，同一直径的平模，可以加工此平模直径以下不同尺寸的平面光学零件。

直径小于 300 mm 的平模，为平面圆盘式，相对厚度（厚度对直径之比）为 1∶10～1∶15。直径大于 300 mm 时，平盘背面用加强筋加强，其相对厚度为 1∶20～1∶30，加工面要开槽。

用散粒磨料粗磨球面时用具有球形工作面的模具。其口径和曲率半径必须符合零件的尺寸和半径要求。其曲率半径应考虑加工余量，按名义半径缩放。因此球面模具通用性较小。

制作粗磨模的材料应具有较高的耐磨性和一定的韧性，而且要具有较好的加工工艺性，便于加工和修整。常用的粗磨模材料为铸铁和黄铜，有时也采用钢材。

5.1.3　粗磨加工的工艺因素和粗磨质量

1）粗磨平面

粗磨平面一般为成盘加工，因为加工面大、精度高，生产效率也高，加工棱镜时，用特殊夹具将各种棱面装夹成平面粗磨。

用散粒磨料粗磨平面，选用不同粒度的磨料。用粒度大于 180# 的砂研磨后，厚度余量应比粗磨完工尺寸至少大 0.5 mm；用 180# 砂研磨后留余量 0.3 mm 以上；用 240# 的砂研磨后留余量 0.25 mm 以上；用 280# 砂研磨后留余量 0.1 mm；最后用 W40（或 W28）砂研磨到粗磨完工尺寸。粗磨完工的工件表面以中间略凹些为好。

用手工粗磨时，工件在平模上的运动轨迹以椭圆为好。这样可以保持平模的平面性，并使镜盘得到较好的平面度。

粗磨时用刀口平尺检测工件和平模的平面性。根据平尺下是否漏光的情况来判断面型。检验前应将表面擦拭干净，将平尺放到工件上后不要来回拖动，以免平尺刃口被磨损。

修改工件表面不平度的方法，除了依靠平模的平面性外，还可以利用平模表面不同圆周上线速度不同这一特点来修改。例如当镜盘中间凸时，可将镜盘中心移向平模边缘，利用平模边缘比中间线速度大的特点，使镜盘中间比边缘磨削得多些。镜盘移向平模边缘时，镜盘中心不能超出平模边缘。为了避免产生一边多磨一边少磨的现象，镜盘在加工过程中应不断围绕自身轴线转动。当产生整盘厚薄不匀的现象时，可以利用在厚的一边荷重的办法来修改平行度，也可使厚的部分放在平模边缘多磨。胶成长条的棱镜在手工修改角度时，不仅要考虑平模上线速度的差别，还要考虑到它的转动方向。工件表面位于平模转动方向前面的比其后面的要多磨一些。

手工粗磨平面时，较大的平模线速度可达 20 m/s 左右。因此，研磨液浓度要适当，并合理适时添加研磨液，使平模上始终保持一层砂子。否则，由于水量太多或太少，都会使镜盘与平模吸紧，产生镜盘从手中滑掉的危险。

棱镜用夹模装置成盘研磨尖角时，为了避免崩边，镜盘放上平模后，先用手工磨几下，等尖角磨钝后再开机研磨。

粗磨大多采用松香和蜂蜡或石蜡混合熔制成黏结胶，将光学零件黏结成盘。因此，下盘后清洗黏结胶可用温度为 70～80 ℃、浓度为 1%～2%的碱性溶液清洗，再用温水洗净擦干。

2）粗磨球面

用散粒磨料粗磨球面光学零件时，要用球形工作面的模具。用手工单块加工时，将毛坯加工成薄圆片后，放在如图 5－3 所示球模上，用手工操作。球模以角速度 ω_1 逆时针转动，手指按住工件（较小的工件可以用木棒黏上），沿球模半径上下移动，移动时要注意移动幅度。往球模中心移动时要使工件边缘超过球模中心，往球模边缘移动时，应使工件边缘超出

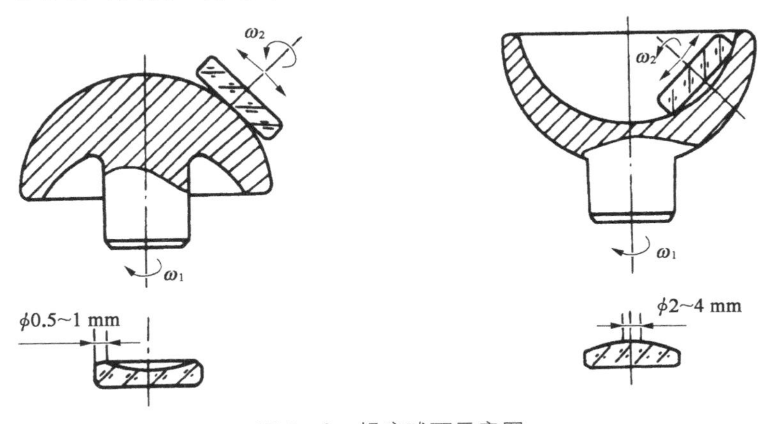

图 5－3　粗磨球面示意图

球模边缘，以使球模均匀磨损。工件沿球模上下移动的同时，工件在手指推动下要不断围绕工件自身轴线旋转，以防产生偏心。

从平面开始磨球面时，磨削量应逐渐减小，所以粗磨球面要用从粗到细三道磨料加工。粗磨第一道砂时，磨削量可以大一些，选用粒度比较大的磨料，按加工工件的弧高选砂，弧高大于 1 mm 时，选用 180# 砂；弧高为 0.4～1 mm，可以选用 180#～200# 砂；弧高小于 0.4 mm 时，选用 240#。第二道砂为 280# 砂；第三道为 W40 或 W28，粗磨完工时光洁度为▽6。

在粗磨过程中应随时检查检验点（凸球面）或检验环（凹球面）来确定偏心量和厚度公差。在研磨凸球面时，工件边缘先与研磨模接触而被磨削，然后因磨削接触点由边缘向中心扩展而形成曲面，检验点就是扁平圆工件研磨后，工件中心留下的圆平台。第一道砂研磨结束，检验点直径应控制在 2～4 mm，观察圆平台是否位于工件中心，以便控制偏心量。同时用下道磨料的球模来检验工件表面和球模表面相接触的情况，即擦贴度。擦贴度就是工件与球模相接触的摩擦痕宽度，球面擦痕中心接触，应为工件直径的 1/2～2/3。接着更换球模用第二道砂研磨，当第二道砂完工后，检验点被磨去自身直径的 1/2～2/3，同时检验擦贴度，合格后方可用第三道砂研磨。第三道砂研磨至消除检验点，表面砂眼均匀，擦贴度为下道磨料的研磨模的 1/2～2/3。在磨第二凸面时用量具控制中心厚度。

粗磨凹球面时，工件中心先与研磨模接触而被磨削，然后因磨削接触点由中心向边缘扩展逐渐磨削形成凹球面，检验环就是粗磨凹球面时，工件边缘留下的一道圆环形平台。当第一道砂研磨完工后检验环的宽度应大于 1 mm，观察圆环各方向平台宽度是否均匀，尽量做到无明显差别，以控制工件的偏心量。球面擦贴痕边缘接触，擦贴度为 1/2～2/3。磨第二道砂时，更换凸球模，第二道砂研磨完工后，检验环的宽度应不大于 0.5 mm，第三道砂完工后检验环消失，表面砂眼均匀，擦贴度为工件直径的 1/2～2/3。粗磨凹透镜第二面时，除按上述要求外，应严格控制中心厚度，随时用量具控制中心厚度。第一道砂研磨完工后中心厚度应大于粗磨完工尺寸 0.3 mm，第二道砂研磨完工后中心厚度应大于粗磨完工尺寸 0.1 mm，第三道砂研磨完工后达到粗磨完工尺寸和公差要求。

三道磨料分别用三种曲率半径不同的球模，前道磨料所用的球模是以下道磨料所用的球模为标准修磨而成，修磨精度要求有 1/2～1/3 的擦贴度。

以上为单件加工，球面粗磨也可以成盘加工。用刚性胶法加工时，非压型毛坯在磨成圆形薄片后，直接胶到黏结模上整盘磨球面。控制工件厚度的方法可以在盘上黏结上标准厚度的工件，观察它的磨削情况，每一道砂磨完后，用下道砂的研磨模检验整个镜盘的擦贴度。对于半径较小，镜盘直径接近半球的，粗磨后擦贴度应小些，约为被加工镜盘直径的 1/5～1/7。半径较大，不是半球形的限制镜盘，擦贴度不小于被加工镜盘直径的 1/3。

成盘粗磨凸球面时，为了避免崩边，应先不摆动磨几下，待边缘大致磨钝以后，再前后摆动及转动。对于由直径大、半径小的工件胶成的镜盘，在刚开始研磨时，还可先用比第一道砂半径大的凹球模进行整盘倒边，然后再用第一道砂的凹球模开始磨球面。

粗磨过程中在光学零件的表面有时会出现较大的砂眼或划痕，工件表面均匀性、致密性差，主要原因是磨料的均匀度不好，同一号砂中有较大的砂粒，或者前后两道砂跳号太大。

留下粗砂眼或划痕，很难在细磨过程中去除，有时砂眼或划痕在细磨过程中会被掩盖起来，但在抛光时又会显露出来。

散粒磨料粗磨的常见问题、产生的原因及克服的方法如表 5-1 所示。

表 5-1　散粒磨料粗磨的常见问题、产生的原因及克服的方法

常见问题	产生原因	克服办法
粗糙度不好	1 磨料不纯，粒度不均，有其他杂质或粗粒磨料渗入 2 研磨时间短，未能磨去上道砂遗留的砂眼 3 砂号间隔太大，或各道砂留的加工余量小 4 模子表面有疵病，且修得不规则	1 注意清洁工作，杂质及金刚砂混号严重时，要换新砂 2 保证研磨时间，留足加工余量，合理安排各号砂的加工顺序 3 修整好模具，疵病严重者不能应用
崩边	1 磨料粒度较粗 2 零件与零件、零件与研磨模相碰撞 3 机床或模子跳动过大	1 适当选择磨料砂号 2 黏结镜盘及研磨加工中，拿放镜盘时要避免碰撞 3 磨具转动要平稳
平行度不好或球面边缘厚度差过大	1 摆动、转动或加砂不均匀 2 修改偏差时，荷重偏压时间过长 3 上盘零件厚度相差太大且胶层不均匀	1 加工中均匀转动或摆动镜盘，加砂要均匀、适量 2 修改偏差时，要控制偏压时间 3 上盘时，胶层要均匀
表面面型不规则	1 模子修改不规则；模子跳动太大 2 摆动或转动零件不均匀 3 用力不均匀	1 模具表面要修改规则，转动要平稳 2 加工中零件或镜盘摆动或转动要均匀 3 用力均匀一致

5.2 金刚石磨具铣磨

金刚石磨具铣磨是在铣磨机上利用金刚石磨具加工光学玻璃零件的工艺，它不仅具有生产效率高等一系列优点，而且还省去大量的球面模具。因此，金刚石磨具铣磨不仅广泛地应用于光学玻璃的粗磨，还用于光学玻璃的高速精磨，而且还有望用于抛光工艺。

5.2.1 铣削原理

铣磨加工就是用金刚石磨具在专用的铣磨机上对光学玻璃进行成型加工，又称为结合磨料研磨，其实质就是利用许多金刚石棱尖对玻璃表面进行铣削。

金刚石磨具上的每一个棱尖就像一把锋利“车刀”，当磨具在玻璃表面高速运动时，就像无数的“车刀”对玻璃进行多刃高速切削。研究单颗金刚石对工件的加工过程对分析金刚石磨轮铣削玻璃表面的机理有着十分重要的意义。

单颗金刚石对玻璃的作用就像金刚石玻璃刀划割玻璃，如图 5-4 所示。在铣磨过程中

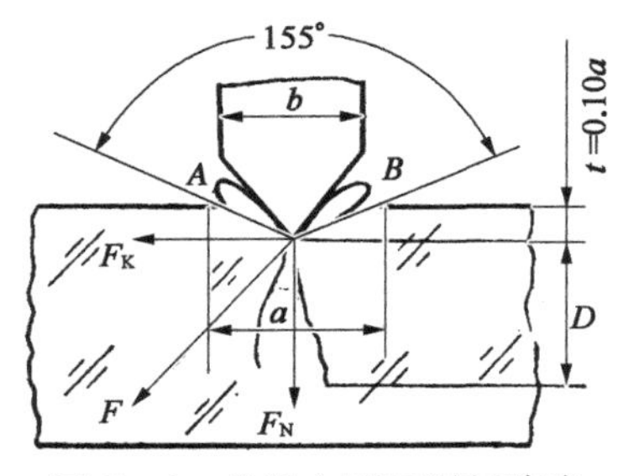

图 5-4　单颗金刚石划割玻璃

金刚石颗粒没有滚动也不产生滑动，由于磨具和零件的相对运动而产生的切削力斜向玻璃内部，金刚石在划割玻璃时的切削力 F 分解成水平分力 F_K 与垂直方向的分力 F_N。在 F_N 的作用下，金刚石颗粒对玻璃的深处（不超过最大颗粒尺寸的 1/3）破坏玻璃，形成相互交错的锥形裂纹。裂纹角可达 155°，它的大小随玻璃牌号和磨料颗粒的种类不同而会发生改变。开裂角的宽度 a 比金刚石颗粒的宽度要大。因此，当金刚石棱尖作用于玻璃时，将玻璃劈出碎片（如图中的 A，B）而剥落。开裂角深入到玻璃内部，其深度 $t=0.1a$。而裂纹的深度 D，是随着划痕宽度的变化而变化的，一般 $D=(1\sim1.5)a$。

磨具在划割玻璃的同时不断旋转，切削力与阻滞力不断平衡和失去平衡，产生振动性位移，致使划痕边缘不整齐，并且方向紊乱。由于玻璃性脆，铣磨的结果，使玻璃表面产生起伏的凸凹层 K，K 层和 D 层就构成了破坏层，破坏层厚度为 n。

金刚石作用在玻璃上的力 F_K 的大小与切削的玻璃量和产生热量所消耗的功成正比，切削过程所产生的热量和玻璃碎屑要用冷却液带走。随着铣削时间的增加，固着磨料变钝，切削力增加，磨粒从结合剂中脱落，相邻的新磨粒开始作用，研磨过程如此反复直至完工。

在光学零件制造工艺中采用固着金刚石磨具加工玻璃是提高生产效率最有效的加工方法，其原因是：

（1）固着的磨料像无数的“车刀”，在玻璃加工表面留下相互交错的、不间断的划痕。

（2）固着磨料只作用在玻璃的表面，直到表面破坏，而不参与相互磨碎。

（3）磨具的工作压力，仅仅作用于突出的为数不多的金刚石颗粒上，在这些磨粒上受到的力很大，首先使这些磨粒变钝。磨粒尺寸不均匀对研磨影响不大，因为参加有效研磨的只是从结合剂中突出的金刚石颗粒的棱尖部分。

（4）切削速度很高，达到 15～20 m/s。

（5）冷却液供给充分，可以及时将玻璃碎屑和热量带走。

（6）在采用较大粒度磨料时，可用小的进给量，则表面上会形成小的微观不平度。因此，对于同样粒度的磨料，采用散粒磨料研磨和采用固着磨料铣磨其表面质量不一样，采用固着磨料铣磨比用散粒磨料研磨的表面要细致。当磨轮粒度为 60# ～80# 时，铣磨表面凹凸层为 27～53 μm，相当于用 180# ～240# 散料磨料研磨的表面。

球面铣磨原理是由 W. Taylor 于 1920 年提出来的。如图 5-5 和图 5-6 所示，前者表示铣削凸球面，后者表示铣削凹球面。图中 1 为圆筒形金刚石磨轮，可绕自身的轴 OZ' 转动，工件 2 绕轴 OZ 转动。磨轮轴与工件轴相交于 O 点，磨轮轴线的倾角，即为两轴之间的夹角 α。两者旋转时，磨轮端面在工件表面上某一瞬间的切削轨迹是一个圆，这个圆相对工件轴倾斜一个角度，如图 5-7(a)所示，又称为斜截圆，被加工表面的几何形状是某一加工周期内许多个斜截圆轨迹的包络面。可以证明斜截圆绕工件轴的回转轨迹的包络面是一个球面。利用磨轮端面成型球面的方法叫范成法。

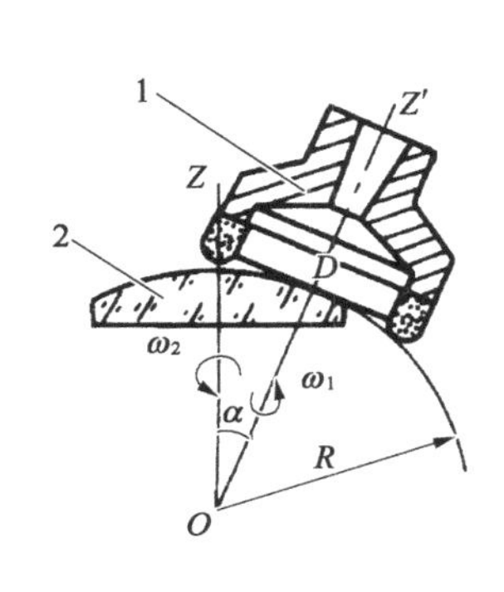

图 5-5　凸球面铣磨原理

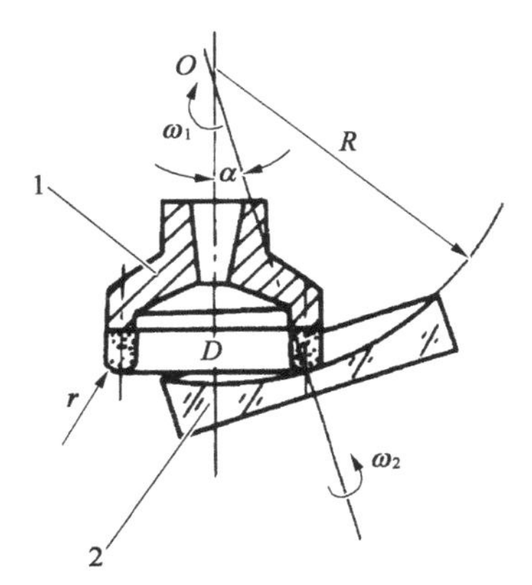

图 5-6　凹球面铣磨原理

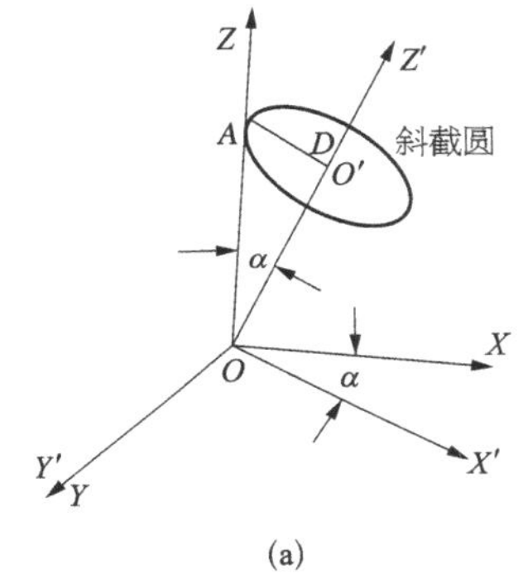

(a)

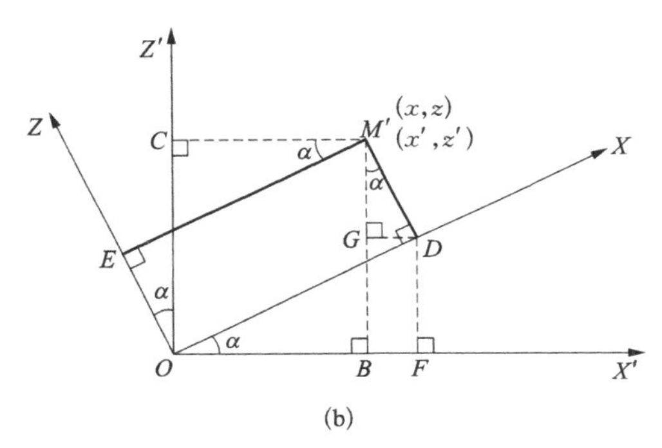

(b)

图 5-7　斜截面成型球面的解析

从图 5-5 和图 5-6 所示的几何关系可以看出

$$\sin\alpha = \frac{D}{2(R \pm r)} \tag{5-3}$$

或

$$\alpha = \arcsin\frac{D}{2(R \pm r)}$$

式中，α 为磨轮轴线倾角；D 为磨轮内半径；R 为工件曲率半径；r 为磨轮端面圆弧半径(凸面取正号，凹面取负号)。

式(5-3)也可以写成

$$R = \frac{D}{2\sin\alpha} \mp r \tag{5-4}$$

由式(5-4)可知，当 D 和 r 选定以后，调整 α，就可以改变 R，R 随着 α 减小而增大。所以，调节不同的 α 角，可加工不同曲率半径的各种球面零件。

斜截圆成型球面的证明：

作如图 5-7(a)所示的直角坐标系，Y 和 Y' 轴重合，OZ' 和 OX' 轴分别与 OZ 和

OX 轴的夹角为 α，OZ 代表工件轴，OZ' 轴代表磨轮轴，坐标原点 O 为工件轴与磨轮轴的交点，O' 轴为斜截圆中心，设 $OA=R$，$O'A=\rho$。则在 $O-X'Y'Z'$ 坐标系中斜截圆的方程为

$$x'^2+y'^2=\rho^2 \tag{5-5}$$

$$z'=\sqrt{R^2-\rho^2} \tag{5-6}$$

为将 x'，y' 和 z' 转换到 $O-XYZ$ 坐标系中，作辅助图 5-7(b)，设点 M 为斜截圆上任一点，在 XOZ 面上投影为 M'，M' 在 OXZ 坐标系内的坐标值为 (x, z)，M' 在 $OX'Z'$ 坐标系内的坐标值为 (x', z')，则 M 点的方程为

$$\begin{cases} x'=x\cos\alpha-z\sin\alpha \\ z'=x\sin\alpha+z\cos\alpha \\ y'=y \end{cases} \tag{5-7}$$

将此式代入式(5-5)、式(5-6)，化简得

$$x^2+y^2+z^2=R^2 \tag{5-8}$$

式(5-8)是半径为 R 的球面方程，说明斜截圆上任一点的轨迹即是铣磨的球面。

5.2.2 铣磨工艺因素的选择

影响铣磨质量和铣削效率的工艺因素有机床参数、磨具和冷却液等。

1）磨轮转速

磨轮转速是由机床性能决定的，一般铣磨机磨轮的转速不可调。但是适用范围大的机床如 QM300 大型铣磨机设有两种转速。另外，国外生产的铣磨机加工范围较宽，因此，很多机床都设有调速机构，如西德 LOH 厂生产的 RF1，RF2 均有调速机构。

磨轮的转速反映为磨轮边缘的线速度，磨轮转速与磨轮边缘线速度的关系为

$$v=\frac{\pi Dn}{60\times 1\,000} \tag{5-9}$$

式中，D 为磨轮中径；n 为磨轮转速；v 为磨轮边缘的线速度。

磨轮线速度(磨削速度)与工件表面凹凸层深度和磨削效率的试验曲线如图 5-8 所示。

试验结果表明，磨轮线速度越高，磨削速度越快，磨削效率越高，表面光洁度越好，当磨轮边缘线速度在 12～35 m/s 时磨削效果较好，试验发现当线速度在 24 m/s 时，凹凸层较均匀。磨削速度过高，则机床振动加大，会影响工作质量；如果速度偏低，切削力增大，影响磨削效率，而且金刚石容易脱落。

2）工件转速

工件轴转速常用线速度表示，可根据工件直径大小和进给速度调整。一般铣磨机均有调速机构，如 QM30 小型透镜铣磨机，工件轴速为 3～27 r/min 的无级变速。

工件线速度实际上是进给速度，一般取 150～250 mm/min 较为合适。实际操作时，常

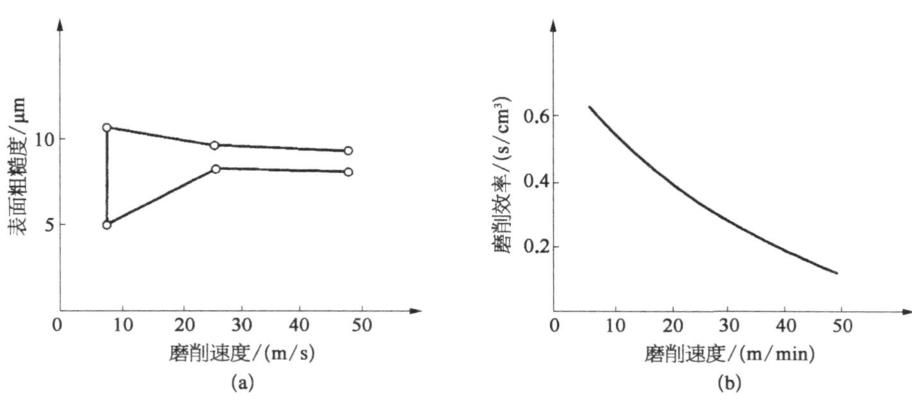

图 5-8　磨削速度与凹凸层和磨削效率的试验曲线
(a) 磨削速度与凹凸层；(b) 磨削速度与磨削效率

以加工时间长短来体现进给速度，例如加工一个小球面一般为 0.5～3 min；中球面为 0.7～6 min；大球面为 4～20 min。

工件线速度越低，加工时间越长，表面光洁度越好。试验曲线如图 5-9 所示。工件线速度越低，对保持磨轮锋利程度和寿命都有好处。其试验曲线如图 5-10 所示。

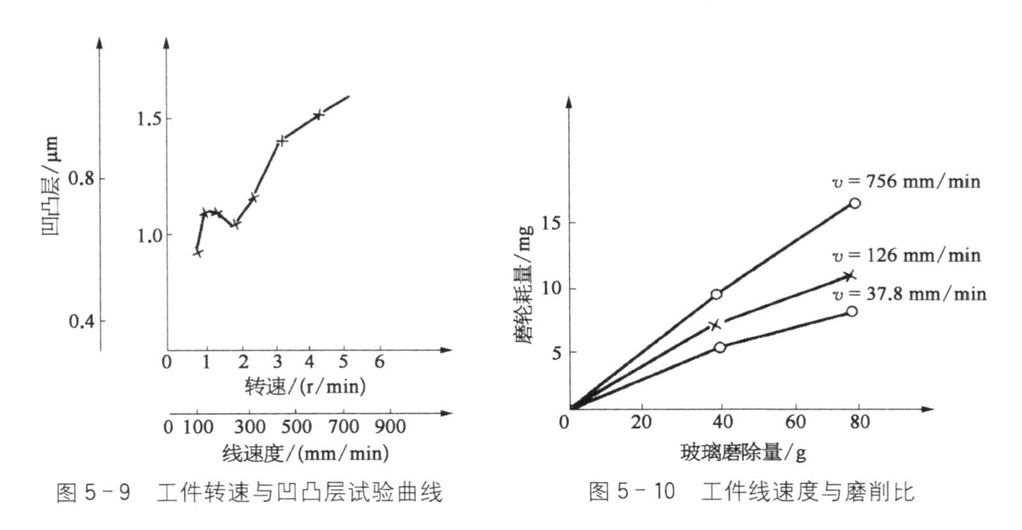

图 5-9　工件转速与凹凸层试验曲线　　图 5-10　工件线速度与磨削比

工件表面凹凸层是对工件表面的某一部位而言，实际上工件表面凹凸层分布是不均匀的，沿工件直径方向，中心部位凹凸层最小，边缘部位次之，界于中心和边缘之间凹凸最深。

3) 磨削压力

磨削压力是指磨轮传递给工件表面单位面积上的压力。磨削压力会影响生产效率、表面光洁度和磨具性能。粗磨时铣削压力一般取 20～40 N/cm^2。在每次加工的行程中，磨削压力应逐渐减小，光刀时必须在无压力情况下进行。

磨削压力与工件表面凹凸层试验曲线如图 5-11 所示，磨削压力与磨削效率的关系曲线如图 5-12 所示，表明增大压力可以提高磨削效率，但是凹凸层深度也增加。

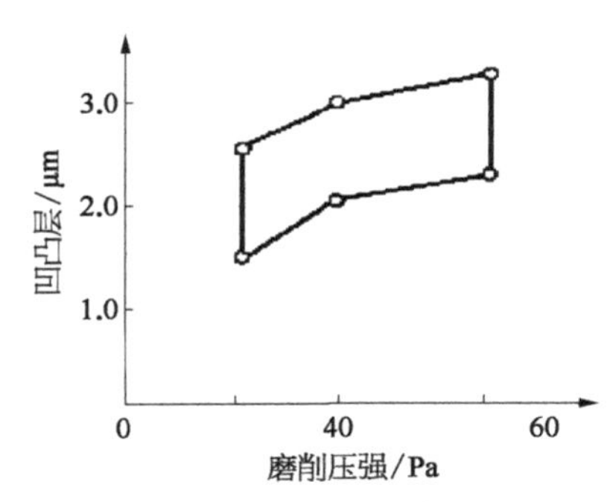

图 5-11　磨削压强与凹凸层试验曲线

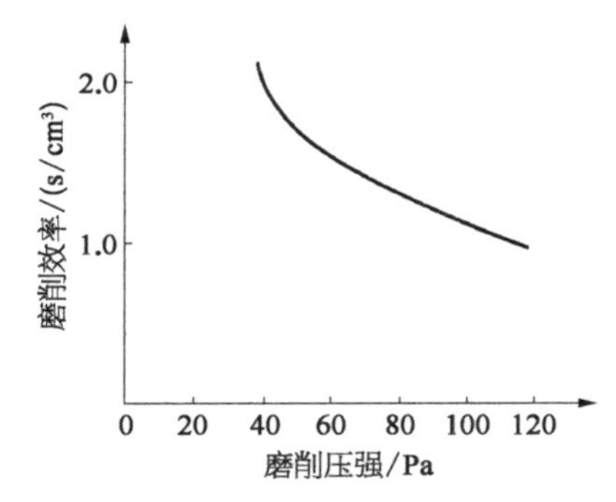

图 5-12　磨削压强与磨削效率试验曲线

4）吃刀深度

吃刀深度是指工件旋转一周的加工深度。在加工周期内的磨削量是多次吃刀的总和，并且吃刀深度逐渐减小，直至光刀时吃刀深度为零。

从合理使用磨具的角度考虑，吃刀深度不应超过金刚石层的厚度，否则容易损坏磨轮。尤其是在加工块料毛坯时，更应该特别注意吃刀不能过大。

在弹性进给的条件下，吃刀深度的大小与磨轮的转速、工件线速度、磨削压力、金刚石粒度和工件材料等因素有关，与诸因素的关系如下：

$$w \propto p\left(\frac{v}{u}\right)d \tag{5-10}$$

式中，v 为磨轮速度；u 为工件速度；p 为磨削压力；d 为金刚石粒度；w 为吃刀深度。

吃刀深度与工件表面凹凸层深度关系曲线如图 5-13 所示，由实验曲线可知，吃刀深度大，凹凸层深度也加大。

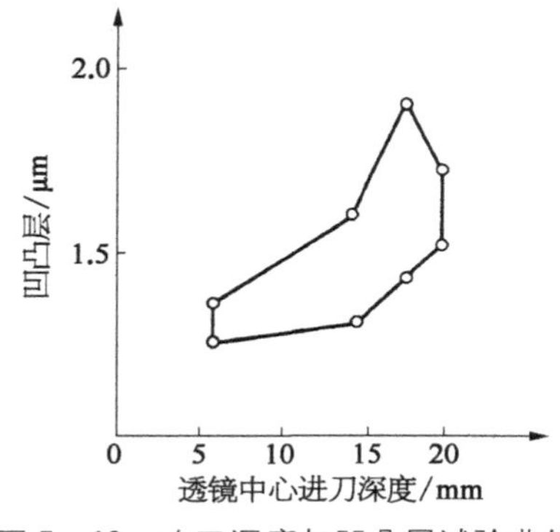

图 5-13　吃刀深度与凹凸层试验曲线

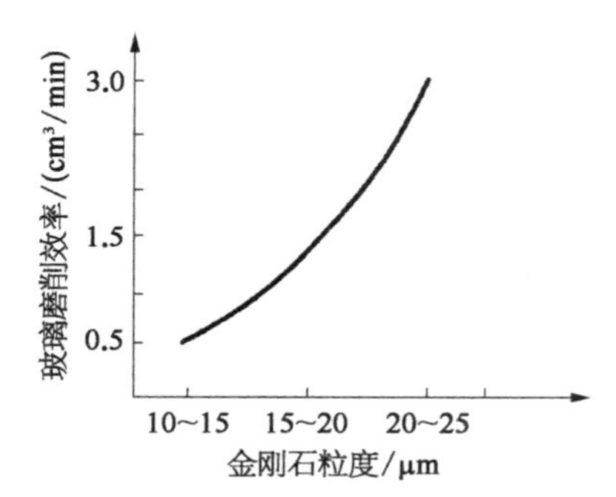

图 5-14　金刚石粒度与磨削效率关系曲线

5）金刚石磨具粒度的影响

金刚石磨具的粒度是指组成磨具的金刚石颗粒度值。实验结果表明粒度越粗，凹凸层越深，磨削效率越高，其关系曲线如图 5-14 与图 5-15 所示。图 5-14 表示磨削每立方厘米玻璃所需时间，粒度越粗，所需时间越少，磨削效率越高。图 5-15 表示凹凸层深度与磨具粒度的关系，粒度越粗，凹凸层越深，磨削效率越高。

用粒度相同的固着金刚石磨具和散粒磨料研磨玻璃作对比试验，表明当金刚石颗粒粒度小于 40 μm 时，两者破坏层深度接近。当粒度大于 40 μm 时，后者破坏层深度为前者的 2～2.5 倍。

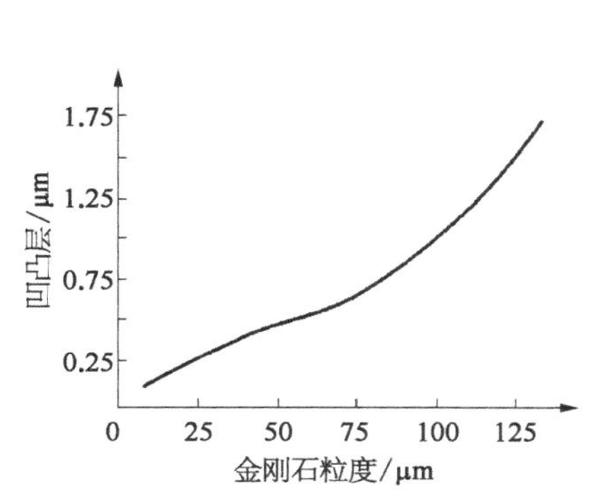

图 5－15　金刚石粒度与凹凸层试验曲线

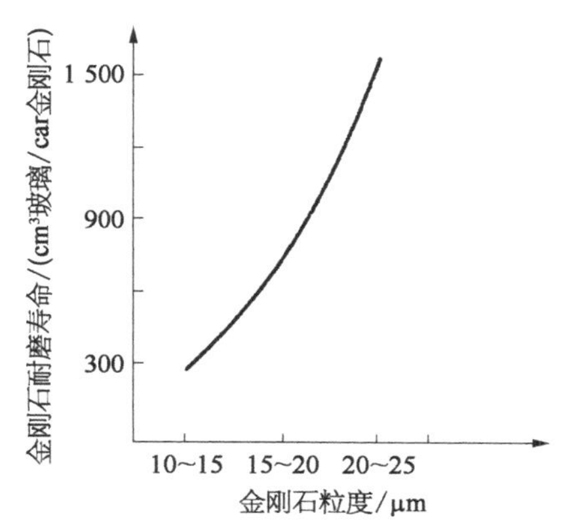

图 5－16　金刚石粒度与磨轮寿命的关系

金刚石磨具的寿命与粒度之间的关系如图 5－16 所示，说明金刚石磨具的寿命随粒度的增加而增加。

6）金刚石结合剂的影响

金刚石结合剂通常有铜基、铁基和硬质合金等。

光学零件铣磨大多采用铜基结合剂，使用的磨料是金刚石。磨削效率和磨具损耗的试验曲线如图 5－17 所示，结合剂与工件表面凹凸层试验曲线如图 5－18 所示。青铜结合剂的磨具适用于粗磨，树脂结合剂的适用于细磨。

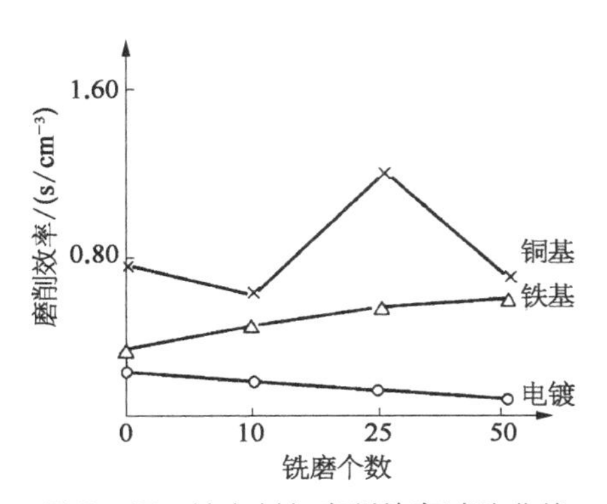

图 5－17　结合剂与磨削效率试验曲线

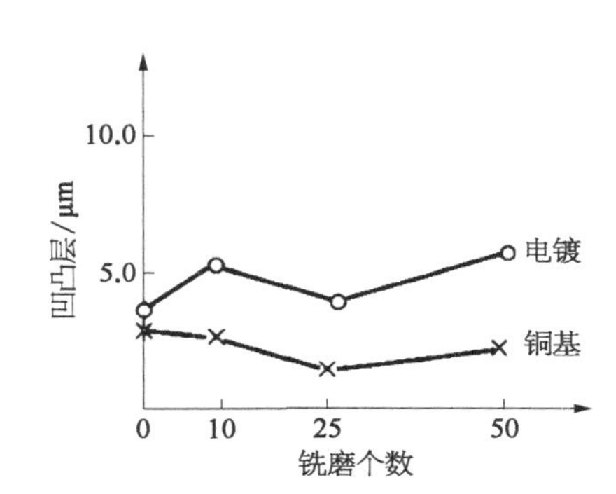

图 5－18　结合剂与凹凸层试验曲线

7）金刚石浓度的影响

金刚石浓度指磨轮上金刚石的含量，当金刚石含量为 0.88 g/cm³ 时，定义为金刚石的浓度为 100%。金刚石浓度与磨削效率、磨削比和凹凸层的试验曲线如图 5－19、图 5－20 所示。可以看出磨削效率与金刚石的浓度有关，金刚石浓度越高磨削效率越高，但是，也不是说浓度低效率一定低。

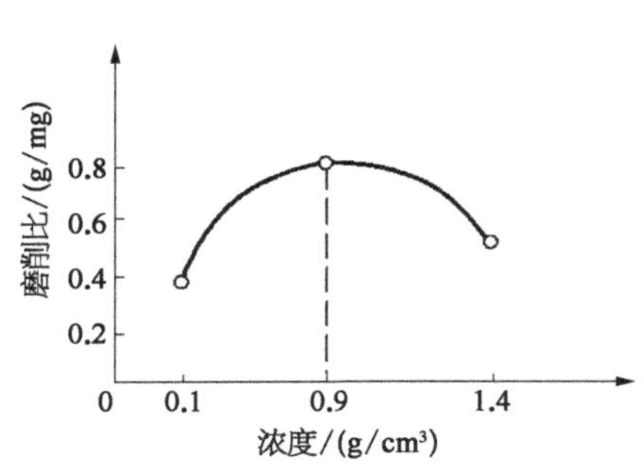

图 5-19　金刚石浓度与磨削比关系

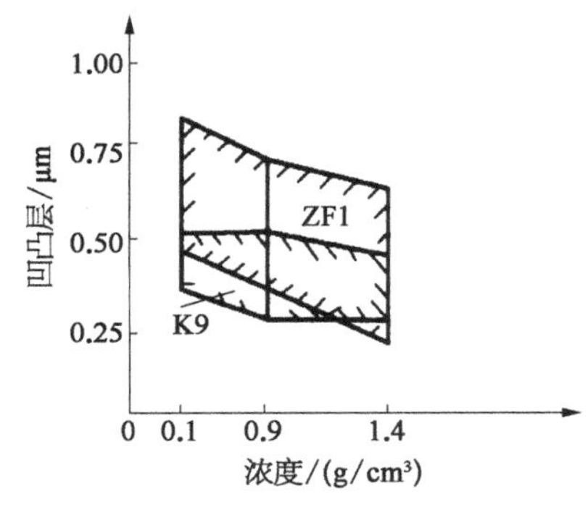

图 5-20　金刚石浓度与凹凸层关系

浓度对磨削比有一定的影响，浓度过大或浓度过小，磨削比都会下降。因为浓度越高，结合剂相对减少，把持力减弱，磨粒可能过早脱落，影响磨削效率。反之，浓度过小时，每个颗粒上的切削力相应增大，也会促使颗粒过早脱落，而影响磨削比。

磨轮浓度应从保持磨具有良好的锐利性、有较高的磨削效率、磨轮损耗小以及被加工工件表面质量好等多方面综合考虑，实验结果表明，浓度为 100%时铣磨效果较好。

一般情况下，如果磨轮的结合力较强，则选浓度大的为好，反之选用浓度低的磨轮。D 类磨轮的浓度一般为 200%，Q 类一般为 100%，S 类为 50%。

按金刚石粒度的选择，金刚石粒度大选浓度高的磨轮，如果金刚石粒度是 80# ～180#，选浓度为 100%的磨轮；金刚石粒度小于 180#，则选用浓度是 50%的磨轮。

根据工件工作面的大小选择磨轮，如果工件的工作面较大，选浓度高的磨轮，工作面小的，选浓度低的磨轮。

8）冷却液的影响

（1）冷却液的作用。冷却液在铣磨过程中对降低金刚石磨轮的磨损和提高工件表面质量都起着十分重要的作用。它带走加工过程中产生的热量，冲走玻璃碎屑，润滑切削部位。因此，冷却液应该满足冷却、清洗、润滑、化学等 4 方面的作用。

冷却作用。磨削玻璃时，磨削区产生大量的热，它将影响加工质量和磨具寿命。所以，磨削中要及时降温，降温可以从两方面着手：一是减小摩擦，从而减少磨削热的产生；二是使产生的磨削热从磨削区迅速带走，而后者是主要的。冷却液的冷却作用是指利用冷却液带走热量的方法降低磨削热，冷却过程中，一部分热量靠冷却液的对流传出，另一部分，靠冷却液的汽化而吸收。所以，冷却液的冷却能力与冷却液的导热性、比热、汽化热、汽化速度、液体流量和流速有关。冷却过程也可以向磨削区喷射冷却液，使冷却液汽化吸收热量。

水的汽化热为 540 cal/g，导热系数是 0.001 5 cal/(cm · s · ℃)，比热为 1 cal(g · ℃)，而油的汽化热只有 40～75 cal/g，导热系数为 0.000 3～0.000 5 cal/(cm · s · ℃)，比热为 0.4～0.5 cal(g · ℃)。水的汽化热、导热系数、比热均比油大。所以，油质冷却液的冷却作用差，水最好。乳化液介于水与油之间。

必须注意，空气的导热性比水差，所以在冷却液中，泡沫过多，会降低冷却作用。

清洗作用。在磨削过程中，产生许多细小的玻璃磨屑，还有从磨具表面脱落的金刚石和结合剂等细小颗粒，这些细小的磨屑会相互黏结，并黏附在磨具、工件和机床上堵塞磨具，影响磨削的正常进行，同时，也影响工件质量和机床寿命。冷却液的清洗作用是指它防止细小磨屑的黏结，并及时冲洗掉磨屑的能力。因此，若在冷却液中加入一些表面活性物质和碱性电介质，就能降低冷却液的表面张力，并吸附在细小磨屑及工件表面上形成吸附膜，从而阻止细小磨屑在磨具和工件表面的黏结，易于及时冲洗掉细屑。

润滑作用。冷却液的润滑作用是指减少金刚石与工件、金刚石与磨屑接触面的摩擦，表现为减少磨削力与磨削热，提高表面质量，通常与冷却液的润湿性（表面张力）、黏度，形成润滑膜的能力和强度有密切关系。润湿性好，即表面张力小，才能使冷却液迅速渗透到金刚石与工件、金刚石与磨屑的接触表面，并在其表面扩散开。黏度低的冷却液易于在瞬间流入磨削区的摩擦表面，冷却液进入磨削区的摩擦表面后，在摩擦表面上形成一层牢固的润滑膜，并有一定的强度。这样，就能达到减少摩擦的目的，起到润滑的作用。

冷却液的润滑性，形成润滑膜的能力和强度与加入添加剂有关，加表面活性剂可降低表面张力，加添加剂可以起到形成牢固润滑膜的作用，黏度大小与所加基础油的黏度有关。

但是，润滑作用也不能过大，因为，润滑效率过高，玻璃表面被划伤的可能性也会愈大。

化学作用。这里所说的化学作用包括冷却液对玻璃的作用、冷却液对磨具结合剂的作用以及冷却液对机床的防锈作用。

冷却液中的水对玻璃水解作用是众所周知的，冷却液中的某些成分，如三乙醇胺对磨具中的铜有化学作用，生成铜铵化合物，使磨具产生化学自锐。

冷却液对机床的防锈作用是指冷却液对机床锈蚀作用，冷却液防锈作用的好坏取决于是否加入防锈添加剂。

冷却、清洗、润滑和化学 4 个作用并不是完全孤立的，一般情况下，冷却性和清洗性往往是一致的，润滑性与防锈性是一致的。但是在某些情况下，润滑性和防锈性又有矛盾。水解作用与机床的防锈之间、化学自锐与机床的防锈之间也存在一定的矛盾。因此要根据具体的情况加以考虑，假如在粗磨过程中，加工余量大，冷却作用和清洗作用是主要的；在精磨中，清洗作用、润滑作用和化学作用是主要的。

(2) 冷却液的类别。冷却液可分为切削油类、乳化液类和水解溶液类。

切削油类。以矿物油为主，可加入油性添加剂和防锈剂等。

切削油类冷却液的特点是：黏度比水大、润滑性好、对磨具的保护性能好、表面张力小，所以渗透性好，易被覆盖在工件上。因为是油类，所以防锈性能较好。它的缺点是：黏度大，不易清洗，磨屑不易沉淀下来，比热、导热系数、汽化热小，所以，冷却作用差、着火点低、容易着火、极不安全。

乳化液类。由矿物油与水在乳化剂作用下所形成的一种稳定的乳化液。因为它既含有水，又含有油，所以，它既具有水溶液类冷却液的优点（例如冷却作用好、清洗作用好），也具有矿物油类冷却液的优点（例如润滑作用好、防锈性能好）。

乳化液分为两大类，一类是少量的油分散在大量的水中，称为水包油型乳化液，以 O/W 表示；另一类是少量的水分散在较多的油中，称为油包水型乳化液，以 W/O 表示。在光学加工中主要用水包油型乳化液。

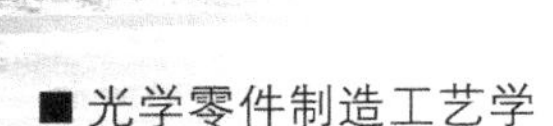

在配制水包油型乳化液时，首先配成乳化油（即母液），再将母液用水冲淡 20 倍～50 倍后使用。

乳化油的主要成分是基础油、乳化剂和防锈剂。根据需要一般还添加耦合剂、防霉剂和抗泡剂等。

基础油的作用是作为各种添加剂的载体，并与各种添加剂一起形成乳化液的分散相，增加乳化液的润滑性等。基础油的含量一般占乳化油组成的 50%～80%。

常用的基础油为轻质润滑油，为了使乳化油流动性好，易于在水中分散乳化，大多选用黏度较低的 5，7，10 号轻质润滑油。在黏度相同的情况下，环烷基原油的润滑油比石蜡基润滑油的乳化分散性好。

乳化剂是使基础油和水乳化而形成稳定乳化液的关键性添加剂。它的主要作用在于降低表面张力，并在水油界面形成一层保护性吸附膜。

乳化液根据配方不同，对冷却、清洗、润滑和防锈等性能往往各有不同。对磨削用的乳化液要求清洗性能好，使用时磨屑不易粘住，便于清洗，因此配制时加入的矿物油要少些，乳化剂要多些，稀释倍数要大些。

水溶液类。一种以水为主体的含有某些化学药品的真溶液。加入化学药品的目的是为了改善水作为冷却液时性能的不足，水作为冷却液时的主要缺点是表面张力大、润湿性差、润滑性能不好、防锈性差等。

水溶液类冷却液中加入的化学药品主要是表面活性剂与防锈剂，表面活性剂的主要作用是降低表面张力和界面张力，从而起到润湿作用、润滑作用、清洗作用。表面活性剂也有一定的防锈作用和杀菌作用，但是根据防锈性要求的不同，有时仍需加入一定的防锈剂。

表面活性剂可分为阴离子型、阳离子型、非离子型和两性离子型。对于降低表面张力来说，非离子型表面活性剂（三乙醇胺）比离子型活性剂的效率高。对于润湿作用来说，一般采用非离子型表面活性剂和阴离子型表面活性剂。对于润滑作用来说，一般采用憎水基，为近于直链的脂肪族烃，其碳原子数在C_{12}～C_{18}之间。对于清洗作用来说，则可采用作为洗涤剂的表面活性剂。

5.3 铣磨面型与铣磨机调整

5.3.1 铣磨面型

1）平面铣磨

平面零件实际上是曲率半径为∞的球面零件。根据式（5－4），当 $\alpha=0$ 时，则 $R\to\infty$。也就是说只要使磨轮轴与工件轴平行，磨轮对工件的铣磨轨迹就是一个平面。因此，可以用球面铣磨机铣磨平面。但是，为了排屑和冷却的方便，允许 α 有微小的角度。

在实际生产中，很多工厂都是采用大型球面铣磨机（如 QM30 和 RF2 等）加工平面零件或棱镜。也有用专门的平面铣磨机床，如 PM500 型平面铣磨机等。目前国内已有专供加工平面零件的机床，如 XM260 圆台平面铣磨机，加工范围 $\phi350$，加工工件的最大高度为 250 mm，工件装夹采用电磁吸盘。

平面铣磨原理如图 5-21 所示，工件绕自身轴转动，起进给作用。磨轮绕高速轴旋转铣磨工件，同时磨轮又沿轴向进刀，达到逐渐吃刀铣磨工件的目的。

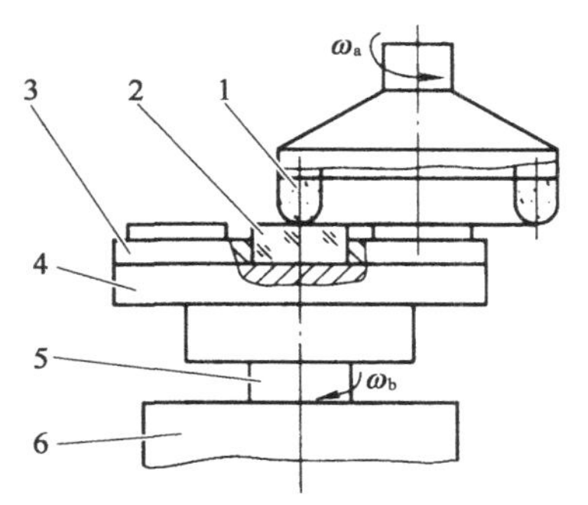

1-磨轮；2-工件；3-导磁板；
4-电磁吸盘；5-主轴；6-工作转盘

图 5-21　平面铣磨原理图

2）球面铣磨

根据上述原理设计制造的铣磨机已经普遍使用，尤其是球面铣磨机，国内已经形成系列，分大中小 3 种机型。大透镜铣磨机加工范围为 $\phi80$～300 mm，如 QM30 铣磨机；中型透镜铣磨机加工范围为 $\phi20$～80 mm，如 QM08A，XM18 型铣磨机，最大加工直径为 $\Phi80$，磨头座旋转角度为 0～45°，磨头轴转速为 8 000，12 000 r/min，工件轴转速为 16，20 r/min，小型透镜铣磨机加工范围为 $\phi5$～30 mm，如 Q813 型。

铣磨机的结构形式分为立式铣磨机和卧式铣磨机两种。立式铣磨机的优点是零件装夹方便，真空吸附零件可靠，冷却防护好；缺点是磨头振动大，搬动磨头角度时倾俯力矩大。卧式铣磨机的优点是磨头振动小，磨头搬动角度方便、可靠，操作比较安全；缺点是零件装夹不方便，冷却防护装置不易处理好。

铣磨机主体结构最主要有两部分，其一是工件轴（或称主轴）部分，其二是磨轮轴（或称高速轴）部分。工件以低速 ω_2 转动，金刚石砂轮以高速 ω_1 向相反方向转动，对工件进行切削，使成球面。试验结果表明，工件线速度取 150～250 mm/min，金刚石磨轮线速度以 12～35 m/s 较为合理，此时工件线速度低、加工时间长、表面光洁度高、金刚石磨轮使用寿命长，但加工效率也低。

5.3.2　铣磨机调整

光学零件的机械化加工是靠机械方法控制工件，必须在加工前对直接控制工件质量的有关调节部分进行调整，不同类型的铣磨机调整方法有所不同，但调整的基本原理是相同的。

1）角度调整和磨轮刃口尺寸对 R 的影响

磨轮轴转角 α 是根据铣磨原理公式(5-3)计算的。由于磨轮端面圆弧半径 r 的精确值较难测定，同时在加工中 r 也会因为磨损而变化，所以 α 只能是近似值，要通过调整加以修正。调整步骤为：按照计算值 α 将磨轮轴调到对应角度，然后开车试磨并测得试磨工件的 R_1，如果 R_1 与零件要求的曲率半径 R 不一致，则根据曲率半径的差值 $\Delta R=|R-R_1|$ 再次调整角度试磨，反复调试，循序进行，直至达到要求的曲率半径 R 为止。

机床的调角机构分粗调和细调，但是调整过程中总会存在误差。对式(5-3)全微分，可得 α，D，r 之间的关系：

$$\mathrm{d}R=-(R\pm r)\cot\alpha\,\mathrm{d}\alpha\mp\mathrm{d}r+\frac{1}{2\sin\alpha}\mathrm{d}D \tag{5-11}$$

式中，dr 为磨轮端面圆弧半径的精度误差，如果磨轮使用时间不长，r 可以认为不变，即 r 为常数，则 $dr=0$；dD 为磨轮中径加工误差，在加工过程中，可以认为 D 是不变的，所以 $dD=0$，则式(5-11)可表示为

$$dR=-\frac{D}{2}\frac{\cos\alpha}{\sin^2\alpha}d\alpha \tag{5-12}$$

上两式说明：

① 球面半径误差 $|dR|$ 随着角度调整误差 $d\alpha$ 的增加而增加，当 $d\alpha>0$(α 角比理论值大)时，$dR<0$，角度调整误差使 R 减小；反之，R 增加。

② 当 $d\alpha$ 一定时，$|dR|$ 随着磨轮中径 D 的增加而增大，所以磨轮的直径不能取得太大。

③ 当 $d\alpha$ 一定时，$|dR|$ 随着 α 的减小而增大，所以加工小曲率半径球面比加工大曲率半径的球面精度要高。

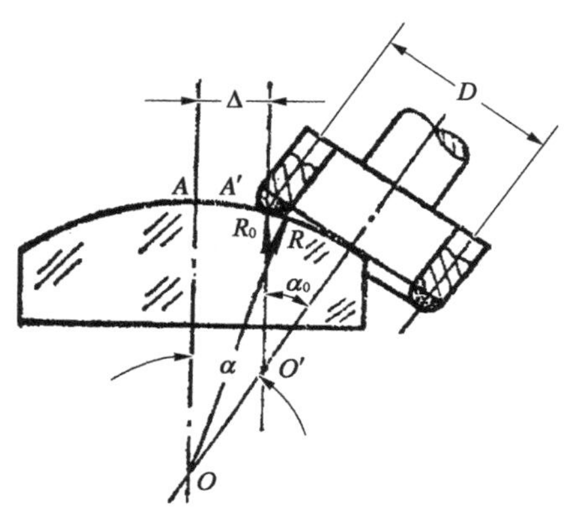

图 5-22　中心调整对误差的影响

2) 工件中心调整量的偏差对 R 的影响

当磨轮端面圆弧 r 的中心不是正好通过工件中心时，铣削出来的球面就会在中心有一个小的凸包(见图 5-22)。假设磨轮边缘偏离球面顶点的距离为 Δ，产生的小凸包直径为 2Δ，则从图 5-22 可以看出球面半径为

$$R=\frac{\Delta}{\sin(d\alpha)}-r \tag{5-13}$$

式中，$d\alpha$ 角是偏离量 Δ 对 o 点的张角，Δ 是磨轮边缘相对于球面顶点的偏离量，R 是中心有凸包时的曲率半径。则存在中心调整误差时对应的半径误差为

$$\Delta R=R-R_0=\frac{\Delta}{\sin(d\alpha)}-\frac{D}{2\sin\alpha} \tag{5-14}$$

式中，R_0 为无中心调整偏差时的曲率半径。

从式(5-14)可以看出，当存在中心调整偏差 Δ 时，加工的球面曲率半径将会产生误差，误差随着中心偏差的增大而增大，无论是凹凸球面均如此。在中心偏差的调整量相同的情况下，选择大口径的磨轮和较大的 α 角，可以减小球面半径误差。

消除这种小凸包的调整工作称为“中心调整”。如图 5-23 所示，表示工件中心有凸包的情况，图 5-23(a)表示磨轮端面圆弧边缘未到达工件中心，形成凸包，称为外凸包。图 5-23(b)表示磨轮端面圆弧边缘超过工件中心，同样也会形成凸包，这种凸包称为内凸包。中心调整的目的是消除凸包，使工件平移 Δ 距离就可以消除凸包。调整步骤如下：

试磨后观察其铣磨的螺旋状磨纹的情况，如有凸包，移动工作台(如 QM30)或磨头架(如 QM08 和 Q813)调整工件中心，调整量为 $\Delta/2$，每次调整后的进刀量为 0.3～0.4 mm，通

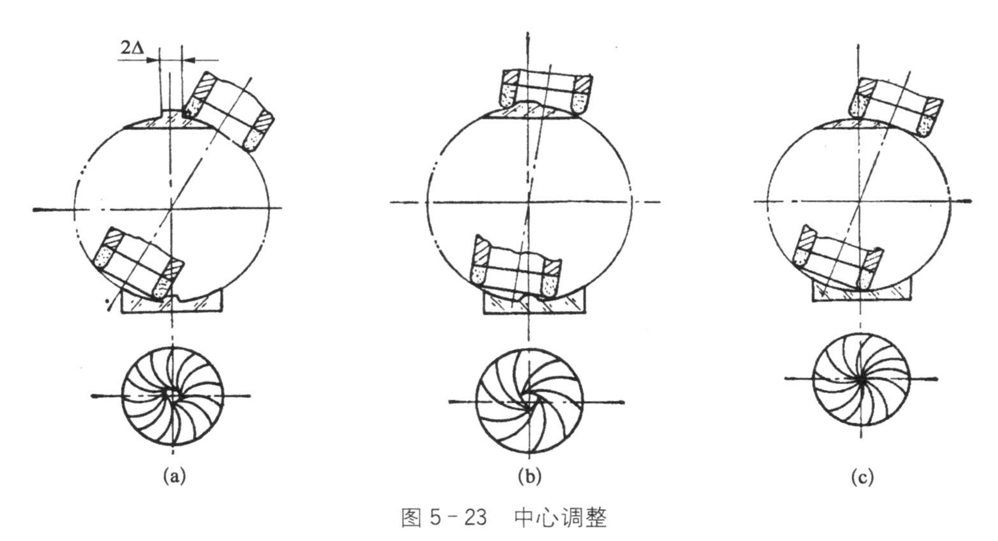

图 5-23　中心调整

(a) 磨轮未到工件中心；(b) 磨轮超过工件中心；(c) 磨轮位于工件中心

过反复试磨、观察和调节，直到获得如图 5-23(c)所示的正确位置。

由于中心调整与角度调整有关，中心调整后，工件的曲率半径也有了变化，因此中心调整与角度调整往往是同时交叉进行的，经过反复试磨，以达到质量要求。

3) 影响透镜中心厚度的误差因素

工件的中心厚度(包括平面镜)取决于机床磨削总量的大小和开始磨削时的起始位置，要获得符合要求的中心厚度，铣磨前必须进行中心厚度的调整。铣磨零件的厚度允差一般为±0.05 mm。

磨削总量是指在一个周期内磨削量的大小，即从开始铣磨到最后光刀的距离。机床的磨削总量是根据工件磨削量的大小来选择的。例如 QM08A 型铣磨机，备有 4 种凸轮，磨削量分别是 3，4，5，6 mm。起始位置由机床上的调整机构来控制，通过微调、试磨来确定。试磨时磨削不能太大，尤其是对磨削余量较小的零件更应注意。

如果磨床存在轴向跳动或者夹具制造与使用不当时，也会造成中心厚度误差。一般铣磨机两轴的轴向跳动量为±0.005 mm，因此，最大误差是 $\Delta d = 0.01$ mm。

夹具精度对透镜中心厚度的影响，主要是由于夹具制造误差和对夹具使用不当造成的。

4) 磨轮轴与工件轴相交位置引起的偏差

一般情况下磨轮轴与工件轴交点在机床装配时就已经得到校正，但是加工过程中由于机床振动和长期使用的影响，会引起机床松动，两轴线相交性受到破坏。对于立式铣磨机来说，主要是工件轴与砂轮轴一前一后，即不在同一垂直平面内；而对于卧式铣磨机来说，主要是工件轴有高低，即不在同一水平面内。以高低误差为例，假如高低误差为 h 时，球面方程变为四次曲线的回转面。其方程为

$$X^2 + Y^2 + Z^2 = R^2 + h^2 - \frac{4h}{D}\sqrt{R^2\left(\frac{D^2}{2} - R^2\right) + 2R\left(R^2 - \frac{D^2}{4}\right)Z - R^2Z^2} \tag{5-15}$$

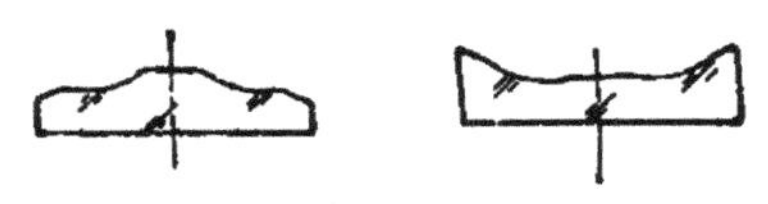

图 5-24　面型误差

这种情况称为面型误差，常见的面型误差主要是腰部低下(如图 5-24 所示)，加工的工件出现非球面现象。一般情况下，铣磨机磨轮与工件轴的高低偏差 $h=0.03$ mm，对非球度影响很小。但是 $h>0.03$ mm 或 $h<0.03$ mm 时，就需要对高速轴进行调整。

调整两轴线相交的机构，多数机床是在高速轴上，调整机构是用偏心套筒调整高速轴的高低(卧式)或前后(立式)。

5) *磨轮轴和工件轴转速的调整*

目前国内生产的铣磨机，磨轮轴的转速一般不可调，只有加工范围较大的机床才设有调速装置，如 QM300 型大型铣磨机，磨轮轴有两种速度，$n_1=2\,940$ r/min 和 $n_2=5\,880$ r/min，变速方式是通过皮带塔轮调速。国外生产的铣磨机，由于加工范围一般较宽，多数铣磨机的磨轮轴都设有调整装置，如德国 LOH 厂生产的 RF1，RF2 均有调整机构，使用时可以根据所选用磨轮直径尺寸大小和合理的线速度范围加以调整。

工件轴的转速，决定了工件的线速度，而工件的线速度对磨削质量和磨削效率影响较大，所以铣磨机都设有工件轴的调速装置。调整方法一般都比较方便，高速手柄都在机体之外，操控者可根据需要随时进行调整。

5.3.3　铣磨中的一些问题

1) *冷却液*

冷却液在铣磨过程中对于降低金刚石砂轮的磨耗和提高工件表面质量都起着十分重要的作用。它带走加工过程中产生的热量、冲走玻璃碎屑、润滑切削部位，因此，要求冷却液具有较小的表面张力和临界摩擦系数及一定的黏度。目前在粗铣过程中用得比较多是煤油和机油($10^{\#}$)的混合液。机油的含量视加工发热情况和气温等不同占 25%～50%，气温高、发热多时，机油比例就大些。这种冷却液的缺点是油雾大，另外在冷却液流量不足、进刀量过大或进刀时阻尼器未起作用等情况都易引起冷却液起火。

冷却液的喷射方法，可以从砂轮内部喷向切削部位。加工大工件时，可采用内外同时喷；加工小工件时，可用外喷。无论外喷或内喷，都必须确实喷向切削部位，不能过高或过低，以致影响冲洗效果。

冷却液的流量，在加工小工件时为 3～5 L/min，加工大工件时为 5～8 L/min。

2) *球面半径或面型误差*

当磨轮轴调整到按照公式(5-3)计算得到的倾角 α 位置后，铣出的球面半径不一定与计算值一致，这是由于机床误差、砂轮磨损等一系列原因所造成的。因此需要根据试磨工件的情况调整 α 角，直至用球面细磨盘检查擦贴度，工件边缘部分与细磨盘接触面积为 $\frac{1}{2}\sim\frac{1}{3}$ 时为合适。

面型误差是比较常见的，主要是腰部凹陷，如图 5-24 所示。造成这种现象的原因是磨轮轴与工件轴不能在同一平面内相交，两轴线相交情况，可以利用砂轮在工件表面的切削痕迹来判断，就是说在工件铣出球面以后，当工件光刀刚满一圈时，立即断开工件轴动力，并迅速进刀 0.02 mm 后马上退刀，记下工件位置，根据工件上砂轮留下的刀印就可判别两轴的高低或前后。

对于立式铣磨机，当两轴没有一前一后现象时，则刀痕为经过圆心的半圆弧，如图 5－25(a) 所示；在加工凸球面时，如果刀痕是 1/4 圆弧，且在后方时(即背离滑座一侧)，如图 5－25(b) 所示，则说明磨轴位于工件轴的前方；反之，当刀痕在前时(即靠近滑座一侧)，如图 5－25(c) 所示，说明磨轮轴位于工件轴之后。加工凹球面时则相反。

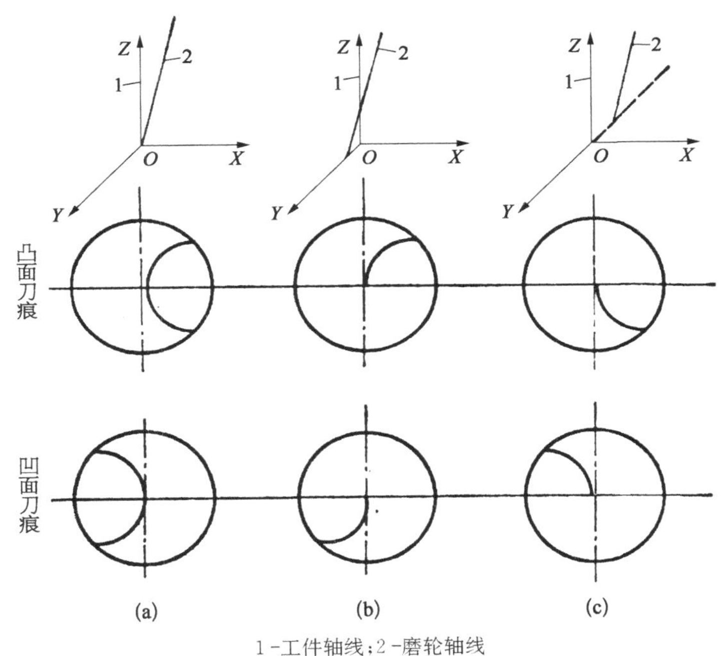

1－工件轴线；2－磨轮轴线

图 5－25　磨轮对工件的初始磨痕

(a) 正常刀痕；(b) 磨轮轴偏高(卧式)或偏前(立式)；(c) 磨轮轴偏低(卧式)或偏后(立式)

对于卧式铣磨机，试验方法相同。判别方法：如果刀痕是经过圆心的半圆弧形时，说明两轴没有一高一低的现象。加工凸球面时，如果刀痕是在工件下部 1/4 圆弧[见图 5－25(b)]，说明磨轮轴比工件轴高；反之，当刀痕在上部时[见图 5－25(c)]，说明磨轮轴比工件轴低。

3) 铣磨表面的其他疵病

在范成法铣磨中常见的疵病有菊花纹、麻点、与精磨模擦贴环有缺口或中间环带脱空、球面偏心等(见图 5－26)。

(1) 菊花纹。产生的原因比较复杂，主要是磨头误差与振动影响造成的。此外，磨头预紧力的大小对菊花纹也有影响。菊花纹又分为细密菊花纹[见图 5－26(a)]和宽疏菊花纹[见图 5－26(b)]。

实践表明，当铣磨的透镜产生振动时就有细密菊花纹出现，检修磨头，使之恢复精度要求，则能有效地减少菊花纹。因此，对于高速转动的磨头，必须具有较好的动平衡，特别是皮带传动的磨头，马达及皮带轮的平衡也要加以重视。

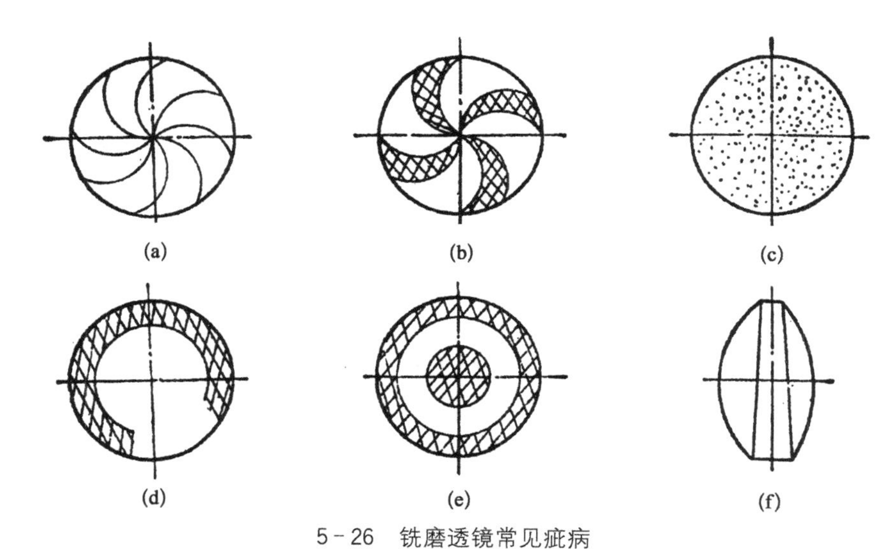

5-26 铣磨透镜常见疵病

(a) 细密菊花纹；(b) 宽疏菊花纹；(c) 麻点心；(d) 擦贴环带缺口；(e) 擦贴环带脱空；(f) 球面偏心图

磨头预紧力对菊花纹的影响表现在：如果压紧力小，就会在光刀过程中，因磨削力减小而引起磨头振动增大，从而产生较密的细密振纹。为了判断菊花纹的产生是否与预紧力有关，可以将光刀过的零件表面与未光刀过的零件表面加以比较，如果后者的粗糙度比前者大，则可初步判断磨头的预紧力较小，这时应增大预紧力，直到显著减轻细密振纹为止。

宽疏菊花纹产生的原因主要是工件主轴的轴向蹿动。主轴在每转一转的过程中，虽然总的轴向蹿动在 0.005 mm 以内，但都有数次小的轴向蹿动(见图 5-26)。这种小蹿动的次数，正好与宽菊花瓣的数目相同，瓣纹的高低不平也与工件主轴的微量轴向蹿动的振幅相近。因此，当工件表面产生宽菊花纹时，可在其他因素不变的条件下，改变主轴转速。如果所磨出的透镜宽疏数目仍然不变，则可以确定产生宽疏菊花纹的原因是工件主轴的轴向蹿动。这时应对主轴进行检修，消除上述微量小蹿动之后，宽疏花纹也随之消除。

(2) 麻点。试验表明，磨轮线速度选择不当，进刀速度与工件转速配合不好是形成麻点的主要因素。在铣削过程中，磨头上有无数的金刚石钻在划割玻璃，如果工件转速过高，进刀速度过快时，磨轮的磨削速度跟不上，前面该铣削的玻璃还没有被除去，后面的玻璃又挤上来，致使金刚石磨轮过重地挤压在玻璃表面，玻璃受到挤压，从而形成麻点。

当磨头转速为 1 400 r/min 时，选择磨轮线速度为 20～30 m/s，这样就能比较充分地发挥金刚石磨轮对玻璃的磨削作用，此时工件表面的光洁度较高。

此外，冷却液应该对准磨轮与玻璃的部位，这样可以及时冲洗磨削下来的玻璃碎屑，保持金刚石磨轮刃口的锋利。否则，玻璃碎屑糊在工件表面及刃口上，不但会影响铣削效率，而且容易形成麻点。

(3) 擦贴环有缺口、环带脱空。形成擦贴度缺口的原因，一是光刀时间不够，光刀时如果磨轮没有走完一圈会留下缺口；二是密封垫圈过厚，压力不均匀，导致工件偏斜也会形成缺口。

擦贴度环带脱空，如图 5-26(e)所示，是由于机床工件主轴轴线与磨头轴线不相交造成的。目前，在铣磨机设计中，两轴线不相交的允差为0.03 mm。实践证明，此误差控制在0.03 mm以内，擦贴环带脱空现象不明显。

(4) 球面偏心。如图5-26(f)所示，造成球面偏心的原因是夹具定位面偏心，因此在夹具制造过程中，要特别注意夹具定位尺寸与口径回转轴线的同心度。

铣磨的常见问题及产生原因详见表5-2。

表5-2　铣磨的常见问题及产生的原因

常见问题	产生原因	克服办法
表面粗糙度不好，有走刀纹路、局部麻点及半弧形刀印	1 磨轮粒度粗或磨轮转速低 2 机床振动较大 3 冷却液喷射位置不当或流量不足 4 光刀时间不足 5 吃刀量过大 6 真空吸附中橡皮在磨削力较大时产生斜向压缩，或主轴进给弹簧松动 7 主轴与零件不同心 8 冷却液有杂质	1 选择适当的磨轮粒度及转速 2 减小机床振动 3 高速冷却液喷射位置，流量适当 4 进刀量要适当，保证光刀时间
菊花形纹	1 机床振动大 2 切削力过大 3 光刀时间短 4 滚动轴承的磨损会使磨头松动	1 调整机床，减小振动及磨轮轴间隙 2 切削压力要加大 3 保证光刀时间
零件偏心	1 零件装夹不正 2 夹具定位面与零件轴不垂直 3 夹具不清洁，有玻璃碎屑或杂质 4 零件成盘铣磨时，由于胶层不均匀，容易偏心 5 真空吸附夹具口径比零件外径大得多时，透镜产生晃动	1 夹正零件 2 修正夹具 3 装夹时，要擦净零件及夹具 4 胶层要均匀
着火	1 冷却液不足或喷射位置不正 2 进刀量过大，磨削发热大引起着火 3 冷却液配方不当，着火点低 4 金刚石磨轮的硬度大，磨削能力差，磨削中发热量大 5 吸散油雾装置不灵	1 调整冷却液喷射位置，流量适当 2 进刀量要适当 3 正确配制冷却液，提高着火点 4 磨轮硬度要适当，切削能力下降后要进行修复 5 保证吸散油雾装置正常工作
面型不规则	1 两轴线不在一水平面上 2 主轴松动 3 主轴与磨轮轴的径向跳动和轴间跳动过大	1 两轴线要调整到一个平面内 2 调整主轴间隙正常 3 控制主轴及磨轮轴径向跳动量在机床设计指标之内

第 6 章 光学零件的精磨

粗磨完工后的零件表面粗糙度仍然比较大，几何面型与图纸要求还有较大差距。为此设计了精磨工序，精磨的目的有二：一是通过精磨使工件表面凹凸层深度减小，用散粒磨料精磨，使 H_{cp} 小于 6.3 μm（光洁度▽ 6）；二是进一步改善工件表面的曲率半径的精度或平面度，使零件的几何形状更加精确，面型更加完善，使工件获得接近完工的几何形状和改善表面光洁度，为抛光打下良好基础。

精磨分为散粒磨料精磨和金刚石磨具精磨，前者称为古典法精磨，又称自由研磨，后者称为高速精磨。

精磨光学零件的要求：

（1）几何形状和面型精度。精磨后的光学零件，对几何形状和面型精度应该和图纸规定极其接近，用机械量已不能检出误差，误差在微米量级。球面类零件用光学样板已可见干涉条纹，棱镜等角度零件用测角仪检测已没有角度误差，因为其后抛光工序的修正是波长级的变化，故精磨对磨具精度远高于粗磨。

（2）表面质量。工厂中通常用两道磨料完成这一工序，第一道磨料用来精修尺寸，第二道磨料保证表面光洁度。对特殊要求的零件要用 3～4 道磨料。精磨后表面光洁度应达到 $R_a = 0.4$ μm，相当于光洁度等级为▽ 8，用 3×～6×放大镜检验，已看不到有擦痕。

（3）成盘加工。精磨光学零件只要零件结构允许，总是成盘多片一起加工。所以在精磨之前先要上盘，就是把单片零件按一定要求黏结成盘。必须指出，如果采用固着金刚石磨具铣磨或用金刚石丸片精磨，则在粗磨前就要成盘加工。

6.1 光学表面成型运动学

光学零件表面成型理论是以英国的普雷斯顿（Preston）的假设为基础，Preston 指出工件表面任意点的玻璃磨削量 h 与压强和相对速度有关，即

$$h_i = A\int_0^T p_i v_i \,\mathrm{d}t \tag{6-1}$$

式中，h_i 为在 P_i 点磨去玻璃层的厚度；T 为加工持续时间；p_i 为 P_i 点瞬间压强；v_i 为 P_i 点的相对瞬时速度；A 为工艺系数，与加工过程有关。

如果在加工过程中，p_i，v_i 值相差不大，则可用下面的近似值表示：

$$h_i = A\overline{P}_i \overline{v}_i T \tag{6-2}$$

$$\overline{p}_i = \frac{1}{T}\int_0^T P_i \mathrm{d}t$$

$$\overline{v}_i = \frac{1}{T}\int_0^T v_i \mathrm{d}t$$

式中，$\overline{p}_i$ 为 P_i 点瞬时压力的平均值；$\overline{v}_i$ 为 P_i 点相对瞬时速度的平均值。

6.1.1　光学平面成型运动学

1）相对速度的影响

平面精磨一般精磨模在下、镜盘在上，如图 6－1 所示。精磨模盘绕机床主轴 C_1 转动，其角速度为 ω_1；镜盘在上架带动下摆动的同时绕自身转轴 C_2 转动，其角速度为 ω_2；两者的中心瞬间间距为 $D_i = \overline{C_1C_2}$，镜盘摆动的线速度为 v_ω。在镜盘与精磨模的接触范围内任意点

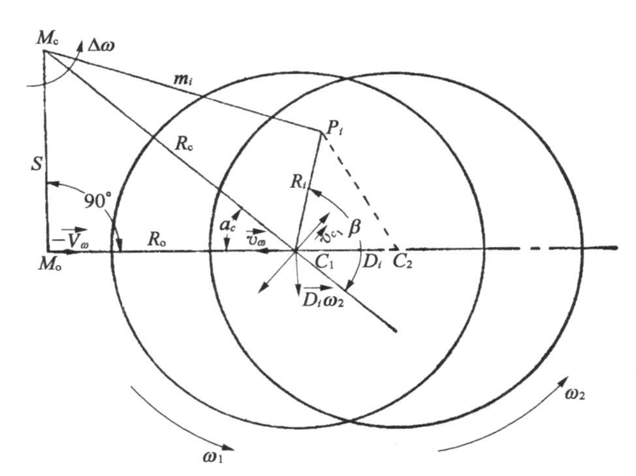

图 6－1　瞬时旋转轴心的位置

P_i 的相对速度 $\boldsymbol{v}_i$ 为

$$\boldsymbol{v}_i = \boldsymbol{V}_1 - (\boldsymbol{V}_2 + \boldsymbol{v}_\omega) \tag{6-3}$$

当镜盘不做摆动运动时，$\boldsymbol{v}_\omega = 0$，则

$$\boldsymbol{v}_i = \boldsymbol{V}_1 - \boldsymbol{V}_2 \tag{6-4}$$

$$V_1 = R_i \omega_1 \tag{6-5}$$

$$V_2 = r_i \omega_2 \tag{6-6}$$

式中，R_i 为镜盘表面任意一点 P_i 到 C_1 点的距离；r_i 为 P_i 点到 C_2 的距离。

显然，此时相对瞬时中心在 C_1、C_2 连线的 M_o 点。令 $\overline{M_oC_1} = R_o$，此时，镜盘、精磨盘相对于 M_o 的线速度为

$$V_{1M_o}=R_o\omega_1 \tag{6-7}$$

$$V_{2M_o}=(R_o+D_i)\omega_2 \tag{6-8}$$

因为，M_o 是瞬时中心，所以，$V_{1M_o}=V_{2M_o}$，则

$$R_o\omega_1=(R_o+D_i)\omega_2 \tag{6-9}$$

$$R_o=\frac{D_i\omega_2}{\omega_1-\omega_2}=\frac{D_i\omega_2}{\Delta\omega} \tag{6-10}$$

式中，$\Delta\omega=\omega_1-\omega_2$。两表面上任意点的运动可看成绕相对瞬心 M_o 的转动，其角速度为 $\Delta\omega=(\omega_1-\omega_2)$，令 m_i 为 i 点到相对瞬心的距离，则任意点的相对线速度 v_i 为

$$v_i=V_{1i}-V_{2i}=m_i\omega_1-m_i\omega_2=m_i(\omega_1-\omega_2)=m_i\Delta\omega \tag{6-11}$$

式中，m_i 为M_o 点与 p_i 点之间的距离(图 6-1 中未标出)，其值为

$$m_i=\sqrt{R_c^2+R_i^2+2R_cR_i\cos\beta}$$

取 m_i 的平均值为 $\overline{m}_i$，则

$$\begin{aligned}\overline{m}_i&=\frac{1}{\pi}\int_0^{\pi}m_i\mathrm{d}\beta\\&=\frac{1}{\pi}\int_0^{\pi}\sqrt{R_c^2+R_i^2+2R_cR_i\cos\beta}\,\mathrm{d}\beta\\&=\frac{2}{\pi}\sqrt{A+B}E\left(\frac{\pi}{2},\sqrt{\frac{2B}{A+B}}\right)\end{aligned} \tag{6-12}$$

式中，$A=R_i^2+R_c^2$；$B=2R_cR_i$；$E\left(\frac{\pi}{2},\sqrt{\frac{2B}{A+B}}\right)$ 表示第二类椭圆积分。

显然，当上下盘角速度接近时，即$(\omega_1=\omega_2)$，由式(6-10)可知$R_o\to\infty$，即 $m_i\to\infty$，则 v_i 将成为常数，也就是说在精磨盘上各点具有相同的相对速度，这是均匀磨损的一个重要条件，即上盘不摆动，仅绕自身中心旋转，且角速度处于一致。

当上盘还沿 C_1，C_2 的连线摆动，摆动速度为 $\boldsymbol{v}_\omega$，则相对瞬时旋转中心为 M_C。M_C 点的求法是：找到任意两点的相对线速度，作这两个线速度矢量的垂直线，此两垂线的交点即为 M_C，假设此两点选为 C_1 与 M_o，线速度各为 $\boldsymbol{v}_{C_1}$ 和 $\boldsymbol{v}_{M_o}$，由式(6-3)得

$$\boldsymbol{v}_{C_1}=-(\boldsymbol{v}_3+\boldsymbol{v}_\omega) \tag{6-13}$$

$$\boldsymbol{v}_{M_o}=-\boldsymbol{v}_\omega \tag{6-14}$$

式中，$\boldsymbol{v}_3=D_i\omega_2$，$\boldsymbol{v}_\omega=S\Omega$，$\Omega$ 为摇臂摆动角速度。

由于 $\boldsymbol{v}_{M_o}=0$，则

$$\overline{M_oC_1}=R_c=\frac{\sqrt{(D_i\omega_2)^2+v_\omega^2}}{\Delta\omega} \tag{6-15}$$

$$S=\frac{v_\omega}{\Delta\omega} \tag{6-16}$$

$$\tan\alpha_c=\frac{v_\omega}{D_i\omega_2} \tag{6-17}$$

$$\angle M_cM_oC_1=90^\circ \tag{6-18}$$

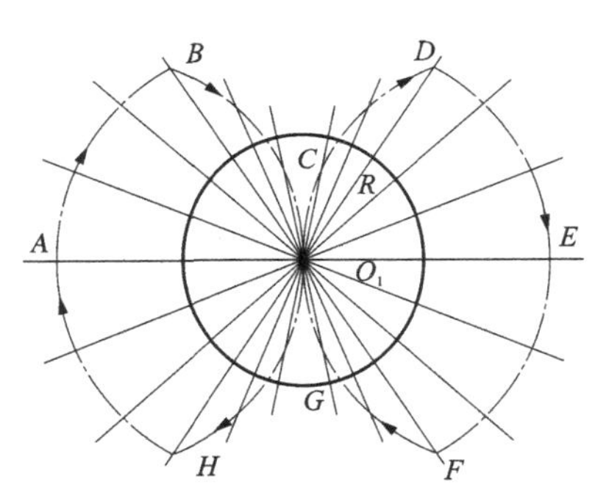

图 6-2　瞬心的轨迹

当上盘摆动时，v_ω 是一个变量，D_i 也是变量，则 R_c 也是一个变量，于是 M_c 点不再是定点，而是沿某一个轨迹运动，由式(6-15)可以看出，ω_1 与 ω_2 差值越大时，则 R_c 值越小，研磨面上各点之间的相对速度值差别越大，磨削越不均匀。当上盘由图 6-2 中的右边摆到左边，再摆回右边，摆动周期为 1.2 s，$\omega_1=4.2$，$\omega_2=3.5$，$D_i=(0\sim0.4)R$ 时，M_c 点的轨迹为 $A\rightarrow B\rightarrow C\rightarrow D\rightarrow E\rightarrow F\rightarrow G\rightarrow H\rightarrow A$。

大多数平面研磨机，镜盘在研磨盘带动下转动，当镜盘不摆动、也不超出下盘盘面，顶针与镜盘之间的摩擦可以忽略不计时，则 $\omega_1=\omega_2$，M_c 点在无穷远处，在 C_1，C_2 的连线上，所以相对线速度的方向一定垂直于 $\overline{C_1C_2}$。

对于平面高速研磨机，虽然上盘有摆动，但摆出下盘不多，顶针与上盘间的摩擦可忽略，这样 $\omega_1=\omega_2$，各点相对线速度也近似均匀。

对于普通平面研磨机，由于顶针与上盘间的摩擦较大，当上盘有摆动时，上盘随下盘转动，当上、下两盘的半径相等时，从实测看，ω_2 将随 D_i 的加大而减小。也即 $\omega_2=f(e)$，实验表明 R_c 总是大于下盘半径 R，所以，当不考虑镜盘表面覆盖的影响时，瞬时速度的平均值对在磨盘表面整个区域中基本相等。

2）瞬时压强的影响

（1）当上、下盘为刚性，且准确接触时，在接触区域上、下盘之间的压强呈线性分布，如图 6-3 所示，可表示为

$$P_i=Z_0+mx_i \tag{6-19}$$

式中，p_i 表示镜盘表面 $Q(x_i,\ y_i)$ 点的瞬时压强，m 是直线的斜率，Z_0 为直线方程的截距，它们可由下列积分方程组解出：

$$F=\int_S P_i\,\mathrm{d}S \tag{6-20}$$

$$\int_L xp_i\,\mathrm{d}S=\int_R xp_i\,\mathrm{d}S \tag{6-21}$$

图 6-3　两表面移动所造成的压力分布

式中，F 为盘间的瞬时压力；S 为给定偏心量 D_i 条件下两表面共同的接触面；L 为 y 轴左边的接触面；R 为 y 轴右边的接触面。

如果上盘半径为 r_i，下盘 i 点的 $R_i\leqslant r-D_i$，则 p_i 的平均值为

$$\overline{p}_i=\frac{1}{2\pi}\int_0^{2\pi}p_i\,\mathrm{d}\varphi \tag{6-22}$$

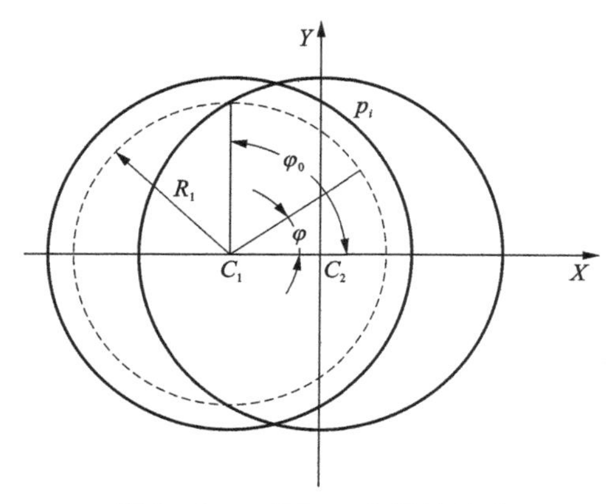

图 6－4　φ 角与 φ_0 之间的关系

式中，φ 角由图 6－4 给出。

若 $R_i > r - D_i$，则 p_i 的平均值为

$$\overline{p}_i = \frac{1}{2\pi}\int_0^{\varphi_0} p_i \mathrm{d}\varphi \tag{6-23}$$

式中，φ_0 角由图 6－4 给出。

（2）在生产实践中，上、下盘各绕自身轴线回转，因此，上、下盘磨削的压强分布实质上是同一圆周上的平均值。

（3）下盘整个表面范围内，各环带外圈的平均压强比内圈的平均压强要大，故外圈的磨损比内圈剧烈。

（4）上盘整个表面各环带，内圈的平均压强比外圈的平均压强要大，而且当偏心距 D_i 增大时，表现更剧烈，故内圈的磨损比外圈更严重。但是，当下盘远大于上盘时，上盘不摆出下盘范围内，则上盘可获得均匀压强。

6.1.2　球面精磨成型运动学

1）相对瞬时速度的影响

假设曲率半径为 R 的上、下两球面每点都接触，（见图 6－5），o_1c 为球模的回转轴，o_2c 为上球模的回转轴。两者之间的角距离为 α，o_1c，o_2c 分别以 ω_1，ω_2 转动。

假设上球模不摆动，两表面准确接触，各自绕自身转轴转动。相对瞬时旋转轴为 co，则 o_1c 轴和 o_2c 轴的旋转运动相当于以角速度为 Ω，绕 co 轴做旋转运动。co 轴在 o_1c 轴和 o_2c 轴的平面内，并与 o_1c 轴之间的角距离为 γ 角，则有

$$\tan\gamma = \frac{\omega_2 \sin\alpha}{\omega_1 - \omega_2\cos\alpha} \tag{6-24}$$

图 6－5　绕 o_1c 轴与 o_2c 轴旋转时的相对转轴 oc 的位置

球面任一点 i（角坐标为 φ 和 ψ）的相对角速度和线速度分别为

$$\Delta\overline{\omega} = \overline{\omega}_2 - \overline{\omega}_1$$

$$\Delta v_i = R\Delta\omega\sin\xi \tag{6-25}$$

式中，R 为被加工球面的半径；ξ 为由 i 点到相对转轴 oc 的角距。

由球面三角形 co_1p_i 得

$$\sin\xi = \sqrt{1-(\cos\gamma\cos\psi+\sin\gamma\sin\psi\cos\varphi)^2}$$

在下球模角坐标 ψ 所示的区域内，相对线速度的平均值可通过下列积分求得：

$$\overline{v}_i = \frac{\Delta\omega}{\pi} R \int_0^{\pi} \sqrt{1-(\cos\gamma\cos\psi + \sin\gamma\sin\psi\cos\varphi)^2}\, d\varphi \tag{6-26}$$

令
$$\zeta_i = \int_0^{\pi} \sqrt{1-(\cos\gamma\cos\psi + \sin\gamma\sin\psi\cos\varphi)^2}\, d\varphi \tag{6-27}$$

则，
$$\overline{v}_i = \frac{\Delta\omega}{\pi} R\zeta \tag{6-28}$$

由此可见，相对线速度平均值的分布仅与函数ζ有关。式(6-28)不能用解析法求解，用数值解法得φ与ζ的关系如图6-6所示。

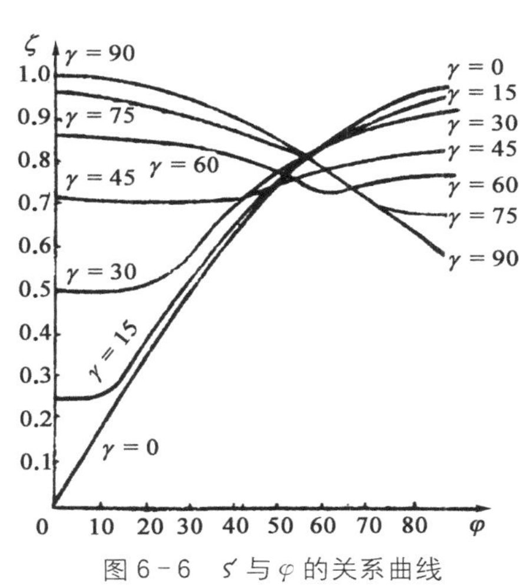

图6-6　ζ与φ的关系曲线

若上球模没有独立旋转而仅仅随下球模旋转而转动时，则

$$\omega_2 = \omega_1 \cos\alpha \tag{6-29}$$

此时，oc垂直于oo_2，即$\gamma = 90° \pm \alpha$。

若下球模以角速度ω_1绕o_1c轴转动，上球模以角速度ω_2绕o_2c轴转动，并以ω_3绕wc轴摆动，而wc轴垂直于o_1c轴和o_2c轴。如图6-7所示。

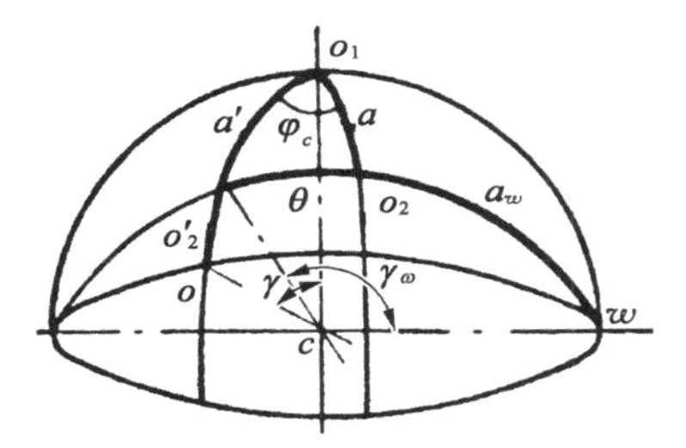

图6-7　绕o_1c，o_2c轴旋转，绕wc轴摆动时合成相对旋转运动，其相对瞬时转轴oc的位置$\angle o_1cw = 90°$

两球模的相对角速度$\Delta\boldsymbol{\omega}$为

$$\Delta\boldsymbol{\omega} = \boldsymbol{\omega}_1 - (\boldsymbol{\omega}_2 + \boldsymbol{\omega}_3) \tag{6-30}$$

解此方程就得出相对角速度值：

$$\Delta\omega = \sqrt{\omega_1^2 + \omega_2^2 + \omega_3^2 - 2\omega_1\sqrt{\omega_2^2 + \omega_3^2}\cos\alpha'} \tag{6-31}$$

式中，α'为o_1c轴和o_2c轴瞬时位置间的夹角。

$$\cos\alpha' = \cos\alpha\cos\theta \tag{6-32}$$

$$\tan\theta = \frac{\omega_3}{\omega_2} \tag{6-33}$$

式中，θ角如图6-7所示。

相对瞬时旋转轴oc的位置由下式给出：

$$\tan\gamma = \frac{\sqrt{\omega_3^2 + \omega_2^2 \sin^2\alpha}}{\omega_2\cos\alpha - \omega_1} \tag{6-34}$$

2) 瞬时压强的分布

图6-8表示球面上的压力分布，假设上盘对下盘的压力为F，垂直向下，上盘与下盘瞬间对称轴(o_1c轴与o_2c轴)之间的夹角为α，下盘对称轴(o_1c轴)一般为机床的主轴，则指

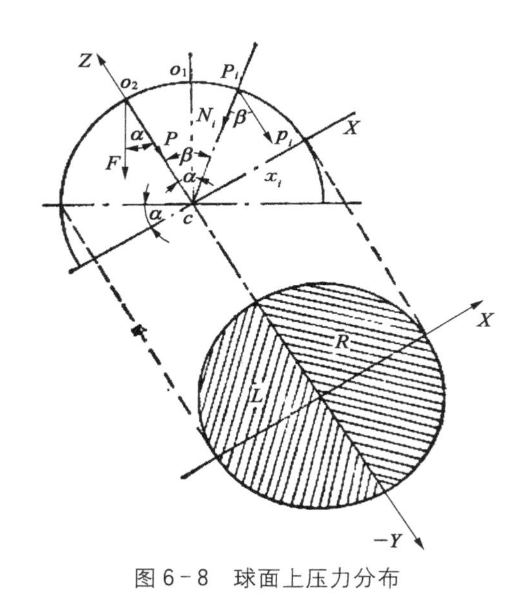

图 6-8　球面上压力分布

向球心的压力为

$$P = F\cos\alpha \tag{6-35}$$

球面上任意一点，上盘轴向的压强为 p_i，指向球心（平行于 o_1c 轴）的压强为

$$p_i' = p_i\cos\beta \tag{6-36}$$

式中，β 为 p_i 点到 o_2c 轴的角距离。

显然，下盘顶点压强要比边缘处大，当 α 角加大时，压强将减小。

要有效地减小顶点与边缘的压强差，可使两轴方向相同，即上盘压力方向指向球心，实现准球心加压。

6.2　散粒磨料精磨

6.2.1　光学零件上盘

上盘是精磨加工前一道关键工序。只要零件结构允许，精磨光学零件总是成盘多片一起加工，而不是单件加工。光学零件成盘，加工面积增大，稳定性增加，成盘加工保证了面型精度；多片光学零件成盘，一次可以同时完成多片光学零件精磨，提高了生产效率。所以在精磨之前，先要进行上盘，即把单片零件按一定要求黏结成盘。

6.2.2　散粒磨料精磨用的机床

散粒磨料精磨时，常用精磨抛光机进行，机床的运动方式可归结为两种，即主轴的回转运动和三脚架的摆动运动。两种运动由同一马达带动，分两路传动。传动方式大多数由皮带轮和摩擦轮传动。这种机床也可以用于普通的抛光。

图 6-9 为精磨抛光机的传动机构示意图；图 6-10 为连杆机构所传动的摆动，摆架与上盘之间的连接，是通过顶针的球端对上盘施加压力，推动上盘摆动。因此，顶针只能使上盘做摆动运动，而上盘的转动是在与下盘之间的摩擦力作用下实现的，是由下盘引起的从动转动。

图 6-10 中，下盘的中心为 o_1，上盘中心为 o_2，上盘的摆动轨迹 $o_2'o_2''$，若平面研磨以 $o_2'o_2''$ 的弧长 l 与下盘直径 D 之比 l/D 为相对摆幅；若球面研磨，$o_2'o_2''$ 所对球心的张角 2ρ 与磨盘张角 2γ 之比 ρ/γ 为相对摆幅。若上盘摆动，通过下盘中心 o_1，则 $o_2'o_2''$ 中点偏离 o_1 点的距离 b 为平行位移；$o_2'o_2''$ 的中点垂直于 $o_2'o_2''$ 的方向偏离 o_1 点的距离 a 为垂直位移。l，a，b 可通过偏心距 EF 的大小和三脚架沿箭头方向 A 和 B 的移动来调整。

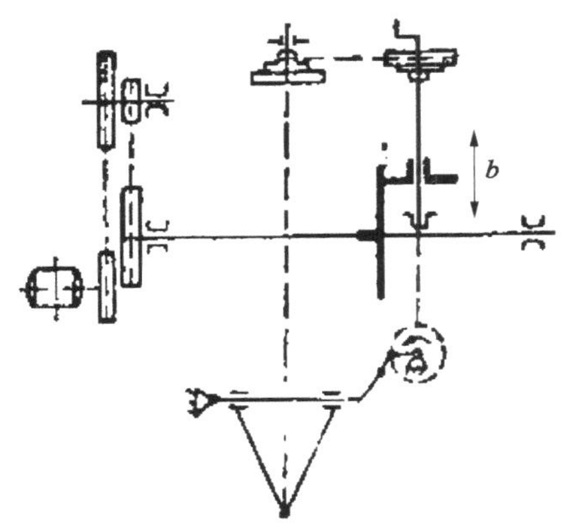

图 6-9　散粒磨料精磨机传动示意图

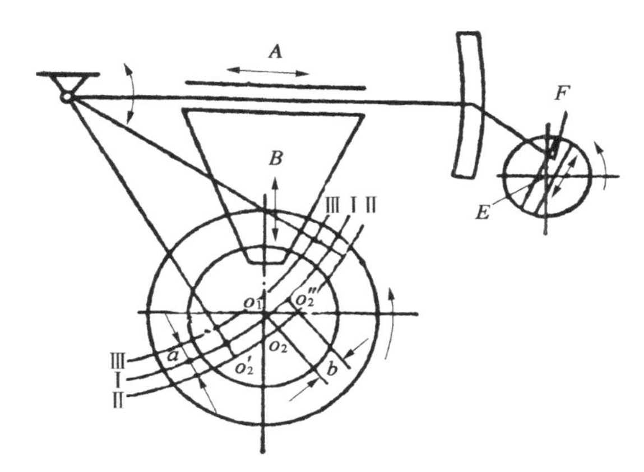

图 6-10　摆动的示意图

研磨时主轴转速大，下盘边缘磨削快。研磨平面时，取主轴转速为摆速的 0.4～0.8；研磨球面时，取主轴转速为摆速的 1～2.5 倍。

摆幅越大，上模中部与下模边缘磨削增大，上模摆动范围应予限制，一般为下模直径或张角的 1/2～1/3。

顶针的位置，研磨平面时取镜盘张角的 0～1/10；研磨球面时取镜盘张角的 0～4/10。

6.2.3　影响精磨的因素

1）磨盘的相对速度

精磨时，模盘在主轴的驱动下做定轴转动，镜盘在模盘的带动下绕自身的中心轴转动，工件表面上离转轴近的点线速度小，离转轴远的点线速度大，因此工件表面上各点的相对线速度不同，边缘比中心磨削得厉害，整个镜盘表面不能均匀磨削。

为了能使工件得到均匀的磨削，镜盘除了由模盘带动下以角速度 ω_2 做从动转动外，同时摆动机构使镜盘以角速度 ω_3 和一定摆动幅度 l 来回摆动，摆动时应使镜盘超出下盘边缘，同时不应停留在某一固定位置（见图 6-11）。在精磨抛光机上研磨平面时，摆幅 l 即为顶针摆动到两极端位置的直线距离。l 与下盘直径之比称为摆幅相对长度。从保持平模的平度出发，相对长度在 0.45～0.65 范围内选择较合适。

球面摆幅的相对长度用上盘在两极端位置时通过球心和上盘中心的两轴线的夹角 α 和下盘张角 2γ 的比来表示，如图 6-12 所示。即

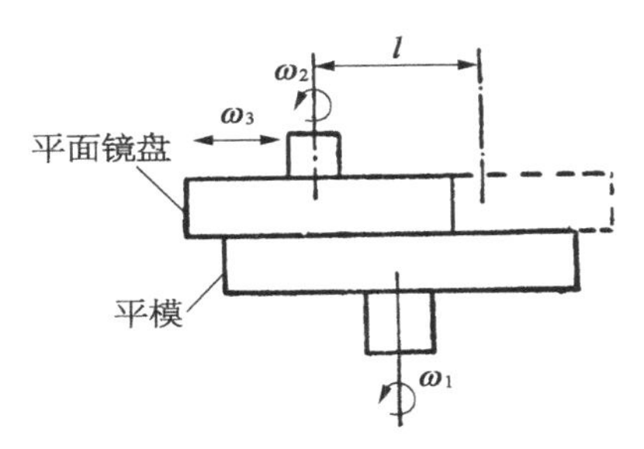

图 6-11　平面镜盘的摆动

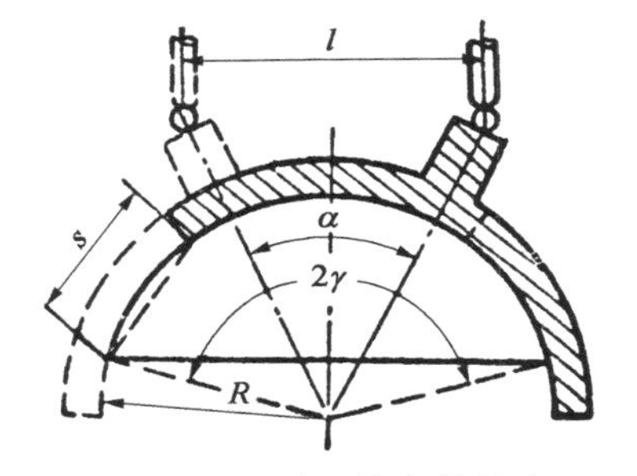

图 6-12　球面镜盘的摆动

$$\theta = \alpha / 2\gamma \tag{6-37}$$

为了调整机床方便起见，用弦长 S 与球面半径 R 的比确定摆幅长。弦长 S 是当上盘摆幅到最大位置时从下盘边缘到上盘边缘的距离（见图 6-12），S 的选取应根据下盘的高度 H 和镜盘与磨盘的相对位置而定。在不同情况下，弦长 S 的选择如表 6-1 所示（供参考）。

表 6-1　弦长 S 与下盘高度的关系

下　　盘	弦　长　S	
	研磨模在上	研磨模在下
$H = R$	$S = 0.76R$	$S = 0.98R$
$H = 0.9R$	$S = 0.72R$	$S = 0.93R$
$H = 0.8R$	$S = 0.68R$	$S = 0.88R$
$H = 0.7R$	$S = 0.64R$	$S = 0.83R$

在考虑摆幅长度时还要结合考虑顶针移动轨迹对主轴中心的直线位移。直线位移与摆幅长度之比称为相对位移 e，即

$$e = l'/l \tag{6-38}$$

式中，l' 为顶针直线位移；l 为摆辐长度。

顶针的位移可以是任意的，但选择在垂直于摆幅的方向内比较合适，因为这样可以保持上盘摆动的对称性。精磨平面时，相对位移量可取 0～0.1；精磨球面时，相对位移量可取 0～0.4。上盘大时，位移量取少些。

镜盘表面的磨削情况还与研磨模的相对尺寸有关，应根据加工条件，选择适当的尺寸（参见 10.2 节）。

2) 压力

光学零件表面的磨削与压力有关。例如当用手在不动的平模上研磨平面时（见图 6-13），在 A 点加力 P，使工件沿箭头 a 的方向运动，P 力可分解成 p_1 和 p_2。 p_1 使工件克服与它相反方向紧贴着平模表面的摩擦力的合力 R，着力点在 A_0，p_2 与平模对工件的反作用力平衡。由于摩擦力的合力 R 的着力点 A_0 与 P 的着力点 A 存在一段距离 L，形成一个翻倒力矩 $p_1 \cdot L$，因而会使工件产生塌边。因此，加工时应该尽可能降低着力点，或者有一个相反的力矩来平衡它。

研磨球面时，假定在球面单位面积上有垂直向下的力 P，将其分解为径向作用力 P' 和切向作用力 P''（见图 6-14），则它的径向作用力 $P' = p\cos\beta$（β 角为通过球心到球面顶点的

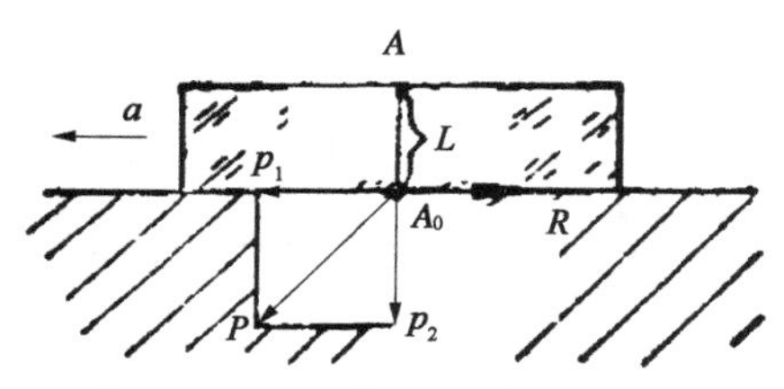

图 6-13　研磨平面时的着力点

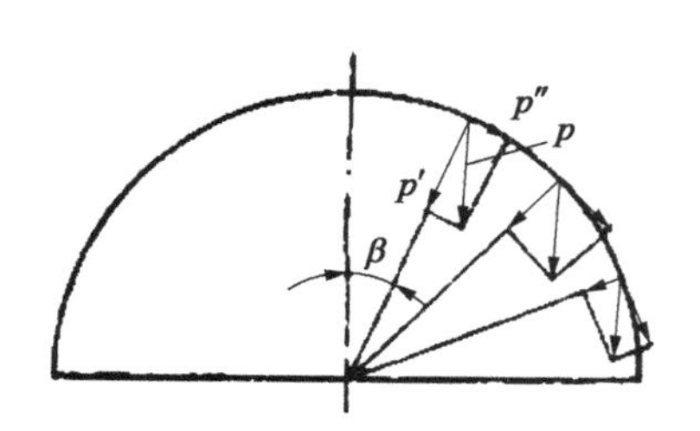

图 6-14　研磨球面时的着力点

直线与从球心到球面上不同点的直线之间的夹角)。显然越往边缘 β 角越大,则 $\cos\beta$ 越小,P' 也就越小。但对表面的磨削起作用的力主要是径向作用力 P',因此,对于球面的磨削,作用力 P 的影响是中部的磨削大于边缘。

3) 悬浮液浓度

精磨过程中磨料悬浮液的浓度(即水和砂子的比例)是否适当,对精磨质量与效率有着较大影响。悬浮液的浓度不合适,不仅会使玻璃表面产生划痕,严重时甚至会使镜盘"吸住"磨盘,有可能打坏工件。图 6-15 为悬浮液浓度与玻璃磨削量的关系,由图可见,水太少或太多都将影响研磨效率。当精磨即将完毕,工件尺寸快要达到设计要求前,不再添悬浮液,而是添几次清水。这样虽然磨削效率略有降低,但是工件表面将磨得更细,对以后抛光有利。添水时间长短要合适,添水时间间隔太长将使表面产生划痕。根据经验用四川乐山金刚砂和铜质模盘研磨时,最后添水时间要看模盘表面状况而定,当模盘表面呈青灰色时即可停止加水。如果没有充足的经验,可以先做几次试验,根据加工条件确定最后添水的时间。

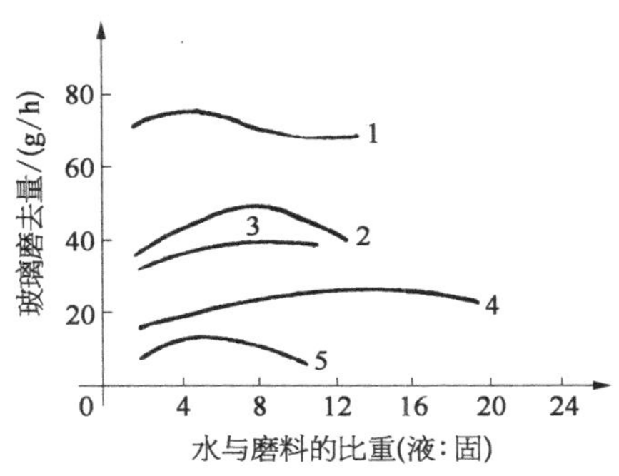

1-50～28 μm 刚玉;2-28～20 μm 刚玉;
3-20～14 μm 刚玉;4-14～10 μm 刚玉;
5-10～7 μm 刚玉

图 6-15　悬浮液浓度与磨削量

4) 磨料供给量

精磨过程中,磨料的供给量与精磨效率的关系如图 6-16 所示。由图可见,磨料供给量太少,精磨效率降低;太多了,也并不提高效率,只是白白浪费磨料。为使细磨时有较高的效率,磨料的供给量取比最佳供给量稍大一些。由于精磨时的加工条件不同,磨料的最合理供给量应通过实验确定。

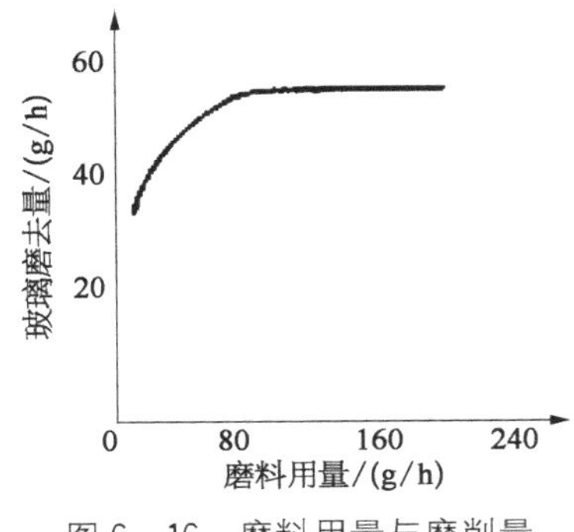

图 6-16　磨料用量与磨削量

6.2.4　工序安排

精磨球面,一般采用三道砂由粗到细顺序进行。凸凹面在同一零件上,一般以 R 大的先加工,凹面先加工。

对于平面,尤其是棱镜,基准面最先加工,表面疵病要求低的工作面先加工,角度精度要求高的先加工,屋脊角应放在最后加工,以免屋脊破碎。

对于用石膏上盘或弹性上盘的棱镜工作面,一般小面先加工。

所以采取这样安排的目的是为了减少累积误差,减小加工周期,减小返修率。

具体操作顺序:

(1) 加工前将镜盘放入 70 ℃左右的温水中预热,使黏结胶稍软后再加工。

(2) 研磨 5 min 后,检查零件表面的磨削情况,决定继续加温研磨或重新成盘。

(3) 待镜面和模盘完全吻合后加上适合的荷重进行加工:第一道砂磨 5～15 min 后清

洗镜盘，改用第二道砂，磨10～20 min。研磨时间视镜盘的大小可适当增加或减少。

(4) 若零件厚度公差小于0.1 mm，第二面上盘时应将厚度相近的透镜装在同一镜盘上，透镜中心偏差要求较高时，第二面成盘前应单块修边缘厚度差。

(5) 用W14，W10精磨，单面余量为0.06～0.1 mm；若用W20，W14时，单面余量≥0.1～0.2 mm。对石英玻璃等较硬的材料，余量为上述的1/2～1/3。

6.2.5 球面精磨模的修改

如果精加工后的精磨模或者研磨以后的球模半径不能满足光学加工的要求，需要进行修改。修改时可用一对精磨模对磨，或者用需要修改的球模做贴置模，用废透镜胶成镜盘，然后在精磨机上用 W_{40}～W_{20} 金刚砂精磨，用样板检查镜盘上的零件光圈，再根据误差大小修改，直到符合要求为止。以修好的精磨模为准，再逐步修改上道砂的模子和贴置模，一般擦贴度为1/3～1/2，对曲率半径较大的应为2/3～3/4。

若修改凹球面精磨模，而且精磨模的曲率半径比要求的尺寸大，此时用样板检查这个精磨模所磨出来的凸透镜，其光圈为低光圈，则应多磨削凹精磨模的顶部；若凸凹精磨模对磨，应将凸模放在下面，凹模放在上面，摆幅要大，摆幅量约为凹模直径的1/2；若凹精模的曲率半径比要求的尺寸为小，应磨削凹模的边缘部分，则将凹模放在下面，凸模放在上面，摆幅要大，摆幅量约为凹模直径的1/3。

若精磨模是凸的，而且凸精磨模的曲率半径比要求的大，此时用样板检查这个精磨模所磨出来的凹透镜时，看到是高光圈。因此，研磨时应多修磨凸模的边缘部分；若凸凹精磨模对磨，应将凸模放在下面，凹模放在上面，摆幅要大，摆幅量约为凹模直径的1/2。若凸精磨模的曲率半径比要求的小，应多修磨凸模的顶部，将凹模放在下面，凸模放在上面，摆幅要大，摆幅量约为凹模直径的1/3。

若开始修磨时，精磨模表面不是一个规则的球面，在修磨过程中，精磨模表面不同部位发黑程度不一样，接触多的地方，比较黑，则可将黑的地方刮去，直到全部磨到为止。

平面精磨模修改方法基本与球面精磨模修改方法相同。工作表面开槽的平模多用两个平面精磨模对磨修改，即在精磨机上，将两块平模加 W_{40}～W_{28} 金刚砂进行对磨，其表面呈黑色部位为凸出部分，这时可用废砂轮或刮刀修平。工作平面没有开槽的平模，一般在单轴机上用废砂轮或刮刀进行修改。通常平模中间低，边缘高，也可以用废镜盘试磨后视情况再修改。

修改时假如两个平模都低，应将摆幅减小，顶针放正，使边缘部分多磨；假如两个平面都高，应先用砂石或刮刀修低，再相互对磨，增加荷重，摆幅不要太大，顶针放正。

平模在平面度接近完工时，用废玻璃镜盘修磨，一般平面精磨模放在下面，如果精磨后零件为高光圈，则改在平模的边缘部分1/3的区域内进行修磨，将摆架打正、摆幅减小，减小荷重。

精磨模修好后，用刀口尺检验，边缘微弱透光；用玻璃直尺检验，中部擦贴2/3；用 $\phi80$～$\phi100$ mm的平面样板检验，应为高光圈，高2～3道光圈。

6.3 平面精磨

用散粒磨料精磨平面前应先准备好符合要求的平模。精磨时一般是精磨模在下，镜盘在上，只有用石膏盘加工时才放在下面。面型精度一般要求低光圈，因此当用玻璃直尺检查擦贴度时，精磨模中间应有2/3～3/4贴着。用平面样板检查时，应高2～3道光圈，表面光滑。

平面精磨时，每次换砂时都要把精磨模洗干净再用。由于平面镜盘磨去的玻璃层厚度与它的半径相比其值很小，可以近似地认为不改变半径而能得表面均匀磨削，因此，不必更换不同砂号的粗磨模。

为了使磨料能顺利到达平模的中心部分，保持平模的平度，可以将直径较大的平模表面开一些互相垂直的槽，槽的宽与深度均为3 mm，分割成边长为15～20 mm正方形小方块。

精磨一般用W_{28}，W_{14}的砂，在用W_{14}砂研磨时，磨料应先浓后稀，最后加清水，磨至平模呈青灰色为止。精磨平行平面零件时，要注意控制平行差，根据零件精磨后所允许的楔角α可换算成镜盘表面所允许的厚度差：

$$\tan\alpha = X/D \tag{6-39}$$

式中，D为镜盘表面直径；X为镜盘厚度差。

为了控制平行差，镜盘四周及中心应留有测深的地方，光胶盘可连同光胶垫板测厚。长方体与立方体光胶盘可通过控制镜盘的平行差达到角度控制的目的。小角度光楔可用控制光胶盘厚度差保证所需要的楔角。同理可按式(6-39)换算。楔角大于$10'$时，必须用角度光胶夹具。

弹性胶盘和石膏盘的精磨时间不宜过长，否则会引起平行差和角度差的变化。精磨光胶的镜盘时，要特别注意切勿剧烈振动和骤冷骤热，要用35～40 ℃的温水清洗。

精磨完工的表面，用掠射光观察，应该是有些微微发亮，并且到处一致。若个别地方（特别是边角≈）发暗，则说明精磨时间不够或没有磨着。

6.4 球面精磨

用散粒磨料精磨球面前，首先要准备好一套用不同粒度磨料研磨时，具有不同半径的球模。在精磨机上精磨时，镜盘或球模一般是凹在上凸在下，当凸镜盘光圈太高，而镜盘的半径又不很大时，也可将凸镜盘反过来放在上面，凹球模在下面，使凸镜盘中心多磨一些。但这时镜盘后面要接一个把，使从铁笔孔到球面的距离大于$2R$，这样才能使左右摇摆稳定。

如果球模修改符合要求，那么，无论凹面还是凸面，精磨时磨痕都应该从边缘逐渐向中心扩展。为了控制工件厚度和得到较细的毛面，根据经验，磨痕逐渐由边缘扩展到中心（工人称其为封顶）后，就可以换砂和换精磨模了。

弹性上盘的零件在精磨第二面前，在测量中心厚度时，最厚的不能超过公差上限

0.08 mm，最薄的需要大于公差下限 0.03 mm。用第一道砂（W_{20}）精磨的擦贴度，从边缘算起为整个镜盘零件的 1/2～2/3。用第二道砂（W14）精磨后的擦贴度为 2/3～3/4。全部精磨后应满足所求的光圈数（见表 6－2）。

表 6－2　精磨后零件的光圈数

抛光完工的要求	镜盘上零件的数量	精磨后光圈数（低光圈）			
		曲率半径小于 20 mm	曲率半径为 20～100 mm	曲率半径大于 100 mm	平　面
$N=0.3\sim1$	1～15 ≥15～25 ≥25～50	4～2 ≤2 ≤2～1	3～2 ≤2～1 ≤1	2～1 ≤1 ≤1	0.5～1 0.5～1 0.5～1
$N\geq1\sim5$	1～15 ≥15～25 ≥25～50	7～4 ≤4～3 ≤3～2	6～3 ≤3～2 ≤3～2	5～3 ≤3～2 ≤2～1	1～3 1～3 1～3

对于凸透镜，细磨完工后的工件用光学样板检验时应该是低光圈，这样有利于抛光。低光圈的数量原则上应根据最后一道砂的粒度、表面半径、镜盘直径及玻璃牌号等情况而定。对于表面精度要求比较高的球面，最后一道砂磨完后的光圈应比抛光完工低 1～4 道光圈（镜盘表面半径和镜盘直径较大时，光圈应低得少一些）；对于表面精度要求较低的球面，细磨完工后光圈比抛光完工低 2～7 道光圈。

精磨常见疵病及产生原因如表 6－3 所示。

表 6－3　精磨常见疵病及产生的原因

疵　病	产 生 的 原 因	克　服　办　法
擦痕	1 工作地点和所用的模具或辅助材料不清洁 2 磨料中混入粗粒杂质 3 加磨料干湿不当 4 模具表面粗糙 5 玻璃材料软、化学稳定性差	1 工作地点、机械设备、模具、磨料应保持清洁 2 选颗粒均匀的磨料并严格遵守换砂顺序 3 加磨料的干湿程度应适当 4 模具应修改平滑 5 材料软时，可用铜模或玻璃模，加工中选用软而颗粒细的磨料
有粗麻点	1 精磨时间短，上道砂的砂眼没有磨掉 2 粗磨砂眼太粗 3 精磨模具半径不合适或换砂时砂号相差太大	1 精磨时要根据零件的精度、加工余量的大小、玻璃材料的软硬来选择适当的磨料、模具和加工规范 2 粗磨完工后的表面必须符合要求 3 遵守换砂、换模顺序，磨料应从粗到细
局部磨不到	1 镜盘表面擦贴度不合乎要求或模具半径不符 2 胶盘后停放时间太长，个别零件走动 3 加工规范选择得不合适	1 胶盘不合要求的应重新胶盘或用热水预热后压一下来纠正误差或改好模具 2 镜盘胶好后要及时精磨 3 应根据室温、胶盘的方法和黏结胶的软硬来适当选择加工速度，加砂和水应均匀

（续表）

疵　病	产生的原因	克服办法
光圈高低不规范	1 模具半径误差大或有局部误差 2 机器摆幅不合适 3 加砂、加水不合适 4 手工精磨时摆动及用力不均匀	1 修改模具，使擦贴度符合要求 2 调节机床摆幅 3 加水与磨料浓度要适当，且均匀、适量 4 手推零件的着力点要低，用力均匀，运动平稳
破边	1 模子不平滑，表面有突出部分 2 磨料不清洁，有粗颗粒杂质 3 加磨料干湿不当或多少不均匀 4 加工时手的摆动不平稳	1 应修改好模子 2 要保持用具清洁，选择合乎要求的磨料 3 磨料干湿要适当，加磨料要均匀，适量 4 加工中手要握好零件，均匀转动，用力要适当

6.5 金刚石磨具高速精磨

近年来，除了采用散粒磨料精磨外，正在大力发展用金刚石磨具精磨，俗称高速精磨。高速精磨又分为准球心高速精磨和范成法高速精磨。所谓准球心法，是用成型磨具加工，零件的表面形状和精度依靠磨具的形状和精度来保证。而范成法则是磨具和零件各自做回转运动，其磨具刃口轨迹的包络面形成零件的表面形状（其原理参见 5.2 节）。平面高速精磨历史较短，工艺尚不成熟。

6.5.1 金刚石磨具精磨机理及规律性

金刚石磨具精磨是一个复杂的过程，与其有关的许多理论仍在不断深入研究中，现将国内外有关金刚石磨具精磨机理研究的一些成果作一简单介绍。

为了研究金刚石磨具精磨机理，日本学者采用 8 种结合剂，对若干种光学玻璃进行精磨试验，然后测定玻璃的磨去量、表面粗糙度、磨片磨损量等，由此得出金刚石磨具精磨玻璃的作用机理。

1）实验条件

（1）高速精磨的磨具。成型法高速精磨的磨具如图 6-17 所示，是采用金刚石精磨片（又称金刚石丸片），按一定的形式排列在磨具的基体上，用黏结剂黏结而成。实验用的磨具为 ϕ120 mm 的平模，覆盖比为 52%，精磨片用环氧树脂黏结。为清除前次实验影响，每次把精磨片表面修磨掉约 15 μm，以保证用新的金刚石颗粒进行研磨。

图 6-17　金刚石成型磨具

（2）金刚石精磨片。金刚石精磨片的粒度为 5～12 μm，浓度为 15%，尺寸为 ϕ12 mm×3 mm，精磨片采用

Sn－Cu－Fe 作为结合剂，按成分不同，配制成 8 种磨片，其结合剂的 X 线光谱分析结果如表 6－4 所示。

表 6－4　结合剂组成的 X 线光谱分析结果
(No1 结合剂的元素 X 线强度作为 1 时的强度比)

No	1	2	3	4	5	6	7	8
Sn	1	1.154	1.035	0.972	0.827	0.832	0.729	0.527
Cu	1	1.380	1.524	1.571	1.082	1.683	1.532	0.763
Fe	1	0.107	0.040	0.047	1.089	0.057	0.488	2.135

(3) 玻璃。实验用的玻璃样品选择最常用的且成分大不相同的 BSC7，F2，FD6，BaCD16，BaFD8，LaC12，TaF1 等 7 种。玻璃试样做成直径 43.75 mm、厚 3～7 mm 的圆片。精磨前用 240# Al_2O_3 作粗磨处理。

(4) 研磨设备。采用高速平面研磨机，转速为 400 r/min，压力为 73.6 N，精磨磨具在下，镜盘在上。每分钟摆动 35 次。

用自来水作冷却液，以 2.5 L/min 的速度供给。

2) 实验结果

(1) 研磨时间与玻璃累积磨削量的关系。用 No1～No8 结合剂的磨具精磨不同玻璃时，研磨时间与累积磨削量的关系曲线类型如表 6－5 所示。

表 6－5　研磨时间与累积磨削量的关系

曲线类型 / 玻璃 / 结合剂 No	BSC7	F2	FD6	BaCD16	BaFD8	LaC12	TaF1
1	B	B	C	(A)	A	A	B
2	A	B	C	A	A	A	A
3	B	B	C	A	A	A	A
4	B	B	C	(A)	A	A	B
5	B	B	C	B	A	B	B
6	B	B	C	B	A	A	B
7	B	B	C	B	(B)	B	B
8	B	B	C	B	B	B	B

图 6－18 和图 6－19 分别表示使用 No2 和 No3 磨具时，研磨时间与累积磨削量的关系曲线。由表 6－5、图 6－18 和图 6－19 可以看出：

A 型曲线表示研磨时间与累积磨削量呈线性关系，磨削速度保持不变。在研磨过程中，用显微镜观察玻璃表面时，常见表面呈壳状的破损面，所以认为玻璃是由破碎而去除的。

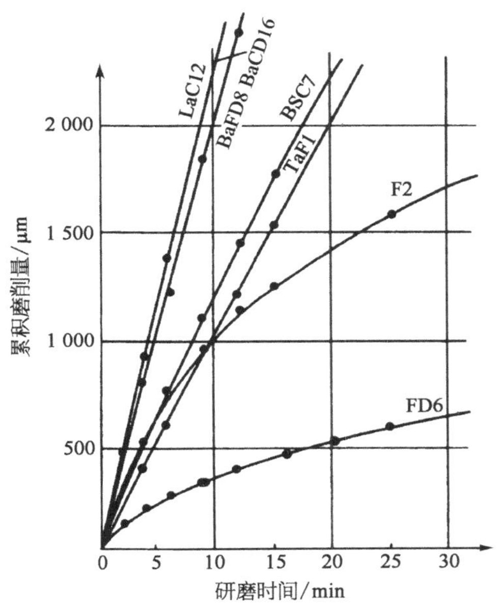

图 6－18　No2 研磨时间与累积磨削量的关系

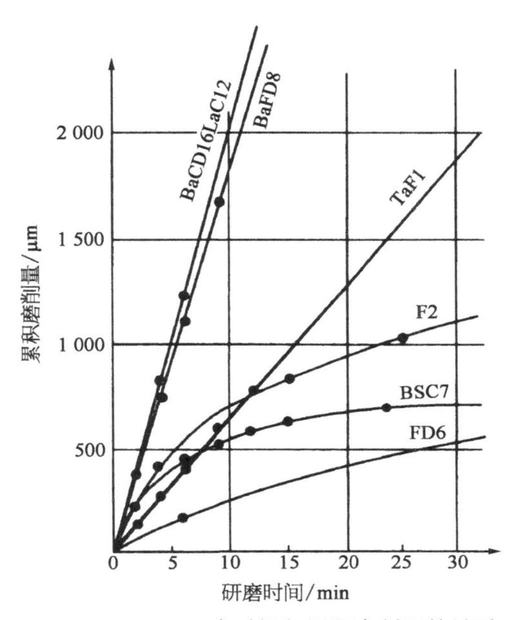

图 6－19　No3 研磨时间与累积磨削量的关系

B 型曲线表示研磨时间与累积磨削量呈非线性关系。随着研磨时间的增加，研磨速度逐渐降低，最终磨具不产生磨削作用。用显微镜观察玻璃表面，发现在研磨初期玻璃表面产生破碎的贝壳状表面，但随着研磨的进行，塑性切削的比率不断增加，而破碎去除的比率减少。因此是破碎、切削去除综合型，先破碎，后切削。

C 型曲线是对 FD6 等一类玻璃试研磨得到的试验结果，表明研磨时间与玻璃累积磨削量的关系比较特殊，开始阶段研磨速度降低较快，以后降低却非常缓慢。用显微镜观察玻璃表面，玻璃的磨削量是以塑性切削去除的结果。

由表 6－5 可以得出几点结论：① 同一种结合剂的磨具对不同玻璃进行研磨，研磨时间与玻璃累积磨削量两者之间既可以是 A 型，也可以是 B 型或 C 型，呈不同的关系。② 不同结合剂的磨具对同一种玻璃进行研磨，研磨时间与玻璃累积磨削量两者之间一般也呈现不相同关系。③ 有的玻璃（如 F2，FD6），无论用何种结合剂，研磨时间与玻璃累积磨削量两者之间的类型完全相同。

（2）研磨时间与玻璃表面粗糙度的关系。用 No1～No8 结合剂的磨具对不同玻璃进行精磨，研磨时间与玻璃表面粗糙度（选 10 点的粗糙度 R_z 值）的关系曲线如表 6－6 所示。两者关系分为 a，b，c 3 种曲线类型。

表 6－6　研磨时间与玻璃表面粗糙度的关系

曲线类型 / 玻璃 / 结合剂 No	BSC7	F2	FD6	BaCD16	BaFD8	LaC12	TaF1
1	b	b	c	a	a	a	b
2	(b)	b	c	a	a	a	a

（续表）

曲线类型 玻璃 结合剂 No	BSC7	F2	FD6	BaCD16	BaFD8	LaC12	TaF1
3	b	b	c	a	a	a	a
4	b	b	c	a	a	a	b
5	b	b	c	b	a	a	b
6	b	b	c	a	a	a	b
7	b	b	c	b	a	b	b
8	b	b	c	b	b	b	b

图 6-20 和图 6-21 分别表示使用 No6 和 No7 磨具时，研磨时间与玻璃表面粗糙度的关系曲线。由图 6-20、图 6-21 和表 6-6 可以看出：

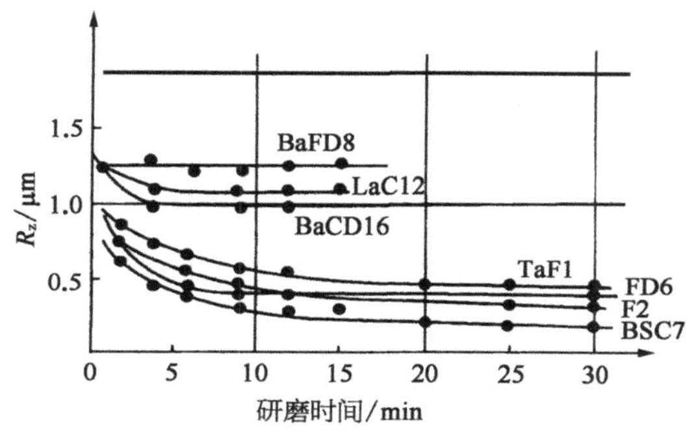

图 6-20　No6 研磨时间与累积磨削量的关系

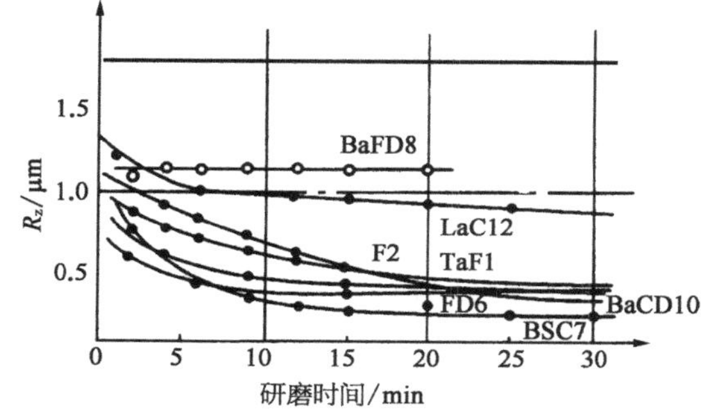

图 6-21　No7 研磨时间与累积磨削量的关系

曲线 a 表示玻璃表面粗糙度随研磨时间几乎没有变化，而且粗糙度较大。

曲线 b 表示随着研磨时间的增加，粗糙度逐渐变小，最后达到一定值。

曲线 c 表示在磨削初期，粗糙度急剧变小，以后几乎不变。

由表 6-6 可以得出几点结论：① 同一种结合剂的磨具对不同玻璃进行精磨，研磨时间与玻璃表面粗糙度两者之间呈现的关系既可以属于曲线 a，也可以表现出曲线 b 的情况，或者表现出曲线 c 的情况，视玻璃而定。② 不同结合剂的磨具对同一种玻璃进行研磨，研磨时间与玻璃表面粗糙度两者之间的关系基本相同，有些玻璃完全相同，如 F2，FD6。③ 对于 c 型曲线，通过延长磨削时间来降低粗糙度是不可能的。

（3）研磨时间和金刚石精磨片磨耗量的关系。用 No1～No8 结合剂的磨具对不同玻璃进行精磨，研磨时间与金刚石精磨片磨耗量的关系曲线如表 6-7 所示。两者关系分为 α，β 两种曲线类型。

α 型曲线表示研磨时间和金刚石精磨片磨耗量成比例关系。在研磨过程中结合剂被定速磨耗，金刚石磨具自锐性较好。

β 型曲线表示在磨削开始时，金刚石被磨耗，以后几乎不被磨耗。

表6-7　研磨时间与金刚石磨片磨耗量的关系

曲线类型 玻璃 / 结合剂No	BSC7	F2	FD6	LaC12	TaF1
1	β	β	β	α	β
2	α	β	β	α	α
3	β	β	β	α	α
4	β	β	β	α	β
5	β	β	β	α	β
6	β	β	β	α	β
7	β	β	β	(β)	β
8	β	β	β	β	β

图6-22和图6-23分别表示使用No2和No3磨具时，研磨时间与金刚石精磨片磨耗量的关系曲线。

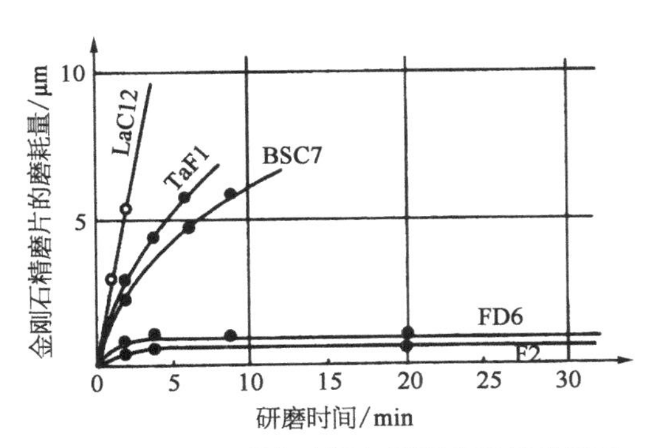

图6-22　No2研磨时间与累积磨削量的关系

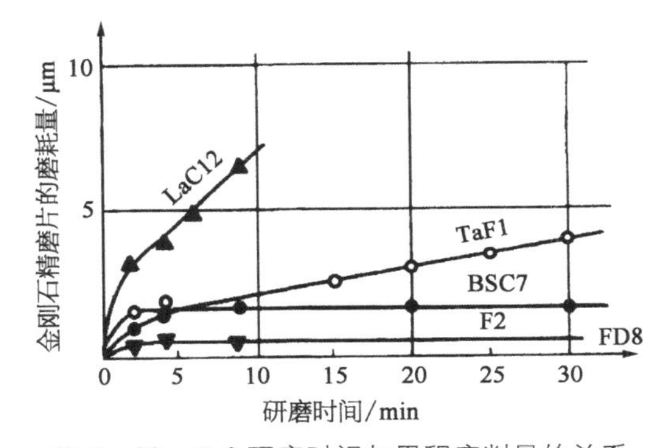

图6-23　No3研磨时间与累积磨削量的关系

由图6-22、图6-23和表6-7可以得出两点结论：① 同一种结合剂的磨具对不同玻璃进行精磨，研磨时间与金刚石精磨片磨耗量两者之间的关系表现出不同的类型。② 不同结合剂的磨具对同一种玻璃进行研磨，研磨时间与金刚石精磨片磨耗量两者之间的关系表现出几乎相同的类型，有些玻璃完全相同，如F2，FD6。

3）实验结果分析

（1）金刚石精磨片磨削玻璃的机理。表6-5～表6-7表明了研磨时间和玻璃累积磨削量、玻璃表面的粗糙度、金刚石精磨片的磨耗量的关系。由此得出金刚石精磨片磨削玻璃的机理分3种类型：A-a-α、B-b-β和C-c-β。说明玻璃的磨削性能与金刚石精磨片的磨耗有各自对应的关系。

A-a-α型磨削机理。是一种破碎去除型，被磨削的玻璃大部分是由于破碎而被去除的，在磨削过程中生成大颗粒玻璃粉，加工表面粗糙度比较差，并且随着磨削的进行粗糙度几乎没有变化，因此，玻璃的磨削速度保持一定值。大颗粒玻璃粉又促使金刚石磨具自锐，使磨片定速磨耗。

B-b-β型磨削机理。对玻璃的磨削由破碎和切削两方面原因所致。其两者作用的大小，由玻璃和金刚石磨片的组合情况而定。一般是先破碎，后切削，即磨削初期破碎去除占优势，随着磨削的进行，切削去除作用增大。在磨削刚开始时，粗糙的玻璃表面使金刚石精磨片被磨耗，以后几乎不磨耗，金刚石磨具不发生自锐现象，所以玻璃去除量降低，并根据玻璃、精磨片及磨削条件达到一定值。

C-c-β型磨削机理。从表6-5～表6-7可以看出对于FD6等一类玻璃（比较软），从磨削开始，玻璃一直是以塑性切削方式被去除，玻璃表面粗糙度开始急剧下降，以后几乎无变化。金刚石精磨片的磨耗与B-b-β型相同，只在磨削开始时产生，以后金刚石磨具无自锐性，玻璃磨削量降低。其磨削时间与玻璃累积磨耗量、表面粗糙度和金刚石精磨片的磨耗量都和精磨片结合剂无关。

（2）结合剂的磨耗与玻璃磨削速度的关系。为了弄清结合剂的机械性质和玻璃磨削性能的关系，需要对玻璃磨削初期的磨削速度（磨削2 min的磨削量）和结合剂磨耗度的关系进行研究。

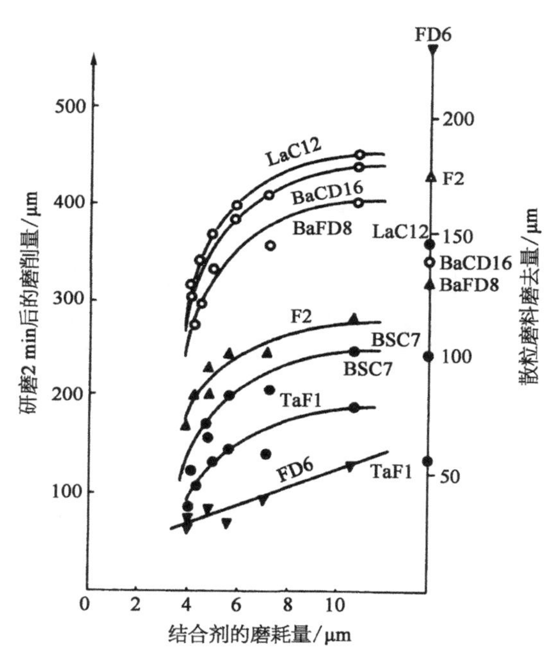

图6-24　结合剂磨耗量与玻璃磨削2 min的磨削量的关系

图6-24为磨削不同玻璃时，结合剂磨耗度和玻璃磨削2 min的磨削量的关系以及用散粒磨料研磨时，磨料与玻璃的磨削量的关系。

用金刚石磨具研磨时，与结合剂硬度成正比的金刚石颗粒的把持力和与结合剂硬度成反比的磨具修整的难易程度对玻璃的磨削速度有较大的影响。在实验中所用的结合剂，其把持金刚石颗粒的能力是足够的。所以，磨削速度主要依赖于金刚石精磨片自修整的难易程度，即结合剂的磨耗度。由图6-24可见，玻璃的磨削速度与结合剂的磨耗度大致成对应关系。无论何种玻璃，若采用磨耗小的结合剂制成的金刚石精磨片，则玻璃的磨削速度小；反之则磨削速度大。说明精磨片的硬度对玻璃磨削速度有较大的影响。

从图6-24还可以看出，用金刚石精磨片磨削不同玻璃的磨削速度与用散粒磨料研磨的速度完全不同。用不同结合剂制成的金刚石精磨片对玻璃研磨，研磨速度与结合剂磨耗度几乎没有变化。说明玻璃初期的磨削量与结合剂种类无关。

对FD6玻璃而言，无论用什么样的金刚石精磨片进行磨削，玻璃均以切削方式被去除，所以虽然结合剂磨耗大，FD6玻璃磨削速度仍比其他玻璃小。而对于LaC12，BaCD16，

BaFD8 等玻璃，无论用何种金刚石精磨片，磨削开始 2 min 是以破碎形式去除玻璃的，并且金刚石精磨片磨耗量大、自锐性好，因此磨削速度比其他玻璃大得多。

4) 结论

(1) 用金刚石精磨片进行研磨时，其磨削速度受玻璃去除形式的影响较大。破碎去除时，磨削速度大致与金刚石磨片磨耗度成对应关系。用切削方式去除时，磨削速度变小，磨削速度与金刚石磨片磨耗度之间不存在对应关系。

(2) 玻璃去除形式的差异与玻璃本身的性质、金刚石精磨片的自锐性和金刚石的磨耗量有关。自锐性与结合剂的机械性质和玻璃的切削碎屑的修整作用有关，当玻璃被破碎去除时，玻璃的切削碎屑对磨具的修整效果明显，其大小与切削碎屑的颗粒尺寸有关。玻璃被切削去除时，玻璃切削碎屑的修整作用几乎看不出来。

综上所述，影响金刚石精磨的因素有金刚石颗粒大小、结合剂软硬及化学性质、玻璃的物理力学性质、冷却液的性质等。

6.5.2　球面金刚石磨具高速精磨工艺

球面金刚石磨具高速精磨工艺包括金刚石磨具设计和制作、高速精磨机工作参数的确定和调节、冷却液的选择等。利用球面金刚石磨具高速精磨操作较为简单，不像散粒磨料研磨操作要求较高的加工技能。

精磨工艺一般用两只粒度不同的金刚石精磨片黏成的精磨磨具，分两道依次上机对镜盘精磨，定时下机。不管凹凸球面镜盘，金刚石磨具总是安在主轴上，如图 6-25 所示。

1) 球面金刚石磨盘的曲率半径

球面金刚石磨具如图 6-25 所示，由金刚石精磨片、黏结胶和精磨模基体所组成。有的厂家为了使金刚石精磨片在基体上黏结得牢固一些，在基体表面黏一层垫层，此垫层由 0.6 mm 厚的铝片制成，与基体球面有同样的曲率半径，然后，按精磨片在基体上的坐标位置划线、钻孔，最后，将此垫层用黏结胶黏结到基体表面，将精磨片坐落于每一孔内。有的工厂则采用在基体表面打孔，直接将精磨片坐落于孔内，孔深必须一致。

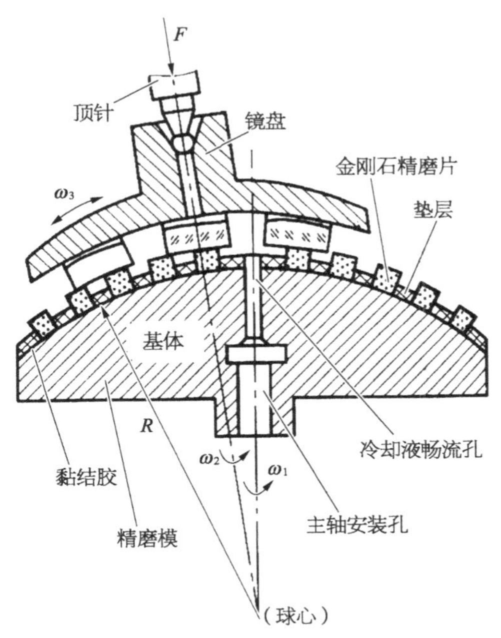

图 6-25　固着金刚石丸片高速精磨

金刚石精磨模必须留有冷却液的畅流孔和精密定位的主轴安装孔。

(1) 金刚石精磨模的曲率半径。首先应了解粗磨、精磨和抛光各道工序之间曲率半径之间的关系。图 6-26 表示加工一个凸球面各道工序磨具的曲率半径之间的关系。

若采用两道精磨，则需要两个精磨模，两个精磨模的曲率半径分别为 R_{jm1} 和 R_{jm2}；Δh_1 是 R_c（粗磨后透镜的曲率半径）与 R_t（贴置模曲率半径）在透镜口径上的矢高差，即铣磨时

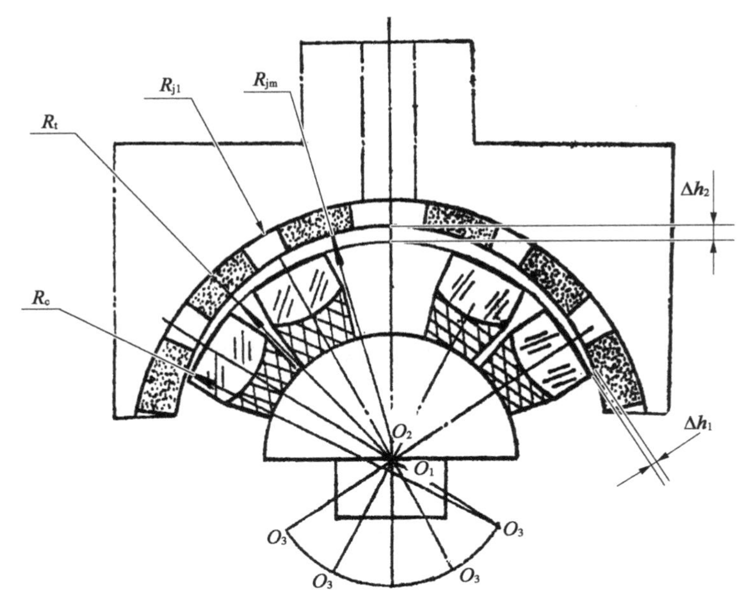

图 6－26　加工凸球面各工序曲率半径的关系

Δh_1 －R_c 与 R_t 之间在透镜口径上的矢高差，即铣磨时需要控制擦贴度；
Δh_2 －R_{jm} 与 R_t 之间在透镜口径上的矢高差，即精磨盘与贴置模之间的光圈差数，以保证从镜盘边缘开始磨削；
R_C －粗磨后透镜的曲率半径，其球心为 O_3；
R_t －贴置模的曲率半径，其球心为 O_1，等于精磨前镜盘表面曲率半径；
R_{j1} －基体球面曲率半径；
R_{jm} －精磨盘表面的曲率半径，其球心为 O_2，若采用两道精磨，则两个精磨模的曲率半径分别为 R_{jm1}，R_{jm2}

需控制的擦贴度；Δh_2 是 R_{jm}（精磨模曲率半径）与 R_t（贴置模曲率半径）之间在透镜口径上的矢高差，即精磨模与贴置模之间的光圈差数。

从图 6－26 可以看出，加工凸球面时，$R_c > R_t > R_{j1} > R_{j2} > R_p$（$R_p$ 为抛光模曲率半径，图 6－26 中未画出），即在整个加工过程中，总是从光圈数低得多，逐渐抛光到光圈低得少（凹光圈）。

加工凹球面时，应该是 $R_c < R_t < R_{j1} < R_{j2} < R_p$。但是，光圈仍然是由低得多向低得少修改。因为凹球面曲率半径愈小，光圈愈低得多，所以从粗磨到抛光，磨具曲率半径逐渐增大。

高速精磨后，工件表面光洁度比散粒磨料精磨后的光洁度好，所以高速精磨后，所留光圈数要比散粒磨料精磨后留下的光圈数少。一般来说，第一道精磨后的光圈比抛光完工所要求的光圈低 4～5 道；第二道精磨后的光圈比抛光后所要求的光圈低 1～2 道。

在高速精磨时，工件是靠磨具成型的，也就是工件的几何精度是靠磨具的几何精度来保证的。由于磨具在使用中不断地磨损，因此，工件的几何精度可能不断变化。另外，随着磨具的磨损，磨具也可能钝化。金刚石磨具在使用过程中的钝化，可依靠金刚石本身的自锐性以及粗糙的玻璃表面对磨具表面进行修整，即所谓的“机械自锐作用”；另外，还可依靠优良的冷却液对磨具的“化学自锐作用”进行修整。金刚石磨具的几何精度的稳定性是靠金刚石磨片按理想的磨损规律排列来达到的。因此，通过对金刚石磨具的磨损分析，按照理想规律排列磨片，即可保证金刚石磨具几何形状的稳定性。

(2) 金刚石磨片的磨损因素。金刚石磨片的磨损(包括金刚石颗粒磨损、折断和脱落3种方式)主要是机械作用的结果。尽管影响金刚石精磨片磨损的因素很多，但是主要是压强、相对磨削速度和有效磨削时间的影响。

实验表明，在一定的压强范围内，精磨片磨耗量与压强成正比；在一定的速度范围内，精磨片磨耗量与相对速度大小成正比；在玻璃原始表面粗糙度相同的情况下，精磨片的磨耗量与有效磨耗时间成正比。此外，磨耗量还与玻璃种类、原始表面光洁度、磨片粒度和浓度有关。

在高速精磨时，希望精磨模在磨损后的表面与磨损前的表面具有相同的曲率半径，称这种磨损为“理想磨损”。在理想磨损的情况下，磨具能稳定地保持其表面的几何形状，从而保证被加工面的稳定性。

磨具磨损后的表面，仍然是一个以 z 轴为对称轴的回转面，在理想磨损的情况下，这个回转面上各点的曲率半径与未磨损前的曲率半径一致，图6-27中的球面曲线 $EDCF$(磨损后的表面)是磨损前的表面(图中的球面曲线 $E'D'AF'$)沿 z 轴移动 Δh_i 的距离后的表面。所以，精磨模原始表面上的任一点在 z 轴方向的磨损量在任何瞬间是相等的，以 A 点来说，其磨损量为 $\Delta h = AC$，此点在法线方向的磨损量为 $\Delta h_i = AB$，近似地有

$$\Delta h_i = \Delta h \cos \theta \tag{6-40}$$

式中，θ 为 OAB 与精磨模轴线 OZ 之间的夹角。

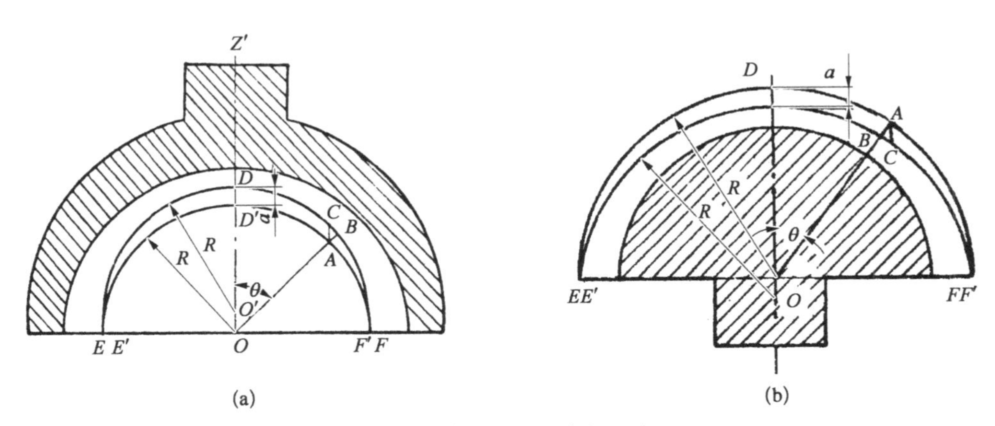

图6-27　精磨盘表面磨损示意图

(a) 凹精磨模；(b) 凸精磨模

式(6-40)虽然是近似公式，但只要 $\Delta h \leqslant R$，它的精确度就足够高。这就是球面磨具“理想磨损”数学表达式，它表示了在理想情况下，磨具表面上各点磨损量之间的余弦关系，满足这样的条件，被加工面的光圈是稳定的，因此又称为“余弦磨损”。这一规律也适用于凸球面磨具。

磨具的磨损量只要满足式(6-40)，磨具在使用中将保持原有的几何精度，不必修整。

然而，在什么条件下才能实现理想磨损呢？这个问题包含两个方面：一是在给定速度和压力的情况下设计磨具，使磨片的排列和分布满足余弦磨损规律。二是磨具已定，选择适当的速度和压力分布与磨具相匹配，从而达到理想磨损的目的。

无论从理论设计还是从实际出发，解决第二个问题比解决第一个问题困难得多。因此，主要研究第一种情况，即在给定压力和速度分布的情况下，如何进行余弦磨损的球面磨具的设计计算。

2）余弦磨损球面磨具的设计

（1）磨具的压强计算。计算磨具上压力的分布是一个比较复杂的问题，影响因素也很多。如上盘精度、工件和磨具的吻合程度等，另外在加工过程中，随着工件和磨具的磨损，压力分布也在不断变化。

在高速精磨过程中，金刚石磨片与玻璃接触近似刚性。加工前，在两者基本吻合的条件下，可以假定压强是均匀分布的，如图 6－28 所示。

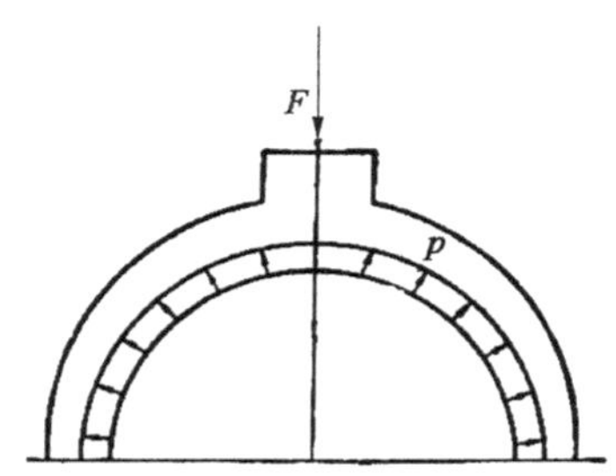

图 6－28　模具的压强分布

设磨削总压力为 F，那么磨具表面上的压强 P 可由下式求得

$$F=\int_s p\cos\theta \mathrm{d}s \tag{6-41}$$

$$p=\frac{F}{\int_s \cos\theta \mathrm{d}s}=\frac{F}{S} \tag{6-42}$$

式中，S 是磨具与工件接触面在垂直 F 方向的投影面积。

严格来讲，式(6－42)只有当接触面与压力轴对称的情况下才是正确的。而实际上压力轴与工件轴往往偏离一定的角度 α，这时磨具上的压力分布当然是不对称的，即在加工过程中，由于磨具摆动而造成压强分布不均匀。经计算得出，当 $\alpha\leqslant 30^\circ$ 时，用式(6－42)计算的压强分布的不均匀性不超过原有压强的 15%。因此可以不考虑这种影响。

另外，工件与磨具往往光圈不一致，这时压强分布也均匀。这种情况下，压强为

$$p_i=p_0\cos(\theta-\theta_0) \tag{6-43}$$

式中，θ_0 是与磨具、工件不吻合程度有关的常数。p_0 可由下式确定：

$$p_0=\frac{F}{\int_s \cos(\theta-\theta_0)\cos\theta \mathrm{d}s} \tag{6-44}$$

（2）相对速度的计算。

在图 6－29 中 $\boldsymbol{\Omega}$ 为磨具主轴角速度矢量；$\boldsymbol{\omega}$ 为工件轴转动角速度矢量；α 为工件轴与磨具轴的夹角；R_i 为工件表面的曲率半径(图中未画出)。工件与磨具之间相对转动的角速度为

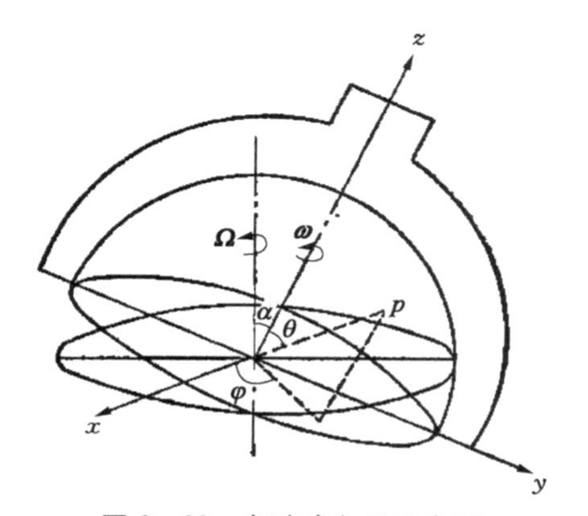

图 6－29　角速度矢量示意图

$$\boldsymbol{\omega}_i = \boldsymbol{\Omega} - \boldsymbol{\omega} \tag{6-45}$$

磨具表面上任意一点 p 的相对速度为

$$\boldsymbol{v}_{ri} = \boldsymbol{\omega}_i \times \boldsymbol{R}_i = (\boldsymbol{\Omega} - \boldsymbol{\omega}) \times \boldsymbol{R}_i \tag{6-46}$$

由矢量运算得

$$\begin{aligned} |\boldsymbol{v}_i| &= \begin{vmatrix} \boldsymbol{i} & \boldsymbol{j} & \boldsymbol{R} \\ 0 & -\Omega\sin\alpha & \Omega\cos\alpha - \omega \\ R\sin\theta_i\cos\varphi_i & R\sin\theta_i\sin\varphi_i & R\cos\theta_i \end{vmatrix} \\ &= |\Omega| R\{[\sin\alpha\cos\theta_i + (\cos\alpha - K)\sin\theta_i\sin\varphi_i]^2 + \\ &\quad (\cos\alpha - K)^2\sin^2\theta_i\cos^2\varphi_i + \sin^2\alpha\sin^2\theta_i\cos^2\varphi_i\}^{1/2} \\ &= \Omega R\beta' \end{aligned} \tag{6-47}$$

式中，R 为工件表面曲率半径；θ_i 为 R 与 Z 轴的夹角；φ_i 为 $\boldsymbol{R}$ 投影到 XOY 平面时与 X 轴之间的夹角；$K = \dfrac{|\boldsymbol{\omega}|}{|\boldsymbol{\Omega}|}$；$\beta'$ 为相对速度系数。

为了计算浮动磨具相对速度，首先必须确定浮动磨具的转速。浮动磨具的转速确定是很复杂的，它不仅与磨具和工件的接触情况有关，而且又是一个动力学问题。

通过实验，得出一个确定浮动磨具转速的近似关系式：

$$|\boldsymbol{\omega}| = |\boldsymbol{\Omega}|\cos\alpha \tag{6-48}$$

由此，在浮动磨具的情况下，将 $K = \dfrac{|\boldsymbol{\omega}|}{|\boldsymbol{\Omega}|} = \cos\alpha$ 代入式(6－47)，则可以简化为

$$|v_{ri}| = \Omega R\sin\alpha\sqrt{1 - \sin^2\theta_i\ \sin^2\varphi_i} \tag{6-49}$$

当主轴角速度 Ω 和摆角 α 给定时，则可得出相对速度的分布。

(3) 磨具磨耗量的计算。金刚石磨具在磨削玻璃的同时，自身也在磨损，它与压强、相对磨削速度及时间成正比。磨具某一环带上的法线磨损量(高度)为

$$\Delta h_i = \int_0^{T_i} \mu p_i v_i \mathrm{d}t \tag{6-50}$$

在磨具表面某一个环带 S' 上的磨损体积为

$$\Delta V = \int_s \Delta h_i \mathrm{d}s = \int_{s'}\int_0^T \mu p \cdot v \cdot \mathrm{d}t \cdot \mathrm{d}s \tag{6-51}$$

式中，μ 为工艺系数，p 为压强，v 为相对磨削速度，T 为有效磨损时间。

当磨具压强和相对速度确定以后，就可用式(6－42)、式(6－47)计算磨具上任意一点的压强 p_i 和相对速度 v_i，当上面的模子做定摆运动时，便可以用式(6－50)计算。然后计算磨具磨损量。磨具浮动磨损量的计算公式为

$$\Delta h_i = \frac{F}{S}\mu \Omega R \sin\alpha \int_0^{T_i} \sqrt{1-\sin^2\varphi_i \sin^2\theta_i} \cdot \mathrm{d}t \tag{6-52}$$

$$\begin{aligned}\Delta V_i &= \int_s \int_0^T \mu P_i v_i \,\mathrm{d}t\,\mathrm{d}S \\ &= \int_s \int_0^{T_i} \frac{F}{S}\mu \Omega R \sin\alpha \sqrt{1-\sin^2\varphi_i \ \sin^2\theta_i} \cdot \mathrm{d}t\,\mathrm{d}s \\ &= \frac{F}{S}\mu R \tan\alpha \int_s \int_0^{2\pi} \sqrt{1-\sin^2\varphi_i \ \sin^2\theta_i} \cdot \mathrm{d}\varphi\,\mathrm{d}s\end{aligned} \tag{6-53}$$

（4）精磨片在精磨模表面的分布。为保证磨具的形稳定性，不产生磨不到的死点，并保证冷却液流畅，国内外普遍采用同心圆或螺旋线方式排列。

假定离散的精磨片和连续的金刚石层有相同的磨损量，则有

$$\Delta V_{层 s_i} = \int_{s_i} \int_0^T \mu p v \,\mathrm{d}t\,\mathrm{d}s \tag{6-54}$$

由于磨片在 s_i 环带上对称分布，所以每个磨片法线磨损皆相同，即

$$\Delta h_{片 s_i} = \frac{\Delta V_{片 s_i}}{Z_i S_0} = \frac{\int_{s_i} \int_0^T \mu p v \,\mathrm{d}t\,\mathrm{d}s}{Z_i S} \tag{6-55}$$

式中，$\Delta h_{片 s_i}$ 为分布在 S_i 环带上磨片法线磨损量；S_0 为单个磨片表面面积；Z_i 为分布在 S_i 环带上的磨片数。

根据式(6-40)余弦规律，有

$$\Delta h_{片 i-1} : \Delta h_{片 i} : \Delta h_{片 i+1} : \cdots : \Delta h_{片 m} = \cos\theta_{i-1} : \cos\theta_i : \cos\theta_{i+1} : \cdots : \cos\theta_m \tag{6-56}$$

将式(6-55)代入式(6-56)有

$$\frac{\Delta V_{片 s_i -1}}{Z_{i-1}S_0} : \frac{\Delta V_{片 s_i}}{Z_i S_0} : \frac{\Delta V_{片 s_i +1}}{Z_{i+1}S_0} : \cdots : \frac{\Delta V_{片 s_m}}{Z_m S_0} = \cos\theta_{i-1} : \cos\theta_i : \cos\theta_{i+1} : \cdots : \cos\theta_m \tag{6-57}$$

另外，

$$\sum_{i=1}^{m} z_i = z = \frac{S\eta}{S_0} \tag{6-58}$$

式中，z_i 为磨具上各行的磨片数；S 为磨具表面的总面积；η 为覆盖比。

由式(6-57)、式(6-58)就可以确定磨片在磨具上的分布规律。按此规律排列磨片就可以保证磨具的磨损接近理想磨损的余弦规律。

如果考虑到磨具摆动的情况，只是在计算 Δv 时略有区别，其他情况都一样。

例如：设有一个凹球面浮动磨具，如图 6-30 所示，曲率半径 $R=24.21$ mm，矢高 $h=21$ mm，定摆角 $\alpha=15°$，要求确定磨片在磨具上的分布。

(i) 选择磨片直径 d，确定覆盖比 η，计算磨具所需要的磨片总数 Z。

选择磨片直径 $d=6\text{ mm}$，覆盖比 $\eta=35\%$，则磨片总数为

$$z=\frac{\eta S}{S_0}=\frac{\eta\cdot 2\pi Rh}{\pi d^2/4}\approx 40$$

(ii) 确定磨具表面划分的环带数 m，假定两环带的中心距为 $2d$，有

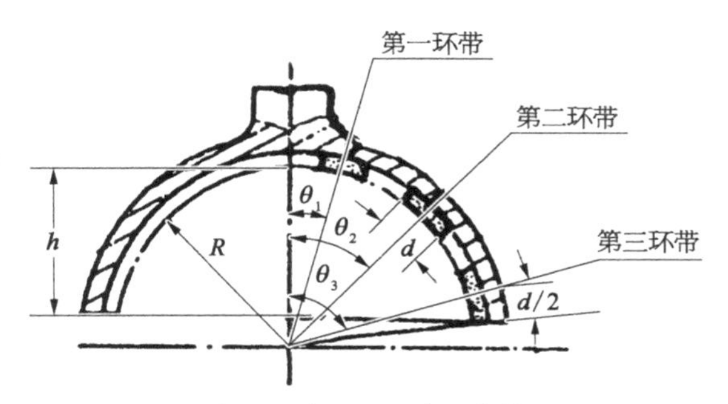

图 6-30　凹面球面磨具

$$m=\left[\left(\frac{\pi}{2}-r\right)R-3\right]\div 2d+1=3.7$$

m 可以取 2，也可以取 4，以下计算取 $m=3$。

(iii) 确定每个环带中心线所对应的 θ 值。

利用作图法得：$\theta_1=15°$，$\theta_2=45°$，$\theta_3=75°$。

(iv) 计算每个环带的磨损体积。

由式(6-53)计算：

$$\begin{aligned}\Delta V_1&=\frac{F}{S}\mu\Omega R\tan\alpha\int_{s1}\int_0^{2\pi}\sqrt{1-\sin^2\varphi_i\sin^2\theta_i}\cdot \mathrm{d}\varphi\mathrm{d}s\\&=\mu\frac{F}{S}\tan\alpha\cdot R\cdot A_1\end{aligned}$$

式中，$A_1=\int_{s1}\int_0^{\varphi}\sqrt{1-\sin^2\varphi_i\sin^2\theta_i}\cdot \mathrm{d}t\,\mathrm{d}\varphi$

同样，$\Delta V_2=\mu\dfrac{F}{S}\tan\alpha\cdot R\cdot A_2$

$$\Delta V_3=\mu\frac{F}{S}\tan\alpha\cdot R\cdot A_3$$

由积分计算得 $A_1=1.60\times 2\pi Rd$，$A_2=3.82\times 2\pi Rd$，$A_3=2.08\times 2\pi Rd$

(v) 计算各环带上的磨片数。

根据式(6-56)得

$$\begin{cases}\dfrac{A_1}{Z_1}:\dfrac{A_2}{Z_2}=\cos 15°:\cos 45°\\[2ex]\dfrac{A_2}{Z_2}:\dfrac{A_3}{Z_3}=\cos 45°:\cos 75°\end{cases}$$

$$\begin{cases}\dfrac{1.6}{Z_1}:\dfrac{3.82}{Z_2}=0.966:0.707\\[2ex]\dfrac{3.82}{Z_2}:\dfrac{2.08}{Z_3}=0.707:0.259\end{cases}$$

解得　　$Z_1=0.306Z_2$，$Z_3=1.61Z_2$

而　　$Z_1+Z_2+Z_3=40$

所以　　$Z_1\approx 4$，$Z_2\approx 14$，$Z_3\approx 22$

由此得到满足余弦磨损的磨片分布是：第一环带放4片，第二环带放14片，第三环带放22片。

如果把每个环带的磨片都放在同一圆周上，有时会造成磨片间隙过小，妨碍冷却液流动，为了避免这种情况，可以采取以下措施：其一是将处在同一环带上的磨片交错放置；其二也可以增加环带数。在本例中，环带数也可取4。而环带之间的距离可缩小为1.5～1.7d。

（5）金刚石磨具与镜盘的相对位置与尺寸。对于散粒磨料研磨工艺，一般来讲，不管是镜盘还是磨盘，都是将凸球面安放在机床的主轴上，而将凹球面放在上面与顶针相接。而用金刚石磨具高速精磨时，则不管是凸球面磨具还是凹球面磨具，凡是金刚石磨具均安放在机床的主轴上，以获得高速旋转，让镜盘随动。磨具在下面高速旋转，有利于高速磨削。镜盘在上时装盘偏心要求没有在下时要求严格，且精磨时操作方便。

精磨盘与镜盘的相对尺寸，是指两者口径（或矢高）的比例，这一比值与相对位置及曲率半径有关。如表6-8所示。

表6-8　精磨盘与镜盘相对尺寸

精磨盘位置	透镜曲率半径/mm	透镜的凹凸	精磨盘尺寸/镜盘尺寸
在下	$R<100$	凸面	1.10～1.25
		凹面	1.30～1.40
	$R>100$	凸面	1.10～1.25
		凹面	1.20～1.30
在上	$R<100$	凸面	1.0～0.9
	$R>100$	凸面	1.0～0.9

可见，金刚石磨具的口径总是略大于镜盘的口径。

（6）基模设计。

基模的曲率半径如图6-31所示。

从图6-31可算出基模工作面的曲率半径：

$$R=R_0\pm t\pm\delta\pm h \tag{6-59}$$

式中，R_0为透镜的曲率半径（mm）；t为精磨片中心厚度（mm）；δ为黏结层最薄处的厚度，一般取0.1 mm左右；h为精模片直径与基模曲率半径间的矢高（mm）。

式中，对于凸模取"－"号，对于凹模取"＋"号。

在设计基模的基体时要考虑，基体上一定要有一个基准面，以保证磨具拧到主轴上时，磨盘表面球心正好与摆架回转轴处于同一水平高度。无论对凸形磨具还是凹形磨具都是如

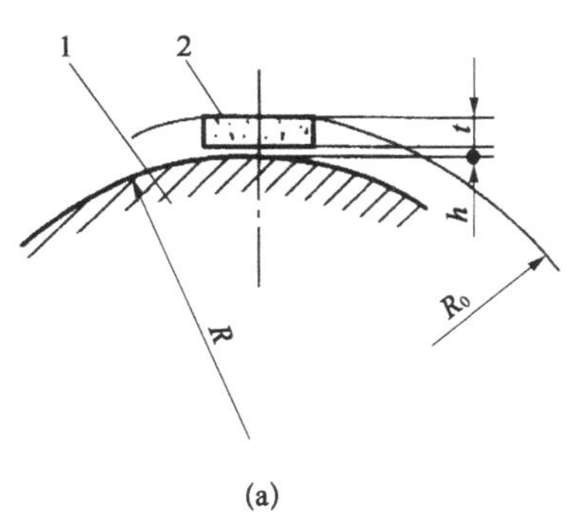

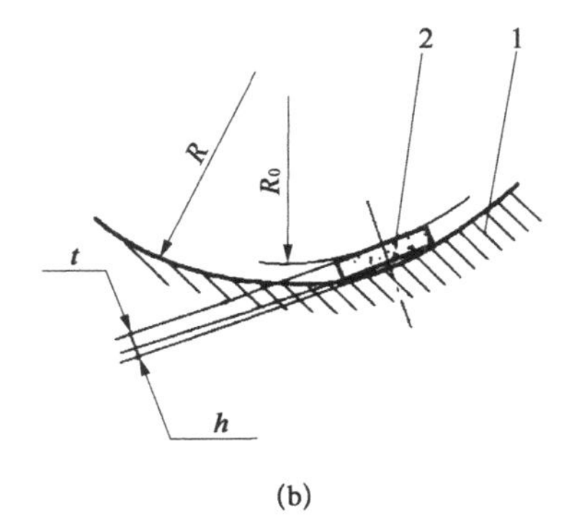

1-基模;2-精磨片

图6-31　基模半径确定示意图

(a) 凸模;(b) 凹模

此。所以设计基模时,除标明曲率半径、口径和矢高外,还要注明定位尺寸,如图6-32所示,图中H'为定位尺寸。端面是平面的定位靠内螺纹固定。此外也可采用圆锥定位,自锁要好。

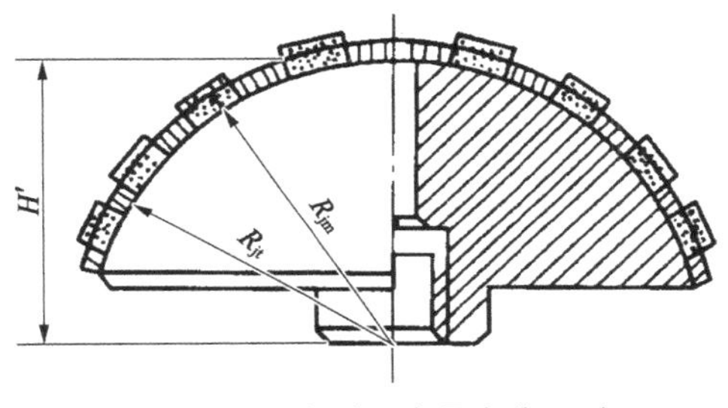

图6-32　金刚石磨具定位尺寸

3) 金刚石精磨片参数选择

金刚石精磨片使用的磨料有天然金刚石和人造金刚石两种。天然金刚石有较高的抗冲击强度和较好的耐磨性,对硬脆性材料(玻璃)有较好的磨削作用,磨削效率较高,但是天然金刚石原料昂贵,来源缺乏,因此,大部分精磨片均采用人造金刚石。

金刚石精磨片参数选择包括对金刚石粒度、浓度、精磨片黏结剂以及磨片的选择。

(1) 金刚石粒度。为兼顾磨削效率和表面光洁度,通常采用两种粒度不同的精磨片,两个不同的精磨模,用两道精磨的方式完成整个精磨工序。第一道精磨(也称粗精磨)时可以选用粒度大一些的金刚石精磨片,磨削量可以大一些,第二道精磨(也称精精磨)时用金刚石粒度细一些的精磨片,表面光洁度可以好一些。为了保证第二道精磨模能很方便地磨去第一个精磨模所遗留的破坏层深度,两个粒度号之间要有足够的间隔。以K9玻璃为例,一般第一道精磨片粒度取W28或W20,第二道取W7或W5为宜。如果采用单道精磨,则用W14为宜。

磨片粒度应均匀,如对于W7,颗粒平均直径规定5～7 μm,则要求10%的微粉可小于4 μm,10%的微粉可在8～10 μm之间,以保证精磨质量。

(2) 金刚石浓度。精磨片金刚石层的浓度定义为每立方厘米体积内金刚石的含量。因此,金刚石颗粒越细,同样重量的精磨片中含有金刚石颗粒数越多。国内外对于金刚石浓度的要求很不统一,美国为15%～17%,德国为35%～50%,国内为30%～50%。一般认为45%效果最好。精磨片的合理浓度应该比粗磨磨轮的合理浓度低。

(3) 磨片中的结合剂。结合剂的主要作用是把持金刚石颗粒。结合剂的硬度直接影响钝化的金刚石颗粒的脱落速度(磨具的寿命)、磨削效率、工件表面的光洁度。因此结合剂的硬度要与玻璃的相对抗磨硬度、金刚石颗粒的钝化速度相匹配。加工硬玻璃时,由于玻璃的粗糙表面及精磨片的自修整性,使初始磨削效率较高,而金刚石的钝化速度较快,磨削效率并不随时间的延长而线性增加,这样,磨削后期出现光刀过程,从而能获得较好的加工表面。如果结合剂硬度偏低,会使锋利金刚石未钝化时就脱落,导致精磨片寿命下降,也难以得到较好的表面光洁度,所以结合剂的硬度应稍硬。在加工软玻璃时,金刚石钝化速度较慢。如果使用硬结合剂,虽然金刚石不会过早脱落,但势必导致磨削量增加,表面光洁度差;如果采用软性结合剂,则既可保证精磨前期有较高的磨削效率,又可使精磨后期有光刀作用,从而达到提高表面光洁度的目的。

粗精磨要求磨削量大一些,所以结合剂的硬度可硬一些。精精磨要求表面光洁度要好一些,则结合剂硬度可软一些。总之,结合剂的耐磨性能要与金刚石的自锐性相适应。

一般都采用金属结合剂,有青铜和钢等品种。国内主要用青铜,常用青铜结合剂的配方如表 6-9 所示。

表 6-9 青铜结合剂的几种配方

含量(重量%) 成分 / 序号	Cu	Sn	Ag	Zn	Ni	Al	B	备注
1	80	8	8	2	2			用于加工软玻璃
2	78	10	12					用于加工硬玻璃
3	85	15			5			重量比;Ni 为外加量
4	67.5	15			5	7.5	8.5	重量比;外加 1 份石墨
5	70	10	20					重量比;外加 1%石墨

郑州磨料研究所考虑到制造和使用方便,设想将所有牌号光学玻璃,按同一种固着磨料的磨耗量划分固着磨料磨耗硬度,将磨耗比划分为硬、中硬、软 3 种类型,研制相应的 3 种类型的精磨片,如表 6-10、表 6-11 所示。

表 6-10 玻璃硬度范围

类型	硬度范围	选定玻璃式样			
		牌号	硬度	牌号	硬度
硬	85 以上	K9	100		
中硬	65～85	ZK15	75	QF	81
软	65 以下	ZK11	62	ZbaF16	54

由试验得知: Q1,Q2,Q4 三种结合剂适合精磨硬玻璃,Q5 结合剂适合精磨中硬度玻璃,Q6 适合精磨软玻璃。各种牌号的光学玻璃与 K9 玻璃相比较的磨损硬度比如表 6-12 所示。

表 6-11　精磨片适用于玻璃的硬度范围

类别＼数值范围＼项目	精磨片			光学玻璃	
	代号	结合剂代号	结合剂硬度 HRH	硬度等级及硬度范围	选定玻璃及硬度
一	MY-1 MY-2 MY-3	Q_1 Q_2 Q_4	90 左右 85 左右 70 左右	硬　85 以上	K9-100
二	MZ-1	Q_5	65 左右	中硬　65～85	QF_1-81 ZK_{15}-75
三	MR-1	Q_6	55 左右	软　65 以下	ZK_{11}-62 $ZbaF_{16}$-54

表 6-12　各种光学玻璃磨损硬度比

牌　号	硬度	牌　号	硬度	牌　号	硬度	牌　号	硬度	牌　号	硬度
FK1	80	ZK3	94	LaK7	131	BAF8	61	ZbaF17	53
QK1	80	ZK4	71	LaF8	119	BaF12	72	ZbaF18	68
QK3	80	ZK5	79	KF1	92	BaF14	64	ZbaF20	54
K5	91	ZK6	75	KF2	99	F1	66	ZbaF21	56
K9	100	ZK8	72	QF1	81	F2	69	ZF1	60
K10	80	ZK9	76	QF5	73	F3	63	ZF2	59
K11	77	ZK11	62	QF6	97	F4	63	ZF2	56
K13	85	ZK14	80	QF7	74	F9	63	ZF3	52
K14	125	ZK15	75	QF8	82	F10	70	ZF4	47
K15	92	ZK16	78	QF9	75	ZbaF1	67	ZF6	51
K16	92	ZK17	77	QF10	76	ZbaF3	59	ZF7	41
BaK1	80	ZK18	71	QF11	69	ZbaF5	54	ZF10	57
BaK2	83	ZK19	74	QF12	69	ZbaF8	68	ZF11	56
BaK3	80	ZK20	73	QF13	63	ZbaF9	69	ZF12	58
BaK4	90	ZK22	66	QF14	71	ZbaF11	57	ZF13	48

一般把硬度比在 85 以上者都视为硬玻璃，在 65 以下者视为软玻璃。

(4) 精磨片尺寸和形状。金刚石精磨片的尺寸决定于精磨盘的口径、曲率半径。同时还要考虑黏得牢、冷却液流畅、精磨片磨盘上的分布方便。金刚石精磨片的形状一般为圆形，国外也有矩形的。圆形精磨片分为平、凸、凹(见图 6-33)3 种型号。

精磨片的尺寸主要指精磨片的直径 D 和厚度 T。此外，还有金刚石层厚度 l 和曲率半径 R 等。

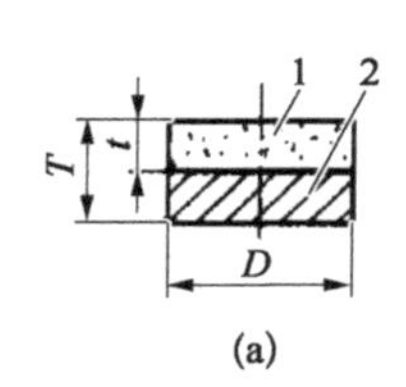

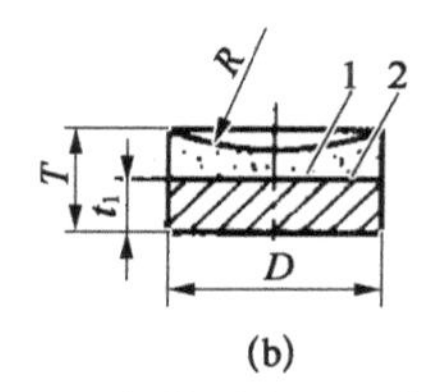

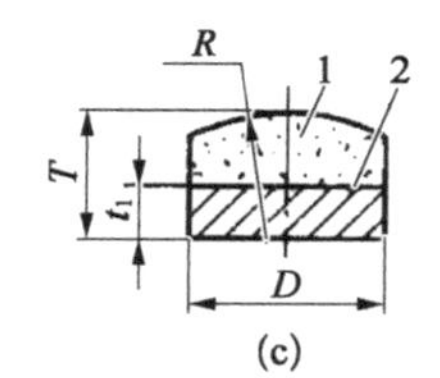

1-金刚石层；2-基体

图 6-33　金刚石精磨片

在选择精磨片的直径时，一般要考虑精磨盘的曲率半径、口径和镜盘的直径。精磨片的厚度主要取决于磨片直径。直径大，厚度也大。精磨片尺寸及使用范围如表 6-13 所示。

表 6-13　精磨片的尺寸和使用范围

精磨模曲率半径 R/mm	10～20	20～30	30～50	50～150	150～∞
精磨模表面积/cm²	6～25	25～50	50～150	15～1 350	>1 350
精磨片尺寸/mm	$\Phi4\times3$	$\Phi6\times0.35$	$\Phi8\times4$	$\Phi10\times4.5$	$\Phi15\times5$

(5) 覆盖比的选择。

所谓覆盖比是指排列在磨具上的精磨片表面积之和与磨盘整个球缺表面积的比，一般取决于精磨盘的曲率半径。可用下式表示：

$$\eta=\frac{ZS_0}{S}=\frac{Z\ (\Phi/2)^2\cdot\pi}{2\pi R\cdot h}=\frac{Z\cdot\Phi^2}{8R\cdot h} \tag{6-60}$$

式中，η 为覆盖比；Z 为精磨片数目；S_0 为每片精磨片的面积；S 为精磨模球缺表面积；Φ 为精磨片直径；R 为精磨模的半径；h 为精磨模球缺的矢高。

实验表明覆盖比对工件磨去量和表面粗糙度的影响有两方面的原因：

(A) 在所加外力相同的情况下，玻璃磨去量随着覆盖比的加大而显著减少，外力愈大，这种现象愈明显，光洁度随之变好。这是因为增大覆盖比，磨具表面切削刃增加，单位面积所受到的压强减小，后者作用大于前者，因此，综合作用是随覆盖比加大，玻璃磨去量减少。所以，大球面精磨模，覆盖比取小些；小球面精磨模，表面面型稳定性差，覆盖比取大些，但表面粗糙度却随覆盖比的加大而变大。

(B) 所加外力不同而压强相同的情况下，不同覆盖比对磨削量及粗糙度无明显影响。但覆盖比加大时，每个切削刃担负的切削量少了，故磨具的磨损和形稳定性相对变好。

精磨片在磨具上紧密排列仍有空隙，因此覆盖比 η 小于 1。为什么不采用完整的金刚石球面磨具呢？实践证明完整的金刚石球面磨具冷却液流畅性不好，磨屑不易排出，磨削效率低，而且成本高。

覆盖比的选择，主要取决于精磨模曲率半径。可参照表 6-14。

表 6-14　覆盖比的选择

精磨模曲率半径	$R<50$ mm	$R=50\sim120$ mm	$R>120$ mm
覆盖比	$\eta=40\%$	$\eta=30\%$	$\eta=20\%$

(6) 金刚石精磨片的黏结。金刚石磨具是将精磨片按一定排列方式用黏结胶黏结在基模上而成的。常用的有如表 6－15 所示的几种黏结胶。

表 6－15　精磨片黏结胶

序号	牌　号　或　配　方
1	E－44 环氧树脂 100 g，W40 金刚石砂 30 g，乙二胺 8 g，常温下固化 24 h，或加温 120 ℃，固化 1 h
2	E－51 环氧树脂 10～15 g，苯二甲胺 2～3 g，室温固化 24 h
3	海燕牌 914# 黏结剂。A 和 B 两组分，按重量比 A：B=6：1 调匀 室温 3 h 固化
4	E－44 环氧树脂 10 g，邻苯二甲酸二丁酯 1.5 g，650# 聚酰胺 2 g，三乙烯二胺 1 g，室温固化 24 h
5	E－44 环氧树脂 10 g，650# 聚酰胺 2 g，多乙烯多胺 1 g，室温固化 24 h
6	E－51 增塑环氧树脂 10 g，多乙烯多胺 1 g，室温固化 24 h

金刚石精磨片在磨具基体上的排列应保证磨具的形稳性，不产生死点，即不应有研磨不到的地方，冷却液畅流无阻，以利散热和排屑。通常有两种排列方式。

同心圆排列。以模具中心向外沿圆周排列，又分两种情况：一种是等距同心圆排列，精磨片在角度分布上错开一距离，径向有重叠；另一种是径向重叠同心排列，即在不同圆周上精磨片排列间隙不等，如图 6－34 所示。

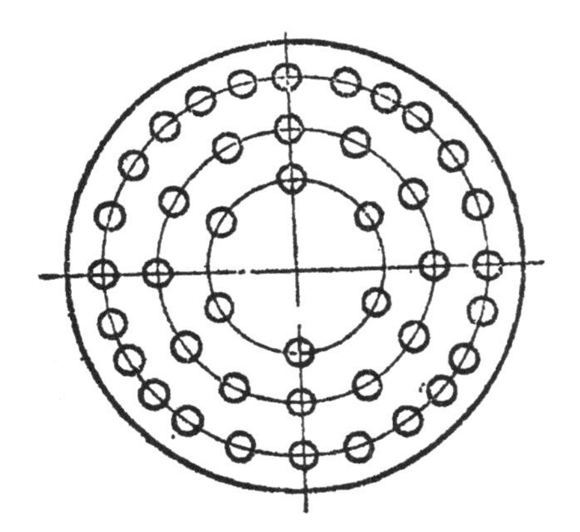
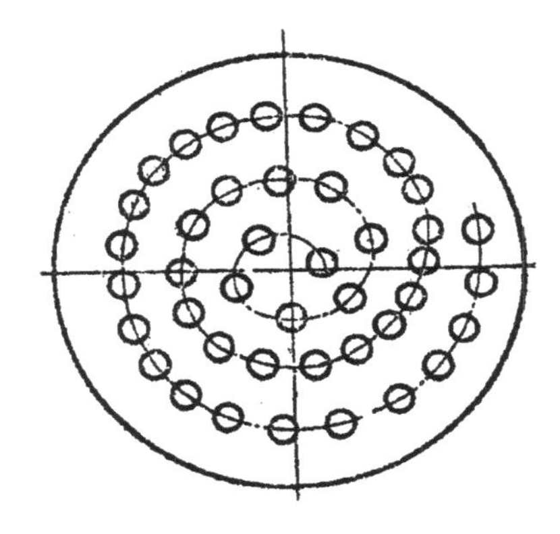

图 6－34　精磨模上精磨片的排列

螺旋线排列。这种排列分为单头螺旋和多头螺旋排列两种，在每条螺旋线上精磨片间距应该不同，内密外疏，最外围接近圆周排列。磨盘中心开有冷却孔。

此外，还有其他排列形式，无论采用哪种方式排列，都应保证磨盘加工曲率半径稳定，而对球面来说，磨片排列要保证余弦磨耗。

4) 金刚石精磨用的冷却液

(1) 冷却液与金刚石结合剂的作用。金属结合剂中的铜与空气中的 CO_2，O_2 和水作用能生成两种碱式碳酸铜，铜绿〔$CuCO_3 \cdot Cu(OH)_2 \cdot H_2O$〕和蓝色石青〔$2CuCO_3 \cdot Cu(OH)_2$〕，它们都不溶于纯水，但是可溶于含有少量碳酸钠或碳酸钾（KCO_3，玻璃水解产物)的冷却液中,并能生成络合物。亦可与三乙醇胺作用生成络合物。这说明金刚石磨具中的金属结合剂——铜,通过上述反应被缓慢地腐蚀、溶解,致使变钝的金刚石颗粒从磨具上脱落,从而使新的金刚石颗粒露出锋芒,这就是磨具的化学自锐作用。

(2) 三乙醇胺对二氧化碳的吸收作用。玻璃水解后,除生成碳酸凝胶薄膜外,还有苛性碱(NaOH),它与空气中的 CO_2 作用生成 Na_2CO_3,这些盐类与玻璃接触,则会使玻璃表面产生严重的局部腐蚀。而冷却液中的三乙醇胺是一种较强的有机碱,它可以吸收大量的 CO_2,从而减缓 CO_2 与 NaOH 的作用,提高零件表面质量。三乙醇胺-水冷却液吸收 CO_2 的能力为纯水的 7 倍。

(3) 冷却液对 pH 值的影响。三乙醇胺-水冷却液的 pH 值变化有两种趋势,一方面由于三乙醇胺与铜和 CO_2 作用,pH 值有上升的趋势。此外,苛性碱与 CO_2 的作用,会使 pH 值略有下降。这些复杂的作用,使 pH 值总趋势下降,经一段时间后,可达到平衡,趋于定值。

(4) 各种冷却液的优缺点:

水体系　冷却效果好,有良好的清洗作用,但是润滑性能差,易使机件腐蚀。

油体系　具有良好的润滑作用,冷却与清洗效果差,挥发性大,易着火和污染,但是,对金刚石有很好的保护作用。

无机盐类-水体系　这是一种在水中加少量的无机盐(如磷酸钠、磷酸二氢胺、亚硫酸钠等)制成的冷却液,其目的是改善水的润滑性,效果较为明显。

油-水-乳化剂体系　这是水-油体系的发展,虽具有二者的优点,但是制备困难易产生油水分层,污染严重。

多元醇-水体系　这是在水中加入多元醇配制的。生产中多用甘油-水体系。其冷却效果好、润滑性好、磨削效率高,但是光洁度不理想。一般用甘油∶三乙醇胺∶水＝2∶1∶100。

6.5.3　影响高速精磨的工艺因素

1) 机床主轴转速影响

无论磨具相对镜盘的位置如何,磨削量随着主轴转速的提高而呈线性增加。同时,表面凹凸层的深度随磨削量增加而有所增加。磨具磨耗也随着主轴转速提高而呈线性增加。故欲提高转速时,必须权衡利弊。一般对于 $R < 50$ mm 的小球面高速精磨,主轴转速选择在 2 400～3 600 rad/min,按线速度计算,以 4～8 m/s 为宜。对于中球面 ($50 < R < 150$) 的高速精磨,主轴转速在 800～1 600 rad/min 范围内。

2) 摆架压强的影响

当模具做主运动时,压强对玻璃磨去量的影响不一定呈直线关系。压强在 1 kg/cm^2 以内,玻璃磨去量与压强呈线性关系,当压强超过 1 kg/cm^2 时,玻璃磨去量逐渐变小。

当以镜盘做主运动时,玻璃磨去量与压强基本呈线性关系。磨小球面时,压强一般为 0.5～1 kg/cm^2。

3) 玻璃的影响

(1) 实验结果如图 6－35 所示,对于同种玻璃,工件原始表面粗糙度大,则玻璃去除率高；当玻璃原始表面裂纹层磨去后，其磨削速度趋于稳定。其原因是：① 在玻璃的破坏层内，有无数凸凹坑和裂纹，因此，去除破坏层要比磨削致密的内层基体快。② 粗糙的表面有利于磨具的“机械自锐作用”，而磨具的自修整作用大小是决定金刚石磨具去除率高低的最重要因素。

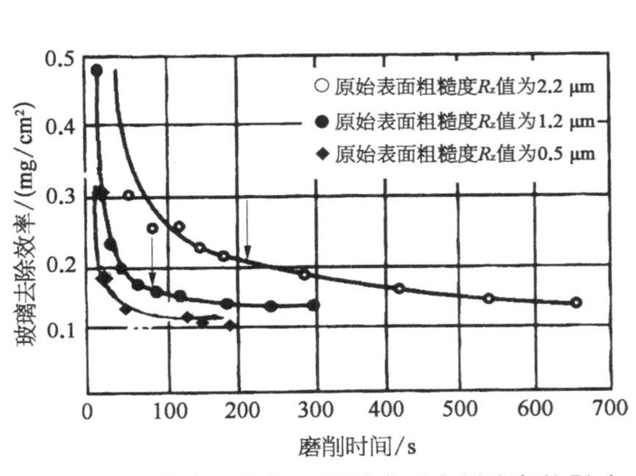

图 6-35　玻璃原始表面粗糙度对磨削速率的影响

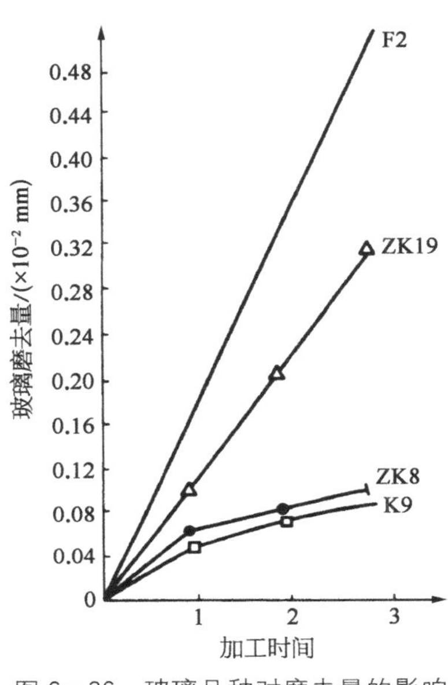

图 6-36　玻璃品种对磨去量的影响

(2) 不同玻璃，去除率不同。从图 6-36 可以看出玻璃硬度愈大，去除率愈低。

4) 加工时间的影响

玻璃磨去量随加工时间增加而增加，但是，不成正比关系，取决于玻璃品种、结合剂种类、原始玻璃表面粗糙度等。

综上所述，影响高速精磨质量的工艺因素有 4 个方面：机床、磨具、冷却液和玻璃，其影响应包括几个技术指标：① 磨削速率；② 精磨后表面粗糙度；③ 磨具寿命；④ 磨片钝化情况。

6.5.4　单件高速精磨

成盘加工与单件加工是光学零件加工中经常采用的两种加工方式。国内高速精磨采用成盘加工较多，单件加工采用较少。实际上单件加工有不少优点，它可以取消上盘、下盘、清洗等辅助工序，特别是在大批量生产中。目前由于高效率加工主要工序所占用的工时越来越少，于是辅助工序占用的百分比就随着上升。尽管近年来辅助工序逐步实现机械化、半自动化，但目前辅助工序仍然存在劳动繁重、效率低、占地面积大、环境污染严重等问题。实践表明，单件加工有着很大的优越性，特别是对于张角较大的透镜更是如此。

1) 单件加工夹具设计

单件加工所采用的夹具十分简单，如图 6-37 所示。图中 D 表示与工件外圆相配合的尺寸，可采用四级精度，当工件偏心要求不是太严格时，工件外圆公差可采用粗磨外圆时的公差，夹具壁厚为 2～3 mm 即可。尺寸 d 可视工件边缘厚度确定，要防止加工时夹具外壁与精磨盘表面相接触。

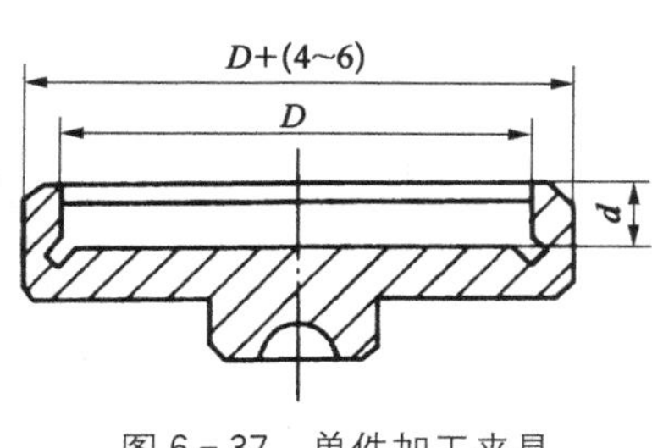

图 6－37　单件加工夹具

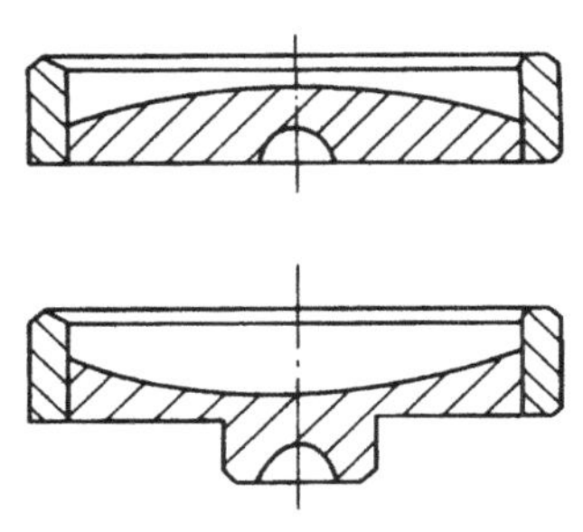

图 6－38　装夹面为非球面时单件加工夹具

如果工件是平凸或平凹件，夹具与工件底面都是平面，装夹工件时可垫以 2 mm 厚的橡胶板，这是因为工件在夹具中不是处于被夹紧状态，且在加工中无论工件做主动或是从动，均未发现与夹具之间相对转动，这就保证了加工的顺利进行。假如非加工面为凸面或凹面，则夹具表面应该加工成相应的球面，如图 6－38 所示。

加工凸面时凹球面磨具做主运动，则在夹具设计中要注意，夹具与压力球头相接触的凹坑一定要远离被加工面的曲率中心，向下、向上均可，否则加工时工件容易从磨具中跳出来。

2）单件加工的磨具设计

假如工件的张角比较大，与一般成盘加工时镜盘的张角与磨盘张角之比相近的话，金刚石磨片分布与成盘加工相同，也就是说，精磨盘在使用过程中，精磨片表面的磨损要符合余弦磨耗。假如加工过程中，工件被加工面的光圈向低光圈方向变化，无论凸面还是凹面，都应该将精磨盘边缘部分的精磨片多排列些。反之，若光圈向高光圈方向变化，可使中心部分的精磨片比边缘多一些，紧凑一些。

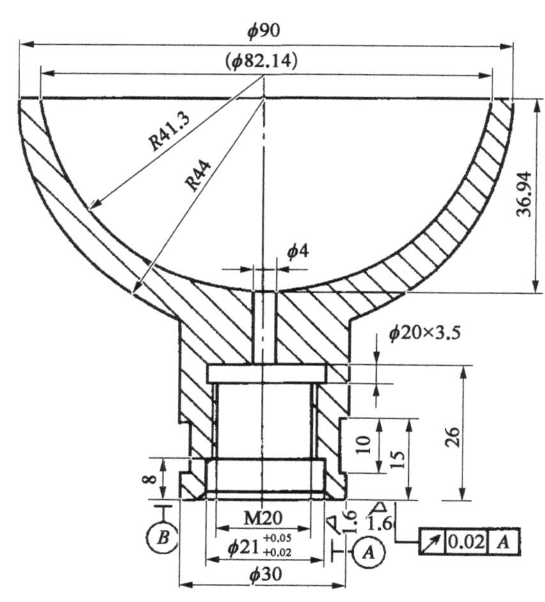

图 6－39　精磨盘基体设计

为了保证加工中精磨片表面的跳动量满足精度要求，则基体球表面的球心偏离精磨盘回转轴线的量，应该在允许的范围内。为此，基体的设计一般采用圆柱面，利用端面定位，螺纹夹紧，如图 6－39 所示，A 面为径向定位面，B 面为轴向定位面。

3）中间接头的设计

QJM－40 小型球面高速精磨机与 QJM－100 中型球面高速精磨机轴的径向跳动量及端面跳动量都小于 0.01 mm。但是，要使精磨盘球表面的跳动满足要求还必须有好的中间接头。中间接头与主轴相连接的部分可采用 $F8$ 或 $E8$ 的配合。在径向基准与轴的基准之间，假如出现问题或者有矛盾时，还是以轴向基准为主要矛盾，也就是说保证端面垂直度，宁可将径向间隙加大一些，这样做对控制接头与轴的同轴性更为有利。

4）精磨机主轴与摆轴的共面要求

当精磨机的主轴与摆轴的摆动不共面时，尽管主轴、接头、下盘保证了准球心所需要的中心高，但是摆轴与上盘的对称轴线就不能共线。在这种情况下，假如加工面为凹面则问题不大，因为摆轴伸出摆架长度较小；但当加工面为凸面且磨具做主运动时，由于摆轴伸出摆架长度很长，不共面所造成的偏斜误差更为突出，特别是工件的曲率半径较大时，将使加工造成困难。此时，假如将凸镜盘与主轴连接，情况就要好一些。

5）摆架的振动

摆架的振动往往体现在摆臂顶针端部的轴向跳动量。这种跳动量主要有两种情况：一种是由于准球心误差所引起的，这种振动的频率往往与摆架的摆动频率相对应；另一种则是由于摆轴与上盘的对称轴线不共线，这种振动的频率往往比摆架的摆动频率高很多，这种振动比前面一种振动对加工质量的影响更大。

在注意了上述几个问题后，单件加工便能十分顺利地进行。由于取消了上下盘、清洗等各道工序，车间的布置可以更紧凑、整洁。由于工件在夹具中不用夹紧，所以，工人可以十分方便地进行操作，这对于生产效率的提高和产品质量的提高都是十分有利的。

第7章 光学零件的抛光

光学零件抛光是精磨工序之后，获得光学表面的一道主要工序。光学零件在精磨后，尽管已经具有光滑的表面和规则的面型，其表面仍有细微的凹凸层存在，面型还达不到使用的要求，因而不是严格的光学表面，故必须进行抛光加工。

抛光的目的：

(1) 去除精磨后残余的凹凸不平的毛面连同交错裂痕，使玻璃表面光洁透明，达到规定的表面疵病等级。

(2) 精确地修正表面的几何形状，达到规定的面型精度 N 和表面度 ΔN。

光学零件抛光是在抛光模的表面覆以模层材料，并以抛光剂或其他方法对光学零件进行研磨而获得光学表面的。

7.1 抛光机理

关于抛光的机理，很早就引起了人们的重视，特别是21世纪以来，有很多这方面的文献资料。但到目前为止，还没有形成一个完整的、统一的理论，有待于人们进一步研究。目前，主要有以下几种基本学说：

1) 纯机械作用说

这种学说主要由赫歇尔(Herschel)和瑞利(Rayleigh)提出。他们认为抛光和研磨在本质上是相同的，都是以尖硬的磨料颗粒，对玻璃表面进行微小的切削，使玻璃表面凸出的部分被切削掉，逐渐形成光滑的表面，抛光是研磨的继续，其区别仅在于抛光是用较细的磨料，形成细密的表面结构，呈现均匀连续的外形，并认为抛光剂在玻璃表面产生无数的互相交错的振动微痕，这些微痕的产生与研磨时相似，由于抛光模与工件局部产生光学接触，因此加工时切向力特别大，从而便于光学接触区域上微痕结构被除去，新表面由于表面张力的作用而形成平整光滑的表面结构。

这一学说的依据是：

(1) 抛光表面有起伏和机械划痕现象。用强光灯以45°角斜射到被抛光表面，可以发现此表面有明暗区分，说明有起伏现象存在，在高倍显微镜下也可以观察到微痕。用氧化铈抛光时，零件表面的凹凸层厚度为30～90 nm；用氧化铁抛光，凸凹层厚度为20～90 nm。

(2) 当磨料很细、加工压力很小时，磨料也能作为抛光剂。如用 B_4C，Al_2O_3 等磨料，在粒度为 0.5 μm 左右时也能将玻璃抛光。

(3) 抛光后玻璃重量有明显的减轻。测得被抛光下来的玻璃颗粒平均尺寸在 1.0～1.2 nm。

(4) 抛光剂颗粒直径在一定范围内，抛光效率与抛光剂颗粒大小呈线性关系。例如 Fe_2O_3 的颗粒直径在 0.34～3 μm 时，抛光速率与颗粒大小成正比。当颗粒直径大于 3 μm 时，不仅不能提高速率，反而使之降低。抛光剂硬度愈高，抛光速率愈高，如氧化铈(CeO_2)抛光粉的硬度比氧化铁高。

(5) 在一定条件下，抛光效率与抛光速度、压力和机床转速成直线或近似直线关系。

2) 流变作用说

提出这一理论的是 Klemm 和 Smekal，此理论认为在抛光玻璃时由于高压和相对运动，摩擦产生热，玻璃表面产生热塑性变形和流动，或者热软化以致熔融而产生流动。因此认为抛光过程是玻璃表面分子重新流动而形成的平整表面的过程。其依据是：

(1) 在抛光过的玻璃表面上，用金刚石刻刀刻出图案划痕，再进行抛光，抛去图案划痕后，再用氢氟酸腐蚀，结果，原来的图案明显地重现出来，这说明抛光过程并没有把图案完全抛去，只是由于玻璃表面分子的流动把划痕掩盖了。

(2) 在很多情况下抛去玻璃的重量与抛去玻璃的厚度所对应的重量不相符合，往往是抛去玻璃的重量小于抛去玻璃的厚度所对应的重量。这说明有的玻璃分子流动到研磨表面的凹凸层底部去了。

3) 机械、物理化学学说

提出这一理论的主要是 Гребнщеков。此理论认为抛光过程是一个具有机械的、化学的和物理化学作用的综合过程。研磨好的玻璃表面在水的作用下发生水解，形成胶态硅酸层(硅酸凝胶)，正常情况下它能保护玻璃表面不受进一步的侵蚀，但在被吸附于抛光模上的抛光剂的作用下胶态膜层被不断割除，暴露出新表面，又不断水解、割除，构成了抛光过程。这样的过程从玻璃表面凹凸层的顶部进行到根部，直到表面完全平整为止。整个抛光过程如图 7－1 所示。目前，人们认为这一理论能够解释抛光中较多的实际问题，但是，它也有不足之处，如对于非硅酸盐玻璃虽然不可能生成硅酸凝胶，但实际上也能很好地抛光，这一现象是物理化学学说所无法解释的。

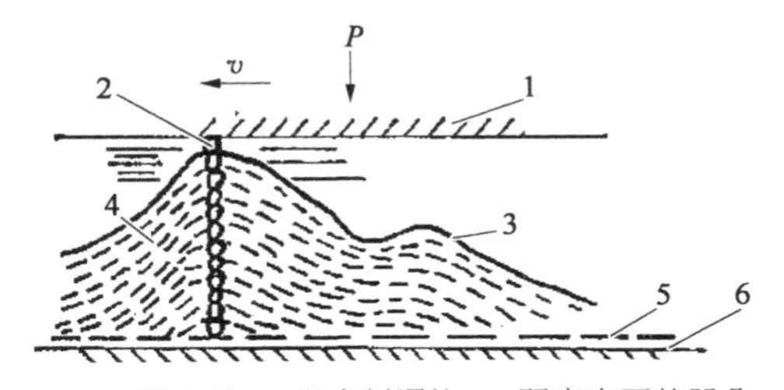

1－抛光膜；2－抛光剂颗粒；3－研磨表面的凹凸层；4－抛光时产生的膜层；5－抛光表面；6－抛光表面上的膜层

图 7－1　抛光过程示意图

4) 化学作用学说

这一理论主要由 Kaller 提出的。此理论认为抛光过程主要是水、抛光模材料、抛光剂和玻璃之间的化学作用的结果。

(1) 水在玻璃抛光过程中的水解作用。水对玻璃表面的作用，取决于玻璃的成分和温度。这种作用是一种同时与溶解和扩散两种机理有关的复杂过程。

纯硅玻璃的石英是由含硅酸根的离子组成，由于 Si—O—Si 键联系很强，因此其结构是很坚固的。而钠玻璃则不同，这种玻璃内除了有 Si—O—Si 键联系以外，还有许多 Si—O—Na 键，这种三度空间的联结键是不强的。

水在抛光过程中分离成 H^+ 和 OH^-，H^+ 取代了玻璃中的钠离子并把 Na^+ 提取到表面上来，而 H^+ 则扩散到表层里去，产生玻璃的水解反应，氢离子是通过氢桥把水和玻璃组成联系起来的，使玻璃表层组织变得疏松，有更多的 H^+ 得以继续扩散，从而在表面产生硅酸凝胶层。

许多实验证明，当抛光悬浮液不用水，而是干抛或用四氯化碳加煤油或纯粹用乙二醇抛光时，效率很低，但当乙二醇含水的比率逐渐增加时，抛光率也随着提高。这证明水对玻璃存在着水解作用。

（2）抛光模层的化学作用。抛光模有沥青和松香为主要材料制成的柏油模，也有用沥青和松香、加呢绒毛毡等材料制成的毛毡抛光模。抛光模沥青中主要是由树脂酸、地沥青、各种脂类所组成，其官能团（指决定有机物主要化学性质的原子或原子团）是 RCOOH，在抛光过程中沥青辅料与玻璃工件间接触，使 RCOOH 中的 H^+ 进入玻璃，而玻璃中的碱金属离子进入 RCOOH 中便形成 RCOONa，RCOOK 等，与碱土金属离子作用生成 RCOOCa，RCOOMg 等。这说明沥青与玻璃间存在化学作用。

抛光模层中的毛毡材料，可分为动物性纤维和植物性纤维，对两种纤维分别进行研究。结果表明动物性纤维的抛光模的抛光量大大地超过植物性纤维抛光模的抛光量，而植物性纤维几乎不起抛光作用。这是因为动物性纤维有高分子的结晶蛋白质，加水分解后得到氨基和酸（$—NH_2$ 和—COOH），两者一酸一碱，它不仅能与阴离子，而且能与阳离子起作用，因此抛光效果特别好。但植物性纤维没有蛋白质，只有碳水化合物，因此和阴阳离子都不起作用，当然抛光效率也就降低了。这说明抛光辅料与玻璃间有化学作用存在。

（3）抛光剂的作用。抛光剂的物理性能，如粒度大小、颗粒形状、硬度以及化学性能（如晶络结构、晶格活性大小）等在抛光过程中均起着很重要的作用。

在抛光过程中，抛光剂以两种作用参与抛光，即机械作用与胶体化学作用，这两种作用是同时出现的。在抛光的初始阶段，以抛光剂颗粒的坚硬特性，在模具和机床的作用下，对剥除玻璃表面的硅酸凝胶层，呈现出新表面，这时机械作用起主要作用。新的抛光面暴露以后，抛光剂颗粒与玻璃表面以分子层面接触，由于抛光剂有一定的化学活性，即具有强烈的晶格缺陷，晶格缺陷处的质点的联系能量比较大，易于通过化学吸附作用把玻璃表层分子吸附而剥落。这两种作用在抛光剂使用寿命内，自始至终都存在。前者与抛光剂的粒度、硬度和形状有关；后者与抛光剂的化学活性有关，而化学活性与抛光剂颗粒的有效表面积有关。有效表面积是指单位质量的抛光剂所具有的外表面积总和。大颗粒的抛光剂虽然有利于机械磨削作用，但由于有效表面积小，抛光效率并不高；反之抛光剂颗粒太小，虽然有效表面积大，但不利于切削作用，抛光效率也不高。

以上几种学说都以一定的实践现象为依据，都能解释抛光过程中的一些现象，但是都有局限性。可以认为抛光过程是一个机械作用、物理化学作用、化学作用的综合过程，但是机械作用是基本的，化学作用是重要的，而流变现象是存在的。

7.2 工艺因素对抛光的影响

对光学零件的抛光不仅要求有较高的生产效率，而且要求有好的表面质量和面型精度，因此，需要掌握各种工艺因素对抛光的影响，以便合理地解决抛光中的各种问题。影响抛光效率的因素有：

1）抛光机理对抛光剂的要求

在抛光过程中，抛光剂以两种作用参与抛光：

（1）坚硬性。抛光剂颗粒在模具和机床的作用下，对玻璃表面进行微量切削，使其新表面不断露出、不断水解。

（2）吸附性。抛光剂颗粒表面吸附性使得硅酸凝胶胶层以分子级程度被抛光剂吸附剥落，这一作用受抛光剂的化学活性影响，而化学活性与抛光剂颗粒表面积有关。故大颗粒抛光剂虽有利于机械磨削，但有效截面积（cm^2/g）小，抛光效率不高。但若颗粒太小，失去机械磨削作用，抛光效率亦不高。

常用的抛光剂有氧化铁和氧化铈。前者亦称红粉，颗粒小（0.5～1 μm）、表面呈球形、硬度低、抛光效率低，但所得表面疵病好；后者亦称白粉、黄粉，表面呈多边形、颗粒大（2 μm）、硬度高、有效面积大，故抛光效率高，不过表面疵病略差。

2）抛光液对抛光影响

（1）抛光液的供给量。在一定的工艺条件下，使抛光效率最高所需要的抛光液用量，叫作抛光液的适中量（最佳值）。当抛光液的供给量小于适中量时，由于参与作用的抛光粉颗粒减少而降低抛光效率；当供给量多于适中量时，则因和抛光粉同时供给的水量过多，使玻璃表面温度下降，化学作用减慢，从而降低了抛光效率。

（2）抛光液的浓度。用比重或液固比来表示。当红粉抛光液的比重为 1.1 g/cm^3 或液固比为 4～8 时，抛光效率最高。对于黄粉或白粉抛光液，较好的浓度是氧化铈∶水＝1∶5 或稍稀些。

当浓度太低即水分太多时，参与工作的抛光粉颗粒减少并使玻璃表面温度降低，从而降低了抛光效率。当浓度太高时，即水分过少，抛光过程中玻璃容易发热，模子易变形，并易产生擦痕，影响抛光质量。

（3）抛光液的酸度值（pH 值）。大多数光学玻璃是不耐碱的，至于耐酸的程度视光学玻璃的牌号而不同。从抛光液的 pH 值与玻璃抛去量的关系曲线（见图 7－2）可以看出，当抛光液的 pH 值在 3～9 范围内抛光过程进行得较正常也较稳定。pH 值过小（小于 3）或过大（pH 值大于 9）抛光效率都下降。因此，大多数光学玻璃在弱酸性抛光液中抛光（pH＝5.5～6.5）具有较高的速率和表面质量。

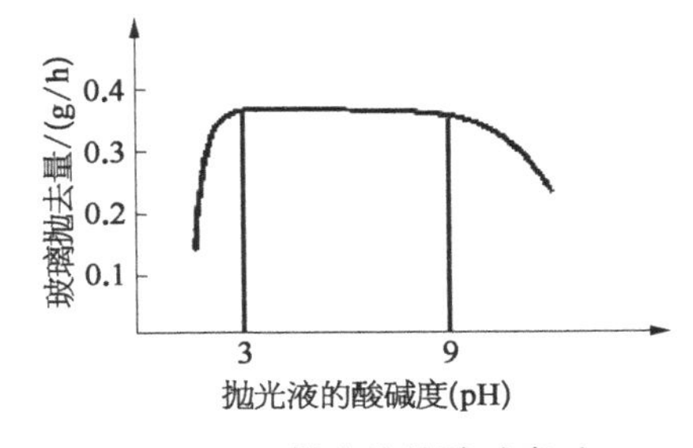

图 7－2　抛光液的酸碱度对抛光效率的影响

因为水的pH值为7，所以用水作抛光液的溶剂既经济又合理。红粉抛光剂呈中性，氧化铈抛光液略偏酸性（pH=5～6）。

另外，在抛光液中加入少量的电解质盐类（添加剂）能提高抛光效率。如红粉抛光液中加硫酸锌（$ZnSO_4$）、氯化铁（$FeCl_3$）、硫酸铜（$CuSO_4$），或在氧化铈抛光液中加硝酸铈铵〔$(NH_4)Ce(NO_3)_6$〕、氢氧化铈〔$Ce(OH)_4$〕、硫酸锌（$ZnSO_4$）等都能提高抛光效率。

加入添加剂之所以能起加速抛光的作用，这是由于盐类中的阳离子对玻璃表面的阴离子具有吸附作用的结果。

3）抛光压力和机床的速度

在抛光液充分供给并且工件的装夹和抛光模的结构也都适当的情况下，抛光效率将随着压力和机床速度的增加而增加。抛光效率与压力和速度的关系近似呈线性关系：

$$\Delta_i = A\int_0^T p_i v_i \mathrm{d}t \tag{7-1}$$

式中，Δ_i 为任一点的抛去量；A 为与各工艺因素有关的系数；p_i 为 i 点的压力；v_i 为 i 点的相对运动速度。

4）温度的影响

抛光过程的摩擦热、化学反应热、水的蒸发热、机床工具和工房温度等，这些都影响抛光面的工作温度也影响着抛光速度、加工精度和表面光洁度。一般来说，工件表面温度越高，抛光效率也随之提高。但温度过高会影响表面精度。通常，要求抛光车间的温度要控制在23±3 ℃，湿度为60%～70%。

5）抛光模材料

以沥青和松香为主体的柏油模，由于它所能承受的压力和速度较小，所以抛光效率较低，但它可以获得较高的表面精度和光洁度。对于呢绒毛毡等材料制成的抛光模，能承受的压力和速度较高，效率也较高，但是表面质量较差。

近年来发展起来的高速抛光工艺中采用新型抛光模，如环氧树脂、古马隆、聚氨酯抛光模等，能承受高速、高压，可保证Ⅲ级以上的表面质量。

聚四氟乙烯抛光模是在膨胀系数极小的玻璃基底上涂上十几层聚四氟乙烯塑料（内加30%的胶状石墨）制成的，其模层厚度为0.3～0.5 mm，因其耐高、低温性能好，可在250～180 ℃下长期使用。另外其耐腐蚀性和机械性能良好。长期使用和贮存时能保持其面型不变。这是加工高精度（λ/20 ～ λ/200 或更高）面型的一种极好的抛光模。

6）精磨表面质量

精磨后的表面质量除了要有足够精确的表面几何形状和适当的光圈低凹值外，还要有最佳的精磨表面结构。精磨表面结构由精磨后留下的凹凸层所组成，而抛光效率的高低取决于这两层的性质。

7）抛光方式

目前，抛光方法有古典法、准球心散粒磨料高速抛光法、准球心固着磨料高速抛光法、范成法，各种方法的原理、特点比较如图7-3和表7-1所示。

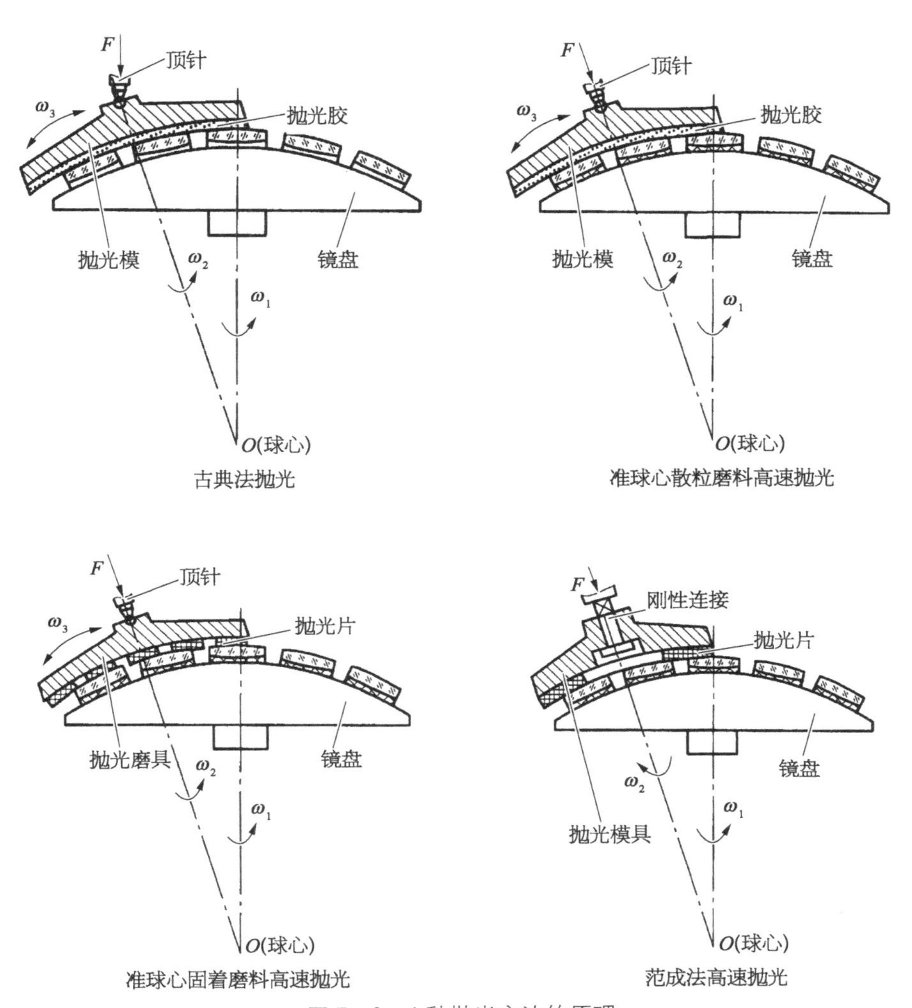

图 7－3　4 种抛光方法的原理

表 7－1　4 种抛光方法比较

序号	项目＼抛光方法	古　典　法	准球心高速抛光		范成法
			散粒磨料	固着磨料	
1	速度	低	中	高	高
2	压力	小	大，压力方向始终指向球心		
3	摆动方式	平面摆	绕球心摆	绕球心摆	不摆动
4	抛光剂供给方式	手工或自动供给	手工或自动供给	恒温，自动供给	恒温，自动供给
5	模具	柏油模具，使用寿命短	塑料或柏油混合模具，使用寿命较长	黏抛光粉的塑料小片使用寿命长	环状塑料模具，使用寿命长
6	抛光方式	浮动抛光			刚性抛光

（续表）

序号	项目（抛光方法）	古典法	准球心高速抛光		范成法
			散粒磨料	固着磨料	
7	室温	要求高	要求高	要求较低	要求低
8	操作	难掌握	难掌握	较易掌握	易掌握
9	设备	要求低	要求较高	要求较高	要求高
10	加工精度	高	中	高	中
11	效率	低	中	高	高

7.3 古典法抛光

古典法抛光是一种历史悠久的加工方法。其主要特点有：采用普通的研磨抛光机床，手工操作；抛光模层材料多采用抛光柏油或毛毡（呢）；用氧化铈或氧化铁作为抛光剂；压力采用荷重加压实现。虽然这种方法效率低，但加工精度较高，要求操作者有比较高的技艺，适用于所有光学零件的抛光，目前仍被广泛采用。

7.3.1 古典抛光工艺过程

1）各种工艺因素的选择

（1）抛光过程辅料的选择。

（A）抛光沥青的选择。

对抛光沥青的要求除具有良好的吸附性能、弹性、可塑性和稳定性外，还需要有一定的硬度。抛光柏油硬度的选择，主要根据车间的室温而定，其次与加工条件有关，一般情况下当车间的温度高、玻璃硬度大、压力大、转速快、镜盘面积小时，抛光柏油应选择硬一些；反之，则应选择软一些。抛光柏油的硬度以针入度表示。

在一定条件下若抛光柏油过硬，则容易使零件表面造成划痕，且光圈也不易修正。反之若抛光柏油过软，则会使零件表面光圈不易控制，并会降低抛光效率。表 7－2 是单纯考虑温度因素的情况下，抛光柏油的选配。

表 7－2　各种温度下抛光柏油的配比

车间温度/℃	成分重量百分比/（%）		
	特级松香	蜂　蜡	5# 石油沥青
40～35	84	1	15
35～30	70	1	29
30～25	60	1	39

（续表）

车间温度/℃	成分重量百分比/(%)		
	特级松香	蜂　蜡	5#石油沥青
25～23	50	1	49
23～20	38	1	61
20～15	15		85

(B) 抛光剂和抛光柏油的匹配。

在抛光过程中，若抛光柏油和抛光剂配合得很好，不仅抛光效率高，而且零件质量也好。否则，不但抛光效率低，而且零件容易出现光圈不规则，光洁度较差。一般来说，若抛光柏油比较软，则抛光粉颗粒就要选择粗一点；若抛光柏油比较硬，则抛光粉颗粒就要选择细一点。

(C) 抛光剂的选择。

对抛光剂的选择，一般要考虑几点：① 应具有一定的晶格形态和晶格缺陷，有较高的化学活性；② 粒度大小应均匀一致，不含有机杂质；③ 有合适的硬度和比重；④ 具有良好的分散性（不易结块）和吸附性。

光学玻璃抛光中普遍采用稀土元素的氧化物，常用的抛光剂有氧化铁(Fe_2O_3)抛光粉（简称红粉），氟化铈(CeO_2)抛光粉和氧化锆(ZrO_2)抛光粉。

氧化铁抛光粉。氧化铁属于α型氧化铁($\alpha-Fe_2O_3$)，斜方晶系，颗粒外形呈球形，边缘有紫状物。比重为5.2，粒度较小，一般为0.5～1.0 μm，硬度低（莫氏硬度4～7级）。由于焙烧温度不同，颜色有从浅红到暗红若干种。氧化铁随其制备工艺的不同其结晶结构略有不同，其抛光效率也略有不同，一般来说 $\alpha-Fe_2O_3$ 的抛光能力较 $\gamma-Fe_2O_3$ 或 $(\alpha+\gamma)-Fe_2O_3$ 低。

氧化铁生产成本低，抛光能力也较低，用于光洁度要求较高的零件加工。

氧化铈抛光粉(Ce_2O_3)。它是稀土金属氧化物，属立方晶系，颗粒较大，平均直径约为2 μm，外形呈多边形，棱角分明，比重7.3，莫氏硬度6～8级。因此，氧化铈的抛光能力强、污染小。有的工厂将氧化铈按粒度分为5类：1#为1～5 μm；2#为6～10 μm；3#为11～20 μm；4#为21～30 μm；5#为31～40 μm。抛光粉粒度大，抛光效率高，但光洁度差。

还有一种含氟化铈(CeF_3)和氧化铈(CeO_2)的稀土氟碳酸盐抛光粉，它是面心立方晶格和六方晶格，氧化铈含量为80.6%，氟化铈含量为5.1%，平均粒度为0.5 μm，比重约为6.4～6.7。因为这种抛光粉含氟，有利于提高抛光质量，易消除玻璃表面的起雾现象。

氧化铈的粒度与制备方法和工艺处理有关，一般来说抛光剂的硬度随烧结温度的高低而不同，质硬的抛光能力大、寿命长，但易划伤玻璃表面；质软的抛光能力小、寿命短、抛光表面质量好，但总的说来烧结温度低一些为好，过高会使化学活性降低，表面积减小，从而使抛光效率降低。

从两种抛光剂的性能来看，由于氧化铈的硬度高，颗粒较大，且多呈多边形，抛光效率较高。因此，大多数生产厂家使用氧化铈作为抛光材料。

氧化锆抛光粉。它是单斜晶系，呈白色粉末状，莫氏硬度为5.7～6.2，其抛光能力和氧

图 7-4　四轴透镜抛光机

化铈相比较，随玻璃品种而不同，对软玻璃氧化铈抛光能力大，对硬质玻璃则氧化锆较好，当氧化锆粒度为 0.5～1.0 μm 时，抛光速度最大，它可单独使用，也可和氧化铈混合使用。

（2）机床的选择。

古典法抛光所采用的抛光机床种类很多，形式大同小异。常用的有两轴、四轴、六轴直至二十轴。此外，还有单轴机、脚踏研磨机等，但是各种抛光机床的传动原理是一致的。图 7-4 为四轴透镜抛光机，图 7-5 为六轴抛光机传动示意图。

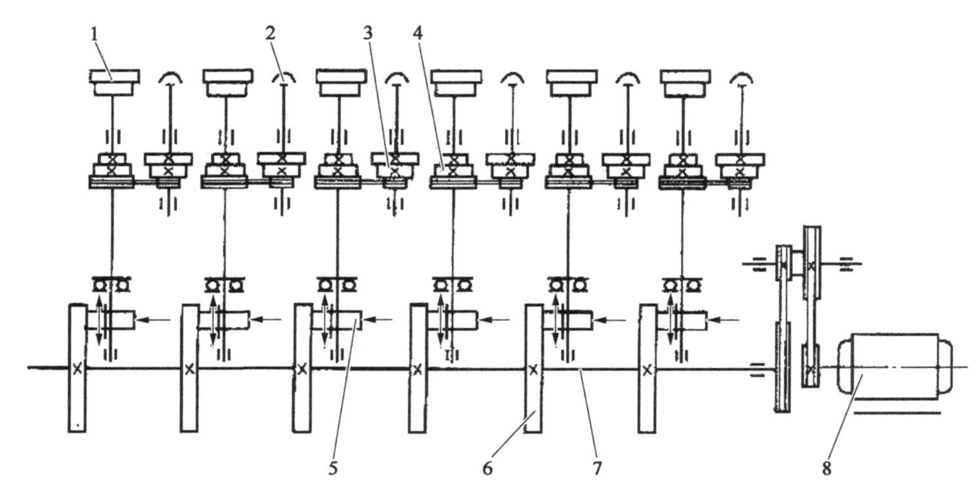

1-摆轴偏心轮；2-抛光机主轴；3,4-皮带轮；5,6-摩擦轮；7-传动主轴；8-电动机

图 7-5　六轴抛光机传动示意图

机床的选择应根据加工镜盘的大小和机床所能加工范围而定。一般机床的功率常以加工最大平面镜盘直径表示。对于同一功率的机床，当加工球面镜盘时，其最大直径为平面镜盘最大直径的 0.7 倍。

加工平面镜盘时的机床选择，一般以机床的加工范围为主，较少考虑平面镜盘的大小。而加工球面镜盘时的机床选择，一般就应该考虑上述两个因素，因大球面镜盘需要有较慢的转速和摆速，有较大的摆幅和较大的功率，而小镜盘则相反。故加工大小不同的球面镜盘就应选择相应的抛光机床。

对于已抛光过且需要进行单块或成对修正面型误差、表面疵病以及要求角度、平行差精度高的零件，一般在脚踏研磨机上进行手工抛光。

（3）抛光模。

（A）抛光模层材料选择。

抛光模层材料有柏油、毛毡、古马隆（豆香酮-茚树脂）。被抛光零件的表面有一定要求时，采用柏油模抛光，能达到 $N=0.05$，$\Delta N=0.05$，$B=\text{Ⅱ}$ 的要求；表面疵病要求较高，而面型要求较低时，可采用毛毡(呢)模抛光；古马隆用于平面抛光。

抛光柏油硬度见表 7-3，抛光层厚度见表 7-4，抛光层中间比边缘厚 1/4～1/3 为宜。

表 7-3　柏油硬度的选择

工房温度/℃	抛光柏油的软化温度/℃	工房温度/℃	抛光柏油的软化温度/℃
35～30	77～74	25～22	70～68
30～25	74～70	22～IR	68～65

表 7-4　零件曲率半径与抛光层厚度的关系　（单位：mm）

被加工表面的曲率半径	抛光层厚度	被加工表面的曲率半径	抛光层厚度
<5	0.5～1	50～75	2～3
5～20	1～1.5	75～125	3～4
20～50	1.5～2	≥125	3.5～5

(B) 抛光模的制作。

凸抛光模。将基模加热至柏油刚能溶化时黏上已砸碎的柏油。再烘表面，再黏柏油，这样重复操作，直至柏油层厚度达到抛光要求为止。然后，在涂有抛光剂的镜盘中反复烘压成型，在水中冷却，用小刀刮去边上多余的柏油。

凹抛光模。将砸碎的柏油放在基模内，加热后用镜盘加压成型，冷却即可。具体制作过程与凸模相同，但凹抛光模中心应刮出一个孔。

2) 在普通抛光机上的操作工艺

(1) 初调机床，洗净脱脂棉、布，清洁工作台面，清洁水锅。

(2) 洗净精磨后的镜盘、检查镜盘质量是否符合抛光要求，视其疵病轻重，决定是否继续抛光。

(3) 将镜盘和抛光模同时放在 70°左右的热水中预热，以使两者很快吻合，但新做的抛光模可以不预热，平面镜盘也不需要预热。

(4) 将预热好的抛光模(或者镜盘)装上机床，并在抛光模或镜盘上涂一层均匀且较淡的抛光剂，将镜盘(或抛光模)覆盖其上，推动几下，手扶铁笔，开动机床。

抛光开始时，把主轴转速和三脚架摆速调至中速；顶针在垂直于摆幅的方向上，离开镜盘中心的最小距离为镜盘张角的 1/10～1/8，如图 7-6 所示。摆幅应对称于镜盘。镜盘直径大于 20 mm，摆幅大小控制在镜盘张角的 1/3；镜盘直径≤20 mm，摆幅大小控制在镜盘张角的 1/2。

在顶针上加荷重，镜盘尽可能磨出“尖叫”声，要经常观察光圈。

(5) 及时加入适量的抛光剂，尽量加到抛光盘的中间。

(6) 抛光适当的时间后要及时检查抛光情况，必要时可对抛光模进行修正。具体有刮模修模和烫模修模法，若模子太大，可在 60℃左右的热水中烫几分钟，然后加抛光剂，放在镜

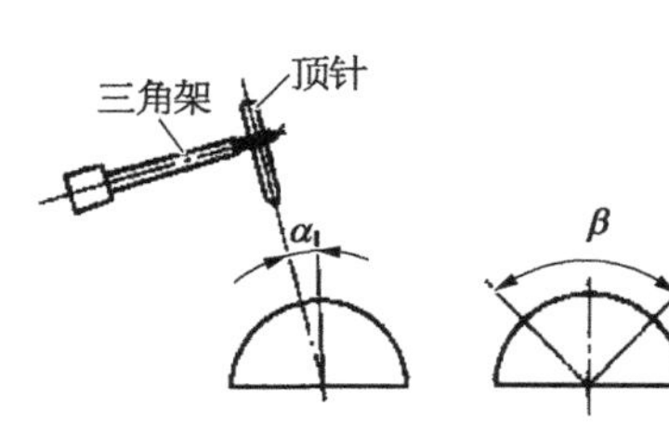

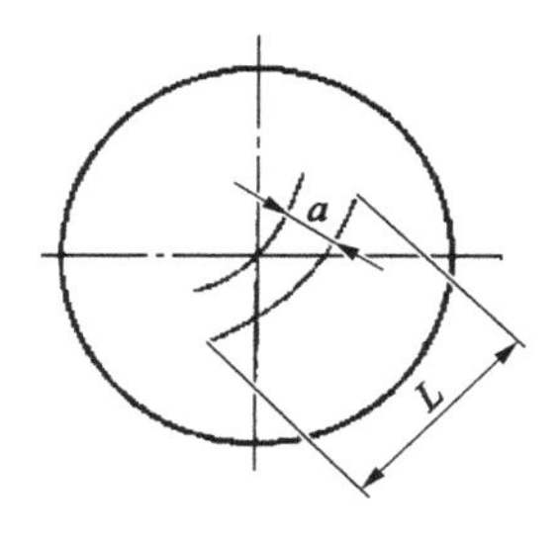

α-铁臂运动轨迹对主轴中心的张角；β-铁臂的摆动角

图7-6　铁臂的起始位置

盘上再加工。

(7) 镜盘抛亮后，用4×～6×的放大镜检查麻点和光圈。

(8) 在抛光过程中应注意随时检查光圈、表面疵病，及时调整工艺参数。

(9) 盘上检查合格后，用温水洗净或擦干净然后用灯烘干，涂上保护漆，等漆膜牢固后就可下盘，零件下盘的方法随上盘方法的不同而不同。

下盘后的光学零件通常要浸入清洗液中，以洗去其表面的黏结胶和保护漆。最普通的方法是先用汽油，再用酒精清洗。当要清洗的光学零件数量较大时，常采用半自动超声清洗机清洗。

光学零件清洗完毕后，取出冷却并擦干，然后送下道工序。

手抛及单块修正时的操作工艺：

(1) 当零件的直径或边长大于100 mm时，要在转速和摆速较慢的普通抛光机上加工，而小于100 mm的零件，则在脚踏机上加工。

(2) 单块球面加工多数在普通机床上进行。

(3) 单块加工主要靠手工操作，要求操作者掌握要领，拿得牢、推得稳、多错位、勤检查、压力适宜、速度适当，抛光粉要加均匀。

(4) 抛光模应比零件尺寸略大，凸模略大15%～20%，凹模约大25%～40%。

以后几道工序同上。

7.3.2　光圈的修改

抛光过程中，由于各种因素的影响，光学零件表面的几何形状的面型精度(N和ΔN)超出了图纸规定的要求，形成多种多样的误差。为了消除这些误差，先正确判断这些误差；然后正确调整工艺因素来修改光圈。

1) 影响光圈的因素

(1) 原材料本身热处理的好坏对光圈变形有较大的影响。退火不良的玻璃，往往在零件制造过程中，会由于应力的变化引起光圈的变形。

(2) 在零件上盘过程中(弹性上盘)，由于零件受热，会产生预应力而引起变形。

(3) 零件上盘时，因黏结胶的收缩而使零件在下盘后引起光圈变形。

(4) 抛光模与零件表面接触不良也会引起光圈变形。

（5）室内温度不均匀引起的变形。

（6）最主要的因素是机床调整是否正确，包括机床的转速、压力、镜盘与工件的相对速度、相对位移等。

2）规则光圈的修改（见表 7－5）

表 7－5　规则光圈的修改

<table>
<tr><td colspan="2">镜盘位置</td><td colspan="2">凸镜盘在下</td><td colspan="2">凹镜盘在上</td></tr>
<tr><td colspan="2">原光圈情况</td><td>低</td><td>高</td><td>低</td><td>高</td></tr>
<tr><td colspan="2">曲率半径 R 的变化趋势</td><td>R 由大变小
（光圈由低改高）</td><td>R 由小变大
（光圈由高改低）</td><td>R 由小变大
（光圈由高改低）</td><td>R 由大变小
（光圈由低改高）</td></tr>
<tr><td colspan="2">抛光情况</td><td>多抛边缘</td><td>多抛中间</td><td>多抛边缘</td><td>多抛中间</td></tr>
<tr><td rowspan="7">各工艺因素的调整</td><td>摆幅</td><td>加大</td><td>减小</td><td>减小</td><td>加大</td></tr>
<tr><td>顶针位置</td><td>拉出来</td><td>放中心</td><td>放中心</td><td>拉出来</td></tr>
<tr><td>主轴转速</td><td>加快</td><td>放慢</td><td>加快</td><td>放慢</td></tr>
<tr><td>摆速</td><td>放慢</td><td>加快</td><td>放慢</td><td>加快</td></tr>
<tr><td>压力</td><td>略加重</td><td>宜轻</td><td>略加重</td><td>略轻</td></tr>
<tr><td>抛光模</td><td>修刮中部</td><td>修刮边缘</td><td>修刮中部</td><td>修刮边缘</td></tr>
<tr><td>抛光液</td><td>浓些</td><td>淡些</td><td>浓些</td><td>淡些</td></tr>
</table>

对表 7－5 的几点说明：

（1）表中所列是指单项工艺因素的改变对光圈的影响，当几项工艺因素同时考虑时，必须结合具体情况，否则，有时会出现相反的结果。

（2）一般情况下，凸镜盘在下，凹镜盘在上，平面镜盘除石膏盘在下外，一般在上。

（3）压力的影响，在古典法抛光中，从法向分力考虑，高光圈时应加重，低光圈时应减轻。但在实际上，抛光模是有变形的，低光圈应该抛得紧些，高光圈应该抛得松些。改高光圈时若加大压力，必然会使抛光模变形，造成边部比压大，抛得很紧。因此，改高光圈时宜轻，而改低光圈时应重。

（4）虽然铁笔向里推和向外拉都可以达到加大其与主轴中心距离的目的，但由于铁笔向外拉可使上架摆动的弧线加长，故光圈变化速度比铁笔向里推时要快些。

3）局部误差的修改（见表 7－6）

表 7－6　局部误差的修改

工艺因素	局部低和塌边	局部高和翘边	像散差
修改抛光模	修改抛光有误差部分	修改抛光无误差部分	均匀修改整个抛光模表面
主转转速	减小	加大	减小
摆速	减小	加大	加大
摆幅	减小	加大	对称摆幅

（续表）

工艺因素	局部低和塌边	局部高和翘边	像散差
铁笔位置	放中心	拉出来	
压力	减小	加大	加大

当光圈不规则严重时，可将镜盘先往低光圈方向修改，然后再抛到所要求的表面几何形状。若光圈不规则十分严重，则必须重新精磨。

抛光模的修改形式，如图 7－7 所示。

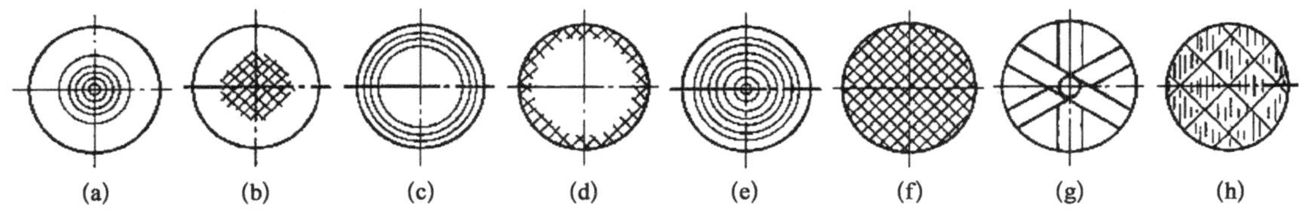

图 7－7　常用的修模图案

(a)、(b) 光圈低改高；(c)、(d) 光圈高改低；(e)、(f) 改局部误差或均匀抛光；(g) 光圈升高并改局部误差；(h) 改局部误差

7.3.3　球面镜盘的抛光

球面镜盘抛光时采用球面抛光模，它是在金属球模表面敷加一层抛光柏油或毛毡而制成的。抛光模层表面的曲率半径以 R_p 表示，它等于透镜完工后的曲率半径 R_0，而符号相反。抛光模基体的曲率半径以 R_t 表示：

$$R_t = R_p \pm b \tag{7-2}$$

式中，b 为抛光胶层的厚度，凸模取负号，凹模取正号。b 值决定于被加工面的曲率半径，按表 7－4 选取。

抛光模基体的矢高 H_t 和口径 D_t 决定于镜盘的矢高 H_j 和口径 D_j，如表 7－7 所示。

表 7－7　抛光模尺寸与镜盘尺寸的关系

加 工 特 点	镜盘尺寸/mm	抛光模位置	抛 光 模 尺 寸
手工操作	$R_j \leqslant 10$	抛光模在下	镜盘尺寸的 1.1～1.2 倍
抛光机上加工	$R_j \leqslant 10$	抛光模在下	镜盘尺寸的 1.1～1.2 倍
		抛光模在上	镜盘尺寸的 0.9～1.0 倍
	$R_j \leqslant 10$	抛光模在下	镜盘尺寸的 1.1～1.15 倍
		抛光模在上	镜盘尺寸的 0.9～1.0 倍

为了使抛光模与镜盘能很快地吻合，应将抛光模在 60 ℃左右的温水中预热（新做的抛光模可不预热）。一般预热到抛光胶层有软化现象即可。将预热后的抛光模（或镜盘）装在机床主轴上，在镜盘上涂一层均匀且较淡的抛光液，并将镜盘（或者抛光模）覆盖其上，推动

几下，再打开机床。抛光模太热时，不加或少加荷重，等抛光模与镜盘吻合后再加荷重。

抛光过程一般可分为两个阶段，一是控制各工艺因素对镜盘均匀而快速地抛亮(即大致抛去砂眼)，属于初抛阶段。然后修整光圈，达到最后要求的技术指标(面型精度及表面光洁度)，属于精抛阶段。但两者互相联系，不能截然分开。

抛光过程中检查光圈时应选定一至几块透镜检查。看光圈时，样板和工件接触后不得用力下压和推动，以免造成新的划痕。

7.3.4　平面镜盘的抛光

1）平面零件的加工特点

平面镜盘抛光的工艺方法与球面加工大体相同，但是，由于平面零件的用途和技术要求不同，必须采用不同的装夹方式和加工方法。按其加工特点，平面零件可分成3类：分划板度盘类、棱镜类及高精度平面类。

（1）分划板、度盘类零件。分划板或度盘一般都是安置在光学系统的成像面上，故表面疵病等级要求高，光圈要求低，平行度要求一般。而保护玻璃和滤光片对表面疵病等级一般，光圈和平行度要求较高。对表面疵病等级要求高的零件，要使用较细的抛光剂和较软的抛光模。

（2）棱镜类零件。棱镜除对表面面型、尺寸精度和表面疵病有要求外，还有角度精度要求。角度精度为中等精度与低精度的棱镜一般用夹模和石膏盘加工，高精度的棱镜用光胶法加工。

（3）高精度平面类零件。平晶、平行平晶及干涉仪中的标准平面零件，要求有较高的平面性（$N < 0.1$），一般用分离器加工(参见12.2节)。

2）中等精度棱镜的加工

对棱镜的加工首先要分析棱镜的基准面和角度精度，然后确定加工次序和装夹方式。

棱镜抛光加工次序的安排随棱镜类型及其精度而定。例如，对普通直角棱镜来说，一般是先加工其中之一直角面，再加工另一直角面，最后加工弦面。弦面所以安排在最后加工，是因为这样比较容易修改尖塔差和两个45°角之偏差。

夹模装夹适用于大批量中等精度的棱镜加工，零件用黏结胶黏在夹模的直角槽内，或将工件黏在金属的承座内，承座再和平模连接，为了进一步提高测量精度和加工精度，可将工件黏在玻璃靠体上，然后一起胶在玻璃平板上成盘加工。这些方法的优点是生产效率高、省去单件修角的工序、质量稳定，缺点是夹具成本高、制造较复杂。

石膏装夹的优点是设备简单，可同时加工不同形状的棱镜，其缺点是上盘麻烦，工件要单件修角，石膏的膨胀会引起角度加工精度的降低。这种方法适用于中等精度的小批量生产和新产品试制。

3）平面抛光模

根据平面镜盘的大小，选择合适的抛光模。如果抛光模在下，抛光模应比镜盘直径大20%～30%；如果抛光模在上，抛光模应比镜盘直径小10%左右。柏油胶层的厚度为4～7 mm。

抛光模材料除通常使用的柏油模(柏油层厚度为2～5 mm)、毛毡或毛呢绒模(毛毡厚2～4 mm)以外，还有古马隆树脂模和聚四氟乙烯抛光模。

古马隆树脂模的配方如表7-8所示。

表7-8　古马隆树脂平模配方

材料名称	规　格	配比/g	主要作用
古马隆树脂	YB313-64	100	基本材料
邻苯二甲酸二丁酯	HG2-465-67	4～8	增韧剂
环氧树脂	HG2-741-72	3～5	填充剂

以上讨论的是古典法抛光的一般工艺。古典法抛光常见疵病及原因如表7-9所示。

表7-9　古典法抛光常见疵病及产生原因

疵　病	产生原因	克服办法
麻点	1 精磨时间短，粗磨后的毛面没有完全磨掉	1 重新精磨
	2 精磨后的光圈太高或太低，使边缘或顶部抛不到	2 提高精磨表面的精度，抛光模的深浅必须合适
	3 上胶火漆太软，加工中零件走动	3 应根据零件要求和室温选适当的火漆
	4 胶球模选择不当，凸胶模半径太小，或凹胶模半径太大	4 选择合适的胶膜或改变火漆层的厚薄来弥补
	5 上胶时贴置不紧，镜盘有偏斜现象	5 镜盘装上机轴时，其表面中心与主轴旋转中心之差不得超过0.5 mm
	6 胶盘太老或太嫩	6 胶盘不合要求的应重新胶盘
	7 精磨完工后没有及时抛光，零件受冷热后火漆变形，零件走动	7 精磨完工后最好及时抛光，停放的时间不要超过2 h，抛光过程中停留的时间也不宜过长
	8 抛光时机轴有转动不正或跳动现象	8 修理机床，机器主轴接头不允许有超出0.2 mm的偏心
	9 抛光工房温度过高或过低	9 工房温度应保持在25 ℃左右
	10 抛光模曲率半径不合要求，加工中松紧不合适或有跳动现象	10 按要求选用抛光模具，使用中根据需要进行修改
	11 光圈抛得太高而改低后，边上还未抛到，或光圈抛光得太低而改高后还未抛到中部	11 应继续抛光
	12 抛光模或镜盘预热过猛或预热不够	12 预热模具或镜盘用的水温不能太高或太低，一般在60 ℃左右
擦痕	1 看光圈擦出擦痕	1 用样板看光圈时，两接触面应擦净；样板放上时手要轻，放上后勿用力推动，最好固定一块零件看光圈
	2 抛光材料、辅料不清洁	2 抛光用材、辅料应符合标准要求，使用要注意清洁，不许混有杂质，用毕加盖，防止灰尘落入
	3 下盘前磨得太干	3 下盘时干湿要适当
	4 抛光模边缘有干抛光粉	4 用刀子刮去，以免带入镜盘内
	5 抛光前精磨的金刚砂未洗干净	5 加工前应将镜盘洗刷干净
	6 修改模具后未擦干净	6 改完模子应擦拭干净，用肥皂洗为好
	7 抛光柏油太硬，与镜盘磨不合	7 应根据室温选硬度适当的柏油
	8 所加抛光剂浓淡不均	8 所加抛光剂应浓淡均匀
	9 抛光模用的时间太长，表面起硬壳	9 应将模具刮去一层或重新做模具
	10 抛光模表面发毛	10 防止工件边缘倒边

（续表）

疵　病	产　生　原　因	克　服　办　法
闷光层	零件精磨不合要求或抛光时间短	精磨不合要求的应重新精磨，抛光的时间应延长些，或换切削力强的抛光剂
印子	1 油印：是由于不清洁，弄上脏物而形成 2 水印：是抛光后表面受水的浸蚀而生成 3 霉印：玻璃材料化学稳定性差，有机物浸蚀而成 4 火漆印：是由于黏火漆时加温太高或保护漆涂得太薄而形成	1 应注意清洁，不要将抛光面沾上脏物 2 已抛光完工的表面不要再滴上水，有水珠时应及时擦干，在加工过程中应注意保护好已抛光的表面。注意不要使涂上的保护漆脱落 3 零件完工后放的时间不要太长，或及时镀上憎水层 4 黏火漆条时加温不要太高，保护漆应按要求涂刷。产生以上的印子时可先哈气或用擦布蘸红粉后擦拭，也可用手抛光修掉

7.4　高速抛光

古典法抛光的工艺特点是用普通曲柄式抛光机床，转速慢、压力小，抛光模层大多采用柏油或毛毡。这种方法精度高而效率低，满足不了光学生产发展的需要，因此推广高速抛光这一先进工艺是必然趋势。高速抛光的主要特点是采用高速、高压、自动供给抛光液和更有效的抛光模，大大提高了抛光效率，为实现光学加工自动化创造条件。目前，高速抛光已应用到中等精度零件的批量生产上。

高速抛光分为准球心法（或称弧线摆动法）抛光和范成法抛光。准球心法抛光的特点是压力头绕球心做弧线摆动，工件压力始终指向球心，它和古典法抛光一样，也是靠抛光模成型的。准球心法抛光对机床的精度要求较低，加工方法和古典法相近，易于实现，应用较广。范成法抛光是用环状面接触的抛光模抛光，按抛光轮轴对工件轴所成的夹角确定工件表面形状，机床的精度和调整对加工质量起着很大的作用。范成法抛光对机床精度及调整要求较高，目前还很少采用。

7.4.1　准球心抛光法

1）工作原理及特点

根据抛光的机械磨削理论，在一定范围内，提高抛光的压力和速度，可使抛光速率成线性增加。因此，增大抛光的压力和速度，是提高效率的有效途径。但是由于古典抛光法抛光模（或镜盘）做摆动运动，如图7-8(a)所示。荷重竖直加压，当摇臂从中心偏摆α角时，正压力按$F_n=F\cos\alpha$的规律变化。当$\alpha=0$，摇臂头在中心，此时正压力最大。当α增大时，正压力随α角的增大而减小。目前国产抛光机$\alpha=45°$。

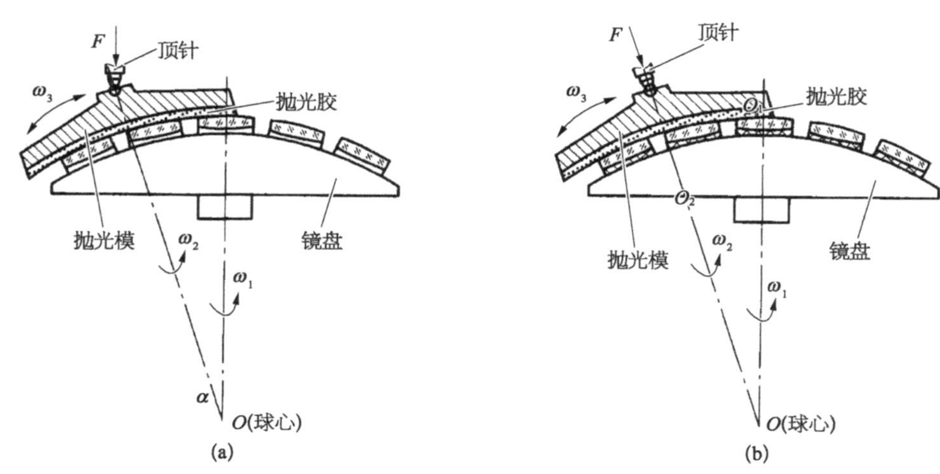

图 7-8　两种抛光法比较

(a) 古典法抛光；(b) 准球心法抛光

由此可见，古典法抛光其正压力 F_n 随摆角 α 而变化，势必造成磨削不均匀。压力愈大，不均匀程度愈严重。因此，不可能荷重过大，而且摆幅不能超过半球。

图 7-9　准球心抛光机

为了使正压力始终恒定，摇臂头必须对准工件的球心，沿其表面弧线摆动，这就是准球心法抛光的原理[见图 7-8(b)]。镜盘绕轴 OO_1 旋转，抛光模则绕 OO_2 轴从动地同向旋转，O 点为镜盘曲率的中心，抛光模轴以 O 点为中心按 α 角往复摆动，其 α 角可根据需要调节。由压力头产生的工作压力始终指向镜盘的球心，并保持恒定的压力。而且主轴转速较高，摆架速度也较高。准球心抛光机实物如图 7-9 所示。

要保证摆动轴线对准球心，就要调整中间接头及凸球模的位置，使镜盘的球心落在摆架的转动轴上。因为机床主轴端面至摆动轴的距离是给定的值，为了减少中间接头的数量，在设计凸球模时，应使所有球模的球心至模柄轴向定位端面的距离都取同一值 h，这样只需要做一个高度为 h' 的通用中间接头，就保证了准球心抛光的目的，如图 7-10 所示。

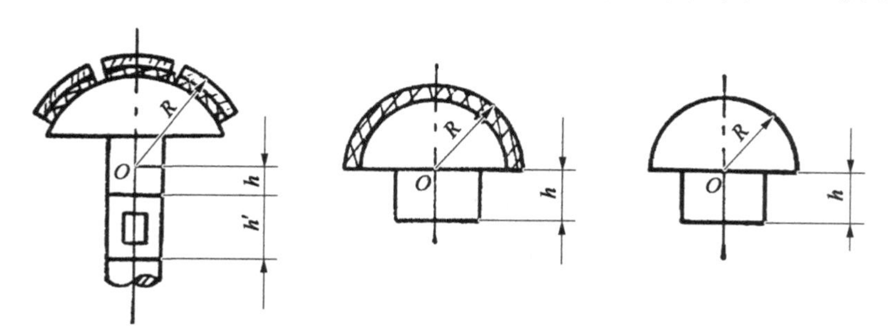

图 7-10　准球心凸球模

准球心抛光在原理上克服了古典抛光的弊病，因此在实践上显示了一系列优越性：

(1) 抛光模(或镜盘)绕镜盘(或抛光模)的曲率中心做弧线摆动，而压力方向始终对准球心，因此镜盘所承受的是恒压，为均匀抛光创造了条件。而古典抛光是平面摆动，荷重竖直加压，其压力随摆角而变化，因而容易产生不均匀抛光。

(2) 主轴转速高，线速度达到 100 m/min，承受压力大，镜盘单位面积压力一般在 1～3 N/cm²。而古典抛光法抛光的线速度一般为 50 m/min，单位面积压力一般在 1 N/cm² 以下。因此，准球心抛光的生产效率比古典法高。

(3) 采用弹簧或气压方式加压，如图 7-11 所示，压力比较恒定、平稳。而古典法抛光用重块加压，体积大，振动也大。

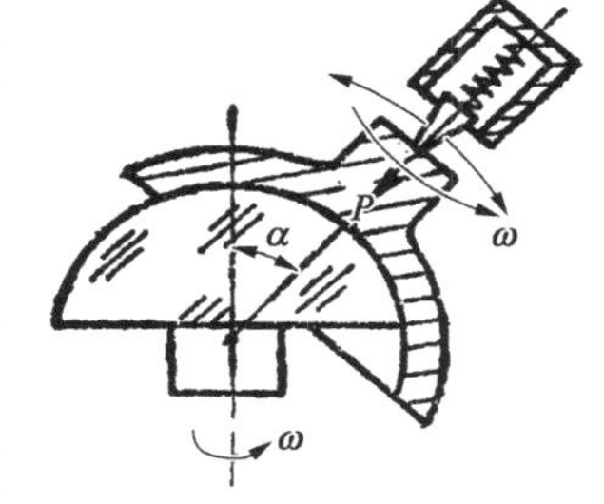

图 7-11　准球心抛光加压

(4) 自动循环供给抛光液，能恒温控制，受外界环境影响较小，可以实现多机床管理和半自动加工。而古典法抛光是手工添加抛光液，对室温要求严格。

(5) 采用塑料树脂抛光模，耐磨性好，不需要经常修改模具，可做到定时定光圈下盘，便于实现生产自动化，抛光效率高。而古典法抛光则需要经常修刮模具，不能做到定时定光圈下盘。

2) 工艺因素的选择

(1) 机床。抛光速度和压力与抛光效率近似呈线性关系，但是应根据抛光模材料性能和黏结材料的强度来选择。在高速抛光中采用压缩弹簧加压，有的采用气动加压(则需要有专门的气动装置来实现)，对于小镜盘其压强一般不超过 0.3 kg/cm²。

摇臂的摆动参数有偏角和摆幅，它们对抛光的影响很大。当凹镜盘在上，若偏角与摆幅大时，光圈易变低，反之则相反。当凸镜盘在上时，偏角与摆幅大，则光圈易变高，反之则相反。

对于半球和超过半球的镜盘偏角可取 15°，摆幅 50°，即左偏 10°，右偏 40°。对于镜盘高于 0.85R 的，镜盘偏角可取 15°，摆幅 40°，即左偏 5°，右偏 35°较为合适。

球心不准会引起压力不均匀，光圈难以控制。一般机床高度误差不得超过±2 mm。

(2) 抛光液。对抛光质量的影响有几点：

抛光液温度。抛光液的温度太低时，零件与模具的吻合性差，易出现擦痕。抛光液的液温太高，抛光模易变形，光圈难以控制。因此，抛光液的温度应根据抛光模材料来确定，根据试验，用聚氨酯模抛光时，抛光液温度一般控制在 30～38 ℃之间为宜。

抛光液流量。抛光液的流量太小时，不利于机械磨削作用和热量散发；流量太大时，工件表面温度降低，不利于化学作用，同时使吻合性变差，一般为 900～1000 ml/min。

抛光粉粒度。准球心法高速抛光，均采用氧化铈抛光粉，其粒度应根据表面疵病等级来选择。一般当 B = Ⅱ 级时，采用 1#～2#；当 B = Ⅲ ～ Ⅳ 级时，采用 3#；Ⅴ级以下时，采用 4#～5#。

抛光液浓度。抛光液的浓度从 0～15%逐渐增加时，抛光效率成线性增加；当浓度超过 30%时，因为水量不足，过多抛光粉堆积在玻璃表面上，热量难以散去，抛光压力不能有效地发挥作用，所以，抛光效率反而下降。抛光液浓度太低，降低了工件表面温度，同时减小了微小切削作用，所以抛光效率也会下降。一般 Ce_2O_3 与 H_2O 之比为 1∶5～1∶7，具体应视 Ce_2O_3 的品种而定。

抛光液的 pH 值，应选中性或偏酸较好，pH 值一般控制在 6～7 之间。

（3）抛光模。是影响抛光质量的一个重要因素。在抛光过程中，抛光模的面型和工件的面型有着密切的关系，抛光完工时工件的面型就是抛光模的面型，它们应该完全吻合。

在用柏油模或混合模抛光时，抛光模的面型一直在改变，黏流性是沥青的特性，使得被抛光表面面型与抛光模面型一致。由于这种抛光模在加工中容易变形，要实现定时、定光圈有较多困难。

用塑料抛光模抛光时，抛光模迫使精磨表面与它的面型一致，抛光模的形状仅由磨损而改变，不因黏流性流动引起变化。由于这种抛光模能较长时间保持其正确的面型，所以适用于自动化生产。

对高速抛光模层材料的要求：

为了增强抛光过程的切削作用，抛光模层应具有微孔结构。这些微孔不但能够吸附、贮存大量的抛光粉，而且孔穴的大小足以使抛光粉颗粒在其中自由滚动，可使抛光粉的锋利尖角不断切削玻璃。同时，抛光模层与玻璃表面由许多很小的表面接触，而不是整个面积接触，比压加大，从而加速了抛光过程。在抛光模中加入纤维质，有助于形成微孔纤维组织。在微孔不足的情况下，要在抛光模层上多开槽。

耐磨性好，硬度适当。为了保证抛光模的尺寸精度，延长使用寿命，模具必须耐磨。另外，硬度适当才能使工件和抛光模有较好的吻合性，否则光圈难以控制。

耐热性强。高速抛光模在高速和高压的工作条件下使用，因而会产生较高的摩擦热，易引起模具变形，因此，要求抛光模具有良好的热稳定性，一般来说抛光模材料的软化点在 90 ℃以上，以保证光圈的稳定性。

柔韧性好。在一定的速度和压力下，抛光模应具有微量的蠕变，才能与工件紧密吻合接触，以获得好的表面光洁度。

具有较好的化学活性。根据抛光理论可知，抛光模的化学活性直接影响抛光作用。化学活性好的抛光模具有较高的抛光速率。

为保证模具的面型精度，应选择收缩率小、老化期长、吸水性能好的抛光材料。

在抛光过程中，影响工件面型精度的因素很多，但是其中最关键的是模具的形状。如果模具不合适，无论怎样调节运动条件，也得不到满意的加工精度。因此，要使抛光模保持长时间的面型稳定，必须满足上述要求。

抛光模材料一般分为热塑性抛光模和热固性抛光模两种。以热塑性树脂作为主要成分的抛光模称之为热塑性抛光模，如柏油混合模、古马隆混合模等。以热固性树脂作为主要成分的抛光模称之为热固性抛光模，如环氧树脂模、聚四氟乙烯模。

抛光模一般由 6 类材料组成：

基本材料——主要成分。① 热塑性树脂是可以反复受热软化（或熔化）和冷凝的树脂，在冷却至软化点以下时能保持模具形状，如沥青、松香、古马隆、松香改性酚醛树脂。有些热塑性树脂加入固化剂后可成为热固性树脂。② 热固性树脂经过一次受热软化（或熔化），冷却凝固后变成不溶、不熔状态的树脂。由于在加热、催化剂或热、压力的作用下，发生化学反应而变坚硬，受热不再软化，如酚醛树脂、环氧树脂、聚氨酯、聚四氟乙烯等。

固化剂。线性结构的热塑性树脂，只有与固化剂作用后才能使线型结构交联成网状结构的大分子，成为热固性树脂，常用的有聚酰胺、无水乙二胺等。

填充剂。为了增加模层的强度、硬度、耐磨性，提高耐热性，降低固化收缩率和热膨胀系数，应使其呈中性，不应与其他组成物质产生化学反应，比重不能相差太大。一般使用玛瑙粉、抛光粉、氧化锌、碳黑、树脂粉等。

1-聚氨酯抛光模；2-固着磨料抛光模；3-固着磨料抛光模抛光片

图7-12　常用的一些抛光模

增韧剂。一般热固性树脂较脆，加入增韧剂可增加其韧性，如聚酰胺、邻苯二甲酸二丁酯等。

添加剂。蜡类——调节热塑性树脂的塑性、韧性；纤维材料——提高抛光模的吸附性、耐磨性和化学稳定性。

发泡剂。如发泡灵、水等。

3）几种常用的抛光模

如图7-12所示是一些常用的抛光模。抛光模的组成配比与加工对象、技术要求和工艺因素有密切关系，应根据不同条件来试验选择。

（1）柏油混合抛光模。柏油混合模的模层配方如表7-10所示。

表7-10　柏油混合模材料配方

材　料	规　格	配　比	主　要　作　用	备　　注
抛光柏油		100	基本材料	10#建筑石油沥青：特种松香：蜂蜡=13：86：1
松香改性酚醛树脂	HG2-231-65	50	增加耐热性，提高硬度	
固体环氧树脂	HG2-741-65	20	增加稳定性，提高抗腐蚀能力	
羊　毛		5	对各种原料起黏结作用，提高韧性和拉力，延长模具使用寿命，对抛光有加速作用	

制模工艺：先将各种原料分别按配比称好，再将松香改性酚醛树脂放入抛光模基体内，在电炉上加热至完全熔化。然后将柏油加入已熔化的松香改性酚醛树脂中，搅拌均匀，此时不能继续加热。再加入固体环氧树脂，搅拌均匀，不需加温，待上述混合物逐渐冷却到呈稠状时加入羊毛，搅拌均匀；最后用标准压模压型成精确表面。

柏油混合模继承了古典抛光法的优点，如吻合性好、修模方便、制模简单、成本低等。但

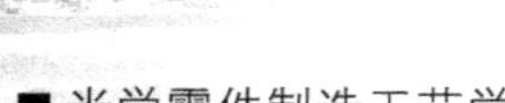

它比古典抛光模的机械强度高、耐磨性好、能适应一定的速度和压力。由于这种模层的软化点较低,在高速高压下容易变形,需要经常修改模具,所以在提高效率和实现定时定光圈方面都存在困难。

(2) 毛毡柏油模。模层配方如表7-11所示。这种抛光模的化学活性较好,因为柏油及毛毡里的羟基及氨基等活性基团能直接与玻璃发生作用,增强抛光效果。另外吻合性能好、抛光工艺稳定,同时制模简单,易于掌握,是目前国内采用最多的一种抛光模。

表7-11　毛毡柏油模材料配方

材　　料	规　格	配比/g	主要作用	备　注
细毛毡($t=1.5$ mm)	FJ314-66		基本材料	
抛光柏油		100	基本材料	
虫胶	滇/QHG4-65	30	增加黏度	块料
碳黑		10	填料,增加耐磨性	
橡胶粉	80目以上	5	填料,增加耐磨性	

制模工艺:按抛光基模将毛毡剪成圆形片状,中心剪出几条缺口,备用。将称好的柏油放入容器内熔化,依次加入虫胶、碳黑、橡胶粉,并搅拌均匀。将毛毡圆片浸泡在混合剂中,浸透为止。再将其放入预热的抛光基模中,用标准模压制成型,冷却待用。抛光时先要用70～80℃的温水烫软后使用。

(3) 环氧树脂抛光模。模层配方如表7-12所示。

表7-12　环氧树脂模配方

材料名称	规　格	配比/g				主要作用
		1#	2#	3#	4#	
环氧树脂	E-44	100	100	100	100	基本材料
聚酰胺	650#	45	50	70	80	增韧剂
无水乙二胺	化学纯	13	10	8	6	固化剂
玛瑙粉		100	70	80		填充剂
核桃壳粉			30			填充剂
尼龙粉	1010#				80	填充剂

制模工艺:先将各种原料分别按配比称好;用丙酮把抛光模基体和压模擦洗干净,将环氧树脂和聚酰胺混合后搅拌均匀。然后加入乙二胺搅拌至无烟逸出为止。再把填充料依次倒入,搅拌均匀,将上述混合物倒入抛光模基体内,稍加搅拌,以使混合胶体黏于基模上。用针剔除气泡,等胶体固化到不流动时,用涂有脱模剂(机油或甲基硅油)的压模压在抛光模上,用夹具固定成型。固化24 h后将模具用肥皂水清洗干净,一般用对磨的方法进行修模,当光圈符合要求后,即可使用。

环氧树脂模具有良好的耐磨性、耐热性，抛光能力强，形状稳定性好。但制模工艺较复杂，修模较困难，易老化。

（4）聚氨基甲酸乙酯泡沫橡胶抛光模（简称聚氨酯模）。20世纪50年代出现的一种新型合成材料。由于它具有一系列优异性能，因此，近年来在光学零件制造行业得到迅速发展和广泛应用。采用聚氨酯泡沫塑料制成的抛光模，具有良好的微孔结构，强度高、变形小、耐磨性优良、抛光效率高、寿命长。但是这种抛光模，制作困难、重复性不好，若配料和制模工艺稍有差别，性能差异很大。

聚氨酯泡沫塑料抛光模，根据配方中使用的原料不同，分为聚酯型和聚醚型两类。聚醚型比聚酯型工艺性能好，耐压、强度高、耐水性好、有较高的抗热性、老化期长。因此，目前各国大多采用聚醚型聚氨酯抛光片。表7-13是一种聚醚型聚氨酯的配方。制成的聚氨酯坯料切片后黏成抛光模，片厚常用0.5～1.2 mm。聚氨酯本身白色，加入氧化铈或氧化铁后成黄色或红色，这些抛光磨料不起抛光作用，仅作调节硬度用。

表7-13　聚醚型聚氨酯模配方

材料名称	配比/g		主要作用
	1	2	
聚醚204#	100	100	基本材料
聚醚303#	25	35	交链剂
4,4二苯基甲烷二异氰酸脂(MDI)	148	168	链的增长剂
3,3′二氯化,4,4′二氨基二苯甲烷(MOCa)	12	12	使胶体从线型结构变成体型网状结构
水	0.87	0.87	发泡剂
氧化铈	50	50	填充料，提高抛光能力
亚磷酸三苯脂	15	15	增塑剂，抗老化剂
发泡灵	5	5	泡沫稳定剂

制备聚氨酯抛光模有两种方法：压型法、贴片法，后者使用较多。

制模工艺：按配方称好的聚醚204#、MDI、氧化铈、亚磷酸三苯酯放入抛光模基体内，置电炉上加热至90 ℃左右，预聚7～8 min，生成黏度较大的预聚体。用水调和聚醚303#，搅拌均匀，用滴管滴在上述聚体中，并加入发泡灵，搅拌均匀，保持温度80～90 ℃。将熔融的MOCa倒入，迅速搅拌1～5 min。用涂好脱模剂(295硅脂)并预热过的标准压模压型，将模具放在恒温箱内，半小时内逐渐升温至140 ℃，保温4 h，然后随炉冷却至室温。

上述是压型模的制备方法，这种模由于制作不便，微孔结构不明显，所以用得很少。一般是使用切片模，切片模是将浇铸成型的聚氨酯塑料切成片，再黏贴在抛光模基体上。切片厚度为0.5～1 mm，平行度为0.03 mm，对直径小的棒料用内圆锯片锯切，平行度可在0.01 mm以内，直径大的棒料可用车床切片。切片剪形如图7-13(b)所示。贴片的形状是由塑料贴片半径R_{tp}和叶片半径R_{yp}确定的。

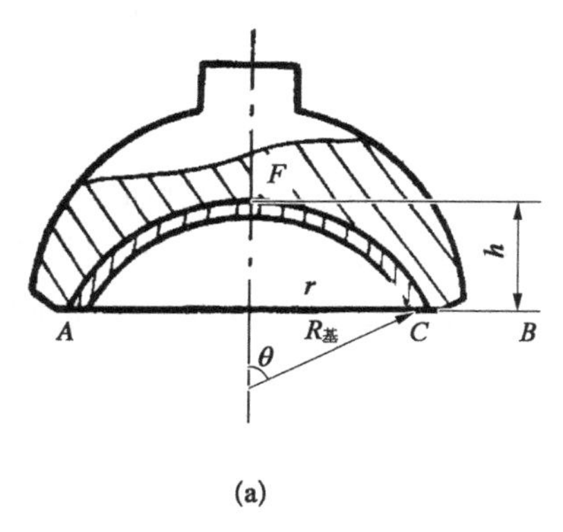

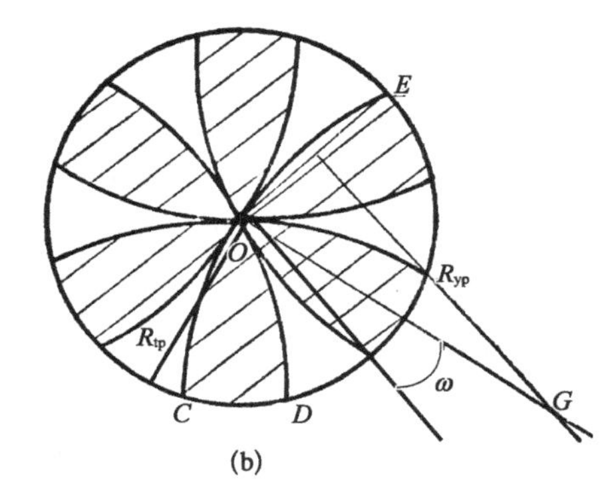

图 7-13　聚氨酯抛光模

(a) 抛光模基体；(b) 贴片剪形

$$R_{tp}=\frac{\widehat{AFC}}{2}=\widehat{AF}=\widehat{FC}$$

$$R_{tp}=\left(R_{基}+\frac{b}{2}\right)\cdot\theta$$

$$\cos\theta=\frac{R_{基}+\frac{b}{2}-h}{R_{基}+\frac{b}{2}} \tag{7-3}$$

式中，$R_{基}$为抛光模基体半径；b 为贴片厚度；θ 为抛光模张角之半；h 为抛光模的矢高。

贴片上每个叶片之间的夹角（$\angle EOG$）为 60°，由图 7-13(b)可确定贴片上每个叶片的半径 R_{yp}。

$$R_{yp}=\frac{R_{tp}}{2\cos(\omega+60^{\circ})} \tag{7-4}$$

$$\omega=\frac{\pi r}{6}\cdot\frac{1}{R_{tp}}=\frac{\pi\left(R_{基}+\frac{b}{2}\right)\sin\theta}{6R_{tp}} \tag{7-5}$$

要注意的是，聚氨酯抛光模层吸水后会变形，如果没有达到吸水平衡时间，尽管制模当时尺寸已经修整合适，但经过几天，模具面型尺寸仍会改变，使模具和工件吻合性差。不同的聚氨酯材料的吸水量是不同的，少则 1 天，多则 15 天才会达到平衡。

正确的修模时间应由抛光材料的吸水平衡时间决定。因此在修模前应把抛光模放在抛光液中浸泡，达到吸水平衡后再修模。另外，投入生产的抛光模，用后要浸泡在抛光液中，否则，抛光模置于干燥空气中，由于模层水分蒸发，其尺寸会有微量变化，所以再使用时，开始会有一点不吻合，继续使用一会才能恢复原来的尺寸。

聚氨酯抛光模抛光玻璃（见图 7-14）与古典法抛光的作用机理不尽相同。聚氨酯模弹性大、韧性好、有较大的抗拉强度、模具可以承受较大的摩擦阻力，在高温高压下对玻璃产生强力抛光，玻璃去除量在0.02～0.05 mm，模具的曲率半径变化量也相当于此值，抛光初期和后期，抛光模曲率半径变化大致相当。因此，用聚氨酯抛光模抛光，磨具曲率变化是靠弹性实现的。用聚氨酯模抛光，光学零件只能做到3～4道光圈的面型精度，因此只适用于照相透镜的抛光。古典法抛光采用柏油或毛毡模，抛光模比较软，抛光能力比较弱，玻璃去除量较小，面型精度容易控制，面型精度可做到1～0.1道光圈。适用于显微物镜、天文望远镜物镜，特殊高性能光学系统，高精度平面、高精度棱镜等的抛光。

图7－14　聚氨酯模抛光

准球心抛光常见问题及产生原因如表7－14所示。

表7－14　准球心抛光常见问题及产生原因

疵　病	产　生　原　因	克　服　办　法
光圈塌边	1 抛光模在抛光热作用下变软 2 抛光液温度太高 3 凸镜盘在下时摆动过大 4 凹抛光模半径太小	1 开散热槽以排除抛光过程中产生的大量摩擦热，或改变抛光模层配方，以提高耐热性能 2 降低抛光液温 3 减少摆幅 4 增大抛光模半径
光圈不圆	1 抛光模局部变形、不规则 2 抛光时温度过高，冷却后收缩不匀 3 修模不规则 4 抛光模层局部与金属基体脱离 5 抛光模弹性太小 6 黏结火漆太软而零件走动	1 重新修刮抛光模 2 降低抛光液温度，使其与室温相差不太远 3 修正抛光模 4 重新制模 5 改变模子配方 6 提高火漆硬度
麻点	1 精磨后表面太粗糙 2 抛光时间太短 3 黏结胶太软，引起局部变形 4 抛光模层软硬不适当	1 提高精磨质量 2 增加抛光时间 3 增强黏结胶硬度，重新胶盘 4 调配抛光模硬度
擦痕	1 抛光粉不清洁或抛光粉粒度不均 2 抛光液温度太低 3 抛光模层太硬 4 抛光模与玻璃吻合性能不好	1 过滤或重换抛光液 2 适当提高抛光液温度 3 改变模层配方，使软硬适中 4 改变模层配方，提高吻合性
水印	1 抛光时温度很高，突然冷却时易产生水印 2 玻璃材料化学稳定性差 3 抛光液碱性太大	1 注意勿造成突然冷却，下盘前不要磨得太干 2 在抛光液中加入适量的硫酸锌 3 下盘时要很快擦干，用温水洗净

7.4.2 固着磨料抛光

早在20世纪70年代初，国外就开始采用固着金刚石微粉精磨片抛光的研究，如美国一专利报道了以环氧树脂为基体的固着磨料抛光模（见图7-15），其中掺入粒度为9～16 μm、浓度为10%～25%的金刚石微粉。模具可以做成贴片式的，也可以是浇压成型的。模具寿命比一般抛光模高十倍以上。又如日本采用特殊黏结剂加入氧化铈固结在一起，制成抛光片进行抛光试验。结果表明，工件表面的疵病等级高、效率高、工艺稳定，有利于实现抛光自动化，而且减少了环境污染，抛光后的零件易清洗。又如苏联有文献报道，采用环氧树脂黏结的金刚石磨具用于抛光可明显缩短抛光时间。

图7-15　固着磨料抛光模抛光

自20世纪80年代开始，我国在北京、沈阳、南京、西安等地几家单位相继进行固着磨料抛光的新工艺试验，并初步用于光学生产，取得了实用成果。长春理工大学（原长春光机学院）曾用固着磨料对双凹电影机放映镜片进行抛光试验，材料为ZF2，尺寸为 $D=26$ mm，$d=7.95\pm0.1$ mm，$R_1=34.12$ mm，$R_2=50.12$ mm，用固着磨料抛光获得表面疵病等级 $B=$Ⅳ，光圈 $N=3$，$\Delta N<0.3$ 的镜片。

受机床条件的限制，固着磨料的抛光，其曲率半径多在 $R=50$ mm 以下。

1）固着磨料抛光工艺

固着磨料抛光适用于中软玻璃材料、中小镜盘。对大镜盘和硬材料抛光难度较大。

固着磨料加工要求机床的转速要高、精度要好、稳定可靠。一般来说，主轴转速要达到1 000 r/min以上，主轴的跳动误差应<0.02 mm，冷却液最好要有过滤装置。如果镜盘在下，则同主轴连接的工装精度最好<0.02 mm。

固着磨料抛光要求镜盘采用刚性上盘，如果采用弹性盘，则要求上盘时严格对中，否则极易打盘，无法加工。

抛光丸片的大小应根据镜盘的直径来决定。现在常用的丸片直径为4,6,8,10 mm。关键是保证覆盖比，这样考虑是为了保证磨具能得到均匀磨损，还要按照余弦磨损的原则，合理安排各层丸片的疏密程度。各行片数可参考下式：

$$z=\frac{360^\circ}{2\arcsin\dfrac{2r}{d}+2\arcsin\dfrac{b}{d}} \tag{7-6}$$

式中，r 为抛光片半径；d 为抛光片中心所在各行的口径；b 为抛光片之间的间距；z 为抛光片数。

覆盖比取50%～70%。大模具取较小的覆盖比，小模具取较大的覆盖比。

按照镜片材料的软硬情况选取不同的抛光片。如果抛光片质量不好或不匹配，抛光时要么就是抛不动，或者表面粗糙度不好。所以购买抛光片，要向厂家讲明加工的材料牌号。一经试验合适，就固定下来，不要轻易变动。

固着磨料抛光要求工装精度较高，刚性盘的同心度要好，而且各个镜片承孔定位面对球心的高度要一致。这个指标若达不到，则镜片中心厚度合格率就很难提高。另外，贴丸片的基模同心度也不能马虎，否则基模自转会不灵活，抛光很难顺利进行。

抛光过程中，可以通过调整机床摆架的摆幅、摆位及压力来纠正光圈的变化。

2）固着磨料抛光对超精磨的要求

由于固着磨料抛光模对工件表面形成的修整能力很差，面型精度依靠精磨保证，固着磨料抛光不是控制面型，而仅仅是改善表面粗糙度。因此，固着磨料抛光对工件精磨的表面质量及几何形状精度要求较高，需要超精磨后再抛光。

超精磨去除量虽然比抛光多，但也只不过为0.01 mm左右。因此，修正光圈的能力是有限的。根据中等镜盘情况，一般超精磨后的光圈比抛光完工的光圈低0.5～1个光圈，矢高差也仅在0.05 mm以内。超精磨一般采用环氧树脂结合剂，它的光圈很容易受前道光圈的影响，如果前道光圈低得太多，超精磨也会朝低处变，所以这两道工序要密切配合，反复试配，直到超精磨光圈基本稳定为止。

在固着磨料抛光过程中，要注意各道模具光圈的匹配，一般贴置模比精磨模低2～3道光圈，精磨模比超精磨模低1～2道光圈。如果这4道模具配合不好，即使抛光模修得再好，也会在很短时间内产生面型不稳定的现象，所以每道模具的严格匹配，是固着磨料抛光工艺的重要条件。

3）固着磨料抛光模

图7-16是固着磨料抛光模之一。固着磨料抛光模是采用黏结胶将抛光片黏结到抛光模基体上制成的。黏结胶的配方：用6101环氧树脂和650聚酰胺各50%，再加适量的氧化铈调成浓糊状。等黏结胶基体固化后，再放入烘箱升温到120 ℃，自然冷却到40 ℃即可取出。修模时须制备一只铸铁或玻璃的标准模具，用M302及M303修正抛光模。当抛光片边缘全部修到，而中间两圈的抛光片已磨到2/3时即可用于抛光。

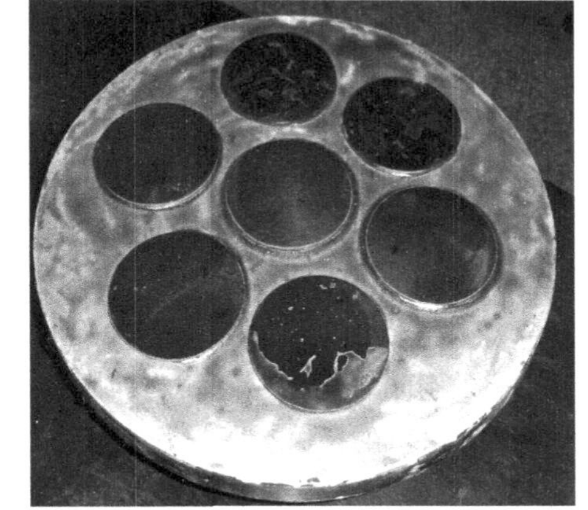

图7-16　固着磨料抛光模

为了缩短修模的时间和延长模具的寿命，抛光模尺寸要精确些。抛光模半径加抛光片厚度应比工件标准大0.1～0.3 mm，这样可以保证修模从边缘修到中间。

4）抛光速度与压力

抛光模转速高，抛光效率高。但振动大，易出道子，一般控制线速度为2.4～5 m/s；压力为0.12～0.2 kg/cm^2。

抛光液用普通自来水加0.1%硝酸锌和1%甘油混合，硝酸锌利于提高抛光效率，甘油能吸附模具和镜盘、增加吻合性。液温控制在28～31 ℃。

7.4.3 范成法抛光

1) 范成抛光法原理

“范成法”高速抛光与金刚石磨轮的铣磨成型加工相似，即镜盘轴与抛光轮轴均为刚性连接，各自做强制转动，两轴线相交于一点，夹角为 α，可通过调整夹角的大小来控制曲率半径的精度，如图 7－17 所示。

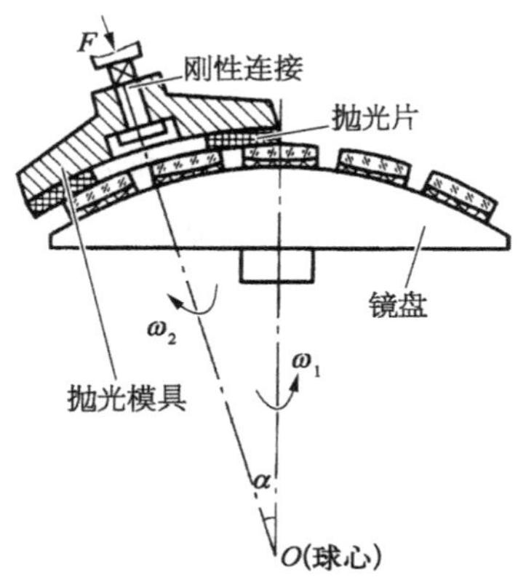

图 7－17　范成法高速抛光

范成法抛光与铣削加工的主要区别是：范成法抛光模与工件为环带状面接触，并且两者转速相近；而铣削加工的金刚石磨轮与工件是圆弧线接触，并且磨轮做高速旋转，工件做低速转动。

范成法抛光的精度，主要依赖于机床的精度，其次取决于抛光模的性能和上盘精度。因此，范成法抛光对机床精度要求高，这样势必造成机床结构复杂，难以调整，且成本高，从而限制了范成法抛光的普遍使用。但是它的最大优点是可以加工曲率半径比较大的透镜。

范成法抛光通过调整机床修改零件的光圈。调节机床一般有两种方法：角度定位法、半径 R 定位法。

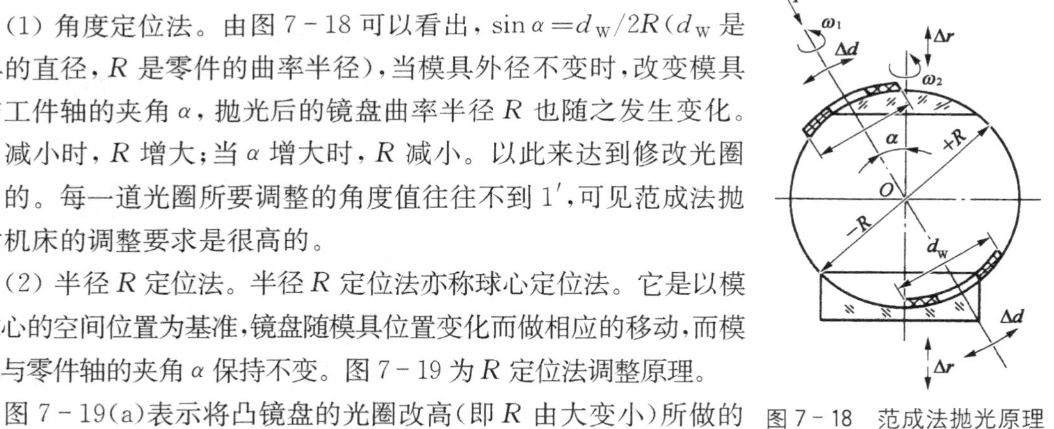

图 7－18　范成法抛光原理

(1) 角度定位法。由图 7－18 可以看出，$\sin\alpha = d_W/2R$（d_W 是模具的直径，R 是零件的曲率半径），当模具外径不变时，改变模具轴与工件轴的夹角 α，抛光后的镜盘曲率半径 R 也随之发生变化。当 α 减小时，R 增大；当 α 增大时，R 减小。以此来达到修改光圈的目的。每一道光圈所要调整的角度值往往不到 $1'$，可见范成法抛光对机床的调整要求是很高的。

(2) 半径 R 定位法。半径 R 定位法亦称球心定位法。它是以模具球心的空间位置为基准，镜盘随模具位置变化而做相应的移动，而模具轴与零件轴的夹角 α 保持不变。图 7－19 为 R 定位法调整原理。

图 7－19(a)表示将凸镜盘的光圈改高（即 R 由大变小）所做的调整。调整时模具前进，镜盘后退，结果使镜盘与模具的接触面之间形成了空气隙 Δh，出现了两者在边缘接触而中间不吻合状态，加工时使光圈由低变高。而图 7－19(b)所示为凸镜盘的光圈由高改低，即 R 由小变大。调整时模具后退，镜盘前进，两者在中间接触，边缘出现空气隙，这样会使中心多抛，光圈由高变低。由此可知，可通过移动模具的球心位置，即改变 R 的大小修改零件的光圈。

$$R' = R \pm \Delta R \tag{7-7}$$

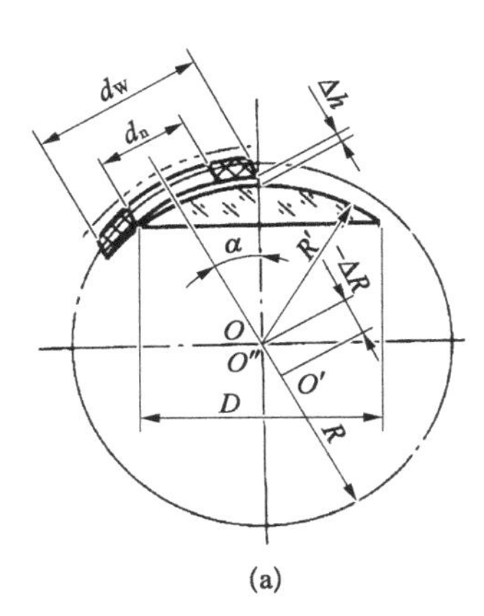

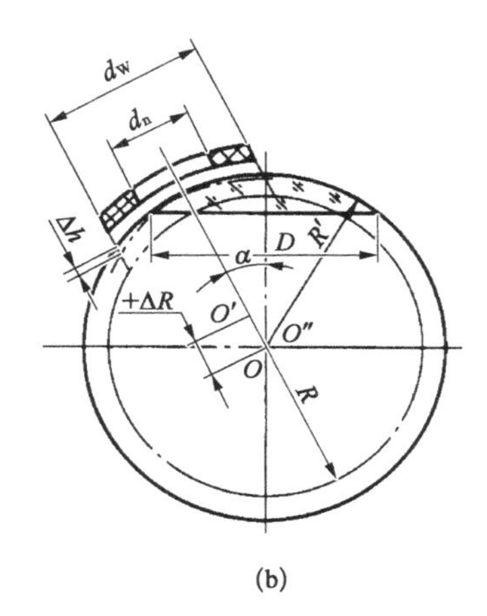

图 7-19　R 定位法原理

(a) 光圈改高(磨轮前进)；(b) 光圈改低(磨轮后退)

式中，R' 为调整后镜盘的曲率半径；R 为调整前镜盘的曲率半径；ΔR 为机床调整量(模具前进取"－"，磨具后退取"＋")。

模具调整后的曲率中心由 O 变到 O'，镜盘光圈由 N 变到 N'，光圈变化量为 ΔN，则

$$\Delta N_j = N - N' = \frac{2}{\lambda}\Delta h \tag{7-8}$$

而

$$\Delta h = \frac{d_W^2}{8R^2}\Delta R \tag{7-9}$$

所以

$$\Delta N_j = \frac{d_W^2}{4R^2\lambda}\Delta R \tag{7-10}$$

式(7-10)表示镜盘光圈变化 ΔN_j 与 ΔR 和模具直径 d_W 的关系，而零件光圈变化量为 ΔN_L：

$$\Delta N_j = \left(\frac{d_W}{D_L}\right)^2 \Delta N_L \tag{7-11}$$

式中，D_L 为零件的直径，所以

$$\Delta N_L = \frac{D_L^2}{4R^2\lambda}\Delta R \tag{7-12}$$

由此式可以算出 d_W，D_L 为不同值时，修改一道光圈所需要调整机床的量 ΔR。但需要注意，由于某种原因抛光模本身也会受到磨损，所以实际调整量与理论计算值并不完全符合。

R 定位法比角度定位法方便，加工透镜一般采用 R 定位法。但是当加工的零件曲率半径比较大时，若 ΔR 一定，那么 ΔN_L 会很小，用 R 定位法就比较困难。

2）范成法抛光模具

范成法的抛光模是将厚度为 5 mm 左右的薄形塑料，用黏结胶黏结在金属基体上，如图 7-20 所示。模片黏成环带状，并且表面钻有 1～2 mm 的小孔，这些小孔成辐射状排列。这种抛光模的吻合性很好，散热快，有利于控制表面的光圈。环形模的尺寸可由经验公式确定。磨轮内外径按下述方法确定，如图 7-21 所示。

$$d_W = \frac{2}{3} D_j \tag{7-13}$$

$$d_n = \frac{1}{3} D_j \tag{7-14}$$

式中，d_W 为环状抛光模的外径；d_n 为环状抛光模的内径；D_j 为镜盘表面弧长。

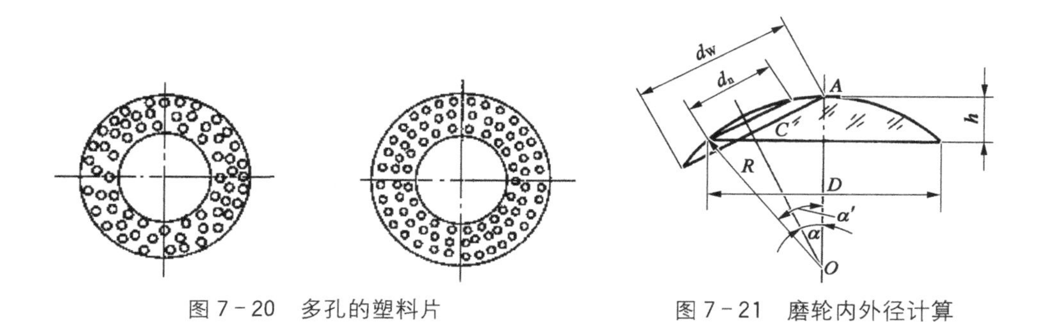

图 7-20　多孔的塑料片　　　　图 7-21　磨轮内外径计算

磨轮金属模基体的曲率半径：

$$R_m = R_j \pm b \tag{7-15}$$

式中，R_j 为镜盘的曲率半径；b 为塑料模片的厚度。（凸面镜盘取正号，凹面镜盘取负号，单位为 mm）

7.5 抛光完工后光学零件的检验

光学零件加工完工后的检验分为面型检验与表面质量的检验。面型检验是指检测抛光完成后的光学零件的曲率半径是否达到设计要求，是否存在局部误差。表面质量所要检测的是光学面是否存在表面疵病，角度、平行度是否达到要求等。抛光完成后的光学零件与光学设计的面型极为接近，两者之间的差距以光波长计，如 $\lambda/2$，甚至更小，如 $\lambda/10$。对于这样高精度的抛光表面常用干涉图样法和阴影法检测。干涉图样法可分为接触式检验与非接触式检验。

7.5.1　接触式检验

接触式检测就是用光学样板与工件重叠在一起“看光圈”，其原理就是看光学零件表面与光学样板间形成的等厚干涉条纹。如果光学零件表面的面型达不到设计要求，将光学样板放在光学零件的表面，光学零件表面与样板参考表面不能很好吻合，形成偏差，这种偏差称为面型偏差。存在面型偏差时，在光学样板表面与光学零件表面之间形成楔形空气隙，光在空气层上、下表面反射后相遇而产生干涉。当用单色光照射时，两束反射光相干涉形成明暗相间的干涉条纹；若用白光照射时，则呈现彩色的干涉条纹。由于空气隙很薄，因此可以近似地认为干涉条纹定位于空气隙表面。由于干涉条纹只与厚度 d 有关，同一干涉条纹是具有相等厚度的空气隙所形成的。因此，两规则平面之间存在一楔角时的干涉条纹是相互平行的直条纹，对于空气隙呈环形对称时，则形成的等厚线是圆环形明暗相间的同心圆的干涉条纹，如图 7－22 所示。用白光照射时将产生彩色圆环，这些圆环称为"光圈"又称为"牛顿环"。若光学零件表面与样板参考表面之间有微小的不吻合，则干涉条纹即为非直线或非规则的圆环形。在样板上方就能观察到光圈的数目、形状、颜色的变化，从而判定光学零件的面型偏差的位置、不吻合程度，故工人们称之为"看光圈"。

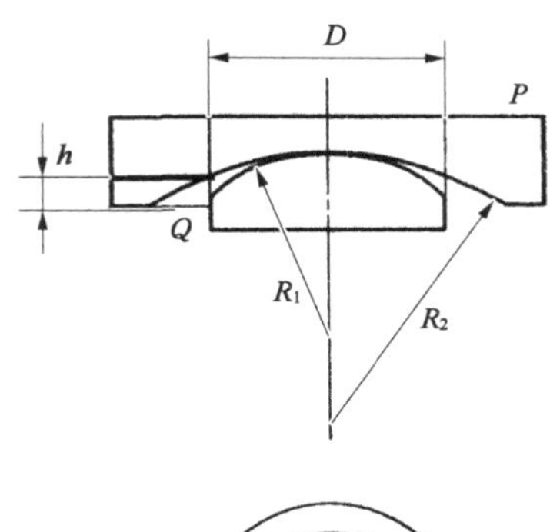

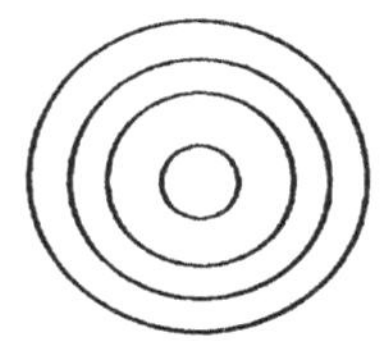

图 7－22　用球面样板检查球面零件

1）光圈计算

(1) 光圈数 N 与空气层厚度 Δh 之间的关系。

由等厚干涉原理可知，在第 n 条亮条纹与第 $n+1$ 条亮条纹所在处的空气层厚度差为

$$\Delta h = h_{n-1} - h_n = \frac{\lambda}{2\cos i'} \tag{7-16}$$

式中，h_{n+1} 为第 $n+1$ 条干涉条纹所在处的空气层厚度；h_n 为第 n 条干涉条纹所在处的空气层厚度；λ 为入射光的波长；i' 为折射角。

通常总是在垂直方向观察光圈，所以 $\cos i' \approx 1$，因此相邻两条条纹之间的空气隙的厚度差近似等于 $\lambda/2$，即平时所说的一个光圈相当于厚度变化 $\lambda/2$。在视场中总光圈数和总厚度之间的关系为

$$h = N\frac{\lambda}{2} \tag{7-17}$$

(2) 光圈数 N 与曲率半径偏差 ΔR 之间的关系。

光学零件曲率半径 R 与工作样板半径 R_c 之间的偏差 ΔR，用干涉条纹数即光圈数 N 表示。ΔR 值不仅取决于光圈数 N、工件直径 D（在此直径范围内显示干涉条纹）、入射光的波长，还取决于样板是边缘接触（低光圈），还是中部接触（高光圈）。

如图 7－22 所示光学零件与样板之间有半径误差，可观察到圆形的等厚干涉条纹，两表面曲率之差为 $\Delta\rho = \left(\frac{1}{R_1} - \frac{1}{R_2}\right)$，由几何关系可得

$$h = \frac{D^2}{8}\left(\frac{1}{R_1} - \frac{1}{R_2}\right) = \frac{D^2}{8}\Delta\rho \tag{7-18}$$

式中，h 为两表面所夹空气层的最大厚度；D 为工件的直径。

若在 D 的范围内观察到 N 个光圈，由 $h = N\dfrac{\lambda}{2}$，则有

$$N = \frac{D^2}{4\lambda}\Delta\rho \tag{7-19}$$

式(7-19)给出了曲率误差允差 $\Delta\rho$ 与允许光圈数 N 之间的关系。

(3) 光圈半径 r_k 与波长关系。

在图7-22中，Δh_k 为第 k 级暗条纹所对应的空气层厚度，r_k 为第 k 级暗条纹对应的干涉条纹半径，R 为透镜的曲率半径。由几何关系可得

$$r_k^2 = R^2 - (R - \Delta h_k) = 2R\Delta h_k - \Delta h_k^2$$

因为 $R \geqslant \Delta h_k$，所以 $\qquad r_k^2 \approx 2R\Delta h_k$

式中，$r_k = D/2$，零件边缘光圈的半径；h_k 为零件边缘处空气层的厚度。

入射光正入射时，在两表面间产生光程差：

$$\begin{aligned}\delta &= 2\Delta h_k + \frac{\lambda}{2} \\ &= \frac{r_k^2}{R} + \lambda/2\end{aligned} \tag{7-20}$$

δ 满足暗纹条件为

$$\delta = \frac{r_k^2}{R} + \frac{\lambda}{2} = (2k+1)\frac{\lambda}{2}$$

$$r_k = \sqrt{kR\lambda} \tag{7-21}$$

可见，在白光照耀下，不同波长的色光同一级干涉条纹具有不同的光圈半径，它们不处在同一位置，而作有序排列。

(4) 相邻光圈的间隔 Δr 与干涉级的关系。

由式(7-21)可得

$$\Delta r = r_{k+1} - r_k = \sqrt{\lambda R}\,(\sqrt{k+1} - \sqrt{k})$$

当 $k=0$ 时，$\Delta r = \sqrt{\lambda R}$；当 k 逐渐增大时，$(\sqrt{k+1} - \sqrt{k})$ 愈来愈小，即 Δr 逐渐减小，以致眼睛无法分辨。k 的极限可由物理光学得知：

$$k = \lambda/\Delta\lambda$$

式中，$\Delta\lambda$ 为人眼所能分辨的波长范围，一般人 $\Delta\lambda = 10\ \text{nm}$；$\lambda$ 为入射光波长，用白光照射的平均波长 $\lambda = 500\ \text{nm}$，则

$$k_{max}=\frac{\lambda}{\Delta\lambda}=50(条)$$

由此得出，用白光检验时，干涉条纹超过50时，人眼就不可分辨了，将 $k=50$ 代入暗环光程差：

$$2\Delta h+\frac{\lambda}{2}=(2k+1)\frac{\lambda}{2}$$

$$\Delta h=\frac{k\lambda}{2}=12.5(\mu m)$$

即，用白光检验时，与 $k=50$ 对应的最大空气隙厚度不能超过12.5 μm，否则就看不到光圈。

2）光圈的识别与度量

在抛光过程中，正确判断光圈的高低及局部误差的性质，对于修改工件面型误差是非常重要的。

用样板检验工件时，如果工件的曲率半径小于样板的曲率半径，将样板放在工件上面时，工件与样板中心接触，形成中心薄、边缘厚的楔形空气层，当在样板上面加压，空气隙缩小时，条纹由中心向边缘移动，称为高光圈，如图7－23(a)所示；反之，如果工件的曲率半径大于样板的曲率半径，将样板放在工件上面时，工件与样板在边缘接触，形成中心厚、边缘薄的楔形空气层，当空气隙缩小时，条纹由边缘向中心移动，称为低光圈，如图7－23(b)所示。

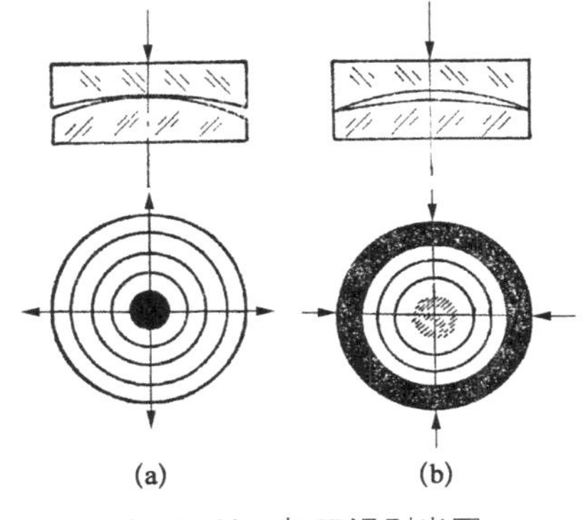

图7－23 加压识别光圈
(a) 高光圈；(b) 低光圈

(1) 光圈高低的识别。通常是根据干涉条纹的特征、移动情况、弯曲方向、疏密程度、颜色和形状等来识别光圈。

在白光下看高光圈可以看到干涉条纹愈靠近边缘的同心环颜色愈淡[见图7－23(a)]，中间彩色圆斑颜色最清楚(如果两表面擦拭得很干净，中间部分可呈白色)。在白光下看高光圈可以看到愈靠近中心的同心圆环颜色愈淡[见图7－23(b)]，中心形成一个光斑，其圆斑的色彩最淡(如果两表面擦拭得很干净，边缘部分可呈白色圆环)，这种光圈称为“低光圈”。

光圈的高低可以通过加压法或色序判断法识别。

加压法。将样板轻轻地放在工件上面，在样板的两边或对称的三点同时向下加压，可以看到光圈形状会发生变化。

“高光圈”：条纹由中心向边缘扩散，光圈数相应地减少且条纹变粗，如图7－23(a)所示。“低光圈”：条纹从边缘向中心收缩，光圈数也相应地减少且条纹变粗。如图7－23(b)所示。

对于平面和大曲率半径的样板或工件，当空气隙小于 $\lambda/2$ 时，常采用边缘加压的方法识别光圈高低。当在样板的边缘轻轻加压，样板表面与工件表面形成空气楔，根据加压点与弯

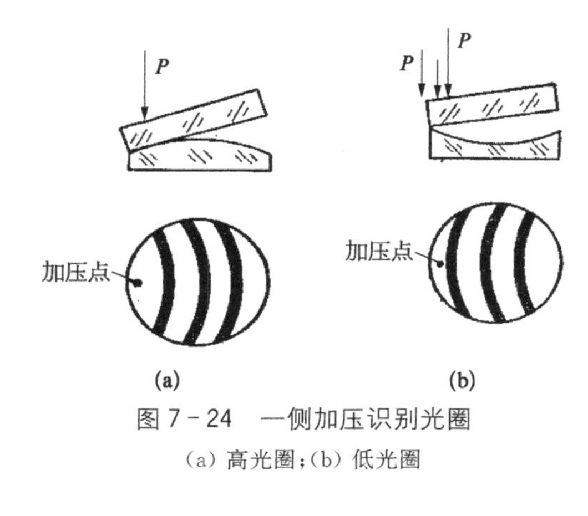

图 7-24　一侧加压识别光圈
(a) 高光圈；(b) 低光圈

曲条纹的圆心关系来判别，如图 7-24 所示。“高光圈”：光圈的圆心朝着加压点或光圈向着加压点弯曲；“低光圈”：光圈的圆心背离加压点或光圈背向加压点弯曲。

色序判断法。在自然光中，各色光的波长从红光向紫光逐渐减小，因此，在同一个干涉级次中，波长越长，产生干涉处的空气层间隙也越大。在白光下观察时，若看到中心是一个暗斑，随后是一圈圈彩色光圈从中心向外扩散，则表示高光圈，其光圈的色序是：紫→蓝→青→绿→黄→橙→红。反之则表示低光圈。

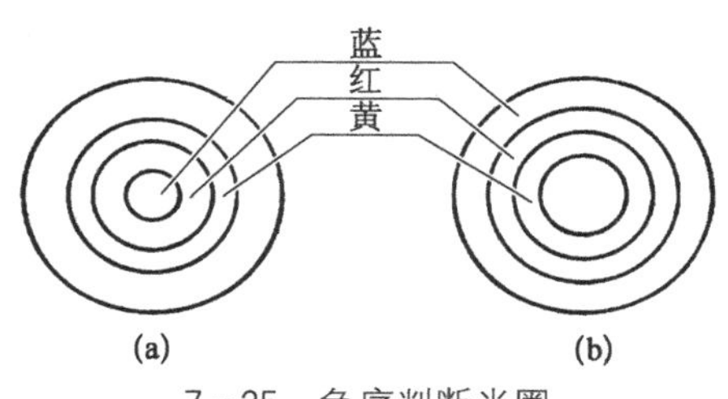

7-25　色序判断光圈
(a) 低光圈；(b) 高光圈

由颜色的排序可以知，如图 7-25 所示，若以红色光圈为基准，视黄色与绿色光圈的位置也可以判断光圈的高低。若黄色光圈在红色之内、绿色之外时，即为高光圈。若绿色光圈在红色光圈之内、黄色光圈在红色光圈之外，则表示低光圈。

准单色光不是严格的单色，而是有多种不同波长的成分。因此，在同一个干涉级中，波长越大，产生干涉处的间隙也越大。在工厂，一般都是在汞灯或自然光源下“看”光圈。汞灯光谱中有三条谱线(e, g, h 线，$\lambda_e = 546.07$ nm，$\lambda_g = 435.84$ nm，$\lambda_h = 486.13$ nm，) 较强。若绿色光圈在青蓝色光圈之外，则表示高光圈，反之则为低光圈。

(2) 空气隙厚度的度量。

当光圈数 $N > 1$ 时，以有效检测范围内直径方向上最多光圈数的一半来度量。图 7-26

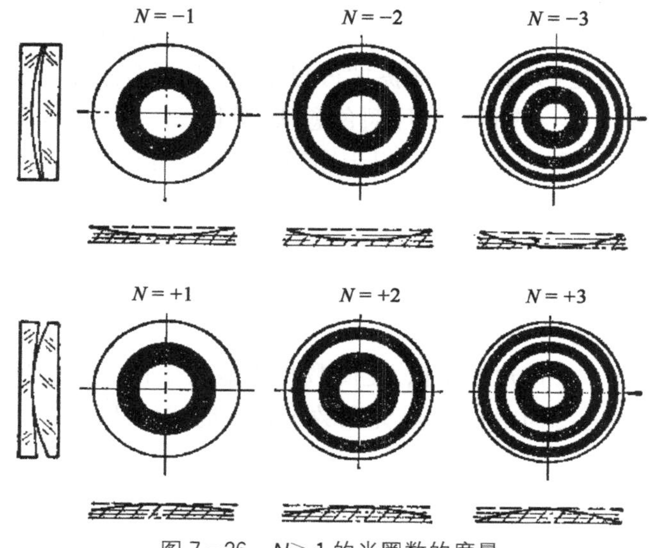

图 7-26　$N>1$ 的光圈数的度量

为在被检光学表面和样板光学面之间仅有半径偏差情况下光圈数的度量方法以及偏差的大小和方向。在单色光照明时，由于采用的单色光源不同，每道光圈表示的误差值也不同。国际上采用汞灯绿光 ($\lambda_e = 546.07$ nm) 作为标准单色光源，在标准光源下观察时，每道光圈对应的空气隙厚可近似为 0.25 μm，4 道光圈为 1 μm。当在紫光 ($\lambda_e = 486.13$ nm) 下观察时，每道光圈近似为 0.2 μm，则 5 道圈为 1 μm。若在 He-Ne 激光 ($\lambda = 632.8$ nm) 下观察时，每道光圈近似为 0.316 4 μm，则 3 道圈为 1 μm。因此，在采用标准光源 ($\lambda = 546.07$ nm) 以外的单色光源检验时，则光圈数要乘上相应的修正值。如用 $\lambda = 632.8$ nm 的光源时，则 N 应乘以 0.86。

在白光下观察时，则以彩色条纹出现的周期数作为光圈数 N，常以红色作为检验标准，表面出现几道红色条纹，就称为几道光圈(实际上按亮条纹计算光圈数时，由于半波损失少算了半道光圈)。每道光圈仍以 0.25 μm 计算，这样不至于产生大的误差。但是若需要严格测定时，还必须乘以修正值。如用红光 ($\lambda = 656.0$ nm) 时，要将原光圈数乘以系数 0.8。

当光圈数 $N < 1$ 时，对于平面或大曲率半径的球面，观察到的不是完整的光圈，如图 7-27 所示，通常是以某一种颜色的色斑或近似于直线的干涉条纹。因此一般通过光斑的大小与颜色的差异来判断，也可以通过直径方向上干涉条纹的弯曲量(h)相对于干涉条纹的间距(H)的比值来度量。

$$N = \pm \frac{h}{H} \tag{7-22}$$

在计算时，条纹的间距应以两相邻条纹的中心距离作为条纹的间距，如图 7-27 中的 ae，条纹的弯曲点 b，c 应是通过 $Y-Y$(或 $X-X$) 坐标轴上的两点。

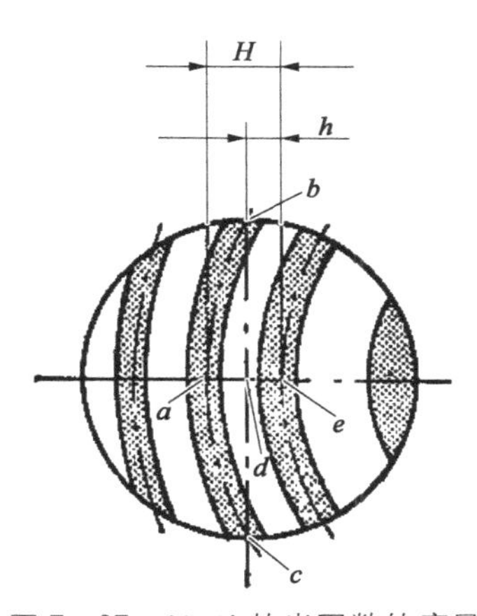

图 7-27　$N<1$ 的光圈数的度量

$$N = \frac{h}{H} = \frac{ad}{ae} = 0.6$$

高光圈取“+”，低光圈取“−”，以小光圈表示。

对于曲率半径比较小的球面光学零件，两个光学面吻合得比较好，此时 N 及 ΔN 都在 0.1 以下，这时会出现均匀的干涉色。通常利用整个表面的光斑大小和颜色的差别(色彩的不同和其鲜艳的程度)来估算光圈。在自然光照明下，用样板检验工件时，当边缘接触，其颜色为黑色，如果光斑中心颜色呈蓝绿色(以蓝为主)，则 N 约为 1 个光圈；如果光斑中心呈橙红色，则 N 约为 0.5 个光圈；如果光斑中心颜色呈灰白色时，则 N 约为 0.2 个光圈。

若表面不甚理想，则颜色不是单一的颜色，而是有着不同色彩与大小的光斑，此时可根据颜色与空气隙厚度对应关系计算出空气隙厚度，用平均波长换算成光圈数。空气层厚度与颜色的对应关系可查表 7-15。

表 7-15　空气层厚度与颜色的对应关系

空气层厚度/μm	颜色	空气层厚度/μm	颜色
0.114	淡灰	0.492	红
0.148	草黄	0.520	紫
0.168	棕黄	0.552	绛紫
0.245	红	0.602	蓝绿
0.257	绛	0.666	绿
0.276	紫	0.712	浑黄
0.360	灰蓝	0.828	白紫
0.432	黄	0.994	灰紫

例如，如果有一零件表面的干涉色中间呈红色，边缘呈浅灰色。由表 7-15 可查：

$$\Delta h = 0.245 - 0.114 = 0.131(\mu\text{m})$$

按 $\Delta h = 0.25\ \mu\text{m}$ 时为一个光圈，显然，这时工件低 0.5 道光圈。

当用小样板检验大零件(见图 7-28)时，光圈数可按下式计算：

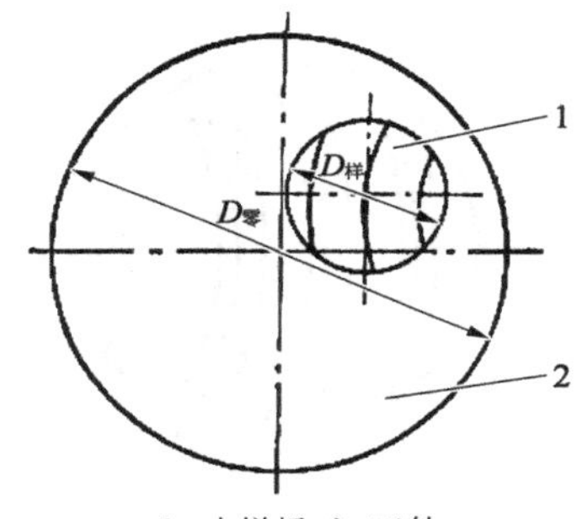

图 7-28　小样板检验大零件

$$\frac{N_{零}}{N_{样}} = \frac{S_{零}}{S_{样}} \tag{7-23}$$

对于圆形零件，则为

$$\frac{N_{零}}{N_{样}} = \frac{D_{零}^2}{D_{样}^2} \tag{7-24}$$

式中，$N_{零}$ 为零件整个表面所要求的光圈数；$N_{样}$ 为样板置于零件上应有的光圈数；$S_{零}$，$D_{零}$ 分别为零件的表面积和直径；$S_{样}$，$D_{样}$ 分别为样板的表面积和直径。

(3) 局部偏差的识别与度量。局部偏差是指被检光学零件表面与样板光学表面在任一方向上干涉条纹的不规则程度，用 $\Delta_2 N$ 表示。它的度量方法以其对平滑干涉条纹的偏离量 (e) 与二相邻条纹间距 (H) 的比值来计算。其关系式为

$$\Delta_2 N = \frac{e}{H} \tag{7-25}$$

中心局部偏差，包括低光圈或高光圈的中心低和中心高，在图 7-29(a)中表明低光圈中心低，$\Delta_2 N = \frac{e}{H} = 0.3$。在图 7-29(b)中表明低光圈中心高，$\Delta_2 N = \frac{e}{H} = 0.3$。

边缘局部偏差，一般称为塌边和翘边。在图 7-30(a)中表示低光圈边缘低，$\Delta_2 N = 0.3$。在图 7-30(b)中表示低光圈边缘高，$\Delta_2 N = 0.3$。

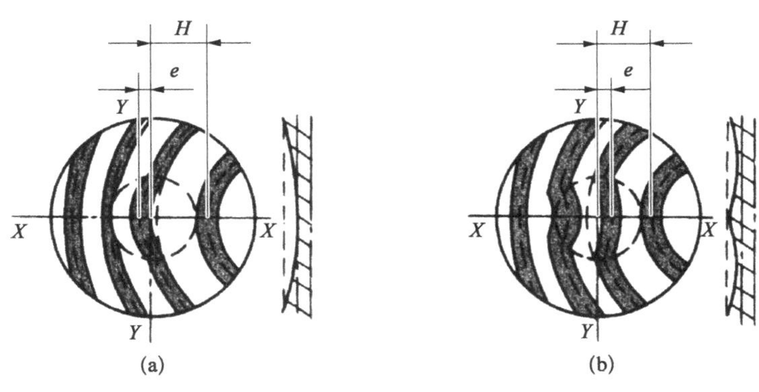

图7-29　中心局部偏差

(a) 低光圈中心低；(b) 低光圈中心高

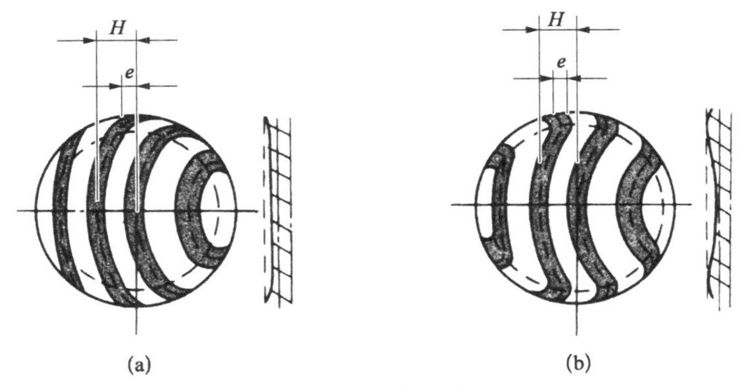

图7-30　局部低光圈

(a) 低光圈边缘低；(b) 低光圈边缘高

中心及边缘均有局部偏差。在图7-31(a)中表示低光圈中心高、边缘高。中心局部光圈为 $\Delta_2 N'=e_1/H=0.1$；边缘局部光圈数为 $\Delta_2 N''=e_2/H=0.2$，由于中心和边缘局部偏差对平滑干涉条纹引起的偏离方向相反，所以总偏差取 $\Delta_2 N=0.1+0.2=0.3$。在图7-31(b)

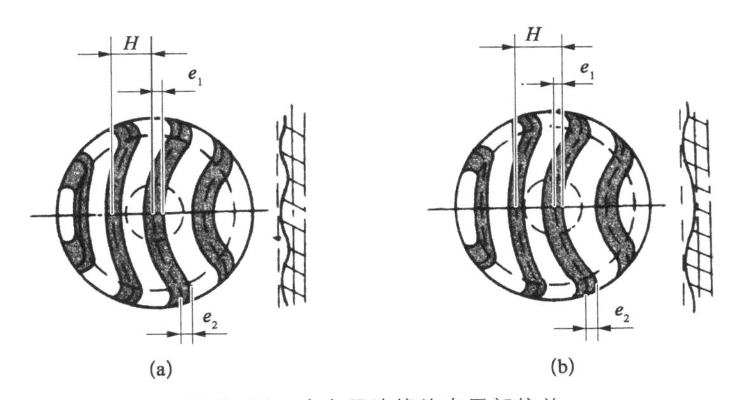

图7-31　中心及边缘均有局部偏差

(a) 低光圈中心高、边缘高；(b) 低光圈中心低、边缘高中表示低光圈中心低、边缘高。而 $\Delta_2 N'=0.1$，$\Delta_2 N''=0.2$。由于中心和边缘局部偏差对平滑干涉条纹引起的偏离方向相同，所以总偏差取大值，即 $\Delta_2 N=0.2$。

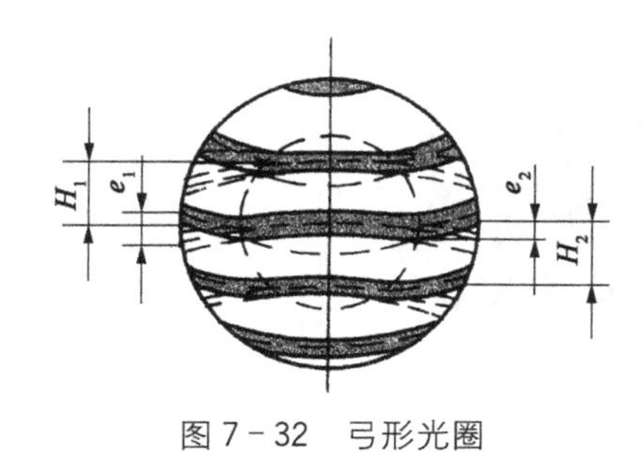

图 7－32　弓形光圈

弓形面局部偏差的确定。当被检表面出现弓形光圈而 N 的取值方向不易确定时，则应根据 $\Delta_2 N$ 为最小的原则来取 N 的值。图 7－32 中，该测量面中心部分作为平滑干涉条纹考虑时，则其边缘部分对中心平滑干涉条纹的偏离量为 e_1，故 $\Delta_2 N_1$ 为 e_1/H_1。如果另以边缘部分作为平滑干涉条纹考虑时，则其中心部分对边缘平滑干涉条纹的偏离量为 e_2，此时 $\Delta_2 N_2=e_2/H_2$。因为 $e_1/H_1>e_2/H_2$，所以该测量面的光圈数应以边缘部分来确定。

像散偏差的识别与度量。被检验光学表面在两个相互垂直方向上的光圈数不相等所产生的偏差称为像散偏差，用 ΔN_1 表示。像散偏差的大小是以两个相互垂直方向上 N 的最大代数差的绝对值来度量的。

椭圆像散光圈表明被检光学表面在 X－X 和 Y－Y 方向上的光圈数 N_x 和 N_y 不等，偏差方向相同。如图 7－33 所示，因为 $N_x=1$，$N_y=2$，故被测量表面的光圈数应取大值，即 $N=2$，椭圆像散光圈数 $\Delta_1 N=|N_x-N_y|=1$。

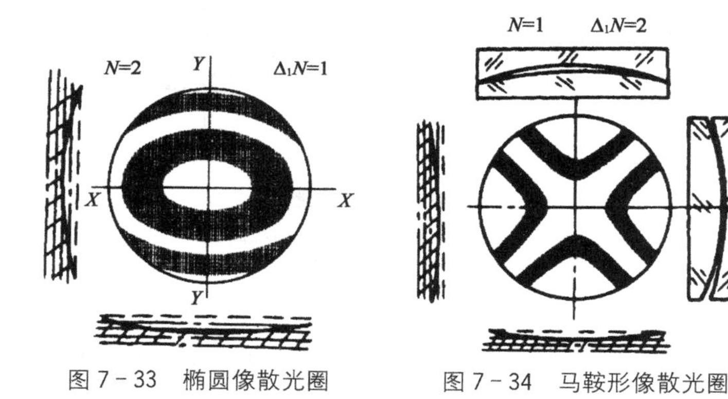

图 7－33　椭圆像散光圈　　图 7－34　马鞍形像散光圈

马鞍形像散光圈是被检光学表面在 X－X 和 Y－Y 方向上的偏差方向不同，而中心偏差在 X－X 和 Y－Y 方向都为零。如图 7－34 所示，因为 $N_x=-1$，$N_y=1$，故被测量面的光圈数 $N=1$，马鞍形像散光圈数 $\Delta_1 N=|N_x-N_y|=2$。

柱面像散光圈是被检光学表面在 X－X 和 Y－Y 方向上的光圈数 N_x 和 N_y 不等，某一方向的光圈数 $N=0$。如图 7－35 所示，因为 $N_x=1$，$N_y=0$，故该测量面的光圈数 $N=1$，柱面像散光圈数 $\Delta_1 N=|N_x-N_y|=1$。

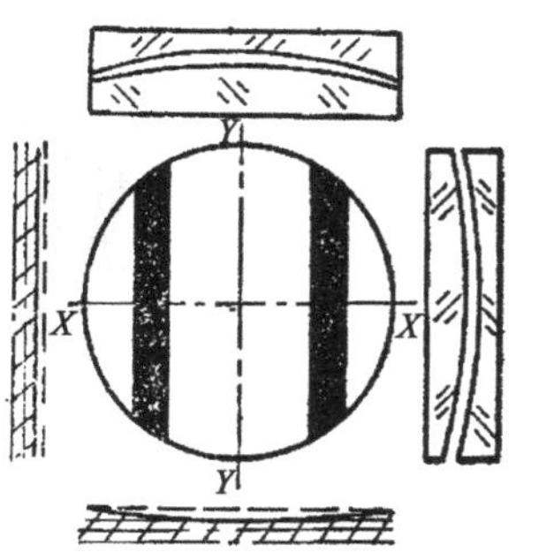

图 7－35　柱面像散光圈

当 $N<1$ 时的像散光圈是被检光学表面在 X－X 和 Y－Y 方向上的光圈数 N_x 和 N_y 不等，而 N_x 和 N_y 都小于 1，如图 7－36 所示。这时可根据两个方向的干涉条纹的弯曲度来确定 N_x 和 N_y，因为 $N_x=0.2$ 和 $N_y=0.4$，故该测量面的光圈数

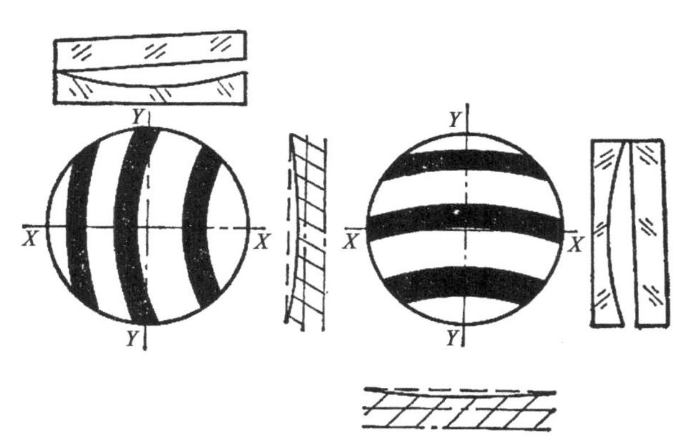

图 7 - 36　$N<1$ 时的像散光圈

$N=0.4$，像散光圈数 $\Delta_1 N=0.4-0.2=0.2$。

7.5.2　非接触式检验

非接触式检验是指采用各种干涉仪进行检验的方法。一些干涉仪可能达到的精度如表 7 - 16 所示。各种干涉仪是在克服样板检测法的缺点基础上发展起来的。对于大型光学表面的检测，发展了无参考面的测量法，如波面剪切干涉法、散射板干涉法以及计算全息图干涉法等。

表 7 - 16　各种干涉仪的测量精度

仪器 / 用途	菲索干涉仪	劳意莫尔干涉仪	不等光和干涉仪	泰曼干涉仪	切变干涉仪	多通道干涉仪	散射干涉仪	全息干涉仪	外差干涉仪	锁相干涉仪	条纹扫描干涉仪	法布里珀罗干涉仪	相位干涉仪	光电物镜法
光学平面	$\frac{\lambda}{100}$			$\frac{\lambda}{20}$		$\frac{\lambda}{500}$		$\frac{\lambda}{4}$	$\frac{\lambda}{100}$			$\frac{\lambda}{20}$	$\frac{\lambda}{100}$	$\frac{\lambda}{100}$
大尺寸光学平面		$\frac{3\lambda}{2}$			$\frac{\lambda}{50}$									$\frac{\lambda}{400}$
平行平板	$\frac{\lambda}{100}$				$\frac{\lambda}{50}$									
凹球面反射镜			$\frac{\lambda}{10}$	$\frac{\lambda}{10}$	$\frac{\lambda}{50}$		$\frac{\lambda}{100}$				$\frac{\lambda}{100}$			
凸球面反射镜			$\frac{\lambda}{10}$	$\frac{\lambda}{10}$	$\frac{\lambda}{50}$									
凹非球面							$\frac{\lambda}{100}$	$\frac{\lambda}{4}$						
凸非球面								$\frac{\lambda}{4}$						

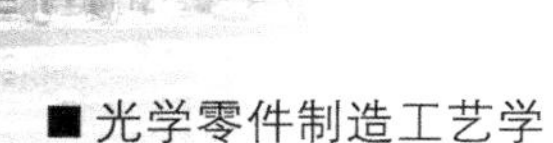

（续表）

用途 \ 仪器	菲索干涉仪	劳意莫尔干涉仪	不等光和干涉仪	泰曼干涉仪	切变干涉仪	多通道干涉仪	散射干涉仪	全息干涉仪	外差干涉仪	锁相干涉仪	条纹扫描干涉仪	法布里珀罗干涉仪	相位干涉仪	光电物镜法
透镜表面			$\frac{\lambda}{10}$		$\frac{\lambda}{50}$			$\frac{\lambda}{4}$						
单透镜			$\frac{\lambda}{10}$		$\frac{\lambda}{50}$		$\frac{\lambda}{100}$							
望远镜			$\frac{\lambda}{10}$		$\frac{\lambda}{50}$									
显微镜					$\frac{\lambda}{50}$					$\frac{\lambda}{100}$				
照相物镜														
棱镜														

另外，采用万能型干涉仪进行波面检测也是一个发展方向。这种仪器检测平面，其精度为 $\frac{\lambda}{50} \sim \frac{\lambda}{20}$；检测球面时，其精度可达 $\frac{\lambda}{10}$；检测角度时，精度可达 $0.2''$。

第8章 光学零件的定心磨边

为了满足光学仪器成像质量的要求，必须保证所有透镜的光轴与机械轴重合，即满足光学系统光轴的一致性。在仪器装校时，通常是以透镜的外圆定位来保证各个透镜的共轴，但外圆定位只能保证各透镜的几何轴共轴，并不能保证各透镜的光轴一致，另外透镜在加工过程中光轴与机械轴也不能保证重合。因此，为了达到依靠外圆定位实现光学系统的共轴性，在仪器装校前必须对透镜进行定心磨边，以减小或消除单透镜的中心偏心差。

8.1 定义与术语

单个透镜有两个轴，一个是通过两个球面的球心的直线称为透镜的光轴，另一个是通过两个球面顶点的直线称为透镜的几何轴，如图 8－1 所示。图 8－1(a)为机械轴与光轴重合的情况，一般情况下，经过粗磨、精磨和抛光后的透镜的光轴与几何轴不重合，两者之间不是有一夹角，就是平行地错开一定的距离，如图 8－1(b)所示光学元件存在明显的厚薄，光轴与机械轴出现平移的情况；图 8－1(c)表示机械轴与光轴之间存在夹角的情况，即有明显的面倾斜(后表面与基准轴重合，前表面倾斜)；图 8－1(d)表示光学元件的前表面符合要求，后表

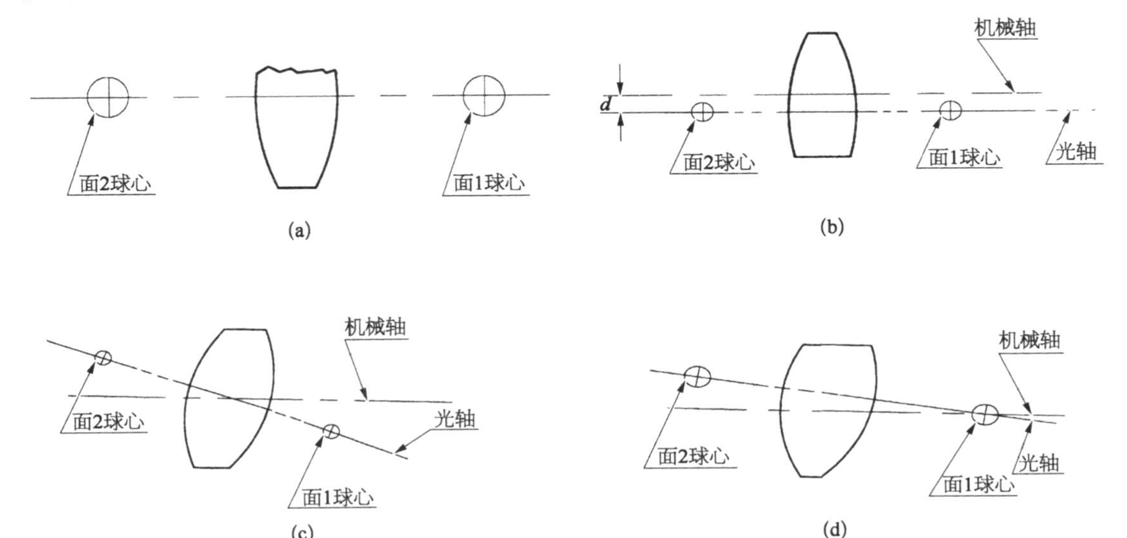

图 8－1 透镜的中心偏差

(a) 机械轴与光轴重合；(b) 机械轴与光轴存在平移；(c) 机械轴与光轴存在夹角；(d) 光学元件后表面存在面倾斜

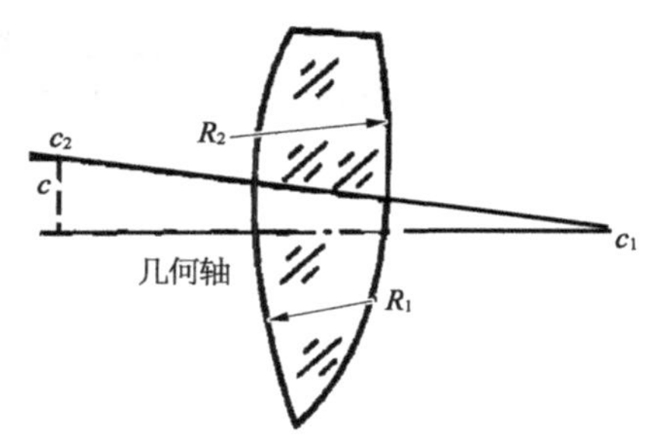

图 8-2　透镜的中心偏差

面存在面倾斜的情况。图 8-1(b)～(d)都表示透镜光轴与几何轴不一致，存在偏心的现象，习惯上将透镜外圆的几何轴对光轴在透镜曲率中心处的偏心程度，称为中心偏差，如图 8-2 所示。

中心偏差不能表示光轴与几何轴空间相互位置的一般情况，首先在德国和法国舍弃了中心偏差的概念，提出用中心误差来衡量透镜外圆的几何轴与光轴的偏离程度，我国在 1987 年开始也改用中心误差来表示偏心量，GB/T 7242—1987 中规定：

(1) 透镜的中心误差：光学表面定心顶点处的法线对基准轴的偏离量。即用光学表面定心顶点处的法线与基准轴的夹角来度量，此夹角称为面倾角，用希腊字母 χ 表示，如图 8-3 所示。

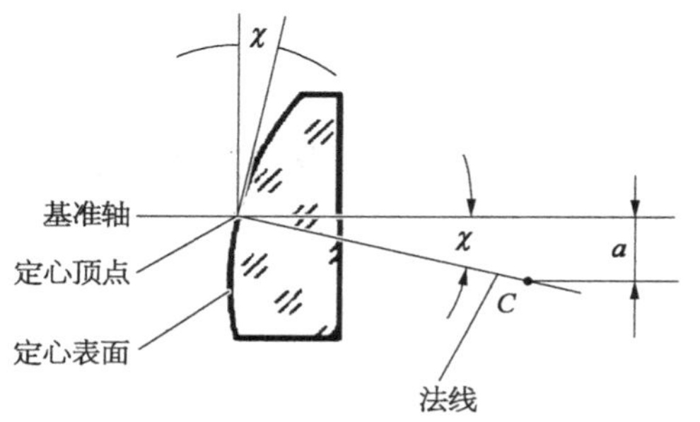

图 8-3　透镜的中心误差

(2) 定心顶点：光学表面与基准轴的交点。

(3) 基准轴：用来标注、检验和校正中心误差的一条确定的直线，该直线应体现系统的光轴。基准轴的选定详见 GB9242—1987。

(4) 光轴：单透镜两光学表面球心的连线；胶合透镜在理想情况下的光轴是光学表面与球心的连线。从图 8-3 可以看出：

$$\chi = 3\,438a/R \qquad (8-1)$$

式中，χ 为透镜的中心误差，用面倾角表示，单位为分(′)；a 为球心差，被检光学表面球心到基准轴的距离，单位为毫米；R 为被检光学表面球半径，单位为毫米。

当被检光学表面球半径 R 为有限值时，可根据 χ 值算出球心到基准轴的距离 a。

$$a = \chi \cdot R/3\,438 = 0.291 \cdot \chi \cdot R \times 10^{-3} \qquad (8-2)$$

一块存在中心偏差的透镜，可以看成是由一块无边厚差的透镜，再附加上一块楔形镜组成，如图 8-4 所示。面倾角可以看成是沿光轴方向入射的光经光楔折射后光线的偏向角：

$$\chi = (n-1)\alpha \qquad (8-3)$$

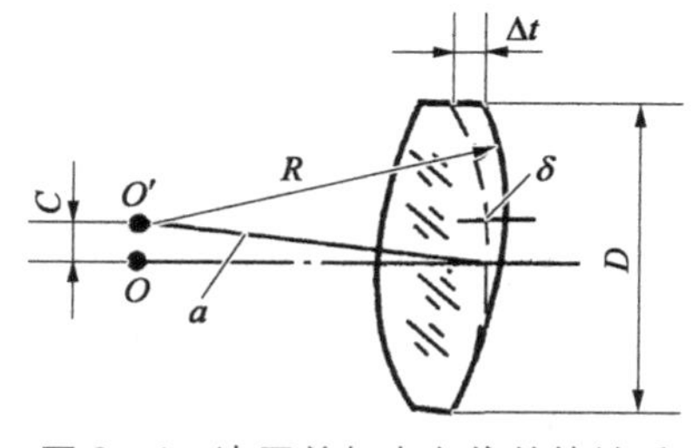

图 8-4　边厚差与中心偏差的关系

α 是光楔的顶角，在这里 $\alpha = \delta = \dfrac{\Delta t}{D}$，$\delta$ 的单位是弧度，转化成以角分为单位，

$$\chi = (n-1)\alpha = 3\,438(n-1)\frac{\Delta t}{D} \qquad (8-4)$$

式中，Δt 为边厚差 ETD，Δt＝最大边厚度－最小边厚度；D 为透镜的直径；n 为材料的折射率。

透镜的中心误差可采用球心差 a、偏心差 c 及透镜的边厚差 Δt 等参量来表征，相应地测量这些量即可检测“中心误差”。对于口径较大的透镜，在制造过程中，常用千分表量出透镜的边厚差，计算透镜中心误差。在透镜研磨抛光的过程中，通常采用控制透镜边厚差来校正镜盘中心偏差，达到减小透镜中心误差的目的。特别是对于不适合定性磨边的大口径透镜，在抛光过程中必须通过控制边缘等厚差的方法，达到减少或消除中心误差的要求。

对于单透镜，经常采用透镜边缘面的对称轴作为基准轴，即圆形透镜的圆柱面对称几何轴，也称几何轴。对中等精度的透镜和边缘面较厚的透镜，大多选用几何轴作为基准轴。对于精度要求较高或者边缘较薄的透镜，可以选用另外两种形式的基准轴：一是以透镜圆柱面与光学表面的圆交线中心 P 与该光学表面球心 C_1 的连线为基准轴，如图 8-5(a)所示。二是过透镜边缘面和端面平面交线圆中心 P 对该平面的法线作为基准线，如图 8-5(b)所示。

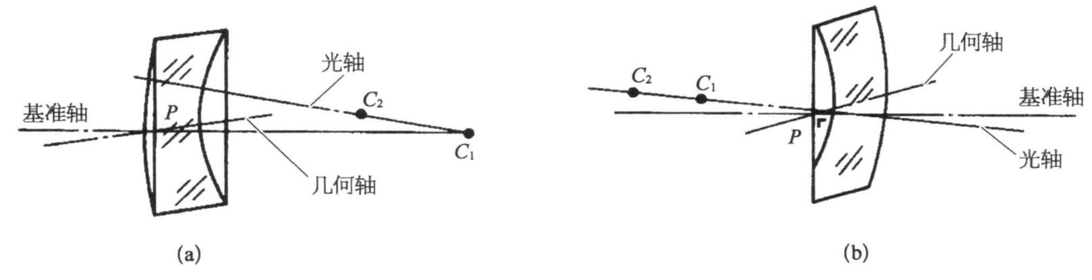

图 8-5　透镜的面倾角与基准轴

基准轴的设计、加工、检验和装校时应该统一，尽量保持不变，以获得较高的透镜中心精度。若透镜诸光学表面定好中心，透镜的光轴即与基准轴重合，则表示该透镜已定好中心。

磨边就是将定心后的透镜对称地磨外圆，使透镜的两球面中心连线与基准轴重合，这种透镜就是定心透镜。因此透镜抛光完工后必须定中心、磨边，使光轴与基准轴重合的程度达到规定的要求。

透镜的曲率中心和光轴是抽象的点和线，直接测出光轴对几何轴的相对位置是困难的，但是，透镜存在中心误差时，必然会通过一些现象反映出来，定心的方法不同，反映的现象亦不同，因此可以用不同的方法检测。

(1) 用透射式定心仪检验。如果将存在中心偏心差的透镜放在透射式定心仪上，旋转透镜可以看到一个跳动的焦点像，中心偏差在数值上可以用焦点像跳动圆的半径来度量。

$$C=\chi \cdot l'_{F}=3\,438\,\frac{\Delta t}{D}(n-1)l'_{F} \tag{8-5}$$

将表面倾角转化成以角分为单位，即

$$\chi=3\,438(\Delta t/D)(n-1)l'_{F} \tag{8-6}$$

式中，n 为透镜材料的折射率，l'_{F} 为透镜的像方焦距。

(2) 用反射式定心仪检验。根据图 8-2 标注的基准轴和中心误差的允许值，应采用相应精度的反射式定心仪检查。当被检光学表面球半径 R 为有限值时，可根据 χ 值换算出球心到基准轴的距离 c，也可按检验出的 c 值换算出面倾角 χ 的值，即

$$c=\chi \cdot R/3\,438=0.291\chi \cdot R\times 10^{-3} \tag{8-7}$$

式中，R 为曲率中心不在基准轴上的球面曲率半径。

透镜定心的方法很多，最基本的有光学定心法、机械定心法、光电定中心和激光定中心等方法。

8.2 光学定心法

光学定心法包括透镜表面反射像定中心法、透射像定中心法和球心反射像定心法。

1）透镜表面反射像定中心法

这种定心方法是用眼睛直接观察透镜表面反射像的方法判断二轴是否重合，其原理如图 8-6 所示。定心夹头 1 的轴线与机床的回转轴重合，并且夹头端面精确地垂直于轴线。将欲定心的透镜 3 黏接在定心夹头的端面上，如果定心胶层非常均匀，则黏结面的曲率中心 C_2 必然位于接头的轴线 O_1O_2 上。

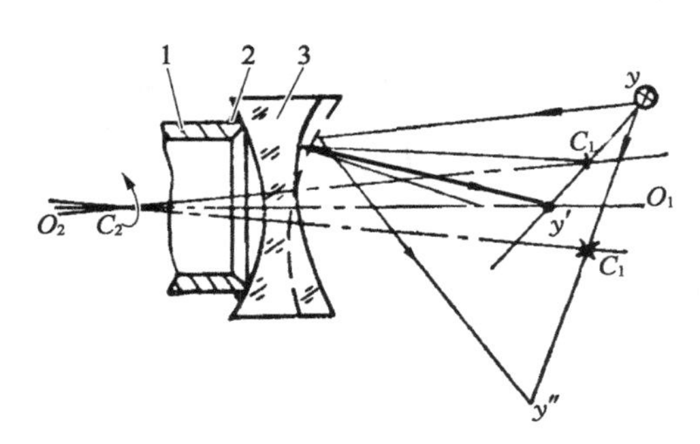

1-定心接头；2-定心胶；3-工件

图 8-6　表面反射像定心法

定心过程是，先用酒精灯加热定心接头，涂上黏结胶（注意，黏结胶要尽可能涂抹均匀，不要太厚），把透镜黏在夹头上。在透镜的前方放一个白炽灯泡 y，在透镜的同一侧观察灯丝 y 在透镜前表面的反射像 y'，若透镜的光轴 C_1C_2 与回转轴 O_1O_2 不重合，转动定心接头时，灯丝像会产生打圈现象，称这种现象为“跳动”，灯丝像跳动的大小，反映了回转轴 O_1O_2 相对于光轴 C_1C_2 的偏离程度。加热接头并上下滑移透镜，直至转动夹头时灯丝像 y' 不动或者跳动量达到允许范围，则表明透镜已经定心，这时再以 O_1O_2 为回旋轴来修磨透镜外圆，这一完整的过程称为定心磨边。

这种方法设备简单，但是由于直接用肉眼观察灯丝像来确定中心，所以精度不高，在比较熟练的情况下，定心精度可达 0.03 mm。

应用最广泛的方法是自准直显微镜观察法。

2）自准直显微镜观察法定心

自准直显微镜观察法定心，又可分为球心反射像定心法和球心透射像定心法两种，透射像定中心的实质是利用自准直显微镜观察定心透镜的焦点像，当透镜旋转时焦点像不动则定心完成，由于定心精度比球心反射像法低，故较少采用。下面仅讨论球心反射像定心法。

（1）球心反射像定中心。常用 TD 型自准定心仪观察球心反射像定心，TD 型自准定心仪是一架自准直显微镜，光路如图 8-7 所示。

定心时，定心仪放在与磨边机平行的轨道上，待定心透镜的后表面黏接在定心接头上，利用接头端面的垂直度可以定心。从光源发出的光线经过聚光镜 6 会聚在刻有透明十字叉丝的反光镜 7 上，再经固定物镜 8 和可调物镜 9，十字丝像聚焦于物镜 9 的像方焦点（自准直显微镜的工作点）。如果定心透镜无偏心（其球心与物镜 9 的像方焦点重合），则经定心透镜

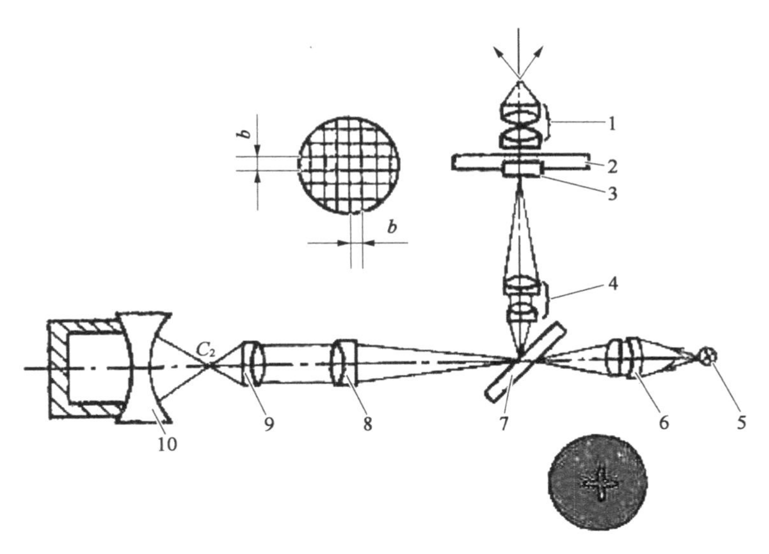

1 -目镜；2 -毛玻璃；3 -分划板；4 - 10 倍物镜；5 -光源；6 -聚光镜；
7 -半透反射镜；8 -固定物镜；9 -可调物镜；10 -被定心物镜

图 8 - 7　TD 型球心反射像定心仪

前表面反射光沿原光路返回，会聚于物镜 9 的像方焦点，转动接头时十字丝像在分划板上无跳动，否则，转动接头，十字丝像在分划板上划圈。前表面反射像的跳动量用带网格的分划板的读数显微镜来测量。

当透镜的前表面与接头回转轴的偏离量为 c（即为透镜的中心误差）时，由于反射面的纵向放大率为 -1，所以球心反射像偏离回转轴 $2c$，如图 8 - 8 所示，当转动回转轴时，球心像的回转直径为 $4c\beta$，β 为显微镜的横向放大率。

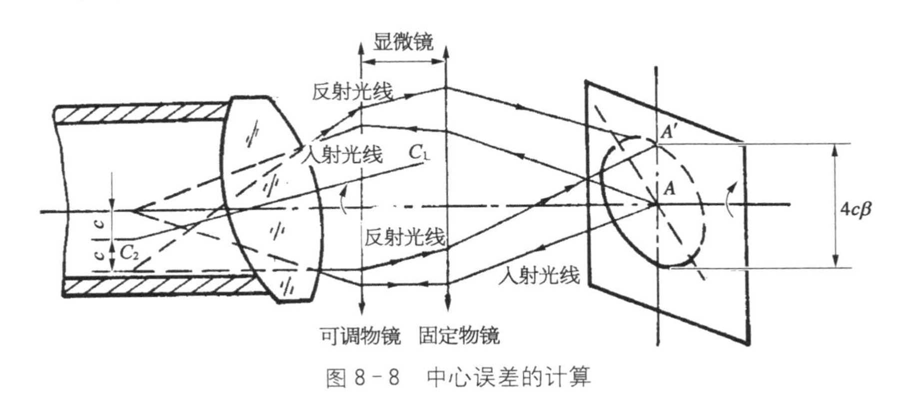

图 8 - 8　中心误差的计算

若分划板的分划值为 b，则十字丝像跳动的格值为

$$n = 4c\beta/b \tag{8-8}$$

式中，n 为十字丝像的跳动格数；c 为透镜前表面中心偏差；β 为显微镜的横向放大率；b 为分划板的格值。

如果透镜前表面的曲率半径为 R，中心偏差为 χ，则 $c=\chi R$，代入式(8-8)得

$$n=\frac{4\chi R\beta}{b} \tag{8-9}$$

也可以按照选用可调物镜的倍数查表(8-1)得到分划板的格值 α，而算出跳动格数 n，即

$$\alpha=\frac{b}{4\beta} \tag{8-10}$$

$$n=\frac{c}{\alpha} \tag{8-11}$$

表 8-1　TD 型定心仪可调物镜的倍数及其对应的格值

物镜序号	可调物镜顶焦距 l_F/mm	可调物镜倍数	物镜焦距 f'/mm	分划板格值 α/(mm/格)	示值误差/mm
1	432.0	2.5×	440	0.04	<0.004
2	212.5	5×	220	0.02	<0.002
3	103.0	10×	110	0.01	<0.001
4	52.0	20×	55	0.005	<0.000 5
5	−116.0	−10×	−110	0.01	<0.001
6	−227.0	−5×	−220	0.02	<0.002

b 值一般为 0.4 mm，如果透镜表面球心对旋转轴的线偏离 c 为 0.01 mm，当选用 10× 物镜时，十字丝像允许跳动格数 n 为

$$n=\frac{4c\beta}{b}=\frac{4\times 0.01\times 10}{0.4}=1(\text{格})$$

非黏结面校正好后还须对黏结面球心像复校，一般是将定心仪沿透镜光轴方向向前或向后移动，观察黏结面的球心像是否跳动。

自准直显微镜球心反射像定心法精度较高，定心的最高精度可达 0.005 nm。但是效率较低，劳动强度大。

(2) 透射式中心偏测量仪测量透镜的中心偏差。如果透镜组的光轴与外圆确定的机械轴重合，则绕机械轴旋转时，其焦点应该在机械轴上，利用这一原理测量透镜组中心偏差的仪器为透射式中心偏差测量仪，通过测量透镜组焦像的垂轴晃动量来测量中心偏差。透射式中心偏差测量仪可以用于单透镜的定中心，也可以用于胶合透镜定中心，优点是无须寻找每一个球面的球心像。目前，光学制造厂常用的是上海光学仪器厂生产的 CTL-1 型透镜中心仪，其基本光路原理如图 8-9 所示。光路由十字分划照明组、平行光管组、辅助物镜组、变倍组和目镜观察组组成。十字分划照明组主要由光源 17 经聚光镜组 16 和照明十字分划板组 12 构成，平面元件 15 为滤热片，14 为折转反射镜，13 为滤色片。平行光管组是将

位于物镜 10 焦面上的十字分划照明组 12 成像到无穷远。被测透镜置于辅助物镜组 6 或 7(两者根据被测透镜的焦距正负与数值选择其一)与可变光阑之间，4，9 为转向棱镜，8 为保护玻璃。平行光管物镜 10 提供的无穷远十字分划目标，经被测透镜成像到其后焦面上。辅助物镜组 A 一般为正焦辅助镜，具有正工作距离，在测量负透镜或短焦(如焦距小于80 mm)正透镜时选用；B 一般为负焦辅助镜，具有负的工作距离，在测量长焦正透镜时选用，辅助物镜组将被测透镜焦面上的十字分划像成像到无穷远。

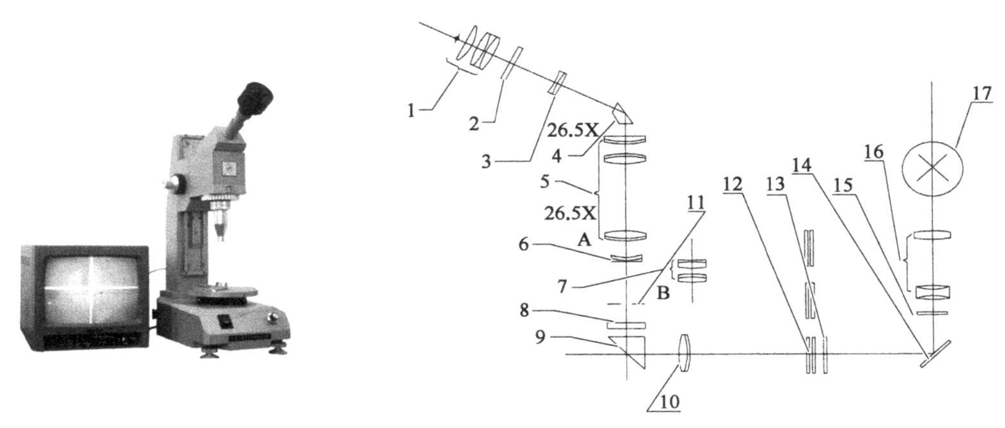

图 8－9　CLT 型透射式透镜中心偏差测试仪及光路

变倍组由透镜 5 和固定组 3 构成。变倍组将无穷远的十字分划像成到目镜组 1 前焦面处的固定分划 2 上。平行光管物镜与被测物镜将十字分划构成一级缩放关系；辅助物镜与变倍组对十字分划构成二级缩放关系。如十字分划被成像到目镜固定分划板处的总放大率为 M，在目镜分划板上读取的十字像的最大偏移量为 P，则透镜的不同轴度或中心偏(用线量表示)为

$$c = P/2M \tag{8-12}$$

使用 CLT－1 型透射式透镜中心偏测试仪测试时，光源经聚光镜聚光后照明十字分划板Ⅰ或Ⅱ或Ⅲ。此十字线经平行镜组成平行光送出。此时如用正焦辅助镜 A，可从目镜分划板上看到十字线象。如在物镜 A(或 B)与平行物镜间放置一被测透镜，并调节变倍物镜倍率即调节其工作距离使十字分划 A 在目镜分划 B 上成像。然后以外圆为基准旋转被测透镜，如果透镜光轴与外圆同轴时，则目镜分划 B 上的十字分划像应保持不动。如透镜光轴与外径不同轴时，则目镜分划 B 上的十字分划像的中心将随着被测透镜而旋转，根据分划格值可读取相应的旋转半径，再除以组合物镜总放大倍率，其商即为该被测透镜的光轴的不同轴度。

使用 CLT－1 型透射式透镜中心偏差测试仪胶合透镜在透镜胶合面涂 UV 胶后，将凹片置于定心承座内，放入 CLT－1 型连续变倍中心仪上，选取适当倍率并确定格值调焦成像，在承座内转动胶合透镜，并推动凸透镜，直至像居中不动，再用紫外光固化。承座通常为台阶式，对要求高的小直径透镜，在端面加两圆柱成五点定位，精度最高 0.005 mm。

(3) 成像校正点与定心仪位置的确定。用自准直显微镜定心时，是通过观察校正与透

镜球面共心的光束所成的像(习惯上称为球心像)的跳动来实现定心的。因此,透镜表面的球心像就是定心仪的校正点。对透镜定心时,首先必须找到球心像的位置(校正点)。然后将定心仪物镜前焦点置于校正点上,才能正确观察像的跳动。

校正点确定后,则可根据此点到前表面的距离,选择顶焦距合适的物镜。选择的原则是:当物镜前焦点置于校正点时,必须保证定心仪物镜与定心透镜的间隔不小于 10 mm。

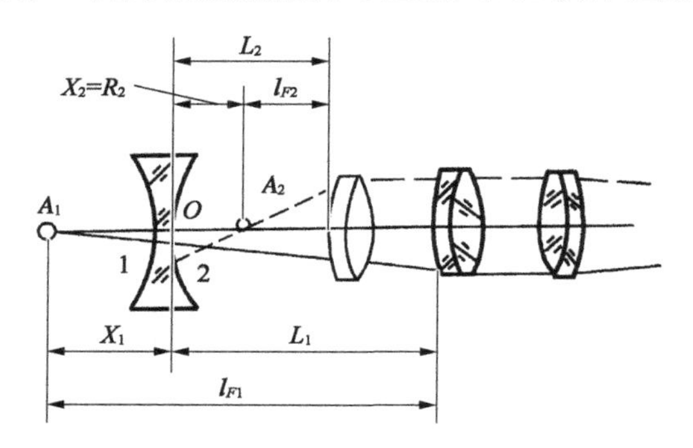

图 8-10　物镜与定心透镜的位置关系

从图 8-10 所示的位置关系可知,由校正点到定心透镜前表面的距离 x_2 和可调物镜顶焦距 l_{F_2},便能确定物镜距离定心透镜的准确位置 L_2,也就找到了定心仪在磨边机导轨上的位置。

影响定心精度的因素:一是机床主轴的径向跳动将造成透镜基准轴的位置变化,因此,应使机床主轴的径向跳动量小于定心精度;二是定心夹具,定心夹具端面是透镜定心时的定位基准,决定了透镜黏结面的曲率中心与接头几何轴重合的程度,为此定心夹具应满足要求:① 定心夹具的几何轴与机床主轴的重合精度应高于定心精度,由定心夹具接头与主轴连接部分保证,定心夹具一般采用锥度定位、螺纹连接。② 定心夹具端面应与几何轴线严格垂直。通过在机床上修整定心夹具来达到,并用平面平行玻璃板黏结到夹头的端面,根据反射像的跳动来检验。若人眼直接观察反射像,令人眼的分辨率为 $1'$,即 0.000 3 rad,则定心接头端面修正后,仍可能存在 0.000 3/4=0.000 075 rad 的误差。若用角放大率为 Γ 的自准平行光管检查反射像跳动,则可能存在 $0.000\ 3/(4\Gamma)$rad 的误差。

此外,接头端面应光滑,不能擦伤透镜表面,其外径应比定心透镜名义直径小 0.15~0.30 mm,并带有通气小孔。

为提高定心精度、减轻人眼疲劳、提高效率,在球心自准直像定心法的基础上,发展了光学电视定心法。

3) 光学电视定心法

光学电视定心法的原理如图 8-11 所示。在定心磨边机的导轨上装有自准直显微测量系统。在定心过程中,首先移动自准直显微镜,使由自准直显微镜物镜 2 射出的光线聚焦在定心透镜外表面的球心 O_1 处,如果透镜无偏心,则射向定心透镜的光线沿法线方向射入,且反射光线按原路返回,并将分划板十字线成像于 CCD 摄像头 4 的中心点,对物镜来说,O_1' 点与定心透镜第一面(非黏结面)的球心 O_1 是共轭的。转动与机床回转轴有高度同轴性的定心接头时,球心 O_1 的自准直像 O_1' 不动,则表明定心透镜与机床回转轴重合;否则,如果透镜有偏心,转动定心接头时,自准直像 O_1' 将发生跳动,这时加热定心接头使黏结胶软化,将透镜的黏结面沿夹头端面上下或左右移动,直到主轴回转时,在显示器上的像无跳动或在允许的公差范围内跳动,即实现定心。

在定心过程中,要使黏结面的球心像置于定位轴上(回转轴)。而黏结面的确定是靠接头端面垂直度与定位轴的同轴性保证。但是,接头端面在长期使用过程中要产生磨损,这将

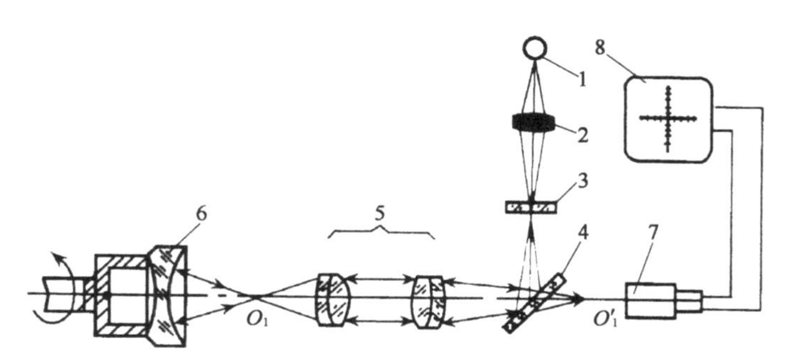

1 -光源；2 -自准直仪物镜；3 -分划板；4 -半透半反平面镜；5 -物镜；
6 -定心透镜；7 - CCD 摄像仪摄聚光镜；8 -显示器分划板

图 8 - 11　光学电视定心装置

造成端面与轴线的垂直度产生误差。因此，定心接头使用一定时间后，还要对定心透镜的黏结面球心像进行检查，看是否在定心公差范围内。

光学电视定心法的定心误差包括黏结面和非黏结面的误差总和。这两个面的误差是独立产生的，黏结面的定心精度主要取决于定心接头端面的垂直度。如果定心接头端面与回转轴线的垂直度误差为 $\pm a$，则当定心接头回转时，可以看到有 $4a$ 的跳动量。非黏结面的定心精度为

$$\frac{1}{N}\times\frac{1}{\beta} \tag{8-13}$$

式中，N 为 CCD 的分辨率；β 为显微镜的横向放大率。

由此可得黏结面球心离开主轴回转轴的垂直距离为

$$\Delta=\frac{1}{4N}\times\frac{1}{\beta}=\frac{1}{4N}\times\frac{f_1}{f_2} \tag{8-14}$$

式中，f_1，f_2 分别是显微镜物镜前后组透镜的焦距。如果取 $N=35$ 对线 /mm，$\beta=3$，则

$$\Delta=\frac{1}{4\times 35}\times\frac{1}{3}=0.002\,4\ (\text{mm})$$

由此可知，光电定心法的精度比普通光学法高，而且速度快，适合大批量生产。

8.3　机械定心原理及方法

机械定中心的方法用于自动磨边机。它的定心原理是依靠一对定心夹头压向透镜的两面，借助于弹簧弹性力夹紧透镜实现自动定心的。机械定中心有卧式与立式两种，其定心精度与夹紧角有关，一般为 0.01～0.07 mm。

机械定中心的原理如图 8 - 12 所示，图中 1，3 是一对同轴性很高，端面精确垂直于轴线

的定心夹头，而且夹头的倒角锥面与轴线精确对称。夹头1是固定夹头，与机床主轴连接在一起只能随主轴转动，伸缩夹头3既能转动，又能沿轴向移动，借助弹簧4的力量使夹头将透镜夹紧。当夹头端面不是与透镜整个球面接触时，透镜的光轴与夹头的机械轴不重合，处于非定心状态，由于透镜的边缘厚度不等，这时夹头端面的刃口与透镜只是点接触，所以受力不平衡(见图8-13)。在接触点P夹头的作用力F被分解为沿着轴向的夹紧力F_1和垂直于轴向的定心力F_2。F_1使透镜压向夹头，产生一对大小相等方向相反的力。定心力F_2主要是克服透镜与夹头之间的摩擦力，使透镜向着与夹头没有接触的那一边移动，直到透镜与夹头的接触点扩大到定心夹头的整个圆环面，使F_2得以平衡，则透镜光轴与夹头的机械轴重合，达到定心的目的。所以机械定心的精度取决于能否产生足够的定心力，使偏心的透镜向着轴线方向运动。显然它与着力点的切向角α(极限夹紧角)有关，α角越大定心力越大，定心精度就越高。随着α角的减小而减小，也就是随着球面半径的增大定心的精度也随之降低。当F_2与阻碍透镜运动的阻力相等时，定心就无法实现。阻碍透镜运动最主要的力是摩擦力，它与制造夹头的材料和表面光洁度有关。

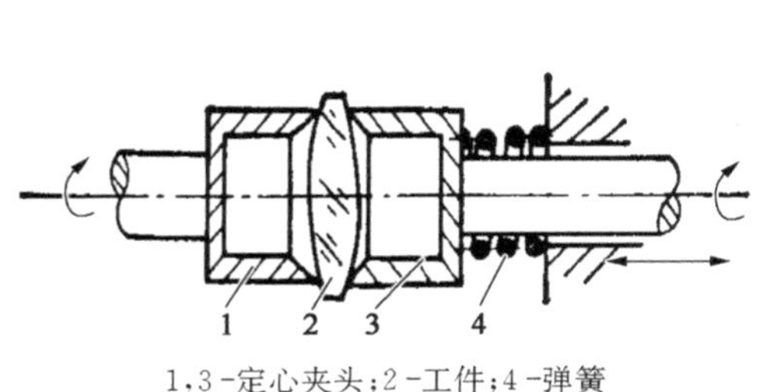

1，3-定心夹头；2-工件；4-弹簧

图8-12 机械定心法

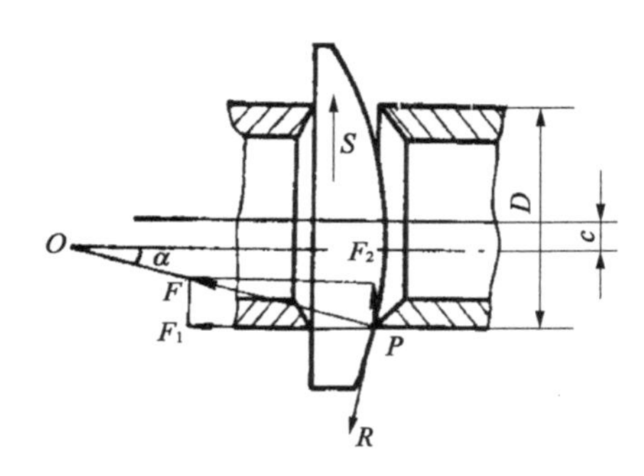

图8-13 夹头夹紧角计算

1）夹紧角的计算

夹紧力F_1和定心力F_2分别为

$$F_1 = F\cos\alpha \qquad (8-15)$$
$$F_2 = F\sin\alpha$$

夹紧角α在夹头轴线的平面内，为透镜与两夹头接触点的切向之间的夹角。计算时应分别计算透镜前后表面夹紧角α_1，α_2。

因为定心时，定心力F_2与摩擦力平衡，即

$$F\sin\alpha = \mu F\cos\alpha$$

所以，$\tan\alpha = \mu$

式中，μ为抛物面与夹头之间的摩擦系数。玻璃与钢之间的摩擦系数为0.15，极限夹紧角$\alpha_{\min} = 8°30'$。

由图8-13中几何关系可以看出：

$$\tan\alpha_1=\frac{D}{2\sqrt{R_1^2-\frac{D^2}{4}}}\approx\frac{D}{2R_1} \tag{8-16}$$

式中，D 为夹头的直径；R_1 为透镜的曲率半径(图 8-13 中 PO)。

由前述分析可知，透镜能产生定心力 F_2 的条件，必须满足：

$$\tan\alpha_1\geqslant\tan\varphi \tag{8-17}$$

式中，φ 为摩擦角。

同理，

$$\tan\alpha_2\geqslant\tan\varphi \tag{8-18}$$

则

$$|\tan\alpha_1+\tan\alpha_2|\geqslant 2\tan\varphi$$

由于 α_1，α_2，φ 角都很小，故可得

$$|\alpha_1+\alpha_2|\geqslant 2\varphi$$

有

$$\varphi=\frac{|\alpha_1\pm\alpha_2|}{2} \tag{8-19}$$

式中，$\alpha_1\pm\alpha_2=\alpha$，即为总夹紧角，对于双凸、双凹透镜取“$+$”，弯月透镜取“$-$”。因为 α_1，α_2 很小，所以可用 $(\alpha_1\pm\alpha_2)$ 代替 $(\sin\alpha_1\pm\sin\alpha_2)$。用定心值 Z 代替 φ，则定心条件为

$$z=\frac{|\sin\alpha_1\pm\sin\alpha_2|}{2}=\frac{\left|\frac{D_1}{2R_1}\pm\frac{D_2}{2R_2}\right|}{2}=\frac{\left|\frac{D_1}{R_1}\pm\frac{D_2}{R_2}\right|}{4} \tag{8-20}$$

式中，D_1，$D_2=D$ 为夹头直径；R_1，R_2 为透镜两球面的曲率半径。

定心精度分析：

由上可知，Z 与透镜两球面的曲率半径 R_1，R_2 和夹头直径 D 有关。

(1) 在夹头直径一定时，透镜球面半径 R 越小，定心精度越高。通常机械定心适用于曲率半径小于 180 mm 的透镜。直径在 6～70 mm 的透镜定心精度可达 0.01 mm。

(2) 在透镜曲率半径一定时，夹头直径 D 愈大，定心精度愈高，所以定心夹头的直径应尽可能大，这样不仅定心精度高，而且还可以防止夹头端面划伤透镜表面。

(3) 在夹头直径与定心透镜表面的曲率半径一定时，双凸、双凹透镜的定心精度比弯月透镜高。

(4) 定心精度与制造夹头的材料和表面光洁度等有关。从实验得到，光学玻璃与钢夹头之间的摩擦系数一般为 0.15，则：$Z>0.15$ 时，相当于 $\alpha>17°30'$，定心良好；$Z=0.1\sim0.15$ 时，$\alpha=12°\sim17°30'$，定心效果较差；$Z<0.1$ 时，$\alpha<12°$，不能定心。如果采取提高润滑性能，降低摩擦系数和夹头转速等措施，总极限角可以再降低。如果偏心差要求高或夹头采用摩擦系数较大的材料(如尼龙等)制成，则夹紧角选择大于 20° 较好。摩擦系数愈小，定心精度愈高，而摩擦系数与润滑情况有关(见表 8-2)。

表 8-2 润滑剂与偏心量之间的关系

润滑剂	无润滑剂	油性冷却液	润滑油
偏心量/mm	0.003	0.001 2	0.000 6

2) 对定心夹头的要求

保证机械定心精度的关键是夹头的精度,因此对定心夹头的要求为:

(1) 夹头轴与机床回转轴的同轴性要求为 0.003~0.005 mm。

(2) 夹头端面精确垂直几何轴,并且端面粗糙度应达到 0.05 μm。

(3) 夹头外径一般比透镜完工直径小 0.2~0.3 mm。

(4) 夹头壁厚一般为 1 μm,并且端面要加工成内或外锥面。

(5) 夹头用黄铜 H50,H62 或圆钢加工。

3) 弹簧压力

弹簧压力一般为 3~5 kg。弹簧压力 P 与 Z 值、磨削压力 F 有关,即

$$P \geqslant \frac{3}{4} \cdot \frac{F}{Z} \tag{8-21}$$

F 取决于砂轮的进给量、透镜形状、加工时间等因素。

机械定心法的特点是操作简单、生产效率高,因此得到广泛的应用。

8.4 定心磨边工艺

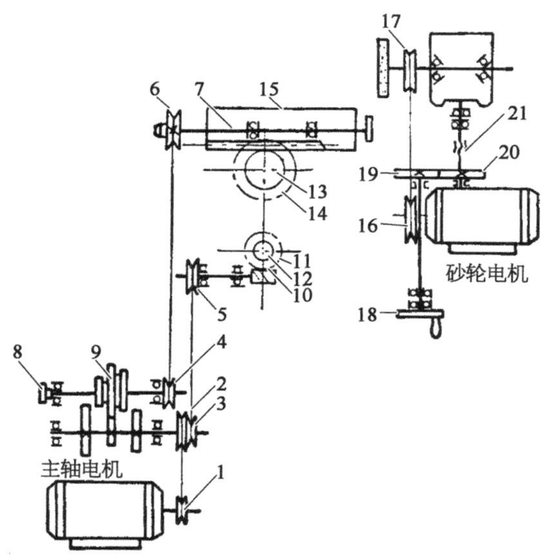

1~6-皮带轮;7-透镜轴;8-手把;9-三联齿轮;10-蜗杆;11-蜗轮;12,13-轴;14-蜗轮;15-主轴套筒;16,17-皮带轮;18-手轮;19,20-齿轮;21-丝杆

图 8-14 Q853 型定心磨边机传动

1) 光学法透镜定心磨边机床

光学法定心磨边机床的传动系统如图 8-14 所示。

电机主轴通过皮带轮 1 和 2 及 4 和 6 带动透镜轴 7 旋转。通过皮带 3 和 5 及蜗杆蜗轮 10 和 11 带动偏心连杆机构运动(图中未画出),最后使整个主轴套筒 15 做往复运动。

砂轮电机通过皮带轮 16 和 17 使砂轮获得 3 000 r/min 的转动速度。转动手轮 18 通过齿轮 19 和 20 带动丝杆 21 转动,实现砂轮向工件的进给。进给量从手轮刻度圈上读取,每格 0.005 mm,手轮每转一周为 1 mm。

2) 磨边余量

透镜定中心磨边余量是指为了校正中心偏差所留的最小磨削量,其大小可根据零件精度、焦距、直径以及从粗磨到抛光完工后所

能保证的边缘厚度差等因素决定。

（1）根据经验数据确定。对于焦距不太长（$f<300$ mm，弯月透镜除外）和中心偏差要求不高的零件，磨边余量可按经验给定（见表 8－3）。

表 8－3　磨 边 余 量

透镜完工直径/mm	2～4	4～10	10～20	20～35	35～60	60～100	>100
磨边余量/mm	0.6	0.8	1.2	1.6	2.0	2.5	3.0

对于凸透镜，余量取低一档。对于难以定心的透镜，如弯月透镜、曲率半径比较大的透镜，磨边余量必须通过计算确定。

（2）近似算法。磨边余量由下式确定：

$$\Delta D = 2\Delta t\,\frac{f'}{D}(n_d - 1) \tag{8-22}$$

式中，ΔD 为磨边余量；D 为透镜完工直径；Δt 为加工中可控的边厚差；f' 为透镜焦距；n_d 为透镜材料的折射率。

（3）精确算法。对于难以定中心的，其磨边余量必须通过计算确定。根据中心偏差与边厚差的关系式（8－4）定中心直径的磨边余量由下式计算确定：

$$\Delta D = \Delta t\,\frac{f'}{D} \tag{8-23}$$

精确计算时，可先计算边厚差：

$$\Delta t = \frac{D \cdot C}{f'(n_d - 1)} \tag{8-24}$$

式中，C 为中心偏差，以像方节点离开几何轴的垂直距离进行计算。

由式（8－24）计算出边厚差 Δt 值，如果 Δt 值比加工所能达到的精度低或相近，则说明只要在粗磨、精磨和抛光过程中注意控制边厚差就足以保证中心偏差达到所要求的 C 值。这时只需考虑去除粗磨、精磨和抛光过程中所产生的崩边就行了。如果 Δt 值比加工所能达到的精度高，则说明通过控制边厚差还不能达到规定的 C 值，还必须给磨边工序留下一定的余量，通过定心磨边才能最后校正中心偏差。

双凸透镜：
$$\Delta t = \frac{\Delta D(D + \Delta D)(R_1 + R_2 - d)}{2R_1R_2} \tag{8-25}$$

双凹透镜：
$$\Delta t = \frac{\Delta D(D + \Delta D)(R_1 + R_2 + d)}{2R_1R_2} \tag{8-26}$$

平凸和平凹透镜：
$$\Delta t = \frac{\Delta D(D + \Delta D)}{2R} \tag{8-27}$$

正月透镜：
$$\Delta t = \frac{\Delta D(D + \Delta D)(R_1 - R_2 + d)}{2R_2(R_1 - h_1)} \tag{8-28}$$

负月透镜：

$$\Delta t=\frac{\Delta D(D+\Delta D)(R_1-R_2-d)}{2R_2(R_1-h_1)} \tag{8-29}$$

式中，R_1，R_2，R 为透镜曲率半径；h_1 为透镜凸面矢高；d 为透镜中心厚度。

计算时可先试着给定一个 Δt 值，求出 ΔD；也可先出给一个 ΔD 值，然后计算 Δt 值（可按近似方法计算），若计算出的 Δt 值在加工时能够达到，则磨边余量就按设计的 ΔD 值给出。在粗磨时最好能保证 Δt 值达到计算值的 1/2，必要时精磨抛光后 Δt 值应为计算值的 1/3 ～ 1/2。

计算时还应注意，磨边余量不能太大，通常 ΔD 不超过 8 mm。如果 ΔD 为 8 mm，Δt 仍不够大时，加工时只好设法控制 Δt 来保证 C。

对于硬质材料（如石英），应特别注意控制边厚差，以尽量减小磨边余量。如果磨边余量增大后成为薄边零件，那么必须保证边缘厚度不小于 0.5 mm。

3）磨边工艺

透镜用磨边胶在定心夹头上定好中心以后，应在磨边机上用砂轮或金刚石磨轮磨到图纸要求的外圆尺寸和精度，砂轮和零件的线速度进给量等参数根据工件的直径、磨边柱面的长度、玻璃的硬度等因素来选择。通常砂轮线速度为 15～35 m/s，工件线速度为0.3～2 m/s，进刀量为 0.01～0.08 mm，透镜除了径向送进外，还有轴向往复送进。

（1）常用的几种磨边方法。

平行磨削。如图 8-15(a)所示，砂轮以最大的线速度磨削零件，效率较高，而且机床也易于调整。

倾斜磨削。如图 8-15(b)所示，砂轮轴与工件轴成 30°或 45°的倾斜，使工件向下脱落的力减小，同时产生一个使工件紧固的力。

端面磨削。如图 8-15(c)所示，消除使工件脱落的作用力，加大工件表面的紧固力，效率也较高，但是在砂轮磨损变形后容易使工件出现大小头或非柱面，砂轮磨削面的修磨也较困难。

垂直磨削。如图 8-15(d)所示，为了防止工件在磨边时脱落采用垂直磨削，这种方法为点接触，进刀比较容易。

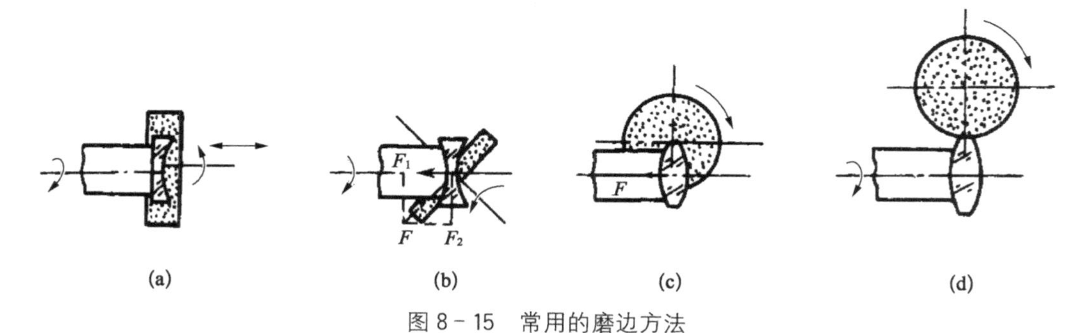

图 8-15　常用的磨边方法

(a) 平行磨削；(b) 倾斜磨削；(c) 端面磨削；(d) 垂直磨削

透镜倒角。透镜倒角的方法有利用组合磨轮或砂轮倒角、用散粒磨料和倒角模倒角以及混合砂模倒角等方法。

在机床上用砂轮或磨轮转动一个角度进行直接倒角，如图 8－16(b)所示。

用倒角球模借助散粒磨料倒角，如图 8－16(a)所示。此方法应用较普遍，操作简单，效率较高，倒角模用铸铁制造，其曲率半径为

$$R_{\varphi}=\pm\frac{D}{2\cos\varphi} \tag{8-30}$$

式中，R_{φ} 为工件倒角的曲率半径，凹面取“－”，凸面取“＋”号。

如果用混合砂模进行倒角[见图 8－16(c)]则更方便，不用加砂，只要用水冷却即可，切削速度快，而且不易碰伤抛光面，混合砂层的配比是碳化硼：松香：虫胶＝75：15：10，制作方法与制作柏油抛光模类似。

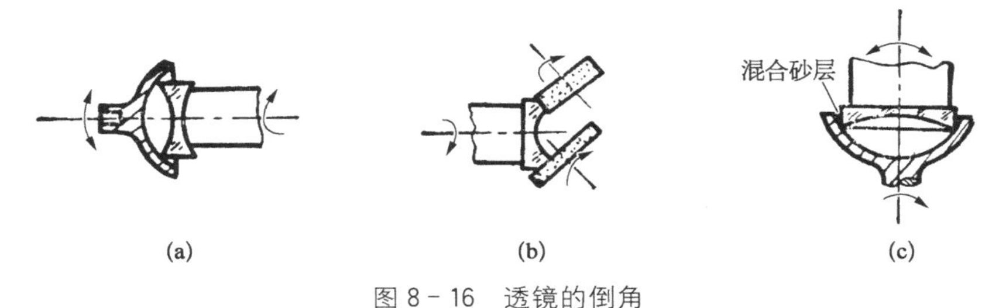

图 8－16　透镜的倒角

(a) 倒角铁模倒角；(b) 砂轮或磨轮倒角；(c) 倒角砂模倒角

在成批生产时，倒角不在磨边机上进行，而是在专用机床上进行，这时采用弹性接头[见图 8－17(a)]或真空吸附接头[见图 8－17(b)]。

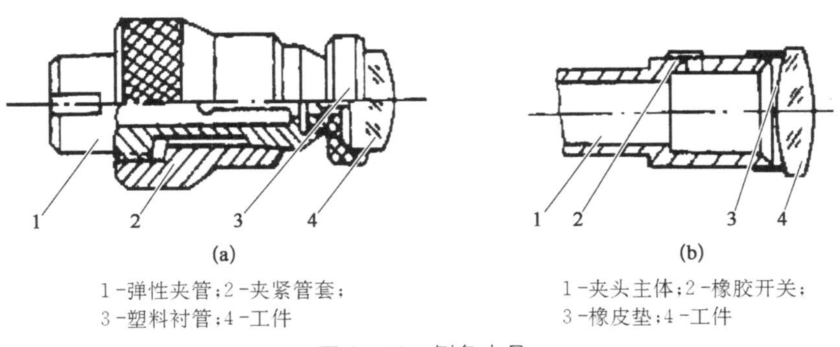

1－弹性夹管；2－夹紧管套；3－塑料衬管；4－工件

1－夹头主体；2－橡胶开关；3－橡皮垫；4－工件

图 8－17　倒角夹具

(a) 弹性夹具；(b) 真空夹头

(2) 定心磨边工艺参数选择。

接头的设计：① 定心夹具的几何轴与机床主轴的重合精度应该超过定心精度，一般为 0.003～0.005 mm。② 定心夹具的端面应严格垂直于夹头的几何轴。③ 定心夹具端面的两个棱边应与几何轴成同心圆，形成薄而等厚的圆周，表面经过研磨与抛光，以免划伤透镜。④ 定心夹具的外径应比被定心磨边的透镜直径小 0.2～0.5 mm。⑤ 根据与定心夹具接触的表面形状(凸、平、凹)选择定心夹具边缘的倾斜方向，黏结凸面时定心夹具边缘修成向内倾斜；黏结凹面时定心夹具边缘修成向外倾斜。此外为了避免定心夹具加热而使透镜受压，

夹具要有透气小孔。

对定心磨边胶的选择：磨边黏结胶应有足够的黏结强度，软化点要低，容易从夹头或透镜上清除；黏结胶呈中性，对玻璃表面不会产生腐蚀作用。常用磨边胶配方如表 8-4 所示。

表 8-4 磨边胶配方

编号＼配方	松香(1级)/(%)	虫胶/(%)	矿物油/(%)(航空汽油)	蜂蜡/(%)	用　途
1	50	50			用于大透镜及特殊件
2	86～95		14～5		用于中小零件
3	90～95			10～5	

磨轮的选择：透镜定心磨边时通常采用金刚石磨轮或碳化硅砂轮，其粒度在 180# ～ 280# 范围内。一般透镜直径越大，粒度愈大。磨轮的转速与透镜的直径有关。直径愈大，转速愈高。磨轮的线速度一般在 25～34 m/s，碳化硅砂轮的转速为 2 800 r/min。金刚石磨轮，其转速在 3 200～3 800 r/min 范围内。

主轴(工件)转速较慢，一般为 3～10 r/min。主轴的进给量，每转一周为 0.02～0.08 r/min 左右。

8.5 定心磨边常见的缺陷

磨边过程中经常会出现各种缺陷，必须及时进行原因分析和采取相应的克服方法。

1) 崩边破口产生的主要原因

(1) 砂轮或磨轮表面不平，或已磨钝后微孔堵塞，砂轮宜选用中软的硬度。

(2) 砂轮粒度太粗，工件越小，粒度宜越细。如表 8-5 所示。

(3) 砂轮进刀量太大或进给太快。

(4) 砂轮和工件轴的相对跳动太大。

(5) 砂轮或透镜转速选择不当。

表 8-5 常用砂轮种类

砂轮种类	粒度(号)	砂轮线速度/(m/s)	适用范围(工件直径/mm)
碳化硅	180～240	25	<25
碳化硅	180	28	25～80
碳化硅	120	32	>80
金刚石	280	32	<50
金刚石	240	34	>5～0

2）透镜外径呈椭圆或有锥度产生的原因

（1）砂轮与工件的径向跳动太大。

（2）夹头端面与工件轴不垂直。

（3）工件轴的往返运动方向与砂轮工作面不平行。

3）表面疵病等级下降的主要原因

（1）夹头端面不光滑而划伤。

（2）黏结胶不清洁或与透镜起腐蚀作用。

（3）机械定中心时压力过大。

（4）冷却液对玻璃起腐蚀作用。

（5）倒角时划伤。

（6）清洗时擦伤。

第9章 光学零件的胶合

9.1 概述

光学零件的胶合是把两枚或多枚单个光学零件,用胶黏剂或光胶的方法,按一定技术要求黏结在一起的过程称为光学零件胶合。胶合的目的为:

(1) 改善像质。如果把冕牌玻璃的凸透镜和火石玻璃的凹透镜胶合在一起,就可以组合成消色差的双胶合透镜。胶合透镜组或胶合棱镜组在装配与校正时比较容易对准中心,保证复杂光学系统的成像质量。

(2) 减少反射光损耗。当光在空气与玻璃界面上正入射时,每一界面上的反射光能约占总入射光能的5%,一个复杂的分离透镜组其界面的反射损耗是相当可观的;即使在玻璃表面镀上氟化镁等材料的增透膜后,仍有0.6%~1.5%的反射光损耗,如果将双分离的透镜用加拿大胶胶合在一起,则胶合面的光能损耗就可以减少到0.1%,由此可见胶合光学零件是减少光学零件光能损耗的有效方法。

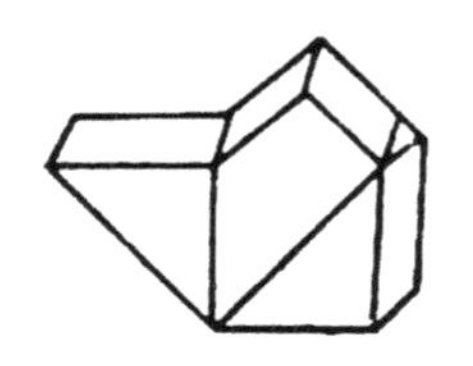

图9-1 胶合光学零件

(3) 简化复杂形状的光学零件的加工难度。如图9-1是一枚特殊形状的棱镜,用一块玻璃是绝对无法加工的,然而可以将它分解成几块简单棱镜加工,然后胶合成复杂棱镜。因此,胶合光学零件可以大大减小加工的困难,使复杂零件制造简单化,降低制造成本。

(4) 保护刻划面。为了保护刻划表面,经常在分划板上胶合一块保护玻璃。

胶合工艺的特点是手工操作,因此在同等条件下,胶合质量的优劣,往往取决于操作者的技艺。

关于胶层胶合的机理目前尚无统一的理论,不同论述如下:

(1) 机械结合理论。对于肉眼看来已是十分光滑的物体表面,如果放大若干倍,则会发现还是十分粗糙的,沟壑遍布,有些还是多孔的。胶黏剂渗透到这些不平的空隙中,固化后就像许多小钩将彼此勾连,把被黏结物体连接在一起,这种理论叫作机械结合论。

(2) 吸附理论。近代物质结构告诉我们,物质都是由分子和原子组成的,原子和分子间存在着相互作用的力,其中一种叫范德华力。固体表面由于存在范德华力的作用,能吸附液体和气体,这种作用叫作物理吸附。这种吸附作用使胶黏剂和被胶合物体牢固地结合在一起的理论称为吸附理论。

(3) 扩散理论。胶黏剂一般由高分子物质组成，如果被黏结物体也是高分子材料，那么在一定的条件下，由于分子或链段的布朗运动，黏结剂和被黏结物体的分子或链段就要进行相互扩散，即在界面上互溶，这样使胶黏剂和被黏结物体的界面消失，变成了一个过渡区域，从而形成了牢固的胶黏接头，这种理论称为扩散理论。

(4) 静电理论。不同物质具有不同的电子亲合力，当两种具有不同亲合力的物体相接触时，必然引起电子亲合力小的物体向电子亲合力大的物体上面转移，而使界面产生了接触电势。当胶黏剂和被黏结物体的电子亲合力不同时，也产生了接触电势，存在着电偶层。结合力的产生主要是由于电偶层的静电引力引起的，故被称为静电理论。

(5) 化学键结合理论。胶黏剂和被黏结的物体之间，在一定量子化条件下可形成化学键，它的存在虽不会改变界面胶黏剂和被黏物体相互结合的总能量的量级，但对抵抗应力集中，防止裂缝扩展的能力较大，这也是高强度黏结所必需的，这种理论称为化学键结合理论。

9.2 胶合材料

光学胶合技术在光学仪器上的应用，已经有两百多年的历史。最早是1785年采用一种天然针叶状杉树的分泌物制成的光学用胶，也就是著名的加拿大胶，至今仍被广泛地使用。随着光学工业的发展，对光学胶黏剂不断提出新的要求，天然树脂的某些性能已满足不了仪器的使用要求，因此，合成树脂的光学用胶相继问世，苏联于1938年研制成功甲醇胶；美国在20世纪40年代研制成功光学环氧胶，我国于20世纪70年代末研制成功光学光敏胶。

1) 对胶合材料的要求

(1) 有极高的透明度(透过率大于90%)和光学一致性，清洁度要高，黏结胶固化后的折射率要与被胶合的光学零件玻璃的折射率相接近，胶层应无色，而且没有荧光性。

(2) 在胶合时浸润性好，固化过程中收缩率或膨胀系数极小，胶层容易涂布而没有残留应力，胶合后零件不会变形。

(3) 受各种因素的影响时不容易引起脱胶。

(4) 黏结胶有足够的热稳定性(−40～+60 ℃)和化学稳定性。对玻璃表面不起化学作用，对操作者的健康无害。

(5) 容易拆胶，便于返修。

目前，在光学工业中，应用的黏结胶主要有两大类：热胶与冷胶。常用的有4种：冷杉树脂胶、甲醇胶、光学环氧胶、光敏胶。

2) 热胶与冷胶

表9-1列出了主要热胶与冷胶的品种、性能及用途。

(1) 冷杉树脂胶。俗称热胶。它是由松柏科冷杉属植物树分泌的树汁，经过清洗除去可溶性树脂酸及机械杂质，再加入一定量的增韧剂如亚麻仁油、桐油、凡士林油或核桃仁油等(经验表明亚麻仁油为最好)，熬制成具有不同硬度的浅黄色的固态胶。

表9-1 热胶与冷胶

胶的名称		高温性能	低温性能	机械强度	用途
热胶	冷杉树脂胶（光学树脂胶）	+50 ℃	−40 ℃	一般	室内仪器
冷胶	甲醇胶	+60 ℃	−65 ℃	较高	野外仪器
	650 胶（环氧树脂胶）	+124 ℃	−70 ℃	很高	航空及军用仪器

冷杉树脂胶使用历史悠久，性能较好的是加拿大天然的香胶。我国于 20 世纪 60 年代由南京林科院和成都林科院分别以东北东凌、四川岷山的冷杉树脂为原料试制成功东凌冷杉光学树脂胶和岷山冷杉光学树脂胶，其性能与加拿大树脂胶相近，光学一致性高；能长时间保持透明；固化时胶的体积变化小，凝固时体积收缩率为 5%～6%；膨胀系数小；折射率与光学玻璃相近（见表 9-2）。胶合零件小时应力小、储存与使用方便、拆胶与清洗容易。冷杉树脂胶是一种使用广泛的古老胶种。一般用于胶合透镜、棱镜、滤光片、度盘、分划板等，可以满足室内使用的光学仪器的胶合要求。

表9-2 冷杉胶性能

项目 \ 胶名称	加拿大树脂胶	岷山光学树脂胶	东凌光学树脂胶
外观	淡黄色透明固体	淡黄色透明固体	淡黄色透明固体
比重	0.985～0.998	1.055～1.07	
折射率 n_D^{20}	1.52～1.54	1.52～1.54	1.51～1.54
软化点	63～75	63～72	
酸值/(mg KOH/g)	80～96		
皂化值/(mg KOH/g)	93～120	95～120	
机械强度/(kg/cm²)	<40	<40	<40
线膨胀系数 (0～25 ℃)	1.51×10^{-4}/℃	1.51×10^{-4}/℃	2.00×10^{-4}/℃
收缩率/(%)	5～6	5～6	5～6
耐高、低温性能	−40～+40 ℃	−40～+40 ℃	−40～+40 ℃
中部色散 (n_F-n_C)	～0.012 6	～0.012 6	～0.012 6
清洁度（尘粒数量，个/5 cm³）不多于	1 级 5 个 2 级 10 个 3 级 20 个		
溶解性	不溶于水，溶于醇、醚、苯、植物油、醋酸乙酯		

但是，冷杉树脂胶机械强度不高，耐热、耐寒性能差(－40～＋40 ℃)，温度稍高，胶层变软，胶合件易发生移位产生中心偏差；温度低时胶质变硬，容易龟裂而引起脱胶，因此，不适合野外使用的光学仪器的胶合。光谱紫外部分的透过率低，对正常厚度的胶层，光能显著地被吸收(从 $\lambda=320.0$ nm 起)，因此，不适用于近紫外光谱区光学零件的胶合。

树脂胶按不同的硬度(针入法)分为极硬、硬、中软等种类和牌号(见表 9-3)，牌号愈大，胶愈软，耐寒性愈好。树脂胶中加入增韧剂(如亚麻仁油)可以增加耐寒性。

表 9-3　树脂胶的种类和牌号

种　类	牌　号		针入度(20 ℃，200 g)/10 mm	软化点(约为℃)	使　用　条　件
	本性胶	改良胶			
极硬	JY3 JY8	 JY8-G	1～5 6～10	70	适用于胶合耐低温性能要求不高、曲率半径不大和直径为 20 mm 以下的小零件。改性胶使用温度为＋50～－25 ℃[1]
硬	Y15 Y25 Y35	Y15-G Y25-G Y35-G	11～20 21～30 31～40	60	适用于胶合耐低温性能要求不高、曲率半径比较大的小零件及分划标志等。改性胶使用温度为＋40～－35 ℃[1]
中	Zh45 Zh55 Zh70	Zh45-G Zh55-G Zh70-G	41～50 51～60 61～80	50	适用于胶合耐低温性能要求不高、直径较大、曲率半径较大的零件及分划标志等。改性胶使用温度为＋30～－45 ℃。高于 30 ℃，零件边缘需用耐热性能好的胶加固
软	R90 R110		81～100 101～120	40	适用于胶合耐低温性能要求不高、直径大、曲率半径较大的零件。使用温度为＋25～－45 ℃。高于 25 ℃，零件边缘需用耐热性能好的胶加固

注：1 指改性胶。

冷杉树脂胶有固态纯冷杉树脂胶、改性冷杉树脂胶和液态冷杉树脂胶 3 种。

固态冷杉树脂胶软化温度为 65～72 ℃，温度升高时黏度降低，流动性增大，继续加热，会使胶层变脆，使用时一定要注意控制温度。

液态冷杉树脂胶是由溶剂溶解制得的，它可以用于较大平面光学零件的胶合。

为了减小胶合时由应力引起的零件变形，在使用冷杉树脂胶合透镜时，要根据零件的大小和形状，选用不同硬度的胶。质软的胶耐低温性能较质硬的好。若零件直径大、中心与边缘厚度相差悬殊，应选用软性胶。而直径小、曲率半径也小的零件，应使用较硬的胶。

(2) 甲醇胶。是冷胶法的主要材料，亦称冷胶、凤仙胶或卡丙诺胶，是人工合成的聚二甲基乙烯代乙炔基甲醇，属于热固性塑料。

甲醇胶是苏联于 1938 年研制成功的，我国在 20 世纪 50 年代开始引进使用，后来又做了一些改进，它主要用于军用光学仪器中透镜或某些棱镜和平面零件的胶合。

工业甲醇胶为黄褐色油状液体，具有特殊气味。甲醇胶单体极易聚合，储藏时必须加入0.5%～0.7%的阻聚剂，放入棕色瓶中避光保存。使用前必须用减压蒸馏法去除阻聚剂、水分等，获得无色透明的单体，此时单体必须放在冰箱或者储藏瓶内，以防自聚。使用时加入0.8%～1.2%的助聚剂(如重结晶的过氧化二苯甲酰)，并预聚成一定黏度的胶状体。按聚合程度的不同，甲醇胶出现液体、胶体和固体3种状态，从单体到聚合完成的过程中3种状态具有不同的性能(见表9-4)。

表9-4　甲醇胶不同状态的性能指标

性能指标		甲醇胶的状态		
		液态(单体)	胶态(初聚)	固态(聚合后)
颜色		无色	淡黄色	黄绿色
20 ℃	折射率 n_D^{20}	1.475～1.477	1.483～1.490	1.519
	中部色散 $n_F - n_C$	0.013 9	0.013 4	0.011 6
	比重	0.889	0.90～0.92	1.02～1.03
线膨胀系数(0～35 ℃)		3.4×10^{-4}	2.8×10^{-4}	1.3×10^{-4}
黏度		0.2～2.0 N·s/m²		

甲醇胶的优点：其胶层质量如机械强度、耐寒性、耐热性及光谱的紫外线部分的透过率都很好，优于冷杉树脂胶，因而多用于野外和军用光学仪器的光学零件胶合。

甲醇胶的主要缺点是它的体积从胶态变为固态时会显著地缩小，收缩率达12%，因而会引起零件变形，这种变形不能用退火的方法给予全部消除。此外，拆胶不容易。

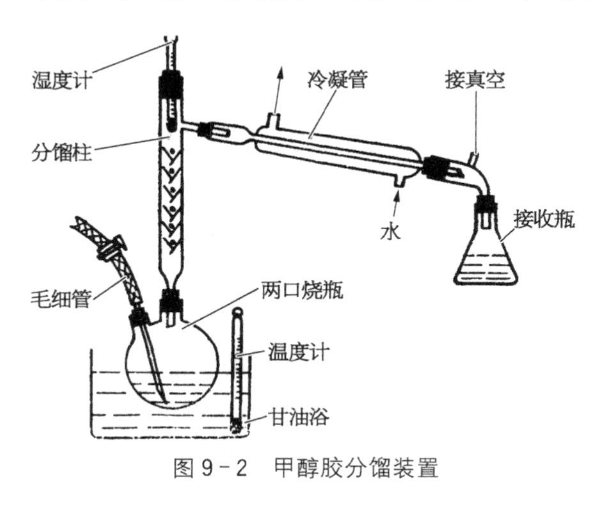

图9-2　甲醇胶分馏装置

甲醇胶使用前要进行减压蒸馏，图9-2为减压分馏装置。用水浴炉加热甲醇胶，用毛细管空气导管压力控制在18 mm水银柱高度。温度为60 ℃，单体蒸气经冷凝管变成液滴流入接收瓶，即得到无色透明的液态单体甲醇胶。

蒸馏后的单体一般可在冷藏瓶内保留一星期。使用时按1/100的重量比加入引发剂，然后用电磁搅拌器搅拌半小时，再在60±1 ℃的温度条件下的灯泡烘箱中进行预聚合，约1～1.5 h，引发剂产生游离基，使单体中不饱和键打开进行聚合，分子量逐渐增大，黏度逐渐增加，由稀变稠，此时正好胶合。定好中心、胶合，然后加温胶合件，使胶液进一步聚合，最后完全失去流动性，呈现固态。它是一种复杂的三向结构的聚合体，聚合后再加温，不能回到塑性状态，造成拆胶的困难。

(3) 光学环氧胶。由于用甲醇胶胶合的光学零件变形严重，影响像质，增加手修工序，占用了大量的劳动力，也不宜于自动流水线生产。为了提高胶合质量，许多国家开始研发新的光学黏结胶。

光学环氧胶是 20 世纪 40 年代研制成功的，我国 60 年代开始采用，利用光学环氧胶又开发出了种类繁多的胶黏剂，但用作光学元件胶合的并不多。

光学环氧胶是以二酚基丙烷（双酚 A 型的环氧树脂）为主体加入一定量的稀释剂、增塑剂、增韧剂等配制成复合环氧树脂，使用时加入固化剂即可。

用作光学零件胶合用的环氧胶有以 650# 复合环氧为主体的 GHJ－1(661#)胶，GHJ－2，GHJ－3 胶，还有以其他环氧为主体的 GHJ－4，GHJ－5(731#)胶，GHJ－01，GHJ－02，Kh－780 胶等。环氧树脂胶的牌号与性能详见表 9－5。

表 9－5　环氧树脂胶的牌号与性能

项目＼牌号	GHJ－1 (661#)	GHJ－2 (662#)	GHJ－3 (662#)	GHJ－4 (SE－101)	GHJ－5 (HFE－731)
外观	浅黄色至黄色	浅黄色	浅黄色	浅黄色	浅黄色
折射率 (n_D^{20})	1.547 06	1.548～1.550	1.565(19 ℃)	1.566 0	1.550～1.555 (胶态)
耐高低温性能/℃ (试验数据)	＋120～－180	＋120～－180	＋130～－88	＋70～－60	＋120～－70
抗拉强度/(kg/cm²)	275	325	650	340	
抗剪强度/(kg/cm²)	105	172	250	121	126
耐湿性能(试验结果)	良	良	良	胶层无变化	胶层无变化
耐有机溶剂性能	良	良	良	良	良
毒性	较大	比 GHJ－1 小	大	小	较大

GHJ－1 环氧胶系由 650# 复合环氧树脂与 651# 聚酰胺树脂按 10∶(2.5～3)的比例配制而成；GHJ－3 环氧胶系由 650# 复合环氧树脂与二乙氨基丙胺按 10∶(1～1.2)的比例配制；GHJ－5 环氧胶系由 616# 复合环氧树脂 60%～65%、邻苯二甲酸二丁酯 18%、690# 活性环氧稀释剂 17%～22%组成复合环氧树脂，再以这种复合环氧树脂和四乙烯五胺按 10∶1 的比例配制成环氧胶。

光学环氧胶外观色泽浅、黏度小、透明度好、折射率接近玻璃(1.572)、黏结强度大、收缩率小(一般为 2%～5%)、耐酸碱有机溶剂和油类等方面都优于冷胶和热胶，尤其是耐寒性抗热性能较高，如 GHJ－1 胶可达－180～＋120 ℃。胶层的机械强度和化学稳定性好。在室温下可以固化，使用方便。但是也有一些不足，如透过率低，工艺性不足(主要是拆胶困难)，胶中所用的固化剂、稀释剂对人体有一定的影响，而且易吸潮，有时出现结晶和混浊现象。

(4) 光学光敏胶。我国于 20 世纪 80 年代末试制成功的光学光敏胶，是一种光固化光学胶黏剂。光学光敏胶由光敏树脂胶加入交链剂、光敏剂、阻聚剂等组成。在紫外光线照射下进行交链固化(单组分光敏胶)，或初固化后，再经中温固化而成(双组分光敏胶)。光敏树脂

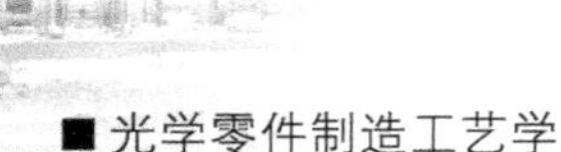

中常用的有双酚A环氧树脂或六氢邻苯二甲酸环氧树脂的丙烯酸酯类。

光学光敏胶是一种综合技术性能优良的新型胶种，其中GBN－501最具代表性，它主要由A组分（包括光敏树脂、稀释剂、阻聚剂、增塑剂和光敏剂等）和B组分（固化剂）组成。使用时以A∶B＝4∶1的配比配制而成。

GBN－501光敏胶具有优越的综合技术性能，基本上可以满足光学设计和光学工艺对胶黏剂提出的要求。其外观无色透明、清洁度高、透射率高、线膨胀系数小、应力小、耐高低温性能好、低毒或无毒、工艺简单、固化快、余胶容易清洗。由于采用两次固化，特别适用于多块胶合件胶合。其主要性能指标如表9－6所示。

表9－6　光学光敏胶的性能指标

项目＼牌号	GBN－501（双组分）	GBN－502（单组分）	注
外观	无色	无色	
清洁度（可见尘粒）个/5 cm^3不多于	10	10	用6×放大镜观察
折射率 $n_D^{20(液)}$	1.528 8	1.530 8	
$n_D^{20(固)}$	1.550 0	1.548 8	
透射率/（%）			
白光	>90	>90	
单色光	92～94	91.5～92	
固化收缩率/（%）	4.09	6.2	用HTV仪器测量
线膨胀系数1/℃	547.5×10^{-7}（24～45℃）	936.1×10^{-7}（22～45℃）	
剪切强度/（kg/cm）	186.5	93.1	用DPY－1型应力仪
应力	1类	1类	测量
耐高低温性能/℃	－70～120℃各2h胶层均无变化	－60℃无脱胶	在50℃，湿度为98%～100%下，经过100h胶层无变化
耐溶剂性	良好	良好	
耐老化性能	良好	良好	
耐激光性能	良好		
耐霉菌侵蚀	良好		

光学光敏胶GBN－501的光固化原理是在紫外光作用下，由于光敏剂的引发作用，使环氧丙烯酸树脂中的双键及带活泼双键的单体交联剂的双键被打开，进行聚合反应，使线性高分子转变成网状结构的高分子，凝胶固化，将光学元件黏结牢固，其光固化的反应过程可表示为

$$H_2C=CHCOOCH_2CHOHCH_2\sim R\sim CH_2CHOHCH_2COOH=$$

$$CH_2+CH=CHCOOR'\xrightarrow[\text{紫外光}]{\text{光敏剂}}$$

$$\begin{array}{l} H_2C\text{—}CHCOOCH_2CHOHCH_2\sim R\sim CH_2CHOHCH_2COOCH\text{—}CH_2 \\ \quad | \qquad\qquad\qquad\qquad\qquad\qquad\qquad\qquad\qquad\qquad | \\ \quad CH_2\text{—}CHCOOR' \qquad\qquad\qquad\qquad\qquad\qquad CH_2\text{—}CHCOOR' \\ \qquad\qquad | \qquad\qquad\qquad\qquad\qquad\qquad\qquad\qquad\qquad\qquad | \\ \qquad H_2C\text{—}CHCOOCH_2CH_2\sim R\sim CH_2CHCHOHCH_2COOHCH\text{—}CH_2 \\ \qquad\qquad\qquad\qquad\qquad\qquad\qquad\qquad\qquad\qquad\qquad\qquad\quad | \end{array}$$

（5）晶体胶黏剂。胶合晶体常用的黏结剂有精制亚麻籽油（$n_D^{20}=1.4790\sim1.4835$）、试剂性甘油（$n=1.473$）、$\alpha$-溴代奈（$n_D^{20}=1.657\sim1.659$）及蓖麻油（$n_D^{20}=1.478\sim1.480$）等，其技术性能指标见相应的技术标准。

9.3 胶合工艺

胶合工艺按所采用的胶合材料的不同，分为热胶法与冷胶法。目前国内使用的几种主要光学胶黏剂的胶合工艺大致如下。

1）胶合前的准备工作

（1）清洁工作室及室内的工具，调整室温为22±2 ℃，相对湿度为60%～80%，工作室要做到空气清洁。

（2）根据室内温度选择和配制醇醚混合液，常用混合液的体积比为无水乙醇15%、无水乙醚85%。同时要备有航空汽油、氢氧化钾等，以便清擦零件。

（3）按图纸要求检查零件是否符合规定要求、结构工艺性要求等，然后进行几何尺寸选配和光圈配对，如果透镜的外径公差大，使凸透镜的外径稍比凹透镜小。棱镜则选配角度。对于3块以上的多块胶合件胶合，首先要分组配对胶合，然后根据总体要求，再进行组间配对胶合。

（4）用无水乙醚清洗松鼠毛刷（每次胶合前都要清洗），要把用于胶合面与非胶合面的毛刷分开。

（5）用脱脂布蘸酒精和乙醚的混合液（1∶1），仔细擦拭零件，揩擦零件的手势如图9-3所示，将擦好的正透镜放在负透镜上若能来回自由晃动并出现圆而粗的光圈，就说明透镜已经清洁了。揩擦光学零件的次数不宜过多，否则易引起擦痕或变形。

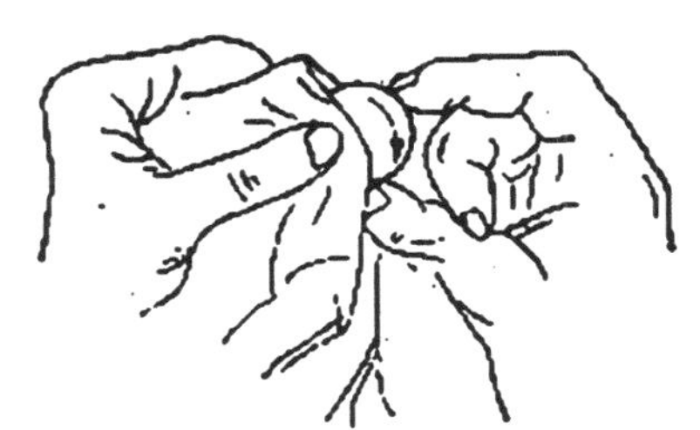

图9-3　揩擦镜片的手势

（6）在60～100 W灯泡的透射光下，用6×放大镜检查胶合面。

（7）检查合格的透镜放在有绒布垫的盒内，棱镜则要放在专用夹具上，待胶。

（8）对于抛光后存放已久的零件，若表面有水印、油迹等疵病时，可用航空汽油或浓度为2.5%的碱液擦拭。已经腐蚀生霉的零件应重新抛光。

2) 胶液的选择

(1) 胶种的选择检查与配制。根据产品图纸规定的胶种,检查或配制胶液。若用冷杉树脂胶,则根据零件技术要求选择胶的硬度(见表 9-3)。采用甲醇胶时,则按规定检查胶液。若采用环氧胶,则按比例配制(见表 9-7)。若采用光学光敏胶 GBN-501,则按 A∶B=4∶1 配之。如果采用 GBN-502,则可检查胶是否过期等。

表 9-7 环氧树脂胶的牌号与性能

牌号	配方(重量比)	n_D	毒性	牌号	配方(重量比)	n_D	毒性
GHJ-1	650 胶 10 651 聚酰胺 2～3	1.547 06	较大	GHJ-4	E-8 胶 10 593 固化剂 1.6～2.5 或是 96 固化剂 2.8～3.5	1.566 0	小
GHJ-2	650 胶 β-羟乙基乙二胺 1～1.3		较小	GHJ-5	复合环氧胶 10 四乙烯五胺型 1	1.55	较大
GHJ-3	650 胶 二乙氨基代丙胺 1～1.2	1.565	大				

(2) 最佳稠度的选择。胶液的最佳稠度可根据零件的尺寸精度、结构工艺性等因素试验确定。对于外形尺寸小的零件可用稠度较大的胶。外形尺寸大、中心与边缘厚度差较大以及耐寒程度要求高的零件用稠度较小的胶。

光学光敏胶可用紫外灯或白炽灯照射增黏,亦可不增黏,甚至降黏的办法加以调节,灵活掌握。具体增黏时间可根据零件情况,试验确定。

3) 胶合

(1) 冷杉树脂胶胶合。擦净胶棒,洗好胶瓶。在酒精灯上把胶棒烘热,然后把胶棒插入胶中,待冷却下来后,把试管外面烘一下,即可把胶棒拔出,再插到胶瓶内,保持清洁,盖好。

将擦好的零件放在垫板上,然后把垫板放在电热板上,并用玻璃罩罩上进行加热,不同牌号的胶其加热温度如表 9-8 所示。

表 9-8 冷杉树脂胶的胶合温度

牌　　号	胶合温度/℃	软化点温度/℃
JY3 JY8	100～130	70
Y15 Y25 Y35 Zh45 Zh55	80～110	60 60 60 50 50
Zh70 R90 R110	80～90	55 40 40

零件加热后，便可涂胶。涂胶时，小零件用镊子，大零件用手(要戴上手套)。操作时一只手压住下面一块零件，另一只手拿开上面一块零件，但不宜拿得太高，以防灰尘进入胶层。当零件直径小于 6 mm 时，胶涂在正透镜上；直径大于 6 mm，则涂在负透镜上，胶要涂在零件的中心位置，其胶量可根据面积大小，灵活掌握，最理想的情况是当两个零件叠置后，在上面一块零件的自重作用下，胶液能自然扩展到边缘，而只有极少余胶流出时为最佳。涂好胶后，便可排除余胶和气泡。对于小透镜可用软木棒压在零件上面轻轻地摆动，排除余胶、胶泡、脏点，使胶层达到均匀，胶层厚度一般为 0.01～0.03 mm。对于直径大于 150 mm 的透镜和棱镜可用手推动，排除余胶，但是推动量不得超过胶合面的 1/3。排完胶泡后，用软木棒或手压住上面一块零件转动一周，以保证胶层的均匀性。然后用干擦布擦去边缘流出的胶，用 6× 放大镜检查胶合质量，合格后放在用 30″水平尺校好的垫板上，加温到 60 ℃左右。此时顺便将承座进行预热 5～10 min，即可在专用仪器上按图纸要求对中心。切注意不可一次对好，要多次校对，以免脱胶或人为地产生应力。

胶好的零件放入恒温箱内(45～50 ℃)，保温 2～4 h，消除应力后送检。

(2) 甲醇胶胶合。胶合前的准备与冷杉胶胶合相同，工房温度要求 22±3 ℃，相对湿度为 70%以内。

甲醇胶的胶合工艺与冷杉树脂胶的胶合工艺基本相同。但是，它们之间也有差别，因为冷杉树脂胶属于热胶，而甲醇胶属于冷胶，所以用甲醇胶胶合定心前，零件和胶不需要加热，而定心以后，则需要加热到 60 ℃左右，保持 10～15 min，以加速胶层聚合，然后再进行冷却和退火，其工艺过程如图 9-4 所示。

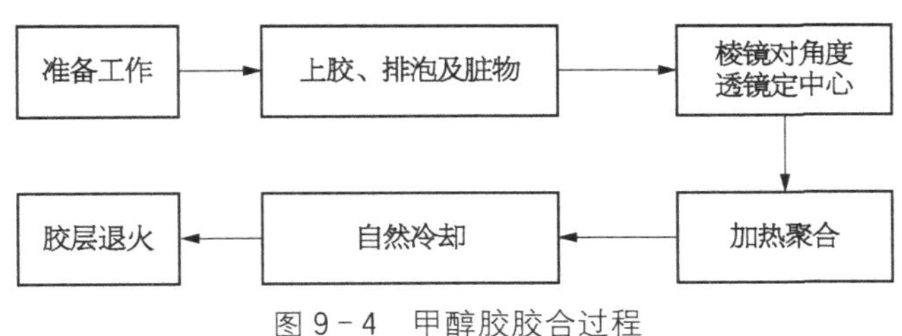

图 9-4　甲醇胶胶合过程

在胶合定中心过程时，对于中心偏差 $c=0.01\sim0.03$ mm 的胶合透镜，要放在 55～60 ℃的电热板上加热 15～20 min，取下零件后，放入承座对中心，对好中心再放到电热板或灯箱(40～45 ℃)内加热 20 min 左右，再放入承座检查中心，直到推不动为止。对于中心偏差 $c>0.04$ mm、直径大于 25 mm、曲率半径小的胶合透镜可自动定中心，在常温下聚合。而对于棱镜则应在专用夹具上用灯箱或电热板加热(55～60 ℃)15～20 min 后，再用仪器对角度，要反复几次直到合格。然后把专用夹具放到已经调平的垫板上，将胶合好的棱镜放入专用夹具，自然冷却。对于直径或边长小于 45 mm 的棱镜，应自然静置 24 h，而大于 45 mm 的棱镜，应静置 48 h 以上。

(3) 环氧树脂胶胶合。环氧树脂胶胶合工艺与甲醇胶胶合工艺基本相同，但是在透镜校正中心或棱镜对角度时要将胶好的透镜置于平台上，用 250 W 的红外灯泡烘烤，同时检查其固化程度，当固化到能推动、而不能滑动时，应迅速校正角度或对好中心。校正好的零件放在平台上，在常温下聚合 4～5 h 后，再在 60 ℃温度下保持 5～6 h，以使胶层全部固化，或在常温下放置 24 h 也可。

对于中心偏差 $c > 0.05$ mm，$d < 20$ mm，曲率半径又大的胶合透镜可采用自动定中心。

经检查合格的零件，用刀片刮去余胶，用脱脂布蘸醇醚混合液将零件表面擦拭干净。

(4) 光敏胶胶合。GBN－501 光敏胶的胶合工艺比较简单，即将涂好胶的胶合零件，在紫外光下照射几十秒钟或数分钟就可以初固化、定心(对角度)，检查合格后，再放入 60 ℃的烘箱固化 6 h 即可。其操作步骤如下：

胶液的配制。GBN－501 系光敏胶双组分，为保证胶液的最佳性能，使用时才配制。配胶时先洗净试管、滴棒并将脱脂棉烘干。将胶的两个组分以重量比 A∶B＝4∶1 的比例倒入试管，轻轻摇晃使其混合均匀，再用 6×放大镜在 60～100 W 的白炽灯下检查胶液，若无油丝状物，表明胶液已混合均匀，此时若胶液内气泡较多，可稍停放几分钟，待胶泡自行消失后再使用。配好的胶要放在避光的容器内，以防紫外光照射而引起固化。

涂胶与排胶。用玻璃棒在胶合面上滴上适量的胶液，随即合上。玻璃棒也应立即插入试管内保存，以免弄脏。待胶合的一批零件逐个进行完上述操作顺序后，再逐个地排出胶合面多余的胶液和气泡，注意胶层要均匀无楔度。涂胶与排胶的方法与用冷杉树脂胶胶合时相同。

定中心或对角度。在仪器上定中心和对角度时，要特别注意掌握好胶的最佳黏度。一般可用 125 W 紫外灯照射几秒或数分钟增黏，边照射边对中，逐步完成。或将胶好的零件放在平台上放置几小时，或用 100 W 的白炽灯泡烘烤 1 h 左右均可，具体可视零件的结构工艺性试验确定。

增黏后要及时对中心，且用力要均匀平稳，以免引起脱胶。对好中心或角度后，可用 125 W紫外灯，距零件 15～25 cm 照射几十秒或数分钟，进行固化然后擦去余胶，用 6×放大镜检查，合格件可放入 60 ℃的烘箱固化 6 h。若不合格时，可用力推开或在电热板上稍加热推开，清洗后另行胶合。

用 GBN－501 光敏胶胶合的零件同样可以自动定心，一般大约 20 min 即可达到目的，然后用紫外光均匀照射每块零件 2～5 min，达到初固化，擦净余胶，检查合格后放入 60 ℃的烘箱固化 6 h，若不合格者及时拆胶。自动定中心不需要增黏过程。

如果采用单组分的光敏胶 GBN－502，其工艺更为简单，除不需要配胶和进行固化外，其余均与 GBN－501 胶合过程相同。

(5) 晶体胶合。各种晶体零件的胶合，因其性能不同而异。对于软质和易潮解的晶体，要用软布擦拭，严禁与酸性物质接触，要用亚麻籽油或甘油胶合。萤石不宜高温胶合，不能与酸性物质接触，可用溴代萘或甘油胶合。对于水溶性晶体，不能与水接触，温度不能高，可用溴代萘胶合。其他硬质晶体的胶合与玻璃光学零件基本相同，可视具体情况选择胶种。

(6) 多块光学零件的胶合。多块光学零件胶合时，零件间相对位置特别重要，首先要选好基准零件才能保证结构精度的要求，这种胶合以 GBN－501 光敏胶为最好。

(7) 保护性胶合。① 膜面保护玻璃的胶合，这种胶合的目的是保护膜层不受破坏，选择胶种时应考虑对光学性能无影响、膨胀系数要小、收缩率要小、工艺简单。通常用 GBN－

502 光敏胶。清擦时只擦保护玻璃，镀膜零件不能用脱脂布擦拭，以免破坏膜层。若发现膜层上有脏点，可用吹耳球吹掉，然后再进行胶合。胶合时要注意有关部位尺寸。② 分划板及照相标志的保护玻璃胶合，分划板和保护玻璃擦好后用专用的玻璃罩罩住，然后再检查所用胶，若符合要求时便可进行胶合，同时应在专用仪器上或工具显微镜下校正位置。

(8) 光学零件与金属零件的胶合。首先用航空汽油清洗金属零件，除去毛刺和油污，擦拭好胶合面和金属零件的胶合面后，方可进行胶合。对于较大面积的胶合，为防止因两种材料的膨胀系数不同而引起的应力，可以在胶合面上增加缓冲层(如罗筛布)以提高黏结强度。对于多孔性材料应涂有足够的胶液供吸收。

(9) 塑料光学零件的胶合。用光学塑料、有机玻璃及其他有机聚合物制造的零件之间的胶合，由于表面低能，利用化学键结合比较困难。加之光学塑料的膨胀系数比玻璃要大十多倍，加热时玻璃、胶层与塑料的膨胀系数不同，光圈易变形或脱胶。实践证明，用 GBN - 501 或 GBN - 502 光敏胶胶合较好，因为这种胶含有与有机聚合物相类似的丙烯酸酯基团，根据相似相溶原理分子扩散形成共界面，从而把零件黏结牢固，其剪切强度达到 23.3 kg/cm^2。

4) 胶合层经常出现的疵病与克服方法

胶层胶合经常出现的疵病及其解决方法如表 9 - 9 所示。

表 9 - 9　胶层胶合常见疵病及克服方法

疵病名称	产生原因	克服办法
中心偏差	1 单件中心偏差 2 中心没有校正好 3 胶层过软，平台不平，零件发生走动 4 热处理或退火温度太高，零件相对走动	1 胶合前仔细检查单件中心 2 对中心要反复进行，直到校正好为止 3 胶合前校正平台，固化时间要保证 4 严格按规定热处理防止温度过高，胶层变软
脱皮	1 胶层未完全聚合 2 有机溶剂浸入胶缝 3 聚合时零件相对位置有较大移动 4 胶层太薄 5 胶层不干净或变硬	1 要保证聚合温度 2 擦胶合件时，要防止溶液侵入胶缝 3 校正中心时，控制好温度和时间，注意勤校，直到推不动为止 4 控制好胶的黏度及加热温度，一般为 35～40 ℃ 5 严格检查胶液，发现异态，停用
胶层脏	1 胶不清洁 2 工作室灰尘太大 3 零件没有擦干净 4 使用工具太脏	1 事先检查用胶 2 工作间相对密闭，减少空气流通 3 使用超净台，用合格辅料擦拭 4 工作前认真清洁工具
非胶合面光圈变形	1 单件原来不合格 2 胶太稠，聚合温度太高 3 承座温度低 4 负镜中心厚与直径比太大 5 胶聚合时体积收缩率大 6 对中心用力不均匀	1 事先严格检查单件 2 控制好胶的黏度与工房温度 3 承座与零件温度相近 4 选胶要软，聚合温度取下限 5 用力均匀，摆动要小 6 注意零件的工艺性，采取措施

（续表）

疵病名称	产生原因	克服办法
胶层变焦变黄	1 聚合或退火温度太高 2 高温聚合时间太长	正确控制温度与时间，一般冷胶不超过55 ℃，热胶不超过45 ℃
尺寸或角度超差	1 单件尺寸超差 2 对尺寸没有选配 3 角度校正不准	1 胶合前检查单件尺寸 2 认真进行配对 3 先调好仪器，再测零件
胶合面光洁度不好	1 擦布不清洁 2 零件胶合光洁度不好 3 胶合面有水印	1 认真脱脂擦布 2 胶前仔细检查光洁度 3 清洁零件一定要擦干盖好备用

9.4 光胶法胶合

并不是所有光学零件都适合用胶黏剂方法胶合的。例如，有一些光学零件用胶黏剂胶合后会引起面型变形；有些光学零件的几何尺寸比较大，胶合后会产生脱胶；有些透镜的直径太大，胶合时不易合轴；有些光学仪器会在温度急剧变化的环境中使用；有些胶合材料，在短波处会引起很大的光能损失等，都不适宜用胶黏剂胶合，因此，不得不求助于光胶法。

1）光胶原理

光胶法不是利用黏结胶使光学零件胶合，而是依靠光学零件抛光表面的分子间引力使两个光学表面紧密地贴合在一起的一种胶合工艺。分子间的作用力为

$$F=\frac{\lambda}{r^{s}}-\frac{\mu}{r^{t}} \tag{9-1}$$

式中，λ，μ 为系数（均为整数）；r 为分子间的距离；s，t 为随物质不同的常数（通常 s 取 9～15，t 取 4～7）。

式中，$\frac{\lambda}{r^{s}}$ 项表示斥力，$\frac{\mu}{r^{t}}$ 项表示引力，因为 $s>t$，所以 $\frac{\lambda}{r^{s}}\leqslant\frac{\mu}{r^{t}}$。由于 s，t 较大，所以分子间的引力随 r 的增加而急剧减小。一般当 $r=10^{-3}\sim10^{-4}$ μm 时，分子间表现为引力作用。也就是说两光胶表面之间距离在 0.001 0～0.000 1 μm 范围内，才能用光胶法胶合。这就要求胶合面的误差为

$$N=\frac{\Delta h}{\lambda/2}=\frac{0.001}{0.25}=\frac{1}{250}\text{（道光圈）}$$

显然，要加工这样高精度的抛光表面是相当困难的，即使能加工出来，检验也是非常困难的。况且周围介质温度变化引起零件变形的尺寸还要比这个数量级大 10 倍。但实际上当 $N=1\sim2$ 道光圈时，即可进行光胶。其原因是，式（9-1）是一个统计结果，产生分子引力的

统计面积相当大，而实际上分子引力并不是在整个光胶表面上起作用的，而是在两表面微观的波峰与波峰，或波谷与波谷之间起作用的，也就是一种犬牙交错式的结合。由于波峰与波谷都是小而密集的，因此产生的分子引力的统计面积是相当大的，足以使两个表面达到光胶的要求。

另外，零件受外力作用或受外界变化影响时，总要发生微小变形，这也有利于光胶。光胶时，胶合件是低光圈配对，通常外缘先加压，使该部位先胶上，在胶与未胶的界面附近，由于分子引力作用，未胶合部位易达到分子引力范围，则胶合面逐渐扩大，直到全部胶上。

2）影响光胶质量的因素

（1）零件内部温度梯度的影响。当零件两个表面存在温度梯度 Δt 时，将引起表面变形为

$$\Delta x = \frac{D^2 a \Delta t}{8d} \tag{9-2}$$

式中，D 为零件直径；d 为零件厚度；a 为线胀系数。

这种变形主要是在抛光过程中产生的，在光学零件抛光过程中，由于摩擦产生热，抛光面的温度高于背面，导致零件产生面型误差。

另外，在胶合过程中观察光圈时，由于零件的外圆非胶合面，与手接触的机会多，其温度比胶合面高，从而形成由中心到边缘的对称温度梯度，产生误差为

$$\Delta x_1 = \frac{D^2 a \Delta t_p}{8d} \tag{9-3}$$

式中，Δt_p 为零件两表面相对应点温度的平均值。

Δx 与 Δx_1 的变化趋势相似，只是变形量不同。在胶合时 Δx_1 是不可避免的，但要尽量减少。

（2）周围介质温度变化时的影响。当周围介质温度（t_1，t_3）高于两胶合面之间的温度（t_2）时，即 $t_1 > t_2 > t_3$，产生低光圈变化趋势，容易引起中间开胶，如图 9－5(a)所示。当周围介质温度低于两光胶件时，即 $t_1 < t_2 > t_3$，在这种情况下产生高光圈变化趋势，易造成边缘开胶，如图 9－5(b)所示。由此可知，光胶件耐急冷比耐急热性能要差。但可利用此特性排气泡和拆胶，而使表面不致损伤。鉴于此，要进行光胶的零件应尽量避免高光圈和塌边。

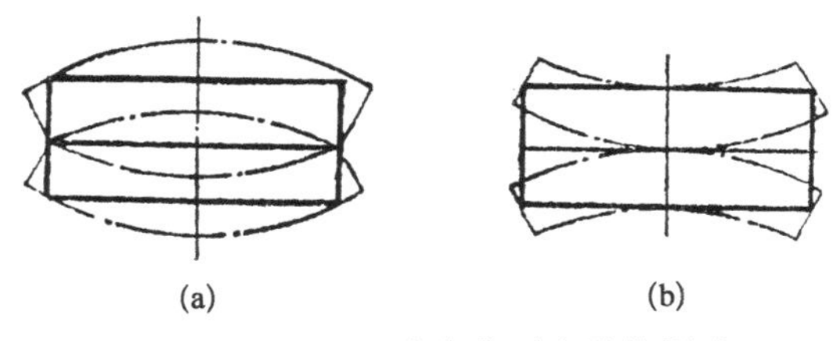

图 9－5　介质温度变化对光胶的影响

(a) $t_1 > t_2 < t_3$；(b) $t_1 < t_2 > t_3$

（3）光胶件温度均匀变化时的变形。光胶件温度均匀，但此刻温度与光胶时的温度不同而引起的两平面的光圈变形为

$$N = 2\,700 \cdot \Delta a(t_1 - t_0)\frac{D^2}{5d + \frac{1}{d}(E_1 d_1^3 + E_2 d_2^3)\left(\frac{1}{E_1 d_1} + \frac{1}{E_2 d_2}\right)} \tag{9-4}$$

式中，N 为偏离的光圈数；t_1 为光胶时的温度；t_0 为变形时的温度；D 为零件直径；d 为两零件的厚度（d_1，d_2）之和；Δa 为两零件的线膨胀系数之差；E_1，E_2 为两种玻璃的弹性模量。

由此可知，Δa 越大，变形就越大，如果两光胶件材料相同，即 $\Delta a=0$，则 $N=0$，这说明只要温度均匀变化就不会改变光胶表面的形状。但实际上光胶件的变形是相当复杂的，它与光胶面的曲率半径、材料弹性模量、热膨胀系数，均匀性、原有应力、厚度和直径等都有关。

（4）表面光洁度对光胶的影响。当光胶面有异物（如灰尘、斑渍等）时，会形成以微粒为核心的小面积脱胶。若尘粒稍大时，可看到在其周围有彩色干涉环。此外，表面的麻点、划痕也会引起脱胶。

3）光胶工艺

（1）光圈配对。按产品图纸的要求，选择零件厚度和光圈配对。当零件直径大于60 mm时，光胶面用样板检查时，$N\leqslant 1$，$\Delta N\leqslant 0.2$。正负透镜互检：$N\leqslant 0.5$，$\Delta N\leqslant 0.1$。要求胶合面为低光圈，表面疵病不低于Ⅲ级。

（2）恒温放置。光胶件应在20±1 ℃下恒温放置2～3 h，以使内部温度均匀。零件光胶前不宜存放过久，一般不超过2天，特别是化学稳定性较差的玻璃，前道工序完毕后，就应及时进行光胶。

（3）擦拭光胶面。擦拭光胶面时要先擦凹镜面，擦好后用玻璃罩罩住，再擦凸镜面，用毛刷掸去表面灰尘，将凸凹透镜对合在一起，当两光胶面刚接触时，其自由程度应达到光滑，干涉条纹均匀移动，并逐渐变粗，这说明光胶面吻合较好。

（4）定中心。光胶面吻合好后，移入专用承座，在定心仪上校正中心，校好中心后在零件边缘上轻轻加压，以形成一定的空气隙，使空气向外排出，但这时要注意，不要使正负透镜发生移位。光胶后再检查中心。对于中心偏差要求较低的零件，可用平板和长方体，立方体或角尺等组成90°角来校正尺寸。

（5）平面镜的光胶。对于某些平面度要求较高的平面镜，其光胶过程与透镜大体相同。不同之处在于应保证角度及平行度的要求。

4）光胶法的优缺点

（1）光胶法的优点：① 与胶层胶合相比，机械强度较高；② 可完全保证胶合件的光学性能，避免了胶层对光的吸收；③ 性能稳定，光胶的零件一般可保持数十年；④ 胶合后变形小。

（2）光胶法的缺点：① 光胶面加工精度要求高；② 对工作环境、工具的清洁度要求高；③ 由于光胶接触面紧密，对中心困难；④ 耐急冷性差。

5）光胶经常出现的疵病及克服办法（见表9-10）

表9-10　光胶出现的疵病及克服办法

疵病名称	产　生　原　因	克　服　办　法
光胶层有白斑	1 光胶层有局部空气没排干净 2 光胶面局部光圈低，含有空气层 3 光胶面有破点，粗纹路，开口气泡脏点等	1 棉球蘸乙醚，从边缘擦拭，使光胶面脱胶到白斑处，再稍加压力。挤出白斑空气，重新胶合 2 重新修磨光胶面

（续表）

疵病名称	产生原因	克服办法
光胶面脏	1 光胶面光圈没有清洁干净 2 光胶面已腐蚀，生霉	1 重新清洁光胶面 2 重新修磨光胶面
脱胶	1 光胶面光圈太高或者太低 2 空气没有排干净	1 重新修磨光胶面 2 光胶后仔细检查胶面
光胶光洁度不好	1 室内空气不清洁 2 反复推胶，光洁度被破坏	1 清洁光胶面 2 减少光胶次数，防止推胶
非胶合面光圈变形	1 光胶零件大而薄 2 光胶面光圈太低，光胶时用力过大	对大而薄的零件，光胶面光圈必须严格控制

9.5 透镜胶合定中心

在球面光学系统设计时要求保证严格的共轴性，即要求所有透镜的球面曲率中心（简称球心）都在同一条直线上，所有透镜或其他零件（棱镜、分划板等）的平面均垂直于这条直线，这条直线就是光学系统的光轴。透镜的磨边、胶合与装校都要保证系统的共轴性。球心偏离系统的光轴就会产生慧差、像散、色散等像差。这是定义透镜中心偏差和胶合透镜中心偏差的根本出发点。胶合透镜组的中心控制一般用焦点像定中心。

1）胶合透镜定心

（1）焦点像定心原理。是一种传统的定中心方法，它是以负透镜的几何轴为基准，以透镜组的焦点像对负透镜的几何轴的偏离量来表示中心偏差，如图 9－6 所示，即利用透射光的焦点像来测量胶合透镜组的中心偏差。

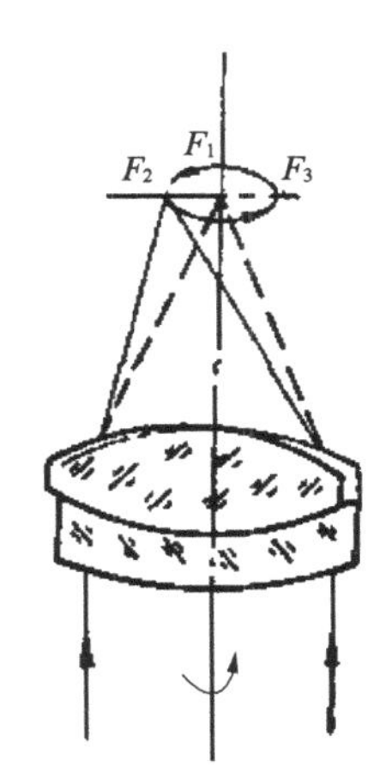

图 9－6　焦点像定中心

当平行光通过一个未定心的透镜时，其焦点像 F_1 可能偏离到 F_2（或 F_3）点。如果以负透镜光轴为基准（实际上是以其几何轴为基准，因为负透镜已定心磨边，光轴与几何轴重合），旋转正透镜时，则像点 F_2（或 F_3）会随之旋转，其极限位置是 F_3（或 F_2）。像点两极限位置的距离 $\overline{F_2F_3}$ 相当于透镜中心偏差的两倍。

胶合定中心就是使 F_2，F_3 和 F_1 重合，因此在胶合面的胶层尚未固化之前，以负透镜的光轴为基准，推动正透镜，使正负透镜光轴重合，这时像点 F_2 不再跳动或跳动量 $\overline{F_2F_3}$ 在允许范围之内。

以上方法称为透射光线焦点像定中心，此方法的优点是操作方便，效率高。但因为以负透镜的几何轴作基准轴，因此对负透镜的磨边定心要求较高。另外焦点像的偏离是胶合透镜组 3 个球心对负透镜几何轴偏离的综合结果，在透镜组旋转时，3 个球心对焦点像的跳动误差有可能互相抵消，即使焦点像不动，也不能保证 3 个球心在一条直线上，因而产生“假定心”现象。若透镜磨边时采用球心反射像定心，则采用焦点像定心仍有一定的精度，对于中等精度的批量生产的零件仍然是可用的。

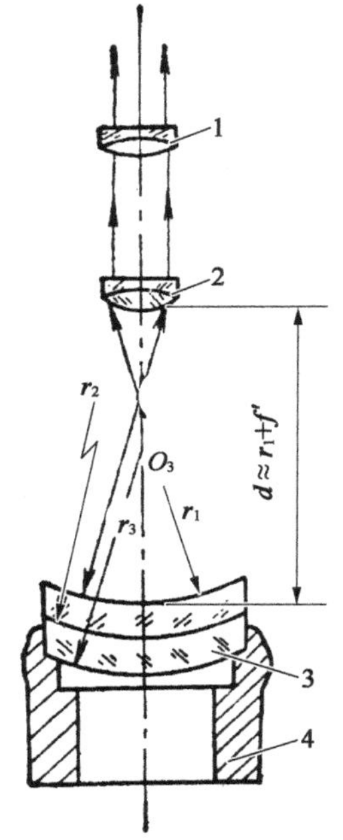

1-固定物镜；2-可换物镜；3-胶合透镜组；4-镜座

图 9-7 球心反射像定心法

(2) 球心反射像定心。高精度胶合透镜大多采用球心反射像定中心的方法，如图 9-7 所示，将待定中心的胶合透镜 3 置于承座 4 内，移动显微物镜 3，首先找到 r_3 表面的球心自准像，旋转胶合透镜，边旋转边移动上面的透镜，直到像不跳动或满足要求为止。再移动显微物镜找到 r_1 表面的球心自准像，再微调上透镜直至像跳动时达到要求为止。这种方法采用单光路分别对 3 个球心进行校正，其定心精度比焦点像定心要高，其实际偏差值为

$$C = l/(4\beta)$$

式中，l 为像跳动最大直径；β 为显微镜物镜放大倍率。

但是，此法不足之处在于，虽然对上表面可获得纯粹球心反射像。但是，另两个球面的自准球心反射像要经过 1～2 个折射面，受折射面反射像影响，也会产生“假定心”现象，各个球心需要多次校正，逐步逼近，因而效率较低。为此，生产中又采用了双光路胶合定心仪及双像胶合定心仪。

2) 胶合定心仪

胶合定中心是在中心检查仪上进行的。常见的有反射像定中心与透射像定中心两类。无论是反射像定中心或透射像定中心都是以一个透镜（大多为负透镜）作为基准透镜，使另一块透镜的球心落在基准透镜的基准轴上，完成胶合定中心工作。

(1) GJX-1 型焦点像定心仪。图 9-8 是 GJX-1 型透射焦点像定心仪，它是以基准透镜的几何轴作基准轴，以透镜侧圆柱面为主要的定位面进行定心。如图，胶合定心仪的三爪卡盘 4 装夹待测胶合透镜的侧圆柱面，三爪卡盘的中心与准直管的光轴精确地重合。这样，三爪卡盘的中心与透镜磨边时形成的基准轴一致，保证定中心的精度。胶合透镜定中心时，只须将上面的正透镜相对下面的负透镜移动，直至准直管中十字分划线的像在目镜中观察不到其在移动，或其移动量在显微镜的分划板公差范围之内。即完成胶合透镜的定中心。

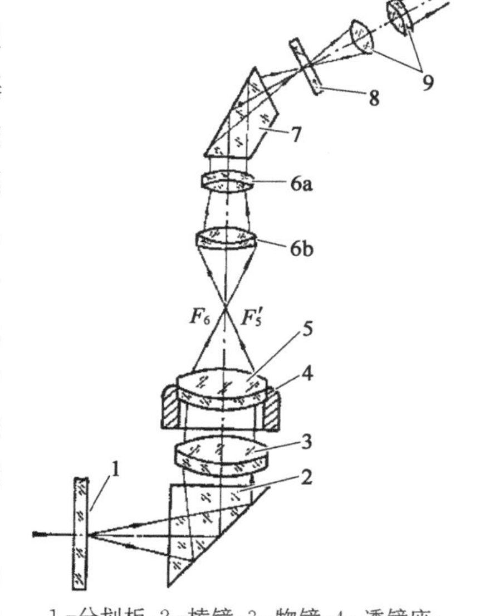

1-分划板；2-棱镜；3-物镜；4-透镜座；5-待测透镜组；6-物镜；7-棱镜；8-网格分划板；9-目镜

图 9-8 GJX-1 型焦点像定心仪

(2) 图 9-9 是双光路球心反射像胶合定心仪，先用下光路反射像校正负透镜光轴并采用真空吸附将透镜固定在镜座上，再用上光路找正正透镜中心，避免了“假定心”现象。

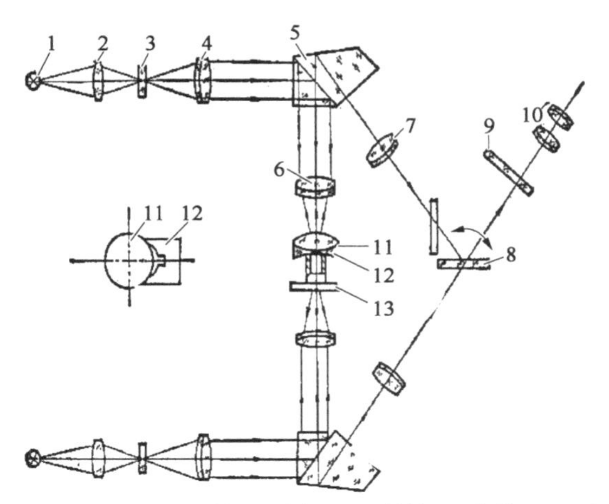

1-光源；2-聚光镜；3-分划板；4-物镜；5-棱镜；6-显微物镜；7-望远物镜；8-半透反射镜；9-分划板；10-目镜；11-靠板；12-待测透镜组；13-镜座

图9-9　双光路球心反射像定心仪

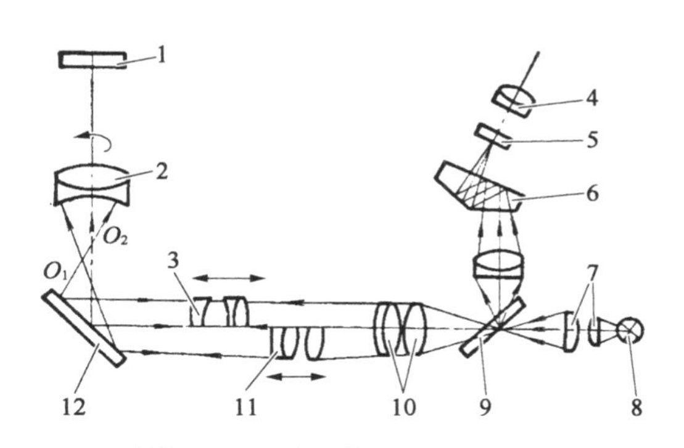

1-反射镜；2-被胶合透镜；3-半透镜组B；4-目镜；5-分划板；6-棱镜；7-聚光镜；8-光源；9-暗视场分划板；10-物镜；11-半透镜A；12-反射镜

图9-10　双像胶合定心仪

(3) 图9-10为双像球心反射像胶合定心仪。半透镜组A、B分别沿轴向移动先定好负透镜的两个球心O_1和O_2，旋转精密镜座轴时，同时获得两个静止的自准球心像，然后，胶上正透镜，移动半透镜组B找正正透镜的上表面的球心O_3。既避免了负透镜的磨边误差的影响，同时也不会出现"假定心"现象。胶合透镜组可将暗视场亮十字分划板成像在胶合透镜的焦面上，使胶合透镜出射平行光束，利用反射镜，获得二次透射的焦点像，精度比一次透射法提高一倍，同时也提高了生产效率。

(4) 透镜自动定中心。对于$C > 0.03$ mm的零件，可采用自动定中心方法，其原理是当胶黏剂呈液态时，借助零件自重，使透镜的重心与其光轴重合，如图9-11所示。自动定中心的平台应用30″水准泡校平，玻璃垫板尺寸不小于$\phi 300$ mm，面型精度应达到$N=3$，$\Delta N=0.5$以上。

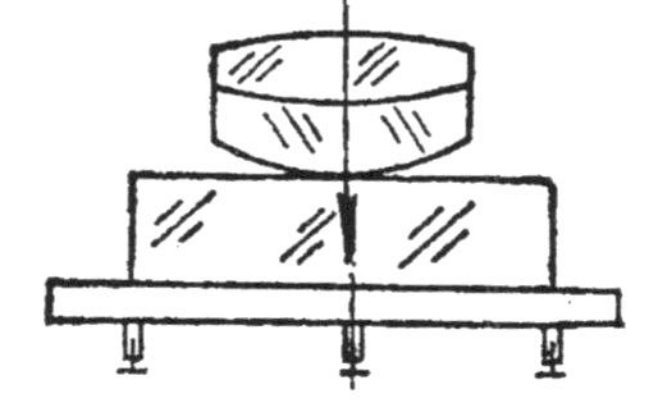

图9-11　透镜自动定中心

9.6　胶合件拆胶及检验

1) 胶合零件的检验

胶合零件的相对几何位置与光学性能，例如中心偏差、像倾斜、焦距和顶焦距、像质、分辨率和光圈等项目可在专用仪器上检查，光圈可用样板检查。

胶层及工作表面的质量、表面光洁度可根据技术要求，目测或借助放大镜检查。

高低温性能，在产品规定的范围内进行考核，一般为±60 ℃之间。特殊情况按有关要求检查。

检查胶层变化与像质的关系，要想精确计算是十分困难的。一般是通过光圈的变化来

判断,通常旋转对称型的光圈反映着球差、彗差,而马鞍型光圈反映了像散。胶层的变形过程可用一微分方程式描述:

$$\omega(r, t) = \frac{N \cdot h^3}{12\eta} \Delta\omega(r, t) \tag{9-5}$$

式中,N 为平板的弯曲程度(对于透镜,N 将随 r 而变);h 为胶层的厚度(也依 r 而变);η 为胶的黏度;ω 为透镜的变形;r 为半径;t 为时间。

由上式可知,胶层变形过程的速度与胶层厚度 h 三次方成正比,与胶的黏度成反比。

2) 拆胶

零件胶合完工后,如果不合格则需要拆胶。但胶合的目的总是希望胶合的零件越牢固越好,为了保证质量、减少损失,又要把不合格的胶合件拆开重新胶合,所以希望胶强度高、又好拆。从理论上来说,这就是一个矛盾的问题,因而很难找到一个适合各种情况的妙法,一般常用以下一些方法。

(1) 高温拆胶。

直热法。将要拆胶的零件直接放在电热板上或者烘箱中加热拆开。加热规范如表9-11所示。

表9-11 直热拆胶加热规范

胶　种	加热温度/℃	开　胶　情　况
甲醇胶	170~240	胶层出现花纹或叶状,并可发出轻微的响声
冷杉树脂胶	70~130	胶层熔化
环氧树脂胶	250~270	胶层呈红色,逐渐碳化
光敏胶 GBN-501(后固化)	150~180	胶合面出现光圈

间接加热法。是用某种溶液作为中间载体,间接加热被拆零件使之开胶。常用的加热载体一般是沸点较高的流体物质,如甘油、蓖麻油、浓硫酸等,间接加热法拆胶的规范如表9-12所示。

表9-12 间接加热拆胶规范

胶　种	溶　液	拆胶温度/℃	拆胶时间/h	擦去残胶的溶剂
甲醇胶	甘油	230~250	10~20	酒精浸泡 2~3 h 再擦洗
环氧树脂胶	甘油或蓖麻油	270~290	18~20	乙醚或丙酮泡 0.5 h 再擦洗
	铬酸洗液	200±20	几十小时	丙酮浸泡擦洗
光敏胶 GBN-501 GBN-502	硫酸、甘油	200 左右	2~4 (出现碳化现象)	丙酮、醇醚混合液

间接加热法拆胶的优点是零件形状不限、废品率低。但周期长、零件表面易受到破坏,

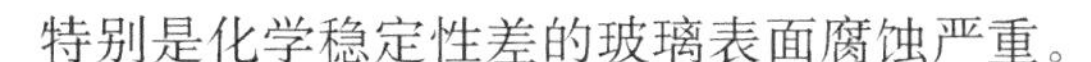

特别是化学稳定性差的玻璃表面腐蚀严重。

（2）低温拆胶。在低温下，利用零件与胶层的收缩率不同进行拆胶，将零件冷至－100～－180 ℃，经 10 min，则可自行脱开，此法能保证零件的光洁度，膜层损伤率低，零件的形状及拆胶时间不限。但需要有复杂的设备，并对液态氧要防火、防爆，不能与油脂接触。低温拆胶规范如表 9－13 所示。

表 9－13　低温拆胶规范

胶　种	温度/℃	低温材料	脱胶现象
甲醇胶	－100～－150	液态氧	胶层出现光圈
光胶	－20～－25	冰箱或液态氧	胶层出现光圈

（3）锤击拆胶。此法系借助于锤击时的冲击力，使胶合件脱开，所用工具可以是一把木榔头。此法的特点是残胶易清洗，能保持零件光洁度。但不熟练者易报废零件，一般适用于黏结面积较小的棱镜。

（4）溶解拆胶。将零件放入溶剂中浸泡，使胶层溶解。其工艺规范如表 9－14 所示。

表 9－14　溶解拆胶法

胶　种	溶　　解　　液	时间/天
甲醇胶	丙酮或酒精乙醚，五合一溶剂（二氧六环、三氯乙烯、二甲苯、醋酸乙酯、正丁腊，按等体积混合）	2～7（具体可视零件大小而定）
环氧树脂胶	五合一溶剂	7～10（加热 70 ℃）

（5）石蜡拆胶。将零件放入刚熔化的石蜡中（70 ℃左右），继续升温到 290～300 ℃，保温 1 h 可自行开胶，在蜡将要凝固前，取出零件，冷却至室温，泡在汽油中，洗净石蜡再把零件浸入 50 ℃的重铬酸钾溶液中，保温半小时，用水洗净，再用乙醇擦洗，开胶率可达 90%。

第3篇 光学制造的辅助工序

光学工件制造过程中的辅助工序包括工夹具设计，上、下盘，胶条，清洗等工序。

制造光学零件要经历粗磨、精磨、抛光等过程，为了方便加工，每一过程要用不同的工装夹具夹持光学零件，用成型的磨具研磨与抛光。这是一支庞大的"队伍"，可分为黏结模、贴置模及研磨模(抛光模)。黏结模主要用于安装待加工的光学工件，贴置模是黏结光学工件的辅助工具，研磨模用于研磨(包括粗磨和精磨)光学工件，抛光模用于抛光光学工件的表面。按照所加工的光学工件的形状，可将模具分为平模、球模和夹具。这些模具、夹具的精度决定了光学工件的加工精度。

为了提高生产效率，保证面型精度，都要将光学工件按一定要求固定在黏结模上。如果是单件上盘，只须把零件无偏心地固定在黏结模上。对于多件上盘，则要求所有零件在镜盘上加工面要一致，即要保证镜盘上所有球面工件的加工面在同一球面上，平面镜盘上所有加工面应处于同一平面内；零件在镜盘上的排列必须符合可排片数多、磨损均匀的原则。

光学工件制造过程中通过黏、夹、吸、洗等方法，使工件能顺利地加工，从而提高光学工件的加工效率和精度。

第 10 章　光学制造工夹具设计

光学工件制造过程的模具是用来黏结和研磨(或抛光)光学工件的工具。

模具按用途可分为黏结模、贴置模及研磨模(抛光模)。

黏结模主要用于安装待加工光学工件,由于光学工件经常采用黏结的方法来装夹,故称为黏结模或胶模。黏结模常用铝合金或铸铁制造。

贴置模是黏结光学工件的辅助工具,凹球面光学工件的贴置模是曲率半径等于待加工凹球面曲率半径的凸球面模,凸球面光学工件的贴置模是曲率半径等于待加工凸球面曲率半径的凹球面模,贴置模常用黄铜制造。

研磨模是用于研磨(包括粗磨和精磨)光学工件的工具。制造研磨模的材料大多用铸铁,也可以用黄铜制造(如最后一道砂的精细研磨模)半径较小的球面研磨模($R < 10$ mm)可用 20 号钢制造。

抛光模是用于抛光光学工件的工具,它是由抛光胶和抛光模基体两部分组成。制造抛光模基体的材料与研磨模相同,对于直径较大的抛光模,当抛光模在镜盘上面工作时,为了减轻抛光模自身的重量,常采用铝合金制造。

按照所加工的光学工件的形状,可将模具分为平模、球模和夹具。

10.1 平模

用于黏结和研磨(或抛光)平面光学工件的工具称为平模。平模结构比较简单,分为平面黏结模与平面研磨模。

1) 平面黏结模的设计

用于黏结平面工件(如平行平面平板,平晶等)的工具称为平面黏结模,平面黏结模上黏结平面工件后总称为平面镜盘。平面黏结模的结构比较简单,如图 10－1～图 10－4 所示。

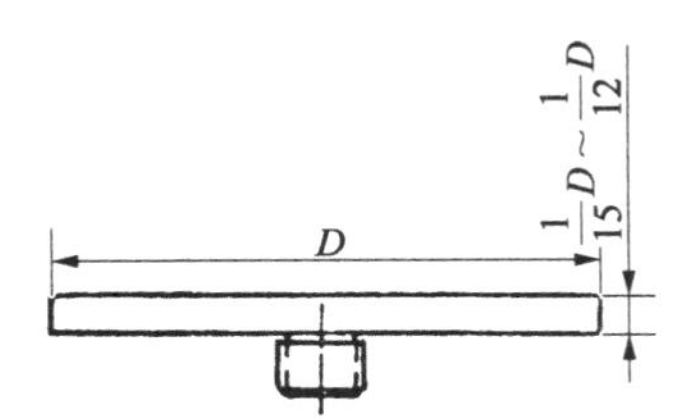

图 10－1　直径 250 mm 以下非工作面为平面的平模

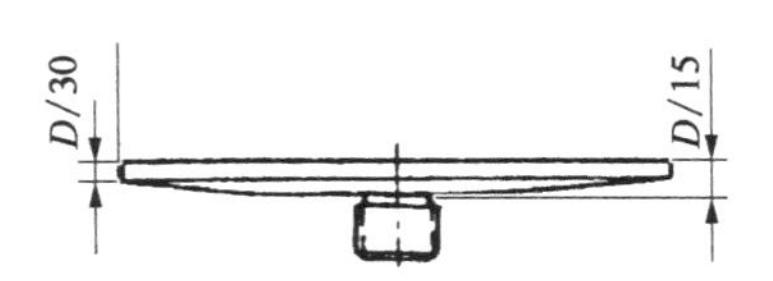

图 10－2　直径 200 mm 以下的平模

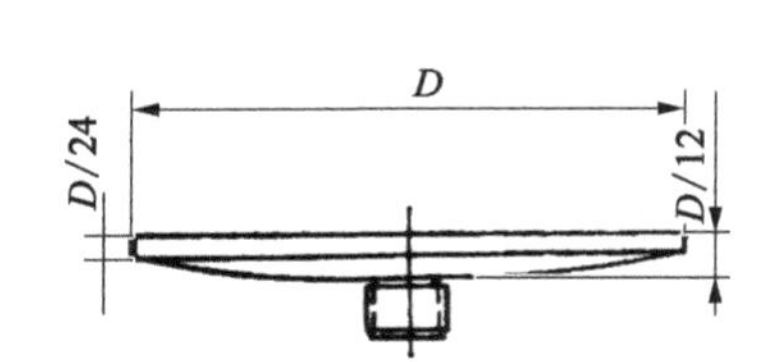

图 10-3　直径 200～300 mm 的平模

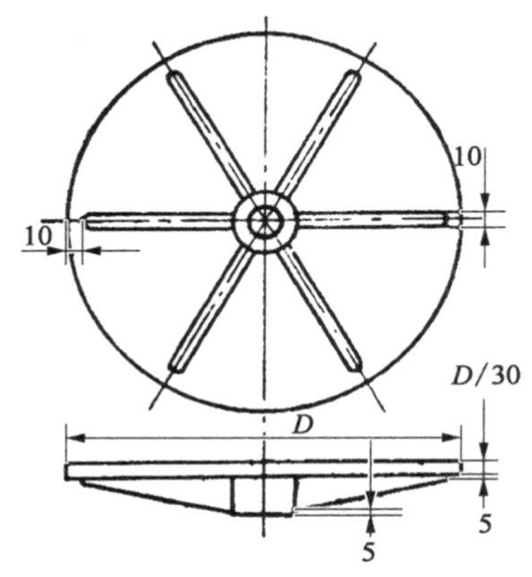

图 10-4　直径大于 300 mm 的平模

设计平模时主要考虑的是要保证平模有足够的强度，避免在使用过程中引起表面严重变形，而影响镜盘表面的平面性。对于直径在 250 mm 以下的平模，若非工作面为平面，其厚度设计为平模直径的 1/15～1/12。如图 10-1 所示。如果将非工作面做成凸形，则边缘部分可以做得薄些(边缘厚度为直径的 1/30，中心厚度为直径的 1/15)，如图 10-2 所示，它适用于直径在 200 mm 以下的平模。

直径在 200～300 mm 时，边缘厚度为直径的 1/24，中心厚度为直径的 1/12，如图 10-3 所示。

直径大于 300 mm 时，为了减少平模自身的重量，常做成带肋的，即在平模的背面用加强筋加强，其相对厚度为 1∶30～1∶20，如图 10-4 所示，并且在加工面要开槽。

平模的材料大多采用铸铁，也可用铝合金。

黏结模的设计要根据所用机床的功率，先确定在该机床上能加工的平面镜盘的最大直径，根据此直径计算工件的黏结数，再根据计算的结果对最初确定的尺寸略加修正，得出镜盘的合适尺寸，最后确定工件的黏结数量。

黏结模上黏结的光学工件数要掌握经济、合理性原则，比较合理的方法是在镜盘中心放 1 枚、3 枚或 4 枚工件，如图 10-5 所示。中心排列 2 枚和 5 枚工件的方法是不可取的，因为这种排列方法在平模中心工件间的空隙太大，会影响磨削均匀性。

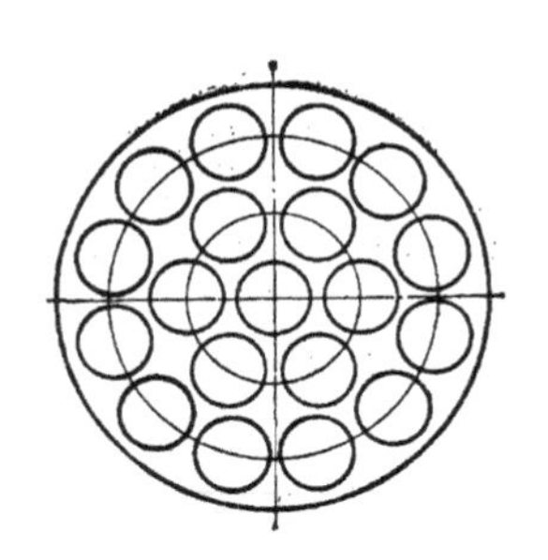
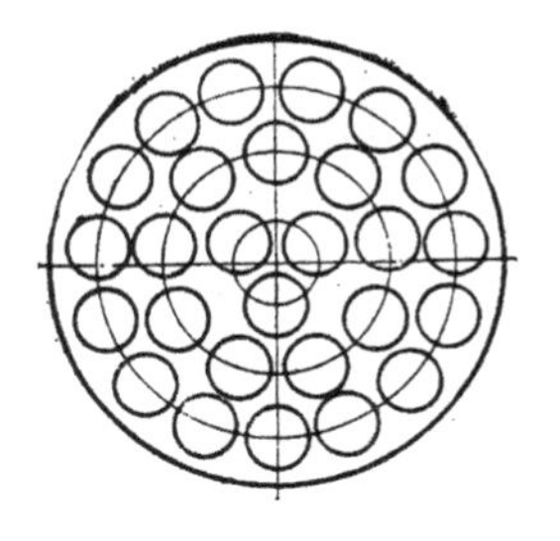
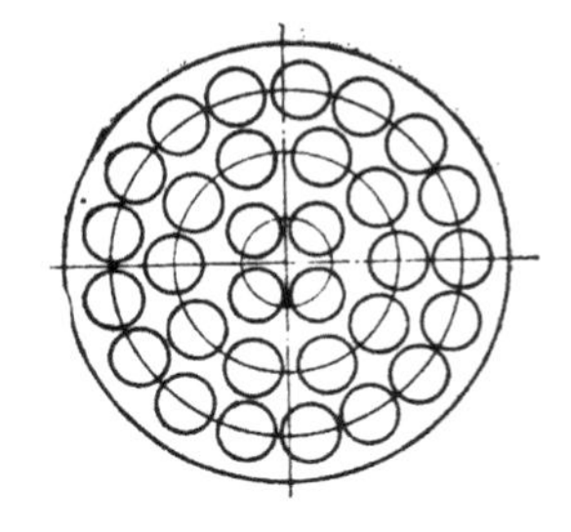

图 10-5　工件在平模上的排列

平面镜盘上工件的黏结数为镜盘上每一圈工件数的总和。镜盘上每一圈工件数 n_m，

$$n_m = \frac{180^\circ}{2\varphi_m} \tag{10-1}$$

式中，$\varphi_m = \arcsin\left(\frac{d+b}{2} \times \frac{1}{r_m}\right)$，$d$ 为工件直径；b 为相邻两枚工件之间的间隙量，一般取 $b \approx 0.05d$，但不能小于 0.5 mm；r_m 为过第 m 圈工件中心的圆半径。

根据镜盘中心工件排列方法不同计算方法略有不同，分为中心是 1 枚工件，或 3 枚工件等不同情况。

(1) 镜盘中心放置 1 枚透镜。由图 10-6 可看出，第 3 圈的工件对称于第 2 圈排列，并且第 2 圈的每块工件正好位于第 3 圈每两块工件的空隙处，所以第 2 圈与第 3 圈之间要有足够的距离，在此可以省去间隙量 b，但是在其他各圈之间的间隙量仍是需要的。由此，第 m 圈的半径 $r_m^{(1)}$（$r_m^{(1)}$ 的角上标符号代表镜盘中心工件数，$r_m^{(1)}$ 表示中心排列 1 枚工件）实际上是 $(m-1)$ 个工件直径加上 $(m-2)$ 个间隙量，即

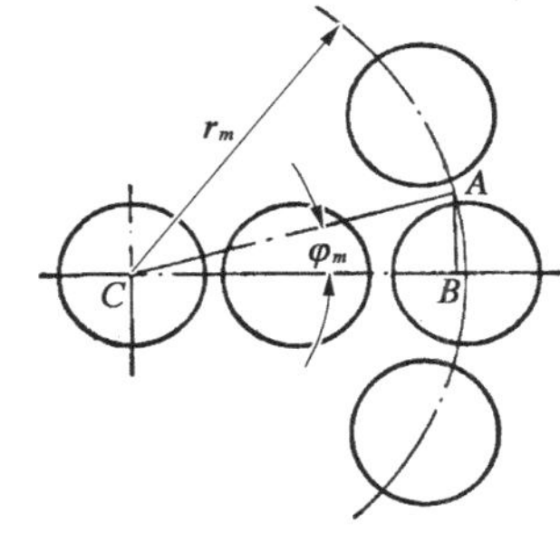

图 10-6　中心 1 块工件

$$r_m^{(1)} = (m-1)d + (m-2)b \tag{10-2}$$

知道了最后一圈的半径 r_m，就不难求出镜盘的直径 D，即 D 等于两倍的 r_m 加上两倍的 $d/2$。中心放置 1 块工件时，镜盘的直径为

$$D_1 = 2[(m-1)d + (m-2)b + d/2] = (2m-1)d + (2m-4)b \tag{10-3}$$

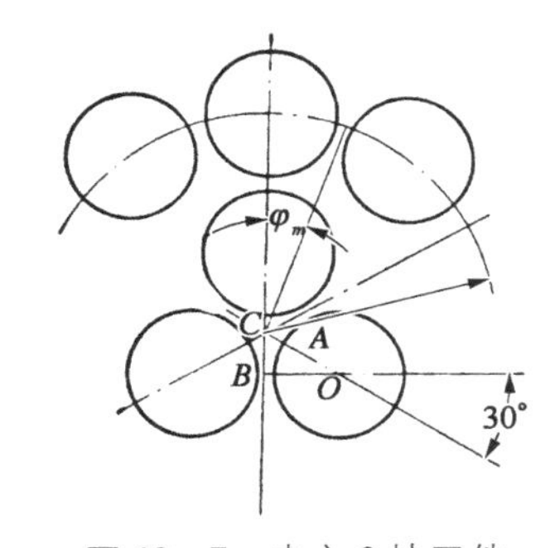

图 10-7　中心 3 块工件

(2) 镜盘中心放置 3 枚工件。如图 10-7 所示，第 1 圈工件离开镜盘中心有一段距离 AC，其数值可从直角三角形 $\triangle ABC$ 求出

$$AC = OC - d/2$$

$$OC = OB/\sin 60^\circ$$

又 $$OB = (d+b)/2$$

将 $b = 0.05d$ 代入上式中，求得 $AC = 0.106d$，取 $AC = 0.1d$。另外，第 2 圈的工件对称于第 1 圈排列，并且第 1 圈的每一块工件都正好位于第 2 圈的两块工件的空隙处，故第 1 圈与第 2 圈之间有足够的距离，同样可以省去间隙量 b，但是，以后各圈之间的间隙量仍然是需要计算的。

由图 10-7 可以看出第 m 圈的半径为

$$r_m^{(3)} = (m-0.4)d + (m-2)b \tag{10-4}$$

按中心 3 块工件的方式排列时，镜盘的直径为

$$\begin{aligned} D_3 &= 2[(m-0.4)d + (m-2) + d/2] \\ &= (2m+0.2)d + (2m-1)b \end{aligned} \tag{10-5}$$

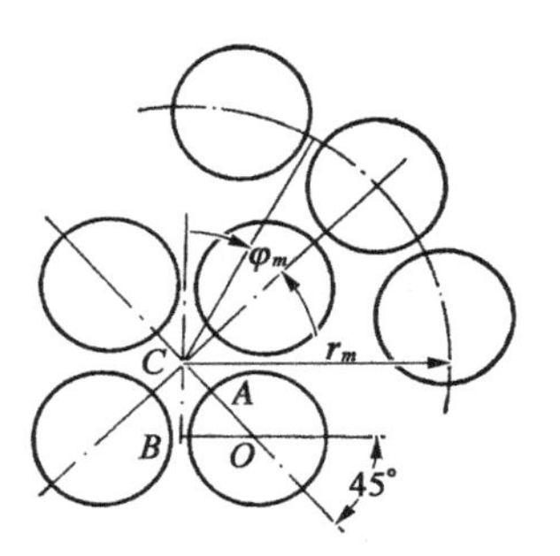

图 10-8 中心4块工件

(3) 中心放置4块工件。中心放置4块工件时，第一圈离开中心一段距离 AC，如图10-8所示。

$$AC = CO - d/2$$

因为

$$CO = BO/\sin 45°$$

$$BO = (d+b)/2$$

所以

$$AC = \frac{d+b}{2\sin 45°} - \frac{d}{2}$$

将 $b=0.05d$ 代入上式中，求得 $AC=0.242\,5d$，取 $AC=0.24d$。由图10-8看出，中心放置4块工件时，第 m 圈的半径为

$$r_m^{(4)} = (m-0.26)d + (m-1)b \tag{10-6}$$

按中心4块工件的方式排列时，镜盘的直径为

$$D_4 = 2[(m-0.26)d + (m-1)b + d/2] = (2m+0.48)d + (2m-2)b \tag{10-7}$$

黏结模直径由镜盘直径加上边缘间隙量 $2b$ 得到。

2) 平面研磨模

用散粒磨料粗磨光学工件时的模具称为研磨模，研磨平面用平模。用散粒磨料(150# ~ W28金刚砂)粗磨时，常用平模直径为300～400 mm、研磨机主轴转速400～500 r/m。平模有较大的通用性，同一大小直径的平模，可以加工此直径以下不同尺寸的平面工件。

粗磨用的平模一般用灰口铸铁、黄铜、青铜。从硬度来看，铸铁大于软钢，软钢大于黄铜、青铜。用太硬、太光滑的材料做研磨模时，则磨料不能很好驻足来抗衡工件运动；用太软的材料制作研磨模时，则模具易被磨料填充。如果填充程度太大，粗砂将留在模具内容易使工件表面引起划痕。硬而有一定弹性的材料比脆性的材料耐磨，例如石英比黄铜硬得多，但远不如黄铜耐磨。因此，铸铁是很理想的粗磨模材料。黄铜性韧、不利于加工，铸造后组织致密、收缩大；青铜、铜锌合金以外的铜和其他元素的合金，以锡青铜成型性好，铸造收缩小，但组织较松，黄铜、青铜宜作精磨研磨模，填充性较好、耐磨性比铸铁差、磨削效率也没有铸铁高。

平模的尾部应制成螺纹或锥度以利于连接到机床的主轴上。

10.2 球模

球面模具分为工具和夹具两种。作为工具，有各种研磨模、抛光模、倒角模；作为夹具的有黏结模、贴置模等。研磨模又分为粗磨用模和精磨用模。

10.2.1 球面研磨模

球面研磨模是研磨球面的工具，研磨凹球面用凸形球模，研磨凸球面用凹形球模。球模

结构的主要问题是强度。半径比较小的凸球模尚需考虑到镜盘摆动时，球体下部应不影响镜盘左右(或前后)约各 45°范围内的摆动，因此球体下部做成葫芦状，如图 10－9(a)所示，接近半球形的凸球模在球体下部还可留一段圆柱体，如图 10－9(f)所示，其宽度以使球模在磨损过程中球体不致很快减小。半径小于 5 mm 的，连接部分可做成锥体，插入主轴接头内。考虑到粗磨过程磨损量大，粗磨用球模其厚度可比图 10－9 中的数字适当增加一些。

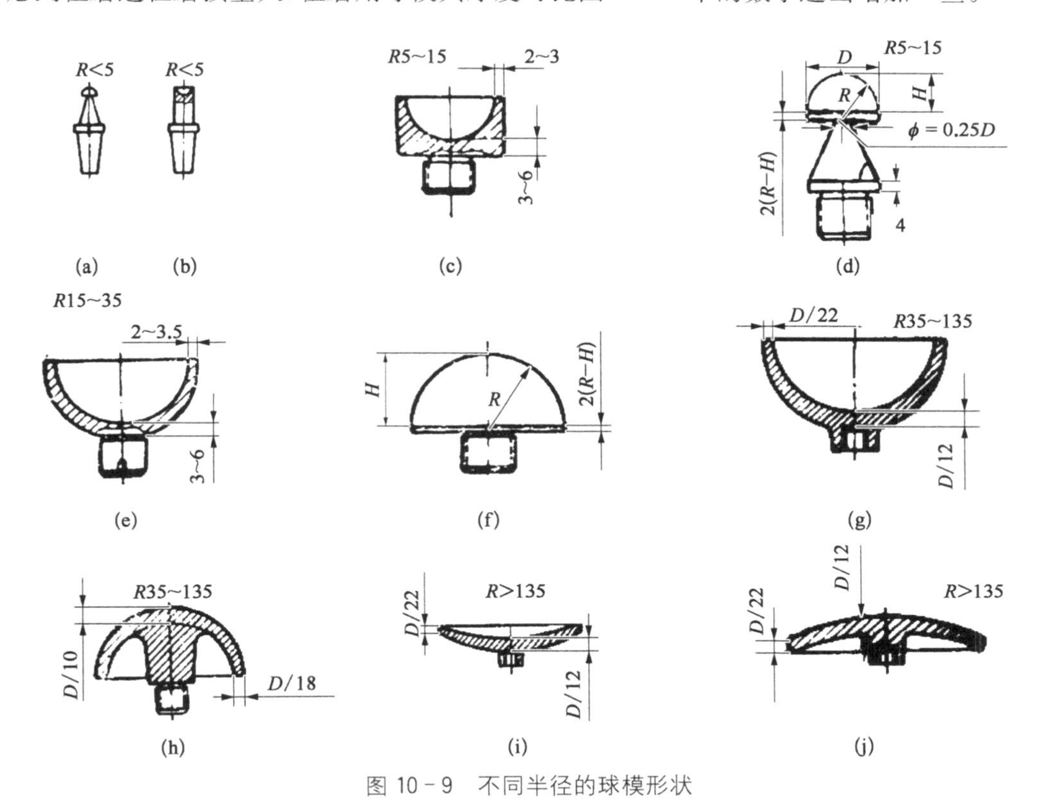

图 10－9　不同半径的球模形状

图 10－9 列出了各种不同形状的球模和它相适应的半径范围，供参考。图中连接部分的螺纹可根据机床主轴连接情况作相应配合。半径较小的球模，连接螺纹外径要相应小些。R 为 5～15 mm 的球模，如操作时不好拿，可配上相应的手把。

制造研磨模的材料大多用铸铁，也可以用黄铜制造(如贴置模及最后一道砂的细磨模)，半径较小的球模 (R < 10 mm) 可用 20 号钢制造，黏结模大多用铸铁或铝合金制造。

用散粒磨料粗磨球面光学工件时，要用球形工作面的模具，其口径和曲率半径必须符合工件的尺寸要求，其曲率半径应考虑加工余量(按名义半径缩放)因此球面模具通用性比较差。粗磨过程要用 3 道磨料研磨，3 道磨料分别使用 3 种不同曲率半径的球模，前道磨料所用球模是以下道磨料所用球模为标准修磨而成，修磨精度要求有 1/3～1/2 擦贴度。

粗磨用的球模材料多为铸铁，要求耐磨、不易变形、具有一定的韧性、易嵌附和保留磨料、不易引起机械损伤、容易加工和修整。一般粗磨模多用铸铁 HT20－40，制造对于尺寸较小的模具亦可用 20# 钢，当直径<30 mm 时，一般都用软钢，直径较大的也用灰口铸铁。

10.2.2 球面精磨模与贴置模(用于散粒磨料)

这两种模具按所加工工件曲率半径名义值绘制模具图纸，使用前通过试验擦贴度加以研磨修正，或以破坏层深度作为计算依据设计曲度半径。

1) 球面精磨模与贴置模的曲率半径

球面镜盘的合理磨削，应使玻璃表面磨去由上一道磨料造成的破坏层深度和下一道磨料造成的破坏层深度之差。如图 10-10 所示，透镜抛光后的表面半径和它在用各号磨料研磨后的表面半径都是不同的，否则不能保证均匀磨削(见图 10-11)，其结果会使上一道磨料磨后的粗毛面不能完全去掉，或者浪费工时，甚至有可能使中心厚度变小。

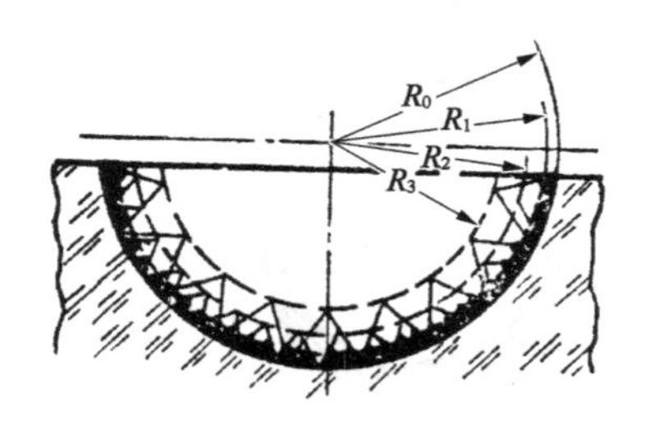

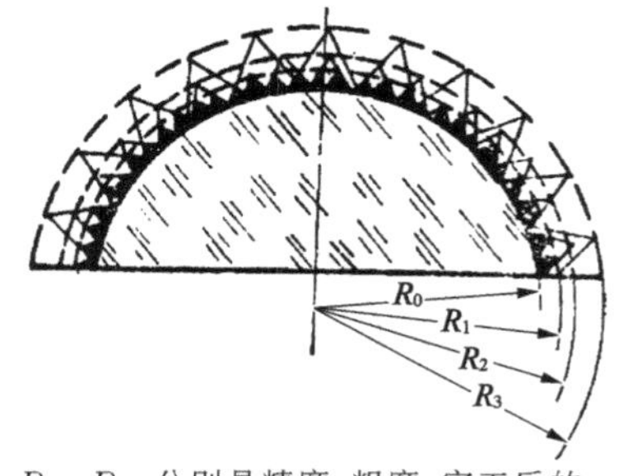

R_0-抛光完工后镜盘表面的公称半径；R_1、R_2、R_3-分别是精磨、粗磨、完工后的镜盘半径

图 10-10 球面表面的均匀磨削

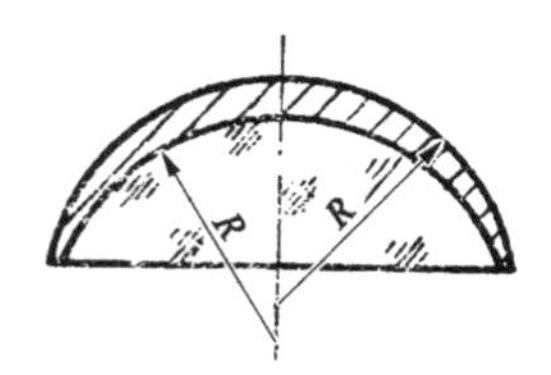

图 10-11 表面的不均匀磨削

用不同粒度的磨料研磨时，采用不同曲率半径的研磨模，才能保证均匀磨削。研磨模的曲率半径有两种计算方法：

(1) 按破坏层深度作为计算的依据。

(A) $R_0 \leqslant 100\ \text{mm}$。

$$R_{jm} = R_0 \pm (1.2M_n + A_n) \tag{10-8}$$

式中，R_{jm} 为研磨模曲率半径，凹研磨模取“+”号，反之取“-”号；R_0 为抛光完工后镜盘表面的公称半径；M_n 为选用的“n”号磨料时，整个镜盘表面的最大破坏层深度(即毛面深度)，也即边缘破坏层深度。系数 1.2 是考虑到研磨过程中可能出现的粗砂眼和划痕，具体数据可查表 10-1 和表 10-2。A_n 为所选用“n”号磨料研磨时的磨料层厚度，数据可查表 10-3。

表 10-1 散粒磨料(刚玉)研磨 K9 玻璃时破坏层深度与磨料粒度之间的关系

磨料粒度号	280	320	W28	W20	W14	W10	W7
破坏层深度/mm	0.043	0.035	0.022	0.015	0.010	0.007	0.005

表 10-2 不同牌号光学玻璃破坏层深度的换算系数

光学玻璃牌号	K9	BaK3	BaF1	ZK3	BAF3	BaK7	BaK8	ZK8	KF1
换算系数	1.00	1.04	1.08	1.11	1.13	1.16	1.20	1.24	1.28

（续表）

光学玻璃牌号	F2	F3	PK	ZF1	ZF2	ZbaF2	ZF3	ZF5	
换算系数	1.28	1.31	1.36	1.40	1.48	1.48	1.68	1.80	

表 10－3　磨料层厚度 A_n 值

磨料粒度号		280	320	W28	W20	W14	W10	W7
A_n/mm	磨模在上	0.071	0.059	0.038	0.027	0.019	0.014	0.011
	磨模在下	0.057	0.047	0.029	0.020	0.013	0.008	0.005

用 n 号磨料研磨时贴置模的曲率半径：

$$R_{\mathrm{t}}=R_{\mathrm{j}}\pm 1.2M_{n-(0.015-0.03)}^{+(0.02-0.05)} \tag{10-9}$$

式中，对凹贴置模取“＋”号；反之取“－”号。

(B) 250 mm ＞ R_0 ＞ 100 mm。

为保证末道精磨磨料加工后被加工面为低光圈数 N，镜盘表面半径相对于最后一道磨料的毛面深度 M_n 要增加（对于凸面）或减少（对于凹面）一个量，相应的研磨模半径也就要随之变化，因此，精磨模曲率半径为

$$R_{\mathrm{jm}}=R_0\pm\left(1.2M_n+\frac{N}{3\,500}K_1-1.2M_z+A_n\right) \tag{10-10}$$

$$K_1=\sqrt{4-\left(\frac{d}{R_{\mathrm{j}}}\right)^2}\Bigg/\left[2-\sqrt{4-\left(\frac{d}{R_{\mathrm{j}}}\right)^2}\right] \tag{10-11}$$

式中，M_z 为镜盘表面用末道精磨磨料（W10）研磨后时的破坏层深度；N 为精磨完工后每一工件表面的低光圈数，参见表 10－4；K_1 为由矢高差换算为曲率半径差时用的转换系数；d 为每一工件的直径；对凹精磨模取“＋”号；反之取“－”号。

表 10－4　精磨后所需要的光圈低凹值

被抛光表面的光圈精度要求	每一镜盘上的透镜数		精磨后低光圈数量				
			半　径				
	从	到	小于 20	20～40	40～60	60～100	100 以上
0.3～0.1	1	15	4～2	3～2	3～2	2	2～1
	15	25	2	2	1	1	1
	25	50	2	1	1	1	1
1.0～5.0	1	15	7～5	6～4	6～3	5～3	4～2
	15	25	4	3	3	2	2
	25	50	3	2	2	2	2

贴置模的曲率半径为

$$R_t = R_j \pm 1.2M_n \pm \frac{N}{3\,500}K_1 - 1.2M_{z-(0.015-0.03)}^{+(0.02-0.05)} \tag{10-12}$$

式中，对凹贴置模取"+"号；反之取"−"号。

(C) $R_0 > 250$ mm。

对于半径较大的镜盘，边缘磨去不充分。为了使边缘充分研磨，就需要将镜盘半径增大(凸面)或减小(凹面)至比 M_n 更大的量 ΔR_{jm}：

$$\Delta R_{jm} = 0.8M_n + 0.2M_nK_2 \tag{10-13}$$

因此，当 $R_0 > 250$ mm 时，为了保证工件表面具有一定数量的低光圈，整个镜盘用某一号磨料研磨后的半径的最终形式为

$$R_{jm} = R_j \pm \left(0.8M_n + 0.2M_nK_2 + \frac{N}{3\,500}K_1 - 0.8M_z - 0.2M_zK_2 + A_n\right) \tag{10-14}$$

$$K_2 = \sqrt{4 - \left(\frac{D_j}{R_j}\right)^2} \bigg/ \left[2 - \sqrt{4 - \left(\frac{D_j}{R_j}\right)^2}\right] \tag{10-15}$$

式中，R_{jm} 为精磨模曲率半径，对凹精磨模(凸镜盘)取"+"号，反之取"−"号；K_2 为由矢高差换算成曲率半径差时的换算系数；D_j 为镜盘口径。

贴置模的曲率半径为

$$R_t = R_j \pm \left(0.8M_n + 0.2M_nK_2 + \frac{N}{3\,500}K_2 - 0.8M_z - 0.2M_zK_{2-(0.015-0.03)}^{+(0.02-0.05)}\right) \tag{10-16}$$

按破坏层深度作为计算精磨模的依据是，为保证某道砂号的加工余量等于上一道砂号的破坏层深度与这一号砂号的破坏层深度之差，镜盘作同心圆磨削，这是此法的优越性。但是，加工余量的大小还决定于其他因素，而表 10-1 和表 10-2 破坏层深度的数值用来计算精磨模与贴置模的曲率半径往往显得太小，所以在实际使用中要多加注意。

(2) 按低光圈数作为计算依据。

国内对精磨模与贴置模的曲率半径，也有采用低光圈为依据。精磨完工后的低光圈数参见表 10-4。粗磨完工后与抛光完工后的矢高差取 0.01～0.015 mm(经验数据)。贴置模与第一道精磨按矢高平均值，取值为粗磨后半径的矢高与精磨完工后半径的矢高之间，令矢高差为 Δh。再按式(10-11)的 K_1 值换算。

此法的优点是比较结合实际生产的情况，能保证各道工序低光圈数的需要。但要注意，即加工余量不能等于上一道精磨模与该道精磨模曲率半径之差，特别是工件曲率半径很大时。

2) 球面精磨的矢高 H_{jm} 和口径 D_{jm}

球面精磨的矢高 H_{jm} 和口径 D_{jm} 决定于镜盘的矢高 H_j 和口径 D_j，当 H_j/R_j 较大时，有

$$\gamma_{jm} = K\gamma_j \tag{10-17}$$

式中，γ_{jm} 为精磨模的半对角；γ_j 为镜盘的半对角；K 为相对尺寸系数，查表 10－5。

$$D_{jm}=KD_j \tag{10-18}$$

式中，D_{jm} 为精磨模口径；D_j 为镜盘口径。

表 10－5　相对尺寸系数 K

加工条件	工件半径/mm	相对尺寸系数 K
手工精磨	凹面 凸面	1.15～1.2 1.1～1.15
机器精磨	$R\leqslant 100$ 的凸镜盘 $R\leqslant 100$ 的凹镜盘 $R>100$ 的凸镜盘 $R>100$ 的凹镜盘	0.9～1.0 1.15～1.25 0.9～1.0 1.1～1.15

总之，研磨模的直径与镜盘的加工方式、工件的曲率半径等因素有关。根据镜盘的不同加工方式和曲率半径研磨模所具有的相对或绝对尺寸如表 10－6 所示。

表 10－6　研磨模尺寸

工序名称	加工条件	零件特征	研磨模的相对或绝对尺寸
粗磨	单件或整盘手工磨	平面或曲率很小（$R>250$ mm）的球面	$D=350\sim500$ mm
		250 mm $>R>$ 100 mm 的球面	$D=200\sim350$ mm
		$R<100$ mm 的球面	高度 $H=0.85R\sim R$
细磨	单件或整盘手工磨	圆形平面	单件或镜盘直径的 1.2～1.5
		方形平面	单件或镜盘对角线的 1.0～1.1
		凹面	单件或镜盘直径的 1.2～1.3
		凸面	单件或镜盘直径的 1.15～1.25
	单件或整盘机器磨	半径在 100 mm 以内的凸面镜盘，研磨模在上	镜盘直径的 1.0～0.9
		半径在 100 mm 以内的凸面镜盘，研磨模在下	镜盘直径的 1.1～1.25
		半径大于 100 mm 的凸面镜盘，研磨模在上	镜盘直径的 1.0～0.9
		半径在 100 mm 以内的凹面镜盘，研磨模在下	镜盘直径的 1.30～1.40
		半径在 100 mm 以内的凹面镜盘，研磨模在上	镜盘直径的 1.0
		半径大于 100 mm 的凹面镜盘，研磨模在下	镜盘直径的 1.2～1.3
		平面镜盘，研磨模在下	镜盘直径的 1.1～1.3
		平面镜盘，研磨模在上	镜盘直径的 0.75～0.9

10.2.3　球面黏结模

球面黏结模就是黏结待加工球面光学工件的工具，也称为球面镜盘（黏结模和黏结在黏结模上的所有光学工件组成球面镜盘)。

一般以镜盘尺寸(单件加工以工件尺寸)作为设计球面黏结模的依据。镜盘尺寸的确定:$R > 100$ mm 的球面及平面镜盘尺寸,则受机床功率的限制。各种机床的加工范围,在机床铭牌上均有规定。

球面镜盘的设计就是计算镜盘上工件的排列方式和数量,确定镜盘的尺寸(张角、高度和直径),然后再求出黏结模的球面半径和尺寸。球面镜盘的设计有两种方法,解析法和作图法。

1) 镜盘上工件的排列、数量

(1) 解析法计算工件的排列方式和数量。

解析计算法多用于刚性成盘计算,通过解析、计算确定镜盘尺寸和工件排列。步骤如下:

初步确定镜盘尺寸。镜盘初步尺寸是由工件球面半径及机床的功率决定的,工件的最大尺寸不能超过半球。镜盘矢高初定值按表 10-7 确定。

表 10-7 镜盘矢高初定值

工件曲率半径 R	镜盘矢高 H_j	工件曲率半径 R	镜盘矢高 H_j
<20 20~50 50~100	R $0.85R$ $0.75R$	>100	根据机床功率及具体情况而定,可按下式初步计算: $H_j = D_p^2/(8R)$ (式中,D_p 为机床的最大加工范围)

镜盘上工件的排列方式及数量。镜盘矢高初步确定后,要计算镜盘上工件的排列方法和圈数。镜盘上工件的圈数为

$$n = \frac{\gamma_j}{2\alpha} \tag{10-19}$$

式中,γ_j 为镜盘的张角,是指镜盘顶点和边缘两条半径之间的夹角(镜盘计算时各角度间的关系参见图 10-12)。

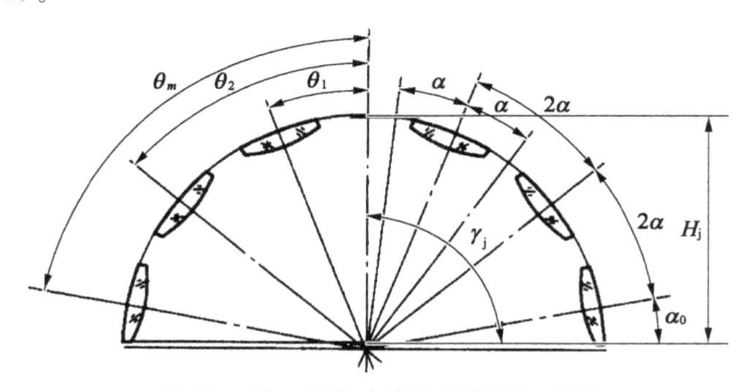

图 10-12 镜盘计算各角度间的关系

$$\gamma_j = \arccos\left(1 - \frac{H_j}{R}\right) \tag{10-20}$$

式(10－19)中 α 表示通过镜面上工件中心和工件间间隙中心的两条半径之间的夹角。由下式确定

$$\alpha = \arcsin\frac{d+b}{2R} \tag{10-21}$$

式中，d 为工件直径；b 为每圈工件之间的间隙量。一般情况取 $b=(0.05 \sim 0.1)d$，但不能小于 0.5 mm。对于边缘较厚的透镜的凸镜盘，工件间隙量 b 应适当增大，以免工件下部边缘相碰。

$$\Delta b = 2t\sin\alpha_0 \tag{10-22}$$

式中，t 为工件边缘的厚度；α_0 为通过工件中心和边缘的两条半径之间的夹角，称为透镜的半对角。

$$\alpha_0 = \arcsin\left(\frac{d}{2R}\right) \tag{10-23}$$

先求第一圈工件数，因为 γ 与 2α 之比不可能是整数，故将它分解为整数 m 和小数 ξ 两部分。由于在计算镜盘上的工件排列时，中心只放置一块工件时也算作一圈，但上述 m 恰好由于分解成整数而将这中间一块没有算作一圈，故为了与实际计算圈数的方法相符，$\gamma/2\alpha$ 之比需要增加一附加常数 1/2，即

$$\frac{\gamma}{2\alpha} + \frac{1}{2} = m + \xi \tag{10-24}$$

式中，m 为整数部分，它代表镜盘上工件的圈数；ξ 为小数部分，代表镜盘上工件的排列特征，即中心一圈的工件数，对应不同的 ξ 值，第一圈的工件数参见表 10－8。

表 10－8　对应不同的 ξ 值第一圈的工件数

<table>
<tr><th>ξ / $\sin\alpha$ / n_1</th><th>0.00</th><th>0.05</th><th>0.10</th><th>0.15</th><th>0.20</th><th>0.25</th><th>0.30</th><th>0.35</th><th>0.40</th><th>0.45</th><th>0.50</th><th>0.55</th><th>0.60</th><th>0.65</th><th>1</th></tr>
<tr><td>1</td><td colspan="15">0</td></tr>
<tr><td>2</td><td colspan="15">0.5</td></tr>
<tr><td>3</td><td colspan="11">0.58</td><td colspan="2">0.59</td><td colspan="2">0.60</td></tr>
<tr><td>4</td><td colspan="4">0.71</td><td colspan="4">0.72</td><td>0.73</td><td>0.74</td><td>0.76</td><td>0.78</td><td colspan="3"></td></tr>
<tr><td>5</td><td colspan="2">0.85</td><td colspan="2">0.86</td><td colspan="2">0.87</td><td>0.88</td><td>0.89</td><td>0.91</td><td>0.94</td><td>0.98</td><td colspan="4"></td></tr>
</table>

表 10－8 列出了对应于各种不同 ξ 值，中间一圈的工件数 n_1。由表可以看出，当工件具有不同的直径即 $\sin\alpha$ 不同时，中间一圈的工件数虽然同样可以是 3 枚或 4 枚，但是 ξ 的值却是不同的。从受力角度考虑，一般中间一圈的工件数不能取 2 枚或 5 枚。第一圈也不可能

有 6 枚工件。

由图 10 - 13,可以计算镜盘上每一圈的工件数 n_m 为

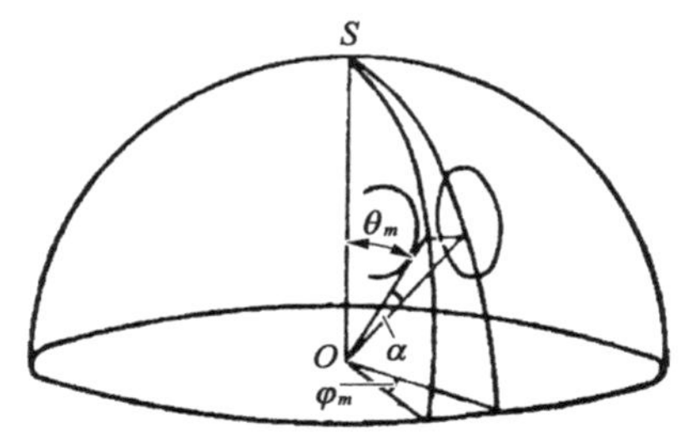

图 10 - 13　工件在镜盘上的位置

$$n_m = \frac{2\pi}{2\varphi_m} = \frac{\pi}{\varphi_m} \tag{10-25}$$

式中，φ_m 是通过工件中心的子午面与通过两工件间隙中央的子午面间的夹角。

$$\sin\varphi_m = \frac{R\sin\alpha}{R\sin\theta_m} = \frac{\sin\alpha}{\sin\theta_m} \tag{10-26}$$

$$\theta_m = \theta_1 + 2(m-1)\alpha \tag{10-27}$$

$$\theta_1 = \arcsin\frac{\sin\alpha}{\sin\varphi_1} \tag{10-28}$$

式中，θ_m 为通过镜盘顶点及通过 m 圈工件中心的两半径间的夹角；θ_1 为通过镜盘顶点及通过第 1 圈工件中心的两半径之间的夹角；φ_1 为第 1 圈工件所张的立体角的一半，$\varphi_1 = \pi/n_1$。

θ_1 的正弦值亦可用表 10 - 9 确定。

表 10 - 9　$\sin\theta_1$ 与 $\sin\alpha$ 的关系

n_1	$\sin\theta_1$	n_1	$\sin\theta_1$
1	0	4	$1.414\sin\alpha$
2	$\sin\alpha$	5	$1.705\sin\alpha$
3	$1.154\sin\alpha$		

镜盘上工件总数为各圈工件之和，即：

$$N = n_1 + n_2 + \cdots$$

此式同时也表示工件在镜盘上的排列方式。为了能迅速地求得第 m 圈的工件数，表 10 - 10 根据不同的 $\sin\varphi_m$ 列出了第 m 圈的工件数 n_m。如果根据式(10 - 26)算出的 $\sin\varphi_m$ 值，在表 10 - 10 中找不到相等的值，就取接近并稍大于计算值的值。

表 10 - 10　与 $\sin\varphi_m$ 值对应的第 m 圈的工件数

$\sin\varphi_m$	n_m	$\sin\varphi_m$	n_m	$\sin\varphi_m$	n_m	$\sin\varphi_m$	n_m
—	1	0.588	5	0.342	9	0.239	13
1.000	2	0.500	6	0.309	10	0.223	14
0.866	3	0.434	7	0.282	11	0.208	15
0.707	4	0.383	8	0.259	12	0.195	16

(续表)

$\sin\varphi_m$	n_m	$\sin\varphi_m$	n_m	$\sin\varphi_m$	n_m	$\sin\varphi_m$	n_m
0.184	17	0.136	23	0.108	29	0.090	35
0.174	18	0.131	24	0.105	30	0.087	36
0.165	19	0.125	25	0.101	31	0.085	37
0.156	20	0.121	26	0.098	32	0.083	38
0.148	21	0.116	27	0.095	33	0.081	39
0.142	22	0.112	28	0.092	34	0.079	40

根据镜盘尺寸求得工件的排列方式和圈数以后，再根据此排列方式和圈数确定镜盘的最后尺寸(张角、高度和直径)。

镜盘张角：$\gamma_m = \theta_m + \alpha_0$

镜盘矢高：$H_m = R(1-\cos\gamma_m)$

镜盘直径：$D_m = 2R\sin\gamma_m$

用解析法计算球面镜盘比较繁琐，为简化计算过程，以 $(D_o+b)/(2R_j)$(D_o 为零件粗磨完工后的直径)为原始数据，根据张角的大小，按中间排成 1 枚、3 枚、4 枚工件 3 种排列方法，列出镜盘尺寸系列表，从相关表中查得有关系数 K_1 或 K_2，即可按下式计算镜盘矢高和直径[K_1 和 K_2 对应的镜盘尺寸系数见《光学工件工艺手册》下册(国防工业出版社，1977，P261)]。

$$D_j = K_1R_j$$
$$H_j = K_2R_j$$

镜盘尺寸系列表适用于 $(D_o+b)/(2R_j)=0.0175 \sim 0.6691$ 范围内的弹性胶盘或者刚性胶盘的球面镜盘的计算。当 $(D_o+b)/(2R_j)<0.0175$ 时，镜盘尺寸由平面镜盘的计算确定；当 $(D_o+b)/(2R_j)>0.6691$ 时，工件的曲率过大，仅能单件加工，此时工件尺寸即为镜盘尺寸。

(2) 作图法确定镜盘上工件的排列数量和镜盘尺寸。

作图法的依据仍然是解析法，方法简单，但是精度较低，适用于工件圈数不大于 4 圈的镜盘。在根据工件球面半径和机床功率定出镜盘初步尺寸以后，在此基础上用作图方法确定镜盘上工件的圈数和数量。

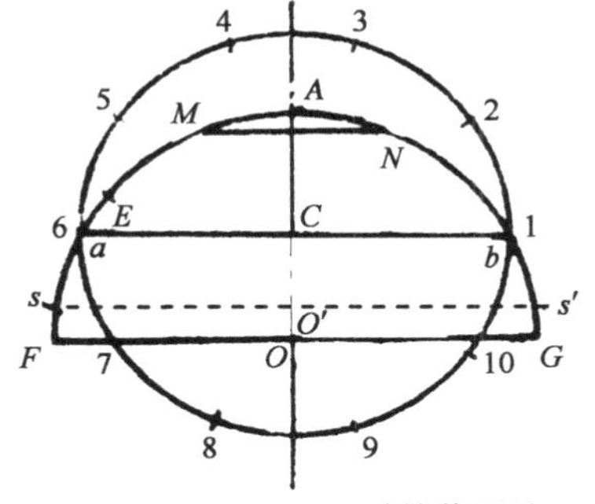

图 10-14　$n_1=1$ 时的作图法

下面分别讨论中心放置 1 枚、3 枚和 4 枚工件时，镜盘上工件的排列数量和镜盘尺寸的计算。

设工件被加工面曲率半径为 R_j，工件上盘时口径为 d，工件与工件之间间隙为 b，第 i 行的工件数为 n_i。

(A) 中心放置 1 枚工件。首先确定圈数，如图 10-14 所示：① 在图纸上按比例以镜盘曲率半径 $R=$

OA 作半圆 FAG。② 以 $\dfrac{d+b}{2}$ 为半径，从 A 点开始截取 M，N 两点，即为第 1 圈工件位置。作弦 $\overline{MN}=d+b$，与 $\overline{OA}$ 正交。③ 以 M 点为起点、$d+b$ 为半径截取圆弧，得 $\overline{ME}=\overline{ES}=\cdots=\overline{MN}$，确定圈数。

当第 1 圈为一个工件时，工件中心与镜盘顶点重合。如果第 1 圈为 3,4,5 个工件时，工件边缘与镜盘顶点的距离值见表 10－11。

表 10－11　镜盘顶点到第 1 圈工件边缘的距离

镜盘上的排列	距　　离		
	$N_1=3$	$N_1=4$	$N_1=5$
1	0.14ϕ	0.3ϕ	0.46ϕ
2	0.11ϕ	0.25ϕ	0.41ϕ
3 以上	0.10ϕ	0.24ϕ	0.38ϕ

第二步确定每一圈的工件数：① 如求第 3 圈的工件数，自 $\overline{ES}$ 中点作弦 $ab\perp AO$，交 AO 于 C，以 aC 为半径，以 C 为圆心作圆。② 在此圆周上，自 b 点依次以 $\overline{MN}$ 为长截圆周，确定第 3 圈的工件数，如图 10－14 所示，第 3 圈恰可截取 10 次，表示第 3 圈可以放置 10 枚圆形工件。若截取圆周时，截得的不是整数，可略改变一下 ab 的长度，使此圆周长恰为 $\overline{MN}$ 的整数倍，此整数即为这一圈的工件数。其余各圈工件数按此法求得。

第三步，连接最后一圈工件的边缘 ss'，即得镜盘直径 D_j，以 ss' 中点作垂线，AO' 即为镜盘矢高 H_j。

(B) 中心放置 3 枚工件。如图 10－15 所示，第 1 圈的位置，即第 1 圈工件中心到过镜盘顶点直径 AO 的垂直距离 ac 由下式确定：

$$ac=MN/\sqrt{3} \tag{10-29}$$

之后步骤与中心放置 1 枚工件的计算方法相同。

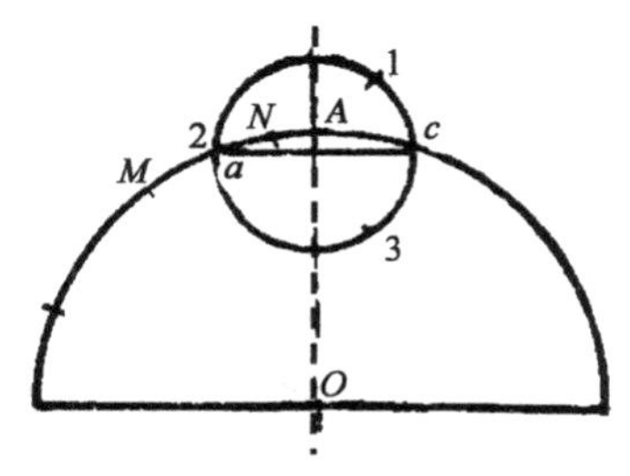

图 10－15　$n_1=3$ 时的作图法

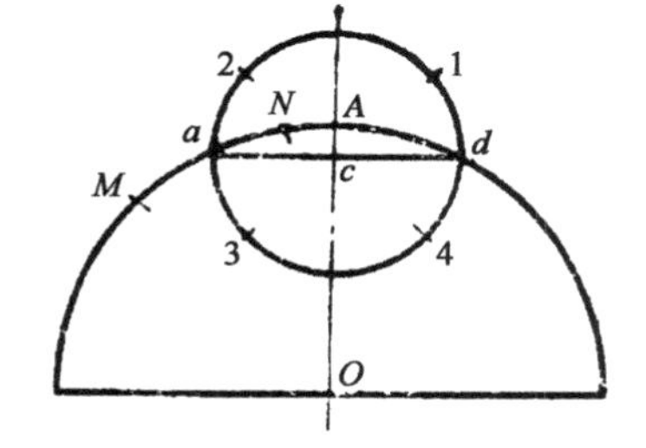

图 10－16　$n_1=4$ 时的作图法

(C) 中心放置 4 枚工件。如图 10－16 所示，第 1 圈的位置，即第一圈工件中心到过镜盘顶点直径 AO 的垂直距离 ad 由下式确定：

$$ad=MN/\sqrt{2} \tag{10-30}$$

之后步骤与中心放置 1 枚工件的计算方法相同。

2）黏结模尺寸

研磨过程用来黏结球面光学工件的夹具，称为黏结模。

（1）弹性上盘时黏结模的计算。

用散粒磨料精磨光学工件时，球面工件一般用弹性法上盘，黏结胶层有较大的厚度，最薄处约为工件直径的 0.1～0.2，工件在盘上的位置有一定的可变范围，适合有一定厚度差的工件在同一黏结模上固定，黏结模半径值要求较低，其上盘工件定位基准面就是加工面，因此需要用贴置模定位，上盘工序复杂，经不起高速、高压加工。黏结模的曲率半径须结合工件形状、加工的凹凸来计算，但有两点必须首先要考虑，一是每块工件应具有相同厚度的胶层；二是不应该使最外一圈工件边缘有悬空现象。

几种典型透镜弹性法上盘时黏结模半径 R_z 的计算方法如表 10 - 12 所示。

表 10 - 12　几种典型透镜 R_z 的计算方法

透镜类型	加工面形状	装夹后外形示意图	R_z 计算方法
双凸 平凸 正月形	凸面	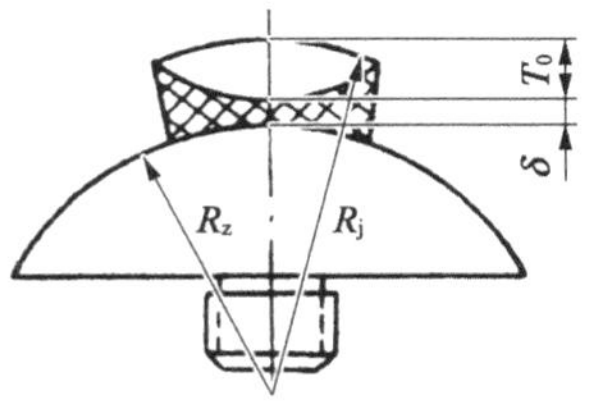 T_0　δ　R_z　R_j	$R_z = R_j - T_0 - \delta$ 双凸透镜非加工面的曲率半径太小时，可用 $R_z = R_j - T_0$ δ -胶层厚度 R_j -工件曲率半径 T_0 -透镜厚
负月形	凹面	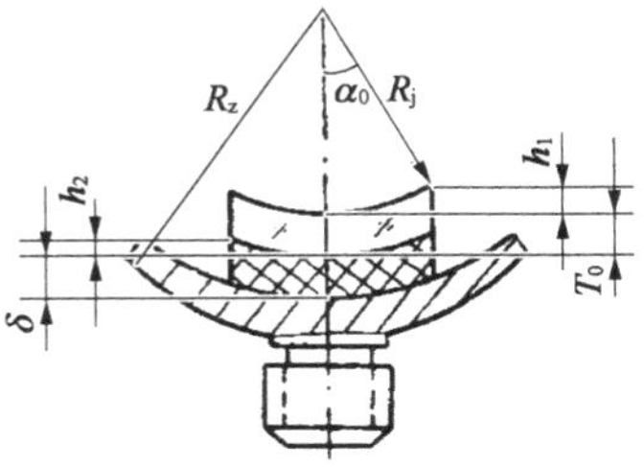 R_z　α_0　R_j　h_1　h_2　T_0　δ	$R_z = R_j + (T_0 + h_1 - h_2 + \delta)\cos\alpha_0$ h_1 -凹面矢高 h_2 -凸面矢高
正月形	凹面	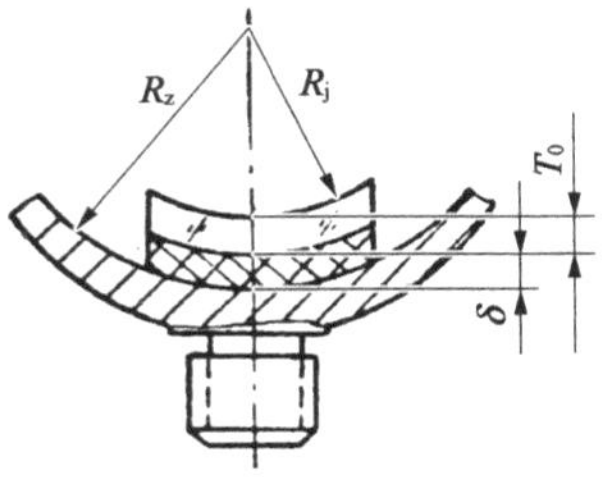 R_z　R_j　T_0　δ	$R_z = R_j - T_0 - \delta$

（续表）

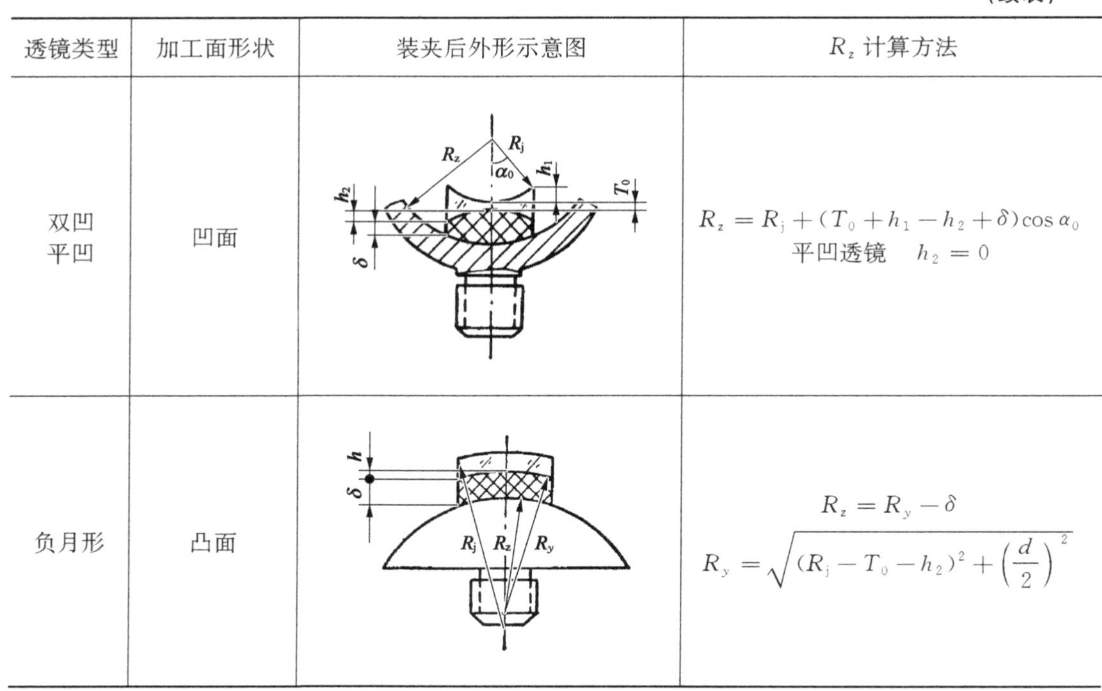

透镜类型	加工面形状	装夹后外形示意图	R_z 计算方法
双凹 平凹	凹面		$R_z = R_j + (T_0 + h_1 - h_2 + \delta)\cos\alpha_0$ 平凹透镜　$h_2 = 0$
负月形	凸面		$R_z = R_y - \delta$ $R_y = \sqrt{(R_j - T_0 - h_2)^2 + \left(\frac{d}{2}\right)^2}$

上述计算方法中，对于那些相对曲率比较大，只胶 3 块或 4 块透镜的黏结模，为了避免透镜边缘产生悬空现象，黏结模尺寸应适当加大，这时黏结模半径 R_{zd} 的计算式为

$$R_{zd} = R_0 - t_0 \tag{10-31}$$

式中，R_0 为镜盘公称半径；t_0 为透镜厚度。

黏结模的其他参数按下列公式确定。弹性上盘时黏结模口径 γ_z 依镜盘最外一圈工件的张角 θ_m 及 β 值确定，有

$$\gamma_z = \theta_m + \beta \tag{10-32}$$

$$\sin\beta = \frac{1.2d}{2R_z} \tag{10-33}$$

$$H_z = R_z(1 - \cos\gamma_z) \tag{10-34}$$

$$D_z = 2R_z\sin\gamma_z \tag{10-35}$$

式中，H_z 为黏结模矢高；D_z 为黏结模口径；β 为 γ_z 与 θ_m 之间的差值；θ_m 由式(10-27)给出。

(2) 刚性上盘时黏结模的计算。

刚性上盘时的胶层厚度要比弹性上盘法薄得多。第一面的胶层厚度约为 0.05 mm；第二层若中间加上垫布，则大约在 0.2～0.3 mm。

刚性上盘时，对于凹透镜的计算与弹性上盘时相同，但是对于凸透镜在考虑透镜在镜盘

上的分布时，应该用 R_z 代替前面所述公式中的 R_j，有

$$R_z = \sqrt{a^2 + \left(\frac{d}{2}\right)^2} \tag{10-36}$$

式中，a 值依透镜类型而异，各种不同透镜的 a 值参见表 10-13 和表 10-14。

表 10-13　刚性上盘，加工凸面时各种透镜 α 值的计算

透镜类型	毛坯类型	加工面	装夹后外形示意图	α 值计算方法
双凸	块料	第 1 面	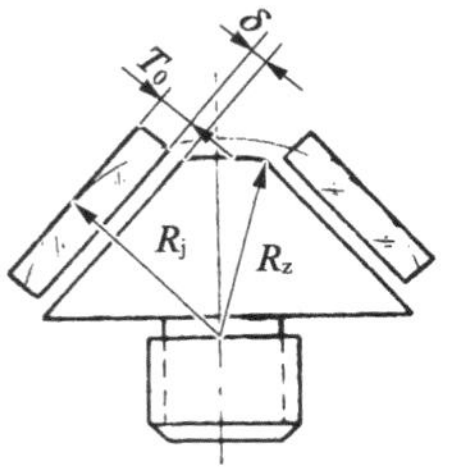	$a = R_1 - T_1 - \delta$
双凸	块料	第 1 面 $R \geqslant 300$	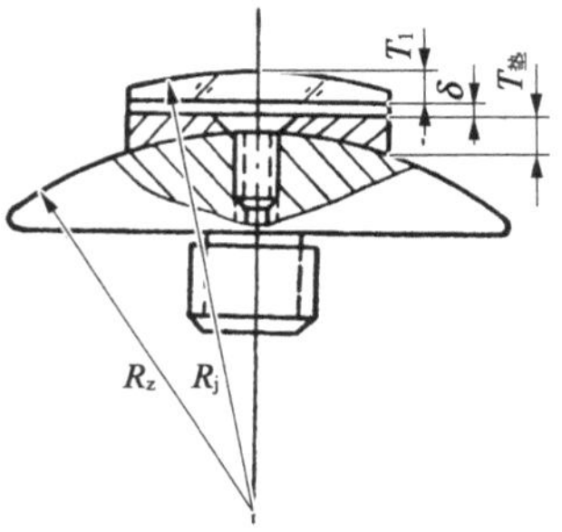	$a = R_1 - T_1 - \delta - T_{垫}$
双凸	块料	第 2 面	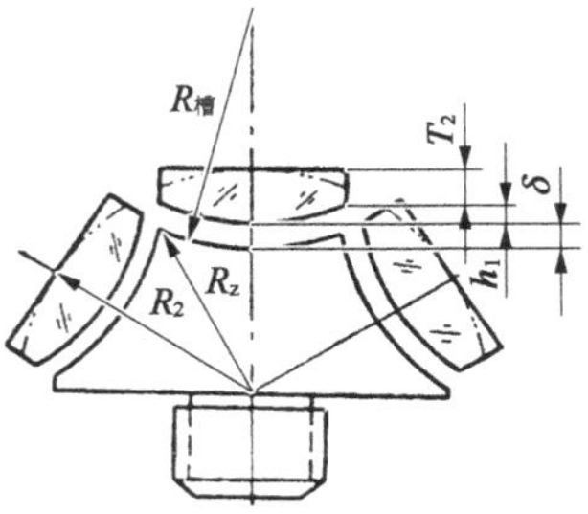	$a = R_2 - T_2 + h_1 - \delta$ $R_{槽} = R_1 \dfrac{h_1}{h_1 + 0.1}$
双凸	压型料	第 1 面	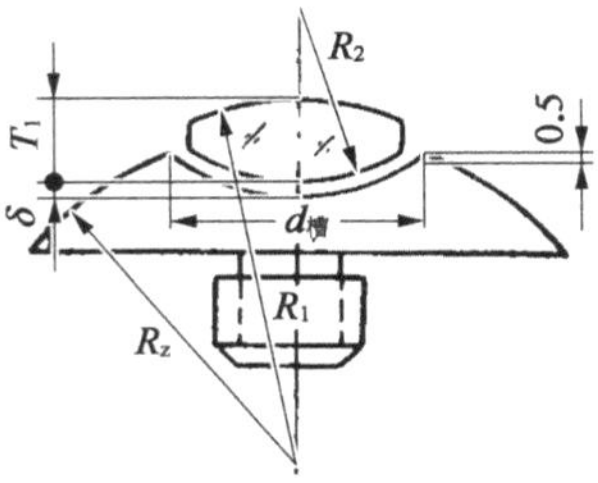	$d_{槽} = d + 0.5$ $a = R_1 - T_1 - \delta + h'_2 + 0.5$ $h'_2 = R_2 - \sqrt{R_2^2 - \left(\dfrac{d+0.5}{2}\right)^2}$

（续表）

透镜类型	毛坯类型	加工面	装夹后外形示意图	α 值计算方法
双凸	型料	第 2 面 边缘厚< 0.5 mm	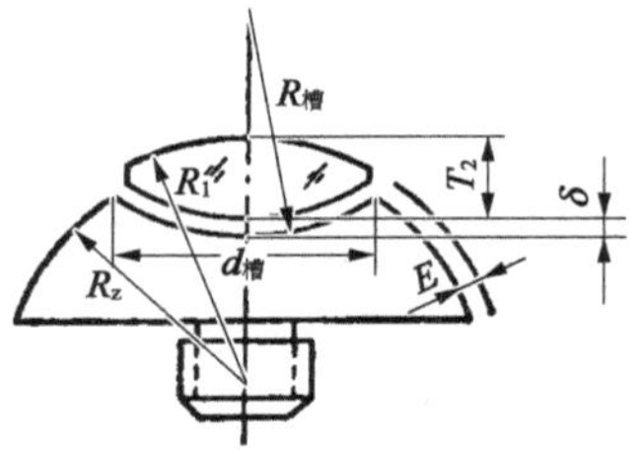	$d_{槽}=2\sqrt{2R_1h_1'-h_1'^2}$ $R_z=R_2-E$ $R_{槽}=R_1\dfrac{h_1}{h_1+0.1}$ $E>0.5\text{ mm}$ $h_1'=\dfrac{2R_z(T_2-E)-(T_2-E)^2}{2(R_1+R_z-T_2+E)}$

表 10－14　刚性上盘，加工凹面时各种透镜 a 值的计算

透镜类型	毛坯类型	加工面	装夹后外形示意图	a 值计算方法
正月形	型料	第 2 面	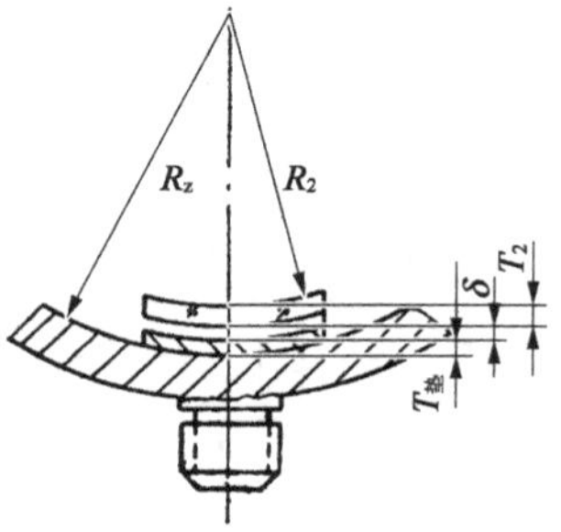	$a=R_1-T_1-\delta-T_{垫}$
双凹 平凹 月形	块料	第 1 面	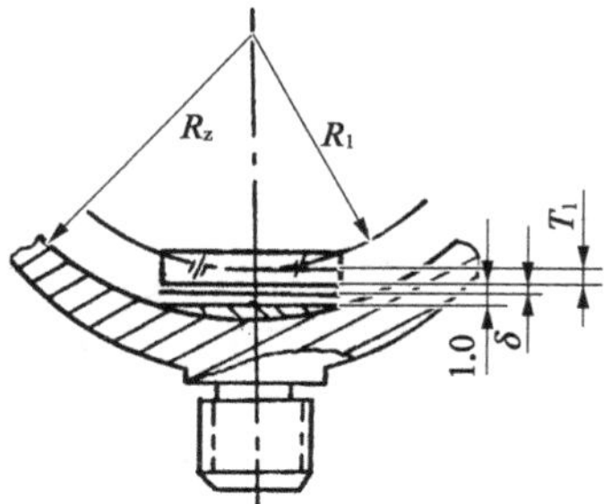	$a=R_1+T_1+\delta+0.1$

表 10－13 为各种不同透镜的刚性法上盘以及 a 值的计算。研磨双凸透镜第 1 面时，工件黏结在平面座上；研磨双凸第 2 面时，工件黏结在凹窝内。凹窝半径应比工件半径略小些，使中间胶层比边缘厚 0.1 mm，避免擦伤镜面。研磨较大半径的凸面时（$R\geqslant 300$ mm），由于在黏结模上铣平面较困难，就用螺钉固定一垫板。表 10－14 表示刚性上盘，加工凹面时各种透镜 a 值的计算。

10.2.4　抛光模

抛光模的表面半径就是公称半径 R_0，不必计算。抛光模的金属基座的曲率半径与抛光

胶的厚度有关。理想的抛光胶厚度应该是整个表面等厚，但实际上并不易做到。这是因为抛光胶在抛光过程中具有一定的蠕动性，那些蠕动到边缘而突出金属基座的胶不断地被刮掉。这样对于具有较小半径的等厚层抛光模，黏结胶不断减少的结果，会使中间薄于边缘。因此新做抛光模时，应使中间胶层略厚于边缘，这样在黏结胶不断减少过程中抛光胶层厚度逐渐会趋于等厚。

抛光模基座的半径 R_p 为

$$R_p = R_0 \pm b \tag{10-37}$$

式中，b 为抛光胶边缘厚度，当镜盘半径小于 30 mm 时，$b=1\sim3$ mm；半径为 30～80 mm 时，$b=2\sim4$ mm；半径大于 80 mm 时，$b=3\sim6$ mm；半径大于 80 mm 时，凹模取正号，凸模取负号。

对于公称半径较大的镜盘或直径 $D_p \leqslant 1.5R_0$ 的抛光模，式(10-37)的实际意义并不大，这时抛光模金属基座半径可取镜盘公称半径。

抛光模金属基座的直径或高度与镜盘的加工方式、曲率半径等有关。根据不同的加工方式和不同的曲率半径，抛光模金属基座所具有的相对直径与高度如表 10-15 所示，供参考。

表 10-15　抛光模和金属基座尺寸

零件特征	加工条件	抛光尺寸	金属基座尺寸(D_j)
半径在 10 mm 以内的球面	手抛光，抛光模在下	单件或镜盘直径的 1.1～1.5，或半球	半球
	机器抛光，抛光模在下	单件或镜盘直径的 1.2～1.5，或半球	半球
	机器抛光，抛光模在上	单件或镜盘直径的 0.8～1.0	$H_j = H_p \pm t_{pj}$
半径大于 10 mm 的球面	机器抛光，抛光模在下	镜盘直径的 1.1～1.2	$H_j = H_p \pm t_{pj}$
	机器抛光，抛光模在上	镜盘直径的 0.9～1.0	$H_j = H_p \pm t_{pj}$
直径 20 mm 以内的平面	单件手抛光，抛光模在下	工件直径的 1.3～1.7	$D_j = D_p + 10$ mm
直径 50 mm 以内的平面	单件手抛光，抛光模在下	工件直径的 1.2～1.3	$D_j = D_p + 10$ mm
平面镜盘	机器抛光，抛光模在下	工件直径的 1.1～1.2	$D_j = D_p + 10$ mm
	机器抛光，抛光模在上	工件直径的 0.9～1.0	$D_j = D_p + 10$ mm

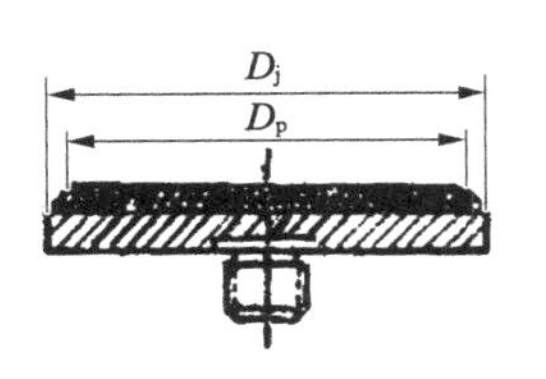

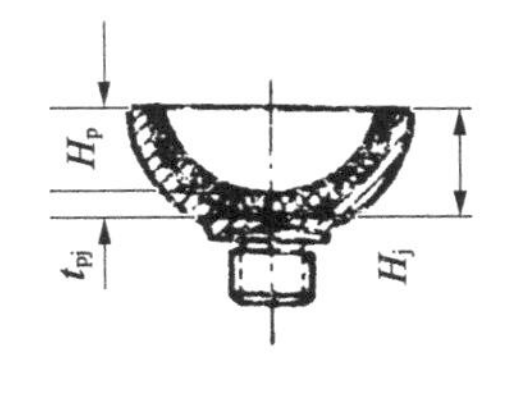

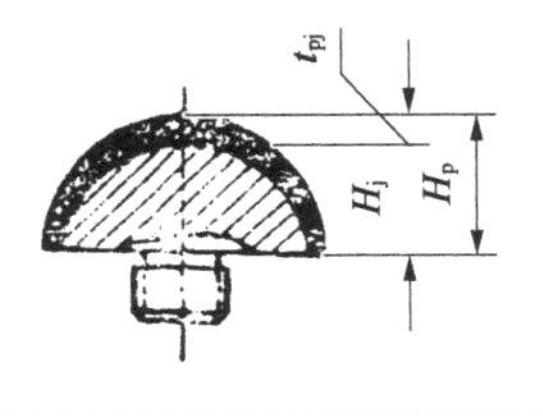

注：表中 H_j -金属基座高度；H_p -抛光模高度；t_{pj} -抛光胶厚度；凸面取负号，凹面取正号；D_p -抛光模直径。

10.3 夹具设计

10.3.1 棱镜的工夹具

形状不是很复杂的棱镜，在粗磨或抛光过程中可以装在夹模内成盘加工。夹模的形状如图 10－17 所示。图 10－17(a)是粗磨过程中用来装夹棱镜的夹模。利用夹模边缘的螺钉，将棱镜固定在夹模的槽内。为了防止螺钉在拧紧过程中挤坏玻璃，可在螺钉头部与棱镜侧面间垫层硬纸或塑料垫。图 10－17(b)是抛光过程中用来装夹棱镜的夹模。棱镜与夹具之间用黏结胶固紧，上盘时以被加工面作为上盘的基准，此法可使被加工面的平面度和光洁度比较好，至于角度精度要在上盘前，用单块手修法修磨角度来保证。此方法中由于黏结胶层较厚，加工中容易变形，只能适用于中等精度的工件。

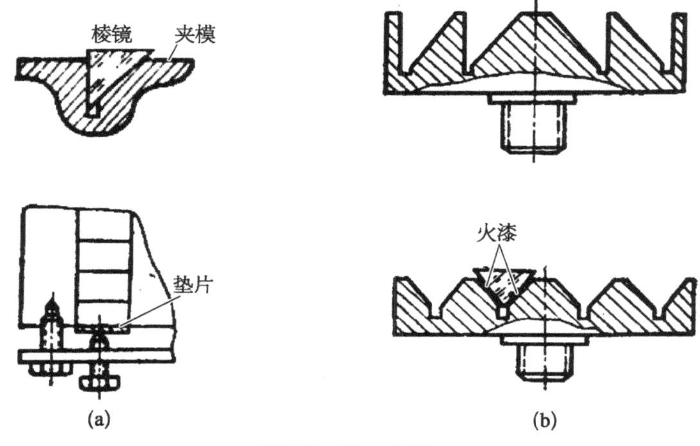

图 10－17　夹模

细磨抛光时棱镜的上盘方法随棱镜的形状与角度精度要求而不同。对于那些形状较简单和精度要求中等的棱镜，可以利用图 10－17 所示的夹模。上盘前先将棱镜加热并黏上火漆条，再按照夹模尺寸，将黏好火漆条的棱镜在贴置模上排列好，四周放上垫条以控制火漆层的厚度，然后将加热到能熔化火漆的夹模放到已黏有火漆条的棱镜上，让夹模缓慢下落到垫条上后自然冷却到室温即可。

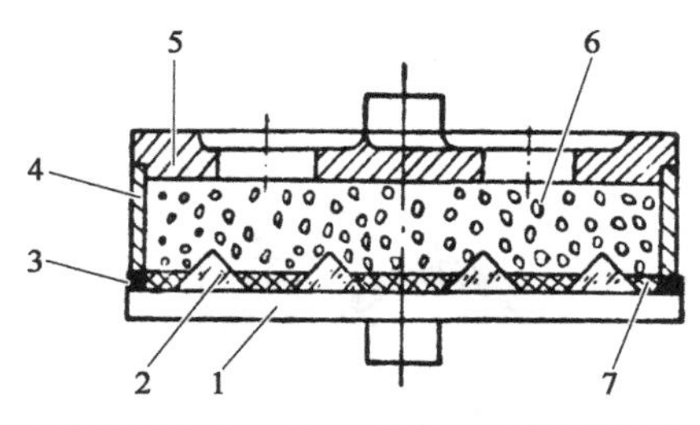

1－贴置平模；2－工件；3－垫块；4－石膏模外圈；5－底模；6－石膏；7－蜡

图 10－18　石膏胶盘

形状较复杂而精度要求中等的棱镜，可采用石膏固定法，如图 10－18 所示。其优点是夹具通用性强，适用于小量试制及形状复杂的棱镜。其缺点是由于以被加工面作为上盘基准，同时石膏在上盘过程中有膨胀，所以只适用于角度精度低于 3′的工件。

10.3.2　铣磨夹具设计

目前铣磨机采用的装夹方式大致有 4 种：弹性装夹、真空装夹、磁性装夹和机械装夹。

1）基面及其选择

为了保证工件加工时装夹定位的正确，就必须正确地选择基准面（简称基面）设计夹具并规定夹具的制造精度。在工件加工的头几道工序，其基面可以用尚未加工的表面，称为毛基面；用已加工的表面作为基面时称为光基面。

选择基面的数目、形状和位置时，应保证工件相对于刀具运动的轨迹来说有足够精确稳定的装夹。为此，必须约束住工件相对于夹具的 6 个自由度。这 6 个自由度就是刚体在 3 个任意选定、互相垂直的坐标轴方向的轴向自由度，3 个绕该轴转动的转动自由度。要约束住工件的每一个自由度，必须用 6 个支点，也就是所谓的六点规则。这 6 个固定支点在 3 个互相垂直的平面上应当这样分布：3 个支点（1，2，3）在一个平面上，另两个（4，5）在另一平面上，最后一个支点（6）在第 3 平面上，如图 10－19 所示。3 个夹头依垂直于上述平面的方向作用，把工件压紧在 6 个支点上。超过约束 6 个自由度的多余支点，将造成工件安装的静不定。

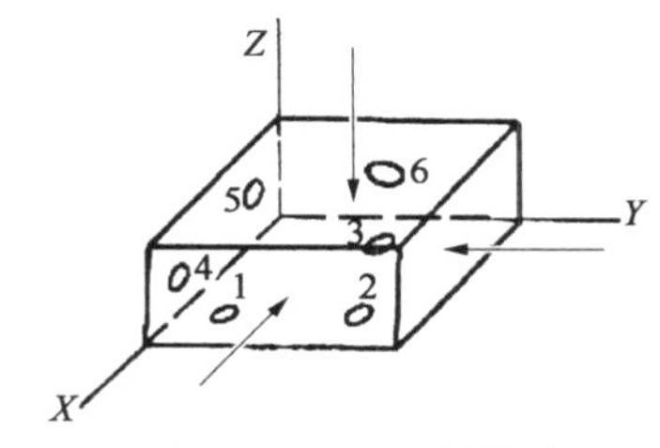

图 10－19　六点规则

选择基面的一般原则有：

(1) 非全部加工的工件应取完全不需加工的表面作为毛基面，因为在这种情况下，非加工表面与加工面间的距离在加工后变动最小。

(2) 全部加工的工件应取余量最小的表面作为毛基面。

(3) 取作毛基面的表面，在毛坯制造过程中，应使其尽量平整和光洁，并使它和其他加工面之间，偏差最小。

(4) 已经加工了一些表面后，毛基面必须用已加工的光基面来代替。而光基面一方面应选决定待加工表面位置的公差尺寸的表面；另一方面要使精确表面的全部工序都在同一基面下进行。因为虽然改换基面在很多情况下可以使加工大为简化，但每改换一次基面，就会增加总的安装误差，以致增大被加工工件的误差。

(5) 选择基面时应保证工件加工时因切削力或夹紧力而引起的变形为最小。为此基面就必须有足够的面积，并且要尽可能接近待加工面。

(6) 选择基面时也应考虑夹具的制造条件，使它尽可能简单，以便于安装和夹紧，并在夹紧后变形最小。

在形状复杂的棱镜加工时，正确合理地选择基面尤其重要。不但要考虑加工的合理性，而且要便于测量和检验。

2）球面夹具

(1) 设计要求：① 要求夹具装夹加工工件牢固可靠，假如在加工中工件发生松动，不但会损坏工件，而且容易损坏机床和磨轮。② 要求定位正确。保证加工工件的偏心、曲率半径和中心厚度在允许范围内。③ 装卸方便。④ 能配合铣磨机的性能，如与主轴的连接和加工范围等。

(2) 弹性夹具的设计。如图 10-20 所示，弹性夹具是利用弹性夹头所开的 3 个槽和夹头外圆锥面与夹帽内圆锥面配合产生的弹力来夹紧零件。

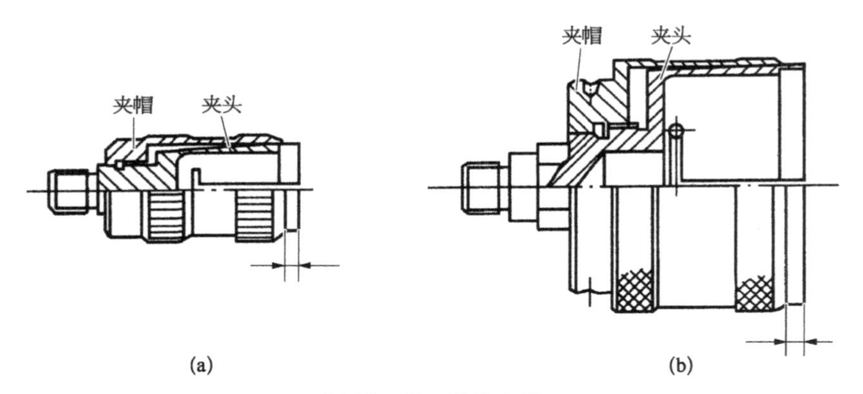

图 10-20 弹性夹具

(a) 夹具口径 14～15 mm；(b) 夹具口径 45～100 mm

弹性夹具的优点是对被加工工件的直径公差要求较宽，一般公差在±1 mm 情况下均能加工；弹性装夹不易产生偏心；在外加补套(玻璃或塑料)的情况下，可扩大夹头的使用范围。弹性夹具的缺点是操作不如真空装夹方便，不易实行自动化加工；对于边厚很小的凸透镜，弹性装夹易破边。

(3) 真空夹具。是利用真空吸附作用力将工件固定在夹具上。真空夹具是空心的，并通过真空阀门与真空室相通。当真空阀门打开时，工件下面的夹具空心腔被抽真空，工件在大气压力下，被固定在与主轴连接的真空夹头上。其真空度须低于 0.4 个大气压。当真空阀门关闭时，工件下面的空心部分即与真空室切断，并与大气相通，工件的真空吸附作用解除，取下工件。

真空装夹的优点：操作方便、容易实现自动化，既能用于单件加工，也能用于成盘生产，提高生产效率。

真空装夹的缺点：对工件直径公差要求较严，一般直径公差应在 −0.02 mm 或 −0.05 mm 范围内，工件直径大了放不进去，小了会因装夹不良影响球面质量和工件偏心等精度。另外真空装夹的工件直径不能太小，一般需要在 ϕ15 mm 以上方能吸住。

单件加工的真空夹具可参照图 10-21 设计，加工工件直径公差为 −0.05～−0.1 mm，非加工的球面倒边宽度要求较严。夹具材料采用 A_3 元钢或 45# 钢，也有用尼龙或有机玻璃车削制成。为了避免真空橡皮涨大变形而影响装夹，夹具头部可采用如图 10-22 所示的结构。为了提高定位精度可采用如图 10-23 所示的结构。在加工双凹透镜或弯月透镜的凸面时，可采用凹球面定位的方法，如图 10-24 所示，可以避免因凹面倒角宽度的差异引起的中心厚度的误差。目前在立式大型球面铣磨机上，采用了成盘装夹的真空夹具大大地提高了生产效率。

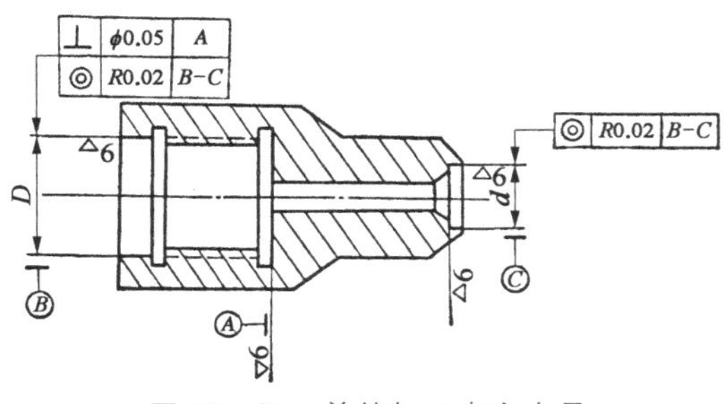

图 10-21　单件加工真空夹具

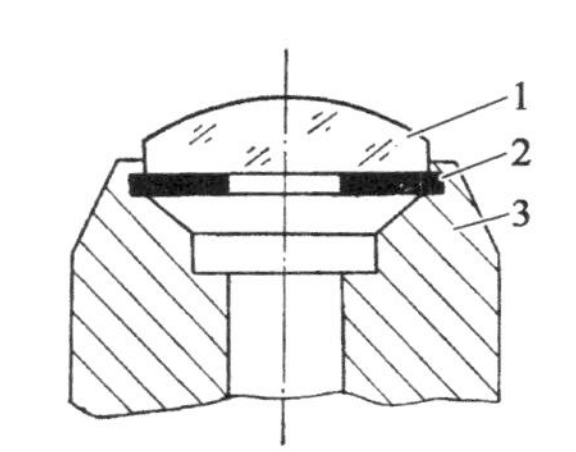

1-工件；2-真空橡皮；3-真空夹头

图 10-22　橡皮槽

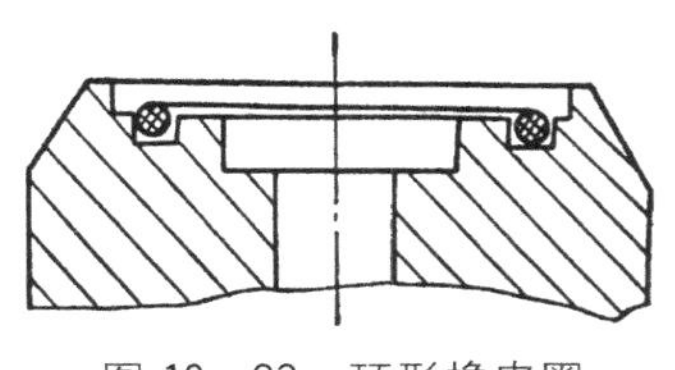
图 10-23　环形橡皮圈

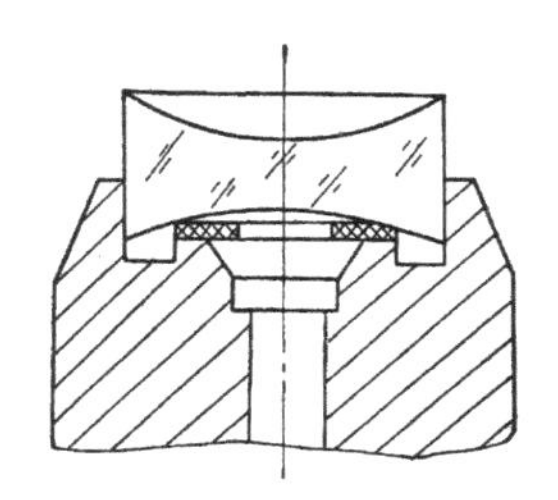
图 10-24　凹球面定位

3）平面铣磨夹具

设计要求：① 牢固可靠，变形小。在平面铣磨中，加工的切削力较大，这一点一定要注意。② 夹具和工件相接触的表面，特别是和工件的基准接触面应耐磨，一般应经过淬火处理，以提高耐磨性。接触面应平直，以保证定位正确和防止工件的暗伤。③ 为了提高定位精度，在接触面，特别是定位面应开有沟槽。④ 为了防止破边和碰伤棱角，夹具上应开有让角槽。⑤ 槽盘上的角度槽，一般应比和工件相对应的棱角小 $2'\sim5'$，以使工件装夹稳定，而角度公差一般应比工件棱角公差要求高 $1'\sim2'$。⑥ 要求各槽间几何尺寸的相对误差较小。并尽可能做到在装配时能加以调整。⑦ 装卸方便。⑧ 制造成本低。

加工平面（包括各种棱镜）的夹具，其装夹有机械装夹、收管装夹、磁性装夹和胶黏等方式。其中以机械装夹最为普遍，其结构如图 10-25 所示。压板和玻璃工件的接触部分应垫有耐油橡皮或塑料块，防止损伤工件表面。

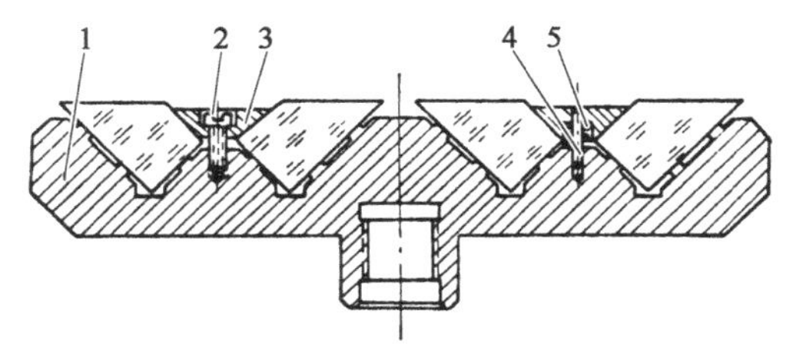

1-槽盘；2-螺钉；3-压板；4-圆柱销；5-弹簧

图 10-25　槽盘夹具

第11章　光学零件的上盘与下盘

为了提高生产效率，保证面型精度，平面光学零件在精磨前、球面光学零件在粗磨前都要上盘。光学零件上盘就是将零件按一定要求固定在黏结模上。

对于单件上盘，主要就是把零件无偏心地固定在黏结模上。对于多件上盘，则要求：① 所有零件在镜盘上加工面要一致，即要求在球面镜盘上所有零件加工面在同一球面上，如果是平面镜盘则所有加工面应处于同一平面内；② 零件在镜盘上的排列必须符合可排片数多，磨损均匀的原则。

由于机床功率限制和球面半径约束，每一镜盘上能排列的镜片数量有一极限值，由于镜盘增大，均匀磨损难度增大，所以每一镜盘上能排列的镜片数不是越多越好。

因此，上盘前必须进行镜盘设计，确定所用黏结模的尺寸、加工件在镜盘上的排列方式等，然后方能进行上盘操作。

11.1　光学零件上盘

1）球面上盘

（1）球面弹性胶法。弹性胶法上盘是用弹性的火漆胶把光学零件黏结在黏结模上。火漆俗称柏油或黏结胶，主要由松香、沥青及中性填料等组成。

弹性上盘是一种传统的古典方法，因其胶层厚度大，加工过程中易变形。在冷却过程中因收缩对零件产生拉力，下盘后零件易变形，特别是薄形零件较为明显。因而适用于透镜及中等精度的平面镜或其他形状的零件。弹性上盘与刚性上盘法相比较，弹性上盘对黏结模的要求较低，不需要很高的加工精度。缺点是粗磨系单件进行，影响粗磨效率。

球面零件上盘工艺如图 11－1 所示。

上盘前先将光学零件挂胶。将光学零件在电炉上加热至火漆能熔化，然后根据球面形状在零件的非加工面黏上不同形状的火漆团，冷却待用。

清洁工件加工面和贴置模的表面，按照设计好的排列方法将零件待加工表面贴置在贴置模上，并码放整齐。为了使透镜能很好地贴在贴置模表面，可在贴置模表面抹上一薄层凡士林或黄油、机油等。贴置时零件之间应留有工件直径的 5％的空隙，以便加工时清洗和避免在受热膨胀时挤坏玻璃。

将已加热到火漆熔化温度的黏结模放在贴置模上，让其慢慢下降到规定的火漆层厚度后迅速用冷水或温水冷却黏结模，然后从贴置模上取下。如果透镜边缘挤出来的火漆和透

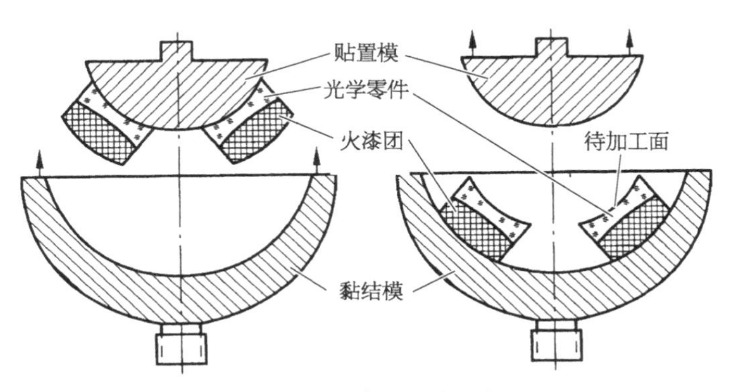

图 11-1　球面零件上盘

镜表面等高时，用小刀修低些，以免抛光时擦坏抛光盘表面，再将透镜表面擦净后即可送下道工序加工。

黏结过程中，黏结模加热时温度要适当，不要太高或太低，黏结模放上时注意不要放偏了。对于直径较小的工件，如果做火漆团不便，可先在黏结模上涂一层火漆，在电炉或酒精灯火焰上加热融化，放到排有零件的贴置模上，再从贴置模上取下黏有工件的黏结模，并在电炉或酒精灯火焰上微微加热至一定温度，使零件能很好地和火漆黏结在一起，并再次将镜盘放到贴置模内挤压一下，以防工件受热移动而偏胶。

火漆团的尺寸如图 11-2 所示，加工凸面透镜时火漆团的锥度要比加工凹面时小一些，以免火漆团在贴置模内相碰。火漆层的最薄处(凸透镜的中心或凹透镜的边缘)为透镜直径的 0.1～0.2，但最小处不得少于 1 mm。零件直径与火漆层厚度的关系如表 11-1 所示。

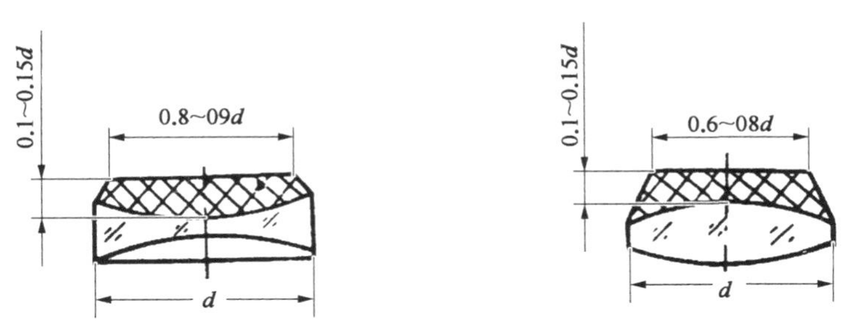

图 11-2　火漆团尺寸

表 11-1　火漆层厚度选择

零件直径/mm	火漆层厚度/mm	零件直径/mm	火漆层厚度/mm
<25	1～2	50～80	3～4
25～50	2～3	>80	3～5

(2) 球面刚性胶法。刚性胶法上盘是用一层较薄(0.05～0.1 mm)的黏结材料，在专用的黏结模上黏结光学零件，常用的黏结材料有浸渍黏结胶的布或专用刚性上盘胶，如图 11-3 所示。

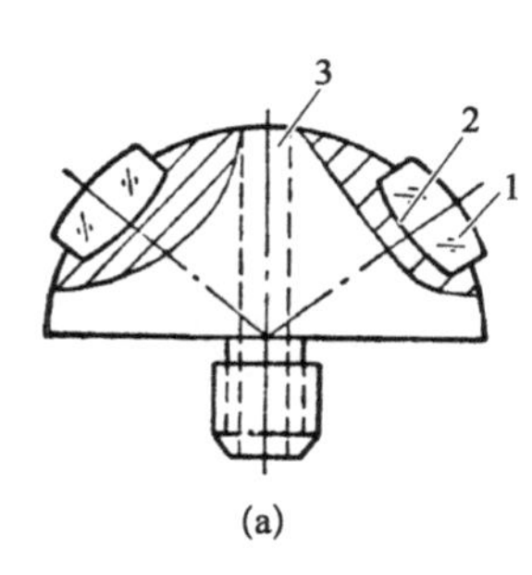

(a)

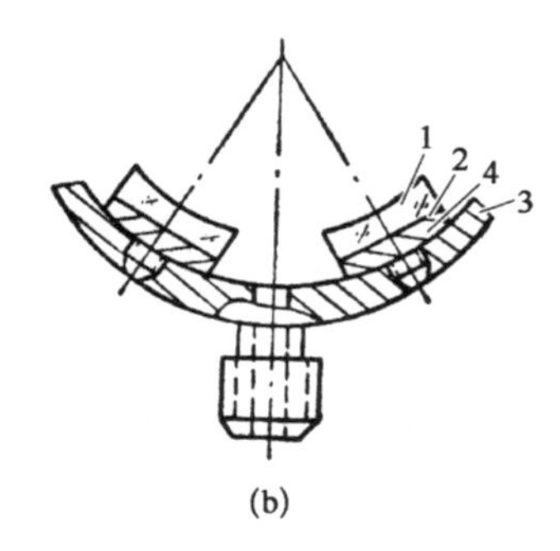

(b)

1 -透镜;2 -黏结胶;3 -黏结模;4 -金属垫块

图 11 - 3　透镜的刚性上盘

刚性法上盘与弹性上盘的基本区别是上盘的定位基准不同,弹性上盘是以被加工面作定位基准;刚性上盘则以黏结面作为定位基准。弹性上盘的黏结胶厚度较大,加工中有一定的弹性;而刚性上盘则胶层较薄,胶层厚度为 0.03～0.3 mm,这样可以克服弹性上盘易变形的缺点,并能承受高速、高压磨削。刚性上盘可从粗磨前就上盘,直到抛光完工,简化了上盘工序。刚性上盘的缺点是黏结模(又称硬胶模)设计较为复杂。它适用于中等精度的透镜大批量生产。

刚性上盘的黏结胶用松香黄蜡胶,为了便于抛光时检验光洁度,黏结胶内可适当加些沥青。有的生产单位则用专用的刚性上盘胶(见表 11 - 2)。

表 11 - 2　刚 性 上 盘 胶

胶号	材　料　配　比				性　能　指　标				
	古马隆	酚醛树脂	沥青	碳酸钙	软化点/℃	变软温度/℃	体膨胀系数/(%)	抗拉强度/(kg/cm^2)	抗剪强度/(kg/cm^2)
1	50～55		30～25	20	85	40	0.97	15.5	15
2	30～25	20～25	30	20	100	50	0.98	23	32
3		45～50	35～30	20	120	70	0.82	19.3	44

注:1 号用于室温 20 ℃以下;2 号用于室温 20 ℃左右;3 号用于室温 27～28 ℃。

黏结第一面时,将黏结模加热到黏结胶能熔化后,在黏结模的平台或球窝内涂一薄层黏结胶,放上工件,并用木棍压一下,使工件紧贴黏结模。胶第二面时,为了防止抛光面被擦伤,除了在抛光面涂保护漆外,黏结工件用沾有黏结胶的布垫将工件胶到黏结模上,布垫直径略小于工件。控制工件厚度的办法是在黏结模上胶上厚度修磨到一定尺寸的标准件。

球面刚性胶法上盘适用于成批定型生产,可不必单件粗磨球面,粗磨效率高。但黏结模加工较费时,精度要求较高。

2) 平行平面工件上盘

平行平面的工件上盘方法根据其加工精度不同而不同。在粗磨时一般都用蜡或蜡和松香的混合胶来固定工件,黏结的方法较简单,将平模加热到胶能熔化后涂一层薄胶,然后将预热到一定温度(约 60～70 ℃)的工件排列在平模上,并加一定压力使其与平模贴紧,冷却后即可加工。

第一面抛光完工后，以这一面作为黏结面，上盘加工第二面。为了避免擦伤抛光面，在抛光面上涂保护漆，在工件与平模之间垫一层罗筛布或白纸。黏结的方法是先准备一个与黏结第一面同样大小的平模，加热到能熔化黏结胶，涂上一层黏结胶，放上罗筛布或白纸，使其被黏结胶浸透；然后将已抛光好的第一面，整盘放在罗筛布或白纸上，用水冷却平模，然后将加工第一面时用来黏结的平模少许加热到使黏结胶软化后取下（注意勿使温度传至第二面的平模）。

对于平面性和平行度要求比较高的工件，可采用点子胶法上盘。

（1）点胶法。点子胶上盘是弹性胶法的发展，把火漆胶改为点子胶，如图 11－4 所示。此法可减少黏结面积，从而减少变形，另一方面，因上盘时不加热，所以能减少变形。点胶法适用于直径大于 40 mm 的透镜。

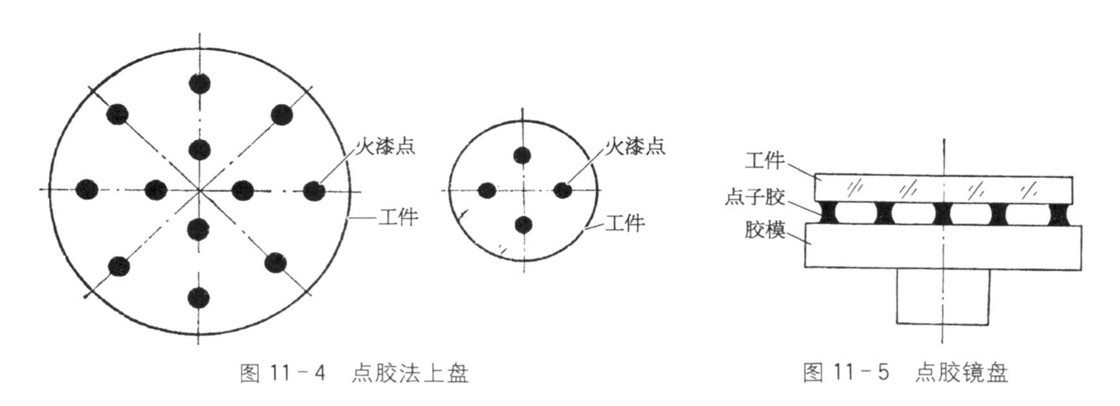

图 11－4　点胶法上盘

图 11－5　点胶镜盘

首先将两面平行度已修改好的工件放在电炉上加热到能黏住火漆点，然后将直径约为 5 mm、高约 6 mm 的火漆圆柱体（或称火漆点）黏到玻璃上，如图 11－4 所示，将未黏火漆点的待加工面擦净后贴置在平面度较好的平模上，四周放 3 个垫条以控制火漆点厚度，然后将黏平模加热到能熔化火漆的温度后放到黏有火漆点的玻璃上，让其缓慢落到垫条为止，用风冷或水冷黏结模后，就可细磨抛光。第 1 面加工好后涂上保护漆，翻过来再上盘加工第 2 面。点胶镜盘如图 11－5 所示。

平行度平面性要求比较高的平行薄片可以采用浮胶法。

（2）浮胶法。是用蜡和松香配制的黏结胶在工件周围黏结的方法。上盘前首先要准备一块平面性和平行度都很好的玻璃板，表面不要抛光，磨过 W20 砂子即可。再将平行度和平面性已改得较好的薄片擦净后排列在平板上，然后用镊子夹住棉花球，沾些加热到熔化的松香黄蜡混合胶，使胶滴入工件周围的空隙，待胶冷却后再用煤气火焰在表面熏一下，以除去工件周围的气泡，同时给工件保持一定温度，以便更好地使黏结胶和工件附着。或者用旧锯片烧热后沿着工件边缘插入胶内“走”一圈，同样起到去除气泡和保持工件一定温度的作用，以防以后加工时边缘进水。锯片温度不要烧得太高，能熔化胶即可。用这种上盘方法的缺点是经不起高速高压的抛光。

对于很薄的（厚度与直径之比小于 1∶12）而光圈要求又很高的平行平面，找到一种理想的黏结剂和黏结方法是十分重要的。一般说来黏结剂的硬度大，则下盘后光圈变化就大些，但是选用太软的黏结剂又会引起加工中工件的“走动”，或放置一晚第二天整盘工件会出现高低不一致等问题。由于黏结胶的硬度随着松香含量的增加而增加，应根据工房温度、加工条件和工件大小等情况，通过试验选定其合适的比例。

3）棱镜的上盘

粗磨棱镜的上盘经常采用金属夹模。如果棱镜表面有凸出部分，应大致磨平后再装入夹模，然后用螺钉固紧。

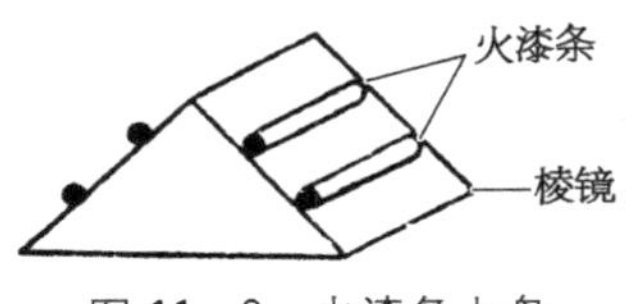

图 11－6　火漆条上盘

细磨抛光时棱镜的上盘方法随棱镜的形状和角度精度要求而不同。对于那些形状较简单和精度要求中等的棱镜，可利用金属夹模（参见图 10－17）。上盘前先将棱镜加热并黏上火漆条（见图 11－6），再按照夹模尺寸，将黏好火漆条的棱镜在贴置平模上排列好，四周放上垫条以控制火漆层厚度，然后将加热到能熔化火漆的夹模放到已黏有火漆条的棱镜上，让夹模缓慢下落到垫条上后，自然冷却到室温即可。棱镜黏结好后应保证加工面高出夹模 1.5 mm 左右。

形状较复杂而精度要求中等的棱镜，可采用石膏盘固定法（见图 11－7）。上盘前先准备好中间略微凸起的贴置平模（以抵消由于石膏凝固而使石膏盘表面变凸的形变）。在平模表面抹上一薄层凡士林或黄油，将棱镜加工面擦净后均匀排列于平模上，再向棱镜之间的空隙撒一薄层木屑（厚 2～5 mm，视棱镜大小而定）。根据棱镜高度可在贴置模周围围上一圈橡皮，以挡住石膏浆不致流失。然后将按比例调和好的石膏浆倒入橡皮圈内，并淹没棱镜约 30 mm，待石膏浆稍微凝固还未完全凝固前（时间很短仅 1 min 左右），在一只直径比贴置模略小的平模表面也抹上一层半凝固石膏浆后，放到橡皮圈内（注意要放正和放平），等石膏浆完全凝固后，解去橡皮圈，大约过 24 h 后，将石膏模沿贴置模表面拉下，除去木屑并用煤气火焰加热蜡块的方法在棱镜间的空隙处滴一层蜡，再用煤气火焰在表面掠过几次，使蜡层均匀（但注意勿使玻璃过热）。没有煤气时可将蜡放在金属容器内熔化后滴上，再用热锯片沿棱镜边缘“走”一圈，以使蜡能很好地附着于棱镜。除去棱镜表面的蜡层，经用刀平尺检验表面无明显的高低不平后即可细磨抛光。

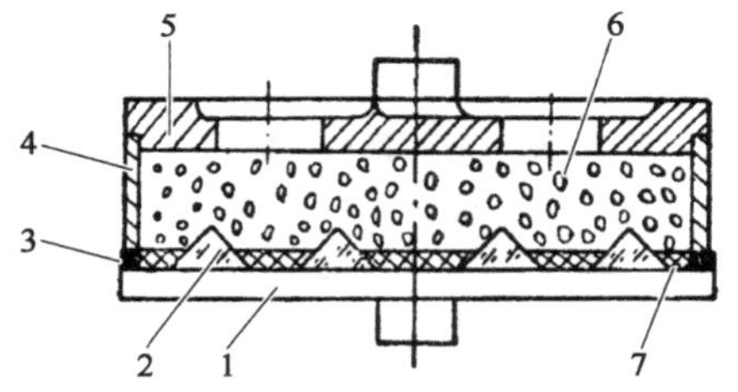

1－贴置平模；2－工件；3－垫块；
4－石膏模外圈；5－底模；6－石膏；7－蜡
图 11－7　石膏胶盘

石膏上盘多用于中等精度（低于 3′）的棱镜加工。石膏上盘是以被加工面作为装夹基准的，因此装夹的本身不能提高棱镜的角度精度，而且在石膏凝固过程中，由于石膏体积膨胀，镜面表面变凸，导致角度精度降低。为了克服这一缺点，在石膏中常加入负膨胀系数的水泥，石膏与水泥之比为 2∶1。

石膏上盘的优点是夹具通用性强，适用于小量试制及形状复杂的棱镜。

加工直角棱镜时，为抵消石膏膨胀时零件受力不平衡，可在零件上胶一块补偿镜。

4）光胶上盘

光胶法（又称光学接触法）是利用玻璃分子间的引力，将两块玻璃胶合在一起。该方法要求光胶面具有很好的平面度和光洁度，并要求去除各种灰尘。利用光胶法可以得到很高的平行度和很小的角度误差。

平行平面零件用光胶法上盘，首先准备好一块表面平面度和平行度较好的平行平板作为工具，如 ϕ250 mm、厚 30 mm 左右的圆形平板，将其两面细磨抛光，用作光胶的一面光圈要好些，$N < 0.5$、低光圈、光洁度Ⅳ左右。平行偏差不超过 0.001 mm。平板表面先用脱脂布沾无水酒精（20%～30%）和乙醚（70%～80%）的混合液擦拭，再用干净脱脂布擦拭数遍，用软毛刷刷去灰尘、布毛等。需要光胶的工件表面以同样方法擦净后，按照事先计算好的排列方法放在平板上，这时两抛光面间应出现很清晰的干涉条纹。然后在工件上轻轻加压，使两接触面间的空气排除掉，干涉条纹消失，即形成光胶。加压时，如发现空气排除不掉，则说明光胶面没有擦净（或光圈差得多），应取下重新擦拭，切勿用力过大，以免压伤抛光面。光胶面之间如果有小白点（气泡），则说明有残余空气未排除，往往是由脏物造成的。气泡太大或太多时，应拆开重胶。拆开的方法是用一单面刀片从边缘轻轻插入使其脱胶。整盘工件全部光胶完毕后，再在光胶面边缘涂以假漆和快干磁漆，用以防水。等漆膜坚固后，就可细磨抛光。

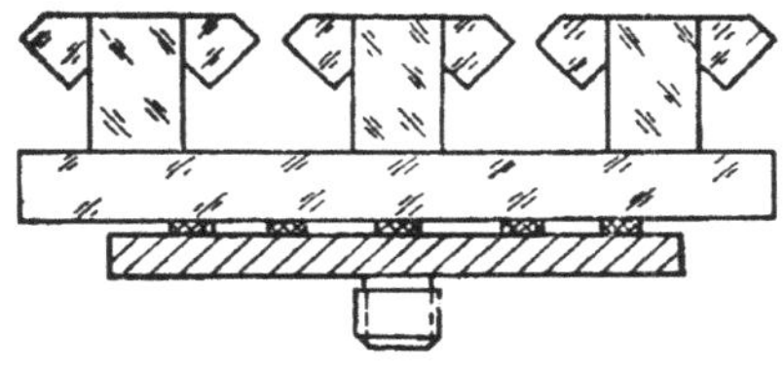

图 11－8　光胶上盘

棱镜大批量生产时，先光胶在一个长方体工具上。如屋脊棱镜加工屋脊角时，先准备一块平行平板和多件长方体工具（见图 11－8）。长方体本身的 90°角误差应小于屋脊角的误差。光胶时先将长方体擦净，放在一块表面已磨过 W10 砂子并且中间略低一些的平板上，再将屋脊棱镜轻轻地压向长方体，干涉条纹消失，形成光胶。

为了保证棱镜在长方体上不胶歪，每胶一块，应检查一下长方体底面与棱镜待加工面是否为同一平面。如发现有严重错开，可用拂尘笔木杆或小木锤轻轻敲击棱镜非工作面，或用酒精灯对棱镜局部加热，将棱镜拆下重胶。胶满棱镜的长方体再光胶到平行平板上，成盘细磨抛光。光胶合格后，在不加工的光胶面周围涂上保护漆。将胶好零件的光学工具均匀对称地光胶到光胶垫板上，并在光胶面周围涂上保护漆，以防浸水脱胶。

光胶时除了用无水酒精和乙醚的混合液溶剂外，还可用航空汽油、石油醚等溶剂作擦拭剂。擦拭方法除了上述先用溶剂擦、再用干布擦、后用毛刷刷去灰尘的办法外，亦可用脱脂布沾溶剂擦拭数遍后就立即光胶。

11.2　光学零件下盘

下盘是指将光学零件从黏结模或夹具上拆下来的工序。抛光完工的镜盘在零件的表面涂上保护漆，等漆牢固后就可以下盘。零件下盘随上盘的方法不同而不同。用松香黄蜡胶上盘的仍用加热方法下盘，注意勿使热的工件与冷的玻璃板、铁板接触，以免因骤冷而爆裂。用火漆上盘的，若有条件的则可利用低温下盘，没有条件的则可用机械下盘法下盘。

1）低温下盘

对于弹性上盘的零件可利用火漆与玻璃的膨胀系数相差较大，玻璃与火漆在低温下收缩情况不一样而互相脱开。因此，将镜盘放入低温箱，当温度下降到－40 ℃保持10～30 min时，玻璃零件便可从黏结模上脱下。此法下盘的零件表面很清洁，容易清洗，下盘效率高，不易损伤零件。

2）机械下盘

此法是指利用木锤轻击边缘，使其震下。对于弹性上盘、石膏上盘和光胶上盘的零件均可采用此法下盘。这种方法使用范围广、设备简单，但是效率低、易损伤零件。对于单件和小批量生产较适宜。

石膏盘下盘时，先用刀插入黏结模与石膏交界处，撬下黏结平模，再在镜盘正面垫一层毛巾或泡沫塑料用手托住镜盘后，用木锤敲击背面，使石膏开裂，取出零件。

3）加热下盘

将镜盘加热到黏结材料软化温度，然后把零件从镜盘上取下来。用蜡黏结的镜盘多采用此法，对于弹性上盘的镜盘，当零件边缘很薄或直径很小时，亦可采用此法。光胶镜盘可用酒精灯对零件局部加热，使其脱胶。这种方法效率低、零件易划伤、下盘零件比较脏、清洗困难。

4）超声下盘

利用超声波作用下盘的工艺称为超声下盘。

下盘后的光学零件还需清洗。

11.3 其他辅助加工

1）光学零件清洗

在光学加工过程中，需要清洗与擦拭来去除光学零件表面所黏附的脏污物，即为光学零件的清洗。清洗包括酸洗、碱洗及有机溶剂的清洗或揩擦。清洗液应具有强的去垢能力，不腐蚀抛光表面，对操作者无害，尽可能减少对环境的污染。常用的酸性洗液有醋酸、盐酸和硫酸的水溶液。常用的碱性洗液有苛性碱（NaOH）、苛性钾（KOH）、苏打（Na_2CO_3）、钾碱（K_2CO_3）的水溶液等。有机溶剂更为常用。每种溶剂对不同的物质具有不同的溶解能力，使用时根据需要选用。

（1）手工清洗。常用醇醚混合液，一般按体积比配制：乙醚10%～15%，酒精50%～90%。工房温度高、湿度低时，乙醚含量应少一些。

手工清擦的擦布一般用白绸布、细白布或医用脱脂纱布。

（2）超声波清洗。频率高于15 kHz的超声波因能量很大，在流体介质中传播时，连续地形成压缩和稀疏区域，使液体内部产生瞬时压力，它时而增大、时而减小。当压力减小时，液体被拉开，使液体的连续性受到破坏，而出现细小的空腔，这就是超声波的空化作用。这种空腔随超声波的频率时而伸张、时而压缩，形成了强烈的液压冲击使附着在光学零件上的污染异物获得巨大的加速度，从零件表面上被剥离下来。

另外，超声波的冲击作用，还加速了溶液的化学作用，因此超声清洗是一个机械-化学作用的综合结果。

超声清洗机的结构各有不同，但清洗工艺过程大同小异，清洗机有 8 个清洗槽，分别盛有不同的清洗剂。清洗流程如图 11－9 所示。

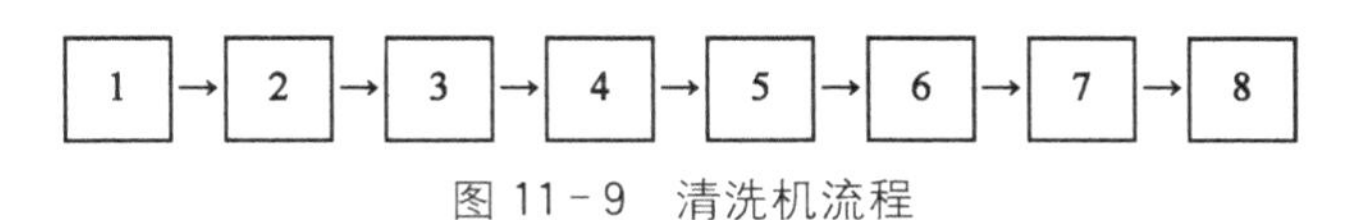

图 11－9　清洗机流程

第 1 槽，三氯乙烯清洗液，此槽主要清洗零件上的黏结材料，如火漆、蜡、胶及其他脏物。槽内有 4 kW 加热管，工作温度为 40～60 ℃，加热的目的是提高清洗效果。三氯乙烯可用蒸馏器不断净化。

第 2 槽，槽内为氢氧化钠溶液（0.5%）。此槽主要目的是洗掉零件表面的树脂和油污、保护漆、玻璃粉等。槽内配备有输入功率为 300 W，频率为 20 kHz 的超声振荡器和加热管，工作温度为 20～30 ℃。此槽溶液需 3 天左右更换一次。

第 3 槽，槽内清洗液是水加高岭土粉末。其原理是利用无数的高岭土细小微粒作为引起超声空化爆炸的核心，使整个液体内部形成强烈的液流，借以冲刷零件表面的坚牢脏物。经高温处理后的高岭土粉末，对脏污物也有一定的吸附作用。高岭土粉末按 1%比例加入。槽内配备有输入功率为 300 W，频率为 20 kHz 的超声振荡器和加热管，工作温度为 50～60 ℃。

第 4 槽，槽内加入"含表面活性物质混合物"（又称硅-钠混合液）。此槽主要依靠药剂的化学活力，在超声场的作用下，清洗零件表面少量剩余油脂等污物。槽内配备有输入功率为 300 W，频率为 20 kHz 的超声振荡器和加热管，工作温度为 50～60 ℃。"含表面活性物质混合物"按 1%比例加入。

第 5 槽，槽内加入自来水。主要清洗光学零件表面附着的碱性物质。为了便于除去水面污物，槽内自来水应经常保持装满。槽内配备有输入功率为 300 W，频率为 20 kHz 的超声振荡器和加热管。

第 6 槽，乙醇喷淋清洗，其目的是除去零件表面的水滴和溶于乙醇的油脂类物质。槽内配备回形冷凝管冷却乙醇蒸气，防止乙醇大量挥发。

第 7 槽，槽内仍然是乙醇溶液，目的是防止水分带入第 8 槽，避免在三氯乙烯汽化清洗时，形成三氯乙烯和水互不相溶的混合物，沉积于零件表面而不易洗去。槽内配备有回形冷凝管。

第 8 槽，是三氯乙烯汽化清洗槽。利用三氯乙烯蒸气，促使附着于零件表面上的易挥发物质挥发。槽底安装输入功率为 8 kW 的加热管，用来加热三氯乙烯至沸腾，产生三氯乙烯的强大气流。中部有不锈钢丝网，防止三氯乙烯沸腾时飞溅到零件表面上，弄脏零件。槽上部有一回形冷凝管，冷却三氯乙烯蒸气，防止空气中三氯乙烯浓度过大。

装在夹具内的零件在上述各槽内的清洗时间大约为 2 min，到达清洗时间后，装有零件的夹具自动从槽内提起并移动一定距离，进入下一槽内。经过8个槽清洗完毕后，清洗机上的排风装置使零件冷却，然后取出检验。

2）抛光表面的保护

碱金属氧化物含量大的玻璃，对于空气中的水分、气体及各种化学试剂的侵蚀作用的抵抗能力较差。特别是重火石和特重火石玻璃等，更易受到侵蚀，因为其中间体铅和钡的正离子向表面扩散能力较强所致。因此，抛光后的表面易形成色斑层或灰点子及水印等。

抛光表面应涂虫胶-乙醇溶液保护层，但对易腐蚀的玻璃不大适用。用于化学稳定性较差的玻璃所用的防护涂料有两种配方：① 210松香改性酚醛树脂160 g、p12环氧树脂25 g、香蕉水400 mL；② 2123酚醛树脂25 g溶于100 mL的无水乙醇(分析纯)中，将607环氧树脂20 g溶于100 mL的无水乙醚(分析纯)中，将上述两种溶液混合过滤后，加入3%～4%的乙烯基三乙氧基硅烷。

在磨边时为便于找像，要求有良好的透明度，此时抛光面可采用高温处理，使零件表面凝胶层形成SiO_2防护膜。把零件放在炉内3 h，一直升温到400 ℃，保持1 h，然后在20 h内慢慢冷却到室温。此法对化学稳定性较差的光学玻璃如BaF8，F3，ZF3，ZK7有良好的效果。

磨边时抛光保护层也可用25 g 2131酚醛树脂溶于100 mL无水乙醇中，用20 g 607环氧树脂溶于100 mL的无水乙醚中，用5倍的1∶1的醇醚混合液稀释上述两种混合液并过滤。加入总量2%的乙烯基三乙氧基硅烷，即成保护漆液，涂在抛光表面形成保护层。

另外一种方法是在光学表面镀憎水膜，以降低抛光表面的自由能，使其具有憎水憎油的性能。这种憎水膜材料有硅有机化合物、全氟塑料及氟硅化合物等。

3）涂漆

光学零件的非工作面，经常须涂黑色消光漆，以消除漫射光。一般可采用喷漆法，刷漆法等。一般漆膜厚度不超过0.1 mm，漆膜在温度±60 ℃下，经2 h而不产生裂纹或脱落。常用的消光漆配方见表11-3，根据需要也可具体调整。

表11-3　常用消光漆配方

序号	配　　方	干燥条件		备　　注
		温度/℃	时间/h	
1	Q04-32黑色硝基漆半光磁漆1份，香蕉水(X-1-2硝基稀释剂)1～1.5份	室温	干透为止	漆膜光滑，但牢固性差，适于喷涂
2	A05-10黑色氨基半光烘漆1份，甲苯适量	120～140	2～2.5	牢固度好，喷刷均可
3	650环氧树脂10份，四乙烯五胺1～1.1份，活性炭适量	室温	完全固化为止	牢固度好、光滑性差，适于刷涂

第4篇 精密及特殊光学零件加工工艺

精密光学零件有平面的(包括棱镜),也有球面的。精密光学零件主要体现在两个方面：一是零件的面型精度(包括角度)高;二是表面质量(包括表面粗糙度和表面疵病)好。例如,合成目标用的角反射器,角度要求达到0.5″的精度;干涉仪器中的法布里-珀罗标准具,面型精度要求为$\lambda/50 \sim \lambda/100(N = 1/50 \sim 1/25)$,而厚度要求达到0.1 mm;球面光学样板运用等厚干涉的原理检验面型精度($N = 1/5 \sim 1/2$)和面型误差($\Delta N = 1/10$)。使用于软X线(波长为纳米数量级)的光学零件,表面粗糙度应在纳米以下,而普通光学零件$R_a = 0.01\ \mu m = 10\ nm$。为便于控制,加工过程中去除量必然很少。另外,由于精密光学零件精度要求高,环境(如温度、湿度、振动、压力及速度分布等)稍有变化,都将剧烈地影响加工结果。因此,用普通的加工技术就难以达到高精度制造的要求,只能采用古典工艺方法。

古典工艺实质上是一种修磨的过程,依靠加工过程中对误差的准确检出,采取相应的工艺措施进行修磨,逐步达到设计要求。所以,高精度光学零件制造技术的另一大特点是对检测技术要求严格。可以说高精度制造技术获取高精度光学零件在很大程度上依赖高精度的检测技术。

综上所述,高精度制造技术的特点是准确检出误差、精准微量去除,其工艺特点的关键是精度,其次才是效率,这和高效工艺要求是不同的。

第12章 高精光学零件的制造技术

高精光学零件主要体现在两个方面：一是零件的面型精度(包括角度)高；二是表面质量(包括表面粗糙度和表面疵病)好。高精度制造是为了获得高精度的光学零件。例如，合成目标用的角反射器，角度要求达到 $0.5''$ 的精度；干涉仪器中的法布里-珀罗标准具，面型精度要求为 $\lambda/50 \sim \lambda/100(N=1/25 \sim 1/50)$，而厚度要求达到 0.1 mm；使用于软 X 线(波长为纳米数量级)的光学零件，表面粗糙度应在纳米以下，而普通光学零件 $R_a=10$ nm。因此，用普通的加工技术就难以达到高精度目的。由于高精度光学零件的精度要求高，为便于控制，加工过程中去除量必然很少。同时，由于精度要求高，环境(如温度、湿度、振动、压力及速度分布等)稍有变化，都将剧烈影响加工结果。

由此可见，高精度零件是不能用高效工艺方法制造的，而只能采用古典工艺方法。因此，高精度光学零件制造技术是在古典工艺方法基础上进一步研究如何降低环境影响，如何做到微量去除。古典工艺实质上是一种修磨的过程，依靠加工过程中对误差的准确检出而采取相应的工艺措施进行修改，逐步达到设计要求。所以，高精度光学零件制造技术的另一大特点是对检测技术要求严格，可以说高精度制造技术获取高精度光学零件在很大程度上依赖高精度的检测技术。

综上所述，高精度制造技术的特点是微量去除和精密检测，其工艺特点的关键是精度，其次才是效率，这和高效工艺要求是不同的。

高精度光学零件既有平面形的，也有球面形的。平行平面平晶、干涉仪器中的标准平面、分光镜以及超高精度平面的法布里-珀罗标准具等都是平面形的高精度光学零件。高精度平面光学零件的等级无统一标准，一般平面度 $<\lambda/20$、平行度 $\theta<2''$ 的光学零件称为高精度平面零件；平面度 $<\lambda/50$、平行度 $\theta<1''$ 的光学零件称为超高精度平面。角误差 $<10''$、表面平面度 <0.2 个光圈的棱镜称为高精度棱镜。球面高精光学零件如球面样板(可分为标准样板、工作样板)等。

12.1 精密光学零件加工

影响高精加工精度的工艺因素很多，主要有加工过程中的热变形、胶结变形与应力变形所造成的“光圈变形”，对于大型零件，自重变形是影响精度的关键问题。

1) 精密加工的胶结变形、热形变与应力变形

平面零件在弹性上盘过程中胶结引起的变形最为明显。图 12-1 说明平面零件胶结变

形原理，图12-1(a)表示零件上盘后，黏结胶尚未冷缩，工件也未变形；图12-1(b)表示黏结胶层冷缩，工件表面由平面变成凸面；图12-1(c)表示经过研磨、抛光成平面下盘后，胶结力消失，零件的弹性变形也跟着消除而使加工面变成了凹面。实际上胶结变形的情况很复杂，不易控制。

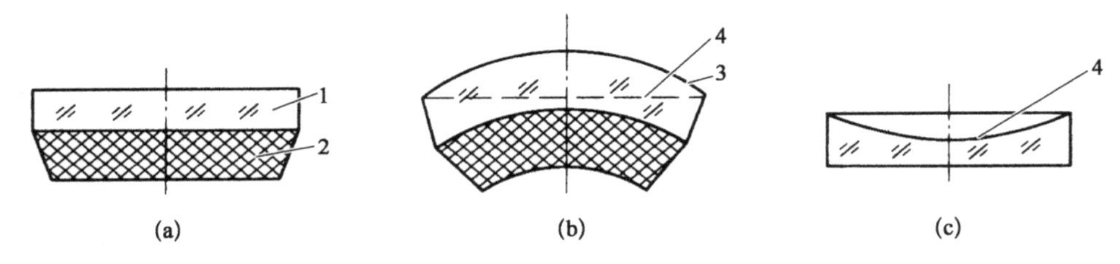

1-工件；2-黏结胶层；3-加工前表面；4-加工后表面

图12-1 胶结变形

(a) 胶层冷却前；(b) 胶层冷缩后；(c) 胶层去除后

热变形也是高精度平面加工中值得关注的问题。在抛光过程中，由于被加工工件与磨盘之间的相对运动总要产生热量，使被加工工件上下表面产生温度差异。

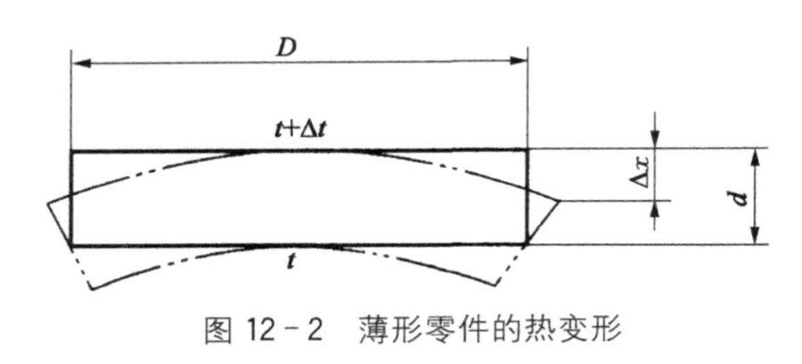

图12-2 薄形零件的热变形

假设抛光热使抛光面的温度上升 Δt，在平行平面的垂直方向温度呈梯度分布，在平行平面的水平方向温度是一致的，抛光面因温度上升而膨胀，非抛光面则线度不变，从而导致抛光面微微变凸，如图12-2所示。这种微量变化对高精光学零件是不可忽视的。抛光面的微小变形量 Δx 与温度有关。

$$\Delta x = D^2 \alpha \Delta t / (8d) \tag{12-1}$$

式中，D 为零件的外径(mm)；d 为零件中心厚度(mm)；α 为玻璃的线胀系数。

以加工 $\phi 50\times 5$，$\phi 50\times 10$ 的零件为例，比较BaK7玻璃与熔石英材料，当上下表面温差从0.1～1 ℃变化时，Δt 变化量如表12-1所示。

表12-1 材料的热形变

材 料	$\alpha/(\times 10^7)$	ϕ/mm	d/mm	$\Delta x/\mu m$		
				Δt = 0.1 ℃	Δt = 0.5 ℃	Δt = 1 ℃
BaK7	65	50	5	0.041	0.203	0.41
			10	0.020 3	0.102	0.41
熔石英	2.1	50	5	0.001 3	0.006 5	0.013
			10	0.000 6	0.003 2	0.006 5

从表12-1中不难看出，制造高精平面光学零件必须采用膨胀系数小、导热率高、杨氏模量高的材料，如熔石英、微晶玻璃、K4及Cer-Vit玻璃(硼硅镧玻璃)。从表12-1中还可

以看出，在温度升高相同的条件下，厚度大的光学零件热变形小。因此在不影响使用的前提下，应该尽量选择厚一点的玻璃。

材料的内应力是引起光圈变形的又一重要因素。在加工过程中材料各处的内应力不一致也会导致抛光不均匀。此外，零件加工完工经过一段时间后，由于残余应力释放而使原来的精度丧失。因此，高精度零件和薄形零件应该采用退火良好的光学材料，一般加工前还应对选用的光学玻璃的应力和均匀性进行复检，其中包括一个方向和几个方向的应力均匀性，并且要求选用材料的应力双折射等级为 1～2 类。

2）提高光学零件平面度的方法

（1）对材料进行预处理克服应力变形。为了克服应力变形，首先必须选好适当的材料，一般要求膨胀系数小、热导率和杨氏模量高、应力双折射小的材料，如 QK2、K4、K9、微晶玻璃。要求比较高的还可以用石英玻璃，或者硼硅镧玻璃。

加工过程应对毛坯进行精密退火处理使材料内应力达到最低程度，或者粗加工后，将毛坯浸入 20%～25%的氢氟酸溶液中，浸蚀处理 10～20 min，以消除应变层。也可以将所有粗磨面进行初抛光，然后再精磨抛光也是消除泰曼效应的一种方法。

（2）改变夹持方法克服胶结形变。为减少或避免胶结变形，可采用软点胶上盘、浮胶上盘和光胶上盘。此外也有用分离器来夹持加工。

（3）改进支承方法克服自重变形。对于大型精密平面光学零件，自重变形使加工过程与使用过程都难以保持其面型精度。当镜面水平支承时，表面变形量 Δx 为

$$\Delta x = K\left(\frac{\rho}{E}\right)\left(\frac{D}{d}\right)^2 D^2 \cos\beta \tag{12-2}$$

式中，K 为与镜面支承等情况有关的系数；β 为镜面与水平面所成的角度；ρ 为材料密度；E 为材料的杨氏模量；D 为零件直径；d 为零件厚度。

从自重变形考虑，镜面材料应选用密度小、杨氏模量大的材料。采用蜂窝状镜面结构，既可以减轻镜面重量，又可以提高镜面刚度。当镜面尺寸与结构确定以后，支承方法就是关键问题。从三点支承改为六点支承，表面变形量就降低几倍。对大型镜面的支承点数与分布情况必须做专门研究，不断改进支承方法。

大型镜面从水平支承到垂直支承所引起的自重变形 Δx 从最大变到最小。抛光过程中为了做面型检验往往需要将水平放置的镜面竖起来，结果造成了检验误差。更为合理的方法是镜面在水平姿态抛光，并在同样状态下检验，即在抛光机上安装垂直检验塔，镜面不用翻转就可以检验。

12.2 高精平面的制造工艺

平面光学零件是指具有一定平面度或平行度要求的零件。其加工方法除传统的粗磨、精磨、抛光外，为了达到高精度与高效率生产的目的，一般采用铣磨、金刚石精磨、固着磨料

或聚氨酯抛光、分离器抛光、环状抛光、水中抛光、单点金刚石飞切、计算机控制小工具抛光、离子抛光等技术。

平晶是典型的精密平面。下面以平晶加工为例来说明获得高精度平面的加工工艺。

高精度平面光学零件一般采用如5.3节所述的铣磨成型。在铣磨过程中，由于机床转速快、磨轮磨料颗粒粗等原因，玻璃表面会产生一层应力层。这种应力层经过精磨、抛光后，随着时间的推移可以逐渐消除。但是零件粗磨加工时，各个面不可能同时进行，只能逐个表面加工，于是在加工第2个面时，已加工好的第1面可能会产生塌边或翘边，不得不反复加工，浪费工时。为了克服此疵病，在精磨、抛光前，将粗磨成型的零件用20%～25%的FH溶液浸蚀10～20 min，消除应力。另一种消除应力的方法是将所有面粗磨后再进行精磨。

光学零件精磨以后的质量直接影响最终加工精度，为了获得高精度平面，对精磨有特定要求：精磨的光学零件应该面型好、平细、看上去整个平面光滑均匀。用直角转向样板检查平面度，用千分表测量零件的厚度和平行度。整个表面光圈 $N \leqslant 2$，厚度差≤2 μm。

用肉眼观察精磨后的表面，表面应无砂眼、道子，并且无塌边，为此常用手推法精磨。因此，磨盘口径要比零件口径大1/3，边推边磨边绕工作台转动。用力不宜过大，磨料颗粒要均匀，加砂时将零件取下，并将砂子抹均匀，加水不宜过多，保持转动研磨流畅即可。

为了提高效率，可采用平面的高效加工工艺，采用高速、高压固着磨料精磨以及合理的工艺参数，可以使平面精磨模长时间保持面型，从而高效加工出高质量的平面零件。

抛光是光学零件冷加工中最后和最关键的工序。在这一道工序中要除去精磨后的零件凸凹层及裂纹层，使表面透明光滑，达到规定的等级；精确地修正表面几何形状，达到规定的面型精度。对高精度平面来说，N 和 ΔN 均应优于0.1，平行度 $\theta \leqslant 2''$。

高精度平面抛光仍然采用古典抛光方法。用普通透镜研磨机和分离器、环状抛光盘进行加工，抛光膜的材料多采用柏油加松香的混合物，抛光剂主要是氧化铈或氧化铁加水。这种抛光方法虽然效率低，但这是高精度平面抛光的主要方法。

1）高精度平面零件的上盘

高精度平面零件一般采用的黏结方法有弹性胶、点子胶、浮胶、光胶等方法。对于不同形状和规格的零件，应选用不同的黏结方法。

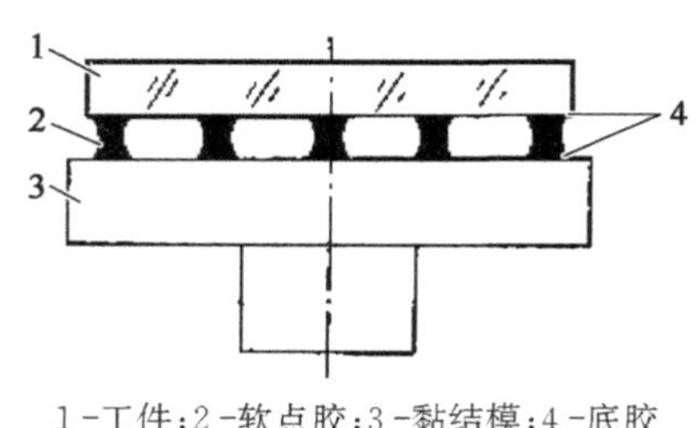

1－工件；2－软点胶；3－黏结模；4－底胶

图12－3　软点胶上盘

（1）软点胶法上盘。如果口径与厚度比为10∶2，因为零件厚、强度大，则不必考虑黏结变形问题，用软点胶或胶条黏结均可，软点胶法减少了胶结变形。它是采用软的黏结胶甚至是纯柏油做成的胶点子，先黏结在黏结模上，均匀分布并保持一定的距离，然后压平胶点子，涂上少许苯或汽油，再把零件对中放上。不加外力，依靠零件自重使之自然黏合。图12－3为软点胶上盘加工薄形平面的情况。

对于大口径或口径与厚度比小于10∶2的零件，应采用硬点子胶黏结，这样在修正光圈时，可避免由于机头压力或线速度过大而导致零件面型发生变化增加加工困难。但是用硬点子胶黏结时，应注意避免铁盘受热而导致玻璃变形，这种变形冷却后不能恢复。为了克服这种黏结变形，黏结时将零件置于水盆中，使水比零件高出 2～3 mm，并在零件周围边缘三等分点上放置约 3 mm 左右厚的玻璃小片，以保持零件和黏结盘贴置平行。水的作用是使铁盘热量不至于传到零件上（见图 12－4）。

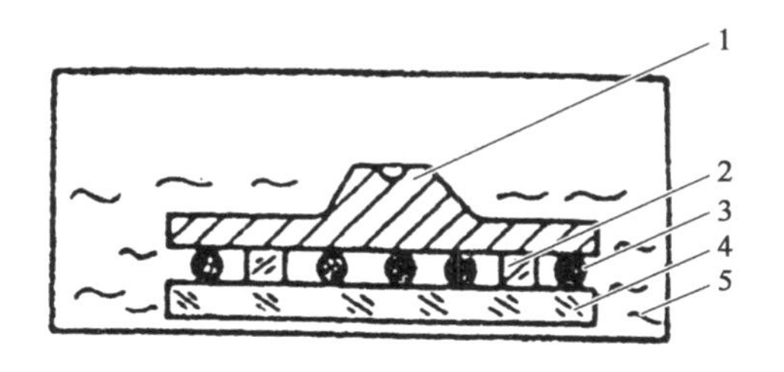

1－黏盘；2－玻璃片；3－点胶；4－零件；5－水

图 12－4　硬点胶上盘

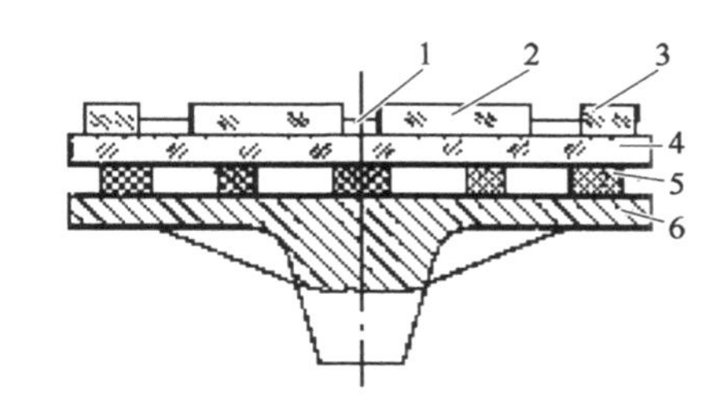

1－松香蜡；2－工件；3－保护块；4－平面玻璃垫板；5－点胶；6－黏结模

图 12－5　浮胶法

（2）浮胶法上盘。浮胶法也称假光胶法，多用于加工直径小、精度高的平面镜，或形状不对称而且薄的平面镜（如扇形镜），或多片上盘的零件。这种方法就是将一块表面平度为 $\lambda/2 \sim \lambda/4$ 光圈的平面玻璃垫板（直径与黏盘相同）黏到黏结模上，再将要加工的零件放到平面玻璃垫板上，将熔化好的松香蜡（松香与蜡比例为 3∶1）涂于零件空隙中间，松香蜡冷却后就把部件固定了（见图 12－5）。这种胶法对零件的正面没有拉力，但是对零件的侧面有拉力，所以要注意松香蜡温度不能高，刚熔化就行，各空隙间蜡层的厚度以零件的厚度一半多一点为宜，而且蜡层要一样厚。零件和平面玻璃接触的一面，要细磨得很平，中间无灰尘。该法黏结力不大，故机器转速不可高，也不能用冷水冲洗。

（3）光胶法上盘。光胶法完全克服了胶结变形，比上面两种方法具有更高的加工精度，不仅用于薄形平面和球面零件加工，而且利用平行平面光胶板和角度光胶板可以加工高精度的平行平晶及高精度的棱镜。光胶法尤其适用于高精度零件的批量生产。

光胶法的原理在于光胶板的工作面与零件贴置面均具有很高的平面性（在 0.5 光圈以上）和光洁度，工作面与零件贴置面之间的间隙在纳米以下，达到分子吸引力作用半径以内（几埃），利用分子间的吸引力以及大气压强将它们牢固地结合在一起。

光胶法不仅可以加工出 $0.25N$ 光圈以上的平面度，而且可以加工到秒级的平行度和角度。

2）高精度平面零件的抛光

（1）分离器法制造高精平面。分离器技术是目前广泛使用的高精平面制造技术。分离器的形状如图 12－6 所示，分离器是一块具有不同心的圆孔的玻璃圆盘，其工作面具有良好的平面性，并与抛光盘吻合，工件在分离器的圆孔内可以自由转动，同时随分离器运动。因而，它是一种完全克服胶结变形的上盘方法。

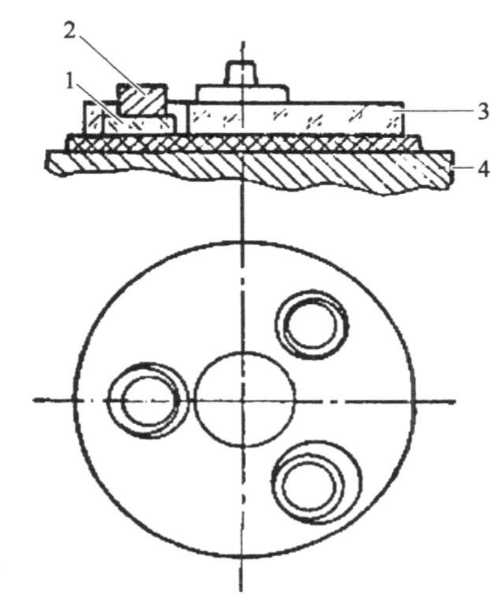

1－平晶；2－压块；3－分离器；4－抛光盘

图 12－6　用分离器制造平晶

分离器用应力与线膨胀系数比较小的材料(如 K9,K4 或 QK2 等玻璃)制造。常用的分离器外径为 200～400 mm,厚度与直径之比为 1∶8～1∶10。孔的总面积为整个圆盘面积的 1/3～1/4,并且对于分离器中心略呈不对称分布,孔的边缘距离分离器边缘应不小于 20 mm,孔的直径比工件直径大 5～10 mm。

用分离器加工时,应先将被加工的零件用常规方法粗抛光到 1～3 道光圈,然后放入分离器孔内精抛,修正光圈,直到平面达到高精度为止。当分离器用于修改棱镜的角度时,孔壁须贴上起缓冲作用的橡皮,避免碰坏棱镜的棱角。

样板在分离器内随着分离器在同一平面内运动的,可以把它看成是分离器的一部分,因此,若用直径为 D_2 的分离器来加工直径为 D_1 的平面样板,平面样板上的光圈是分离器表面光圈的一部分,有

$$\frac{N_1}{N_2}=\frac{D_1^2}{D_2^2} \tag{12-3}$$

式中, N_1 为直径为 D_1 的工件表面光圈; N_2 为直径为 D_2 的分离器工作表面光圈。

例如,直径 $D_2=300$ mm 的分离器,分离器表面的光圈数 $N_2=3$, 工件直径 $D_1=60$ mm, 工件的光圈数为

$$N_1=\frac{D_1^2}{D_2^2}N_2=\frac{60^2}{300^2}\times 3=0.12$$

所以用大平面的分离器制造小的光学平面,可以大大提高面型精度。

采用分离器抛光一般在两轴机或单轴机上进行,主轴转速通常为 1.5～15 r/min、摆速为 1.5～20 r/min(视分离器的大小而定),抛光模胶层较硬并开有适当的方格槽(如 20×20),使抛光面型易于保持,并且不产生过大的吸附力,抛光液易于均匀分布、易于热量散发。工件上的荷重不仅使抛光盘各处受压均匀而且可以利用压重的位置偏离来修正零件的平行度和角度。

分离器上盘方法能获得较好的平面性,其主要原因是: ① 分离器的良好平面性保持了抛光模工作面的平面性,并且具有相反的表面形状,即用凸的分离器可以很快地修正凹的工件面。② 工件的研磨运动增加了一个旋转自由度,磨损运动的轨迹更加复杂,磨损易于均匀。③ 加工件的受力点降低,减小了工件运动力矩(主要表现为倒覆力矩)的影响,较容易克服塌边。④ 荷重可以自由外加,便于配合修正光圈。⑤ 零件浮动,不受压紧力,没有胶结和其他夹持变形。⑥ 抛光机主轴转速较慢,采用低速、低压的工艺规范,所以光圈的热变形很小。

因此,加工高精度平面普遍采用分离器法。由于对平面光学零件的精度和尺寸的要求不断提高,所以人们对分离器在不断地进行改进,使之更加完善。

图 12-6 所示的是早期的分离器,称自准式分离器。通常采用二轴抛光机,使用方便。加工方式是摆架带动分离器。当分离器不太大时,可以像一般抛光机那样,顶针插在分离器背面接头内带动其运动。它只能加工直径在 150 mm 以下的零件。当分离器直径较大时,为了避免由于顶针加压引起分离器的变形,影响加工精度,将三脚架改成了方形夹持器,成为蟹钳式分离器,如图 12-7 所示。

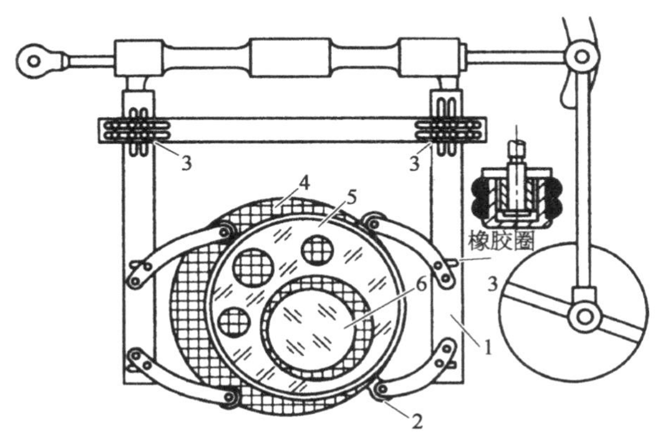

1 -横铁架；2 -橡皮滚轮；3 -调节螺钉；4 -抛光模；5 -分离器；6 -平晶

图 12 - 7　蟹钳式分离器加工法

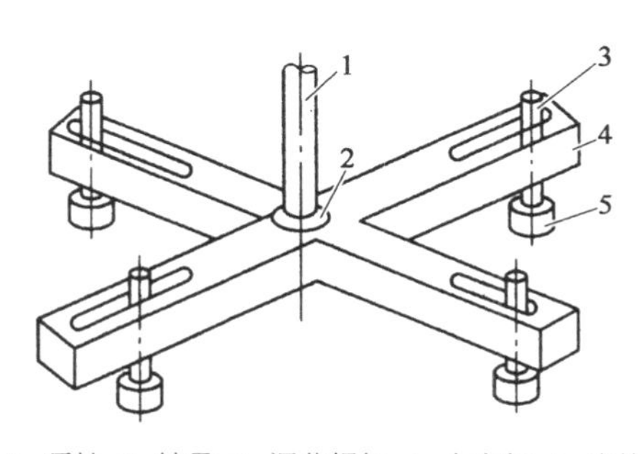

1 -顶针；2 -轴承；3 -调节螺钉；4 -十字架；5 -滚轮

图 12 - 8　十字摆动架

(2) 蟹钳式分离器制造高精平面。蟹钳式分离器通过 4 个能转动的橡皮轮夹住分离器边缘，分离器随夹持器一起摆动。方形铁架夹持器带动的分离器比摆架带动的分离器与工件的运动更复杂、磨削更均匀，分离器与工件的受力点近于抛光面，分布更合理。这种摆动架还有更多的形式，适合于各种零件的加工。例如，抛光机的顶针上用滚动轴承连接一个十字架，十字架的四臂装有可以沿臂滑动的调节螺钉，螺钉的下端装有滚轮，调节螺钉的位置就可以加工圆形、方形或长方形的零件。十字架式摆动架如图 12 - 8 所示。

(3) 环形抛光盘法加工高精度平面。蟹钳式分离器比自准式分离器虽有改进，但在加工大的平面镜时。则需要更大的分离器。而这种大分离器的制造并不是一件容易的事，所以人们提出了新的环形抛光盘加工法。环状抛光盘(见图 12 - 9)加工方法可以制造直径为 300 mm 的平面镜，其精度可以达到 $\lambda/20$ 以上。环状抛光盘加工方法不仅能用于加工平面镜，还可以用于加工棱镜、多面体等。

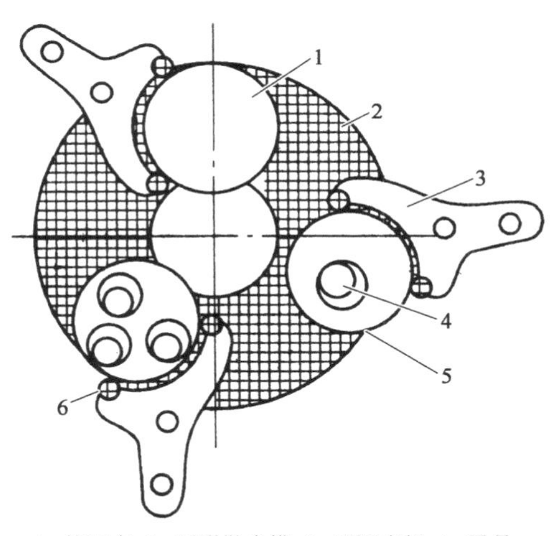

1 -校正盘；2 -环形抛光模；3 -可调支架；4 -平晶；
5 -工件夹持器；6 -橡皮滚轮(限位卡轮)

图 12 - 9　环形抛光盘加工法

环状抛光盘加工方法的优点：① 用校正板和夹持器代替分离器，保持了分离器的作用，当零件尺寸或形状改变时，只要改变夹持器就可以了，不需要加工一个高精平面的大分离器。② 用环形抛光模代替圆盘状抛光模后，消除了圆盘中央的线速度等于零或接近于零的部分，使各点相对速度更趋于均匀。③ 由于夹持器作用在校正板和零件上的推力的作用点比分离器摆架的推力的作用点位置要低得多，因而对校正板和零件所产生的倾倒力矩要小得多。避免零件表面出现局部差和塌边。④ 抛光模各部分均依次外露，有利于散热。⑤ 抛光盘露出的空间大，并且位置固定，易于实现自动加抛光液。⑥ 可以不停机取下零件进行检验或调换，连续抛光有利于温度平衡及保持抛光模的面型稳定。

下面介绍一个采用环状抛光法制造直径为 150 mm、精度为 $\lambda/20$ 的平面镜的实例。

使用的加工机床。将直径为 800 mm 的抛光机经过改装后作为加工机床。机床主轴转速为 0.5～4 r/min，加工时使用的转速范围为 0.5～2 r/min。摆轴的转速是主轴的 2 倍左右。由于摆轴转速与主轴转速成一定的倍数关系，不利于胶盘的修正，所以摆轴应单独变速驱动，以便磨制时得到无规则的运动轨迹，这样才能趋于均匀磨削，获得好的平面性。

在机床摆架上装上限位支架与限位卡轮，以便带动校正板和零件，分别修正胶盘与实现零件加工。

零件的材料选择。加工高精度光学零件，选择合适的材料是非常关键的一环。材料的好坏直接影响加工精度，现在一般选用的材料为石英玻璃，内应力为三类。

胶盘的平整。加工高精度平面，要求抛光模能长期保持面型规整，对玻璃有好的磨削力，为此对抛光模的修整显得非常重要。目前国外普遍采用低膨胀系数玻璃，如派勒克斯玻璃，硼硅玻璃等做基底的塑料抛光盘。该种抛光盘不在使用中修整，而是在使用前整平，一经整平后，抛光盘能保持相当长的时间不变形。据有关资料报道，这种塑料抛光盘可以连续使用一年以上。现在国内使用的是柏油胶盘，柏油胶盘受加工条件(如室温、压力和摩擦热变化等因素)的影响，会发生复杂的变化，导致胶盘面型不易控制，并且长期放置后胶盘面型难以保持规整。因此，随时平整好胶盘就更为重要。

制作一个好的胶盘，首先对抛光盘基底要有一定的要求。一般采用铝合金基底盘(使用零膨胀系数的玻璃做基底更好)，其直径为 800 mm、厚度为 85 mm，背面要有加强筋。基底盘的表面要很好地研磨，底盘的表面不平度为 1 μm，相当于 4 个光圈。然后采用通常的办法敷胶(柏油)。敷胶时底盘须调整到水平状态。柏油胶的硬度视加工季节及室温而定，如用 1# 胶则柏油与松香的重量比为 1∶2.5。底盘敷胶后，在胶盘未完全冷却时即可放到机床上初步整平，此时不加抛光粉，仅加肥皂水。当盘面全部磨到后，在胶盘上开槽，中心挖去 ϕ120～150 mm。最后加抛光粉，用大块平玻璃对胶盘进行修整，直到把胶盘修到比较理想的平度为止。只有在抛光胶盘修整好后才能放入零件。放入抛光零件后也要随时监视胶盘的变化。

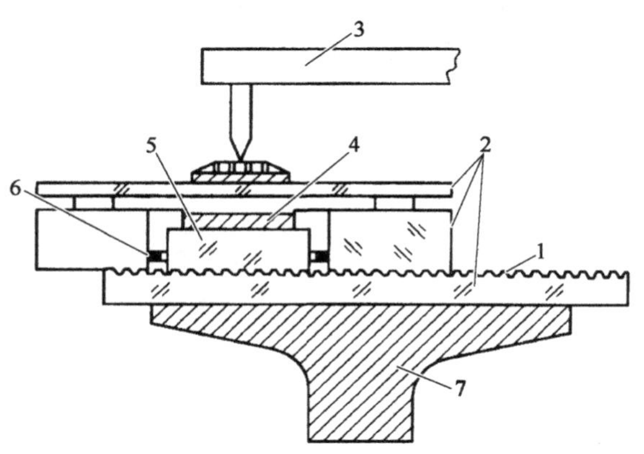

1-特氟隆抛光模；2-低膨胀系数玻璃；3-摆臂；4-重块；5-平晶；6-塑料护圈；7-金属平模

图 12-10　特氟隆抛光模加工法

抛光。抛光时，主轴带动抛光盘慢速转动，校正板在限位卡轮作用下自转，平稳地不断修平胶盘。零件随夹持器在限位卡轮作用下自由转动。校正板和零件均在自重下均匀旋转，非常有利胶盘的修整和零件的磨制。

(4) 特氟隆抛光模加工高精平面。澳大利亚国家磁实验室(NML)为了在加工过程中可以控制抛光面的变化，研究出特氟隆抛光模加工高精平面的方法。如图 12-10 所示，它是在派勒克斯耐热玻璃上刻出深度为 1 mm、面积为 1.5 mm^2 的格子状沟槽，在网格平面上涂布 5 层聚四氟乙烯(Dupont852－200)和石墨粉混合塑料(Dupont 和石墨的混合比为 1∶0.3，石墨起到增滑作用)，涂布时，先用软刷子刷一层特殊的黏合剂 Dupont856－301，每次涂层均需要加热烧结，温度为 350 ℃。将这个工序反复数次，直至烧结层达到 0.5 mm 左右，此后对该面研磨抛光，得到抛光面，大约达到 1λ 的平面度。最终做成特氟隆石墨层，厚度为 0.2 mm 的精度抛光器，使用这种抛光器，抛光机的转速为 0.5 r/min 左右，在加工件上不加负荷，仅以工件自重进行抛光，可获得 λ/100 左右的抛光平面。

因为这种方法没有因抛光器的塑性流动产生的面型变化，所以它的优点是：① 一旦获得高精度抛光器，即可连续以相同精度进行不限次数的抛光加工；② 若将抛光器放置保存一段时间后，不管何时取出均可再以完全相同的精度进行加工。

该方法的缺点是抛光的去除速度慢，所以在实用时必须使加工工件在前一道工序中精加工到 λ/2。

(5) 浮法抛光。光学和微电子学的发展对超光滑表面提出了更高的要求，短波光学、强光技术、超大规模集成电路的基片等表面的粗糙度要求优于 1 nm。用沥青或纤维等弹性材料做磨盘，配以抛光液的表面加工技术，根本达不到这种要求。而且传统加工技术对加工者的技术与实践经验的依赖性很大，因此，抛光的稳定性很差，浮法抛光应运而生。

浮法抛光技术首先出现于日本，1987 年以来已采用浮法抛光技术对多种材料进行实验。研究表明对 ϕ180 mm 的零件进行抛光，表面粗糙度可低于 0.2 nm，平面度优于 0.03 μm。应用浮法抛光技术，不仅具有较好的表面粗糙度和边缘几何形状，用于晶体加工时，抛光的晶体晶面有完好的晶格，亚表面没有破坏层，表面残余应力也极小，这是普通沥青抛光模很难做到的。

浮法抛光去除机理。一般原子直径小于 0.3 nm，超光滑表面的微观起伏均方根值为几个原子尺寸。因此，超光滑表面加工技术归根到底是使被加工表面以原子量级被去除。

通常抛光对工件表面的去除被认为是机械切削的延续，抛光过程中，使用较硬的材料做磨料，磨料微粒嵌入沥青或其他弹性磨盘中，像无数微小的车刀切削工件表面。虽然磨料微粒与工件接触点之间的压强很小，但是，在高倍显微镜下仍然可以发现抛光表面有无数的划痕。

热力学理论认为，固体最稳定态是绝对零度时的理想晶体，此时其内能最低，各原子间结合能相同。实际上固体的每一面层都存在晶格缺陷，固体的相互作用缘于存在晶格缺陷结构。物体表面原子间的结合能正比于该原子周围的同等原子数目，换言之，不同面层原子因其位置而有不同的结合能。光学零件的抛光面，其外层原子数显然少于内部各层原子数，这样外层原子间的结合力就比其主体内部的原子弱。同样的道理，外层原子的结合能不是一致均匀分布的，因此表面层的原子比内部原子容易被去除。

浮法抛光中工件与抛光盘间由于抛光液的作用产生约几微米厚的液膜，磨料颗粒在液层中运动，不断碰撞工件表面。在碰撞的接触点，可能产生局部压力和温度升高。温度的升高导致工件与磨料颗粒碰撞表层的空穴数增加，并使原子间的键联减弱，此时原子扩散就加剧了。工件表层的原子由于扩散作用进入磨料中，同时磨料原子也作为杂质原子填充到工件最表层的空穴中,成为一个“坏点”。

抛光过程中,碰撞不断发生,“坏点”附近的工件表面原子所受结合力比其他部位更小,当磨料颗粒撞击杂质原子附近时,被撞原子便被去除了。

浮法抛光机与抛光过程。浮法抛光机的机械构造类似于定摆抛光机。如图 12-11 所示,抛光模是由金刚石车削而成的锡模,由电动机驱动主轴使锡模旋转。镜盘在锡模上面,镜盘因为锡盘的作用而被动地绕自身轴旋转。由于镜盘轴是固定的,因此镜盘不能在锡盘上往复摆动。磨料与去离子水混合,其重量百分比浓度为 2%~8%,并且锡盘与工件均浸没于抛光液中。

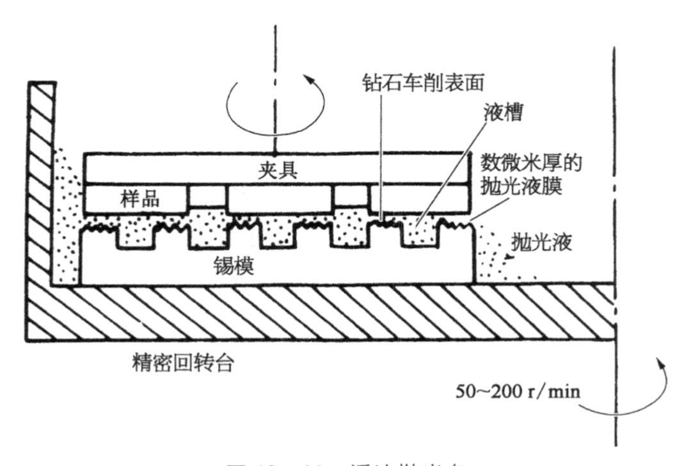

图 12-11 浮法抛光盘

锡模是由纯度在 99.99%以上金属锡制成,锡模厚度约 20 mm。锡模是这样制造的:先用钢刀在锡盘上车出 2 mm 宽的螺线或同心圆;再用钻石车刀在盘面车出更精细的螺线,进给速度为 0.3 mm/rev。

为保证工件的被加工面(通常有若干块工件)在同一个平面上,对工件进行浮法抛光前,将工件黏结在镜盘上。被加工工件只有当浮法抛光结束后,才能从镜盘上取下。对黏结好的工件先要进行预抛光:① 在铸铁盘上用 $\phi 3\ \mu m$ 的 SiC 磨料研磨工件;② 用 $\phi 3\ \mu m$ 的刚玉磨料在锡模上研磨至 3 个光圈后,洗刷干净,并用浸过丙酮的脱脂棉包住工件,进行干燥。然后就进行浮法抛光。

工件与抛光模之间的相对速度可以达到很大,为 1.5~2.5 m/s。抛光过程中,抛光液随锡模旋转,由于流体运动产生动压,工件与锡模之间形成一层厚度为数倍于磨料颗粒尺寸的液体层,使得工件浮在锡模上旋转,保持软接触。液体旋转时产生的离心作用,使抛光液中粒度稍大的颗粒被甩到四周,并渐渐沉到底部,这样夹在锡模与工件间的磨料越来越精细均匀,被加工光学表面越来越光滑,最后达到超光滑。

工件的面型主要由锡模的面型决定,是锡模面型的“拷贝”,因此锡模在抛光过程中均匀磨损是保证工件面型的关键。目前广泛应用环形分离器抛光机,通过检查校正环的面型可以发现锡模的面型情况,调整校正环的位置就可以保证锡模表面均匀磨损。锡模工作一段时间后,再用钻石车刀车一次表面即可。这样在较长时间内锡模的工作面型是稳定的,保证了工件面型的稳定性。使用锡模后，传统的经验性抛光就可以成为稳定抛光。

磨料选择。根据去除机理，利用表面层与主体原子结合能的差异，任何材料都可作为磨料去除工件表层原子，可能获得无晶格错位与畸变的表面。但每种材料的去除效率是不同的，抛光效率一般由以下因素决定：① 碰撞发生的可能性和碰撞颗粒的动能；② 磨料颗粒表层原子的结合能大小及其分布；③ 由于杂质原子的介入而引起的工件表面原子结合能的减弱程度；④ 工件表层原子结合能的分布；⑤ 由于磨料原子要扩散到工件表面，扩散因素也很重要；⑥ 磨料的粒度是保证磨料微粒在液膜中有足够的运动空间，获得充足的动能碰撞工件原子。对于硬质磨料，由于切削作用，往往引起工件表面畸变，所以对其粒度要求尤其严格，因为只有抛光时的压强足够小，使磨料只去除表面原子而不产生划伤，才能获得理想的超光滑表面。减小磨料粒度也就是增大磨盘与工件的接触面积，从而减小压强。这样在使用极小粒度磨料情况下，浮法抛光既可以用软质磨料，又可以用硬质磨料。由于这种原子水平的去除过程取决于工件与磨料颗粒表面的作用，为提高去除效率，希望选用的磨料粒度为纳米量级以增加接触面积和碰撞机会。

由此看来，在进行浮法超光滑表面抛光过程中，选择合适的材料作为磨料是很重要的，一般用于浮法抛光的磨料采用粒度约 7 nm 的 SiO_2 微粉。

综上所述，浮法抛光技术的关键在于：① 制作高面型精度的锡盘，以此来保证工件面型的高精度。② 采用粒度小于 20 nm 的磨料，增大工件与磨盘的接触面积，增加磨料颗粒与工件表面的碰撞机会，达到原子量级去除的目的。③ 抛光液将工件和磨盘浸没，靠流体作用形成工件与磨盘间液膜，为磨料颗粒与工件的碰撞提供环境。

长春光机所应用光学国家重点实验室，在短波段光学的带动下，从 1992 年开始研究浮法抛光技术，已研制出浮法抛光样机，并进行了大量实验。目前对 K9 玻璃试样的抛光实验结果表明，使用粒度约为 25 nm 的磨料，表面粗糙度优于 1 nm。有关实验正在继续进行，并且一台高精度的浮法抛光实验样机也正在研制中。

(6) 水合抛光和离子束抛光。

水合抛光。按照抛光的化学作用理论，抛光就是用磨料去除玻璃的水合层。因此，不用水作为研磨液，在干燥状态下抛光几乎不能进行。相反，若能使玻璃表面水合层活化，就可促进玻璃表面抛光。水合抛光的实验是在高温高压的过热水蒸气环境中设置生成水合物的亲水结晶体，不用磨料，而用杉木或软钢盘去除表面生成的水合层进行抛光。该法去除速度慢，因不用抛光磨料，工件表面不会产生疵病。

离子束抛光。所谓离子束抛光是采用高频及放电方法，在真空中使与玻璃不容易反应的惰性气体(氩、氙等)电离，再用 20～25 kV 的电压使其加速，然后撞击到放在真空度为 1.33×10^{-3} Pa 的真空室内的工件表面上，从其表面将材料以原子量级予以去除。这种方法可以去除厚度达 10～20 μm 的修正加工，从而可以精确地修正表面面型或把球面修改成非球面。

离子束抛光主要特点是，易实行数控技术，表面几乎不存在损伤问题，无变质层，加工精度高、无噪声、无污染。但是，离子束抛光装置庞大，操作复杂、工效低，每分钟去除量 10～500 Å。离子束抛光详见第 13.3 节。

(7) 双面抛光法。

偏心修磨法。利用工夹具的调整机构使镜盘上的工件偏离研磨模或抛光模的位置，使工件加工面产生局部多磨，从而提高平面度。图 12－12 是一种常用的简易修磨平行度的方法。如果需多磨平行平面的厚端，不必重新上盘，只须更换如图 12－12 所示镜盘上的偏心窝。

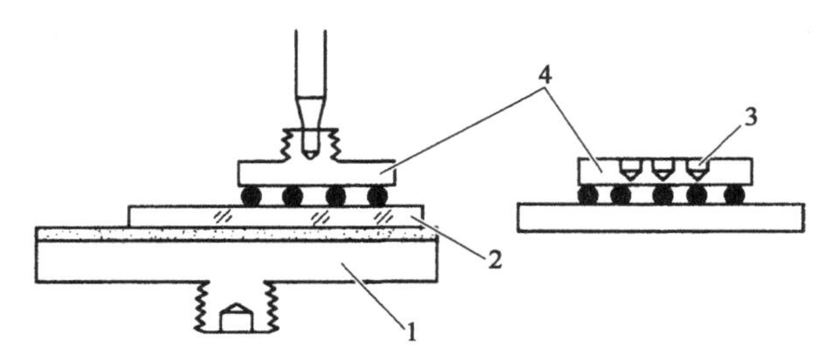

1－抛光模；2－工件；3－偏心窝；4－黏结模

图 12－12　平行平面的偏心修磨法

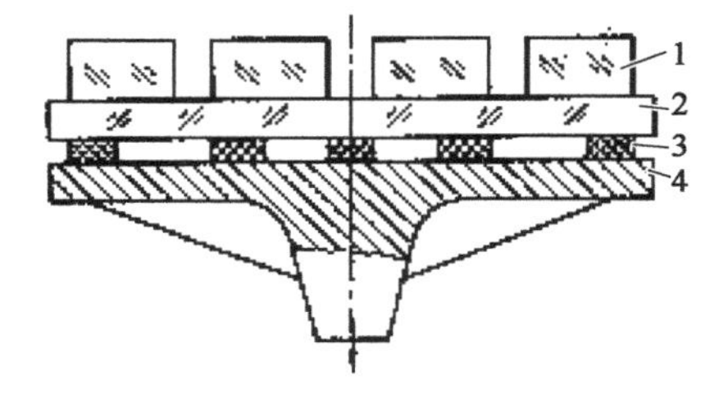

1－工件；2－光胶平行平板；3－黏结胶；4－黏结模

图 12－13　平行平面的光胶上盘法

光胶上盘修磨法。平行平面零件的直径小而厚(如平行平晶)或小而薄，可采用光胶上盘，如图 12－13 所示。

光胶镜盘整盘修磨平行度控制厚度差在 0.005 mm 以内，粗抛时可先用点胶将光胶盘黏结在平模上，然后在机床上抛光。精抛光与精修时，通常将光胶盘放在分离器中，借助偏心压块抛修，也可将光胶盘用石膏黏结在套圈上，然后实现机抛。

若在光胶盘上钻几个小于工件外径几个毫米的圆形槽，有助于提高光胶工件表面疵病等级(避免光胶擦伤)；大于工件外径 0.5 mm 的环形槽，有助于光胶盘的牢固性。

挡圈式双面磨法。双面同时精磨和抛光的方法适用于直径小 ($D < 100$ nm)、厚度薄(厚度与直径比小于 1∶15)的精密平行平面的加工。如图 12－14 所示，工件能在杠杆式抛光机上实现双面精磨与抛光，这种加工方式，由于工件的运动轨迹比较复杂，因此，可以加工出高的平面度与平行度。在工装设计与工艺实施时，应注意几点：① 挡圈内孔与上、下模外径应有一定比例。一般上模外径为下模外径的 0.5～0.8；挡圈内径为下模外径的 0.6～0.9。② 分离板的厚度应比工件薄 0.1～0.3 mm；分离孔直径应比工件直径大 0.5～0.1 mm。③ 上模摆幅不宜太大，通常上模最大摆幅经工件露出下模 1/3 的工件直径为宜，以防工件掉落。④ 粗磨时工件间厚度差应小于 0.1 mm、平行度小于 0.05 mm。当工件厚度差大于 0.1 mm时，可以分组加工，厚薄工件在分离板上应均匀分布。⑤ 加工余量应合理分配，通常用 280 号砂磨到等厚，应保证有 0.3 mm 的精磨余量。W40 砂的余量约为 0.16 mm，W20 砂的余量约为 0.12 mm。应注意翻动工件的加工面，以保证两面均匀磨耗。⑥ 上抛光模边缘和

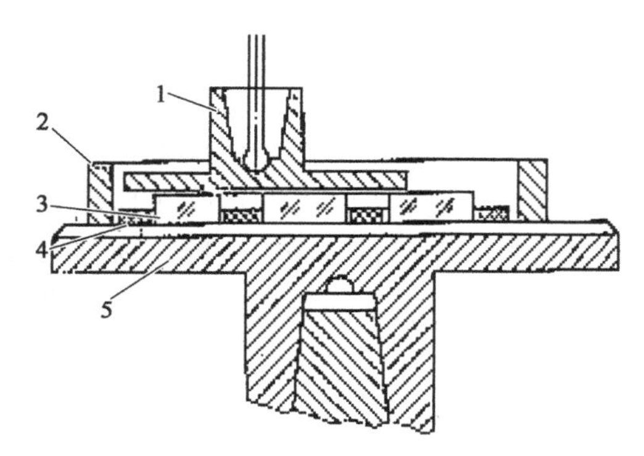

1－上模；2－挡圈；3－分离器；4－工件；5－下模

图 12－14　挡圈式双面磨和抛光法

下抛光模中间都应开宽槽，抛光模应适当硬些，使光圈稳定，且不易塌边。

利用这种双面同时加工的工艺来加工薄形平行平面，其厚度与直径之比已达到 1∶33，$N < 0.5$，平行度在 0.1 μm 以内。

行星式双面磨法。这是由专用机床加工精密平行平面的方法。日本和光株式会社已将这种双行星式双面磨(抛)光机床形式系列化为产品，如表 12－2 所示。这种机床加工出的工件平面度为 0.2～0.5 μm，工件厚度不均匀度可达 0.5 μm。

表 12－2　行星式双面磨(抛)机床　(单位：mm)

型　号	3B	4B	4BT	5B	6B	7B	9B(S)	12B(S)
最大工件外径	50	80	80	90(85)	120(110)	160(150)	210	270(250)
工件厚度	0.1～20	0.1～20	0.1～20	0.1～50	0.2～50	0.2～50	1～50	10～60

12.3 高精度棱镜制造工艺

棱镜的精度等级如表 12－3 所示。它的加工方法既随精度等级而异，也随加工批量大小而不同。

表 12－3　棱镜的精度等级

棱镜精度等级分类	棱面平行性的公差				单独角度的最小公差
	反射棱面		折射棱面		
	N	ΔN	N	ΔN	
高精度	0.5～1	0.1～0.6	1～2	0.2～0.6	1″～5″
中等精度	1～2	0.2～0.6	2～3	0.5～1	2′～5′
低精度	10～15	1～2			10′～15′

在实际生产时，通常用光学平行差 θ_1，θ_2 来控制棱镜的几何形状误差。为了保证 θ_1，θ_2 的精度，需要设计出与之相适应的工装夹具。低精度棱镜一般用石膏上盘法加工。中等精度在小批量生产时用石膏上盘加工，当批量大时用刚性上盘法加工(即靠模法加工)。高精度棱镜一般用光胶法加工，单件试制时可采用手修法和在分离器上修磨加工，小批量生产用四方体光胶上盘加工，大批量生产时可用多次光胶法，即用长方形光胶夹具和光胶平行平板组合光胶法加工。

高精度棱镜加工与一般的棱镜加工方法大体上相同，先分析棱镜的精度要求，选择基准面；然后确定加工顺序和上盘方法，并选择适当的检验方法。对基准面和次要表面的加工，和一般棱镜加工方法相同，先铣削粗磨加工，再用石膏上盘细磨抛光。精度高的表面则必须采用光胶法加工。

高精度棱镜加工的另一特点是必须采用高精度的检测方法，除了采用内角反射的自准直仪外，还常用干涉法检验角度。

1）高精度棱镜的光胶法加工

用光胶法加工高精度的棱镜，可消除胶结变形和其他夹紧变形，从而获得高精度的棱镜。用光胶法加工高精度棱镜，应先根据被加工零件的形状和精度、加工过程中采用的检测方法设计制造各种各样的光胶工具，用光胶工具的精度来保证被加工棱镜的精度。

光胶垫板是使用最广泛的、最简便的光胶工具。它有良好的平面度、平行度和表面疵病等级，是零件上盘、加工高精度平面、棱镜不可缺少的工具。

(1) 长方体光胶工具。图 12-15 是用长方体光胶工具加工直角棱镜的示意图。长方体是一块 6 个面均经过抛光的平行六面体玻璃块，上表面是测量基准，下表面与 4 个侧面（光胶面）是工艺基准。上、下表面互相平行（平行差不大于 2″），4 个侧面与上、下表面的夹角为 90°±2″，表面精度 $N=\pm0.5$，$\Delta N=0.1$。表面疵病等级 $B=\text{Ⅲ}$。将若干长方体的上表面光胶到平行平面光胶板（$N=0.5$，$\Delta N=0.3$，平行差 5″以内）上，就可以实现成盘光胶加工，用长方体光胶板加工直角棱镜其直角可达 5″以内的精度。

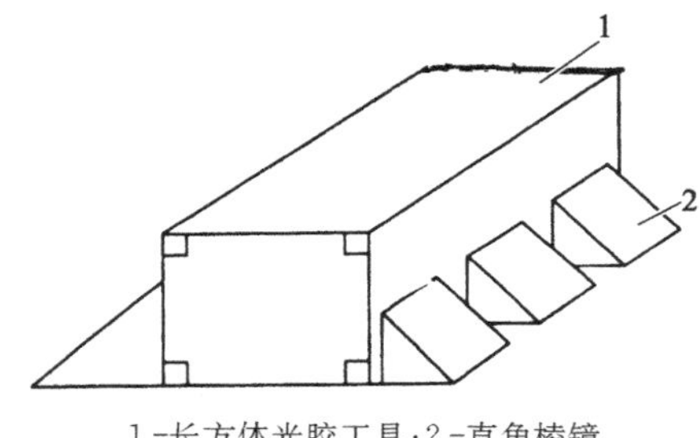

1-长方体光胶工具；2-直角棱镜

图 12-15 “长方体”光胶工具

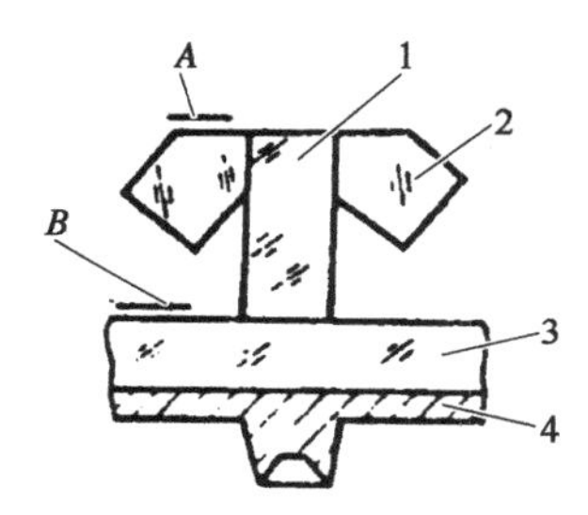

1-长方体光胶工具；2-被加工棱镜；3-光胶垫板；4-胶平模

图 12-16 “长方体”光胶工具加工屋脊棱镜

图 12-16 是利用“长方体”与平行平面光胶组合加工直角屋脊棱镜脊角的示意图，在长方体两侧光胶上屋脊棱镜的一个屋脊面，如果把许多光胶上零件的“长方体”适当排列，并光胶在光胶垫板的基准面上，就可以进行整盘多组利用机器加工。在图 12-16 中 A 为被加工面，B 面为垫板的基准面，也是测量基准。

显然，只要长方体的两个 90°角有足够的精度，A，B 平面的平行差也被控制在规定的范围内，被加工的屋脊棱镜的 90°角也就达到了所要求的精度。

这样的“长方体”光胶工具，其长方体必须满足基本技术要求：① 光圈要求，$N=0.5$，$\Delta N=0.1$；② 直角精度要求，根据被加工零件的精度而定，一般取零件误差的 1/3～1/5，但 90°角误差不大于 3″、不小于 1″；③ 表面疵病要求，光胶工具要以保证光胶的胶合质量和不影响被加工零件的表面粗糙度为原则。因此，在不影响光胶质量的前提下，对于表面疵病，例如麻点，只要不是严重的抛光不足，对光胶无显著影响，可以放松要求。一般的亮擦痕或擦痕虽宽，若是在加工中出现的，出现后又经过抛光加工，这种擦痕边缘已无锋刃（毛刺），对光胶表面无大的影响，只要不影响光胶仍可使用。

(2) 45°光胶板。45°棱镜角的光胶加工，可以用 45°光胶板，如图 12-17 所示。同样，两光胶面应与底面(测量基准)成 45°±2″,上、下表面平行差不大于 2″。

(3) “T 形”光胶工具。是用两块平行度很好 ($\theta \leqslant 1''$) 的平板玻璃光胶而成的,其中 90°角的误差<1″。

利用“T 形”光胶工具加工四面体棱镜(或称锥体棱镜)时,在光胶工具上边可光胶两块已抛光好第一个直角面的四面体棱镜,在下边两直角内,可光胶两块已抛光两个直角面的四面体棱镜,如图 12 - 18 所示。只要光胶时,光胶面无脏物和白点,光胶牢固,被加工的四面体棱镜的精度就会达到“T 形”光胶工具的角度精度。

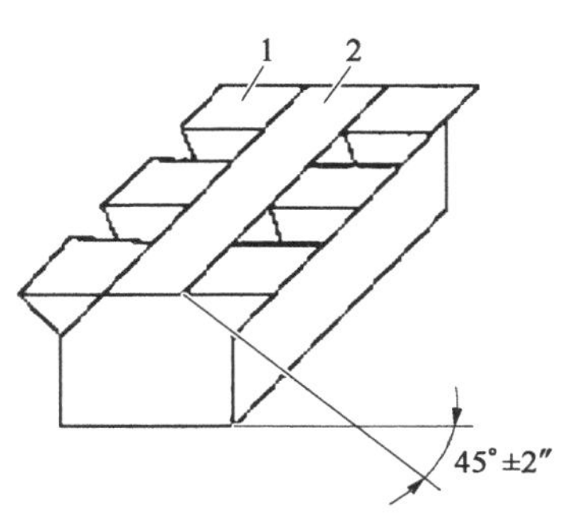

1 -直角棱镜;2 - 45°光胶工具

图 12 - 17　45°光胶工具

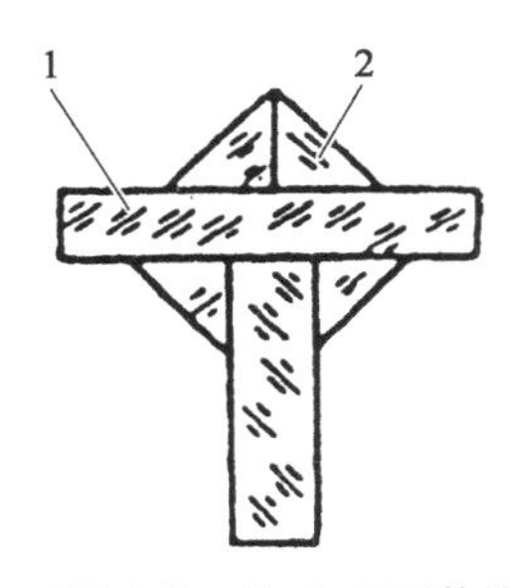

1 - T 形光胶工具;2 -四面体棱镜

图 12 - 18　T 形光胶工具

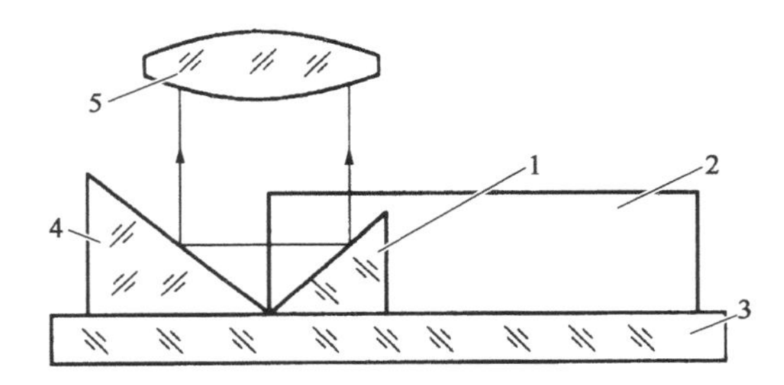

1 -工件;2 -四方体;3 -平板;4 -标准 45°棱镜;5 -自准仪物镜

图 12 - 19　用自准直法找正定位

(4) 侧面光胶板。图 12 - 19 为加工尖塔差和 45°角均为秒级的直角棱镜的光胶定位法。棱镜 1 的侧面作为基准面光胶在四方体 2 上加工两个直角面。利用工件的弦面和贴置在平板 3 上的标准 45°棱镜 4 的弦面构成直角两面角,自准直平行光管的物镜 5 对正两面角,并使之消除直角误差,保证工件的 45°角的制造精度。以同一侧面作基准,光胶加工 3 个工作面并保证了它们与侧面的垂直度,因而,使尖塔差达到秒级。侧面光胶的另一个优点是提高了工作面的光洁度。

2) 直角屋脊棱镜的加工

直角屋脊棱镜是高精度棱镜的一种,如图 12 - 20 所示,棱镜的反射面由两个相互成 90°角的屋脊面代替形成了屋脊棱镜,屋脊角应有 1″～5″的精度,屋脊面的平面性不大于 1 个光圈,屋脊棱线要求无塌边,加工工艺较为复杂。现以直角屋脊棱镜为例说明这类棱镜的一般加工过程。

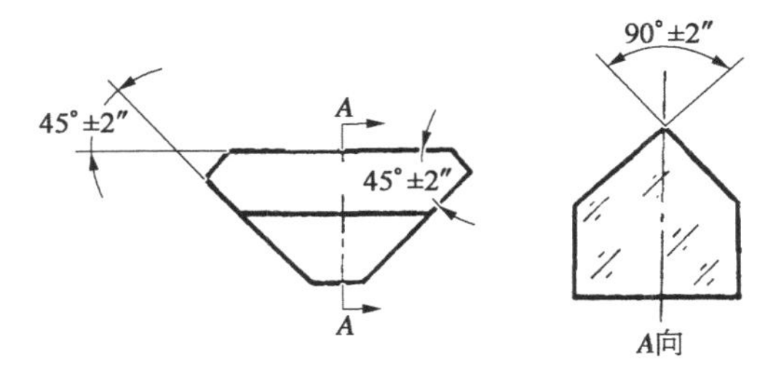

图 12 - 20　直角屋脊棱镜

直角屋脊棱镜的工艺路线如下:

(1) 粗磨成型。直角屋脊棱镜的粗磨成型过程及基准选择为:① 按直角棱镜毛坯下料,粗磨或用平行平面铣磨机铣削两侧面(参考面),按图 12 - 21 所示磨成相互平行,也可以一次铣出两个平行侧面,磨到完工尺寸。② 胶条成棱柱长条,用 V 形工具将多块棱镜的侧

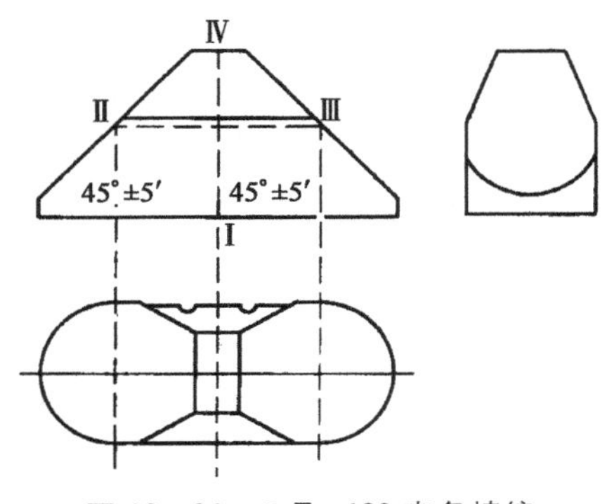

图 12－21　DⅡ－180 直角棱镜

面胶合成条型，长度一般为 80～120 mm，同时加工 3 个工作面。③ 以任意侧面为基准，粗磨或成盘铣削第一直角面。④ 以同一侧面和直角面为基准，粗磨或成盘铣削第 2 直角面。⑤ 按上述相同基准面，粗磨或成盘铣削第一个屋脊面，达到屋脊面的宽度。注意屋脊面与直角面形成的两面角为 60°。⑥ 按第一直角面与另一侧面为基准粗磨或成盘铣削第 2 个屋脊面。

(2) 精磨抛光第 1 个屋脊面。成对用蜡黏结屋脊面，然后上石膏精磨第 1 个屋脊面。

(3) 精磨抛光第 2 个屋脊面。第 2 个屋脊面的精磨抛光要根据生产的批量来确定工艺方法，单件试制时用图 12－22 所示的成对光胶的方法加工。小批量生产时应使用四方体光胶板成盘加工，如图 12－23 所示，控制四方体上、下两面的平行度，就可以算出屋脊的加工误差。平行度用立式光学比较仪测量，达到 0.5～2 μm 厚度差。

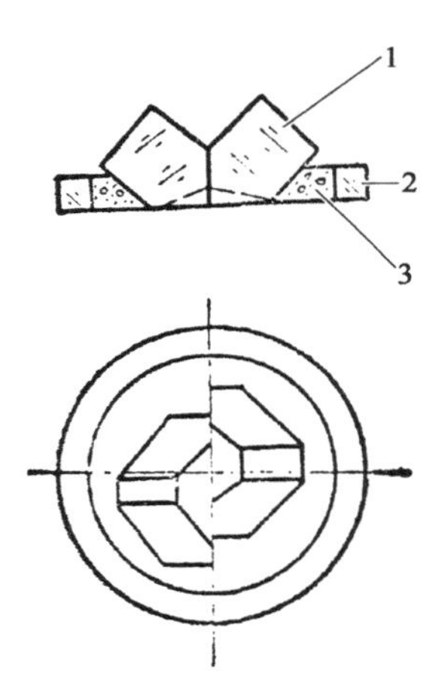

1－工件；2－玻璃圈；3－石膏

图 12－22　成对光胶

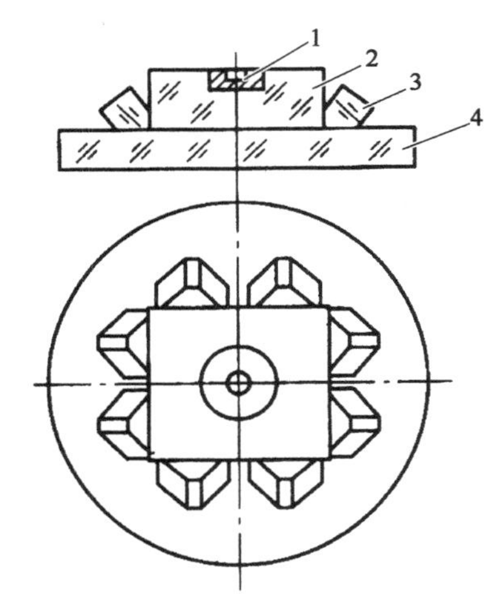

1－带顶针孔圆铁；2－四方体；3－屋脊棱镜；4－光胶垫板

图 12－23　四方体成盘光胶棱镜

四方体光胶板的结构可以参考图 12－24，四方体的 4 个侧面是用来光胶零件的工作面，即光胶定位面。上表面是测量基准面，测量基准面与加工面应达到 1 μm 的平行度要求。在四方体的测量基准面 3 上安置顶针孔圆铁（见图 12－23 中的“1”），使四方体受力点下降。四方体的加工面上带有圆环槽，使精磨抛光时不易“吸盘”，并使四方体成盘加工时易于储液、排屑和散热。

大批量生产时，第 2 个屋脊面的加工应该采用组合光胶的方法，如图 12－25 所示。将已经抛光好的屋脊面光胶在长方体上，长方体光胶到圆形平行平面光胶板上。有时为了易于获得好的光圈，圆光胶板的四周光胶上弧形保护玻璃，光胶在圆光胶板上的长方体与保护块应有相同的高度，差值为 0.01 mm。

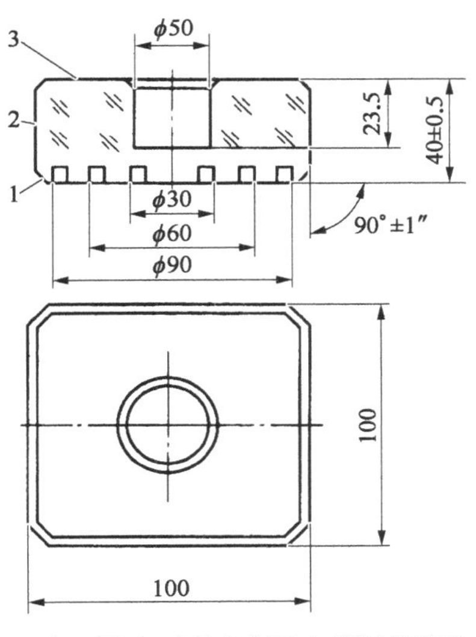

1-加工面；2-光胶定位面；3-测量基准面

图 12-24　四方体结构

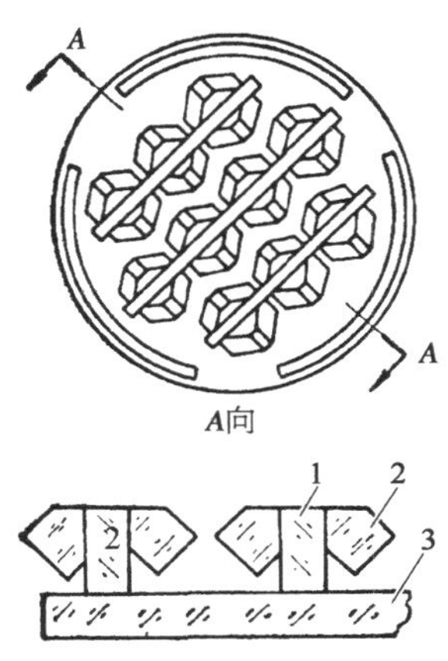

1-长方体；2-屋脊棱镜；3-平行平面光胶板

图 12-25　组合光胶法

光胶的方法通常是：首先复检光胶面(光圈最好是一面高 0.5 圈，一面低 0.5 圈)，检查表面质量(光胶面不应有过多的毛道子、水迹、发霉等疵病)，然后用化学纯酒精乙醚混合液擦净，再用航空汽油擦净、擦滑，用毛刷和气球除去灰尘。再将两光胶面对正，并轻轻贴合；当看到有清晰的干涉条纹而无脏物时，轻轻一压，零件就光胶在光胶板上了。如发现有白点或脏物时，则应该重胶。为了使光胶处更加牢固并且防止水分渗入，在光胶连接缝隙处涂上保护漆或沥青汽油溶液或用橡皮泥等涂填。

光胶好的镜盘可以直接在抛光机上抛光，有时还可以放入分离器中抛光，抛光时应随时注意控制镜盘的平行度及光圈。检查光圈时，应将样板大部分放在光胶板上，小部分放在工件上。当发现光胶板与工件的光圈不能相互连接时，应该检查工件是否有走动现象，如有脱胶，应该停止抛光，稍冷却一会再抛；如果走动过大，应将走动的工件敲下来，再继续抛光。

光胶镜盘的清洗应用 35～40 ℃的温水。

下盘时用锤(橡皮锤或小木锤)敲下工件或加温后取下工件。

(4) 精磨抛光两个直角面。以屋脊面为基准分别加工两个直角面，直角面与两个屋脊面均成 60°的两面角(图面)，一般应达到 2′的精度。这时用一般的石膏上盘法就可以达到要求。

12.4　光学样板的制造

球面样板是制造球面光学零件的基本检测工具，它的工作表面具有很高的面型精度，运用等厚干涉的原理检验光学表面的面型误差。

按用途可将光学样板分成两类：

工作样板——检验光学零件用的光学样板。

标准样板(又称对板)——复制工作样板用的光学样板。

12.4.1 球面样板的精度等级

1) 球面样板的精度分析

在光学样板国家标准中,规定了 A、B 两级两个精度等级(见表 12-4)。

表 12-4 标准样板的精度等级

样板等级	球面标准样板曲率半径 R/mm					
	0.5～5	>5～10	>10～35	>35～350	>350～1 000	>1 000～40 000
	允 差(±)					
	μm			R 公差尺寸的百分数		
A	0.5	1.0	2.0	0.02	0.03	$\frac{0.03R}{1\,000}$
B	1.0	3.0	5.0	0.03	0.05	$\frac{0.05R}{1\,000}$

(1) 曲率半径的允差。从表 12-4 中可以看出半径为 0.5～35 mm 区段,样板允差为微米数量级,这一区间的样板一般都做成半球或全球,制造时多以千分尺或立式光学比较仪测量其直径来控制半径误差。

35 mm $<R<$ 40 000 mm 区间的半径允差采用相对误差的形式 $\frac{\Delta R}{R}\%$ 来表示,这一区间的样板一般都做成圆弧形,其实际半径 R 通常是先用球径仪测出矢高 h,再用球径公式换算得出其实际半径:

$$R=\frac{r^2}{2h}+\frac{h}{2} \tag{12-4}$$

式中,r 为测量环半径。

在实际制造过程中 ΔR 应包括以下几个方面的误差。

(A) 测量误差。由于接触式球径仪带来的曲率半径误差约占 $\Delta R/2$ 以上。由公式(12-4)全微分得

$$\mathrm{d}R=\frac{r}{h}\mathrm{d}r+\frac{1}{2}\left(1-\frac{r^2}{h^2}\right)\mathrm{d}h \tag{12-5}$$

由此可得到环形球径仪的仪器测量误差公式:

$$\Delta R_c \leqslant \left|\frac{r}{h}\right|\Delta r_c+\frac{1}{2}\left|\left[1-\left(\frac{r}{h}\right)^2\right]\right|\Delta h_c \tag{12-6}$$

式中,ΔR_c 为仪器测量误差;Δr_c 为测量环半径 r 的测量误差;Δh_c 为矢高的测量误差。

经严格精度鉴定的球径仪的说明书上，对 Δr_c 和 Δh_c 应有给定值。高精度的球径仪其 Δr_c 和 Δh_c 能达到 1 μm。

以 $\Delta r_c=\Delta h_c=1\ \mu m$，将式(12-6)绘成曲线如图 12-26 所示。式(12-6)和图 12-26 表明：

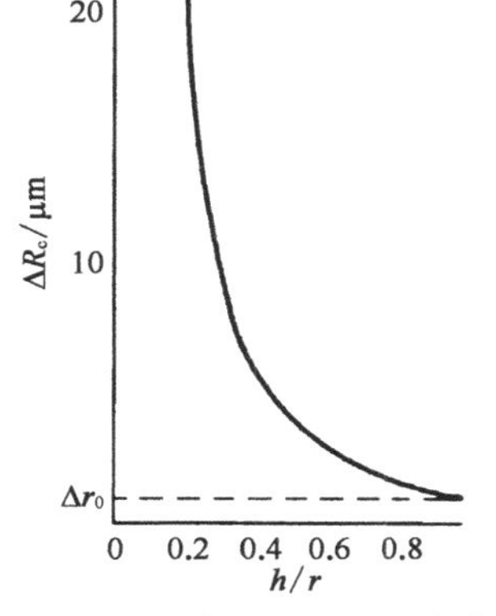

图 12-26　半径测量误差曲线

选定测量仪器后，Δr_c 和 Δh_c 可以确定。这时，球径仪测量误差 ΔR_c 的大小，仅取决于比值 h/r。

当 $h/r\to 1$，即 $r\to R$ 时，由矢高误差 Δh_c 影响的半径误差趋向于零，其 ΔR_c 最大误差是 $\Delta R_c\to\Delta R_{min}=\Delta r$。由此可知，精确地制造和测定球径仪的测量环半径，减小 Δr_c 能使曲线向下平移，从而减小测量误差。

当 $h/r\to 0$，ΔR_c 急剧增大。这时从式(12-6)可以看出，由 Δh_c 影响的误差比 Δr_c 影响的误差大得多。在这种情况下，减小 h 的测量误差更显得重要。由此也可以说明，对于大口径和大曲率的球面，不宜采用接触式球径仪测量的原因。

由此可见，要提高 R 的测量精度，应尽可能选择 r 大的测量环。因此，具有相同 R 的凹凸基准样板单块测量时，凹样板比凸样板有较小的测量误差。

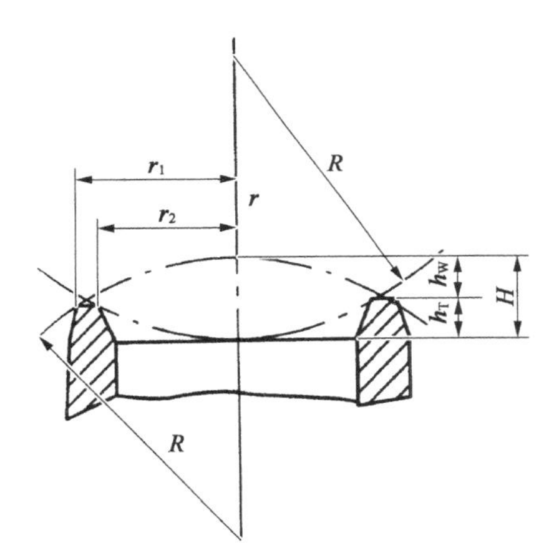

图 12-27　标准样板的成对测量

实际上 $h/r\to 1$ 时，样板已趋近半球。这时理论误差虽小，但会造成加工困难，且在球径仪上测量不便。因此，$h/r=0.2\sim 0.5$，这时当 $r/R=0.39\sim 0.80$，对减小误差和方便加工都有利。

标准样板成对测量 H 的矢高误差与单块测量 h 的误差相等，而 $H=h_T+h_W$，如图 12-27 所示。这样测量 H，实际上是将矢高当 h 的测量误差 Δh_c 相对单块测量减小一半，从而提高了测量精度。因此，制造球面标准样板时，应选择成对测量的方法。

根据测得的总矢高 H，标准样板的半径 R 值为

$$R=\frac{r_1^2+r_2^2}{2H}+\frac{H}{4} \tag{12-7}$$

式中，r_1 为测量环外径；r_2 为测量环内径。

由于式(12-7)的近似性，求总矢高名义值 H_0 时，不可将样板的名义半径 R_0 代入式(12-7)，而是利用式(12-4)分别求出 h_T(外环矢高) 和 h_W(内环矢高)两值再相加得 H。

为使测量环耐磨、易于制造和使用方便，常采用钢球式测环，其测量原理如图 12-28 所示。

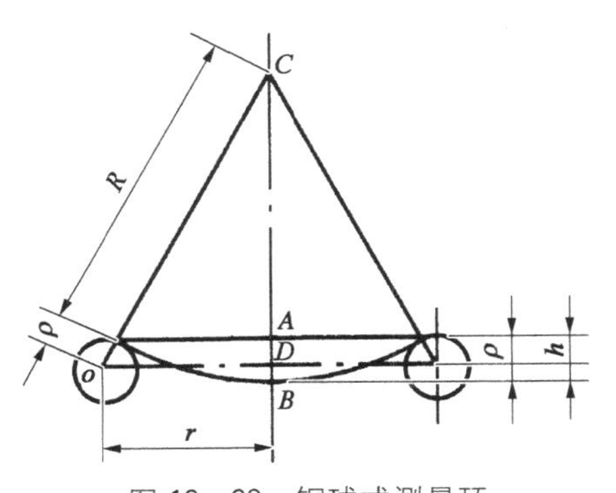

图 12-28　钢球式测量环

利用钢球式测量单个球面时，通常是根据样板给出 R 及 ΔR，测环半径 r 和钢球半径 ρ，计算矢高 h 的上下限，如果测出的矢高在上下限范围内，则说

明 R 达到要求。

计算矢高的公式为

$$h=(R\pm\rho)-\sqrt{(R\pm\rho)^2-r^2} \tag{12-8}$$

式中"+"用于凸样板,"−"用于凹样板。

(B) 矢高制造误差。由计算得到的名义矢高与实际矢高的偏差,称为矢高的制造误差,记为 Δh_z。对应的半径偏离名义值的误差,即半径偏差,用 ΔR_h 表示。一般占 $\Delta R/5$。将式(12-4)对变量 h 求微分可得

$$\Delta R_h=\left(1+\frac{1}{\sqrt{1-(r/R)^2}-1}\right)\Delta h_z \tag{12-9}$$

式(12-9)表示样板的矢高制造误差 Δh_z 引起的半径偏差之间的关系,ΔR_h 一般占 $\Delta R/5$。

(C) 标准样板的光圈误差。标准样板采用凹凸样板成对制造方法,凹凸两块样板的半径不可能完全一致,由此造成标准样板的光圈误差,通常用凹凸样板吻合的光圈数 N_B 表示这个误差。为了便于分析比较各种误差的数量关系,将光圈误差 N_B 换算成曲率半径的偏差,用 ΔR_{NB} 表示。

将式(12-4)对变量 h 求微分,令 $r=D_B/2$, $\Delta h_N=N_B\lambda/2$,变换整理后得 N_B 与 ΔR_{NB} 的关系为

$$\Delta R_{NB}=\frac{N_B\lambda}{2}\left(1+\frac{1}{\sqrt{1-(D_B/2R)^2}-1}\right) \tag{12-10}$$

式中,D_B 为标准样板直径;λ 为观察光圈时光线的波长,$\lambda\approx 0.5\ \mu m$。

当 $R\gg D_B$ 时,式(12-10)可以近似写成

$$\Delta R_{NB}=\frac{N_B\lambda}{(D_B/2R)^2}=\frac{4N_B\lambda R^2}{D_B^2} \tag{12-11}$$

可见具有较好的精确度。

(D) 工作样板的光圈误差。是用标准样板检验工作样板时,将标准样板的制造误差传递给工作样板产生的误差,通常用标准样板与工作样板吻合时工作样板直径范围内的光圈数 N_G 表示。将 N_G 换成曲率半径的偏差,用 ΔR_{NG} 表示。

$$\Delta R_{NG}=\frac{N_G\lambda}{2}\left(1+\frac{1}{\sqrt{1-(D_G/2R)^2}-1}\right) \tag{12-12}$$

式中,D_G 为标准样板直径。

上述 4 种误差彼此独立存在,其中测量误差 ΔR_c 最大,可达允差的 1/2 以上,标准样板的光圈误差引起的半径偏差 ΔR_{NB} 最小,约占允差的 1/10;矢高制造误差与工作样板的光圈误差,约占允差的 1/5。其误差关系为

$$\frac{\Delta R}{R}=\frac{1}{r}\left(2-\frac{h}{R}\right)\Delta r+\frac{1}{r^{2}}\left(3h-2R-\frac{h^{2}}{R}\right)\Delta h \tag{12-13}$$

由式(12－13)可知，当被测半径 $R>\sqrt{2}r_{\max}$ 时，相对误差将相应地增大。$R\geqslant r_{\max}$ 时，h 值很快减小，第一项误差趋于常量 $2\Delta r/r$，仅有 $2R\Delta h/r^{2}$ 与半径成正比地不断增大。所以在大半径区间（$R>1\,000$）的相对误差可近似地表示为

$$\frac{\Delta R}{R}=\frac{2R}{r_{\max}^{2}}\Delta h \tag{12-14}$$

所以当 R 从 1 000≤40 000 区间，其误差表为 $\frac{0.03R}{1\,000}\%$，这一分布规律的优点在于提高了 R 的矢高，降低了凸凹样板的矢高差值 N，在保证 R 精度不变的前提下方便了加工。

（2）面型精度。光学样板的面型精度是其最重要的特征，面型精度由光圈数和光圈局部误差表示。光学样板的光圈按波长 $\lambda=5\,461$ Å 确定，检验时，室温应为 20±3 ℃，按不少于表 12－5 中的定温时间定温，定温时间内允许室温温差为±0.5 ℃。光学样板定温前与检验温度的允差为 5 ℃。此外，样板不得有妨碍观察光圈的疵病存在。

表 12－5　样板检验光圈的定温时间

样板直径 D/mm	>25	>25～40	>40～60	>60～80	>80～100	>100～130	>130～150	>150～200
连续定温时间/min	20	45	60	90	120	150	180	240

标准样板的光圈数如表 12－6 所示。

表 12－6　标准样板的光圈要求

曲率半径 R/mm	0.5～750		>750～40 000		∞	
精度等级	A	B	A	B	A	B
N	0.5	1.0	0.2	0.5	0.05	0.10
ΔN	0.1					

（A）弧形标准样板的光圈。

弧形标准样板的光圈 N_{B} 可由球径公式微分导出：

$$N_{B}=\frac{0.4\Delta R}{\lambda\left(1-\frac{r^{2}}{h^{2}}\right)} \tag{12-15}$$

式中，h 为矢高；r 为样板几何半径；λ 为波长。

对于大曲率半径的样板来说，由于测量误差约占 3/4 左右，所以从理论上讲可使 N_{B} 保持在 0.2～0.3，但在实际生产中习惯上常磨成 0.1 或 1.0。

对于超半球样板来说，关键在于光圈的高低。实践证明，如果磨高一道光圈，对凸凹两块样板的半径就要相差约 0.3 μm，而磨低一道光圈则相差甚微，所以在实际生产中，约定俗成，都磨成了低光圈。其数值可由下式求得

$$N_B = 4\,000\Delta R\left(1-\frac{1}{\cos\alpha}\right) \tag{12-16}$$

式中，ΔR 为凸样板与凹样板半径之差；α 为样板几何中心与弧端的夹角。

标准样板的光圈局部误差 ΔN 都为 0.1。

(B) 平面标准样板的光圈。平面是球面的特例，即 $R=\infty$。但由于各种原因所致，加工出来的平面不可能达到理想的要求，其结果往往不是高就是低而成弧形。所以加工过程中要求严格控制最小半径的产生，它与光圈 N_B 的关系为

$$R_{\min} = \frac{(D/2)^2}{N_B\lambda} \tag{12-17}$$

式中，D 为平面样板的直径。

由于产生了 $R_{\min}$，而且也存在 ΔN，这就形成一种不可补偿的影响像质的无控因素，因此，对平面样板的面型误差要求特别严格，A 级标准样板的 N 及 ΔN 都为 0.05。

(C) 工作样板的光圈。工作样板由标准样板复制而得，两者之间的光圈有下列关系：

$$N_G = 2N_B\left(\frac{D_G}{D_B}\right)^2 \tag{12-18}$$

式中，D_G 为工作样板的直径。

工作样板与零件的光圈有下列关系：

$$N_G = N\left(\frac{D_G}{D}\right)^2 \tag{12-19}$$

式中，D 为光学零件的直径；N 为光学零件的光圈数。

工作样板分 3 级，如表 12-7 所示。

表 12-7　工作样板的光圈要求

级　别	Ⅰ	Ⅱ	Ⅲ
N	0.1	0.5	1.0
ΔN	0.1	0.1	0.1

Ⅰ级用于 $N=0.1\sim2$ 的零件；Ⅱ级用于 $N=3\sim5$ 的零件；Ⅲ级用于 $N>6$ 的零件。

2) 光学样板的设计

(1) 球面样板。

球面标准样板的曲率半径名义值应与“光学零件表面曲率半径数值系列”一致，以利于球面样板的系列化。标准样板的外形结构及尺寸如表 12-4 和图 12-8 所示(本节所用图表

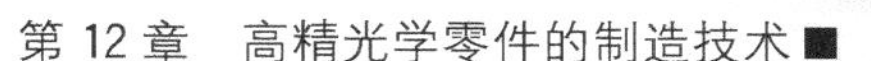

数据均按 GB1240/T—1976)。

表 12-8　标准样板的结构　　（单位：mm）

<table>
<tr><th rowspan="2">测量表面曲率半径名义值 R</th><th colspan="3">凸　样　板</th><th colspan="5">凹　样　板</th></tr>
<tr><th>D</th><th>H</th><th>形　式</th><th>D</th><th>H</th><th>h</th><th>b</th><th>形　式</th></tr>
<tr><td>0.5～5</td><td>1.9R</td><td>1.2R</td><td>不规定</td><td>15</td><td rowspan="2">20</td><td>0.9R</td><td rowspan="4">—</td><td>图 12-29(c)</td></tr>
<tr><td>>5～10</td><td rowspan="3">1.7R</td><td rowspan="3">0.5R+15</td><td rowspan="3">图 12-29(a)</td><td rowspan="3">—</td><td rowspan="3">0.7R</td><td rowspan="3">图 12-29(d)</td></tr>
<tr><td>>10～25</td><td>25</td></tr>
<tr><td>>25～35</td><td rowspan="2">80</td></tr>
<tr><td>>35～50</td><td>60</td><td>30</td><td rowspan="5">图 12-29(b)</td><td>60</td><td rowspan="5">—</td><td>2.5</td><td rowspan="5">图 12-29(e)</td></tr>
<tr><td>>50～80</td><td>80</td><td rowspan="2">35</td><td>80</td><td rowspan="3">50</td><td>3.0</td></tr>
<tr><td>>80～150</td><td>100</td><td>100</td><td>3.0</td></tr>
<tr><td>>150～750</td><td rowspan="2">130</td><td>30</td><td rowspan="2">130</td><td>2.0</td></tr>
<tr><td>>750～40 000</td><td>25</td><td>25</td><td>—</td></tr>
</table>

全球的不圆度为，当 $R<1$ 时为 0.2 μm，当 $R=1\sim10$ 时为 0.3 μm；当 $R>10$ 时为 0.5 μm。表面疵病等级为Ⅵ级。

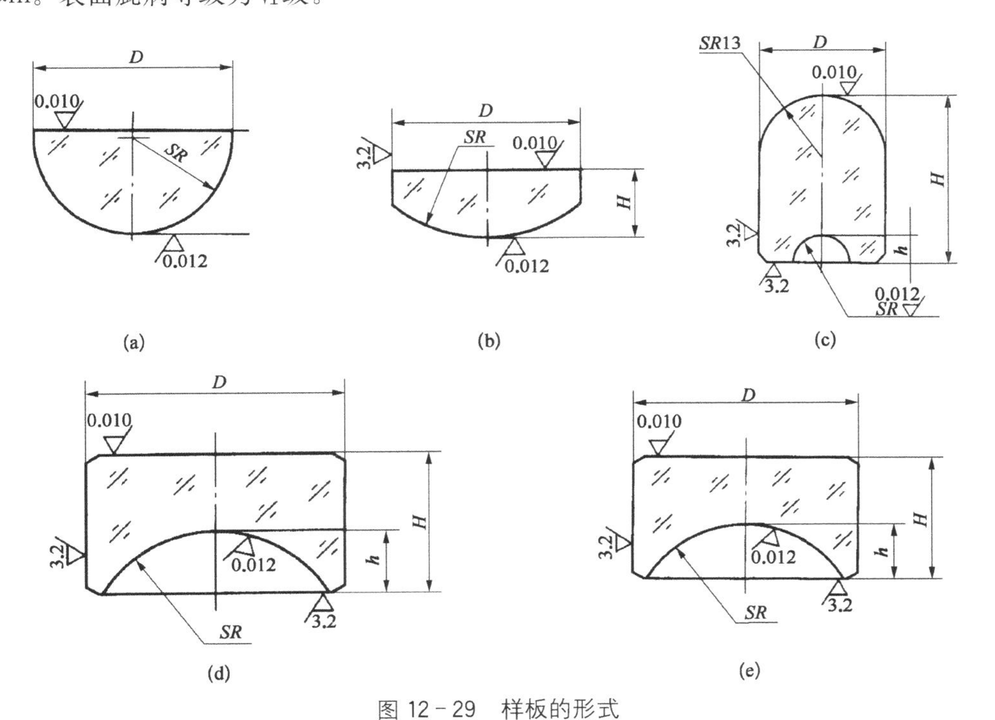

图 12-29　样板的形式

(a) 用于 $R<35$ mm；(b)、(e) 用于 $R=35\sim40\ 000$ mm；(c) 用于 $R=0.5\sim5$ mm；(d) 用于 $R=5\sim35$ mm

由于光学零件的不同，加上使用习惯上的差异，工作样板的形状可做成各式各样，常用的有下列几种。

(A) 弧形工作样板(见图 12－30)。使用最为广泛，其直径 D 一般应大于光学零件被检部分的直径 1～5 mm。当凸透镜 $d=2R$ 时，样板直径 D 可按 $D=0.9d$ 加工。当凸样板 $R<15$ 时，镜盘接近半球，此时样板口径可等于零件直径，以防止样板碰镜盘。样板的高度 H 一般应考虑使用方便和保证精度为原则，根据 D 的大小和矢高适当确定，通常为 20～40 mm。但应使 $H>\dfrac{D}{6}+h$，太高不方便，太薄光圈易变形。弧形工作样板的曲率半径与零件的曲率半径名义值相等，符号相反。表面疵病为Ⅴ～Ⅵ级。

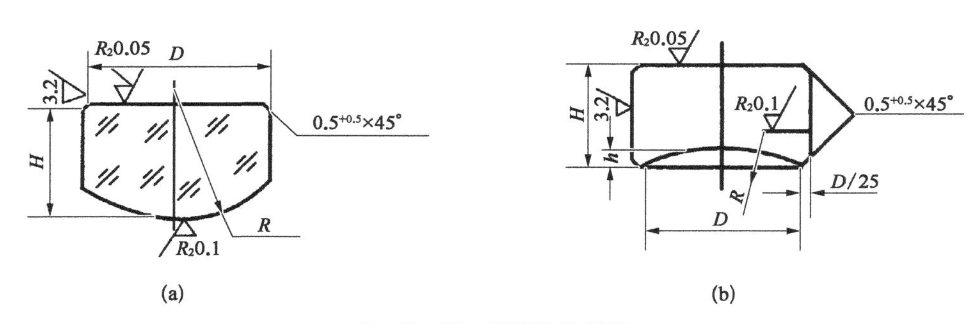

图 12－30　弧形工作样板

(a) 用于 $R>5$；(b) 用于 $R>5$

(B) 带放大镜的工作样板。检验小型透镜时多用带放大镜的工作样板，常用的结构形式如图 12－31 所示。

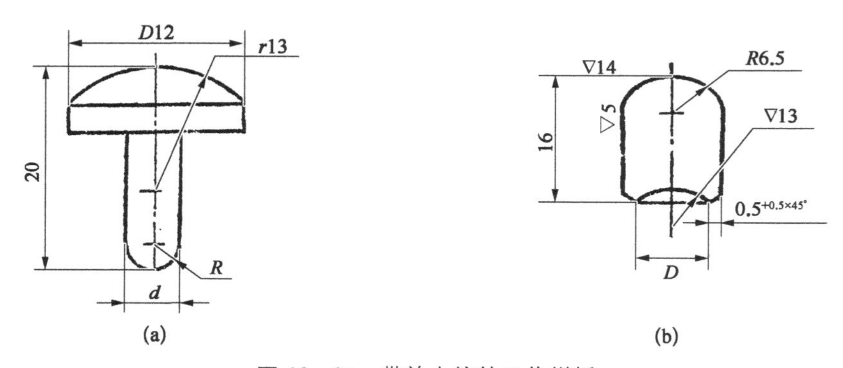

图 12－31　带放大镜的工作样板

(a) 用于 $R<5$；(b) 用于 $R<5$

放大镜的大小以满足被检整个零件 R 面都能同时看清楚光圈为宜，一般放大倍率为 5×，理想放大倍数 M 和放大镜半径 r 为

$$M=\frac{nL'}{n'L}$$

$$r=\frac{(1-n)L'}{1-m}$$

式中，n 为玻璃的折射率；n' 为空气的折射率；L 为样板厚度；L' 为像距；m 为实际放大范

围，一般取 $m = 2M/3$。

(C) 带把工作样板。对于 $R < 10$ 的工作样板，为了使用方便，减少手温影响，也可在样板的背面胶上一个把子(见图 12－32)，其材料可以用玻璃或塑料。

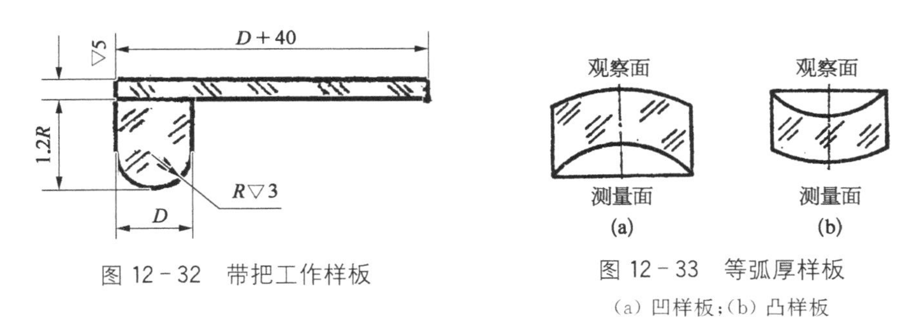

图 12－32　带把工作样板

图 12－33　等弧厚样板

(a) 凹样板；(b) 凸样板

(D) 等弧厚工作样板。为了能清楚地观察到接近半球零件的整个 R 面上光圈，也可把样板的观察面磨成与测量面的 R 相应的弧形，即等弧厚样板(见图 12－33)，其要求与弧形样板相同。

(E) 其他形式的工作样板。① 锥形放大样板，当凹镜盘张角接近 180°时，可用锥形放大镜样板(见图 12－34)，其适用范围为 3 mm$<R<$10 mm，$\alpha = 70° \sim 80°$，$H = 25 \sim 35$ mm。② 柱形样板，为了便于测量，防止手温影响，也可采用柱形样板(见图 12－35)，其高度 $H \geqslant 4D$。

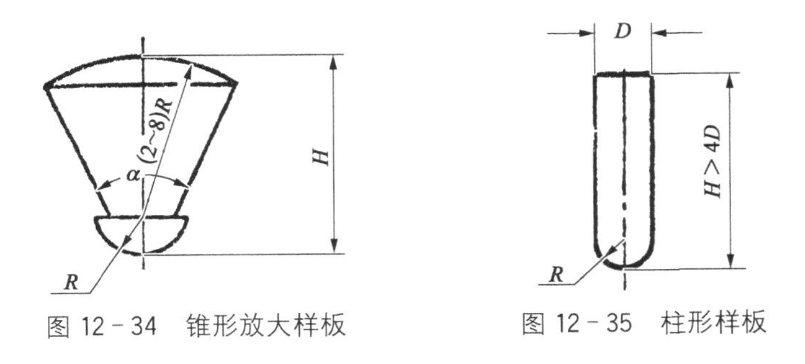

图 12－34　锥形放大样板

图 12－35　柱形样板

(2) 平面样板。有圆形和方形两种(见图 12－36)，其中圆形用得最多，其尺寸如表

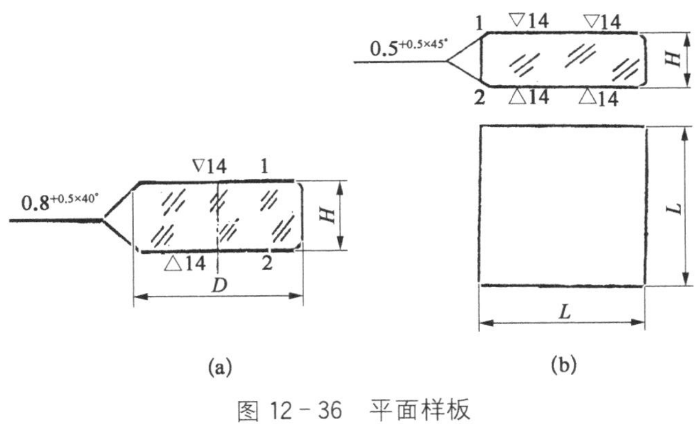

图 12－36　平面样板

(a) 圆形样板；(b) 方形样板

12－9所示；方形尺寸如表12－10所示。

表12－9　圆形平面样板尺寸

D	标准样板	—	—	—	100	—	150	200
	工作样板	40	60	80	100	130	150	—
H	标准样板	—	—	—	25	—	25	30
	工作样板	15	20	20	25	25	25	—

表12－10　方形平面样板尺寸

L	30×30	40×40	50×50	60×60
H	15		20	

平面样板的 D 与 H 的允差：当其值小于150 mm时为±0.5 mm；大于150 mm时为±1 mm。平面样板的椭圆度：当 $D=40\sim80$ 时，为±0.2 mm；当 $D>80\sim100$ 时，为±0.3 mm；当 $D>100\sim150$ 时，为±0.4 mm；当 $D>150$ 时，为±0.8 mm。

3）光学样板材料选择的原则

（1）具有最小的热膨胀系数，以保证使用中曲率半径不随温度而改变。

（2）有较高的硬度，在使用中可减少摩擦而引起的损耗。

（3）具有较低的应力，观察条纹时清晰易辨。

光学样板应用无色光学玻璃K4，QK2或硬质玻璃、石英玻璃制造，其技术指标要求应符合表12－11规定。当获得上述材料有困难时，也可采用K9玻璃制得。

表12－11　标准样板对玻璃材料要求

样板直径 D/mm	气　泡		条　纹		折　射　率
	类别	级别	类别	级别	类别
～30 30～80 >80	4 6 8	D	2	C	1

12.4.2　球面样板的制造工艺

光学样板的制造工艺与一般的光学零件制造方法类似，但是因为光学样板是光学测量工具，其面型精度要比一般的光学零件要求高得多，制造过程需要有精确的测量手段和精密的修正方法。为保证其质量，球面样板往往成对制造（亦称对板），平面样板采用三元一次方程法或 c_4^3 法制造。

1）球体样板的磨制

一般的样板是用球径仪测量矢高以保证样板的曲率半径精度，但曲率半径很小时不易达到A级精度。因而，当曲率半径小于35 mm时，常常先做成全球或超半球，然后套制凹凸样板。球的半径可以用分厘卡、立式光较仪乃至乌氏干涉仪精确测定，由于球体样板难以达到局部误差(0.1)的要求，一般只起到传递曲率半径的作用，故还要套制凹凸样板来测量零件的局部误差。

(1) 超半径球样板。制造超半球的基准样板其毛坯直径比完工直径大 1～2 mm，厚度大 0.5～1 mm。研磨模表面做成环形(见图 12-37)。这样做的好处是不会使样板中间磨得太多，避免以后为了校正中间的过多磨耗而引起直径不够的现象(因为在研磨过程中主要是测量直径来控制尺寸的，如果中间磨得太多，测量直径时不易发现)。

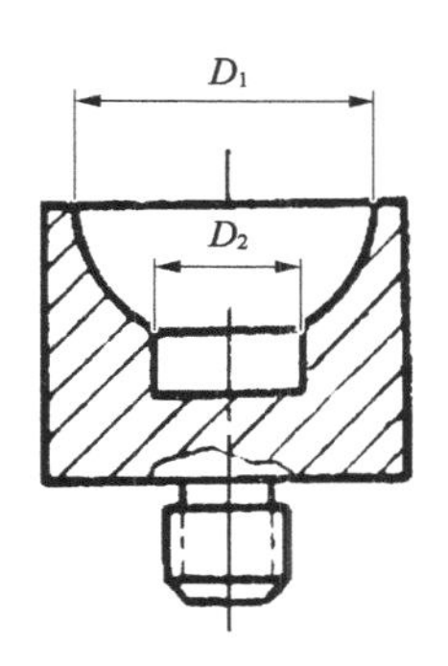

图 12-37　超半球研磨模($D_1 < 2R$，$D_2 < 1.2R$)

为了加工方便，超半球样板常与木制手把胶起来(见图 12-38)。手把直径应小于样板直径，并在胶接处有一段圆弧，以便研磨过程能使手把前后左右摆动。

图 12-38　胶上手把的超半球样板

从圆柱形毛坯研磨超半球样板时，第一道砂可用 180#～280#，视工件大小而定。工件大时用粗一些的砂，逐步换细砂。当毛坯表面粗磨成初步球形并留出直径加工余量 0.06～0.1 mm 时，换 W28 砂，磨到比完工直径大 0.03～0.05 mm，再换 W14 砂，直到比完工直径大 0.004～0.008 mm 后开始抛光。抛光前应与另一块凹的样板互相对看一次，最好是边缘接触(光圈低)。如果中间接触(光圈高)，因已达到超半球尺寸，不可能再研磨，就须修改凹样板。观察表面接触情况时，可向两块中任一块表面哈口气，再合起来看时就比较清楚了。

抛光超半球的凹抛光盘也是在中间开一孔(见图 12-39)，其作用也是避免超半球中间多抛。

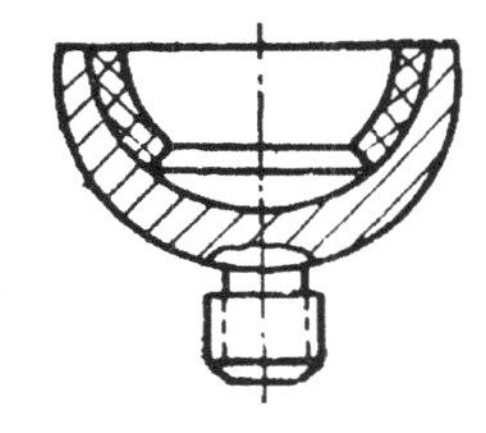
图 12-39　超半球抛光模

抛光过程中，凸凹样板应互相检查光圈，同时根据超半球直径大小情况，决定修改凸的或凹的。例如当光圈低而直径大时，则可先修凸的，当光圈高而直径大时，则应先修凹的，其余情况依此类推。

(2) 全球样板。一个理想的球体，它的任意一个截面都是一个圆，因而球面研磨比超半球研磨容易。全球研磨采用圆度精度很高的圈口端面加工，因此称为圈口法。如图 12-40 所示，一个圆度精度很高的圆筒，筒的外径约为球的直径的 0.8 倍，壁厚 1～2 mm，其端口加工成向内倾斜一个角度，圆筒装在粗磨机主轴上做逆时针方向转动。将粗磨坯料(磨立方块后再磨去八角)或球形料放在圆筒的端口，中等大小的圆球用两手的大拇指和食指，分别向成交叉的方向拨转；直径较大的圆球可用整个手拨转，用手搓动研磨。圆筒圈口绕 oz 转动，圆球绕 $o'z'$ 轴旋转，在工件表面形成圈口端面的轨迹圆的包络面是一球面。

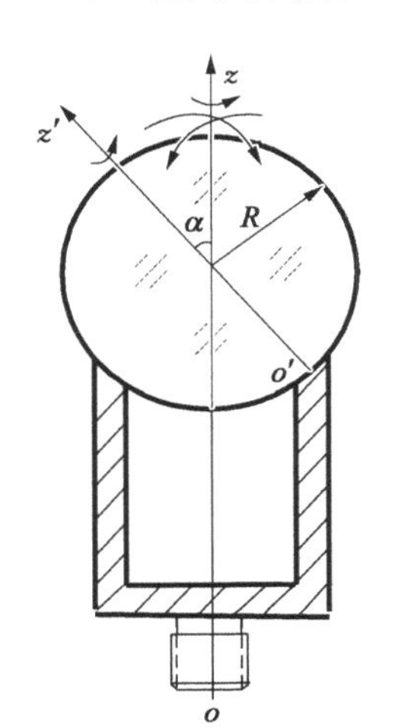

图 12-40　筒形工具上研磨球体

研磨时，第一道砂用 180#，磨到直径比完工尺寸大 0.40～0.70 mm；第二道砂用 280#，磨到直径比完工尺寸大 0.20～0.30 mm；第三道砂用 W40 或 W28，磨到直径比完工尺寸大 0.04～0.06 mm；最后一道砂用 W20 或 W14，磨到直径比完工尺寸大 0.006～0.008 mm

后开始抛光。

把细磨圆筒的端面敷一层抛光胶后就可以作为抛光盘，并用球形玻璃球本身压一下后就可以进行抛光了。抛光时手的动作和研磨时一样。

适合用圈口法制造全球的范围是 7 mm $< R <$ 50 mm；$R <$ 7 mm 的圆球，可切割成立方体坯料，放大滚筒量滚磨。

2）球面样板的加工检测

球面样板制造过程中在完成了粗磨出料、抛光一端的平面（或球面）以后，就进入磨制样板的关键工序——对磨修正矢高 h 值。

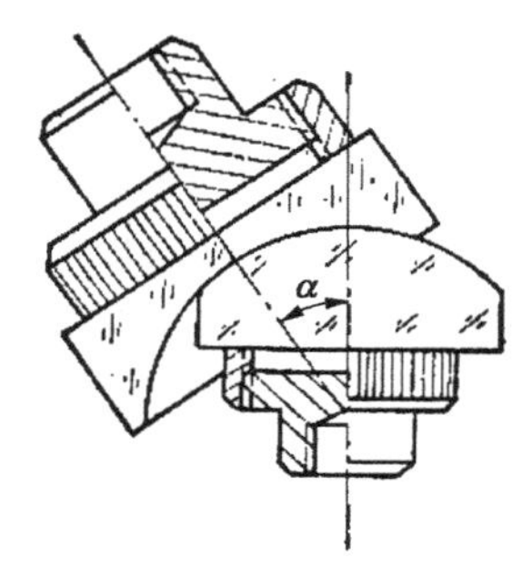

图 12－41　样板的对磨

细磨修改 h 值。一般是单手手工操作或利用调整细磨抛光机的工艺因素来实现机磨。标准样板的精磨是成对进行加工的，即凹凸样板同时加工。若凸样板在主轴上转动，凹样板在凸样板上摆动，两者轴线间有偏角 α（见图 12－41），则凸样板边缘会多磨，而凹样板的中间会多磨，所以，无论是凸样板，还是凹样板都是矢高值 h 增大、曲率半径减小。

反之，凹、凸样板调换位置，则 h 值减小、曲率半径增大。由此可知，测量矢高时，若 h 值太小，则可将凸样板放在下面，反之亦然。在对磨修改过程中常常需要将凹凸样板互换位置，使磨损的不均匀性得相互补偿。

样板对磨不仅要求凹样板的 h 值要达到要求，而且球面的面型要正确，对磨时要均匀，凹凸样板要密合，最后用的砂要细 $\left(\text{如 } 303\,\dfrac{1}{2}^{\#}\right)$，为抛光创造好条件。

3）球面样板的抛光与光圈修正

球面样板对磨修正 h 值以后就开始更重要的关键工序——抛光修正光圈。抛光模应与标准样板曲率半径相同，口径比样板稍大些。

抛光修正凹样板时，用粗抛过的凸样板来检验。开始时矢高与光圈均会有误差，这时光圈修改与矢高修改同时考虑。一般来说，每改变一道光圈，矢高改变 0.25 μm。也就是说凸面光圈改高一道，或凹面光圈改低一道，则矢高应增加 0.25 μm；相反，凸面光圈改低一道，或凹面光圈改高一道，则矢高应减少 0.25 μm。例如，测得凸凹面矢高和应增加 0.5 μm，凸面和凹面互检时，光圈低 6 道。此时，可考虑将凸面改高 2 道光圈，以满足矢高增加 0.5 μm 的目的，这样凹面还低 4 道光圈。于是凸、凹面各改高 2 道光圈，解决了光圈低 4 道，而矢高不变。

抛修后复检 h 值，当 h 值符合要求后，再用凹样板来检验凸样板并抛到低 2 道光圈左右，然后修正局部误差。

怎样识别局部误差在哪一块样板上？一般利用一块样板相对另一块样板移动来判断。移动一块样板时，局部误差是随着移动的那块样板移动，则局部误差就在移动的那一块样板上。塌边、中心高、中心低及复合误差在抛修样板时经常出现，修改时必须慢慢地逐步修改，到最后对检时，应待加工的热量散失后，两块样板温度一致、稳定时才能正确判断光圈。

识别光学样板表面误差时，往往是用样板检验另一块样板的大部分表面，并将样板的边缘压在被检样板的中间使干涉条纹形成圆弧状，按圆弧的变形方向和程度来判断被检样板表面的几何形状。当光圈小于 1 个光圈时，用白光照明所形成的干涉色的颜色与均匀性来判读。

球面样板的检测详见附录 6。

第13章 非球面光学零件工艺

13.1 概述

从广义上来讲，除了球面就是非球面，平面可以看成是曲率半径无穷大的球面。非球面就是与球面有偏差的表面，即不能只用一个半径确定的面型。非球面囊括了各种各样的面型，如旋转对称的非球面和非旋转对称的非球面、关于两轴对称的空间曲面；再如排列有规律的微结构阵列，包含衍射结构的光学表面、形状各异的自由曲面等。

一般的非球面概念多是狭义的，主要是指能够用含有非球面系数的高次多项式来表示的面型，其中心到边缘的曲率半径连续发生变化。在某些情况下，特指旋转对称的非球面面型。自由曲面是指无法用球面或者非球面系数来表示的曲面，很多情况下需要用非均匀有理B样条造型方法或其他方法来描述。

1）非球面的优点和用途

1638年，Johan Kepler把非球面用于透镜，使其在近、远距离分别获得无像差像面，逐渐奠定了非球面光学基础。1732年，肖特用抛物面和椭圆面反射镜制作了反射式望远镜，用于校正球差。1899—1926年德国蔡司公司进行了大量的非球面透镜加工技术的研究和机床的开发。

由此可见，非球面最早是在天文仪器上得到应用，然后开始应用在一些像质要求不高的系统如照明器中的反射、聚光、放大等系统。

随着科学技术的发展，对高性能的非球面零件的需求越来越迫切。所以，从牛顿时代到今天，人们一直在想办法解决非球面的加工问题。尤其是近年来，随着精密微细加工技术的发展，高精度数控机床的出现，使非球面光学零件的加工技术有了长足的发展。20世纪70年代以来，随着电子、航天、航空、天文、激光核聚变、光通信、军事技术发展的需要，在很多光学仪器上采用了非球面光学。如变焦距镜头、录像机透镜、条码读取头，航天遥感照相机镜头、激光准直透镜等广泛地采用了非球面零件。

采用非球面光学零件改善了成像质量。图13-1(a)表示一束平行光通过球面反射镜时接收无限远的光束像点是有球差的，而平行光束通过抛射物面反射镜接收无限远的光束像点是无球差的，如图13-1(b)所示。由于非球面系统具有优异的光学性能，因此使光学系统的成像质量得到改善。比如在光学系统光阑附近使用非球面可校正各带的高级像差，在像面前面或远离光阑处采用非球面，可以校正像散和畸变，在与光阑近似对称的位置使用非球面则能校正轴上点像差和轴外点像差。因此，非球面特别适用于仪器尺寸受到限制、像质量要求高的场合，如大视场、大口径、像差要求高和结构要求小或有特殊要求的光学系统。

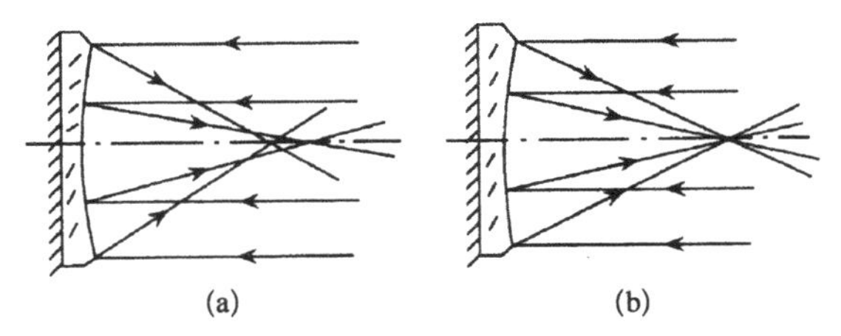

图 13－1　球面反射镜(a)与抛物面反射镜(b)成像质量比较

采用非球面光学零件可以简化光学系统。如图 13－2 所示，一个 35 mm 广角短焦距电影物镜，原设计是 9 片透镜组成，相对孔径 $f/1.8$，焦距为 25 mm，改为在光阑附近使用非球面，相对孔径改为 $f/2$，物镜组由 9 片透镜改为 7 片，既校正了高级像差，同时使长度和口径均缩小了 1/3 左右。

图 13－2　非球面光学系统可以简化光学系统

(a) 不带非球面电影物镜；(b) 带非球面电影物镜

采用非球面光学零件可以减轻仪器的重量。采用非球面光学零件简化了光学系统，必然使仪器的体积变小、质量减轻，这对天文、航天和军用仪器显得尤为重要，而对一些民用产品也实现了小型化和轻量化。

2）非球面加工困难

随着高新技术发展和国防建设的需要，非球面光学元件的应用领域不断扩大，需求的数量和品种也日益增多，但是，制造非球面光学零件比制造球面光学零件要困难得多。这主要是由于非球面光学零件具有与球面完全不同的特性所致。

（1）非球面大多数只有一个对称轴，表面比较复杂，通常只能单件生产。而球面则有无数个对称轴，因此非球面不能采用球面加工时的研磨方法加工。

（2）非球面各点的曲率不同，而球面上各点的曲率都相同，所以非球面难以用一个成型模具加工。

（3）非球面相对同一零件的另一表面的偏差，不能用定心磨边的方法解决两光学表面的同轴性。

（4）球面和平面的加工与检验很容易用“对研”与“对检”的方法来实现，而非球面的面型检测不像球面检测容易实现，一般不能用光学样板检验，特别是对某些非球面的检验是很复杂的。

大多数非球面光学零件是用手工研磨、抛光的方法制造的，通常是依靠技术很高的技术工人通过反复地局部修抛和不断地检测来完成的。非球面制造成本曾经是球面制造成本的10～20倍，随着新的加工及测试技术的发展，已经缩减到仅为球面制造成本的2～4倍。如果采用模块化开发，其成本会更低，关键因素也会随着技术的发展而改变。

3）非球面光学零件的分类

（1）按对称轴数量分类。从非球面光学零件的加工与使用角度来考虑，可以分为3类，第1类是轴对称旋转非球面，如回转抛物面、回转双曲面、回转椭球面、回转高次曲面等，光学系统大多采用这种表面；第2类为非轴对称表面，其中包括具有两个对称平面的非球面，如圆柱面、镯面、复曲面等；第3类是没有对称性的自由曲面。

（2）按外形尺寸分类。① 大型非球面，其直径超过0.5 m以上，甚至可达几米以上的天文仪器中的非球面。② 中型非球面，一般光学仪器中的非球面光学零件，例如电影放映机中的反射镜、显微镜中的聚光镜，瞄准仪中的目镜等。③ 微型非球面，微型非球面光学元件是随着光通信、VCD、DVD、电脑摄像头、手机摄像头等光电子产品的发展而飞速发展起来的。

（3）按制造精度分类。① 高精度非球面，制造精度要求小于0.5 μm的，称为高精度非球面，如天文仪器中的主镜、用于摄谱仪器中的物镜、平行光管物镜等。② 中等精度非球面，制造精度在1～4 μm，称为中等精度非球面，如各种光学仪器中的物镜、目镜、反射镜等。③ 低精度非球面，制造精度在0.02～0.20 mm的，称为低精度非球面，用于聚光镜、放大镜、眼镜片等。

以上是惯用的分类方法，有助于了解非球面。特别是看到一张非球面图纸时，首先可以按照上述分类方法，判断这个非球面是一轴对称的，还是两轴对称的；是大口径的，还是小口径的；是高精度的，还是低精度的。这对于安排制造工艺和成本计算都是有一定意义的。

4）非球面光学零件对面型精度的要求

精度是用误差来表示的，因此首先应弄清楚表示非球面面型精度的误差定义。

（1）面型误差F或f(figure)。F是由实际非球面各测量点的最小二乘得到的近似非球面与设计非球面之差。

（2）局部误差A或a(accuracy)。A是实际非球面各点与近似非球面之差。

（3）表面粗糙度α或S(smoothness)。α是实际非球面与近似非球面的倾角误差。有的文献中直接用S表示α。

目前国内常用以下概念表示非球面误差：

（1）用P－V(peak to valley)值，表示面型误差从峰到谷的值。

（2）用RMS(root mean square)的值，表示均方根误差值。

各种非球面光学零件的面型精度要求如表13－1所示。

表 13-1　各种非球面零件精度要求

各种光学系统	非球面零件	直径/μm	非球面度/μm	非球面形状	面型精度
照相系统	照相镜头 摄像镜头	10 80	约 100	轴对称、高次	f：±1 μm a：±0.1 μm α：2×10^{-4} rad
激光系统	电视摄像头 视准透镜 物镜	2～10	50	轴对称、离轴高次	f：0.1～0.3 μm a：±0.04 μm 透过波面：0.02～0.04λ
投影系统	投影镜头	150	约 1 000	轴对称、高次	f：±5 μm
X 射线光学系统	X 射线显微镜	36×35	—	轴对称 高次+椭球面	f：±2 μm a：0.01～0.03 μm α：22×10^{-6} rad 分辨率：4 μm
	X 射线望远镜	835×1 000	—	轴对称 椭球面+双曲面 抛物面 圆锥面	f：1 μm α：25×10^{-6} rad
	SOR 反射镜	380×100×45 R：419 R：114.6×10^{3}	—	离轴 柱面 镯面	f：$R_1\times0.01\%$ a：— α：—
天文望远系统	斯密特镜	100	133	轴对称	f：0.1～0.3 μm a：±0.04 μm 透过波面：0.02～0.04λ

13.2　二次非球面理论

1）二次回转非球面的数学表达式

非球面数学表达式有多种形式，其中轴对称旋转非球面、曲面顶点在坐标原点的二次表面可用一般方程表达，如：

$$\begin{cases}\dfrac{x^2}{a^2}\pm\dfrac{y^2}{b^2}=1\text{（椭圆及双曲线，坐标原点在曲线对称中心）}\\ y^2=2px\text{（抛物线，坐标原点在曲线顶点）}\end{cases}\tag{13-1}$$

式中，a，b 分别为椭圆或双曲线的半长轴和半短轴；p 为抛物线的焦点到准线距离，也是抛物线顶点的曲率半径。

二次曲面是二次曲线绕其回转轴旋转而成的曲面，其表达式为

$$y^2=2R_0x-(1-e^2)x^2\tag{13-2}$$

式中，y 为入射光线在非球面上的高度；x 为非球面旋转对称轴；R_0 为二次曲线顶点曲率半径；e 为二次曲线的偏心率，即二次曲线的变形系数。

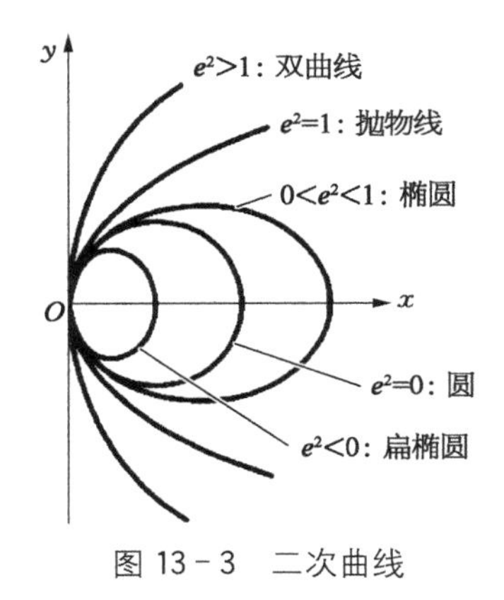

图 13-3　二次曲线

二次曲线由 R_0 与 e 两个形状参数确定。如果保持 R_0 不变，不同的 e 值所表示的二次曲线形状是不同的，如图 13-3 所示。

因此，式(13-2)是讨论光学问题最常用，也是最方便的非球面数学表达式。

从图 13-3 可以看出，无论哪一种二次曲线，其直角坐标系 x，y 的原点都与曲线的顶点重合，回转轴线与系统的 x 轴重合。将它们绕 x 轴旋转，就得到相应的双曲面、抛物面、椭球面、球面和扁椭球面等。x 轴就是这些曲面的旋转轴(光学上称为光轴)。

将式(13-2)利用 Lagrange 级数展开后，得

$$x_{曲}=\frac{y^2}{2R_0}+\frac{y^4}{8R_0^3}(1-e^2)+\frac{y^6}{16R_0^5}(1-e^2)^2+\frac{5y^8}{128R_0^7}(1-e^2)^3+\cdots \quad (13-3)$$

方程式右边各项的系数均由参数 R_0 及 e 决定，这种表达式是根据 y 计算 x 时比较方便，但是得到的是近似值，应该取多少项，决定于所要求的精度及相对口径和面型参数。

当 $e^2=0$，得到圆方程，有

$$x_{圆}=\frac{y^2}{2R_0}+\frac{y^4}{8R_0^3}+\frac{y^6}{16R_0^5}+\frac{5y^8}{128R_0^7}+\cdots \quad (13-4)$$

2) 起始球面与非球面度

加工非球面之前，首先要加工出一个球面，这个球面称为起始球面，然后在起始球面的基础上再加工成所需要的非球面。这个起始球面应该是与非球面最接近的球面，故又叫最接近比较球面，其非球面度最小。某一非球面表面与最接近比较球面在沿光轴方向的最大偏离量称为非球面度，如图 13-4 所示。

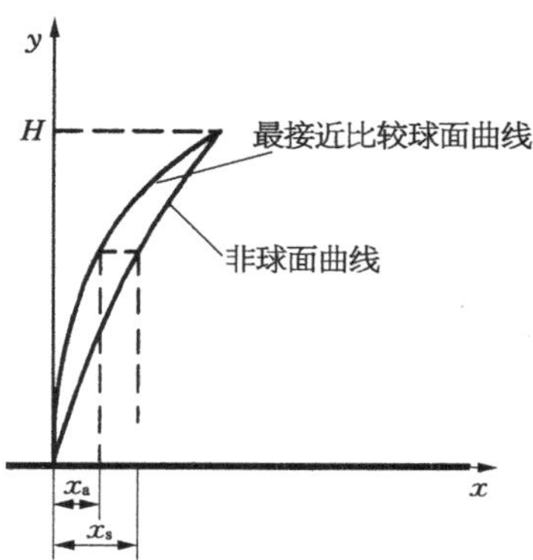

图 13-4　最接近比较球面与非球面之间的距离

一般按以下 3 种情况选择起始球面：

(1) 选择与二次曲面顶点的曲率半径相同的球面作为起始球面，如图 13-5(a)所示，这时在非球面的边缘有最大非球面度；$R=R_0$。R 表示最接近比较球面的曲率半径。

(2) 选择与二次曲面的最大口径处相切的球面作为起始球面，如图 13-5(b)所示，这时在非球面的中心有最大非球面度。

$$R=\sqrt{[R_0-(1-e^2)x_1]^2+y^2} \quad (13-5)$$

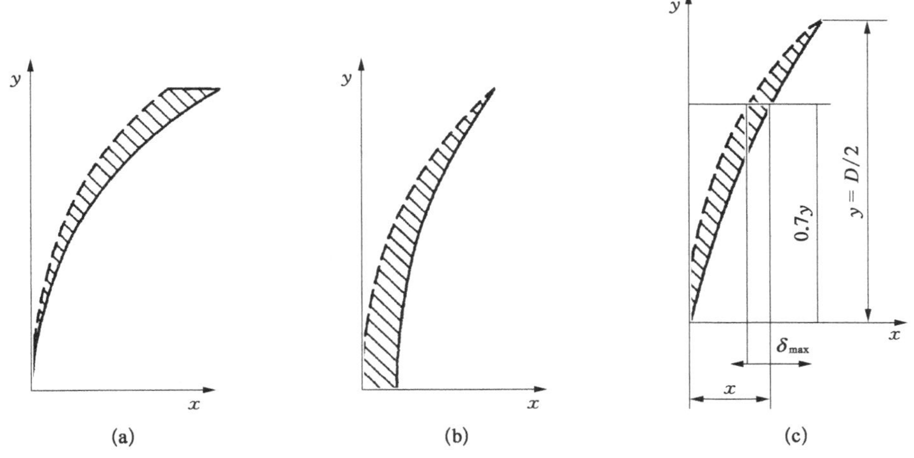

图 13-5　选择起始球面(图中虚线表示非球面,实线表示比较球面)

(a) 第 1 种情况;(b) 第 2 种情况;(c) 第 3 种情况

(3) 选择与二次曲面在顶点处相切、并在最大口径处相接的球面作为起始球面,如图 13-5(c)所示,这时在口径的 0.707 带处有最大非球面度。

$$y^2 = x(2R - x)$$
$$y^2 = 2Rx - x^2$$
$$R = \frac{x^2 + y^2}{2x} \tag{13-6}$$

对于二次曲面,不难推出:

$$R = R_0 + \frac{e^2 x}{2} \tag{13-7}$$

$$x = \frac{R_0 - \sqrt{R_0^2 - (1 - e^2)y^2}}{1 - e^2} \tag{13-8}$$

下面讨论在子午面内通过非球面顶点并和两边缘点相切的球面(见图 13-4)。

把相应的非球面坐标代入球面方程,就可以求得最接近比较球面的曲率半径 R。此时,$x_{曲} = x_{圆}$,$y = h$,h 为非球面口径的一半,代入式(13-3)和式(13-4),并取其前二项近似值,有

$$\frac{h^2}{2R} + \frac{(1 - e^2)h^4}{8R^3} = \frac{h^2}{2R_0} + \frac{h^4}{8R_0^3} \tag{13-9}$$

令,$\frac{h^4}{8R^3} = \frac{h^4}{8R_0^3}$,则有

$$\frac{1}{R_0} = \frac{1}{R} - \frac{e^2 h^2}{4R^3} \tag{13-10}$$

式中，h 为非球面口径的一半。

令非球面口径为 $D=2h$，$A=D/F$ 为相对口径，F 为回转二次曲面对于平行光的反射焦点离开回转二次曲面顶点的距离，则有

$$F=\frac{R_0}{2} \tag{13-11}$$

式(13－11)对抛物面是准确的，对回转椭圆面和双曲面是近似的，当用相对口径表示时，有

$$R=\frac{R_0}{1-\frac{e^2A^2}{64}} \tag{13-12}$$

由式(13－10)和式(13－12)表示最接近球面曲率半径值，显然是近似的，因为它是由式(13－3)和式(13－4)取其前2项得到的。抛物面的曲率半径 R 有准确的关系式：

$$\begin{cases} y^2=2R_0x \\ y^2=2Rx-x^2 \end{cases} \tag{13-13}$$

解式(13－13)得

$$R=R_0+\frac{x}{2R_0} \tag{13-14}$$

确定比较球面和非球面的偏离量，对于研磨是非常重要的。根据最大偏离量可以确定在工艺上用哪道工序来做非球面修改，对于设计非球面的磨具也很重要。

某一非球面表面与最接近比较球面在沿光轴方向的最大偏离量称为非球面度。非球面度不同，加工方式和加工难度也不同。

将式(13－3)和式(13－4)取前2项相减，有

$$\delta=x_{曲}-x_{圆}=\left[\frac{y^2}{2R}+\frac{y^4(1-e^2)}{8R^3}\right]-\left[\frac{y^2}{2R_0}+\frac{y^4}{8R_0^3}\right] \tag{13-15}$$

令 $\frac{y^4}{8R^3}=\frac{y^4}{8R_0^3}$，同时根据式(13－10)，有

$$\delta=\frac{e^2y^2(h^2-y^2)}{8R_0^3} \tag{13-16}$$

式中，δ 表示整个非球面对最接近球面在 x 方向的偏离量。令 $\frac{\mathrm{d}\delta}{\mathrm{d}y}=0$，求出 $y=\frac{h}{\sqrt{2}}$ 时有最大偏离量(即非球面度)：

$$\delta_{\max}=\frac{e^2h^4}{32R_0^3}=\frac{e^2D^4}{512R_0^3}=\frac{e^2A^3D}{4\,096} \tag{13-17}$$

根据计算就可以知道各球面带非球面相对于比较球面的偏离量，然后设计不同形状的磨具来修磨，当 δ 为 n 个波长数量级时，可在抛光工序中将最接近的球面修成非球面，若 δ 为毫米数量级时，则必须在粗磨中修成非球面。

如果用 R_s 表示起始球面半径，则对于第 1 种选择，$R_s = R_0$。

对于第 2 种选择，由图 13－5(b)可得

$$R_s = \sqrt{[R_0 - (1-e^2)x_{max}]^2 + y_{max}^2} \tag{13-18}$$

式中，x_{max} 为最大矢高；y_{max} 为通光孔径，即 $y_{max} = h$。

对于这两种选择其非球面度的最大值在边缘或中心，其值为

$$\delta_{max} = \frac{DA^3}{1\,024}e^2 \tag{13-19}$$

式中，D 为通光口径；A 为相对口径。

对于第 3 种选择，由图 13－5(c)，有

$$R_s = R_0 + \frac{e^2 x_{max}}{2} \tag{13-20}$$

其非球面度等于第 1、第 2 两种选择值的 1/4，即 $\delta_{max} = \dfrac{e^2A^3D}{4\,096}$。由 $y^2 = 2R_0x - (1-e^2)x^2$ 有

$$x_{max} = \frac{R_0 - \sqrt{R_0^2 - (1-e^2)y_{max}^2}}{(1-e^2)} \tag{13-21}$$

这样，对于给定的二次曲面，只要确定它的通光口径 $2y_{max}$，算出最大矢高 x_{max}，便可计算出不同情况的起始球面半径 R_s。

此外，当非球面度很大时，还可以设法减小它，因为反射系统中镜面的中心部分常常不工作，因此这一部分可以不磨。若给定的二次曲面工作区是从 $p_1(x_1, y_1)$ 到 $p_2(x_2, y_2)$ 的一个环区，如图 13－6 所示，则起始球面应通过 p_1 及 p_2 点，而不通过顶点 O，有一个偏离量 ε，可以写出这个起始球面的方程为

$$y^2 = 2R_s(x-\varepsilon) - (x-\varepsilon)^2 \tag{13-22}$$

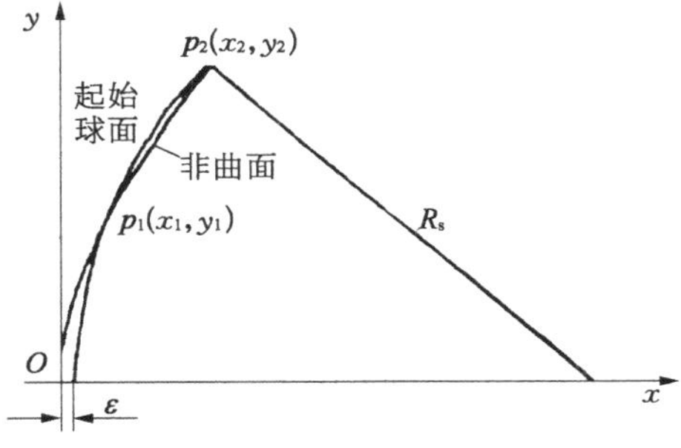

图 13－6　起始面的选择

以 $p_1(x_1, y_1)$ 及 $p_2(x_2, y_2)$ 两组坐标值两次代入式(13－18)可解出 R_s 及 ε 之值。

通过计算可以得到某一个非球面的最大偏离量 δ_{max}。偏离量越大，非球面就越难加工。从最大偏离量的表达式可以看出 δ_{max} 与 A 的三次方成正比、与 e 的二次方及口径 D 的一次方成正比。同样口径，同一种非球面，A 值越大越难以加工。起始球面的选择与加工工艺如

表 13-2、表 13-3 所示。

表 13-2　起始球面选择与磨制状况($e^2>0$)

$e^2>0$	选　择	磨　制　要　点	评　价
凹面	(1)	从中心向边缘磨去量增加,保持中心曲率半径不变,向边缘曲率半径逐渐变大	较难
	(2)	从边缘向中心磨去量增加,保持边缘曲率半径不变,向中心曲率半径逐渐变小	较易
	(3)	保持 0.707 带不磨,向边缘磨去量增加,曲率半径变大;向中心磨去量增加,曲率半径变小	较易
凸面	(1)	从边缘向中心磨去量增加,但要保持中心区的曲率半径不变,边缘的曲率半径变大	难
	(2)	从中心向边缘磨去量增加,但要保持边缘的曲率半径不变,中心区曲率半径变小	难
	(3)	保持 0.707 带曲率半径不变,但磨去量最大;向边缘磨去量变小,但曲率半径变大;向中心磨去量减小,曲率半径变小	较难

表 13-3　起始球面的选择与磨制状况($e^2<0$)

$e^2<0$	选　择	磨　制　要　点	评　价
凹面	(1)	从中心向边缘磨去量增加,保持中心曲率半径不变,向边缘曲率半径逐渐变小	较易
	(2)	从边缘向中心磨去量增加,保持边缘曲率半径不变,向中心曲率半径逐渐变大	较难
	(3)	保持 0.707 带不磨,向边缘磨去量增加,曲率半径变小;向中心磨去量增加,曲率半径变大	较易
凸面	(1)	从边缘向中心磨去量增加,但要保持中心区的曲率半径不变	难
	(2)	从中心向边缘磨去量增加,但要保持边缘的曲率半径不变,中心区曲率半径变大	难
	(3)	保持 0.707 带曲率半径不变,但磨去量最大;向边缘磨去量变小,但曲率半径也变小;向中心磨去量减小,曲率半径变大	较难

非球面度的大小反映加工的难度,但不能只看其绝对数值,还要看镜面直径大小。真正反映加工难度的是非球面的变化值。

13.3 非球面光学零件制造工艺编制

非球面光学零件制造工艺编制的主要依据是设计零件的非球面数据,计算其加工中的各种工艺参数，由这些参数确定非球面的加工方法、主要检测指标及检测方法，并设计必需的装夹工具。

1）主要工艺参数计算

（1）一般工艺参数。非球面的外径 D、通光孔径 D_{ol}、中心厚度 d，边缘厚度 t 等参数由设计给定，其中 d 和 t 的确定方法与球面光学零件相类似（见表 3－6）。

（2）相对孔径。制造和检验非球面的困难程度，主要取决于非球面的相对孔径。一般来说，单调变化的非球面，相对孔径是边缘点法线与光轴夹角的正切值。

（3）最接近比较球面曲率半径。在轴对称旋转非球面中，最接近比较球面是以非球面顶点和非球面边缘相交的球面，如图 13－7 所示。最接近比较球面的曲率半径可表示为

$$R_0=\frac{D^2}{8x}+\frac{x}{2} \tag{13-23}$$

式中，D 为非球面光学零件全口径；x 为非球面光学零件全口径矢高，由非球面方程求出。

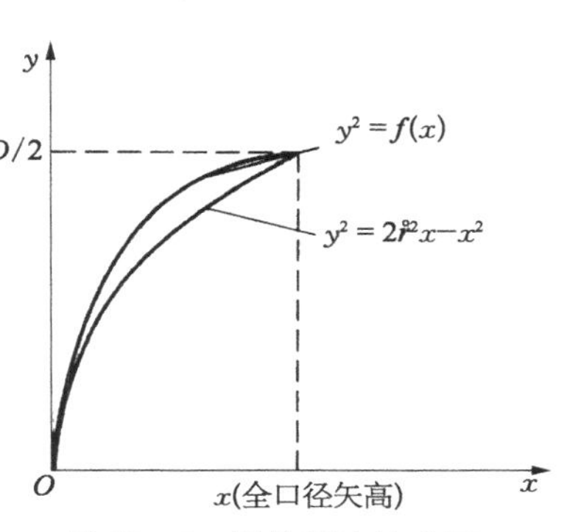

图 13－7　最接近比较球面

对非轴对称非球面，分别求出子午面矢高 x_m 和弧矢面矢高 x_s 后比较两个矢高的大小。对凹非球面，取其大值矢高，代入式（13－23）求得最接近比较球面的曲率半径 R_0。对凸非球面，取其小值矢高，代入式（13－23）求得最接近比较球面的曲率半径。

（4）非球面度 δ。有两种表示方法：轴向非球面度和法向非球面度。

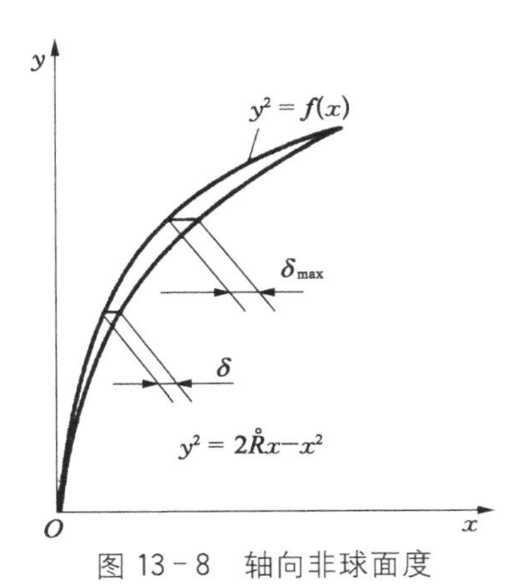

图 13－8　轴向非球面度

（A）轴向非球面度。是任一高度 y 处非球面与比较球面在 x 轴方向的偏离量，如图 13－8 所示，其中最大的一个偏离量称为轴向最大非球面度 δ_{max}。

轴向非球面度是在最接近比较球面基础上形成非球面的磨去量或添加量（真空镀制非球面）。令非球面方程为 $x_{ns}=f(y)$，最比较接近球面方程为

$$x_s=R_0-\sqrt{R_0^2-y^2} \tag{13-24}$$

则轴向非球面度为

$$\delta=|x_{ns}-x_s| \tag{13-25}$$

上式中的最大值即为轴向最大非球面度 δ_{max}。一般把 0.707 带上的非球面度作为轴向最大非球面度。

对于二次曲面而言，当其是轴对称非球面时，有

$$y^2+z^2=2Rx-(1-e^2)x^2 \tag{13-26}$$

其轴向最大非球面度为

$$\delta_{max}=D^4\varepsilon^2/(512R_0^3) \tag{13-27}$$

式中，ε 为二次非球面离心率；R_0 为最接近比较球面曲率半径（二次非球面顶点曲率半径）。

如果是任意的二次非球面，其方程为

$$y^2=ax+bx^2 \tag{13-28}$$

则

$$\delta_{max}=(R_0-\sqrt{R_0^2-D^2/8})-|(-b\pm\sqrt{b^2-aD^2/2})/2a| \tag{13-29}$$

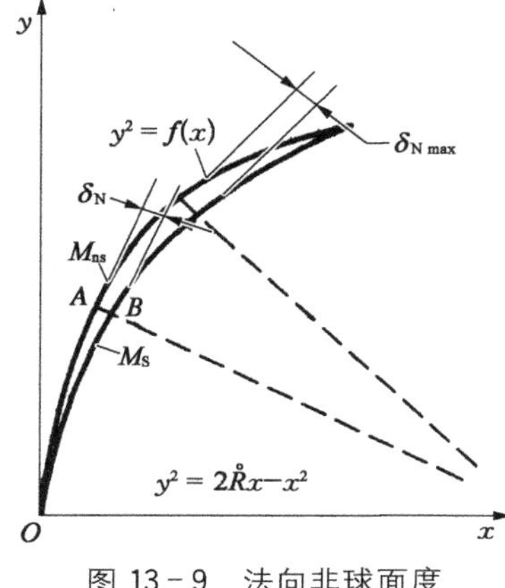

图 13-9　法向非球面度

(B) 法向非球面度。是该非球面某一高度 y 处最接近比较球面上点的法线的交点到最接近比较球面上对应点的距离，如图 13-19 中的 AB，用符号 δ_N 表示，其中最大的一个称为最大法向非球面度 $\delta_{N\max}$。

δ_N 的求解步骤是：先确定非球面上一点 M_{ns}，求出通过 M_{ns} 点与最接近比较球面球心点的直线方程，然后求出该直线与最接近比较球面的交点 M_s，则 δ_N 即为 M_s 和 M_{ns} 之间的距离。

法向非球面度能反映非球面的特性，但在一般的工艺计算中应用较少；在计算机控制加工中则必须求出该值，具体的计算一般都编成程序进行。

在非球面工艺中，目前用得最多的是二次非球面。对于椭球面和双曲面，有时以对称中心为坐标原点的方程式应转化成式(13-26)或式(13-28)。转化为式(13-28)的对应关系如表 13-4 所示，主要是平移坐标。

表 13-4　非球面坐标变换

对称中心为坐标原点的方程式		顶点为坐标原点的方程式
椭球面	$\frac{x^2}{a^2}+\frac{y^2}{b^2}=1$	$y^2=\frac{2b^2}{a}x-\frac{b^2}{a^2}x^2$
双曲面	$\frac{x^2}{a^2}-\frac{y^2}{b^2}=1$	$y^2=\frac{2b^2}{a}x+\frac{b^2}{a^2}x^2$

表 13-4 中，a 为正表示坐标原点与椭球面左顶点或双曲面右顶点重合；a 为负表示坐标原点与椭球面右顶点或双曲面左顶点重合。

2) 粗磨加工余量计算

(1) 毛坯直径。

$$D_b=D+\Delta_1+\Delta_2 \tag{13-30}$$

式中，D 为非球面零件直径；Δ_1 为磨边余量，一般取值与球面相同，对于反射镜和直径大于 150 mm 的非球面透镜，$\Delta_1=0$；Δ_2 为非球面工艺余量，其值受表 13-5 中 t 值的限制。

当 $D-D_{o1}$ 小于 t 时，须适当加大非球面的工艺余量 Δ_2，使 $D_b-D_{o1}\geqslant t$。 t 值由表 13－5 给出。

表 13－5　非球面零件直径余量　（单位：mm）

D	δ_{max}	t
600 以上	>0.000 5 >0.000 3	15
>300～600		12
>120～300	>0.000 2	9
>80～120		7
>40～80		6
40 以下		5

（2）中心厚度 d_r。

$$d_r=d+\Delta d_1+\Delta d_2 \tag{13-31}$$

式中，d 为非球面零件中心厚度；Δd_1 为非球面加工余量，由表 13－6 决定；Δd_2 为零件另一面的加工余量，如果是非球面，则 Δd_2 由表 13－6 决定，如果是球面或平面则 $\Delta d_2\approx 0.1$ mm。

表 13－6　非球面中心厚度加工余量　（单位：mm）

δ_{max}	t	δ_{max}	t
>0.2	0.5～0.7	>0.002～0.05	0.15～0.3
>0.05～0.2	0.3～0.5	<0.002	0.12～0.15

（3）非球面粗磨半径 r_0。目前，非球面工艺有直接成型法和最接近比较球面成型法两种。直接成型法分为仿形加工法和数控铣磨加工法等。通常是先加工出一个最接近比较球面，然后修磨成非球面面型。非球面粗磨半径：

$$r_0=R_0+\Delta d_1 \tag{13-32}$$

当 $D/R_0<0.4$ 时，可取 $r_0=R_0$。

（4）边缘厚度。对于抛光完工后不再需要磨边的非球面反射镜或透镜，其四周等厚要求一般控制在 0.005 mm 以内，对于抛光完工后还需要定心磨边的非球面，则按球面粗磨要求确定。

3）非球面光学零件的精磨与抛光

非球面光学零件的精磨与抛光流程如下：

（1）粗磨后不再磨边的非球面零件：① 改正焦距；② 精磨修改面型；③ 抛光。

（2）粗磨后还须定中心磨边的非球面零件：① 改正焦距 f' 或粗抛光 r；② 定中心磨边；③ 精磨；④ 抛光；⑤ 定中心磨边至要求尺寸。

非球面的修改方法有粗磨成型、精磨修改成型、抛光修改成型以及全口径抛光盘修改成型等，如表 13－7 所示。

表 13－7　非球面修改方法

δ_{max}/mm	开始成型方式
>0.2	粗磨修改用金属卡检验
>0.005～0.2	W40 砂修改或成型机床砂轮磨出
>0.002～0.05	W14 砂修改或超精机床金刚石砂轮切削
>0.005～0.02	抛光修改或镀膜
<0.005	全口径抛光盘修改或镀膜

4）精磨抛光工装夹具设计原则

轴对称非球面加工一般需设计、制作专用夹具，其夹具设计原则如下：

（1）有良好的中心精度。对于非球面镜，当弥散圆直径小于 0.05 mm 时，其非球面夹具的精度必须在 0.02 mm 内；当弥散圆直径小于 0.02 mm 时，其夹具的精度必须小于 0.01 mm。

（2）应使被夹的非球面零件变形尽可能小。

（3）夹具的边缘不应妨碍修带磨具的正常运动。

（4）夹具可方便地使非球面零件处于检验系统中。

图 13－10～图 13－13 为几种常用的非球面夹具。图中给出了具有代表性的尺寸及形位公差。

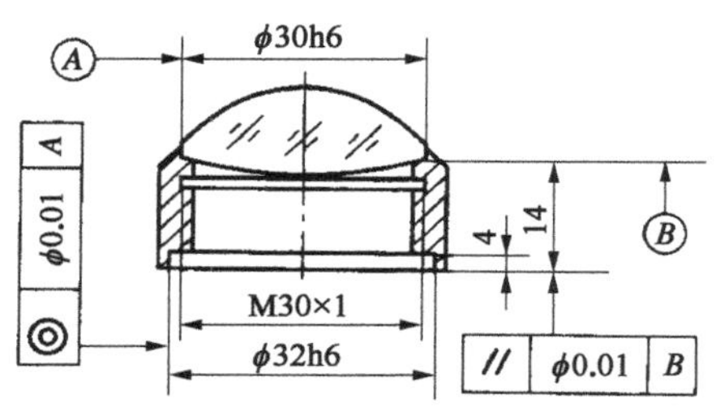

图 13－10　非球面透镜夹具(一)

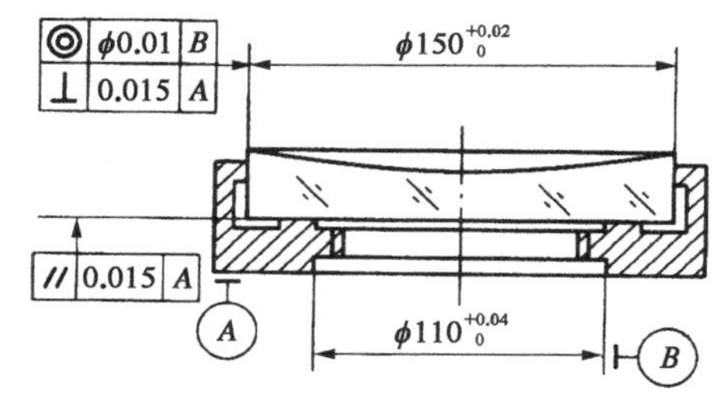

图 13－11　非球面透镜夹具(二)

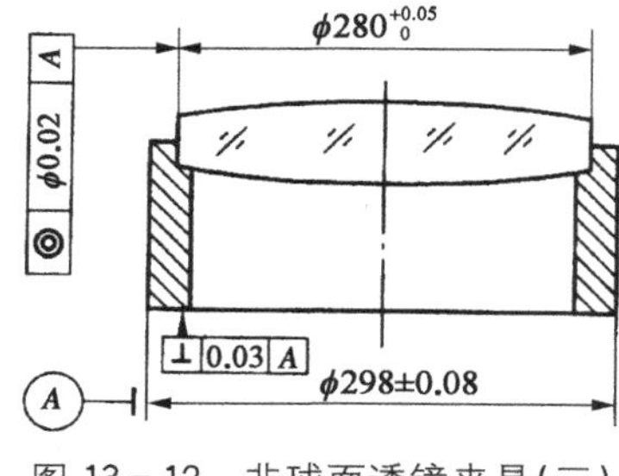

图 13－12　非球面透镜夹具(三)

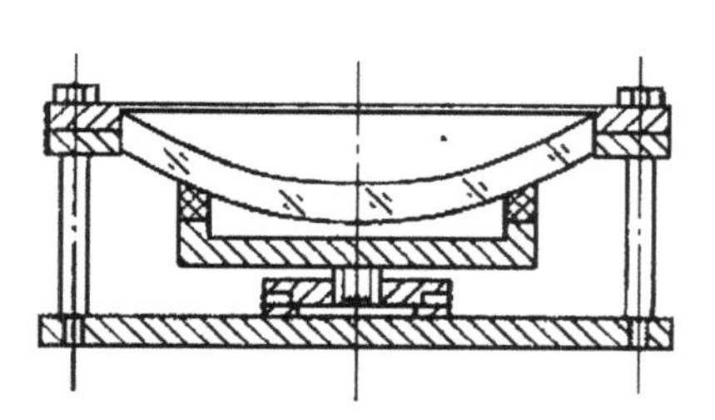
图 13－13　φ470 月牙形非球面夹具

对于底支承一般采用 9 点支承。对于 1 200 mm 以上的非球面镜面，采用 3×3×2＝18 点支承，或采用 3×3×2×3＝54 点支承。另外，也可采用图 13－14(c)所示杠杆重垂平衡法支承。

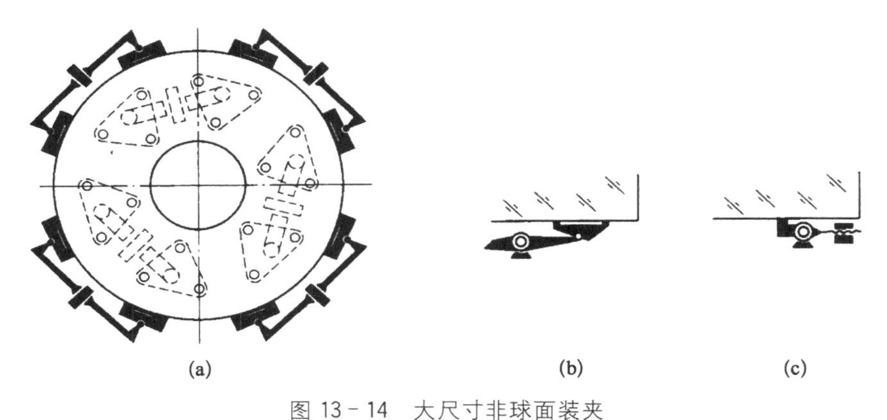

图 13－14　大尺寸非球面装夹

(a) ϕ1.56 m 主镜支承；(b) 层式结构支承；(c) 杠杆结构支承

边缘支承或点支承点数的确定，应根据力学原理计算，即在此支承下其自重变形一般不得大于 $\lambda/30$，甚至更小，以确保加工面型的质量。

非球面工艺计算实例：

例 1　加工一个离轴抛物面，其方程为 $y^2 = 6\,000x$，求最接近比较球面半径和最大非球面度。

解：由图 13－15 可得：$\phi = 480$ mm，$h = 9.60$ mm，

则最接近比较球面的半径 $R_0 = \phi^2/8h + h/2 = 3\,004.8$ mm；

0.707 带最接近比较球面矢高 $x_s = 4.796$ mm；

0.707 带非球面矢高 $x_{ns} = 4.80$ mm；

最大轴向非球面度 $\delta_{max} = |x_s - x_{ns}| = 0.004$ mm。

加工工序是先粗磨球面 3 004.8，然后精磨、修改成非球面、磨边、镀膜。

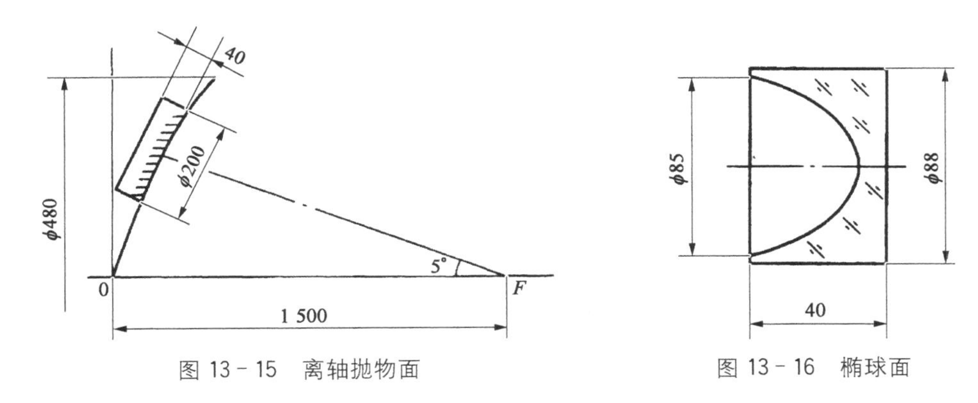

图 13－15　离轴抛物面　　　图 13－16　椭球面

例 2　如图 13－16 所示，非球面零件直径 $\phi = 88$ mm，非球面是椭球面，其方程为 $x^2/55^2 + y^2/48^2 = 1$，求最接近比较球面半径和最大非球面度。

解：由椭球面方程知 $a = 55$ mm，$b = 48$ mm，则由表 13－4 得以顶点为原点的非球面方程为

$$y^2 = -83.781x - 0.761\,6x^2$$

由非球面方程得其全口径矢高 $h=-33.018$ mm，最接近比较球面的半径 $R_0=\phi^2/(8h)+h/2=-45.826$ mm；

在 0.707 带最接近比较球面矢高 $x_s=R_0-\sqrt{R_0^2-D^2/8}=12.18$ mm；

在 0.707 带非球面矢高 $x_{ns}=13.118$ mm；

则最大轴向非球面度 $\delta_{max}=|x_{ns}-x_s|=0.938$ mm。

13.4 非球面加工工艺

非球面制造按其特点大致可以分为 3 类：

去除加工法。即采用研磨(如样板研磨法、磨盘研磨法、电子计算机修磨法等)、磨削(仿形磨削法、连杆机构磨削法、数字控制磨削法等)、离子抛光等手段，去除光学零件表面的一部分材料，使表面形状达到设计要求的指标。其中研磨法是目前加工非球面的主要方法。

变形加工法。主要包括弹性变形法、热压法、热吸法和应力变形法等。变形加工法可以加工出任意形状的零件，并能大量生产，但是，由于模具的精度及冷缩变形影响零件的精度，因而只能加工低精度零件。如聚光镜、简易光学零件以及精加工非球面的毛坯。其中热压法特别适用于加工塑料非球面透镜。应力变形法是将零件预先加上外力使之产生弹性变形，然后加工成平面或球面，释放外力后就形成一定要求的非球面。这种方法可以制作大型非球面。

附加加工法。它是在光学零件的表面附加一层材料，使之形成所要求的非球面形状。它包括真空镀膜法和塑料复制法。

上述方法各有优缺点，因此可以将某两种方法组合起来。例如真空镀膜法、数控磨削法、离子抛光法是现代能够获得高精度并实现自动化的方法，但是这些加工方法加工余量一般均很小，因而必须加工到近似非球面的平面、球面或初步非球面形状，然后再用真空镀膜法、数控磨削法、离子抛光法加工到要求的表面形状。这种加工方法亦称为“两次加工法”。

13.4.1 去除加工法

1) *磨盘修磨法*

我国大多数非球面光学零件都采用研磨抛光的方法制造，而且是依赖技术很高的技术工人通过反复的、局部的修抛和不断的检测完成的，加工效率低、重复精度差，但是由于它依靠操作者的技艺，能达到较高的精度。目前，尽管出现多种非球面加工的先进技术，但是传统的研抛技术至今仍在沿用，即使采用计算机数控抛光技术，但是最终的面型精度和表面粗糙度往往还是要用传统抛光予以保证。

(1) 粗磨最接近球面。根据计算求出最接近比较球面的曲率半径，按最接近比较球面的曲率半径磨制球面，粗磨工艺和测量方法与加工球面的方法相同。粗磨完工后边缘的厚度差＜0.05 mm，零件表面的粗糙度要磨到 W40～W28 砂。依照非球面度的大小并考虑到精磨反复的次数，粗磨后零件厚度应留有适当的精磨余量。

(2) 精磨非球面。精磨方法有两种：一是机器精磨，即将零件装在精磨机主轴上转动，磨具由机床摆动架铁笔带动，做短程(磨具移动的距离称动程)的往复运动，加工中用一个磨具或同时用几个单块磨具对零件进行修磨，如用三点工具。二是手工修磨，零件仍装在精磨机主轴上转动，但磨具用手按住，在零件子午面内按一定带区往复运动。

(3) 精磨磨具。用精磨磨具修改面型的作用原理，是基于磨具工作表面相对于非球面不同带区有不同接触面积，因此加工过程在单位时间内精磨磨具使零件表面产生不均匀的磨损，从而达到修带的目的。

图 13－17　各种单块修磨模具

局部修磨时的磨具形状很多，可分为单块磨具和整盘精磨磨具两类。其形状如图 13－17 所示，各种形状的单块磨具，可用手拿着进行加工，也可以把小磨具装在三点工具上。

精磨磨具的大小和形状，应根据被加工非球面的类型、非球面度大小和精度而定。例如加工离轴抛物面时，菱形磨具适用于修改 0.707 带以外的面型，锥形模具适用于修改 0.707 带以内的面型(加工时小锐角应指向零件中心)，而斧形磨具可用来修改焦距和局部小带。

精磨时要注意：① 调整零件与机床转轴的同轴度，面型精度要求高的零件，其同轴度要求越高。② 精磨时，一般先修磨非球面最大，带区最宽的部位，此时应尽可能少磨与球面接近的部位，这样可以使曲面保持平滑。③ 加工过程中要随时检测，按测得的结果调整修磨部位，哪个带区偏离量大，就先修磨哪个带区。若各带区的焦距基本一致时，则可进行试抛。通常精磨结束时，各带区要求尽量平滑些，否则会给抛光带来不便。

(4) 非球面抛光。在专门用作球面抛光机上或在普通的抛光机上抛光非球面，其加工方法与球面光学零件的抛光相似，也可以用手修的方法进行抛光。

抛光模具，按抛光面的大小分为整盘抛光模，局部抛光模。

整盘抛光模具(见图 13－18)适用于整盘抛光，主要用来抛光粗糙度、使曲面平滑。

图 13－18(a)所示抛光模具是比较常用的一种形式。适用于一般与球面相差不太大的非球面光学零件。图 13－18(b)所示抛光模具是利用充气腔来保证无孔橡皮抛光垫与零件相吻合，因此是一种抛光凸面和凹面两用的抛光模具。图 13－18(c)所示抛光模具是将橡皮抛光垫 3 用套箍绷在模具座上面而成。

局部抛光模具。采用弹性花形抛光模，如图 13－19 所示，模具座可直接选用精磨时的磨具，敷上一层柏油或其他弹性材料，如毛毡、海绵、泡沫塑料等。主要用来修改非球面上各带区的误差。

图 13－20 是抛光模层。在曲率半径为最接近比较球面半径的球面柏油抛光模上刮制而成，用以修抛非球面度不大($<1\ \mu m$)的二次非球面。使用时，抛光模不转动或随动，或做摆幅很小的摆动。因为非球面度小，直接从抛光工序修成非球面。修抛时，保持外带不修、中心多修，即起始球面选择与非球面边缘相重合，这时非球面度为最接近球面时的 4 倍。

抛光相对口径比较大的轴对称非球面，常用的有以下两种磨具：

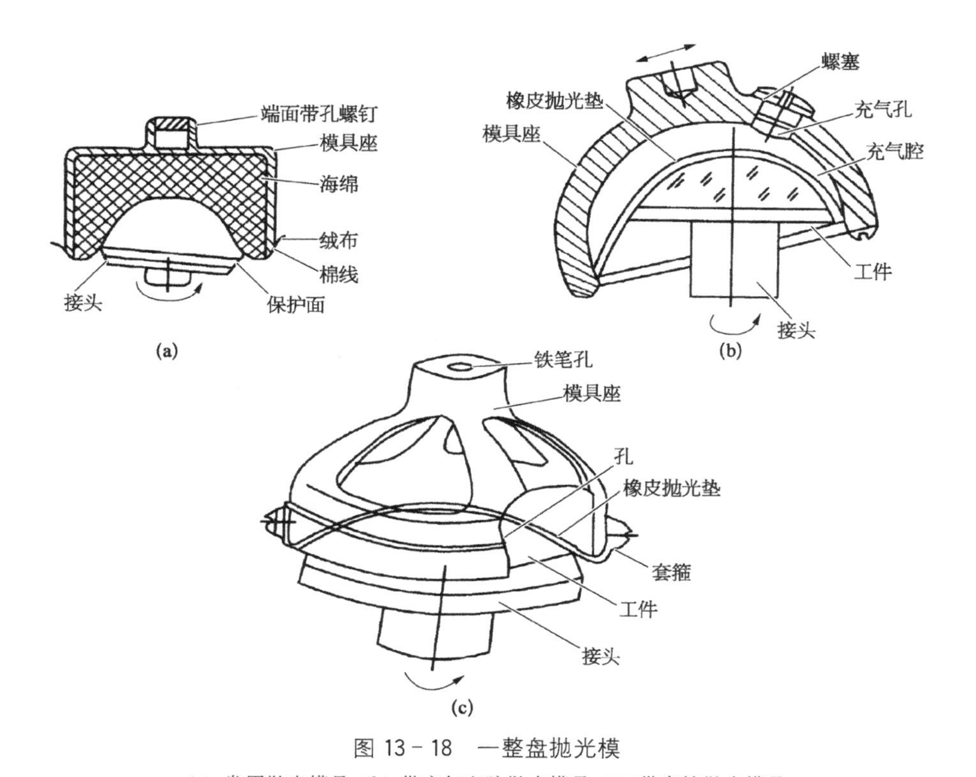

图 13－18　一整盘抛光模

(a) 常用抛光模具;(b) 带充气空腔抛光模具;(c) 带套箍抛光模具

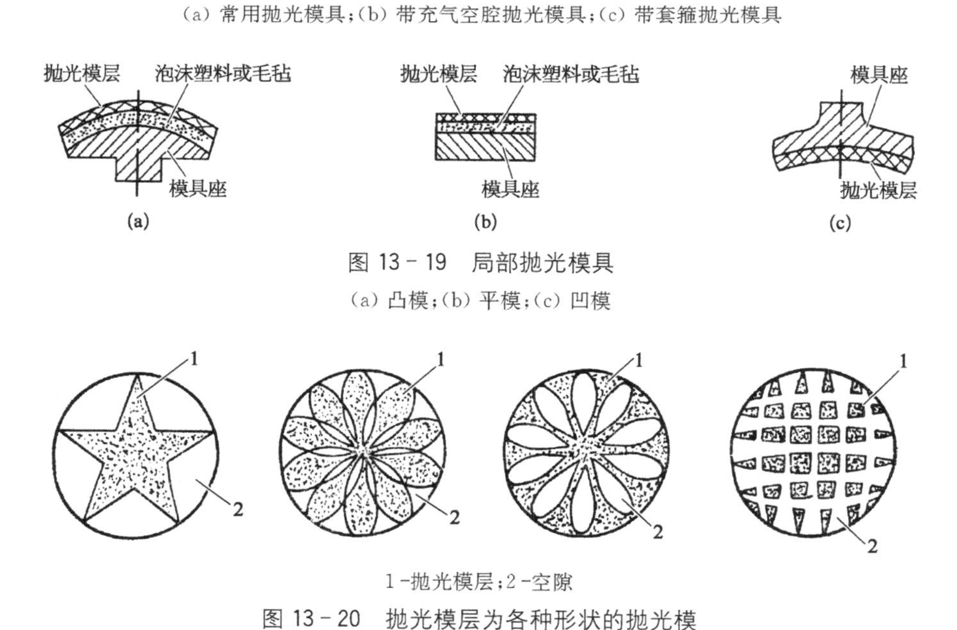

图 13－19　局部抛光模具

(a) 凸模;(b) 平模;(c) 凹模

1 -抛光模层;2 -空隙

图 13－20　抛光模层为各种形状的抛光模

环形磨具。外形如图 13－21 所示,按其精度要求可制成不同直径和宽度的圆环。环形磨具通常选用钢材制成。用环形磨具时,对非球面度较小的带区磨制效果较好,而对非球面度大的带区就很难使用,不易磨平滑。非球面越大时,修磨带区的宽度相应变窄,环的数量也应适当地增加。

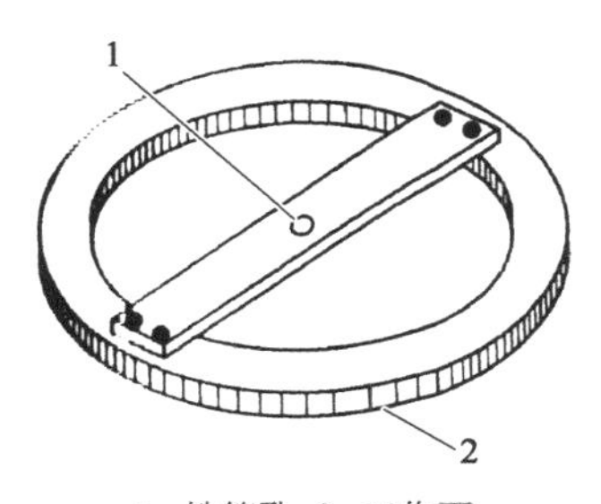

1 -铁笔孔；2 -工作面

图 13－21　环形磨具

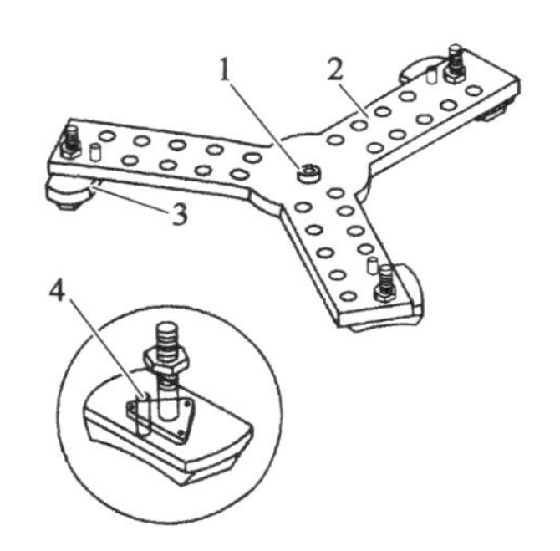

1 -顶针孔；2 -定位孔；3 -磨具；4 -磨具固定销

图 13－22　修改非球面的三点式工具

三点工具。图 13－22 所示为一种适于机器修带的三点式修磨工具，三点修磨工具是由环形磨具发展而来，三点中心可调，三点工具分布在同一圆周上，选择合适的小磨块固定在指定的环带上使用，修磨速度高，也可同时修磨几个环带。

局部修磨法工艺要点：① 无论是精磨改型或抛光改型，磨具必须开槽。② 对于非球面度较大的零件，首先须认定所使用的磨具是专修中央的或是边缘的。在每次抛光改型磨具前，须注意抛光磨具与镜面面型是否吻合(一般用热压成型法达到磨具成型的目的)。③ 当需要磨去局部“凸台”时，可使工具不转，并用圆的局部修磨盘由机器或手工修磨。④ 对于某些局部误差，可用全口径抛光盘微小摆动法进行修磨。⑤ 局部修磨模具与工件的接触面积小、磨削量较大，很容易局部磨出深纹，因此持续抛光时间尽量短，抛光一定时间后重新进行测量和计算，修制新的抛光模，反复进行。

2) 凸轮仿形法

凸轮仿形法是利用精确的凸轮(靠模)来控制零件和磨轮的相对运动，使零件磨削成非球面。凸轮仿形磨削法属于去除加工，是一种常用的方法。

仿形切削的一种常见形式如图 13－23 所示，零件绕自身轴线 A_2C_2 转动，同时又与靠模 1(凸样板)同步地绕轴线 A_3A_4 往复摆动，摆动角大于 90°。在用凹样板检查时，如发现顶部间隙过大，应使零件轴 A_2C_2 离开砂轮往后退。反之，若边缘间隙过大，则应使零件轴 A_2C_2 向着砂轮前进。这种仿形机床，适用于任何曲线的凸回转面透镜的粗磨成形。由于采用点接触，靠模与工件的大小比(缩放比)约为 3∶1，精度不高。如果缩放比能提高到 10∶1 甚至 100∶1，则可以大大提高成型精度。此外这种仿形法磨削凸表面较为方便，但必须严格控制磨轮的位移量及磨损量。磨削凹球面时，零件凹表面的曲率半径必须始终大于磨轮的外圆半径，因此受到一定限制。

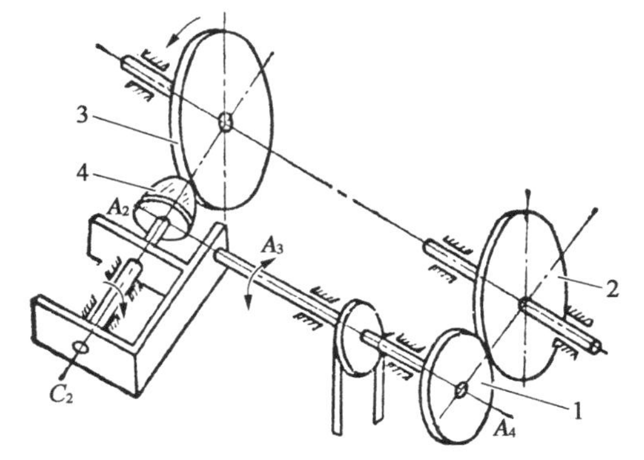

1 -靠模；2 -靠轮；3 -金刚石磨轮；4 -工件

图 13－23　仿形磨削法

据报道，国外已研制 10∶1 甚至 100∶1 比例的仿形机，显然，其精度也成倍提高。

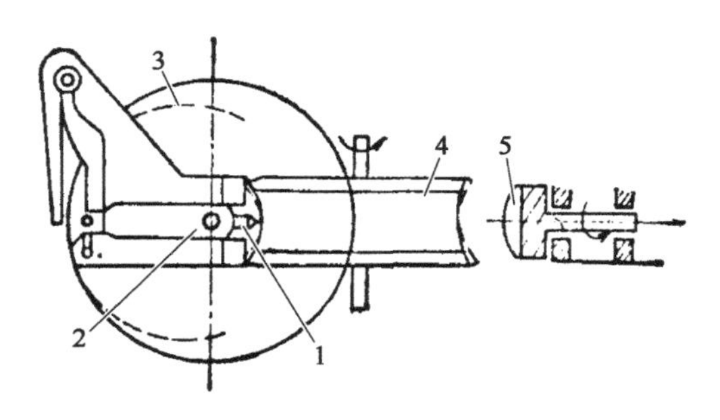

1-金刚石刀具；2-刀具旋转轴；3-靠模；4-中间轮磨盘；5-工件

图 13-24　中间轮仿形磨削法

图 13-24 是另一种仿形研磨机床，它采用了中间轮的形式，工件 5 与中间轮 4 的工作表面是线接触，中间轮的工作表面由金刚钻刀具 1 不间断修正，刀具通过杠杆机构被凸轮 3 所控制，其凸轮与工件的大小比例为 30∶1，因而，可以获得较高的精度。

这种方法的优点是可以制造任意外形的回转表面，因此比较通用。其缺点是加工精度较低，仿形机构的制造精度、机床精度和磨具形状的稳定性都在不同程度上影响工件表面的加工精度。为了提高工件的加工精度，一般采用杠杆机构，加大仿形板的放大倍数，或者采用中间轮对工件进行加工。

3）样板研磨法

样板研磨是依靠全形的片状金属样板以 1∶1 比例复制非球面，一般用于细磨工序。由于其精度受到金属样板制造精度的限制，故只适用于加工低精度零件。

图 13-25 为样板研磨法示意图。图中可拆卸薄钢条宽为 8～10 mm，厚为 0.15～0.4 mm。支架 4 卡住凹样板 3，用铁笔 5 固定在研磨机的摆架上。在研磨过程中，样板中心与零件顶点的相对线速度为零。要产生局部隆起，可用模具或平模手修工件顶部而得到校正。这种方法的抛光可用海绵绒布抛光模或真空弹性抛光模来实现。

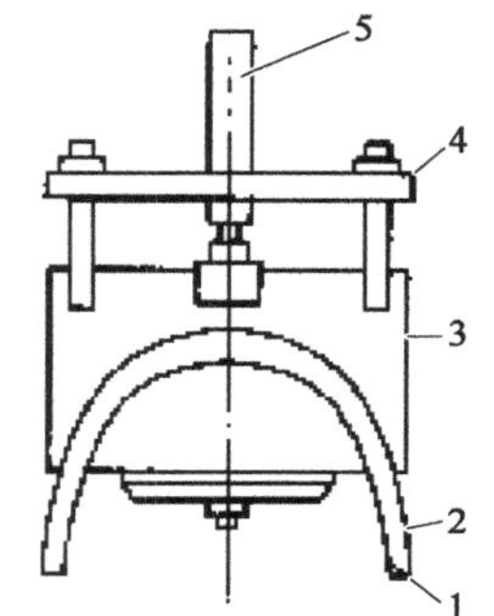

1-可拆卸薄钢条；2-固定的薄钢片；3-凹样板；4-支架；5-铁笔

图 13-25　样板研磨法

4）数控机床加工法

随着计算机技术和超精密加工技术的发展，光学非球面的数控研磨和抛光方法得到了研究和发展。通常数控加工系统有开环控制和闭环控制两种类型。开环控制是指由计算机控制刀具的坐标位置和驻留时间；闭环控制是指具有反馈的加工方法，它可以利用仪器测量得到的信息来调整和控制整个加工过程。

为了控制过程朝着要求的面型逐渐收敛，校正误差的方法必须能使面型的修改产生预期的变化。显然，如果每一次面型修改后表面误差能逐渐减小的话，表面就一定会收敛于要求的面型。

这种方法加工的精度主要取决于测量的精度和所采用的误差校正方法，机床的精度对加工精度的影响一般不会成为主要因素。

对于直径较小或非球面度很大的非球面零件，一般先用计算机控制的精密磨床将零件表面磨削成所要求的面型，再用柔性抛光模抛光。对于直径较大、非球面度不大的精密非球面透镜或反射镜，则先用普通的研磨、抛光方法将其表面加工成最接近的球面，然后用计算机控制的抛光机床将此表面修改成所要求的非球面。

图 13-26 是立式非球面数控磨削机床的原理图。加工时采用标准的球面毛坯，将其加

工余量按坐标位置输入计算机。计算机将此数据变成控制信号输入研磨机床的传动系统，控制机床主轴和工具之间的相对位置和运动速度，从而研磨出非球面表面。然后，将研磨成型的非球面表面用柔性抛光模抛光。将抛光好的零件重新装夹在机床的主轴上，用传感测量头按原来的控制信号控制零件和测量头做相对运动，测出抛光零件的面型。测量过程将面型测量的数据反馈给数控系统，与原数据进行比较得到新的控制程序。再按此程序加工非球面表面，重复上述过程，直到获得合格的零件为止。

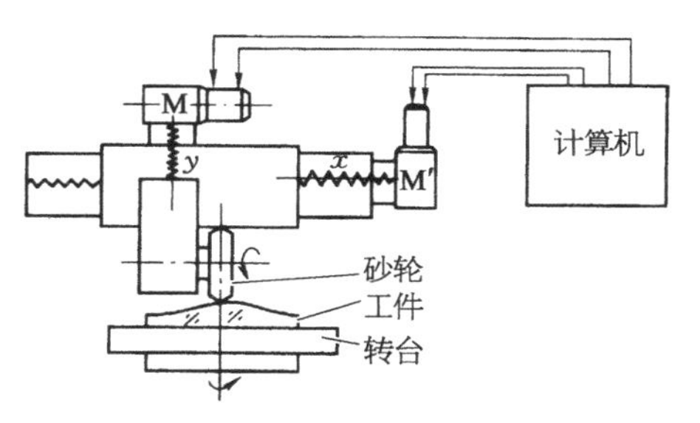

图 13－26　立式非球面数控磨削机床

机床规格如下：

（1）工作台转台直径 830 mm；工作台转速 0.5～8 r/s。

（2）砂轮架 X 行程 480 mm；砂轮架 Y 行程 160 mm；砂轮进给 0.5～120 mm；砂轮马达 750 W，3 600 r/min；磨削油为埃索 28 号。

（3）数控装置 FANVC－280 富士通产品，最小指令值 0.001 mm。

（4）砂轮，金刚石粒度为 120# 及 400#，以塑料为结合剂，外径 $D=160$ mm。

（5）加工偏离平面较小的非球面零件，其最大直径为 570 mm。

5）数控单点金刚石车削

（1）图 13－27 是 20 世纪 80 年代推广应用的数控单晶天然金刚石车削非球面原理图，它是在超精密数控车床上采用天然单晶金刚石刀具，在对机床和加工环境进行精确控制的条件下，直接车削加工出符合光学质量要求的非球面光学零件。这种技术主要用来加工中小尺寸、中等批量的红外晶体和金属材料的光学零件。其特点是生产效率高、加工精度高、重复性好并适用于批量生产，加工成本比传统工艺显著降低。国外用金刚石车削加工军用红外和激光非球面光学零件取得了很好的经济效果。

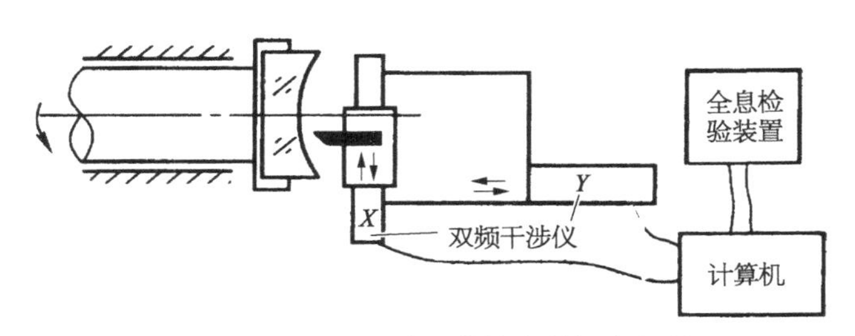

图 13－27　卧式非球面数控车削机床原理图

这种机床适合于加工有色金属、锗、塑料、红外晶体、铍铜、锗基硫化玻璃等材料。零件直径口径较小，一般为 100～150 mm，表面面型的斜率小于 1∶4。

比较典型的加工机床有：

莫尔 M－18AG 非球面加工机床，如图 13－28 所示。这是一个三轴计算机数控的超精密加工系统，既可以用单点金刚石刀具车削除黑色金属及其合金以外的金属、晶体和塑料，又可以用金刚石磨轮对玻璃、黑色金属、有色金属和陶瓷等材料进行磨削。该机床采用 Allen－Bradley 7320 计算机控制系统，刀具的位置用 Hewlett－Packard 5501A 型激光干涉反馈系统精确定位。

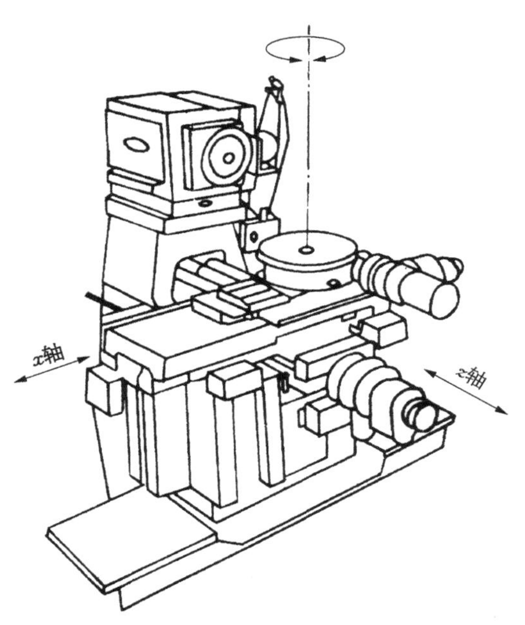

图 13－28　M－18AG 机床

机床的主要规格是：

x 轴行程	410 mm
z 轴行程	230 mm
主轴中心到工作台面距离	292 mm
主轴中心到旋转工作台面距离	178 mm
x，z 轴在全行程上的直线性	0.5 μm
x，z 轴在全行程上的垂直度	1″
x，z 轴在全行程上的偏角	0.5″
x，z 轴在全行程上的定位精度	1.5 μm
x，z 轴每 25.4 mm 行程上的定位精度	0.5 μm
B 轴旋转 360°时的角度偏差	±3″
x，z 轴的读数精度	0.025″
B 轴的读数精度	1.3″
主轴轴向误差	0.05 μm

纽默 ASG 2500 型非球面加工机床(Pneumo ASG2500 Aspheric Generator)

ASG 2500 是双轴高精度计算机控制成型机床。既可以进行单点金刚石刀具车削，又可以用金刚石磨轮进行磨削。该机床采用 Allen－Bradley 8200 计算机数控系统，采用 Hewlett－Packard 激光干涉反馈系统使两导轨精确而同步定位。该机床的结构如图 13－29 所示。

图 13－29　ASG 2500 机床结构

ASG 2500 机床的规格：

工件轴	
类型	筒形液压气动轴承，带有后滑板
转速	100～2 400 r/min
径向/轴向跳动	0.1 μm 以下(总读数)
磨轮轴	
类型	筒形液压气动轴承，带有后滑板
转速	3 000～10 000 r/min
径向跳动	0.25 μm 以下(总读数)
x 轴和 z 轴轴向直线导轨	

速度	0.25～762 mm/min
水平直线度	x 轴 0.5 μm 以下(全行程)
	z 轴 0.3 μm 以下(全行程)
行程	x 轴 254 mm
	z 轴 152 mm
控制和反馈系统	
分辨率	10 nm
特点	对温度、湿度和大气压可以补偿
工件尺寸	
凹面	最大直径 150 mm,最大矢高 38 mm
凸面	最大直径 150 mm,最大矢高 75 mm

(2) 图 13－30 所示为 Zeiss 厂设计制造的极坐标加工机床的加工原理,该机床的优点是:它可以将加工机床和测量装置组合在一起。装在转轴上的感应机械测头能在加工后立即测出非球面表面的轮廓。因此,很容易得到所需的校正函数,并能补偿磨具磨损、机床刚度和主轴的热飘移等因素所产生的误差。

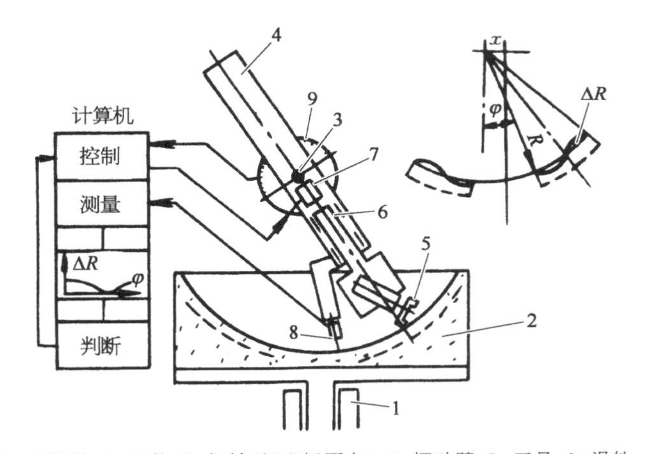

1－工件轴;2－工件;3－枢轴(极坐标原点);4－摆动臂;5－刀具;6－滑轨;7－驱动系统;8－测头;9－摆动(ϕ)的轴位置数字读取器

图 13－30　极坐标非球面机床的加工原理

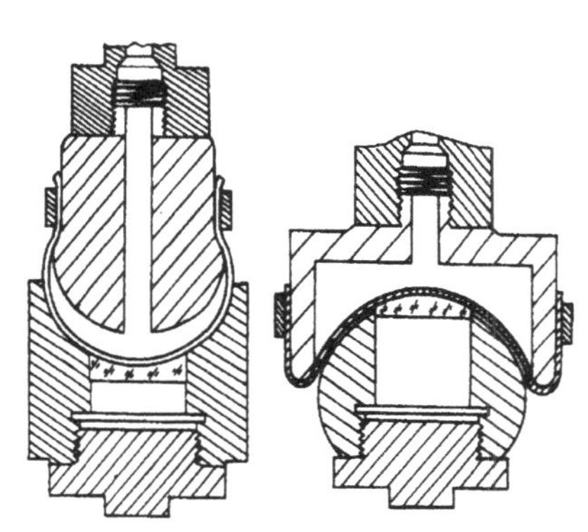

图 13－31　非球面透镜的气压抛光模

用上述非球面研磨机床研磨后的非球面还需要进行抛光加工,抛光时一般采用柔性抛光模。图 13－31 是柔性气压抛光模,这种抛光模沿着被加工表面移动时能改变自己的形状,并与被加工表面保持吻合状态。抛光模内有空气压力,使抛光模层材料和被抛光零件表面均匀、全面地吻合,并能保持均匀的压力。抛光模层可以是覆盖有柔软的薄沥青尼龙膜片,也可以是有许多浸有柏油抛光胶的小毛毡块无孔耐油橡皮。

6) 计算机数控离子束成型技术

离子束抛光法是用高能正离子轰击光学零件表面而获得高精度光学零件表面的方法。它也是属于去除加工法。

离子抛光法是将惰性气体(如氩、氪、氙等)放在真空度为1.33 Pa的真空室中,用高频或放电等方法使之成为离子,再用20～25 kV的电压使其加速,使它具有一定的动能,然后聚焦成很细的离子束(直径通常为0.5～1 mm)轰击放在真空度为1.33×10^{-3} Pa的真空靶室中的零件上,离子束即可将玻璃表面的原子一个一个地溅射掉,以10～20 μm的深度对光学表面进行加工,可以获得0.1 μm的表面粗糙度和0.1 μm的表面面型精度。

离子抛光法可以分为6个步骤:

步骤1——光学设计人员用光学设计程序把所要求的光学表面精密的数学形式表示出来。

步骤2——根据所得到的数学形式,用计算机求出最接近平面或简单非球面。

步骤3——用普通的研磨抛光方法加工出最接近的球面或抛物面,以便减少离子束抛光所需要的时间。对大多数非球面来说,这一最接近表面与最终所要求的表面之差的最大值仅为几微米。表面可以用激光干涉仪精确测量其面型。

步骤4——将干涉仪测得的表面面型的数据与用数学形式表达的精密光学表面形状进行比较。通过计算机处理得到表面误差矩阵。这个矩阵确定了从每一单位面积上应去除的材料的数量。

步骤5——把表面误差矩阵数据送入微型计算机,然后由计算机驱动离子束做两个坐标方向的扫描运动。计算机直接和离子束系统连接,经放大并控制离子束在光学表面上的位置和停留时间。此外,计算机在操作过程中,用来监视离子束,并对离子束参数的微小变化进行实时控制。离子束在光学表面某一面积上停留的时间同步骤4确定的那个面积上应去除的材料量成正比。

步骤6——把经过加工成最接近比较球面的光学零件放入真空度约为$1.33\times10^{-3}\sim1\times10^{-4}$ Pa的真空靶室内,在计算机控制下,用离子束轰击工件表面使其达到所需要的面型。由于材料去除的精度很高,因此有可能在完全开环下直接获得所要求的面型。也就是说,从成型加工开始到结束,不必进行多次的面型测量。

图13-32是柯尔斯曼仪器公司的离子束抛光机的结构示意图(郑开陵.离子束抛光技术.现代兵器,1982(9):21-25)。离子束发生器2固定在机床的顶部,它由输入氩气的管道3、阀门4、灯丝5和具有聚焦与加速功能的装置6所组成。氩气进入离子发生器后,在射频电场的作用下电离成带正电荷的离子。进入加速装置后在加速电压(一般在12万V以下)的作用下,离子获得一定的能量。静电透镜1使离子束聚焦。离子束直径一般为1～5 mm。静电偏转板7可使离子束做两个方向的偏转运动,实现对工件的扫描。控制装置可通过改变电子透镜、离子引出装置和加速器的电压实现动态聚焦,以便离子束的电流密度保持不变,并使它总是聚焦在被加工零件的表面。干涉仪13通过窗口12监控工件表面的加工质量。在工作室11中,被加工零件10安装在夹具9中,夹具安装在驱动机构8的表面,夹具可以改变倾斜角度,以改变离子束入射到工件表面的入射角。工件由无级变速直流电动机驱动。

在工件表面可以产生连续的螺旋线、同心圆或电视扫描等不同类型的加工轨迹。

用离子束轰击的方法不仅能抛光玻璃零件,而且还可以加工其他非金属或金属零件。例如可以用它来抛光高能量激光器谐振腔的金属反射镜。

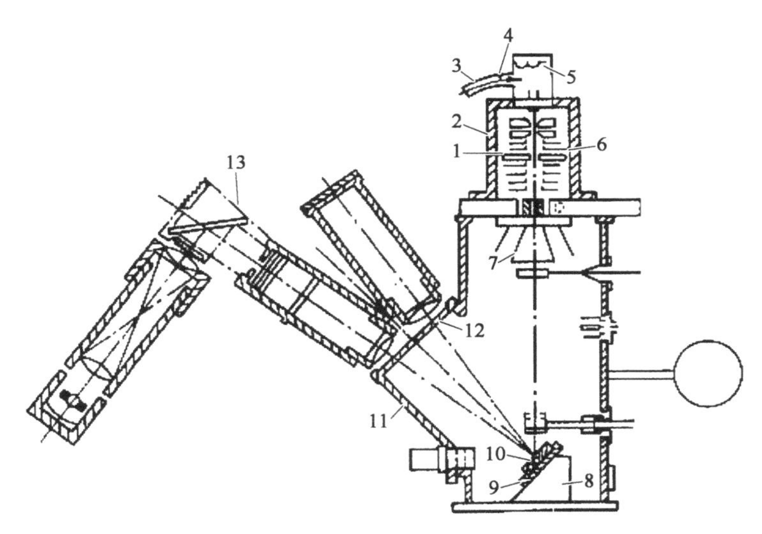

1 -静电透镜；2 -离子束发生器；3 -输气管道；4 -阀门；5 -灯丝；6 -聚焦和加速装置；
7 -偏转板；8 -驱动机构；9 -夹具；10 -工件；11 -工作室；12 -窗口；13 -干涉仪

图 13 - 32　离子抛光机结构示意图

离子束加工光学零件的特点是：

(1) 加工时工具不与工件表面接触，不存在磨削、抛光引起的工件塌边问题。在离子束能量不高的情况下，工件不会产生热量，不会引起工件表面裂纹、应力和变形，因而加工零件表面质量较好。

(2) 离子束直径很小，可以加工大尺寸工件也可以加工小尺寸工件。

(3) 加工精度高，面型精度可达 $\lambda/50 \sim \lambda/100$，加工后工件表面粗糙度能满足衍射极限光学装置的要求。

离子束可加工各种玻璃、熔凝硅、陶瓷、不锈钢、钛、铝、铍铜、镍铬合金等。其缺点是设备费用太高。

由于离子抛光去除的玻璃厚度很小，一般只有几个微米，所以只能用来加工小型零件和偏离平面或球面的非球面度较小的非球面零件。一般情况下，离子抛光的表面形状精度可达 0.1 μm，表面粗糙度可达 0.01 μm。

加工实例：美国某公司用氩离子束加工一块相对孔径为 1 : 6、直径为 10 cm 的抛物面反射镜。材料是硼硅玻璃，预先将毛坯抛光成最接近球面，其球面半径为 120 cm。用直径为 3 mm 的聚焦离子束在球面上沿螺旋线轨迹进行轰击。离子束在各带区停留的时间由计算机控制，以达到预定的去除量。当离子束电流为 100 μA 时，轰击 11 h 后玻璃所去除的厚度为 4～5 个波长。

13.4.2　附加加工法

1) 真空镀膜法

真空镀膜法加工非球面是属于附加加工法。它的实质是在抛光的球面或者平面(基底)

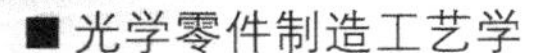

上，用真空镀膜方法镀以透明或者不透明的变厚镀膜层，将球面（或平面）修改成非球面的附加加工方法。即以经过精磨、抛光处理的最接近比较球面（或平面）为基底，按照设计要求在不同带区镀上厚度不同的透明或不透明的膜层，制成所需面型的非球面。不同带区的膜层厚度是靠挡板——精确设计带有图形孔的屏来保证的。显然，真空镀膜法加工非球面与机械法加工非球面不同。因为后者是基于去除多余的材料，而前者是附着一定的材料。

真空镀膜法的优点在于，它可以加工任意形状的非球面，包括非对称（由不均匀地旋转得到）非球面，并且具有较高的重复性，其偏差约为1%。这就意味着，当真空镀膜装置一旦确定后从一个工作周期到另一个工作周期，膜层厚度的偏差不超过1%。当膜层厚度为20 mm时，其偏差为0.2 μm，相当于用玻璃样板检验非球面时差一个光圈。因此，真空镀膜法完全适用于制造高精度大球面。

真空镀膜法的另一个优点是，可以选择不同的镀膜材料，透明的（如硫化锌、氟化镁等）和不透明的（如银、铝等）均可，在出废品时，可以不损伤基底去除膜层。真空镀膜法的精度非常高（一般可达 $\lambda/10 \sim \lambda/20$）。

真空镀膜法的缺点是膜层不能太厚，太厚了容易产生结晶，引起散射；膜层容易剥落。

采用真空镀膜法加工非球面光学零件基本方法和一般真空镀膜方法相同，采用普通的真空镀膜机，配备以使光学零件旋转的传动机构和检验膜层厚度的装置，两者之间的主要区别在于，在光学零件和蒸发源之间需要安置一块如图13－33所示的具有一定孔型的挡板。

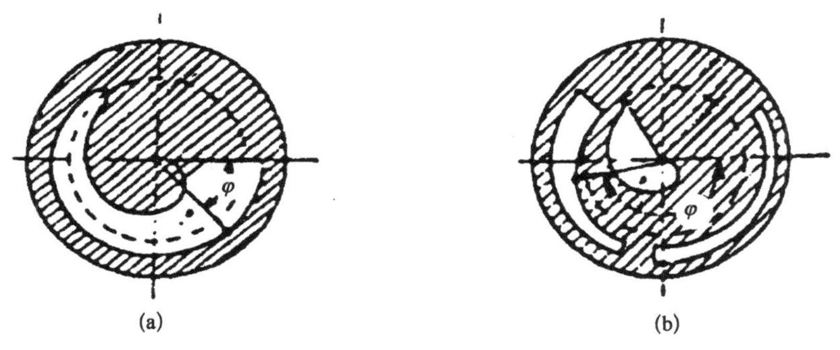

图13－33　挡板缺口形状

(a) 凹非球面挡板；(b) 凸非球面挡板

（1）非球面挡板的计算。非球面挡板切口形状的设计分两步：首先计算出最接近比较球面的曲率半径，精确确定由最接近比较球面转变为非球面所需要的最大镀层厚度（最大偏离量）。并要使非球面的加工量最小；第二步是按零件区域所需的镀层厚度计算出适当的切口形状。

以凹非球面为例，假定蒸发物质分子按直线喷射，且零件表面的镀层均匀，二次非球面与最接近比较球面的顶点和边缘点相交如图13－33所示时，由式（13－16）可知整个非球面对最接近比较球面的偏离量为

$$\delta = \frac{e^2 y^2}{8R_0^3}(h^2 - y^2)$$

二次非球面与最接近比较球面的最大偏离量，即最大膜层厚度如图 13－34(a)所示：

$$\delta_{\max} = \frac{e^2 D^4}{512 R_0^3}$$

最大膜层厚度的位置为 $y = \frac{h}{\sqrt{2}}$。

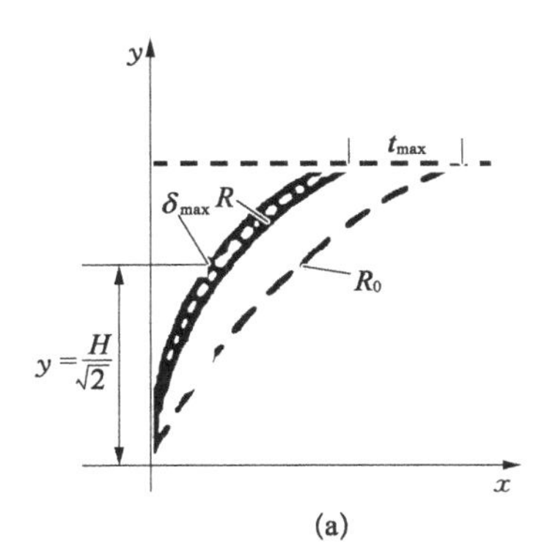

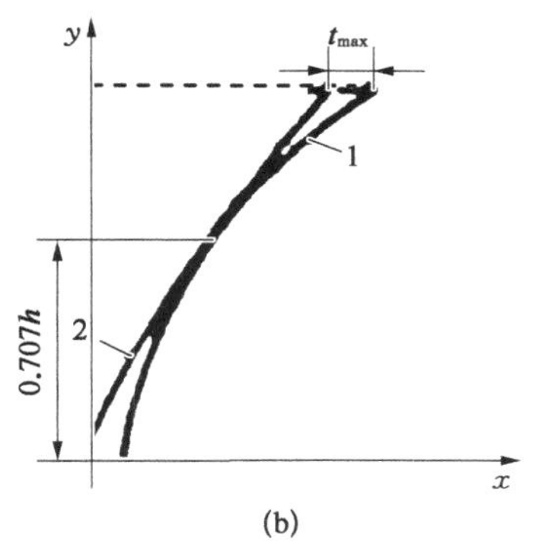

图 13－34 膜层厚度及挡板计算

(a) 凹面非球面在 $h/\sqrt{2}$ 处偏离量最大；(b) 凸面非球面在中心与边缘位置偏离量最大

如何来控制各环带的镀层厚度呢？采用的方法是利用具有孔形的挡板，不均匀地阻挡镀膜材料的蒸发量，形成不同厚度的膜层。

假定蒸发物质分子按直线喷射、并且它的浓度在单位立体角内是均匀的。最简单的情况是，蒸发源位于毛坯原始表面的曲率中心，挡板表面与毛坯原始表面成同心圆的球面。

挡板缺口的曲线用极坐标 $\varphi = f(\rho)$ 表示，且

$$\varphi = K\delta$$

$$K = \frac{\varphi_{\max}}{\delta_{\max}} \tag{13-33}$$

式中，$\varphi_{\max}$ 为最大切口角度，考虑到挡板强度，一般取 $4\pi/3$。当 $y = \frac{h}{\sqrt{2}}$ 时，$\delta_{\max} = \frac{e^2 h^4}{32 R_0^3}$。

假设挡板紧贴在零件表面，则 $\rho = y$，但是，挡板在旋转时，不可能完全贴紧，有一间隙 Δ。如果蒸发源离零件表面的距离为 L，则

$$\rho = cy \tag{13-34}$$

$$c = \frac{L - \Delta}{L} \tag{13-35}$$

所以

$$\varphi = K\delta = K \frac{e^2 \rho^2}{8c^2 R_0^3}\left(h^2 - \frac{\rho^2}{c^2}\right) = \frac{K e^2 h^2}{8c^2 R_0^3}\rho^2 - \frac{K e^2}{8c^4 R_0^3}\rho^4 \tag{13-36}$$

$$\varphi = a\rho^2 - b\rho^4 \tag{13-37}$$

式中，$a = \frac{180}{\pi} \frac{Ke^2h^2}{8c^2R_0^3}$，$b = \frac{180}{\pi} \frac{Ke^2}{8c^2R_0^3}$。

用同一挡板，逐渐增加镀层厚度，可连续地将球面零件变为所要求的非球面零件。

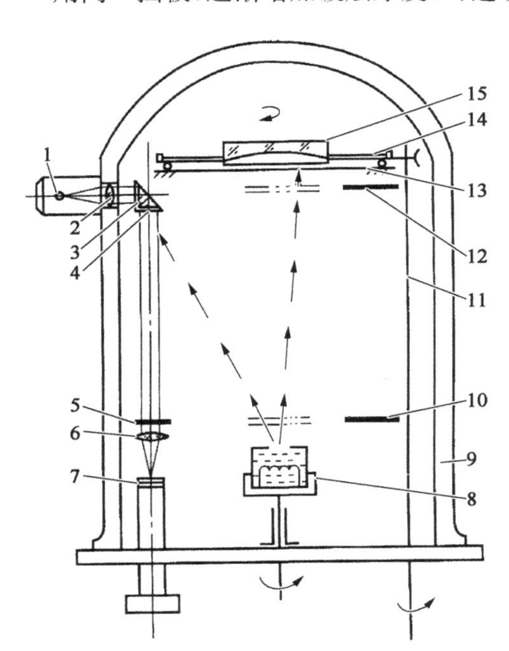

1 -光源；2 -聚光镜；3 -光阑与转光棱镜；4 -测试比较片；5 -滤光片；6 -物镜；7 -光电倍增管；8 -蒸发源(可转动)；9 -真空钟罩；10 -盖板；11 -转动传动轴；12 -遮板，高压电极；13 -固定挡板；14 -转动座；15 -非球面工件

图 13-35　真空镀制非球面

对于加工凸二次曲面时，中心和边缘处偏离最大，如图 13-34(b)，$y = h/\sqrt{2}$ 处二次曲面与球面重合，即此处镀层厚度为零，各环带应镀厚度为

$$\delta' = \delta_{\max} - \delta = \frac{e^2}{32R^3}(h^2 - 2y^2)^2 \tag{13-38}$$

(2) 真空镀膜法制造非球面及其装置。用镀膜方法使球面光学零件非球面化，可采用普通的真空镀膜机，但要装备能使光学零件旋转的传动机构和检测膜层厚度的装置，如图 13-35 所示。

非球面的镀制工艺和一般的零件镀膜工艺类似，但工艺规程比较严格。非球面的面型精度取决于非球面挡板的计算精确性和制造精度、最接近比较球面的制造精度以及镀膜工艺因素。镀膜工艺因素包括：物质的蒸发速度、蒸发源和零件的相对位置、蒸发器的形状、零件的表面温度、蒸发物质流所要求的立体角内的稳定性、零件或挡板的转动速度以及挡板与零件之间的距离等。

这种非球面化镀膜工艺每镀制一次都要进行检验，根据面型情况来修整挡板，直到获得符合要求的非球面为止。挡板制作一旦成功，重复上述工艺，就会得到同样质量的非球面。

2) 复制法

用复制的方法可以加工反射零件，也可以加工透射零件，但是以加工反射零件的工艺比较成熟。复制法制造非球面成本低、精度高、批量大，但不能承受较高的温度。非球面复制工艺过程如图 13-36 所示。

第 1 步，先制造一个高精度的复制模，凸凹与零件相反，表面精度至少等于零件的要求精度。然后用真空镀膜法在其上镀上 3 层膜：第 1 层为非黏结膜(分模膜)，分模膜膜料通常采用金、银、铜、铝等软金属及有机脱膜剂等。其中以铜为最好。有机脱膜剂有硬腊、油脂、硅酮等长链聚合物，常用 704 硅油。第 2 层为镀一氧化碳、或硬碳等介质的保护膜；第 3 层是铝膜(光学膜)。

第 2 步，将工件先加工成最接近比较球面，作为基体。

第 3 步，将镀好的复制模与精度适当的反射镜基体用环氧树脂黏结在一起。等固化后，

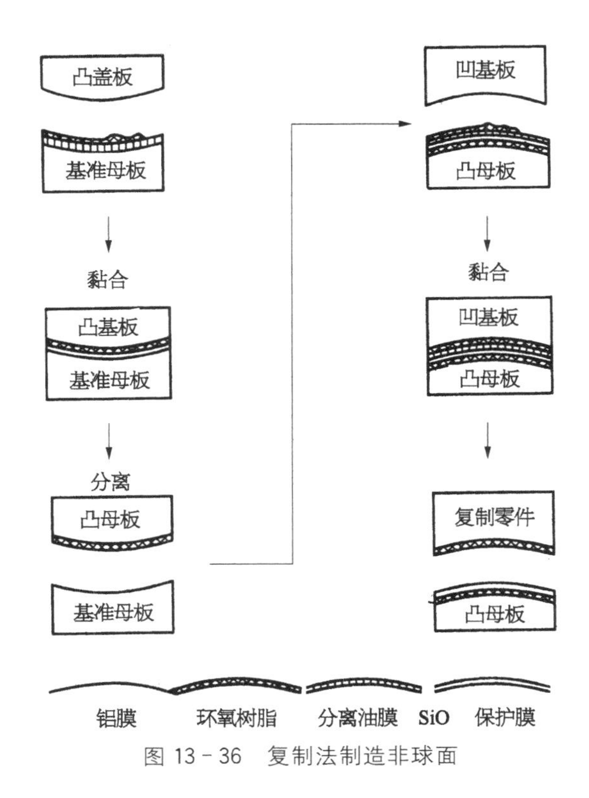

图 13－36　复制法制造非球面

用加热或冷却的方法使复制模从分模膜处层分离，于是基体、环氧树脂和膜层就构成一个复制的非球面反射镜。这样反复进行，可以批量生产。同样，也能制造出折射光学零件。

(1) 复制模。复制模的材料、设计与成本决定了复制品的成本和精度。复制模的精度和表面粗糙度至少要等于工作表面所要求的精度。复制模的外形尺寸要比工件大 1/4。刚性要好，不允许产生微小的变形。所以，其直径∶厚度≤6∶1。

复制模的材料抗拉强度要好。当工件的精度和表面粗糙度要求较高时，选择复制模材料的顺序为：微晶玻璃、石英玻璃、派勒克斯玻璃、玻璃、不锈钢、硬质合金。当工件精度要求一般时，材料选择的顺序是：硬质合金，不锈钢、玻璃、派勒克斯玻璃、石英玻璃。

玻璃做复制模的优点是：① 玻璃表面容易加工出高的形状精度和表面粗糙度；② 可以利用长期以来积累的加工非球面的经验；③ 实践表明，用玻璃模具复制出来的光学零件表面质量好，石英玻璃由于热膨胀系数小，所以复制出来的工件最好。

制造复制模时最好先在数控机床或专用的非球面机床上粗磨成形，然后精磨抛光。

(2) 基体材料。假如复制的是透射零件，必须用玻璃。假如是反射零件，既可以用玻璃，也可以用金属，如黄铜、青铜、钢、镁、钛、锰、铍、铝等；也可以用花岗岩、大理石、氧化铝、氟化铍、塑料等。反射零件为了增加刚度减少重量，可采用加强筋、蜂窝状结构等。

基体表面可加工成最接近球面，表面精度可以比工件所要求的精度低 10 倍，表面粗糙度的均方根值可以在 32 μm 以内，但不能有深的划痕。

基体材料的热膨胀系数最好与环氧树脂相同，基体材料可以用塑料、玻璃、派勒克斯玻璃、石英、花岗岩、大理石、氧化铝、氟化铍、铝、黄铜、青铜、钢、镁、钛等。可以制成蜂窝状结构。

(3) 镀膜。镀膜工序最好在复制前,也就是镀在复制模上,而不是镀在固化后的环氧树脂上。因为,一方面在真空室内温度较高,环氧树脂经不起高温;另一方面在环氧树脂上镀金属膜的牢固度低。假如先在复制模上镀膜层,然后通过浇注环氧树脂,环氧树脂单体在未固化的状态下,能浸润到金属膜层中去,因而结合牢固。这是由于环氧树脂聚合物的表面自由能比固体金属的表面自由能低得多,而高自由能的流体不能很好地黏附在低自由能的固体物质上,而低自由能物质的流体却能牢固地黏在高自由能的固体上。

(4) 环氧树脂。环氧树脂要求透光性好,折射率稳定,固化时收缩要小,线膨胀系数与基体材料一致,这样,容易保证面型精度。环氧树脂黏度要小,便于排气泡和填充模子。最理想的是用低温固化的环氧树脂作为复制树脂。

环氧树脂层的厚度在 0.05~1 mm 之间。

环氧树脂的缺点是吸水性大、抗划伤能力差。低温固化的环氧树脂的典型线性收缩是2%,其中液态聚合过程中收缩 1.2%,固态收缩 0.8%,固态收缩要影响面型精度,解决的办法有:① 已经完全固化的复制品,再重复进行一次复制,以补偿收缩变形。② 适当提高树脂的折射率,以补偿树脂固化收缩的变平效应(指减少非球面度)。③ 经多次试制,根据误差情况,对复制模表面形状加以修正,使复制模表面形状与实际要求的表面形状有一定的差别,使固化收缩后,正好等于所要求的面型。

13.4.3　成型加工方法

成型加工方法包括弹性变形法、热压法和模塑法。

弹性变形法适用于厚度相对于直径较薄的工件,如施密特校正板就是利用弹性变形法制造的。

弹性变形法是利用玻璃的弹性变形加工非球面,被加工的玻璃放在圆筒上(见图 13-37),将圆筒中间抽成真空。由于大气压力,玻璃被压弯而变形,在变形的状态下对上表面进行研磨、抛光,加工成某一要求的面型(球面或平面),当玻璃从筒中取下后,压力消失,弹性形变恢复,原来规则的球面就变成特定形状的非球面。早在 1930 年施米特就用这种方法加工出第一块施米特校正板。

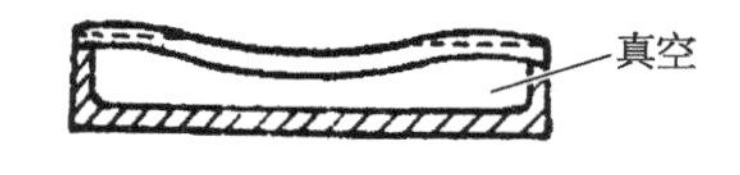

图 13-37　利用玻璃的弹性变形加工非球面(胶在圆筒上)

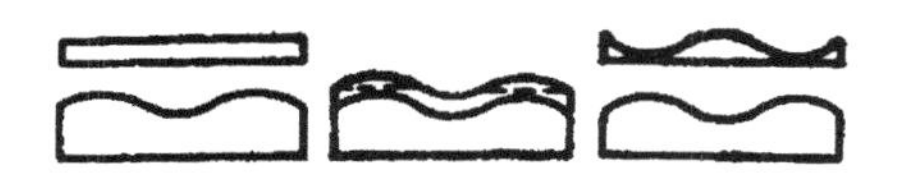

图 13-38　利用玻璃的弹性变形加工非球面(胶在基座上)

亦可以将圆筒改成具有一定曲线形状的基座(见图 13-38),将玻璃用胶黏上,细磨、抛光到某一所需的面型后取下,恢复弹性形变后,加工面变成了特定形状的非球面。

目前较多的是采用热压法和模塑法。热压法是将光学塑料毛坯加热、加压制造光学零件，如菲涅耳放大镜、施密特校正板等非球面零件，或用精密模压技术将玻璃毛坯成型为玻璃非球面透镜。模塑法包括浇铸法和注射成型法。

浇铸法是将液态的单体及固化剂浇入成型模具中，用加热或光能使其聚合，待充分固化后从模子中取出制品。通常是用来做特别大的零件或试制件，如用浇铸法生产热固性塑料 CR－39 眼镜镜片。浇铸法一般用玻璃做模子，严格控制固化温度以减小应力和变形。由于不可能有效地控制冷却时的收缩（收缩率高达 14%）。因此，用浇铸法不可能制造高精度的光学元件。另外，这种方法加工时间长，一般要几个小时。

由于金属模腔制造技术的发展，可以制造出精度高、粗糙度小的任意曲面形状的模芯，因而大批量生产高精度非球面透镜是用注射成型法制造的。利用这种方法还可以制造微透镜阵列和折射-衍射混合透镜等微光学元件，因此浇铸法有着非常广阔的应用前景。

电铸成型技术主要用来制造高温和有应力作用下使用的非球面金属反射镜。制造金属反射光学零件一般采用电镀原理，首先要制造一个高质量的母模，其面型精度和表面粗糙度均应高于所加工的光学零件。制造复制模的材料应该能加工出高精度的表面，并且有良好的强度和硬度。最好的复制模材料是微晶玻璃和石英玻璃，也可以用不锈钢或硬质合金。

第二步在玻璃母模或不锈钢母模表面用真空镀膜的方法镀一层导电的脱模膜，脱模膜的材料与母模的结合力要尽可能弱，使其容易与母模分离。常用的脱模膜材料有银、金、铜、铝、硅油等。

然后把母模放入电镀槽中，用电镀方法镀上几十微米厚的镍膜或锈膜作为反射膜。再电镀一层厚度为 3～6 mm 的铜作为反射镜本体。如果需要，还可在铜上再镀一层镍以保护铜不受腐蚀。反射镜本体与母模分离后，电镀层就成为金属反射光学零件的工作面。镍和铜的电镀膜对可见光反射率只有 60%左右，并容易老化；电镀锗层的反射率也只有 76%左右。为了增加反射率，可再用真空镀膜法在电铸成型光学零件的反射面上镀铝，铝面的反射率最高可达 94%。与传统加工工艺相比，电铸成型加工反射光学零件的厚度从十分之几毫米到 7 mm 左右。

影响电铸成型光学零件面型精度的因素有母模精度、电铸成型过程的参量控制、工作表面几何形状和结构等。

目前电铸成型加工光学零件的材料有限，只有镍和铜。其他材料因电铸成型后的应力较大，造成面型变化大，不宜用于电铸成型制造非球面光学反射镜。

非球面光学零件的加工除了上述的几种方法外，近几年还研发出磁流体（磁流变）抛光技术。磁流体抛光技术是将抛光粉掺入磁流介质中，通电后磁流体变成刚性体，由计算机控制非球面工件表面在刚性磁流体表面进行抛光。目前磁流体抛光技术已经成熟，国外已开发出了磁流体抛光机床等设备。

13.5　非球面光学零件的检验

非球面的制造技术离不开检测，精确的检测数据是制造、试制非球面光学零件的评价依据，如果没有精确而恰当的测量方法，便没有可靠的检测数据，也就无法进行非球面加工。

检测非球面面型的方法有很多，但没有一种通用的方法可以测量各种类型的非球面面型，因此要根据非球面的类型选择恰当的检测方法。在讨论检测方法之前，先要知道如何评价非球面的质量。

13.5.1 非球面的质量评价

1）面型精度

虽然在 ISO 10110—12：1997(E)中规定了非球面零件图上面型精度的表示方法，但实际上由于非球面形状的复杂性、用途的不同和测量方法的不同，至今对非球面面型精度或对非球面零件的质量指标还没有统一的标准。在 ISO 10110—12：1997(E)中规定非球面表面面型允差的表示方法应采用以下 3 种方法中的一种：

（1）按照 ISO 1101 的规定，以表面轮廓度表示。

（2）按照 ISO 1110—5 的规定，以光圈和局部光圈数表示。

（3）z 值的允许偏差用列表给定。该值是根据下式计算的名义值与工件的实际值之差。

$$z=g(x)=\frac{x^2}{R_x+\sqrt{R_x^2-(1+k_x)x^2}} \tag{13-39}$$

在上述 3 种表示法中，还要给出允许的斜率偏差，它是表面法线和名义值的偏差。此时，在图纸上同时要给出斜率的采样长度——测量斜率时在表面上移动的距离。如果是非回转轴对称表面，在不同的截面内斜率允差有可能是不同的。

事实上，目前并没有按该标准所规定的方法来衡量非球面零件的质量。有时用允许的弥散斑的直径，有时用出射波面的波像差，或用干涉条纹的 $p-V$ 值，或用 RMS 值来衡量零件的质量是否达到要求。例如，对二次非球面零件来说，由于有等光程点，所以在测量此类表面时可规定表面的局部光圈，或由点光源所产生的弥散斑直径，或干涉条纹的允许误差。对于高次非球面透镜来说，用干涉仪测量时，有时规定了出射波前的波像差(例如光盘读取系统规定波像差不大于 0.03 个波长)，有时用光圈数、不规则光圈数、全口径的不规则度、中部带区的不规则度等 4 个指标来衡量面型的质量；在用轮廓仪测量时则可以给出顶点曲率半径的偏差和面型误差的 $p-V$，R_a 等值。

2）其他质量指标

与球面零件一样，非球面零件也要给出定中心允差、表面疵病允差和表面粗糙度，给定方法和球面零件一样。

13.5.2 非球面面形检测

1）坐标面型法

坐标面型法的原理是测量非球面的面型坐标 x，y，z 的值，然后将计算值与理论值比较得到面型的测量精度。这是一种以几何尺寸为目标的测量方法，适用于中、低精度的面型检验。测量方法有下述几种：

(1) 液面测量法。如图 13－39 所示，把被检非球面零件浸入液体中，定好基准，并分别在垂直与水平两个方向上安置测量显微镜，再瞄准液面和被检零件的交线，测得一系列的 x，y 值。这种方法由于受到液体边缘效应的影响，故精度不高，仅适用于检验低精度非球面零件。

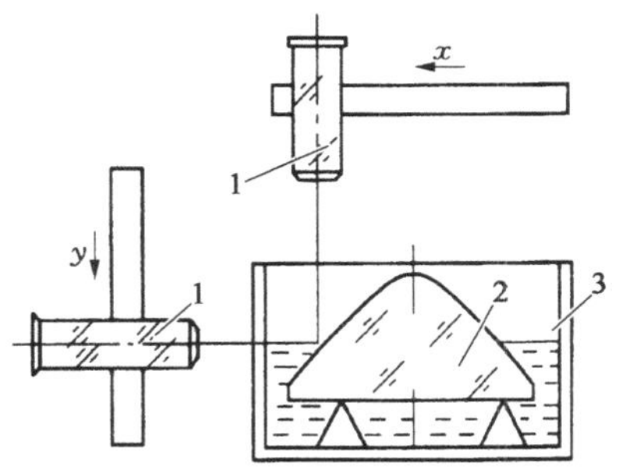

1－瞄准镜；2－被检镜；3－液槽

图 13－39　液面法测量非球面

(2) 投影法。如图 13－40 所示，一平行光束投射到被测非球面零件上，在其后的投影屏上显现非球面面型的阴影轮廓，该轮廓阴影与标准曲线进行比较，得到测量结果。此法适用于大批量、低精度的非球面检测。

(3) 轮廓测量法。由于光学零件的面型精度要求很高，一般来说，光学零件的面型精度至少要比机械零件的要求高一个数量级。因此，即使机械加工中使用的计量型三坐标测量仪也已无法满足光学零件面型精度的要求，而要使用超精密的三坐标测量仪。目前，大多采用表面轮廓仪来测量非球面表面的面型。这些仪器要达到几个要求：① 具有多轴精密定位系统，由线性电机驱动并用激光干涉仪或光栅尺给出位置反馈信号。② 运动导轨应具有很好的刚性。③ 要有非常稳定的基座，一般用花岗岩做基座。④ 对环境的温度和湿度有严格的要求，要隔离周围的振动。

英国 Taylor Hobson 公司的 Form Talysurf 表面轮廓仪，不仅可以测量表面的粗糙度和波纹度，还是测量非球面面型的理想仪器。

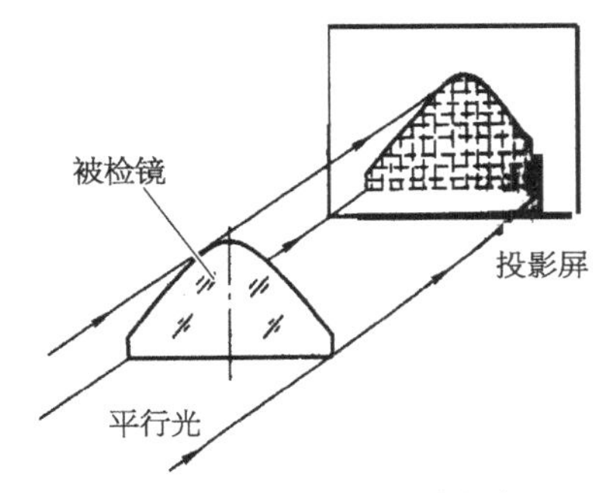

图 13－40　投影法检测非球面

Form Talysurfss 型表面轮廓仪采用如图 13－41 所示的激光探头。激光器发出的激光束经分束器后，一支光束射到固定的参考棱镜上，另一支射到安装在测量杆顶端的可动棱镜上。当被测非球面绕回转中心旋转时，测量杆末端的金刚石测量头就沿非球面表面滑动，使测杆上下移动，从而改变测量光路与参考光路之间的光程差。激光干涉仪测出这一光程差，就获得了被测非球面与参考球面的偏差。

目前一般使用 Form Talysurf S5 型或 Form Talysurf S6 型表面轮廓仪来测量非球面面型。由于测量一次只能得到一个截面的轮廓，要想知道整个表面的面型，就必须测量足够数量的截面轮廓。这不仅要花很长的时间，而且也很难发现局部的误差。另外，对于表面硬度比较低的材料，在测量中触针会划伤光学表面。因此，这种方法主要用来测量非球面模压成型时模具模芯的非球面面型。

用轮廓仪检测非球面面型时，运用非球面检测软件，先通过对话窗口输入非球面方程的所有设计参数。然后，将实测面型曲线和该理论面型曲线相比较，得到误差曲线。

2) 波面测量法

(1) 刀口阴影法。是根据完善的会聚光束，通过被检光学系统后偏离会聚光束(偏离球面波)的情况来确定光学系统的像质和测量像差。这种方法的核心是用刀口切割会聚光束产生阴影图，根据阴影图确定光束偏离会聚光束的程度，所以称为刀口阴影法，使用的仪器称为刀口仪。这是一种十分简便、直观、非常灵敏的检测方法，能进行多种项目的检测，也是非球面检测中最常用的方法。

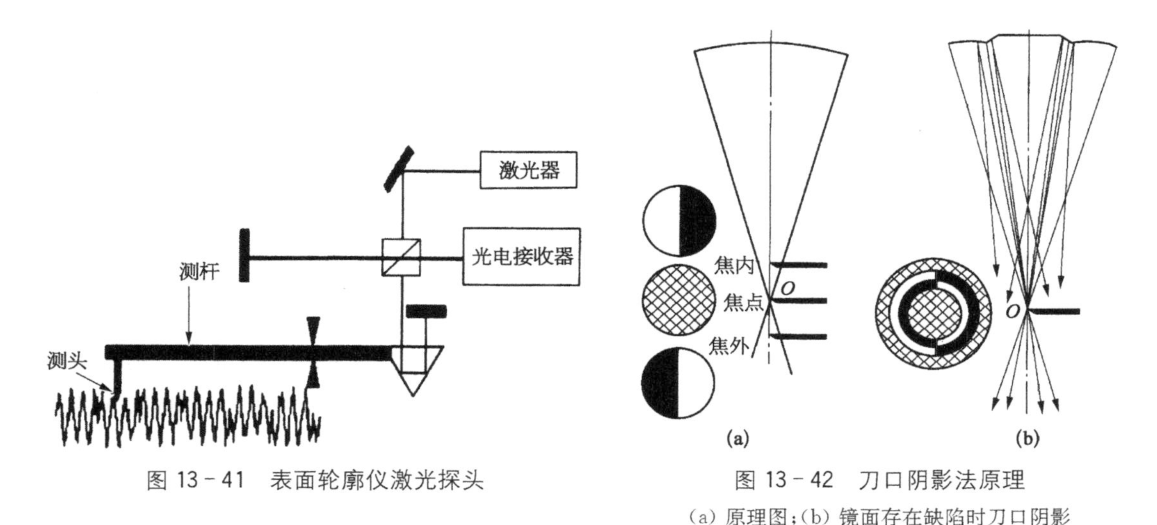

图 13－41　表面轮廓仪激光探头

图 13－42　刀口阴影法原理

(a) 原理图；(b) 镜面存在缺陷时刀口阴影

阴影法的原理如图 13－42(a)所示，点光源自球心发出扩展光束，用一挡板(称为刀口)在不同位置切割光线，观察反射光线的情况判断反射面的面型质量。如果反射面为理想的球面，球心为 O，发自球心的光线经球面反射沿原路返回，当刀口在球心切割光线时，则在刀口后的视场会突然变暗。而当刀口在球心内切割光线时，刀口后的阴影与刀口同向移动。反之，刀口在球心外切割光线时，刀口后的阴影与刀口反相移动。

如果镜面存在缺陷，如图 13－42(b)所示，刀口在球心上切割光线时，有缺陷的区域一部分较为明亮，而另一部分出现暗影，这就是阴影图。当镜面存在环状带差时，则可观察到与刀口对称的黑白互补的阴影图。当光学系统出现不对称误差如像散和彗差时，则阴影图无“对称轴”且失去互补性。

在刀口不太讲究的情况下，发现 $\lambda/20$ 的波面缺陷是不很困难的，是一种定性检验方法。这种检验方法是非接触式检验，不易划伤镜面，速度快，从阴影图形上立刻就可以发现镜面缺陷及所在位置，判断带区相对高低，给修磨提供了依据。

(2) 漫射阴影法。刀口阴影法中发射方为光源加小孔，接收方为刀口与人眼(或照相机)。漫射阴影法则反过来，发射方为刀口加漫射光源，接收方为小孔加人眼(或照相机)。漫射阴影法原理如图 13－43 所示。

漫射阴影法的优点是可以测量相当大数值孔径的非球面(或系统)。漫射阴影图的识别方法与阴影法完全相同。使用过程比阴影法简便，但灵敏度逊于阴影法。漫射阴影法不仅可以用作中等精度的非球面的最终检验，也适合于精磨改型中的中间检验(此时只要适当加大观察孔径即可)。

图 13－44 表示利用漫射阴影法的两个实例，一是用于检测非球面照相物镜，另一个是用于检测非球面聚焦镜。

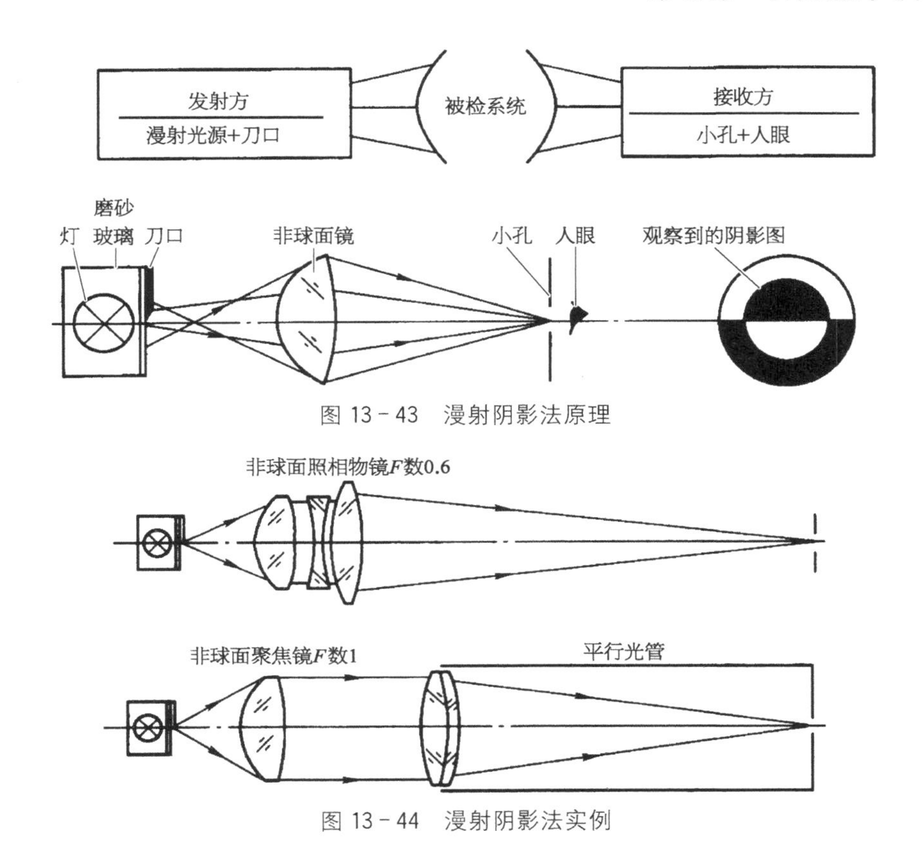

图 13-43　漫射阴影法原理

图 13-44　漫射阴影法实例

(3) 用弥散圆直径评价二次非球面的质量。其实质就是将阴影检验法光路中的点光源换成星点孔，然后在其成像处用读数显微镜测量星点像的大小，以星点像的直径和星点孔的直径差或实际测量的星点像的直径和理想星点像的直径差来表示弥散圆的大小。弥散圆的大小是定量衡量二次球面光学零件质量的指标之一，一般非球面光学零件的图纸均注明弥散圆数值的要求。

表 13-8 所示为非球面镜加工中有关的几种星点像形状。从表中可以看出星点像一般只能作定性的检测，从星点像可以定性地评价非球面光学零件(或系统)的质量。通过非球面光学零件(或系统)后成像光束的弥散圆大小，在一定程度上能定量反映出非球面光学零件(或系统)的质量。

表 13-8　非球面星点像

	星点形状		
	焦内	焦点	焦外
调焦	●	•	●
球差(带差)	◎	◎	◎

（续表）

	星点形状		
	焦内	焦点	焦外
像散			
彗差			
地域性误差			

图 13-45 表示使用平行光管测量平凸双曲面透镜的弥散圆直径。将星点放置在平行光管焦点上，用读数显微镜在双曲面的焦平面上测星点孔的像点直径 d_1。然后把组合系统当成理想系统，则在双曲面透镜焦平面上，得到理想像的大小为

$$d_0=\frac{f'_1}{f'_2}d \tag{13-40}$$

式中，f'_1 为平行光管焦距；f'_2 为双曲面透镜焦距；d 为星点孔直径。

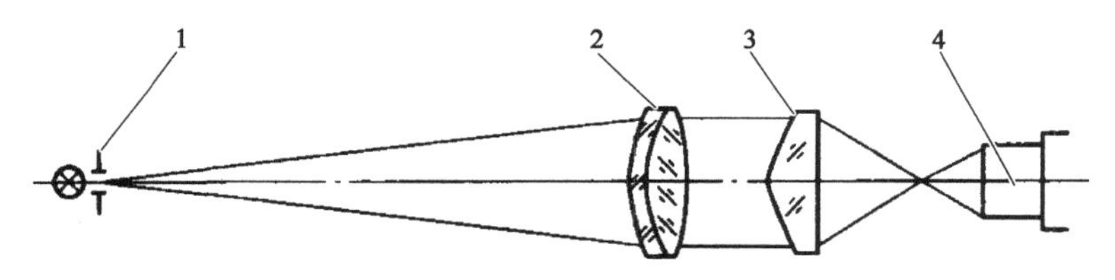

1-被检非球面镜；2-平行光管物镜；3-光阑；4-读数显微镜

图 13-45　测量非球面镜星点弥散圆的光学系统

如光线通过该系统的次数为 n，则该系统的弥散圆直径为

$$d=(d_1-d_o)/n \tag{13-41}$$

例如，$f'_1=150\ \text{mm}$，$f'_2=1\,000\ \text{mm}$，$d=0.1\ \text{mm}$，如果实测调焦后星点孔的像点的最大直径 $d_1=0.052\ \text{mm}$，则理想像的大小 $d_0=df'_1/f'_2=0.015\ \text{mm}$。

光线经过非球面镜一次，该非球面镜的弥散圆大小 $d=(d_1-d_0)/n=0.037\ \text{mm}$。

用星点法测量弥散圆，由于测量像点的最大直径与工作室的照度、测量者的主观性有关，故仅适用于中等精度的非球面。

(4) 利用光学补偿器检测非球面。补偿法也称为零位检验法或零透镜法，有两种不同的方法：即光学补偿法和法线像差补偿法。实际上常用的是后一种补偿法，这种补偿法的实质是利用专门设计的光学补偿器，把平面或球面波前转换为与被检非球面的理论面型相一致的非球面波面，以此非球面波面作为标准波面与被检非球面表面进行比较，通过阴影法（也可以通过干涉法）等手段观测两者间的差别。图 13-46 是此法的原理图。使光学补偿器 1 的近轴焦点 F'_0 与被检非球面 2 的顶点曲率中心 c_0 相重合，并使补偿器的光轴与非球面

的对称轴重合。入射到补偿系统上的平行光束出射后，转换成所有光线均重合于非球面法线的光束，由非球面反射后，所有的光线循原路返回，经补偿器出射后，重新形成平行光束。显然，为实现上述光路，补偿器的球差曲线与被检非球面的法线像差曲线应完全重合。从几何光学的观点来看，此时光学补偿器与被检非球面一起构成产生平面(或球面)波前的自准直系统。如果补偿器具有所要求的质量，并相对于被检验非球面正确地安装，那么，该平面(或球面)波前的变形只能是由非球面的偏差所致，并且放大 2 倍传递给由补偿器出射的波前，确定波前变形的大小和符号的同时，作出关于非球面质量的结论，此即检验非球面补偿法的实质。

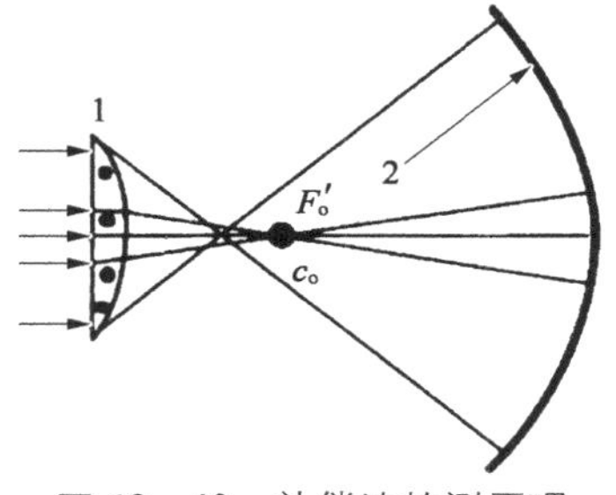

图 13－46　补偿法检测原理

为了保证对非球面进行可靠的检验，必须使补偿器出射波面相对于被测非球面理想形状的偏差小于非球面面型要求所允许偏差的 1/3～1/2。实际应用的补偿器均采用球面光学零件，使球面透镜的球差曲线与被检非球面纵向法线球差曲线完全重合。

由于补偿器的口径仅是被检非球面口径的几十分之一，甚至几百分之一，因此补偿法在检验大口径非球面时具有独特的优点。补偿法的缺点是不同的被检非球面需要不同的补偿器，而且补偿器本身的制作、装调和检验很困难。

3）干涉法检测非球面

利用光波干涉的方法检测精度高于 0.1 μm，优于刀口阴影法。该方法一般用于定量测量，通常所用的干涉测量装置有泰曼-格林干涉仪，在该装置中，由于被检非球面是将球面波反射成非球面波，其中存在着波面的变形传播引起的测量误差。

(1) 利用无像差点性质检验二次非球面的干涉仪。图 13－47 所示的是基于无像差点性质设计的二次非球面干涉仪，在其工作支路(由元件 5，7，9，8 组成的光路)装有检验凸双曲面镜的自准直系统(9)。工作支路与参考支路(经 5，6 反射的光路)构成了泰曼-格林干涉仪。

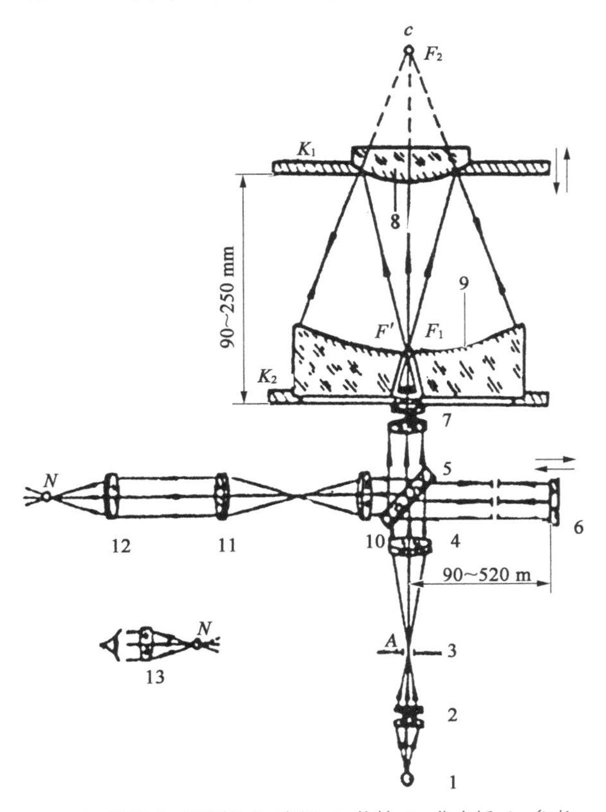

1－光源；2－聚光镜；3－光阑；4－物镜；5－分光板；6－参考平面镜；7－物镜；8－被检透镜；9－自准直球面镜；10～13－透镜

图 13－47　利用无像差点检测二次非球面干涉仪

如果被检验面(8)是理想表面，并且自准直球面镜 9 的曲率中心 c 与被检验面 8 的几何焦点 F_2、物镜 7 的后焦点 F' 与被检验面 8 的几何焦点 F_1 分别精确地重合，则从工作支路出射的是平面波前。

由工作支路出射的波前与参考支路出射的平面波前相干涉，根据所产生的干涉图形可以判断被检验表面的偏差。为了观察和拍摄干涉图形，利用由透镜 10，11 和 12 组成的二倍望远放大系统。物镜 7 很好地校正了球差，用于产生共心光束，同时对于使用 D 线 ($\lambda = 0.5890\ \mu m$) 和 e 线 ($\lambda = 0.5461\ \mu m$) 单色光工作满足正弦条件。干涉仪附有 4 组结构相似的物镜，其孔径：$\sin u_1 = 0.5, 0.4, 0.3, 0.2$，这四组物镜的入瞳孔径一样，均为 20 mm。

因为光线由被检非球面表面反射两次（故称为"二次"非球面干涉仪），所以它应镀有反射膜层。聚光镜 2 把光源 1 的像投影在光阑 3 上。

该干涉仪结构上的重要特点是其工作支路置于铅垂位置，这一点保证了被检验镜面和自准直球面镜无须固紧装置和专用镜框，可以避免损坏或受压变形。被检验镜面 8 和标准球面镜 9 分别装在滑板 K_1 和 K_2 上，两个滑板间的距离，在 90～250 mm 范围内可调。如果把这两个镜面安装在过渡环上，后者再装在滑板上，则此间隔范围还可以明显扩大。

该仪器原则上可以检验所有二次非球面，但主要用于检验凹的椭球面、双曲面和抛物面及凸双曲面。

为确定在该仪器上检验具体的某一非球面的可能性，必须计算相应的自准直系统，即确定第一焦点的孔径角、自准直反射镜的直径和曲率半径，并将所得数据同允许值比较。

(2) 浸液干涉仪。检验二次非球面的自准直系统的主要缺点是需要制造辅助镜面，有时它的直径要超过被检工件好几倍；另外，在某些情况下，当检验相对口径比较大的凸抛物面时，会产生不能允许的大范围盲区，限制了自准直系统的应用，浸液干涉仪就是为了解决这样的实际问题而设计的。

图 13-48 中 1 是被检表面，是回转凸双曲面，它的两个焦点为 F_1 和 F_2。透镜 3 的第 1 个表面为凹球面，其球心 c_1 与 F_1 严格重合；透镜 3 的第 2 个表面镀以半反膜，所以是半透明表面，其曲率中心 c_2 与 F_2 严格重合，浸液 2 的折射率与透镜 3 的折射率完全一致，但必须与被检件折射率不同，所以由 1，2，3 组成工作支路；标准球面镜 5 组成参考支路。由工作支路返回的球面波前与参考支路返回的球面波前相干。根据干涉图形判断被检面的质量。通过移动反射镜 5 可使干涉图形成圆环状干涉条纹。理论上该仪器可以检验所有类型的回转二次非球面，但最适用于检验凸凹回转双曲面、回转凹椭圆面和回转凸抛物面。

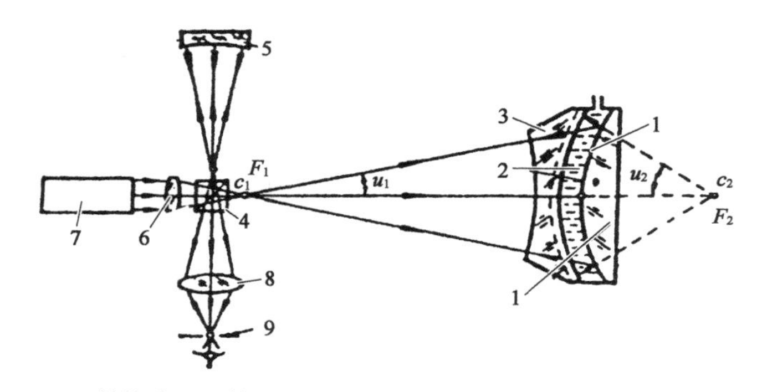

1-被检验面(回转凸双曲面)；2-浸液；3-透镜；4-立方分光镜；
5-标准球面镜；6-显微物镜；7-激光管；8-透镜；9-光阑；10-半反半透膜

图 13-48 浸液干涉仪光路图

图 13 - 49 表示各种二次回转曲面的工作支路。同样的，透镜 3 的第二面要镀半反膜，透镜 3 与折射液 2 的折射率要相同，但与被检件 1 的折射率不同。

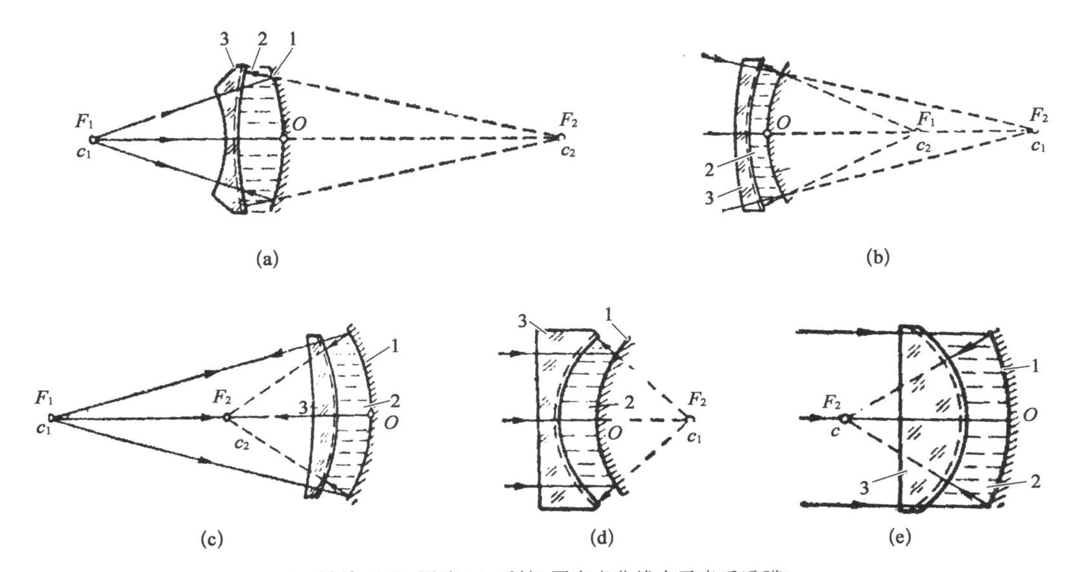

1 -被检面；2 -浸液；3 -透镜（图中虚曲线表示半反透膜）

图 13 - 49　检验回转二次非球面的浸液干涉仪的工作支路

(a) 凹回转双曲面；(b) 凸回转椭圆面；(c) 凹回转椭圆面；(d) 凸回转抛物面；(e) 凹回转抛物面

该仪器的主要优点是可以用简单透镜检验大孔径非球面，透镜口径与被检验非球面一样。另外，由于光线两次由被检验面反射，其偏差被放大到 4 倍，提高了检验精度。此外，干涉图形是在整个被检验表面上得到的，并非某一局部，因此提高了检验的可靠性。

(3) 激光探针三坐标扫描法。激光探针三坐标扫描检测小直径非球面透镜面型精度，z 方向分辨率为 1 nm，x，y 方向分辨率为 20 nm。

激光探针三坐标扫描检测原理如图 13 - 50 所示，是利用自动对焦显微镜目镜，将激光束投射到透镜表面，将 z 轴上自动对焦的坐标数字化，与工作台（可以在 x，y 方向移动）扫描位置确定非球面透镜表面检测点的三维数据，测绘出透镜某一截面上的面型，仪器中的计算机软件

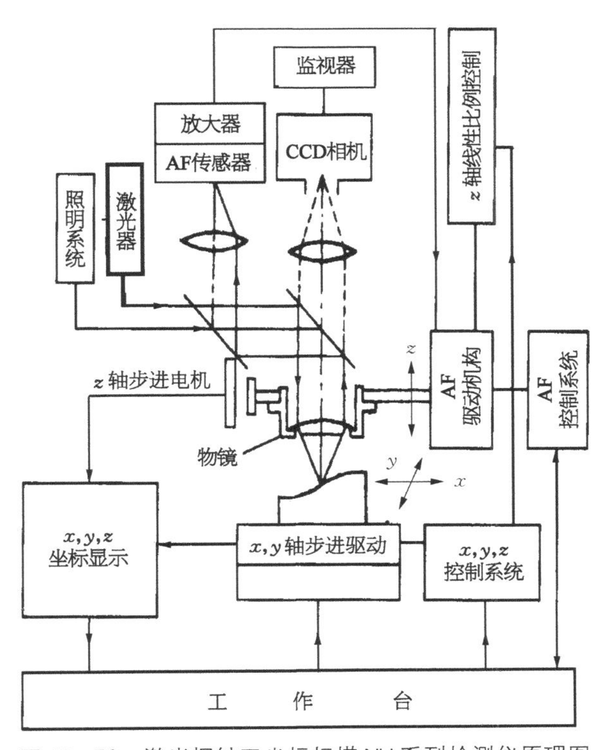

图 13 - 50　激光探针三坐标扫描 NH 系列检测仪原理图

可以自动计算面型精度。

计算机可以自动计算面型精度，在 z 方向的重复测试的误差均方根值 RMS 达 5 nm，x，y 方向的重复测试误差均方根值 RMS 达 10 nm。在探头与测量表面倾斜状态下，连续测试的精度在 $\pm 0.06\ \mu m/10\ mm$。该方法对激光频率、反射率、角度影响极小，由于是非接触测量，因此不会影响工件表面粗糙度。特别适合测量小直径的非球面透镜的面型。

(4) 短激光移相衍射干涉。大型短激光移相衍射干涉仪可用于现场检测大直径的光学非球面零件。该仪器采用短相干激光源，单模光纤移相衍射干涉方法可以对大型非球面镜表面粗糙度值和面型精度进行检验和评价。

该系统采用短相干激光源(波长为 532 nm，见图 13-51)，准直后经可变中密度滤光片和 1/2 波片，入射到分束器分成两束：分别再由 1/4 波片出射经两个 90°屋脊棱镜返回，汇交于分束器并出射，经由偏振镜和汇聚透镜，将两束光聚集在单模光纤的一端，再由镀覆有半透金属膜的单模光纤的另一端分成两束：一束为检测光束，另一束为参考光束。其中检测光束以球面波射向非球面，返回时带有所检非球面的信息，经光纤表面射向反射镜和成像透镜，与光纤出射的另一束参考光束形成干涉图像，由 CCD 摄像机检测送入计算机进行处理。单模光纤的出射端位于所测非球面的光轴上，作为光衍射源，90°屋脊棱镜下的 PZT 用于移相。

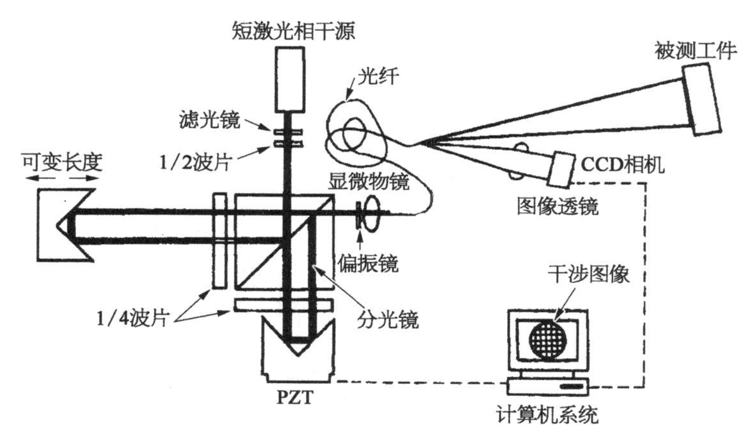

图 13-51　移相衍射在干涉仪光路原理图

支持该仪器的软件包具有干涉图形功率谱(PSD)的计算，粗糙度值[PV(峰谷值)，RMS]的计算，点扩散函数(PSF)，调制传递函数(MTF)，修正偏离量等数据处理与三维图形还原，三维图形生成，图形拼合以及标准非球面干涉图形的生成、分析、数据处理、拟合、误差计算和偏差计算、三维图形绘图等功能的模块。

该测试系统原理和结构简单、体积小、检测精度高，可以定量检测非球面镜的面型，并可绘出误差的三维坐标。

(5) 剪切干涉法。基本原理是：被检波面的一部分或全部相对于原来的位置产生一个位移。位移后的波面与原来的波面叠加，产生干涉，对干涉图实施检验。

产生位移的方法，大致可以归纳为两类。

横向位移使被检波面产生一小量的横向错位，与原始波面产生干涉。图 13－52 为原理示意图，图 13－53 为实际应用的平板剪切干涉光路。

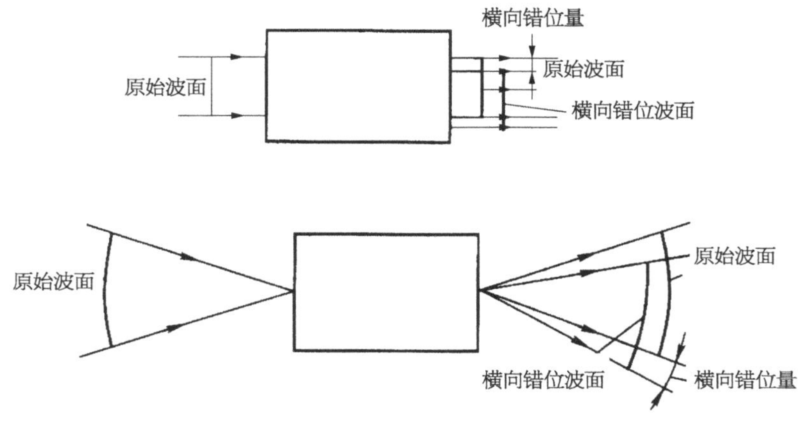

图 13－52　横向剪切干涉原理图

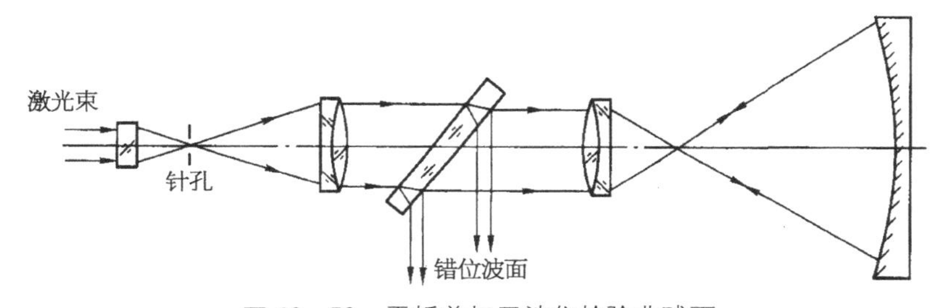

图 13－53　平板剪切干涉仪检验非球面

横向剪切干涉图虽然能灵敏地反映误差，但判读复杂。

径向位移在被检光束中取其一部分光束加以径向放大或旋转错位，再叠加到原光束上就得到干涉图。其原理如图 13－54 所示，图 13－55 是径向位移干涉仪的两个实例。

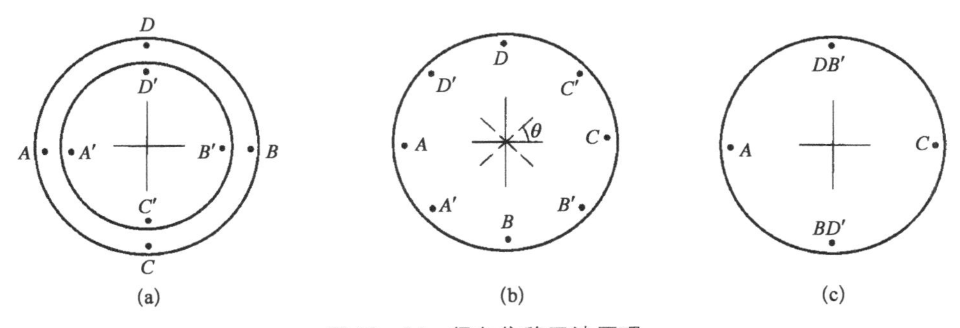

图 13－54　径向位移干涉原理
(a) 径向错位；(b) 旋转错位；(c) 倒转错位

由于剪切干涉法光路干涉对检验环境的要求（特别是对振动、气流的要求）较低，所以是常用的检验方法之一。

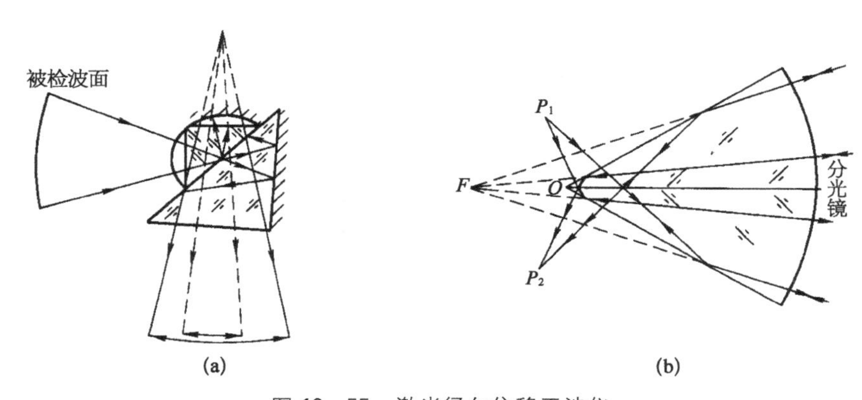

图 13－55 激光径向位移干涉仪

(a) 径向位移干涉仪的一个实例(使用激光);(b) 反转位移干涉仪的一个实例(可用白光)

图 13－56 是日本理光公司的 ASPHEROMETER 200 型横向剪切非球面测量仪的光学系统图。该仪器将剪切干涉和条纹扫描技术结合在一起，达到很高的精度。

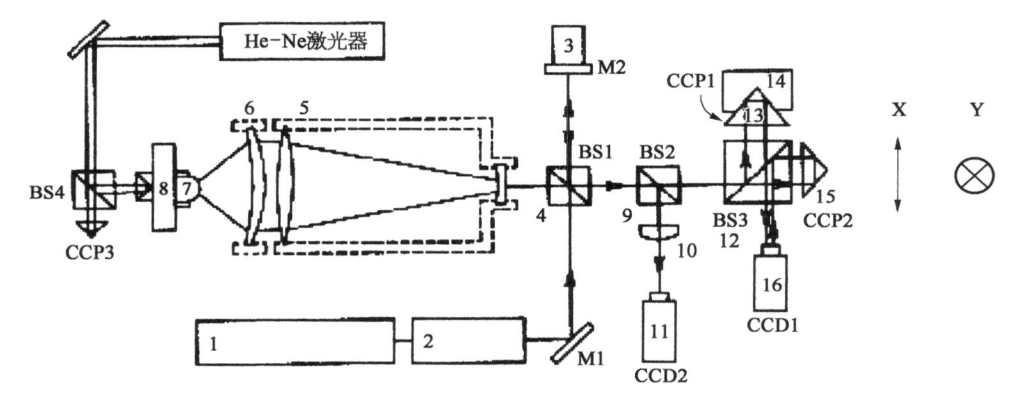

1－He－Ne 激光器;2－扩束器;3－对准用反射镜;4,9,12－分束器;5－扩束透镜;6－物镜;7－被检非球面;8－自动对准装置;10－聚光透镜;11－对准用 CCD 相机;13－角镜;14－相移用 PZT;15－剪切用角镜;16－判读条纹用 CCD 相机;17－线性测量装置

图 13－56 ASPHEROMETER 200 型横向剪切非球面测量仪

He－Ne 激光器 1 发出的激光，经扩束器 2 扩大后成为平行光，经反射镜反射进入分束器 BS1 被分成反射和透射两束光，反射光进入变换镜头 5 和 6，变换成球面波后射到非球面 7 上，变成取得非球面面型状态的波面而被反射返回，经过分束器 BS1 和 BS2，进入分束器 BS3。在这里被分成反射和透射两束光。反射光进入直角棱镜 CCP1，被反射后再次经过分束器 BS3 到达 CCD 摄像机 16，而透射光进入直角棱镜 CCP2 被反射折返再次进入分束器 BS3，反射光也到达 CCD 摄像机 16。这时，如果沿垂直于光轴的方向微移直角棱镜 CCP2，那么在 CCD 摄像机上便产生剪切干涉条纹图样。CCP1 安装在 PZT 上，PZT 带动 CCP1 做线性位移，进行条纹扫描。

该测量仪可测量的最大曲率半径为 100 mm，最大非球面度为 200 个波长，测量精度为 0.2 μm，重复精度为 0.02 μm。

图 13－57 为单平板共光路剪切条纹扫描系统的光路。He－Ne 激光器发出的光束经显微物镜 5 聚焦在由针孔构成的空间滤波器 6 上，由准直物镜扩束准直成一平面波，经过偏振分光棱镜 9 后，经过准直物镜 10 和 12 进行二次扩束，再由转换透镜 13 会聚成标准球面波，在非球面的曲率中心照射被测非球面。从被测非球面反射回来的光束变成为含有非球面信息的波面，其在光轴上的反射光与被测非球面的各个环带上的反射光将产生光程差 $W(x, y)$，该光程差 $W(x, y)$ 是基准球面（与被测非球面顶点相切的球面）与被测非球面之间距离的两倍，是被测非球面上各环带位置的函数。这个含有被测非球面信息的反射波再经原路返回，由偏振分光镜 9 反射进入接收光路，经准直物镜 15 和显微物镜 16 组成的缩束镜缩束后，照射到一块双折射晶体平板 18 上。然后，被分为两束互相错位的正交线偏振光，这两束正交线偏振光经过四分之一波片 19 和检偏器 20 组成的偏振移相器后形成干涉条纹。由成像透镜 21 将干涉条纹成像到摄像机 22 的靶面上，图像采集电路由 CCD 摄像机 22 接收的光强信号转换成数字信号送入计算机进行处理。旋转检偏器 21 就可进行干涉相位调制，实现干涉条纹扫描。最后由计算机对各扫描位置的干涉光强信号进行处理，就可以得到被测非球面与基准球面的偏差。

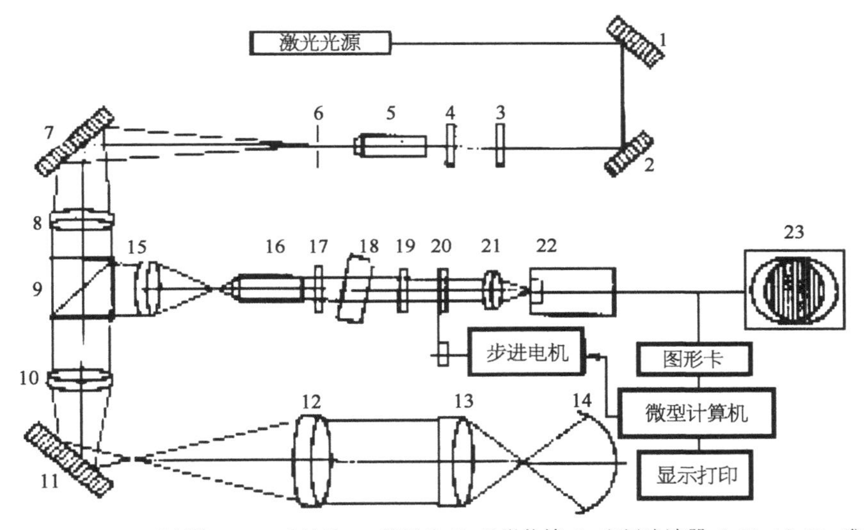

1、2、7、11－反射镜；3、17－半波片；4－偏振片；5－显微物镜；6－空间滤波器；8、10、12、15－准直物镜；9－偏振分光棱镜；13－转换透镜；14－被测非球面；16－显微物镜（10×、0.25）；18－双折射晶体平板；19－四分之一波片；20－检偏器；21－成像透镜；22－CCD 摄像机；23－电视监视器

图 13－57　单平板共光路剪切条纹扫描系统的光路

通过晶体平板 18 的调节机构即可对这两束正交线偏振光的横向剪切量和剪切方向进行调整，旋转半波片 3 可改变干涉场的亮度，旋转半波片 17 可使干涉场获得比较好的条纹衬度。

4）补偿测量法

（1）计算机全息图干涉法。也是一种零位检验法，是利用计算机全息图代替补偿器。计算机全息图（或称计算机生成的全息图，CGH）的基本原理是，首先根据被测非球面的理论面型函数，对干涉测量系统进行光线追迹，求出理想非球面在干涉系统中的理想波面，然后计算出该波面与倾斜参考平面波互相干涉而产生的干涉条纹的强度分布，并由计算机控制绘图仪将干涉条纹的强度分布绘制成图，再经精缩照相，便可制得要求尺寸的振幅型全息照片。

将该计算机全息图放在干涉仪中，用与参考光相似的照明光照射计算机全息图，再现的理想波面与被测非球面比较，直接给出表征被测非球面面型偏差的零位干涉图。过去由于绘图误差、照相缩放时的畸变以及全息图的定位误差，使这种方法的精度和推广使用受到很大的影响。现在可以用电子束直写装置直接制作计算机全息照片，使全息图的制作精度提高到 0.3 μm，不仅大大缩短了计算和绘图时间，而且测量精度可达 $\lambda/50$。计算机全息图在干涉仪中的位置误差将直接影响测量精度，因此安放的位置要相当准确。

图 13－58(a)为计算机全息图干涉仪原理图，被检镜面 M_r 的反射波面直接通过全息图 CGH，如图 13－58(b)所示，保持非球面波前。平面参考波的＋1 级衍射波再现标准非球面波前，这两个波面干涉产生直条纹图如图 13－58(c)所示，条纹中出现弯曲的地方表示非球面的加工误差。

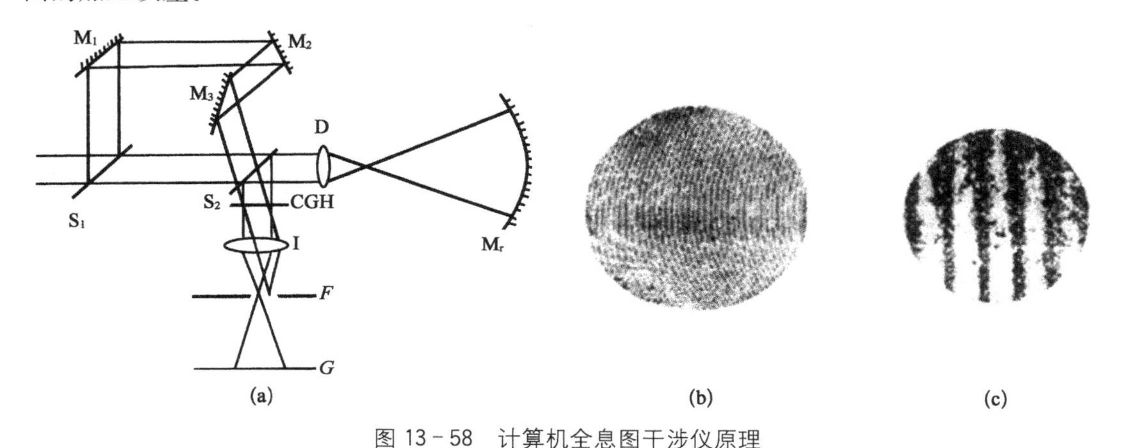

图 13－58　计算机全息图干涉仪原理

(a) 原理图；(b) 计算机全息图(CGH)；(c) 干涉条纹不直度表征非球面的加工误差

目前有斐索型干涉仪(日本商品型号为 HI－2)和波带片共光路干涉仪两种计算机全息检验非球面的装置。HI－2 型非球面检测干涉仪的光路如图 13－59 所示。激光束经聚光镜会聚，入射至空间滤波器，空间滤波器位于准直透镜的焦点。经准直透镜后出射为平行光束。平行光束一部分由参考透镜的参考表面反射成为参考光，其余的光束经过参考透镜后，经被测非球面反射，再次通过参考透镜成为被检光束。参考光通过准直镜后成为会聚球面波，被分光镜发射。而被检测光束经相同的光路，但形成的不是完全的会聚球面波。用计算机全息图(CGH)将被检光束的 1 次衍射光和参考光产生干涉。干涉条纹可以通过成像透镜和电视摄像机进行观察。

HI－2 型干涉仪将计算机全息图(凸用于检测凸面、凹用于检测凹面)放在分光镜的后面，采用步进电机以 0.5 μm 的节距调节轴向位置。因而可以较容易地将计算机全息图调节到与被测零件表面共轭的位置上，调节的范围是 350 mm。垂轴位置是靠位置传感器读取全息干板上的线点来确定的，其位置精度一般可控制在±10 mm 之内。HI－2 型干涉仪采用空间滤波器，使参考波面零级衍射波和物波的 1 级衍射波产生干涉。该干涉仪采用条纹扫描法，因此稳性好、空间分辨力高、不受亮度的影响。可测量低对比度干涉条纹。测量非球

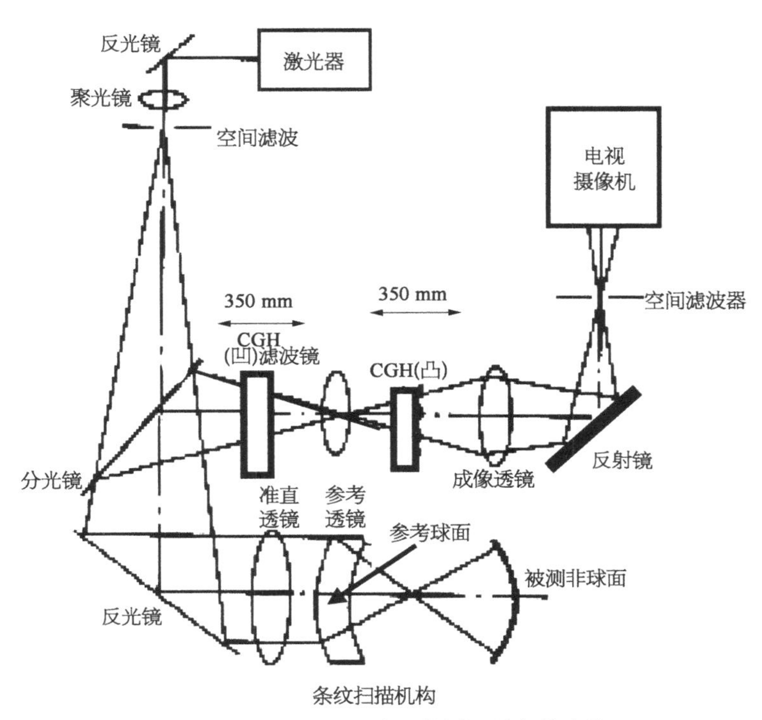

图 13－59　HI－2 非球面检测干涉仪的光路

面的精度可达 0.1 μm(RMS)。

德国施奈德(Schneider)、奥普多泰克(OptoTech)等公司最近也提供了用 CGH 检测非球面面型的干涉仪。其实在现有的激光球面干涉仪(例如 ZYGO 或 WYKO 激光球面干涉仪)的检测光路中加入一个 CGH 补偿透镜，也能检测非球面面型。图 13－60 是用菲索干涉仪和计算机全息透镜检测非球面的示意图。具体的测量过程是：① 将 CGH 定位装置和准直用的反射型 CGH 插入干涉仪的检测光路。② 调整中心(或倾斜度)和焦距，并调整准直光圈，使其条纹数最少。③ 取下准直用 CGH，放上根据被测零件参数制作的 CGH 补偿透

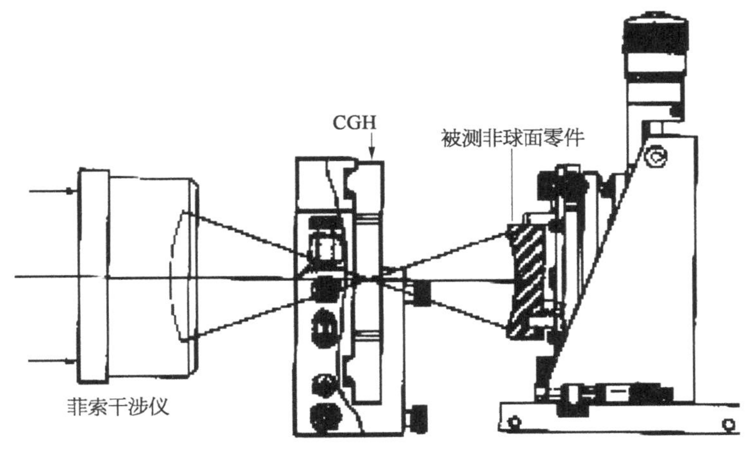

图 13－60　用菲索干涉仪和计算机全息透镜检测非球面

镜(CAN)。④ 准直检测光路和补偿光圈图形,记录干涉图。

美国国际衍射公司的计算机全息透镜有如表 13-9 所示的规格。

表 13-9 全息图的规格

型　号	计算全息透镜尺寸/mm	通光口径/mm
50	38×38×3	35×35
50R	ϕ50.8×3	ϕ48
120R	ϕ112.5×3	ϕ105

该公司专为计算机全息透镜所设计的安装装置有如表 13-10 所示的规格。

表 13-10 全息图安装装置的规格

型　号	形　式	孔径/mm	轴高/mm
506	6 轴	ϕ48	51±3
1206	6 轴	ϕ140	90±3
1206R	转换接头	ϕ55	90±3

在选用干涉仪检测非球面的面型时,与检测球面时一样,会遇到如何选择标准球面的问题。也就是说,在测量凹面时,标准球面的 f 数 (f/D) 必须等于或小于(快于)被测表面的 R 数 (R/D)。如果 f 数大于(慢于) R 数,那么,只有一部分表面能被检测。R 数和 f 数的比值表示被测量表面占整个表面的百分数。例如:如果 f 数为 2,R 数为 1 的话,只有 50% 的表面能被检测。在测量凸面时,检测表面的曲率半径就不能大于标准球面到它焦点的距离,如果出现这种情况,唯一的办法是使用更大口径的标准球面,以便在不减小覆盖率的情况下增大凸面曲率半径的范围。

(2) 波带板干涉法。该方法的原理如图 13-61 所示。标准波带板(MZP)放在光轴上

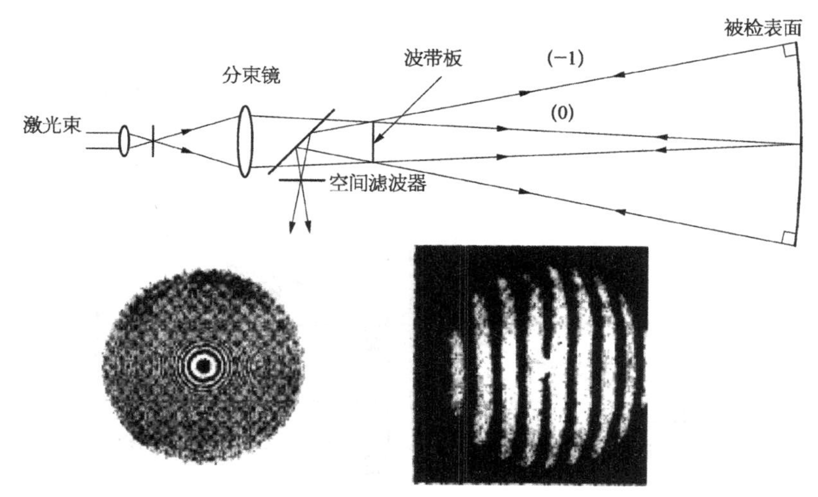

图 13-61 波带板干涉法原理

被检表面曲率中心前(或后)的位置上。激光点光源用透镜 L 在被检面的中心成像。入射光中由 MZP 产生的 −1 级衍射成分再现所要求的非球面波，扩大到全部的被检面。也就是说当被检面完美时，这个再现波面和被检面重合。因此，反射波和入射波有相同的波面形状，沿原来的光路逆行，返回到 MZP 处，它的零级衍射成分被取出，这个(−1，0)成分提供了检测波面。另一方面，会聚在被检面中心的 0 级成分，不受表面形状的影响而反射，通过 MZP 后，取出它的 +1 级衍射成分，这一(0，+1)成分再现出与完好检测波相同的非球面波，用来作为标准的参考波。通过空间滤波器后，可以观察到被检面形状。

从上面各种检测非球面方法的介绍中，可以看到每种测量方法都有其优点和适用范围。表 13-11 对各种测量方法的优缺点进行了综合分析。

表 13-11　各种非球面测量方法的比较

大分类	小分类	优　点	缺　点
形状直接测量	接触式测量法	适用于机械加工，实际应用最多	仅仅是断面形状，难以得到表面信息，测量时间长
	非接触测量法	可测自由曲面	装置结构大
	激光偏转法	同上，可测陡面	测量时间长
波面测量法	几何光学方法	测量光学系统简单	精度比干涉法低
	横向剪切法	非球面度大的面也可以进行干涉测量	测分量调整精度要求高，轴向每次的灵敏度不同
	径向剪切法	同上，非轴方向的分辨率一定	从干涉条纹计算波像差复杂
	位相检测法	精度最高，可以使用市场出售的干涉仪	可测量非球面度小，陡面测量困难
补偿测量法	零透镜光学系统	可以得到与干涉法相同的像差信息	零透镜不易制造
	计算机全息法	同上，但是比零透镜更容易制造	全息图复位精度、系统调节精度高
	波带板法	同上，抗振动	激光直写装置贵
大量生产时用评价法	工具透镜法	适用于评价透镜组中的一个部件	工具透镜不易制造
	弥散圆直径测定法	可以在短时间内判定好坏	要对像差进行解析

第14章 光学塑料零件制造工艺

14.1 概述

利用光学塑料代替光学玻璃制造光学仪器，早在第二次世界大战期间就在英、美等国开始，但由于塑料光学材料耐磨性差、折射率可变化、清晰度欠佳以及耐用性差等缺点，只限于少数应用，再加上生产技术落后，发展非常缓慢。随着科学技术的发展，新研发的可用于制造光学零件的塑料材料越来越多、性能越来越好，因而塑料光学材料的应用越来越广泛。

世界上许多研究单位和公司都在从事塑料光学元件的研发、生产和应用。英、美、法、日等国家开发和应用塑料光学零件一直处在领先地位。如美国杜邦公司和联合碳公司很早就在从事光学塑料的研制，并用研制的光学塑料制成光学元件；休斯飞机公司采用塑料光学元件作为有线制导的反射镜，还在扫描式辐射计中使用塑料光学元件作为反射镜；美国海军发展中心用光学塑料研制成大直径、重量轻的椭圆形反射镜。法国则用光学塑料制成望远镜，防原子、防化学、防生物、防激光致盲、防霜冻的潜望镜。由于光学塑料易于加工，特别是容易加工成非球面，日本采用光学塑料制成电视摄影机和电视投影机的镜头，简化了镜头结构、减轻了镜头重量、提高了成像质量。光学塑料还用于眼镜制造业，制成各种用途的眼镜……

生产塑料透镜，必须掌握透镜设计，模具设计和加工、成型，测量和性能评价，表面处理等一系列基础技术。至于材料，最为重要的是折射率随温度变化、耐热性能、抗湿性能和双折射 4 个方面。利用现有的塑料材料和技术已能生产从光盘、超高精密物镜到电视投影镜头等大型透镜。随着各种生产技术的改进、新技术的开发、材料性能的改善和新型材料的研制，塑料透镜的应用一定会进一步提高，应用领域也会更加广泛。

14.2 光学塑料与光学塑料零件成型方法概述

1）光学塑料

现有的透明塑料有上百种，而且还在不断地研制新的塑料品种。但是真正符合光学要求，在光学系统中得到应用的光学塑料充其量只有 4～5 种，而光学玻璃却有 250 多种，相比之下，能做透镜的光学塑料显得太少了。作为代表性的材料有：有机玻璃（PMMA）、苯乙烯-丙烯腈(SAN)、聚碳酸酯(PC)、聚苯乙烯(PS);作为热固性塑料有 CR－39(主要用作眼镜片)。

光学塑料的物理性能包括:① 光学性能,如折射率、色散、双折射和光谱透过率等。② 机械性能,如拉伸强度、弹性模量、冲击强度、洛氏硬度和相对密度等。③ 塑料的热性能,如热变形温度、热导率、比热、线膨胀系数等。

光学塑料的化学性能主要有吸水率,耐化学性能等。

在这些物性中,最重要的是折射率随温度的变化、吸水性、双折射和热变形温度。这 4 种性能都大大劣于光学玻璃,因此塑料透镜在应用上受到限制。但是只要巧妙设计,精心匹配,是可以把影响降到最低程度。

5 种塑料材料的主要性能如表 14－1 所示。

表 14－1　五种塑料的性能比较

性能＼材料	PMMA	PS	PC	SAN	CR－39
折射率(20 ℃) n_d(589.3 nm) n_c(656.3 nm) n_f(486.1 nm)	 1.491 1.488 1.496	 1.590 1.585 1.604	 1.589 1.581 1.598	 1.567～1.571 1.563 1.578	1.504
色散系数 (ν_d)	57.2	30.8	34	37.8	57.8
折射率温度系数 (dn/dt)/($\times 10^{-5}$/K)	−12.5	−12.0	−11.8～ −14.3	−14	
变形温度/℃ 2 ℃/min 182×10⁴ Pa 2 ℃/min 45×10⁴ Pa	 92 101	 82 110	 142 146	 99～104 100	140
最高长期工作温度/℃	92	82	124	79～88	
透过率(厚 3.2 mm)/(%)	92	88	89	90	92.8
吸水性(23 ℃下浸泡 1 周)/(%)	高 2.0	低 0.7	低 0.4	中等	
密度/(g/cm³)	1.19	1.06～1.08	1.2	1.07	1.32
线胀系数/($\times 10^{-5}$/K)	6.3	6.0～8.0	7.0	6.5～6.7	9～10
洛氏硬度	M80～100	M65～90	M70～118	M70～90	M100
拉伸强度/MPa	56～70	35～63	59～66	70～80	35～42
冲击韧度/(kJ/m²)	2.2～2.8	1.4～2.8	80～100	1～3	
弹性模量/($\times 10^9$ Pa)	3.16				

2) 光学塑料的优缺点

光学塑料与光学玻璃相比较有其不同的特点。

(1) 光学塑料的优点:① 透光性好。在可见光区,光学塑料的透光率与玻璃相当;在红外区优于玻璃；在紫外区，从0.4 μm开始随着波长的减小透光率降低，波长小于0.3 μm时几乎全被吸收。② 重量轻、抗冲击。光学塑料的密度为0.8～1.5 g/cm^3，仅为玻璃的1/2～1/3，因此采用光学塑料可以减轻系统的重量。塑料的抗冲击强度比玻璃高好几倍，能经得起碰撞和跌落，不易破碎。③ 能进行大批量生产，降低生产成本。由于光学塑料有很好的成型性能，因此，只要制造出一个高精度的模子以后，采用模压方法就能大批量生产。光学塑料透镜成型只需几分钟，不须精磨、抛光即可使用，故可节省许多加工时间，对于加工非球面透镜更为方便。用模子加工塑料光学零件还可以把几个光学零件组合成一体，还可以把透镜、垫圈以及其他装卡部件注射成型为一体，大大节约工时。④ 可以制造非常复杂的形状。光学玻璃很难加工成平面和球面以外的形状，而采用注塑成型的方法光学塑料很容易，而且非常经济地制造如非球面、微透镜阵列、菲涅耳透镜和开诺型衍射光学表面等面型很复杂的零件。

(2) 光学塑料的缺点：① 折射率可靠性只能到小数点后第二位，第三位就不稳定了。温度、湿度(吸湿率)、分子量、密度的不同都将引起折射率的变化。② 塑料的膨胀系数大，约是玻璃的10倍。注射成型过程会影响面型精度。由于成型过程中流动模式和冷却、固化收缩，光学零件的面型精度会受到影响。并且塑料有吸湿性，吸水后，膨胀系数会变大。因此随着时间的推移，塑料透镜的精度可能下降。③ 由于塑料在聚合时分子取向性和模压过程产生的内应力，模压成型的光学塑料零件存在不同程度的双折射。就分子取向性所造成的双折射来说，聚苯乙烯的Δn高达8×10^{-3}；而在丙烯塑料中大约只有0.006×10^{-3}。

3) *光学塑料零件的成型方法*

目前，光学塑料零件的加工方法有两类：一类是模塑法，如注射成型、压塑成型、铸塑成型及放射线成型等；另一类是直接加工法，也称为机械加工法或冷加工法，即研磨-抛光法、用金刚石车刀直接切削加工法。

(1) 注射成型法。是热塑性塑料的主要成型法，适用于大批量中小型零件的生产。注射成型的工艺是将塑料加热到流动状态，以很高的压力和较快的速度注入精密的模具中，经过一定时间的冷却，零件就可以从模具中取出来，成型零件经过表面处理，就可以用作光学零件，而不需要精磨、抛光。注射成型的特点是成型零件的形状范围广，除了生产双凸、双凹、弯月形等各种透镜外，还可以生产透镜系列、校正镜和非球面透镜，并且生产效率高，成本低。

(2) 压塑成型法。也称模压成型法和热压成型法。其工艺是将预热过的塑料毛坯放入加热过的模具中，施加压力，使塑料充满型腔，保持加热和加压，使塑料成型，然后脱模取出成型零件。这种方法是我国目前制造塑料光学零件的主要方法，如菲涅耳透镜、内反射锥体棱镜等。与注射成型法相比，模压成型工艺容易控制、制品尺寸较大；但如果生产批量小，会使模具费用偏高，成本增加。

(3) 铸塑成型法，也称浇注法。其工艺是在流动态的塑料单体或部分聚合的塑料中，加上适当的引发剂，然后浇入模具中，使其在一定的温度和常压或低压下，经过一定时间的化学变化而固化，脱模后即得到光学塑料零件。这种成型工艺可以使制件的均匀性更好，表面精度更高。目前世界各国用于矫正视力的眼镜片绝大多数均为浇注法生产。

(4) 放射线成型法。在高精度光学零件中，光学塑料零件未能更好更普遍应用的一个重要原因是，成型加工后制得的零件，光学均匀性和表面精度等难以满足要求。以上各种方法均是加热方法，在高温下，由于分子的流动和温度分布的影响，局部会产生应力，并且零件体积也随着冷却而大大收缩，从而给零件带来形变，损坏了的它的光学性能。现在日本提出了一种新的成型方法——放射线法，其原理是利用放射线的能力和穿透力，使光学塑料的单体在较低的温度范围内，并在高黏度的状态下，发生聚合。这样就能有效地控制反应热和体积收缩，从而改善了成型零件的光学性能。

(5) 刀具切削直接加工。金刚石刀具可以用来加工光学塑料零件，如菲涅耳透镜等。不过金刚石刀具的切削速度不能太快，有的切削后的表面要抛光，生产效率比较低，但车削刀具的寿命都相当长。

(6) 机械加工。这种方法是将光学塑料的板材或片材划出所需形状，再进行研磨抛光制成光学零件。但是切削速度快慢、刀具角度大小以及研磨抛光用的辅料等，均应根据不同光学零件作出适当的选择。

14.3　光学塑料零件设计

设计光学塑料零件和设计光学玻璃零件没有什么区别，很多问题的考虑方法和全光学玻璃系统相似，重要的是必须考虑塑料本身固有的性能和缺点。

1) 光学塑料零件设计时的特殊问题

(1) 有关折射率的问题。在光学塑料中缺少高折射率的材料，在折射率和色散关系图上，大部分光学塑料都位于普通玻璃的范围以外，处于光学领域图的右下方。折射率的选择因而受到限制。而且光学塑料的折射率的数值在小数点后第三位是不稳定的，随不同制造厂家、不同批次而不同，并且在成型过程中，由于不同的热历史，材料的折射率也会发生变化。

根据光线传播的费马原理，光线在介质中是按光程为极值的路径传播的。光程 s 为折射率 n 和几何路程 l 的乘积，即 $s=nl$。温度变化对光程的影响可以表示为

$$\frac{\mathrm{d}s}{\mathrm{d}t}=\frac{\mathrm{d}n}{\mathrm{d}t}l+\frac{\mathrm{d}l}{\mathrm{d}t}n \tag{14-1}$$

式中，$\frac{\mathrm{d}n}{\mathrm{d}t}$ 称为折射率的温度系数。它既影响光学系统的焦距也改变了系统的像质。由于光学塑料的 $\frac{\mathrm{d}n}{\mathrm{d}t}$ 比玻璃的 $\frac{\mathrm{d}n}{\mathrm{d}t}$ 至少要大一个数量级，因此其影响是很大的。$\frac{\mathrm{d}l}{\mathrm{d}t}$ 是透镜几何尺寸随温度的变化，它也直接影响到系统的焦距。

由于光学塑料折射率的温度系数为负值，折射率随温度的升高而降低，如图 14-1 所示。所以随着温度升高，光学塑料透镜的焦距将增大。

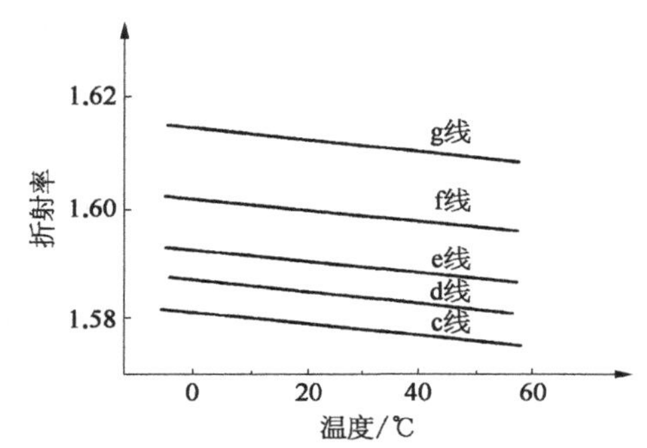

图 14－1　各种波长的折射率随温度的变化

$\frac{dl}{dt}$ 使焦距随温度的升高而加大，但是，折射率的影响要比线膨胀的影响大得多。对 PMMA 来说，折射率的影响几乎是线膨胀的 4 倍，也就是说在焦距的变化中，有 80％是由于折射率变化所引起的。

为了减小温度对焦距的影响，可以采取 3 个措施：① 设法使该系统不易受温度的影响。因此，很多光学系统都采用由光学塑料非球面零件和光学玻璃球面零件组成的混合系统，使塑料透镜不承担光焦度的作用，即用塑料透镜组成无光焦度光学系统。或者用光学塑料非球面透镜与光学玻璃球面透镜一起构成合成差动光学系统，系统的光焦度主要由玻璃球面零件来承担(一般为 70％～80％)，光学塑料非球面用来校正像差。目前，照相镜头几乎均采用这一措施来补偿温度变化带来的影响。② 用互相能抵消的设计方案(如用折射-衍射混合结构)。③ 采用补偿机构补偿焦点的变动。

(2) 有关吸湿性的问题。光学塑料的吸湿性要比玻璃大得多，特别是 PMMA。湿度变化时，一是引起塑料透镜形状(如表面曲率)的变化，二是引起塑料透镜的折射率的改变。前者由于膨胀引起，后者不仅仅是因为膨胀，而且是由于有水作为另一成分加入塑料中而产生的。

根据吸湿的程度不同，存在饱和的稳定态和未饱和的非稳定态。如果掌握各个湿度的饱和吸湿量与膨胀之间的关系，就可以掌握各种温度时的膨胀量。在饱和状态时，膨胀后的零件具有与原来相似的形状。但是，吸湿是由表向里很缓慢地进行的，时间很长。因此有可能存在未饱和状态，未饱和状态时塑料的变形与零件的形状有很大的关系。图 14－2 给出了一个大体上是等厚的 PMMA 弯月形透镜由于吸湿引起的面型变化的结果。

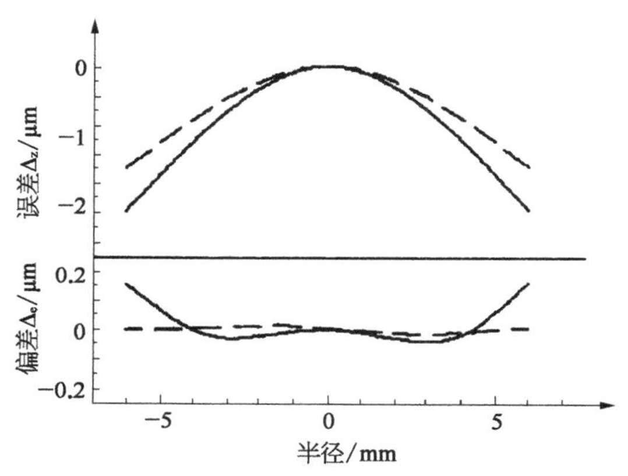

图 14－2　PMMA 弯月形透镜由于吸湿引起的面型变化(23 ℃，湿度 60％，未饱和状态，9 日为图中实线所示；饱和状态，30 日为图中虚线所示，误差 Δ_z 为与干燥时的球面形状之差；Δ_e 是 Δ_z 中分离出圆弧成分后的偏差)

从图 14－2 可以看出饱和状态时，膨胀后的零件具有与原来相似的形状，在吸湿过程中与饱和状态相比，有不同的倾向。将圆弧成分分离后，从偏差部分很容易看出其中的差别。

湿度也会引起折射率的变化，图 14－3 给出了在各种湿度条件下达到饱和稳定状态时的折射率。

目前，一般是在设计时尽量选用吸水性小的材料，并在结构上采取密封措施，以把湿度变化的影响降到最低限度。当然，提高塑料的抗湿性能和开发新塑料是追求的目标。

(3) 消色差问题。由于光学塑料的折射率比较低，差别也不大，阿贝数不同。假如光学系统全部采用光学塑料零件的话，系统的色差能得到一定的校正，但要同时校正场曲就很困难。因此大多数宽波段系统都采用冕类光学塑料 PMMA 和 PS 等火石类光学塑料或和火石类光学玻璃的混合结构，也可以采用折射-衍射混合光学元件来校正色差。在单色光的情况下可以全部采用光学塑料零件的系统。

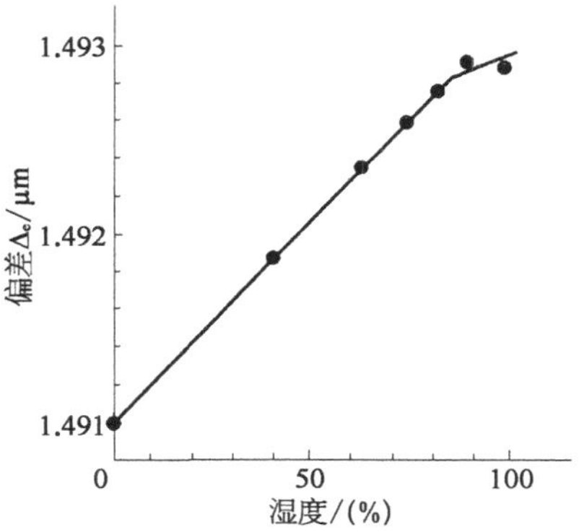

图 14-3　达到饱和稳定状态的折射率(PMMA)

(4) 双折射的影响。双折射对稳定透镜性能的影响很大。一般来说，材料的色散越高，双折射越大。选择塑料时应考虑这一重要因素。除材料因素外，由于模具结构和成型条件不同，塑料透镜的残余双折射大小也不一样。因此，设计合理的模具和确定合适的成型条件也是极其重要的。

2) 光学塑料零件设计与模具尺寸计算

(1) 光学塑料零件的设计规则。

在设计含光学塑料零件的光学系统时，要遵守以下规则：

为了减小塑料收缩引起的变形，光学塑料零件的中心厚度与边缘厚度要尽可能接近。一般情况下，它们的厚度比值小于或等于 2：1 时，成型质量比较容易得到保证。如果大于或等于 3：1 时，要得到很好的面型质量是比较困难的。当比值大于或等于 4：1 时，就很难制造出合格的零件了。因此，为了减小中心厚度与边缘厚度的差别，应更多地采用厚度比不大的弯月透镜而不是厚度比很大的双凸或双凹透镜。实际上由于非球面只承担很少一部分系统的光焦度，所以这个要求是容易实现的。另外，还应避免采用平面。

对于长而薄的零件，设计人员必须考虑由此而产生的影响和由于重力造成的变形。

零件的实际直径应大于有效孔径，以便减小光学零件边缘出现的热性能差异对光学性能的影响。

制造大而厚的光学零件是困难的。厚度超过 12 mm 的塑料光学零件在注塑时容易出现流痕和凹坑等缺陷。

在设计时，还要注意零件的形状。图 14-4 给出了 10 种形状，图(a)中 5 种形状能得到质量好的模压零件，而图(b)中 5 种形状不能获得理想的质量，应该尽量避免使用。

(2) 光学塑料零件设计时需要注意：

(A) 脱模斜度。因塑料零件的形状、塑料种类、模具结构、表面粗糙度及加工不同而变化。PC、PS、PMMA 等塑料一般应用 50′～2°的脱模斜度。

(B) 厚度。在合理注射条件下，零件中心温度达到成型物料的热变形点时，冷却即完成、冷却时间与零件厚度平方成正比。但是，光学零件常常是不等厚的。

(C) 收缩率和塑料零件尺寸精度。塑料零件尺寸偏差主要是由于材料收缩引起的，塑料模塑材料的收缩是从黏性的流体变成固体的过程中产生的，收缩的范围可以从小于

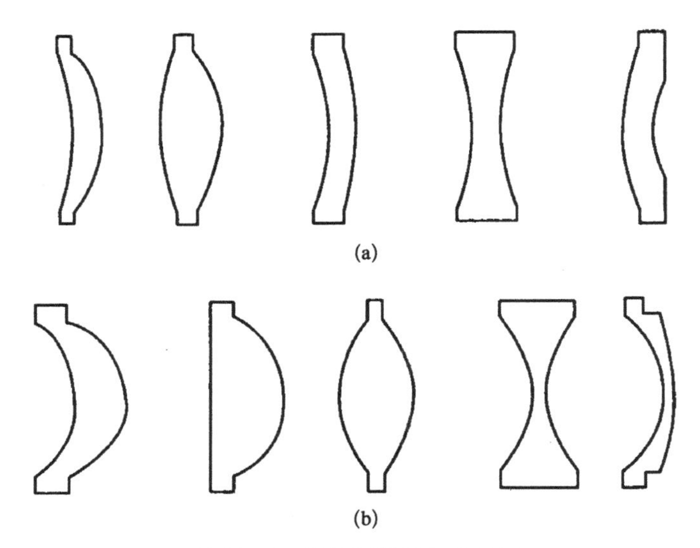

图 14－4　模压塑料零件的形状

(a) 可获得好质量的模压零件形状；(b) 不可获得理想质量的模压零件形状

0.001 mm/mm 到 0.05 mm/mm。收缩受模塑压力和其他工艺变量的影响，在模具的不同方向上不同。偏差常常是总收缩的一个百分数，可是特定用途的制品是严格要求准确尺寸的，所以在材料选择时必须十分重视材料的模塑收缩率。有时对复杂的形状必须做模收缩测量以完善模具设计。

对于热塑性塑料还需要考虑壁厚对模塑斑点凹痕的影响，"凹痕"是在塑料制品表面出现一个凹陷区，看上去像指印。壁厚的部分，特别是壁厚变化大的部分，最容易产生凹痕。模塑条件实际上决定凹痕缺陷的程度。由于各种设计的原因，塑料制品不可避免地会出现凹痕。

影响塑料制品尺寸精度的因素有：

成型材料：塑料本身收缩范围大，原料含水分及挥发物质、原料的配制工艺、批量大小、分子量分布、结晶形态、保存方法和保存时间等不同，都会造成收缩不稳定。

成型条件：成型时所确定的温度、压力、时间等成型条件，都直接影响成型收缩。

制品形状：制品的壁厚、几何形状影响成型收缩，脱模斜度的大小也会影响尺寸精度。

模具结构与塑料零件尺寸误差之间的关系：① 由阳模与阴模直接决定的尺寸不受厚度及是否有毛边的影响；② 由模具两个以上部分形成的尺寸与厚度有关；③ 进料口大，收缩小；进料口小时，收缩大；④ 与料流方向平行的尺寸收缩大，与料流方向垂直的尺寸收缩小；⑤ 分型面的选择决定毛边产生的位置，毛边使垂直于分型面的尺寸产生误差；⑥ 模具的型芯、顶杆等活动部分的固定方法、模具的拼合方式、加工方法等都直接影响制品尺寸精度；⑦ 使用过程中成型模具零件的磨损也会使制品尺寸产生误差。

制造误差：模具制造误差会直接反映在制品上。

成型后的条件：① 测量误差，主要由测量工具、测量方法、测量时的温度及测量时的条件不稳定造成的。② 成型后的存放条件：制品成型后如果存放不当，可以使制品产生弯曲、扭曲等变形，存放和使用时的温度和湿度对制品的精度也有影响。

以上因素中，模具制造公差和成型工艺条件变化引起的误差大约占 1/2。对于小尺寸零件，模具制造公差大；而对于大尺寸零件，收缩率是影响尺寸精度的主要因素。

(D) 收缩留量的计算。

成型尺寸误差。可分为模具制造误差、模具磨损误差、成型预定收缩误差和成型收缩波动误差。

假设模具图纸公称尺寸为 M，预定收缩率百分数为 β，成型塑料零件图纸公称尺寸为 A，则有关系式：

$$M=\frac{A}{1-\beta} \tag{14-2}$$

在精密成形中，成型条件波动成为主要问题，不能单纯按成品精度确定模具尺寸精度。

常用塑料收缩量。塑料材料本身性质、塑料零件形状、浇口尺寸、成型条件等的差别，对成型的塑料收缩不按所定收缩量进行，应考虑加上收缩留量。如表 14－2 所示。

表 14－2　常用塑料收缩量

塑 料 名 称	收缩率/(%)	收缩留量/(mm/mm)
PS	0.2～0.8	0.002～0.008
PMMA	0.2～0.9	0.002～0.009
PC	0.5～0.7	0.005～0.007

必须指出，由厂商提供的收缩量是在特定的注射压力、模温、熔融温度和硬化时间等条件下，取厚度约为 3 mm 的试条注塑得出的数据。而塑料零件的生产条件几乎没有和制造试条使用的工艺条件相同。因此生产方在设计前必须精确测定收缩量。精确测定收缩量数据的方法是，试样的模具应在相同生产条件下生产半小时，取最后几个塑料零件，在室温下稳定一昼夜后进行测量。

成型零件工作尺寸的计算。为了保证塑料零件注塑后精确的尺寸，应对成型零件尺寸(型腔、型芯尺寸)进行精确计算。

光滑成型零件工作尺寸计算如表 14－3 所示。

表 14－3　光滑成型零件工作尺寸计算

尺寸			计 算 公 式
类别	制　　品	模具成型条件	
Ⅰ	外表面(直径、长度、宽度)	型腔内表面	$D_M=D_{max}+D_{max}\cdot S_{max}\%-T_z$
Ⅱ	内表面(直径、长度、宽度)	型芯表面	$d_M=d_{min}+d_{min}\cdot S_{min}\%+T_z$
Ⅲ	高度	与飞边厚度无关的型腔高度	$H_M=H_{max}+H_{max}\cdot S_{mad}\%-0.5(T_z+T_M)$
Ⅳ	高度	与飞边厚度有关的型腔高度	$H_M=H_{max}+H_{max}\cdot S_{mad}\%-0.5(T_z+T_M)$

（续表）

尺	寸		计 算 公 式
类别	制 品	模具成型条件	
V	中心距	中心距	$L_M = L + LS_{mad}\%$
Ⅵ	其他（Ⅰ～Ⅴ类包括的，如槽深、凸台高）		$h_M = h_{max} + h_{max} \cdot S_{max}\% + 0.5(T_z + T_M)$

注：D_{max}，H_{max} 为塑料制品的最大极限尺寸(mm)；d_{min}，h_{min} 为塑料制品的最小极限尺寸(mm)；S_{max}，S_{min}，S_{mad} 为塑料相应的最大、最小和平均收缩率(%)；T_z 为塑料制件的公差(mm)；T_M 为成型零件工作尺寸公差(mm)(见表 14-4)。

表 14-4 成型零件工作尺寸公差

制品尺寸的公差等级	成型零件工作尺寸的公差		
	型腔内表面和Ⅲ，Ⅳ高度	型芯外表面和Ⅵ尺寸	中心距
IT10～IT11	H7	h6	$\pm\frac{T_z}{5}$
IT12～IT14	H9	h9	
IT15～IT16	H11	h11	
IT17	H12	h12	

3）塑料光学零件的结构设计

由于光学塑料零件在注射成型时边缘的应力较大，会产生双折射；同时边缘的不规则光圈也较严重，因此为了去除这些边缘效应，零件的直径要大于通光孔径，大多少要根据透镜的几何形状决定，通常大出 1～2 mm。在直径增大的同时，要相应地增加边缘厚度。

浇口一般都在零件的边缘，切除浇口后还会留下一个小凸台，称为切口。因此，在镜框上要留出 0.25～1 mm 的缺口，以便安放这个切口。有时，这个切口能用来确定透镜的安装位置和其他的装配用途。

由于光学塑料有很好的成型性能，所以在模压光学零件表面时，可以压出很精确的安装定位面。在结构设计时要充分利用塑料光学零件的这些特点，但也要注意几点：

（1）一般采用开口槽，开口槽比安装孔要好。因为开口槽不会使零件在冷却和收缩时产生变形。

（2）深的安装槽或孔要有足够的斜度，以便使零件能很容易地从模芯脱出。

（3）为了避免光学表面变形，透镜不能做得像桥一样或在较长距离上支撑自身的重量。

（4）为了安装方便，透镜的周边可以设计有法兰，但是，这些法兰要厚一些，并设计有不影响零件质量的倒角和圆弧。为了脱模，透镜的外圆柱面必须有一定的锥度，一般可取 3°～5°。

14.4 光学塑料零件的注射成型技术

大部分塑料光学零件是用注射成型技术的，特别是热塑性光学塑料。光学塑料球面零件的注射成型技术与其他非光学用热塑性塑料的注射成型技术有很多相似的地方，注射成型工艺完全不同于属于机械冷加工范畴的玻璃光学零件研磨、抛光加工工艺。

采用注射成型方式制造光学零件是使熔融的光学塑料在一定的外加压力下注入模具的高精度模腔内的热压加工过程，其完整的过程分为加料、塑化、注射入模、稳定冷却和脱模等几个步骤。其特点是：

(1) 一次性获得合乎光学零件图要求的光学零件，包括高精度的面型和粗糙度要求。加工过程中，不能修正光学零件的质量缺陷，光学零件的加工精度和质量完全依靠高精度的模具和事先设定的工艺参数，其中最主要的是压力、温度、时间三大工艺参数。

(2) 光学塑料的工艺性能很大程度上取决于聚合物的化学本性、加工时的流变性和化学稳定性。这是因为注射成型是塑料从玻璃态到高弹态再到黏流态注射入模，再从黏流态经高弹态返回玻璃态的一个完整的热过程。其间必然带来理化性质的变化，也就带来对光学零件光学性能的影响，如折射率，双折射以及温度变化对表面曲率的改变等。

(3) 光学塑料零件加工精度和质量与光学塑料零件设计的工艺性关系极大。因为光学塑料零件面型精度、粗糙度要求高，出模时的收缩和变形、厚薄不匀的零件(光学零件总是厚薄不均匀的)产生的不均匀缩陷、残余应力产生的畸变等，不是依靠简单的模具设计(加大型腔、型芯尺寸)可以解决的，尤其是制造高精度的光学零件更需要注意。

1) 光学塑料注射成型状态分析

注射成型是目前生产塑料光学零件的主要手段，注射模具的科学设计及注射工艺参数的正确选择是保证塑料光学零件精度和质量的关键。

光学塑料在模具型腔内流动、相变、固化和冷却的过程涉及三维流动，相移理论和不稳传热理论等，迄今为止尚无完整的数学模型对这一过程进行描述。目前所采用的光学塑料加工工艺大多是根据实验及经验积累而摸索出来的。

(1) 光学塑料在模具中的状态分析，为光学注塑工艺参数选择及模具设计提供部分理论依据。

导致光学塑料零件质量问题的关键在于注塑零件存在产品收缩现象，收缩现象形成的原因在于高分子聚合物的比容 V 是一个随温度变化的函数。当聚合物在型腔内由熔融温度降低到模具温度乃至常温状态时，其比容会减少，由此而产生产品体积收缩现象。进一步研究表明，熔融聚合物的比容同时与外压力成一定的函数关系。由斯潘塞(Spencer)和吉尔摩(Gilmor)推荐使用的状态方程可知，绝对温度 T 、聚合物外加压力 P 与聚合物比容之间有如下关系：

$$(p+\pi)(V-\omega)=RT \tag{14-3}$$

式中，π 为内压力；ω 为在绝对温度为零度时的比容；R 为修正的气体常数。

对于常用光学塑料来说 π，ω，R 的值如表 14-5 所示。

表 14-5　常用光学塑料的 π，ω，R 值

光学塑料	$\pi/(\mathrm{N/cm^2})$	$\omega/(\mathrm{cm^3/g})$	$R/[\mathrm{N\cdot cm^3/(cm^2\cdot g\cdot K)}]$
PS	19 010	0.522	8.16
PMMA	22 040	0.734	8.49
PC	27 560	0.728	9.60

就 PMMA 而言，其状态方程可以表示为

$$(p+22\,040)(V-0.734)=8.49T+2\,317.77$$

当 P 恒定时，光学塑料的比容与温度 T 成正比，即温度的升高将导致比容的线性增加，而当温度 T 一定时，光学塑料的比容 V 与外加压力 P 成反比，即外加压力的增加将使比容减小。由此可以通过对光学塑料施加较大的外部压力来补偿由于温度变化而导致的比容减小。为了进一步研究，借助于计算机将状态方程编成运算程序，输入各种原始数据，得到比容 V 与外加压力 P 以及温度 T 之间的关系，如图 14－5 所示。

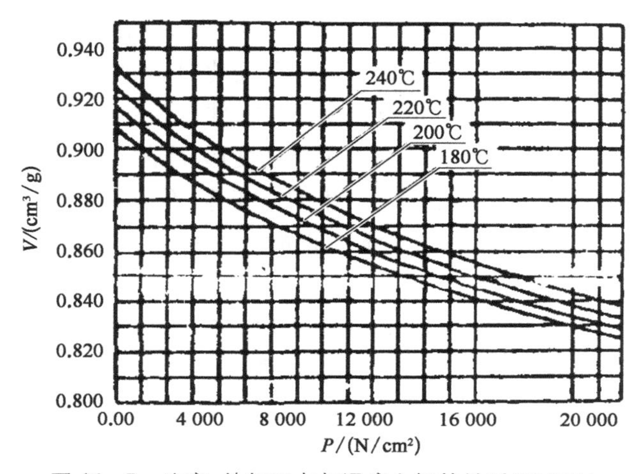

图 14－5　比容、外加压力与温度之间的关系(PMMA)

分析光学塑料零件注塑成形过程发现，熔融光学塑料(以 PMMA 为例)以 220～240 ℃的温度注入型腔时，应立即给熔融料施以高压，尽可能使其比容 V_t 接近常温常态时的比容 V_0，理论上此时需要 14 500～16 000 N/cm^2 充模压力(型腔压力)。随着熔融料在型腔内温度的降低，为保持比容的恒定，外部压力也随之降低。当温度降低到接近 180 ℃时，在模具进口处的熔融光学塑料将首先固结。当进口固结后，注塑机的注射压力不能够传递到型腔内的光学塑料上，因此在进料口固结前以及固结过程中，必须使熔融塑料得到保压，使其比容稳定在 V_0 左右，此时需要的外部压力理论值为 11 500～12 000 N/cm^2。这样，在进料口固结之后，光学塑料的温度下降不会导致比容很大的变化，这段过程事实上是温度降低的同时压力也自然降低以保持比容为 V_0 的过程，此时已不需要保持注塑机的注射压力。

当光学塑件冷却到模具温度以后，产品从模具中取出时，由于内壁压力突然消失，比容会增大，而后再由模具温度降低到常温，比容恢复到 V_0。这一过程中比容的变化如果处理不当，将导致产品变形。显然，使光学零件均匀、缓慢地从模具温度冷却到常温是减小零件变形及其内应力的有效办法。

(2) 注塑流道与压力损失。根据以上分析，应该选用锁模压力强、注射压力大，并且注射压力可控制的注塑机。对于注射容量 100 g 以上的卧式注塑机来说，其注射最大压力通常

为 14 000～17 000 N/cm^2，但是，怎样将注塑机压力有效地传递到模具型腔内，是保证熔融光学塑料在型腔内的比容的关键，这与模具浇注系统的设计有着密切关系。

根据非牛顿熔融体流动理论，流道的比表面 γ（即流道表面积与体积之比）与流道内熔融体的压力和能量的损耗存在着一定的函数关系。比表面越小，对减小压力和热量损失就越有利。图 14－6 为截面分别是圆形、半圆形、矩形和梯形的 4 种分流道形状，设圆形、半圆形、矩形 3 种分流道截面积相等，则存在关系：$D=\sqrt{2}d$；$t=\pi d/8$。3 种流道的比表面分别为

$$\gamma_a=\frac{S_a}{V_a}=\frac{L\cdot\pi d}{L\cdot\pi d^2/4}=\frac{4}{d} \tag{14-4}$$

$$\gamma_b=\frac{S_b}{V_b}=\frac{L\cdot\left(\frac{\pi}{2}D+D\right)}{L\cdot\frac{1}{2}\left(\frac{\pi}{4}D^2\right)}=\frac{4.63}{d} \tag{14-5}$$

$$\gamma_c=\frac{S_c}{V_c}=\frac{2L(D+t)}{L\cdot D\cdot t}=\frac{5.02}{d} \tag{14-6}$$

式中，L 为流道长。

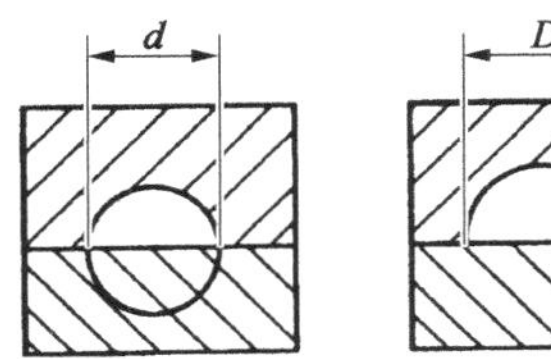

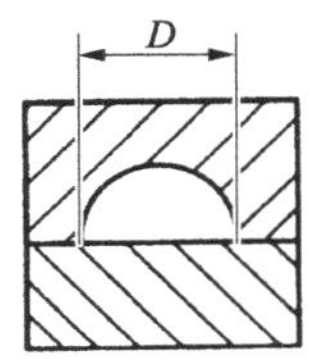

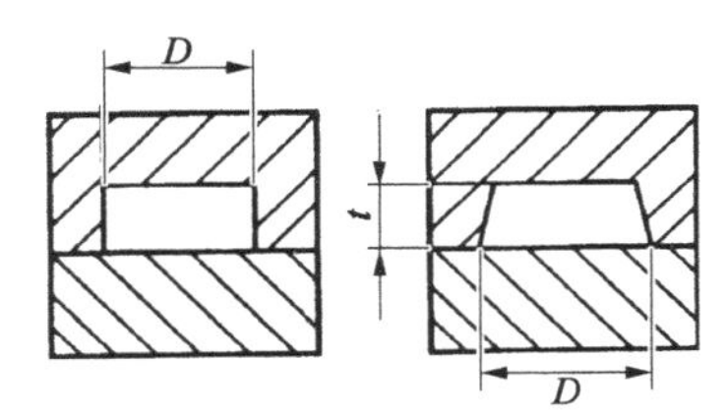

图 14－6　常见的分流道截面

可见圆形分流道的比表面最小，半圆形分流道的比表面次之。但是，在塑料光学模具中一般采用半圆形流道，这种截面的分流道比表面虽略大于圆形截面，但塑料熔体活动状况可以改善，温度也不会降低太多。同时半圆形分流道便于加工，开模时，可以顺利地留在动模部分，便于脱模。

根据哈根-伯努利方程，对于熔融光学塑料这类非牛顿液体在圆形流道或圆锥形流道中流动量，其压力变化与流道参数之间的关系可表示为

$$\Delta P_m=\left(\frac{4}{\pi}\right)^n\frac{2k'Q^nL_m}{3n(R_1-R_2)}\times(R_2^{-3n}-R_1^{-3n})\quad(\text{圆锥形主流道}) \tag{14-7}$$

$$\Delta P_m=\left(\frac{4}{\pi}\right)^n\frac{2k'Q^nL_s}{R^{3n+1}}\quad(\text{圆柱形分流道}) \tag{14-8}$$

式中，n 为塑料熔体非牛顿指数；k' 为熔体剪切黏度系数（N·s/cm^2）；Q 为熔体体积流量

(cm^3/s)；L_m，L_s 为主流道与分流道的长度(cm)；R_1 为主流道大端半径(cm)；R_2 为主流道小端半径(cm)；R 为分流道半径(cm)。

由式(14-7)、式(14-8)可知，在主流道与分流道中压力损失与流道长度、流量成正比，与分流道半径的 $3n+1$ 次幂成反比。在保证结构安排合理的条件下要尽可能减小流道的长度，利用限制进料方式控制注射流量对于减小注射中的压力损失是有利的。为了顺利脱模，主流道做成锥形，锥形的小端半径 R_2 与注塑机的注射喷嘴相匹配。当主流道大端半径 R_1 增大时，R^{3n+1} 将减小，($R_2^{-3n}-R_1^{-3n}$) 将增大而导致 ΔP_m 的增大，同时 (R_1-R_2) 项则将增大而导致 ΔP_m 的减小。由于 ($R_2^{-3n}-R_1^{-3n}$) 的增大幅度将大于 (R_1-R_2) 的增大幅度，因此从总体看 R_1 的增大将导致更大压力的损失。所以，降低主流道表面粗糙度、减小其出模锥度、减小其主流道中的注射压力损失，对于光学塑料模具来说就显得尤为重要。而分流道的直径通常是和主流道的大端直径相匹配的。

注射浇口。模具的浇口形状对于确保光学塑料熔体在注射、保压和冷却过程中处于最佳状态有着重要的作用。

首先，在熔融体注入过程中，必须尽可能在注射浇口处产生最大的注射压力。根据流变学理论，流体通过限制性进料口时，体积流量减小，熔体流速增快，摩擦力使部分动能转变为热能从而使表观剪切黏滞系数 k' 下降。这样既有利于保证入料口处的最大压力，又有利于熔料在模具型腔内填充。因此一般采用小进料口，以保证进料口处的压力。

其次，塑料熔融体通过浇口进入型腔，在型腔与浇口的转角处会产生次级环流，而影响产品的均匀性。为了避免和减少入口效应的副作用，一般采用鱼尾式限制性浇口。

浇口的另一个作用就是在当熔融料填充完毕并处于保压冷却过程时，注射压力使得此时型腔内的熔融体比容等于或接近 V_0 值，首先从鱼尾式浇口靠近制品的锋口片开始凝固，从而切断流道与型腔之间的联系。这样既防止了型腔内的压力损失，又隔断了由于流道收缩对制品的影响。

因此，保证光学塑料零件在注射、保压和冷却各环节中型腔内原料的比容值稳定在 V_0 是减小制品收缩、提高产品质量的关键。因此，在模具设计时，应以降低注射压力损耗为原则。

2) *注射成型的工艺过程*

注射成型过程包括原材料的预处理、塑化、注射、模塑、冷却、脱模和退火等几个步骤。

原材料的预处理。根据各种塑料的特性，成型前应对原材料进行外观和物理性能的检测。有杂质的塑料要用去离子水清洗，烘干。对于折射率、色泽、热稳定性、熔体指数、流变性，应该按要求进行检测。

原材料的干燥对于塑料来说至关重要，因为 PMMA，PC 等塑料，其大分子含有亲水基团，容易吸潮，当水分超过规定量时，零件容易出现银纹、气泡等缺陷，严重时还会引起高分子降解影响产品的外观和内在质量。对于 PS 塑料，如果包装得好、贮存得好，一般可不干燥。

原材料的干燥度不是考虑其平均含湿量，而是考虑粒子中的最大含湿量，要求所有的粒料都干燥到安全线以下。一般采用除湿干燥器，温度对极限干燥度无多大影响。只要温度高于 77 ℃，就可将粒料干燥到最终极限干燥度，但是时间会很长。若温度提高 11 ℃，干燥时间会缩短一半，故在 88 ℃下干燥时间是 77 ℃时的一半。

塑化。是指塑料在机筒内经加热、挤压和剪切达到流动状态并具有良好的可塑性的全过程。对塑化的要求是：塑料在进入模腔之前应达到成型温度，且温度应均匀一致，并能在规定时间内提供足够数量的熔融塑料，不发生或极少发生热分解。

注射。是熔化的塑料在螺杆的推挤下注入型腔的过程。

塑料自机筒注入型腔需要克服一系列的流动阻力，包括熔料与机筒、喷嘴、浇注系统、型腔的外摩擦和熔体的内摩擦，与此同时，还需要对熔体进行压实。因此，所用的注射压力是很高的。

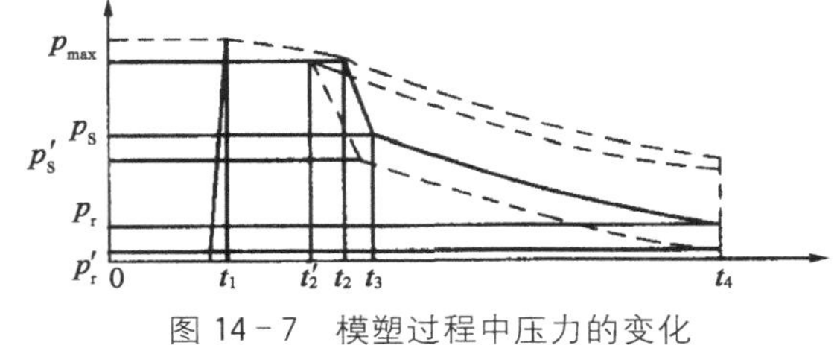

图 14－7　模塑过程中压力的变化

模塑。塑料进入型腔，注满型腔，在控制条件下冷却定型的过程，称为模塑。这一过程可分为四个阶段：充模、压实、倒流和浇口冻结后的冷却。在这连续的四个阶段中，熔体温度不断下降，压力的变化如图 14－7 所示。图中，P_{max} 为模塑最大压力；P_s 为浇口冻结时的压力；P_r 为脱模时残余压力；$t_1 \sim t_4$ 为各段时间。

(1) 充模阶段。这一阶段是从螺杆开始向前移动直到熔料充满型腔为止(时间为图 14－7 中 t_1)。从图 14－7 可以看到，充模开始时，型腔中没有压力，待型腔充满熔料时，料流压力迅速增加到最大值 P_{max}。充模时间与模塑压力有关，充模时间长，先进入型腔的熔料开始冷却，黏度增高，后面的熔料需要较大的模塑压力才能进入型腔。充模时间短，所需压力则较小。由于塑料受到较高的剪切应力，分子取向程度较高，这种现象如果保留到料温降至软化点以下，则制品中就有冻结的取向分子，使制品的性能具有各向异性。这种制品在使用温度变化较大时，会出现裂纹，裂纹的方向与分子的取向一致，而且制品的热稳定性也差。快速充模时，塑料熔体通过喷嘴主流道、分流道、浇口时产生较多的摩擦热而使料温升高，这样当压力达到最大时间 t_1 时，塑料熔体的温度就能保持较高值，分子取向程度可减小，制品熔接程度也较高。

(2) 压实阶段。这一阶段指从熔体充满型腔时起到螺杆撤回时为止。从图 14－7 中表示为 $t_1 \sim t_2$ 这一段时间，塑料熔体因受到冷却而发生收缩，但因塑料仍然处于螺杆的压力下，机筒内的熔料必然会向型腔内继续流动补充因收缩而出现的空隙。如果螺杆停在原位不动，压力曲线略有下降；如果螺杆保持压力不变，此时的压力曲线与时间轴平行。压实阶段对于提高制品的密度、降低收缩、克服制品表面缺陷都有影响。此外，由于塑料还在流动，而且温度又在不断下降，取向分子容易冻结，所以这一阶段是形成大分子取向的主要阶段。这一阶段拖延时间越长，分子取向程度越高。

(3) 倒流阶段。这一阶段从螺杆后退时开始到浇口处熔料冻结时为止(图 14－7 中 $t_2 \sim t_3$ 时段)。这时，型腔内的压力比流道高，因此会发生熔体倒流，从而使型腔内的压力迅速下降。当然，如果螺杆后退时浇口已经冻结，或者在喷嘴中装有止回阀，则倒流情况不会发生，也就不会出现 $t_2 \sim t_3$ 段的压力下降。因此熔体倒流的多少，或者有无倒流是由压实阶段的时间决定的。但不管浇口熔料的冻结是在螺杆后退以前或以后，冻结时的压力和温度对制品收缩率有重要影响。即压实阶段时间较长，模口封口压力高倒流少，收缩率较小。倒流阶段有塑料流动，因此会增多分子的取向，但是这种取向比较少，而且波及的区域也不大。相反，由于这一阶段内塑料温度还较高，某些已取向的分子还可能因布朗运动而消除取向。

(4) 冻结后的冷却阶段。这一阶段从浇口的塑料完全冻结时开始到制品从模腔中顶出时为止(图 14-7 中 $t_3 \sim t_4$ 时段)。塑料在这一段时间内主要是继续冷却，以便制品在脱模时有足够的刚度而不致发生扭曲变形。在这一阶段内，模腔内还可能有少量的塑料流动。因此，依然能产生少量的分子取向。由于模内塑料的温度、压力和体积在这一段时间均有变化，到制品脱模时，模内压力不等于外界压力，其差就称为残余压力。残余压力的大小与压实阶段的时间长短有密切关系。残余压力为正值时，脱模比较困难，制品容易被刮伤或破裂；残余压力为负值时，制品表面容易产生凹陷或内部有空穴。所以只有在残余压力接近为零时，脱模才较顺利，并能获得满意的制品。

脱模。开模后，顶出装置将成型的零件连同主、分流道积物一起顶出而脱模。为了保证光学零件的面型精度、表面粗糙度和清洁，不要涂脱模剂。

退火处理。零件进行热处理的目的是改善其内应力状况，改善力学性能和光学性能。热处理的温度随塑料品种不同而不同，一般热处理的温度控制在高出使用温度 10～20 ℃，或热变形温度以下 10～20 ℃。温度过高会使零件翘曲或变形，温度过低又达不到热处理的目的。热处理的时间随零件厚度和大小而定，以达到消除内应力为宜。热处理后的零件应缓慢冷却到室温。冷却太快，有时可能重新产生内应力。例如，聚甲基丙烯酸甲酯零件热处理条件为 70 ℃，4 h。

14.5 光学塑料注射成型机床

注射成型是热塑性塑料的主要成型方法，近年来也用来成型热固性塑料。塑料的注射成型过程是借助螺杆或柱塞的推力，将已塑化的塑料熔体注入闭合的型腔内，经冷却固化定型后，开模取得成品。

构成注射成型机床的必要条件有二：一是塑料必须以熔融状态进入模具；二是塑料熔体必须有足够的压力和流速，保证及时充满模腔。所以注塑机必须具有 3 项基本功能：塑化、注射和成型。因而注塑机主要由两部分组成：一是注塑装置，它负责完成塑料塑化和注射；二是合模装置，它完成成型职能。

1) 注射机的基本类型

注射机通常按塑料塑化方式分为 4 种：

(1) 柱塞式注射机。采用柱塞将物料向前推进，通过分流梭，经喷嘴注入模具，热量由电阻加热器供给，物料的塑化熔融是靠导热和对流传热。

(2) 柱塞-柱塞式注射机。这类注塑机物料先在第一只预塑筒内塑化熔融，再注入第二只注射料筒内，然后再将熔料注入模腔内。

(3) 螺杆-柱塞式注射机。这类注射机类似于柱塞-柱塞式注射机，所不同的是预塑装置为螺杆。

(4) 往复螺杆式注射机。采用旋转螺杆来塑化物料，当螺杆旋转时塑料熔体向前推进，促使螺杆后退，当塑化完了，螺杆停止转动。热量靠外界导入(螺杆外套有几组电加热丝)和塑料内的剪切摩擦。当注射时，螺杆向前推移，此时螺杆起柱塞作用。

柱塞式注射机由于塑化能力低、塑料塑化不均匀、注射压力损耗大、注射速度低并且不均匀等缺点，所以在光学塑料零件注射工艺中很少采用。

柱塞-柱塞式注射机和螺杆-柱塞式注射机由于机械结构庞大，塑料熔体流经路程长，而且增加熔体流动时的转弯及突然缩小和扩大，造成阻力增加、停滞和分解的可能性。因此，此类注射机已很少使用。

光学塑料非球面零件的成型一般选用中、小型单螺杆，卧式或立式的精密单工位注射机。图 14－8 是小型液压精密注塑机的基本构造图。

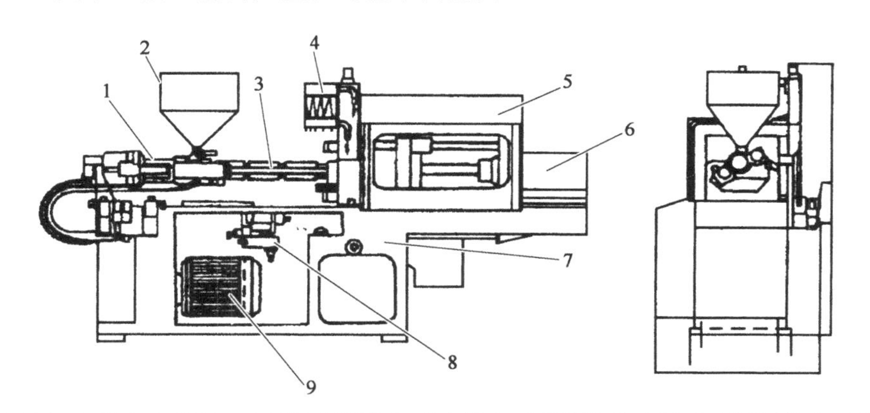

1－注射座；2－料斗；3－机筒；4－冷却水指示器；5－安全门；6－合模装置；7－机架；8－液压元件；9－电动机

图 14－8　小型液压精密注塑机

注射成型机根据机器的合模力和注射量进行分类，国产的有 15，30，60，125，400，500，1 000，2 000 g 等系列产品，国产部分塑料注射成型机的技术特征、规范及技术参数已有论述[塑料模设计手册编写组.塑料模设计手册(模具手册之二).北京：机械工业出版社，1985：348－367]。选择原则是根据制品零件的重量与浇注系统的塑料重量之和不大于机器的额定最大注射量来决定。

2）注塑机的组成

注塑机一般由注射系统、合模(夹紧)系统、液压系统和控制系统 4 部分组成。

(1) 注射系统。其作用是将塑料均匀地加热熔融塑化后，在一定的压力和较快的速度下，通过螺杆或柱塞的推挤注入型腔内。因此，它由加料装置(包括料斗、计量装置)、塑化注射部件(机筒、螺杆或柱塞、喷嘴)以及注射部件的加热装置、螺杆的传动装置、注射座和移动油缸等组成。

加料装置。一般小型注塑机的加料装置是一个锥形的料斗，与机筒相连，用真空负压吸料的方式将置于机床旁的圆形或方形料桶中的塑料粒子吸入单机干燥料斗内。料斗是封闭的，以免塑料被污染。料桶容量一般为注射1～2 h的用量。

机筒。是塑料受热、受压的容器，因此要耐压、耐磨、耐腐蚀、耐热及传热性能要好，机筒一般用质量好、硬度高并耐磨的工具钢制造。机筒内壁光滑，端部呈流线型以避免死角，不致造成物料滞留而引起分解。外部设有加热装置，能分段加热和控制，如图14－9所示，是具有加热装置的机筒。机筒加热圈有3个加热区，分为前、中、后3区，每区有3个或更多个加热圈。

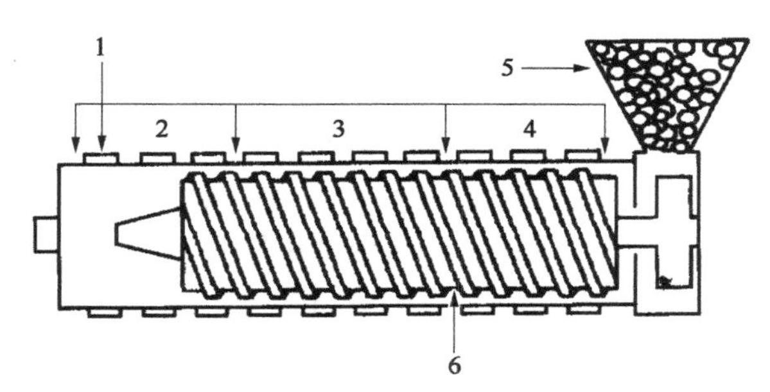

1－加热圈；2－前加热区；3－中加热区；4－后加热区；5－料斗；6－螺杆

图14－9　具有加热装置的机筒

螺杆。是注塑机的关键部件。它有两个功能：一是从料斗中“吃进”塑料使它进入螺杆的螺槽并向前输送；二是对螺槽中的原料进行挤压和剪切，使塑料熔融并塑化。因此，当螺杆转动时，机筒内的塑料熔融、塑化，发生移动。塑料熔体向前推进并升高到特定的工作温度。

普通的注射螺杆为三段式，分加料(送进)段、压缩段(渐变)段和均化(计量)段，如图14－10所示。螺杆各段的长度，螺槽深度、螺距等几何参数都将影响物料的通过，螺槽的热历程和剪切效果最终将影响塑化能力和质量，在注塑光学塑料非球面零件时，要对螺槽进行抛光加工。

喷嘴。是塑化装置与模具浇道连接的重要部件，主要功能是：① 预塑时，防止流涎并建

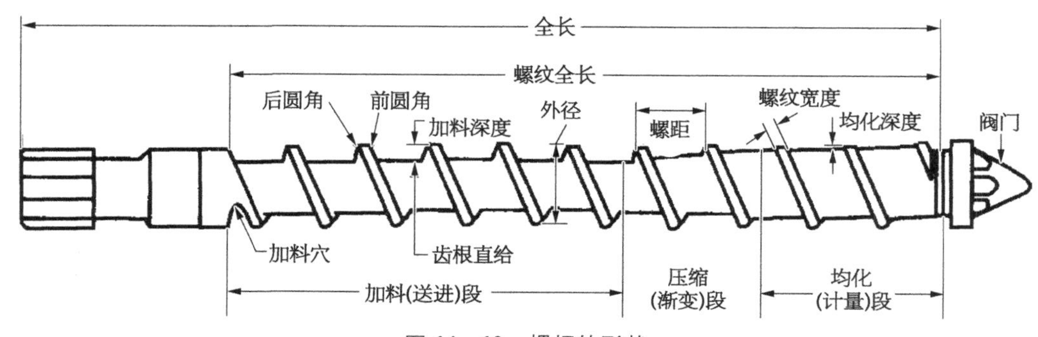

图14－10　螺杆的形状

立背压，保证塑化能力和提高塑化质量；② 注射时，建立压力提高剪切效果和熔体温度，改善黏度并使熔体进一步均化；③ 保压时，喷嘴进行充料补缩作用。

喷嘴的结构形式常有两种：直通式喷嘴、闭锁式喷嘴。① 直通式喷嘴有通用式和延伸式两种，如图 14－11(a)所示。通用式喷嘴结构简单、制造方便、注射压力降较小。缺点是无加热装置，冷料有成为制件的可能，容易形成流涎作用。适用于厚壁制品和热稳定性差、黏度高的塑料，如聚苯乙烯、聚乙烯及纤维素等塑料注射成型。延伸式喷嘴如图 14－11(b)所示，是通用式的改进型，有加热装置，延长了喷嘴的长度，不容易形成冷料、注射压力降也较小、补料作用大、塑料注射流程长。缺点是若温度控制不当，不是产生冷料，就是产生流涎作用。适用于注射有机玻璃、ABS、ACS、聚碳酸酯等。② 闭锁式喷嘴如图 14－12 所示。它是依靠外弹簧[见图 14－12(a)]或内弹簧[见图 14－12(b)]的弹力，通过挡圈和导杆压合顶针来闭锁。由于有止回阀，在注射时，杜绝了黏度较低的熔体塑料的流涎作用。在注射时，由于熔料具有很高的注射压力而顶开喷嘴。这种结构的缺点是结构复杂、注射压力损失大、补料作用小、塑注射流程短。闭锁针阀式喷嘴还有液控式喷嘴，它是靠液压控制的小油缸通过杠杆联动机构来控制阀芯后闭，使用方便、锁闭可靠、压力损失小、计量准确，但需要在液压系统中增加控制小油缸的液压回路。

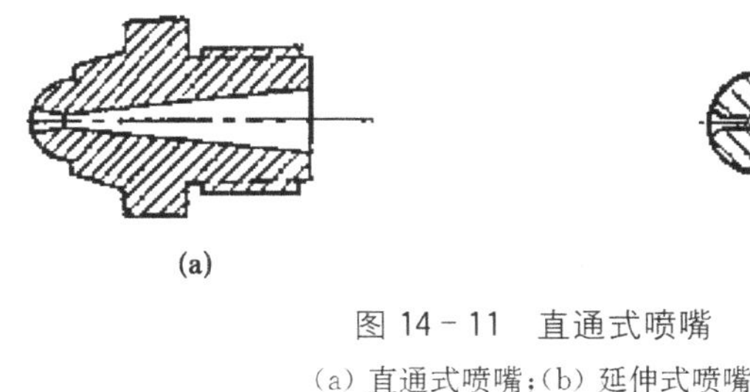

(a)　　(b)

图 14－11　直通式喷嘴

(a) 直通式喷嘴；(b) 延伸式喷嘴

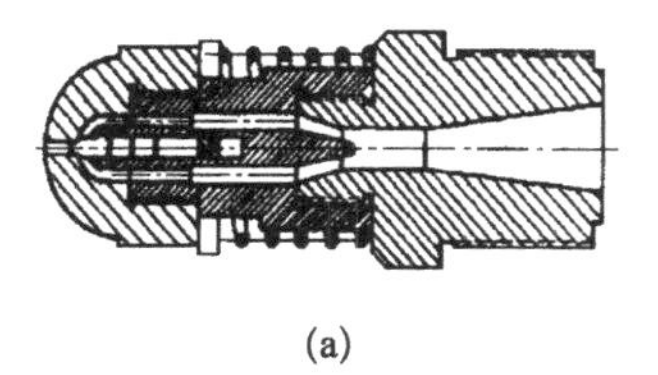

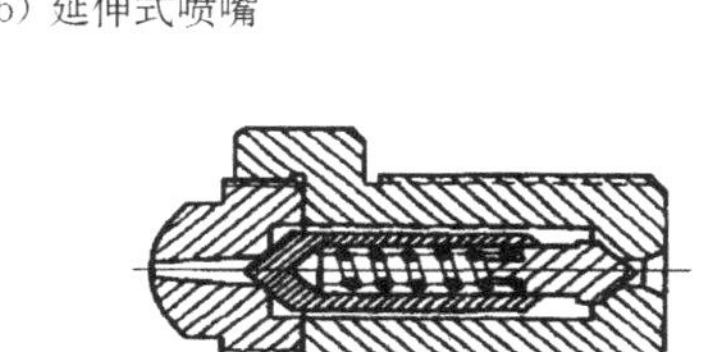

(a)　　(b)

图 14－12　闭锁式喷嘴

(a) 外弹簧针阀式喷嘴结构图；(b) 内弹簧针阀式喷嘴结构图

(2) 合模系统。是为了完成成型职能，因此它能合适地容纳并装入模具，并保证模具可靠地启闭，注射(保压)时保持足够的锁紧力并能实现制品顶出。因此，由两个机构组成，一是合模机构，二是顶出装置。

合模机构由模板、锁模油缸、机铰柱杆及调模装置组成，如图 14－13 所示。对合模机构要求有足够的合模力，以保证模具在塑料熔体的压力作用下不产生开缝现象，模具必须有足够的合模力来抵抗很高的注射压力而保持模具的闭合。合模通常是靠液压、机械力来完成的，因此，需要有足够的模板面积、模板行程及拉杆的有效间距，需要有足够的强度。并且

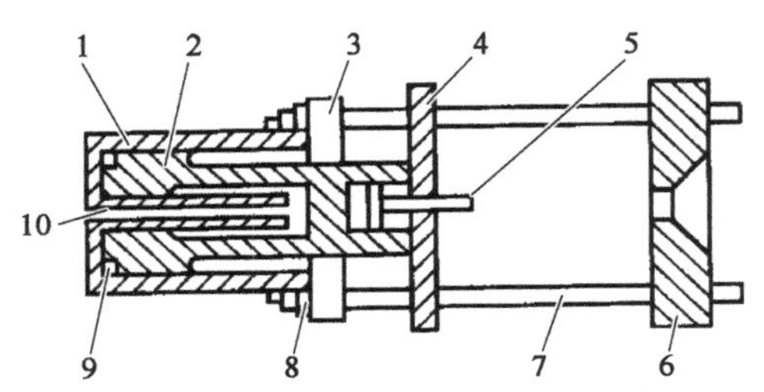

1－合模油缸；2－升压撞锤；3－合模撞锤；4－可动盘；5－喷射口；6－固定盘；7－连杆；8－开模；9－合模；10－闭模

图 14－13　压力合模装置

开、合模要求灵活准确，快而安全。

顶出装置的功能是通过顶杆准确地将制品从型腔中顶出。要求能对顶出距离、顶出力和顶出速度进行调整和控制。

(3) 液压传动和电器控制系统。液压注塑机由液压系统和电动机提供动力，完成注塑机按工艺规程所要求的各种动作，并满足注塑机各部分所需要的动力和速度。控制系统是为了保证注射机完成塑化、注射和成型各工艺过程预定的要求和动作程序，准确有效地进行工作。主要包括电动机、油泵、管道、各类阀件(方向阀、压力阀、流量阀)和其他液压件，还包括电器控制箱等。

3) 注塑模具设计

(1) 注塑模具。是指成型时确定塑料制品形状、尺寸所用部件的组合。其结构随塑料品种、制品形状和注塑机类型而不同，图 14－14 为注塑模基本结构示意图。注射模从组成功能上可分为两组基本部件：一是模腔与型芯，二是安装模腔与型芯的模座。

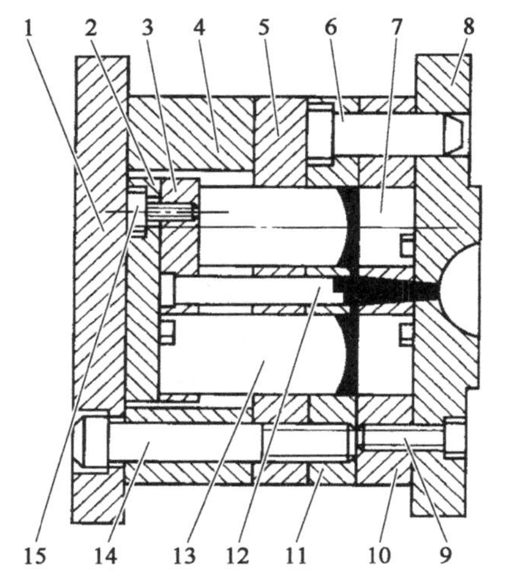

1－动模座板；2－顶杆座板；3－顶杆固定板；4－垫板；5－动模垫板；6－导柱；7，13－型芯；8－定模座板；9，14，15－螺钉；10－定模；11－动模；12－拉料钩

图 14－14　注射模的基本结构

注塑模按其总体结构特点可分为单分型面、多分型面、带活动镜块、侧向分型抽芯等多种形式。单分型面注射模又称二板式注射模，是应用最广泛的一种。单分型面注射模沿分型面将模具分为动模与定模两部分，其型腔一部分设置在动模上，一部分设置在定模上。主流道设在定模一侧，分流道设在分型面上。开模后塑料零件连同流道凝料一起留在动模上，动模一侧设有零件推出机构。

动模与定模是按工作状态将一副模具分成两部分，动模周期性开合完成注塑循环，定模与注塑喷嘴相连接。主流道设在定模一侧，分流道设在分型面上。分型面是模具的打开面，也叫分模线，它应平行或垂直塑料零件的某些表面。分模线通常应位于塑料零件最易模塑的区域，通常是周边最长处，分模线对塑料零件来说是分型线，最好是直的。

型腔是塑料成型的空间，其在模具上排列方式应该考虑流道的热平衡和塑料流动的热平衡。用于光学塑料零件的精密成形，4 个型腔以下的以“H”形方式排列或圆形排列平衡性最好。以浇道长度而言，直线形排列最短、圆形最长，塑料注塑流道应尽可能短。

显然，型腔是由模腔与型芯在模具闭合时形成的。如果模腔与塑料零件外表面接触，常为凹模，或叫阴模，常常做成定模；模芯与塑料零件内表面接触，常为凸模，或叫阳模，常常做成动模。光学透镜由两个球面和一个侧圆柱面构成，难以区分内外表面，往往把凹模、凸模统称为型芯(见图 14－15)，而且是采用嵌件形式安装在型腔固定板上，以便于单独分离进行研磨抛光，更换和维修，以减少贵重的模具钢。

(2) 浇注系统。是指连接喷嘴和模具型腔的过道，浇注系统的作用是将塑料熔体稳定而顺利地充满型腔的各个部位，以获得外形清晰、内在质量优良的塑料制件。因此要求充模过程快而不紊，压力与热量损失要小，要有良好的排气通道，不能冲坏细小型芯，并要求浇注系统中的塑料易于同塑料制件分离切除。

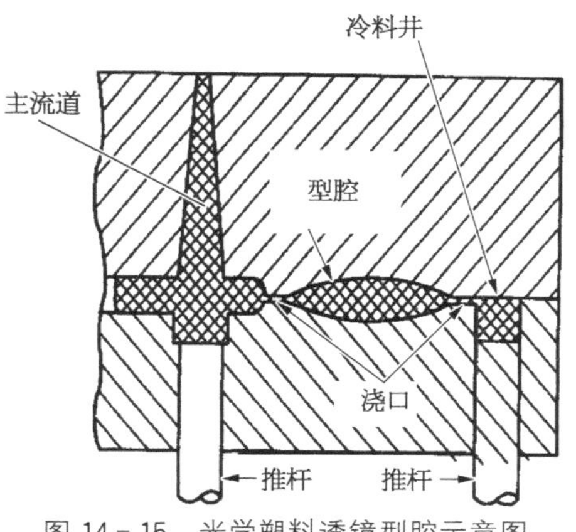

图 14－15　光学塑料透镜型腔示意图

浇注系统如图 14－16、图 14－17 所示，它由主流道、分流道、浇口及冷料井 4 部分组成。当然，在特殊情况下，一个浇注系统不一定都有上述 4 个组成部分，例如有些浇注系统不设立分流道或冷料井，特别是热浇口(也称无浇口)设计中更为简化。

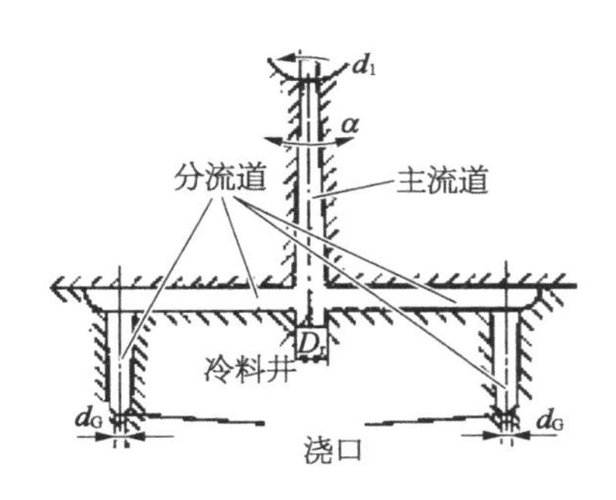

图 14－16　浇注系统

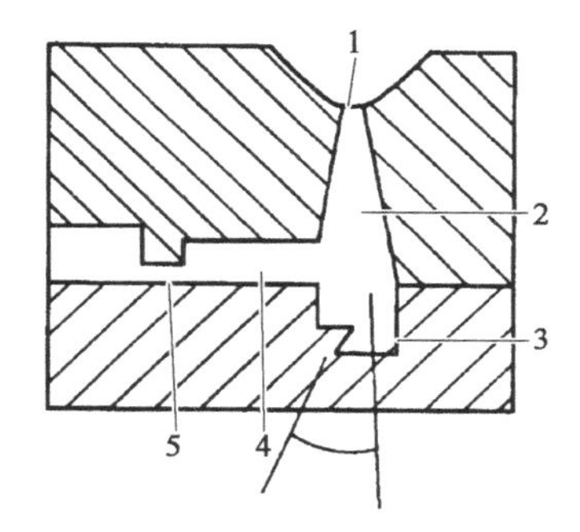

1－喷嘴进料；2－主流道；3－冷料井；
4－分流道；5－浇口

图 14－17　注塑模浇注系统

主流道。如图 14－18 所示，是指从喷嘴口到分流道入口这一段通道。主流道呈圆锥形，一般设计得比较大，以保证塑料熔体能顺利地向前流动，锥度一般取 $\alpha=2°\sim4°$(PC 一般取 $4°\sim6°$)，但也不能太大，过大会造成压力减弱、流速减慢，容易形成涡流，熔体前进过程中容易混进空气，不易完全排除，造成制件产生气孔，而且也会增加塑料消耗。反过来也不能太小，过小造成阻力增大，主流道的比表面增大，热量损耗大，表面黏度增大，造成注塑困难。通常对于表观黏度大的塑料，制件比较大的主流道设计得大些，反之则小些。另外，光学塑料的主流道截面应比普通塑料注塑模的主流道截面稍大，长度不宜过长。

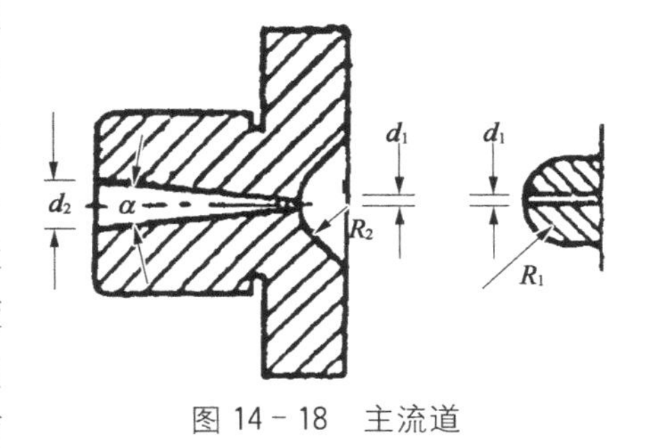

图 14－18　主流道

对于光学塑料来说，其主流道的截面积应比一般塑料注射模的主流道大一些。

分流道。是指介于主流道与浇口之间的一段通道。分流道的作用是使浇注系统过道截面起过渡和转向作用,把塑料熔体由主流道输送至浇口,而使压力损失最小。分流道对塑料熔体的流动阻力影响较大,且随着长度的增加而增加。为此,光学塑料注射模的分流道应取短而粗的结构,同时使流道中的塑料量保持最小。

为了减小压力损失,必须使分流道的比表面(即流道表面积与截面积之比)最小。比较圆形、半圆形、矩形、梯形 4 种不同截面,若设 4 种截面的截面积相等,圆形截面的比表面为最小。但是,光学塑料注塑模中的分流道一般选半圆形,因为这种形状的截面,其比表面虽然比较大,但是塑料熔体活动状况可以改善,温度也不会降低太多。同时,半圆形分流道便于加工,开模时可以顺利地留在动模中,便于脱模。

通常分流道的直径不得小于塑料制件最厚断面的 3 倍,一般为 $\phi 2 \sim \phi 12$ mm。但当直径小于 $\phi 5 \sim \phi 6$ 时对流动性影响较大;当大于 $\phi 8$ 时,再增加直径,对流动性影响就很小了。基于以上经验数据,对于光学塑料零件注塑模的分流道直径可取 $\phi 8$ 左右。这种规格的分流道,从注塑压力损失及塑料熔体温度降低方面考虑,是有利的,其缺点是造成回料太多。

为了排除冷料大量流入型腔,必须减小外层塑料熔体的流动速度。为此分流道的表面粗糙度不要太光滑。浇口的方向,对于光学塑料零件的表面质量也有影响,一般情况下,分流道应与光学塑料零件的长轴方向一致,但有时也不一定理想。实际生产中,为了提高光学塑料零件的表面质量,也将分流道设计成弯曲一定角度方向。其目的是降低塑料熔体的流速,使其均匀地、比较稳定地流满型腔。

图 14-19　平衡布置的流道

对于一模多腔的注射模,分流道采用平衡布置,如图 14-19 所示,分流道的设计要保证塑料熔融体能在相同时间内充满所有型腔。如果所有型腔形状相同,体积相等,则分流道设计必须采用等长等断面。如模腔的体积不相等,则分流道的设计必须使流速相等的前提下,采用不等断面使不同流道的流量不等,以使充填时间相等。或者通过改变流道长度的方法来调节阻力大小,以保证充填时间相等。

冷料井。一般设在主流道末端,其作用是为了储藏注射期间产生的冷料头,防止冷料头带进型腔而影响制件质量。光学塑料零件冷料井的设计可参考通用塑料注射模的设计。

浇口的设计。浇口是指分流道与制件之间的一段细短通道,浇口是浇注系统最短的一段。它的作用是使塑料熔体按理想流速和流态注入型腔内,按顺序充填型腔,并且通过浇口,还要补充一部分熔料,以抵偿制件收缩。浇口的开设部位、形状和尺寸的设计,直接影响光学塑料零件的质量。浇口设计不合理,容易使光学塑料零件表面出现流痕、条纹等疵病,严重时光学塑料制品会产生双折射而影响像质,是光学塑料零件报废的主要原因之一。根据对国内外光学塑料零件的剖析,实际生产中的浇口截面积取得都比较大。

在模具上开设浇口时，要注意浇口的位置和数量。浇口的位置应有利于型腔内的气体排出，如果模腔内气体不能按顺序排出，则会造成制品内有气泡、充模不满、熔结不牢或气体被压缩而产生高温，致使制品表面产生焦痕。浇口位置还应尽量减小注塑件在流动方向的取向作用，在设计浇口位置时还须考虑流动距离比。

在选择浇口时要考虑型腔数、树脂种类、制品的形状和大小以及经济性原则。浇口有直接浇口、限制性浇口等。

直接浇口如图 14-20 所示，直接浇口是塑料熔体从主流道直接注入型腔的最常用的浇口(通称主流道浇口)。浇口的位置一般设在制品的表面或背面，成型后须后加工，并留有浇口痕迹。但是，直接浇口注塑压力损失小、易成型、适用于任何塑料加工。但应注意，若聚乙烯、聚丙烯等树脂采用直接浇口生产浅而平的制品时，会因内应力而使制品变形。直接浇口必须在主流道对面设置相当于制品厚度 1/2 左右的冷料井，以防止冷料进入型腔。此种浇口用于深型制品时，应尽可能缩短主流道长度。这样不仅能有效地利用注塑机的开模行程，而且还能缩短主流道的固化时间，取得提高成型效率的良好效果。

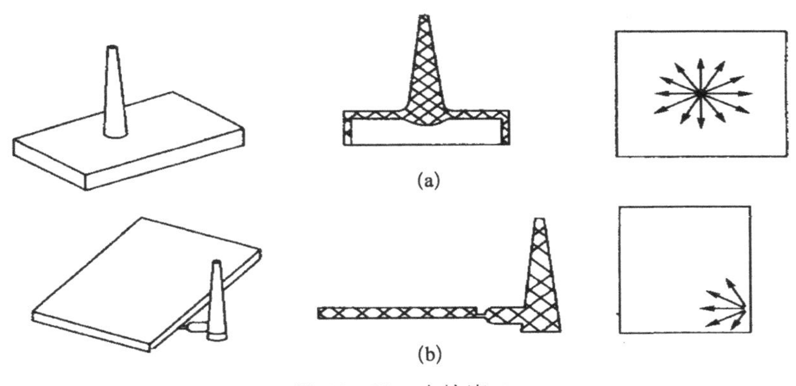

图 14-20　直接浇口
(a) 中心进料直浇口；(b) 侧端进料直浇口

限制性浇口指可限制浇口尺寸及固化时间的浇口，限制性浇口可减小浇口附近的残余应力，在塑料通过时由于再次加热而使黏度降低、流速加快，因尺寸小、封闭快而可缩短成型周期，在一模多腔时容易取得比较好的平衡性布置。限制性浇口的缺点是有压力损耗。限制性浇口有很多种，如护耳浇口、点浇口、潜伏浇口和斧形浇口等。

护耳浇口。对于难以成型或要求具有光学性能的制品(如 PC、PMMA 等)，为从制品上除去聚集有内应力的部分，可选用护耳浇口，如图 14-21 所示，图 14-21(a)为制品端面上局部延伸的护耳浇口，图 14-21(b)为制品厚度上的重叠式护耳浇口。护耳浇口的优点有：① 能允许浇口附近产生缩孔；② 能有效地降低浇口处的局部应力集中；③ 能有效地防止喷射流动、提高制品内在质量。

点浇口。是限制性浇口的一种，其截面尺寸特别小，因而产生了许多优点，应用十分广泛。点浇口虽有压力损失大、制品上可能会留有熔接痕等缺点，但其优点却是主要的，归纳起来有：① 可大大提高剪切速率，因而能有效地降低熔体的平观黏度，易于充模；② 浇口处

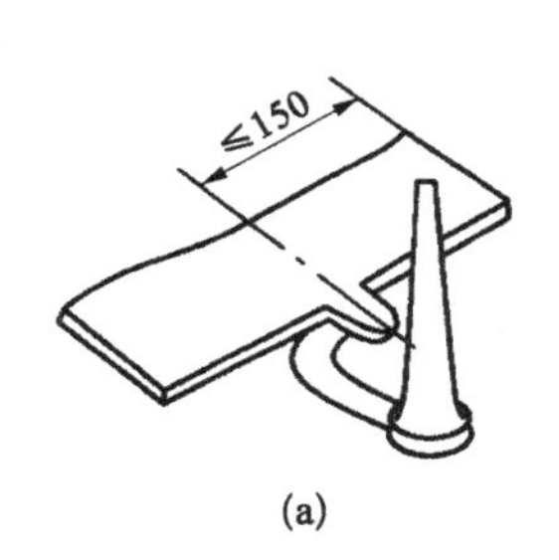

(a)

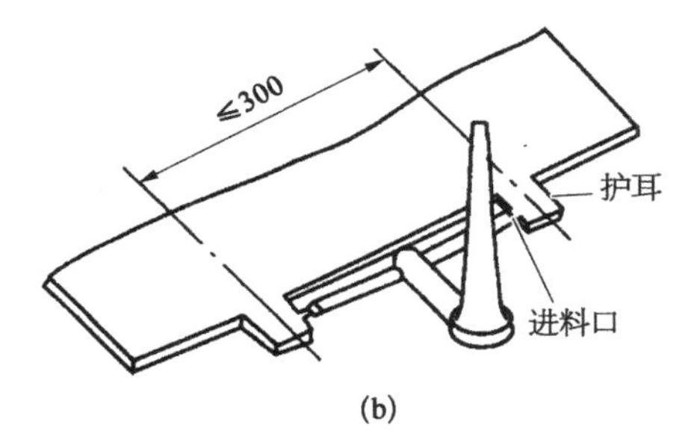

(b)

图 14－21　护耳浇口

(a) 端面上局部延伸；(b) 厚度上重叠

高速摩擦生热，使熔体温度明显升高，黏度再次下降；③ 能正确控制补料时间，从而降低了制品的内应力，提高了制品的质量；④ 在多腔模中能使各浇口平衡进料，改善了制品质量；⑤ 能缩短模塑周期，提高生产效率；⑥ 有利于浇口与制品的自动分离，实现制品生产过程的自动化；⑦ 能较自由地选择浇口位置；⑧ 浇口痕迹小，便于修整。

潜伏式浇口。也称隧道浇口，浇口的位置潜入分型面一侧，可设置在制品的侧面、端面、背面等各隐蔽处。因为潜伏浇口沿斜向进入型腔，外表无浇口痕迹，开模时能自动切断浇口，故又称剪切浇口。

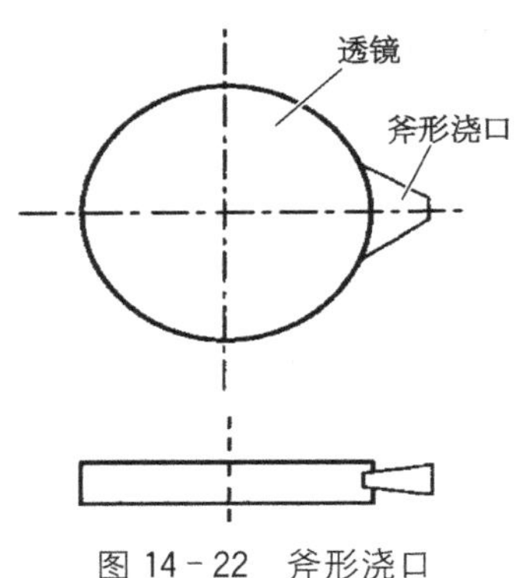

图 14－22　斧形浇口

斧形浇口。如图 14－22 所示，其形状如斧头，故称为斧形浇口。这种浇口适用于注射直径较大的透镜或尺寸较大的塑料棱镜。注塑透镜时斧形浇口投影长度取 1.5～3 mm，浇口的最大厚度取其边缘的 1～2 倍。注塑棱镜时斧形浇口投影长度取 3～6 mm，浇口的最大厚度取其最大边厚。这种浇口必须用 W5～W1 金刚石抛光粉抛光，再用毛毡条浸氧化铈抛光粉精抛光，直到没有肉眼可见的研磨痕迹为止，与浇口相连的分流道也要抛光，这些都有别于工程塑料注射模具。其浇口位置的选择要注意不影响零件的美观，便于修整。

14.6　塑料光学零件注射成型工艺参数选择

有了理想的注射机、模具、高质量的光学塑料后，还必须有合理的成型工艺，才能生产出合格的光学塑料零件。注射成型过程中，需要注意控制的工艺参数有温度、压力、时间。温度、压力、时间是注射成型的 3 个基本要素。

1）工艺参数控制

（1）温度控制。

料筒温度。料筒加热的目的是使塑料塑化并流动，但又不能产生热分解，因此料筒温度应控制在塑料流动温度 T_f(或熔点 T_m）至热分解温度 T_d 之间。在此温度范围内，根据不同情况，料筒温度可取较低(低限)或较高值(高限)。

如 $T_f \sim T_d$ 范围小的塑料，为减少降解的危险，料筒温度应取低限；对于 $T_f \sim T_d$ 范围大的塑料（如 PS），料筒温度应取高限以强化塑化效果。

同一种塑料，熔体流动速率（MFR）较小者，熔体黏度大，为获得适宜的流动性，料筒温度应取高限，反之则可取低限。对增强（填充）类塑料，因塑化困难、流动性较差，料筒温度应取高限。

分子链结构较刚性的塑料（如 PC、PMMA 等），因其黏流活化能大，升高温度能有效降低其熔体黏度，故料筒温度可取高限以增加流动性。

对薄壁或长流程复杂制件，因充模困难，料筒温度应取高限。对壁厚制件，充模不成问题，为了避免冷却时温差过大导致内应力，料筒温度应取低限。

料筒温度的分布，一般从料斗至喷嘴温度由低到高，以使塑料温度平稳上升而达到均匀塑化的目的。由于螺杆式注塑机中有较多的摩擦热，因此前段（靠近喷嘴段）温度常略低于中段（特别是螺杆转速高时），以防止塑料过热分解。

喷嘴温度。注射时，塑料熔体在螺杆压力下高速通过喷嘴时会产生大量的摩擦热而使熔体的温度升高。因此，喷嘴温度的设置通常略低于料筒最高温度，以避免因熔体料温过高、流动性太好而发生可能的“流涎”现象。但喷嘴温度也不能太低，否则会造成熔体冷凝而喷嘴堵死，或者由于过多的早凝料（超过冷料井容量）注入型腔而影响制品的性能。大多数情况下，喷嘴的温度应比料筒前段温度低 10 ℃左右。

模具温度。对制品的内在性能和表观质量影响很大。模具温度的高低决定于塑料的结晶性、制品尺寸与结构、性能要求以及其他工艺条件（料筒及喷嘴温度、注射速度及压力、成型周期等）。原则上，模具温度一般要比该种材料的玻璃化（热变形）温度低 20～30 ℃为宜，国外资料基本上是在这个范围内波动。国内有的工厂，选择的温度比较高。根据工艺试验的结果可以看出，模具温度偏高，光学塑料件质量好。但高的模温，将使注射总周期延长，考虑到这一点，模具温度选择过高，也是没有必要的。

(2) 压力控制。注塑过程中的压力包括塑化压力和注射压力。塑化压力决定了塑料在料筒内的塑化效果。注射压力则对熔体充模速率和制品最终性能都有影响。

塑化压力。采用螺杆式注塑机时，螺杆顶部熔料在螺杆转动后退时所受到的压力称为塑化压力，亦称背压，其大小可通过液压系统中的溢流阀来调整。通常，塑化压力增加，物料在料筒内的停留时间延长，料温上升，熔体温度均匀性和混合均匀性提高。增加塑化压力还有利于排出熔体中的气体并使熔体密实程度增加。但是在螺杆转速不变的情况下，增加塑化压力会导致塑化速率下降并增加塑料降解的可能性。因此，实际生产中，塑化压力的大小应在保证制品质量的前提下越低越好。对热敏性塑料塑化压力应尽可能低，以缩短物料在料筒内的受热时间，减少热分解的可能。熔体黏度很低的塑料，过高的塑化压力会增加物料在螺杆中漏流和逆流而使塑化速率急剧下降。热稳定性好、熔体黏度适中的塑料（如 PS 等），在需要混料或混色时，可适当提高塑化压力以增加熔体的温度、组分和颜色均匀性。虽然塑化量会有所下降，但可通过提高螺杆转速来补偿。

注射压力。注射压力的作用是将料筒内的塑料熔体注入型腔，并通过浇注系统形成模内压力，给熔料一定的充模速率并对熔料进行压实。生产中主要根据零件的复杂程度、壁厚等因素选择注射压力；其次与浇注系统、塑料特性及料筒温度有关。根据工艺试验及有关资料可以看出，注射压力在适当的范围内增加，对零件质量有改善。超出一定范围，增加注射压力，对零件质量并不会有明显的改善。

(3) 时间控制。完成一次注塑所需要的时间称为成型周期，或称为模塑周期，它包括以下几个部分：

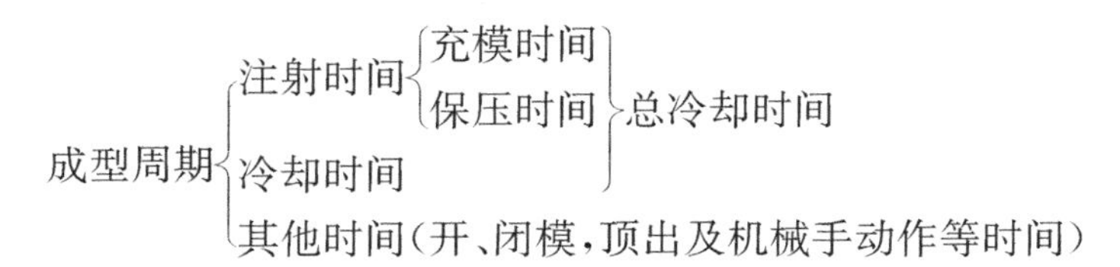

成型周期直接影响生产率和设备利用率。因此，在生产中应在保证质量的前提下尽可能缩短成型周期时间。

注射时间。注射时间是指螺杆前进时间(一般是 3～5 s)，注射速率越快，充模时间越短。对于熔体黏度高、冷却速率快的制品，应采用快速注射，以减少充模时间。

保压时间。是指螺杆停留在前进位置并对型腔内塑料压实的时间。保压时间在整个注射时间中占的比例较大，一般为 20～120 s。主要取决于制品形状及复杂程度，形状简单的小的制品保压时间可少几秒，特别厚、大制件保压时间较高为 5～10 min。保压时间还与料温、模温、流道及浇口的大小有密切的关系。

冷却时间。主要取决于制品的厚度、塑料的热性能、结晶性能和模具温度等。冷却时间的终点，应保证制品脱模时不引起变形为原则，一般制品的冷却时间在 30～120 s 之间。过长的冷却时间不仅会降低生产率，而且对复杂制品会造成脱模困难。

对于光学塑料零件来说，“保压”与“冷却”时间的选择，对于零件的表面质量影响较大。延长注射总时间可以改善光学塑料件表面平直度、表面缩凹等指标，但经仪器测试，对光学性能并无明显提高。国外光学塑料零件的注射总周期，选择的都比较短。因此，注射时间应选取偏小值。

(4) 干燥度控制。光学塑料加工前的含水量一般都高于成型加工的允许值。光学塑料中有少量水分时，光学塑料零件表面会产生银丝、浑浊等疵病。因此，光学塑料成型前必须干燥。对于吸水性不大的光学塑料，如聚苯乙烯，成型一般塑料零件时可以不必干燥，但是成型光学零件时，必须干燥。成型加工过程中，还应注意防止干燥后的光学塑料重新吸湿。干燥温度一般控制在该材料热变形温度以下 5～20 ℃，时间为 4～12 h。

几种光学塑料的注射成型工艺参数如表 14－6 所示。

2) 注塑工艺参数对残余应力和分子取向的影响

当塑料熔体从浇口注入冷型腔时，压力(也即应力)在模内开始建立，随后在填料时应力陡增。应力在冷却开模时释放，应力松弛程度取决于冷却速率。如果快速冷却，则应力释放时间短，于是造成塑料中较多的应力冻结。塑料熔体经冷却后应力仍保留在其中，称之为残余应力。

表 14－6　几种光学塑料的注射成型工艺参数

工艺条件＼原料名称		聚甲基丙烯酸甲酯 PMMA	聚苯乙烯 PS	苯乙烯-丙烯腈共聚物 AS	聚碳酸酯 PC
注射机型号		柱塞式注射机	螺杆式注射机	螺杆式注射机	螺杆式注射机
料筒温度/℃	后部	150～190	160～250	180～240	300～340
	中部		180～270	200～260	300～330
	前部		200～300	210～280	290～300
	喷嘴		200～280	190～260	290～330
模具温度/℃		45～55	30～80	30～80	83～130
注射压力/Pa		$<10^8$	$(5\sim15)\times10^7$	$(10\sim18)\times10^7$	$(10\sim18)\times10^8$
注射总周期/s		40～60	10～60	15～80	25～60
干燥温度/℃×时间/h		(60～70)×(6～8)			
后处理温度/℃×时间/h		(60～65)×(3～5)			

残余应力(或应变)有 3 种：① 骤冷应力；② 冻结分子取向；③ 结构型体积应变。

在制件中的骤冷应力有时当产生气泡或凹痕时即可自行释放，否则用“退火”来消除。结构型体积应变是由于制件的几何形状所造成的不同收缩，这种应变在制品不同厚度的断面中更为显著，结构型体积应变只能用“退火”来消除。三种残余应力中以冻结分子取向最为重要。在多数情况下，塑料制件中希望少存在分子取向。因为降低冻结分子取向，可得到较好的光学一致性，减少制件裂缝，改善制件受热时的尺寸稳定性，缩短填料时间将有效地减少冻结分子取向。

分子取向。塑料熔体注入型腔时，内层流速大于外层流速，浇口处压力最大，黏流态的塑料分子受到外力作用，顺着流动方向形成相互平行的整齐排列。而受冷却进入高弹态，在较小的外力作用下产生较大的变形，分子发生取向作用。消除应力后，高弹变形就随时间而消失。但是，当这些排列和取向在冷却固化之前来不及消除而留在固态塑料之中，分子的取向就像发生了“冻结”一样而被固定下来。因此，所谓冻结分子取向是指塑料熔体受剪切作用，造成分子在一个方向的整齐排列。分子取向的作用表现在制品的物理性能、机械性能随方向不同而不同。一般来说，垂直于分子链方向的性能要比平行方向差，常见的双折射现象就是这样产生的。

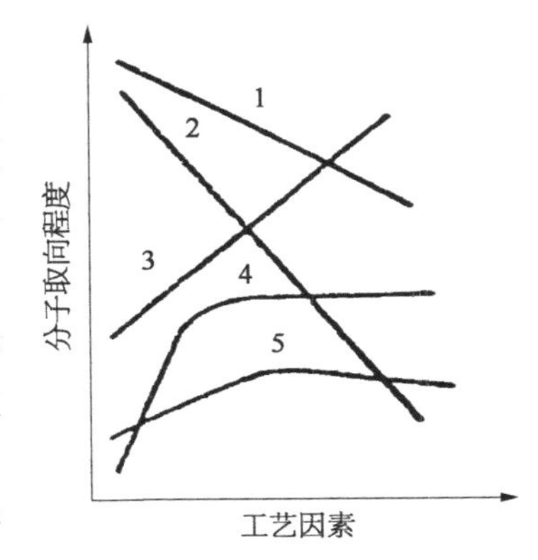

1－模温；2－制件厚度；3－注射压力；4－填料时间；5－料筒温度

图 14－23　注塑条件对分子取向的影响

影响分子取向的因素如图 14－23 所示。图中横坐标表示不同的工艺因素，沿坐标方向增加，纵坐标表示分子取向程度。从图中可以看出，分子取向随着模温升高而降低；随着制件厚度增大而降低；随着注射压力增高而增大；随着填料时间增长而增大，但到一定程度后趋向平稳；随着料筒温度增高而加大，但增至一定程度后又略微下降。可见克服分子取向的途径之一是采用适当的加工条件，如提高模温和料温，在注射成型时加快注射速度，必要时让制件在接近塑料软化时进行退火。但是，分子结构本身产生的分子取向是无法消除的。

（1）工艺参数对残余应力的影响。

注射速度对剪切应力的影响。注射速度的变化主要是引起剪切应力的变化。流向速度从高速变为低速（高→低速）时比从低速变为高速（高→低→高速）时的剪切应力小得多。

注射时间对剪切应力的影响。剪切应力随注射时间的变化曲线如图 14－24 所示，剪切应力随着时间的增加而减小，这是因为延长注射时间，填充速度降低，流向压力减小，熔体所受的剪切作用力变小，所以剪切应力下降。

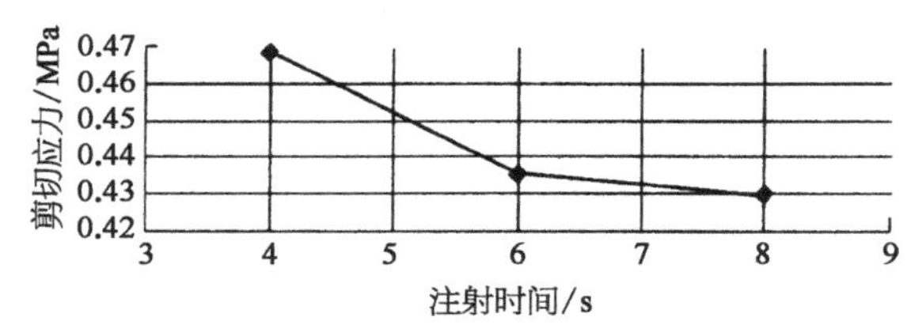

图 14－24　注射时间对剪切力的影响

模具温度对剪切力的影响。理论分析和实践表明，剪切应力随着模具温度的升高而降低。这是因为模具温度升高使熔体温度降低较小，熔体流动更快，因此剪切应力降低。

（2）工艺参数对收缩率的影响。由于材料的收缩和不均匀冷却等原因，光学塑料非球面零件的表面面型和模芯的面型是不同的，如图 14－25 所示。要获得正确的表面面型，不仅要对模芯进行补偿，而且要控制工艺参数，尽量减小其变形。

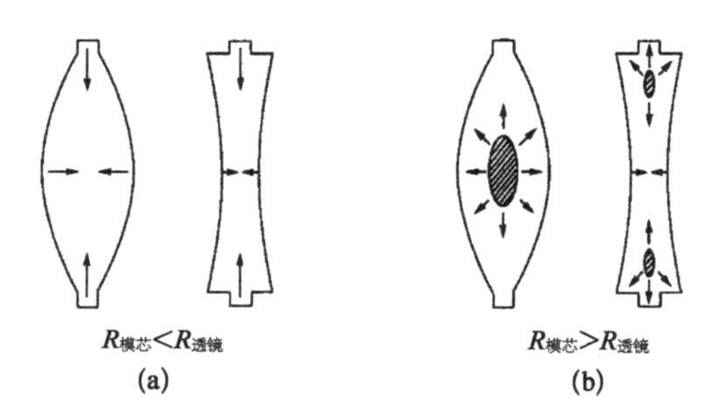

图 14－25　光学塑料非球面零件的面型变化

(a) 由于热膨胀系数造成的收缩变形；(b) 由于不匀称冷却造成的变形

注塑制品在成型过程中的收缩可分为 3 个阶段：

第一个阶段在浇口凝固以前（保压阶段）。在这一阶段，制品收缩在很大程度上取决于熔体所能补偿的程度。由于这时的模具温度较低，熔体温度正在不断地下降而熔体密度和黏度却在不断地提高。因此，这时熔体的补偿能力主要取决于保压压力的大小和维持保压压力向模内传递的时间。这一过程要一直持续到浇口凝固、封闭为止。所以收缩率受到保压压力和保压时间的控制，保压压力越大、时间越长，则制品的收缩率越低。

第二阶段是从浇口凝固开始至脱模（冷却阶段）。这个阶段再无熔体进入型腔内，制品的重量不会再改变。在这种情况下，非结晶聚合物的收缩是按体积膨胀系数收缩的，收缩的大小取决于模具温度和冷却速率，模具温度低，冷却速度快，分子来不及松弛，而被“冻结取向”，制品收缩较小。对结晶型聚合物来说，在这一阶段主要是由结晶引起收缩，因此影响结晶度的因素都要影响收缩。模具温度高、冷却速度慢，分子有松弛的时间，结晶趋于更加完全，收缩率高。反之会降低收缩率。由此，从收缩率角度看，型腔温度对非结晶型和结晶型的影响是一致的。制品在冷却阶段的收缩将遵循聚合物状态方程（$p-V-T$）的规律，常密度下的收缩将一直持续到制品脱模为止。

第三阶段是从脱模开始至使用阶段的收缩，这是属于自由收缩阶段。自由收缩量为

$$\Delta L_a = L_1 \alpha (T_p - T_W) \tag{14-9}$$

式中，L_1 为塑件脱模后 30 min 后沿收缩方向的长度；α 为聚合物热膨胀系数；T_p 为脱模时制品温度(℃)；T_W 为工作环境(介质)温度(℃)。

影响塑件收缩最主要的因素有保压压力、保压时间、模具温度和注射时间。

保压压力对收缩率的影响。收缩率随着保压压力的增大而减小，高的保压压力一方面可以使熔体通过浇口补充由于冷却产生的体积收缩；另一方面，根据材料的 $p-V-T$ 曲线，高的保压压力可以使熔体受到压缩而补偿熔体随温度下降产生的收缩。

保压时间对塑件收缩率的影响。塑件的收缩率随保压时间的增加而减小，保压时间不足会导致较大的收缩，使塑件的面型误差加大。

模具温度对收缩率的影响。从注塑制品收缩的性质可以看出，模具温度在浇口封闭以后才对收缩起作用，它通过分子的“冻结取向”影响型腔表面冻结层的厚度。降低模具温度可以使冻结层迅速加厚，制品的收缩率变小。另外，降低模具温度还可以使塑件的出模温度降低，从而可以降低热收缩。

注射时间对收缩率的影响。收缩率随注射时间的增加而减小。

熔融温度对收缩率的影响。无论从高分子的结晶取向机理的角度上看，还是从聚合物 $p-V-T$ 状态方程上看，制品在保压流动阶段和冷却定型阶段的收缩都应该是随熔体温度的升高而增加。但实际上，随着温度升高，聚合物的收缩率有所下降。这是因为熔体温度升高使黏度降低，若维持注射压力、保压压力不变则传递到型腔内的压力会增加，且由于浇口处温度的提高，浇口的封口时间延长，因此有利于补料、增大密度、减少收缩。提高密度的另一个途径是提高合模力，使分子在高压下提高结晶度。但是，提高合模力要增大动力消耗，增加模具强度，延长制品冷却周期，导致生产率降低。所以实际生产中并不提倡用增加熔体温度的办法来提高充模能力，而是采用低温充模。

(3) 工艺参数对光学零件成像质量的影响。下面从一个实验结果分析工艺参数对光学零件成像质量的影响。

实验用的零件是 PMMA 的凸透镜，它的外径为 ϕ22 mm，中心厚度为 4 mm，一面是顶点曲率半径为 50 mm 的非球面，另一面是半径为 206.58 mm 的球面。成型条件为一模两腔；模芯温度变化时，树脂温度保持在 220 ℃；改变树脂温度时，模芯温度保持在 130 ℃。

模芯温度和成像质量的关系。成型时仅仅改变模芯温度，取 3 种温度：98，103，108 ℃，其他条件都相同。用干涉仪测量经过成型后零件的干涉条纹，测量的数据如表 14-7 所示。

表 14 - 7　不同模芯温度时的像差

模芯温度/℃	透过波面的像差/λ				
	PV	RMS	像散	彗差	球差
98	1.5	0.22	0.39	0.36	−3.7
103	0.58	0.066	0.20	0.33	−0.7
108	0.99	0.14	0.42	0.30	0.51

从表 14 - 7 中数据可知：① 模芯温度为 103 ℃时，透过波面像差的 PV 值和 RMS 值最小，像散也有相同的结果。因此可以说，存在一个使这些像差为最小的最佳模芯温度。② 在 103 ℃和 108 ℃时彗差几乎相同。因此，模温变高时，彗差会得到改善。③ 在 103 ℃和 108 ℃之间，存在球差为零的模芯温度。

树脂温度和像差的关系。成型时树脂的温度取 220，240 和 260 ℃，其他条件都相同。测量数据如表 14 - 8 所示。

表 14 - 8　不同树脂温度时的像差

树脂温度/℃	透过波面的像差/λ				
	PV	RMS	像散	彗差	球差
220	0.58	0.066	0.20	0.33	−0.7
240	0.47	0.059	0.25	0.20	−0.17
260	0.52	0.093	0.35	0.17	0.39

从表 14 - 8 中数据可知：① 树脂温度为 240 ℃时，透过波面像差的 PV 值和 RMS 最小。② 像散在 220 ℃时最小；彗差在 260 ℃时最小。③ 树脂温度在 240 ℃和 260 ℃之间存在球差为零的值。

冷却时间和像差的关系。冷却时间太短，零件脱模后会产生较大的尺寸变化和像差变化；冷却时间太长会降低生产效率。实验中，冷却时间分 30，45，60，75，90 s，测量像差的数据如表 14 - 9 所示。

表 14 - 9　不同冷却时间的像差

冷却时间/s	透过波面的像差/λ				
	PV	RMS	像差	彗差	球差
30	6.042	1.078	1.163	0.398	13.907
45	1.966	0.416	0.623	0.240	4.678
60	0.728	0.132	0.421	0.456	0.721
75	0.686	0.092	0.350	0.358	0.261
90	0.554	0.083	0.174	0.475	0.213

从表 14 - 9 中数据可知：① 冷却时间不够 45 s 时，像差大得几乎不能测量。从 60 s 到

90 s，像差的变化很小（彗差除外）。② 冷却时间对像差的影响，以球差为最大。从实验数据推算，在 70 s 前后球差为零。

实验说明，模芯的温度、树脂的温度和冷却时间对零件的成像质量有很大的影响。

3）光学塑料注塑工艺后处理

光学塑料零件的后处理，目的是消除或降低内应力，内应力主要影响像质，经过后处理的光学塑料零件，内应力有明显改善。但是，目前内应力还达不到“三级”，有待进一步研究。

14.7　塑料光学零件的工艺检测

塑料光学零件制造过程中的工艺检测具有十分重要的作用，特别是采用注射成型方式生产塑料光学零件。因为注射成型是一个热加工过程，注射件的精度和质量决定于材料质量，模具精度，注射工艺参数的正确设定，而这些因素的监控又依赖对试件的精度和质量检测。在这些检测中，曲率半径值检测是一个主要内容。

1）塑料原料质量的检测

原材料的质量是直接影响塑料零件外观、尺寸精度及物理性能的。生产中对每一批原材料都必须进行外观和工艺性能的检测。做好记录并保留样品，样品应注明品种、牌号、粒度、贮存期等有关数据。

（1）外观检测。主要为色泽、颗粒大小及均匀性、透明度。

制造塑料光学零件用的原料是无色透明的，但几乎所有塑料制品在厚度小于某一最小值时，都是半透明的，只有几种塑料是透明的，它们一般是无定形的。结晶塑料一般是半透明的，因为当晶体大小比可见光波长大时，光通过许多连续的结晶和无定形区时发生散射，降低透明度。塑料粒子不均匀时，细颗粒和大颗粒混合，会引起熔融不够，从而导致不均一的注模填充，并产生橙皮、黑点、条纹等表面问题。塑料颗粒的尺寸及其分布应该用筛孔尺寸不同的筛网来测定。

（2）塑料的工艺性能检测。主要有收缩率、流动性、熔融指数、水分（吸水性）等。

收缩率。是一个重要的工艺因素，是在型腔设计时首先要考虑的。

所谓收缩率是塑件尺寸相对于型腔尺寸的偏离量，它随时间推移稳定性增加，因此应在脱模后 24 h 测量。收缩率是根据塑料的可缩性和热胀性来确定的，结晶性材料，由于存在晶相转换，收缩率很大。

自由收缩的塑件，其体积收缩率为

$$S_V = 1 - \frac{V}{V_0} \tag{14-10}$$

式中，V 为室温下塑件体积；V_0 为室温下型腔体积。

当塑件浇口封闭后，型腔内压力降低，塑料开始收缩，保压压力不再补料。由于零件形状是由各种不同基本单元组成，各向收缩不均匀，即使略去型腔壁对塑件收缩的限制，板状塑件也只有在中央部分、塑厚方向的收缩为自由收缩。先固化的塑件表面将阻碍后固化区的收缩，其体积收缩仅发生在自由收缩方向上。

塑件的收缩实际上取决于许多因素，包括温度、压力、射速、壁厚、浇口到塑件距离、结晶和取向，所以精确计算塑件收缩是困难的，通常采用经验收缩率。厂商提供的收缩率是在特定条件、特定尺寸的试条下取得的，实际应用时几乎没有相同的工艺条件，故只能作为参考。实际应用中，可在模具淬火前进行预注塑，然后根据塑件收缩情况，对模具做必要的修整。试模前应保持型芯大些、型腔小些，以利修膜时可切除多余的模具金属。

水分。塑料中的水分是有害的。它将使塑料零件出现气泡，表面出现银纹及波纹等质量问题。颗粒状的塑料含水量可通过烘箱干燥进行测试，在规定测试的烘箱内干燥 1～2 h 后，再在干燥器中干燥 30 min，冷却，称量其重量的变化，精确到 0.001 g。

2）注射工艺过程检测

(1) 加料量与塑化温度。螺杆式注射机依靠螺杆的转动传送塑化物料，螺杆不停地转动，熔料不断向料筒端部输送，端部产生的压力使螺杆后移。同时，将料斗内的塑料曳入料筒螺槽内。当螺杆后移到使端部熔料满足下次注射量后，固定螺杆。后移的行程即达到控制加料量的目的。加料量每次应相等，以保证均匀塑化。

塑化是塑料在料筒内加热到流动状态而有可塑性的全过程。熔体内各处温度应均匀一致，料筒温度分布应从料斗后端至喷嘴逐步平稳上升。检测温度的办法是，在模具和喷嘴脱开状态下进行空注射，流出的塑料条应光滑明亮、无变色、无气泡、无银丝。料温测量用测温计通过喷嘴插入熔体中并均匀移动，指针稳定后读数。

(2) 闭模力与模具温度。模具闭合靠闭模动力装置控制，闭模后锁模力在注射与保压时间内应保持恒定。模具温度对塑料制件性能和外观质量影响很大。模温控制方法有冷却介质控制及熔料注入的自然升温和散热控制等。用测温仪表测量模温数值。一个工作日内模温测定不小于两次，用触点测温计测模板、型腔不同部位的温度，测量点不小于 3 处。

(3) 压力。包括塑化压力、注射压力、保压压力等。塑化压力又叫背压，由调节注射机系统的背压阀和克服螺杆后退阻力建立。在螺杆转动后退时熔料所受到压力，随螺杆设计而变。注射压力为螺杆前进时其头部施加于塑料熔体上的压力，用油缸液油压力表示，又叫表压。其作用是克服塑料流向型腔的流动阻力。保压压力是在注射结束时螺杆不后退，并以极慢速度继续前移所维持的压力，作用是防止型腔内熔料未冷凝前引起倒流及型腔内熔体冷缩时补料。

(4) 时间与成型周期。完成一次注射模塑全过程的时间包括闭模、注射、保压、冷却(冷却的同时进行预塑，预塑时间不超过冷却时间)、开模顶出塑件等过程所需的时间。其中注射时间和保压时间对制品质量影响很大。光学零件注射过程只有数秒钟时间，保压时间可达 20～30 s，依塑料零件的材料、形状尺寸而异，整个周期一般不超过 60 s。

3）塑料透镜的曲率半径检测

在塑料光学零件制造过程中，尤其在试模期间，为了准确判断模具的收缩留量是否正确，温度、压力和时间等工艺因素选择是否合理，必须有一个有效的检测其面型精度的方法，特别是检测塑料透镜曲率半径的方法。

用玻璃样板叠合在玻璃光学零件上，依据等厚干涉的原理，用看“光圈”的办法检验光学面的曲率状况，是光学零件制造过程中简单而可靠的监控手段。但是，此法不宜用于检测塑料光学零件的曲率半径，因为塑料光学零件表面硬度低，接触式检测极易损伤表面，并且受压后会引起表面变形；同时塑料光学零件受制造方面限制，往往带有凹下式凸起的台阶，样板的标准面不易准确叠上并与之吻合。

塑料透镜面型检验必须是非接触的，图 14-26 是一种检测塑料透镜的曲率半径的仪器结构示意图，该仪器也可以依据成像质量定性判别表面的完善程度。

(1) 仪器结构。图 14-26 中，整台仪器由底座 5、弯臂 3、悬臂 1、测量管 10 及载物台 6 五大部分组成。弯臂一侧安装有刻度为 200 mm 的主尺，悬臂下端安装有格值为 0.02 mm、并与主尺配合的游标尺。工作台 6 安装有双向平移机构，可以方便地安放被测零件并调整其倾角。弯臂 3 的导轨面及和底座连接的基准面 A 均经严格研刮，以保证测量管 10 上下移动时严格垂直 A 面。测量管借助手轮 2 的齿轮在弯臂导轨面中部的齿条 4 上转动进行上下调节，借助锁紧螺钉(在悬臂的一侧，图上未画出)可使悬臂停留在任一位置，从而使测量管(用螺钉 14 固定在悬臂内)停留在任一位置，便于精确找到二次反射像并定位读数。

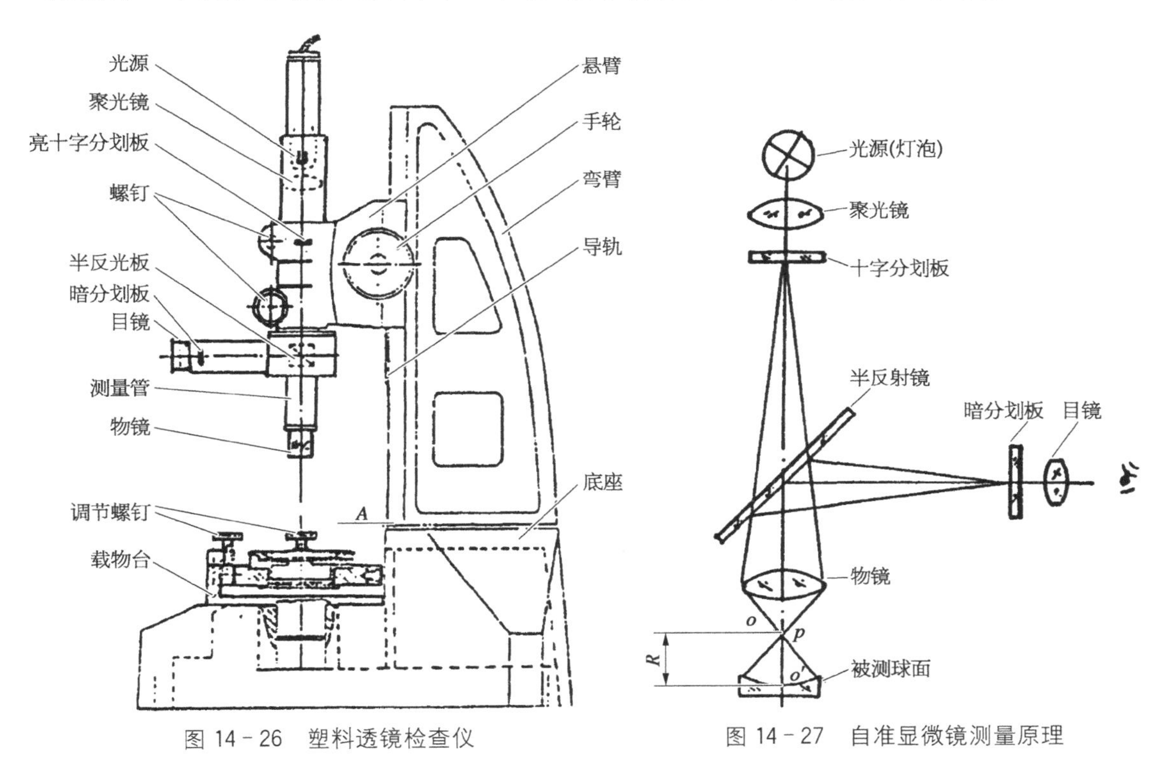

图 14-26 塑料透镜检查仪

图 14-27 自准显微镜测量原理

(2) 检测原理。仪器用自准直显微镜分别瞄准被测球面的球心和球顶表面，经球面反射后所获得的两次自准像进行测量。如图 14-27 所示。

光源发出的光经聚光镜照亮十字分划板，通过半反射镜(本仪器采用分光棱镜)被物镜成像于 p 处。当 p 与被测球面的球心 o 正好重合时，光线经球面反射后仍按原路返回，再成像于球心 o 处，又经物镜及半反射镜再次成像于目镜的暗分划板上，此时目镜中可最清楚地观察到亮十字线的球心反射像。

将整个显微镜下移到 p 正好与球面顶点 o' 重合时，光线同样被球面反射后原路返回，并正好成像于暗分划板上，此时在目镜中又可看到一个最清晰的十字线球面反射像 p。

显然，二次最清晰十字线反射像所对应的显微镜位置差值，即被测球面的 R 值。

(3) 检验方法。

使用前准备。根据需要选用不同倍率物镜，旋入镜座。物镜倍率有 3 种，2.5×，4×，10×。2.5×物镜有较大工作距离、视场及焦深，找像方便，但瞄准精度差，用于精度要求不高或半径较大的凸球面测量。10×物镜有较高的瞄准精度，用于精度要求较高的凹球面测量。4×物镜在塑料透镜曲率半径检查中最常用，精度、焦深、工作距离介于上两者之间。

变压器接入 220 V 电源，将仪器照明灯插入变压器、接通电源。本仪器显微镜照明灯采用柱形磨砂灯泡，当缺少磨砂灯泡时也可以用同规格的未磨砂灯泡，但此时必须前后调整灯泡(光源)的位置，并利用其偏心套转动固定，使目镜视场清晰，照明均匀。

被测零件安装与定位。由于仪器总体布局是立式的，被测零件可不加夹紧直接安装于图 14-26 载物台上。台面上有一块带 $\phi5$ 小孔的面板，小孔壁为球面，小孔是偏心的，面板可借助螺纹装于载物台上，将塑料透镜安装在小孔板上，被测面朝上。小孔的作用是便于背面是凸面的透镜安装。调节螺钉 7 和 8，使工作台基本处于水平位置。

球面像位置确定。一般情况下，安好透镜后，移动测量管靠近被测表面，总能看到球面反射像。

球心像位置确定。由于塑料透镜两光学面较靠近，在显微镜移动找像过程中常常可见到依次出现的 4 个反射像，即两个球心像、两个球面像，其中只有一个球心像和一个球面像组合才是所需要的，但其组合方式却有 6 种，所以必须准确判定所需要的那个球心像和球面像。

球面像易辨，在显微镜下移过程中，第一个遇见、且不随调节螺钉旋转而晃动的反射像就是被测球面，且凹面的球面像往往比凸的球面像大些。

被测面球心像却需要仔细辨别，其特点是：一是随调节螺钉的旋转而晃动；二是表面反射没有色差、颜色均匀，而后表面反射的球心像有色差；三是同一表面的球顶像和球心像在测量管移动时，其光斑变化可以连续观察到。

当视场上出现有球心像时，旋转小孔板，此时球心像应是跟着旋转的。

在测量一批透镜时，调试第一枚透镜的球心反射像时要特别小心，其后的透镜，则可借助刻尺位置在预定范围内寻找确定。

看到球面反射后，同时调节螺钉使其横直的十字线清晰均匀，则移动测量管，同时微微旋转调节螺钉，就可较快地找到球心反射像。

读数。找到球心反射像，锁紧悬臂螺钉后读取第一个数 x_1；松开悬臂螺钉，移动测量管，找到球面反射像，锁紧悬臂螺钉，读取第二个数 x_2。

面型识别。由于该测量方法系自准直显微系统下进行的，测量的是轴上的像。反射球面轴上点只有球差，而球心反射像则球差也不存在。因此如看到球差或像散现象，则是由工艺性误差造成的，即面型不是标准的球面、或有条带 R 值不同、或有相互垂直的两个方向的不同 R 值。

4）热塑性塑料注射成型常见缺陷及原因（见表 14－10）

表 14－10　热塑性塑料注射成型制品缺陷及产生的原因

制品缺陷	产生的原因
1 制品缺料	1 料筒、喷嘴及模具温度偏低 2 加料量不够 3 料筒剩料太多 4 注射压力太低 5 注射速度太慢 6 流道或浇口太小，浇口数目不够，位置不当 7 型腔排气不良 8 注射时间太短 9 浇注系统发生堵塞 10 原料流动性太差
2 制品飞边	1 料筒、喷嘴及模具温度太高 2 注射压力太大，锁模力不足 3 模具密封不严，有杂物或模板弯曲变形 4 型腔排气不良 5 原料流动性太大 6 加料量太多
3 制品有气泡	1 塑料干燥不良，含有水分、单体、溶剂和挥发性气体 2 塑料有分解物 3 注射速度太快 4 注射压力太小 5 模温太低，充模不完全 6 模具排气不良 7 从加料端带入空气
4 制品凹陷	1 加料量不足 2 料温太高 3 制品壁厚或壁薄相差大 4 注射及保压时间太短 5 注射压力不够 6 注射速度太快 7 浇口位置不当
5 熔接痕	1 料温太低，塑料流动性差 2 注射压力太小 3 注射速度太慢 4 模温太低 5 模控排气不良，原料受到污染
6 制品表面有银纹及波纹	1 原料含有水分及挥发物 2 料温太高或太低 3 注射压力太低 4 流道、浇口尺寸太大 5 嵌件未预热或温度太低 6 制品内应力太大

（续表）

制品缺陷	产生的原因
7 制品表面有黑点及条纹	1 塑料有分解 2 螺杆转速太快，背压太高 3 塑料碎屑卡入柱塞和料筒间 4 喷嘴与主流道吻合不好，产生积料 5 模具排气不良 6 原料污染或带进杂质 7 塑料颗粒大小不均匀
8 制品翘曲变形	1 模具温度太高，冷却时间不够 2 制品厚薄悬殊 3 浇口装置不当，数量不够 4 顶出位置不当，受力不均 5 塑料大分子定向作用太大
9 制品尺寸不稳定	1 加料量不稳 2 原料颗粒不匀，新旧料混合物比例不当 3 料筒和喷嘴温度太高 4 注射压力太低 5 充模保压时间不够 6 浇口、流道尺寸不均 7 模温不均匀 8 模具设计尺寸不准确 9 顶出杆变形或磨损 10 注射机的电气、液压系统不稳定
10 制品黏模	1 注射压力太高，注射时间太长 2 模具温度太高 3 浇口尺寸太大和位置不当 4 模腔粗糙度值过大 5 脱模斜度太小，不易脱模 6 顶出装置或结构不合理

第15章 光学晶体零件制造

15.1 光学晶体零件制造特点

晶体与玻璃在本质上是不同的，晶体一般都是各向异性的，各种晶体的硬度差异很大，因此晶体光学零件的制造过程与制造一般的玻璃光学零件的工艺过程不完全相同，有的甚至完全不同，有不少晶体的制造方法还处于试验阶段。

15.1.1 晶体光学零件加工特点

1）晶体的定向

由于晶体的各向异性，大多数光学晶体在使用时晶体光轴方向要与光学系统的光轴方向一致或者使晶体的通光面与晶体的晶轴保持预定的角度。例如，双折射零件，应使光前进方向垂直于晶体光轴方向。因此晶体加工前先要进行定向。晶体的定向就是必须找正晶轴，加工出一个与晶体光轴或与指定晶向有一定关系的基准面。具体地说，定向就是测量光轴与选定基准面的夹角。

2）选择合适的切割与粗磨方法

切割和粗磨二道工序会对被加工材料产生较强的机械作用，晶体是易脆裂材料，差异又大，故其切割和粗磨方法明显与光学玻璃加工工艺不同。

3）选择合适的上盘方法

晶体的热膨胀系数也存在各向异性，温差大时容易造成晶体炸裂，上盘时则不能承受高温或根本不能受热；而潮解晶体则不能在上盘时用水，故不能用石膏盘加工。

4）选择合适的抛光材料

各种光学玻璃硬度接近，一般为莫氏 5～6。而晶体则差别很大，不能像光学玻璃一样只用一种 CeO_2，应按晶体不同选配。比玻璃硬的晶体选用石英粉、玛瑙粉、碳化硅、天然石榴石及金刚石粉等磨料，比玻璃软的晶体常选用氧化铁、氧化铬、氧化钛、氧化锡和氧化镁等。

5）控制温度与湿度

晶体对工房室温和湿度要求差别很大。有些潮解晶体对湿度要求比较低一些，而方解石和石英晶体则要求严格一些。总而言之，加工晶体时对环境温度的要求比加工光学玻璃时要求要高些。

6）防毒

有些晶体加工的粉尘及加工中产生的反应物是有毒或有害的，如铊化物、砷化物、磷化物、锗等，会严重危害操作工人的健康，因此加工有毒晶体材料时必须注意防毒问题。

15.1.2 晶体材料的检验

理论上，晶体具有完整的点阵结构。正是因为晶体的点阵结构，才表现出光学玻璃所不具有的一些特殊性能而得到应用。一块优质的光学晶体应该具有高度的光学均匀性，在使用的波段有最大的透明度、足够的硬度、良好的化学稳定性，无气泡、条纹、裂隙、管道、结石等宏观缺陷。

实际上，晶体总是具有各式各样的缺陷。晶体的缺陷依其在空间延伸的线度分为 4 类，即点缺陷——包括空位、填隙原子、杂质原子、色心；线缺陷——位错，即晶格一部分相对于另一部分发生了位移；面缺陷——包括层错、孪晶、生长层、胞壁；体缺陷——包括包裹物、沉淀相、空洞等。

晶体缺陷的检测方法有光学方法、腐蚀法、X 射线形貌术等。

1）光学方法

光学方法普通而方便，可观察宏观和亚微观晶体缺陷，光学检测方法主要有以下几种：

（1）偏光仪法。晶体中许多缺陷都会引起应力的变化，如生长层、小晶面、位错等。通过应力变化的观察可判别晶体缺陷。应力检验在偏光仪中进行，其原理是应力使双折射偏光的位相发生变化，通过正交偏光镜观察其干涉图，从而得知晶体缺陷状况。

（2）光轴定向仪法。这是一种锥光偏光仪，主要用来测定光轴偏离角度及观测应力引起的光轴图像畸变。

需要指出的是，对立方晶系任何方向都能用偏光仪法测定应力；三方、四方、六方晶系则只有在光轴方向不发生双折射时才可用来测定晶体的应力；三斜、单斜、斜方晶系不能用双折射方法来测定应力。

（3）超显微镜法。可检查晶体中引起的光散射缺陷，如杂质颗粒、位错等。尺寸小于 1 μm。光学显微镜放大 1 500 倍可观察到 1 μm 以上杂质粒子。

（4）干涉仪法。如用泰曼-格林干涉仪观察光学不均匀性。

2）腐蚀法

它利用晶体缺陷对于晶体介体（化学侵蚀、电解侵蚀、热侵蚀）的异常效应，在缺陷出露处产生选择性侵蚀显示缺陷，如位错、层错、生长层等。腐蚀法要求选择合适的侵蚀剂及侵蚀条件，样品在侵蚀前要研磨、抛光、去除机械伤痕。

3）X 射线形貌术

这是观察缺陷的主要方法，灵敏度高，有透射和反射法两种。但透射法对于吸收系数大的晶体，要求样品的厚度要薄（如 YAG：Nd 晶体），样品厚度不应超过 10 μm。对于吸收系数小的晶体（如蓝宝石），厚度在 500 μm 时即可见清晰的缺陷图像。吸收系数大的晶体可用反射法，其缺点是分辨率差些（位错像宽度为数微米）。

X 射线法原理是利用晶体的布拉格衍射强度对于点阵参数和晶体取向的微小变化极其

敏感的特性，将一衍射斑点放大，由于位错等缺陷周围的弹性畸变产生异常，衍射强度显示出特有的衬度，成为晶体缺陷分布的一张投影图。

4）电子探针及扫描电子显微镜方法

电子探针即电子微探测器 X 射线分析仪，可对样品中微区成分作定量分析。其原理是电子枪产生的 0.1 mm 电子束，通过聚焦物镜变成 1 μm 以下的细焦点，投射于样品表面，使区域内元素产生特征 X 射线，经分光后根据其波长和强度进行分析。

电子探针及扫描电子显微镜方法与扫描电子显微镜原理相似，区别在于它是由高压电子束打到试样表面上引起二次电子而成像。

这种方法分辨率极高，可达 3 nm，但对样品要求很高，厚度为微米级以下，故加工要求苛刻。

15.2 晶体的定向

晶体材料在切割前要对晶体毛坯进行定向，也就是在晶体材料毛坯上找到一个与该晶体光轴成预定角度方向的基准面。常用的晶体定向方法有下列几种：

1）根据完整晶体外形初步定向

某些晶体在结晶过程中，外形完整，显示出结晶形状，根据其外形即可判断出大致的光轴方向。如 KDP、ADP、钇铝石榴石棒等，其生长方向即为其光轴方向；人工培养生长完整的石英晶体根据其外形即可判别出光轴方向以及左旋、右旋特性；方解石晶体的光轴就是与 3 个 101°55′钝角成等角的直线方向。

2）解理法定向

某些晶体在外力作用下容易分裂为光滑平面，其光滑平面称为解理面。若认定了解理面，即可由晶面指数大致确定晶体的光轴。常用晶体的解理面如表 15 - 1 所示。

表 15 - 1　常用晶体的解理面

晶体名称	白云母	NaCl	KCl	LiF	CaF_2	KBr	$CaCO_3$	石膏	金刚石	CaAS	Ge
解理面	(100)	(100)	(100)	(100)	(111)	(100)	(101)	(001)	(001)	(110)	(111)

3）用偏振光显微镜进行晶体定向

当晶体没有完整的外形或者定向精度要求较高时，可以利用偏光显微镜进行晶体定向。偏光显微镜进行晶体定向的原理是利用会聚光的色偏振，得到与自然光相类似的干涉条纹进行定向。图 15 - 1 为偏光显微镜光路图，当单色自然光经起偏棱镜 1 后变成振幅为 A_1 的直线偏振光，然后通过厚度为 l 的晶体切片 2，射到检偏镜 3 上，由于晶体的双折射，A_1 分为 A_o 与 A_e 两部分，如果以 P 方向(见图 15 - 2)代表晶体的晶轴，则按图 15 - 2 分解，显然 A_o 与 A_e 通过检偏后则得到相同方向的振动 A_{oe} 与 A_{ee}。o 光与 e 光在晶体内有一定的光程差 δ。

$$\delta = l(n_e - n_o) \tag{15-1}$$

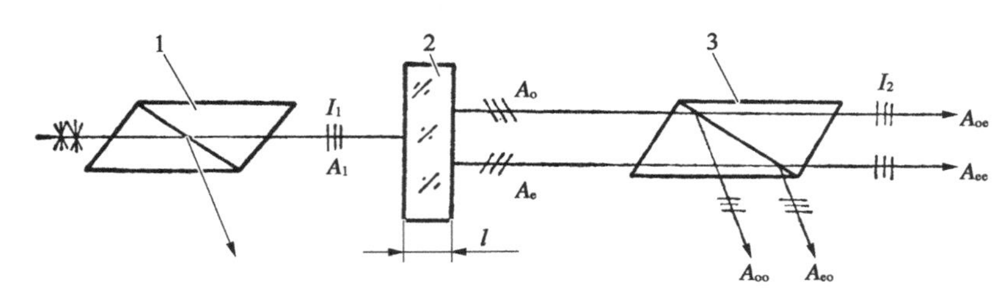

1-起偏棱镜 N_1；2-平等晶片；3-检偏棱镜 N_2

图 15-1　平行光下晶体的定向

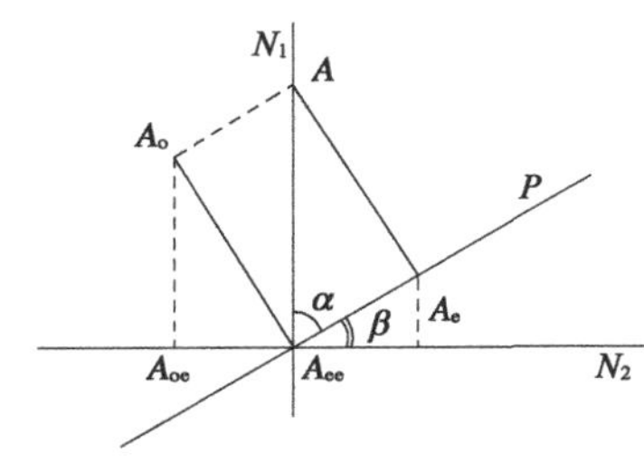

图 15-2　偏振光经过晶体后的干涉

因此晶体切片的厚度不同时，在白光照明下能看到不同的干涉颜色。当旋转晶片，干涉色不改变时，晶轴垂直晶片表面。当采用高会聚光束时，将得到干涉环。

图 15-3(a)是偏光显微镜定向原理。会聚于干涉场 M 点的偏振光，当它通过晶体 4 时是一组平行光，所以干涉场中 M 点的照度可以用平行光色偏振中干涉场的照度公式表示：

$$I = I_0[\cos^2\theta - \sin^2(2\alpha)\sin(2\alpha + 2\theta)\sin^2(\varphi/2)] \tag{15-2}$$

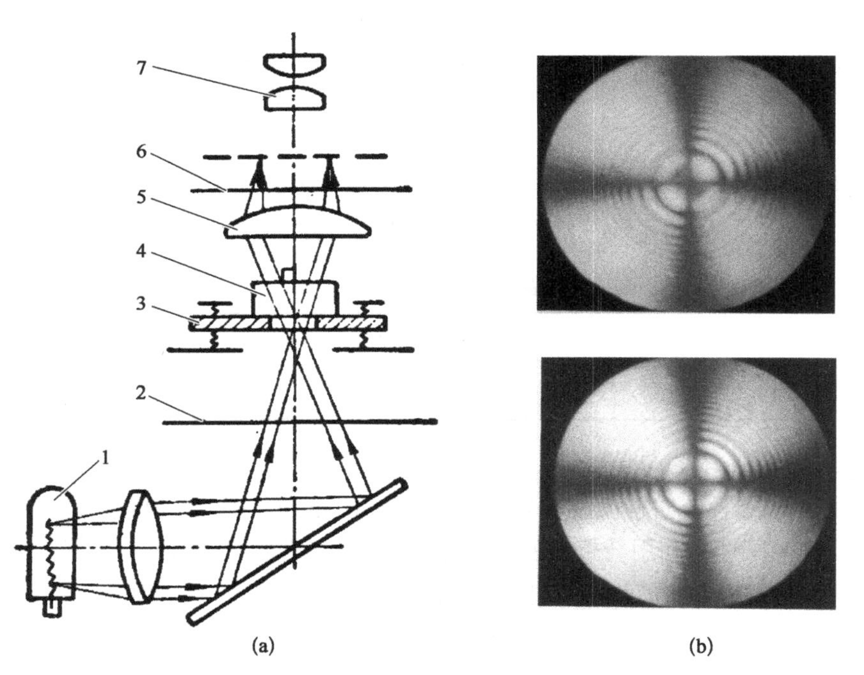

1-光源；2-起偏镜；3-工作台；4-晶片；5-物镜；6-检偏镜；7-目镜

图 15-3　会聚光下晶体的定向

(a) 偏光仪；(b) 会聚光通过晶体的干涉条纹；(c) 晶轴倾斜时的视场

式中，α 为平行偏振光中起偏振器的偏振化方向和晶体光轴之间的夹角；θ 为起偏振器与检偏振器偏振化方向的夹角；φ 为通过晶体后 o 光、e 光的相位差；I 为干涉场的照度。

一般最常见的是正交偏振，即起偏振器与检偏器的偏振化方向垂直，即 $\theta=\pi/2$，则干涉场的照度公式为

$$I=I_0\sin^2\alpha\sin^2(\varphi/2)$$

而

$$\varphi=\frac{2\pi}{\lambda}\frac{d(n_o-n_e)}{\cos\gamma'} \tag{15-3}$$

式中，γ' 为光在晶体内的折射角；(n_o-n_e) 为晶体内 o 光、e 光折射率差，其值近似为

$$(n_o-n_e)=\sin^2\gamma'(n_o-n_e)_{max} \tag{15-4}$$

可见入射在晶体上的偏振光方向不同，折射率差值 (n_o-n_e) 和距离 $(d/\cos\gamma')$ 都不同。对于双折射率较低且晶体的光轴与晶体表面垂直的单轴晶体，当入射光正入射时，$n_o=n_e=n$，因而 $\varphi=0$。当光线以 γ' 角通过晶体时，则 (n_o-n_e) 的值随 γ' 角的增大而增大。入射在晶体表面的光线形成光线锥，对应一个光锥有相同的光程差，因而有相同的干涉色，所以等色线是等倾环状的同心圆，中央的干涉级为零级。

在等色线上，φ 值相等干涉场照度仅与 α 角有关。当 $\alpha=0$ 或 π 时，$I=0$，所以干涉场中将出现暗十字线，被十字线分割的 4 个象限是明亮的灰白色(干涉色)如图 15-3(b)所示。

显然，晶体切片表面与晶轴平行、入射光线垂直于晶轴 $(\theta=90°)$，是全波片、半波片、1/4 波片的切割方向；切片表面与晶轴垂直、入射光线平行于晶轴 $(\theta=0)$，不产生双折射现象，是透镜的切割方向。

如果晶体光轴与切片表面不垂直时，则十字偏离视场中心，如 15-3(c)所示。当载物台 3 旋转时，十字图形及干涉环会绕轴打转，十字中心的倾斜方向就是光轴倾斜的方向。当载物台中心偏转一定角度对准视场中心，则可测出晶轴与偏光仪光轴偏离的角度。

在晶体定向时，先磨出一个大致垂直于晶体光轴的端面，以此面为原始基准面，置于偏光显微镜中，若晶体光轴与偏振光显微镜光轴同轴时，得到的干涉条纹是以视场中心为圆心的同心圆环。如果两光轴间有一定夹角，则干涉圆环的中心不与视场中心重合。可转动被测晶体，使干涉圆环的中心处于视场中心，并严格不动，读取工件承座偏离原始位置时的角度，即为晶体原始基准面需要加工修整的量。此法的定向精度一般为 5′～10′，但不能严格定量。

4) X 射线法定向

X 射线法定向是在 X 光机上进行的。当 X 射线以 θ 角入射到晶体表面后，在晶体格间会发生衍射；当入射角满足布拉格定律时，形成衍射极大值，该极大值通过计数器接收，经放大后在微安表中示出。描出衍射图，或者摄制成照片，按衍射图照片来判断晶轴方向。布拉格定律为

$$2d\sin\theta=n\lambda \tag{15-5}$$

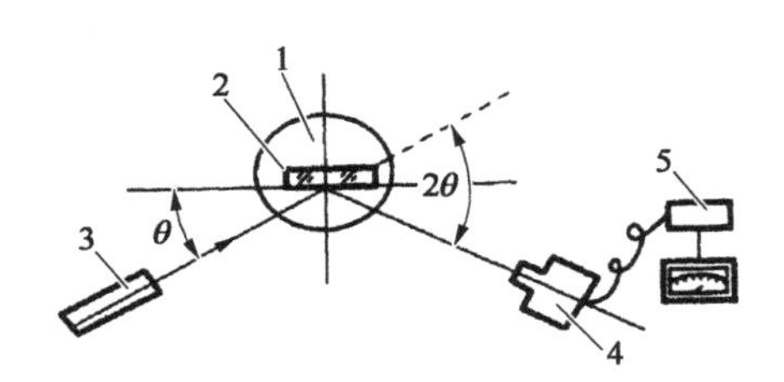

1-回转工作台；2-被测晶体；3-X射线管；4-G.M计数管；5-计数时率计

图 15-4　X射线法定向原理图

式中，d 为相邻两晶面之间的间距；λ 为入射光波长。

根据布拉格定律，当面网 d 与入射 X 射线波长确定后，则 θ 角也就随之确定。如图 15-4 所示，将入射 X 射线与衍射 X 射线间成 2θ 角，被测晶体置于回转工作台上，使被测晶体表面与入射 X 射线平行。转动工作台，使衍射 X 射线的微安表读数达到最大值，则回转工作台转动角度与 θ 之差值，即为被测量面需要修正的角度。

X射线定向仪价格昂贵，在定轴精度要求比较高时用到此法。随着科学技术的发展，用 X 射线定向仪定向越来越重要，成为晶体加工必不可少的手段。

15.3　晶体零件加工的基本工艺

1）晶体的切割

晶体品种繁多，性能各异，因此它的切割方法直到现在也没有形成成熟的工艺。通常有下列几种方法。

（1）内圆切割法。对于中等硬度的晶体如硅、锗、石英等，通常采用电镀金刚石内圆锯片切割下料。内圆切割的特点是锯片运转平稳、切缝小，仅 0.2～0.3 mm，从而可大大减少昂贵晶体材料的消耗，切口表面平整度好，达 0.02 mm。对于脆而价格昂贵的晶体如砷化稼、碲化铅等，宜用低速切割，以保证晶体的完整性，主轴转速以 150～200 r/min 为宜。

（2）劈裂法切割。对于解理完善的晶体，可采用劈裂法切割。劈裂法就是以锋利的刀片沿晶体的解理方向施加瞬时的冲击力，接触部位造成局部应力使其破裂的方法。劈裂法切割适用于解理性强的晶体如云母、冰洲石、砷化镓、氯化钠等。劈裂法的缺点是会在晶体与刀口接触部位造成局部应力，破坏晶体的均匀性。为了消除或减少这种局部应力，晶体的切割面应留有足够的加工余量，以便在研磨过程中将此应力层磨去。

（3）水线切割。通过绷紧的湿线经马达驱动而实施晶体切割的方法（见图 15-5）。晶体之所以能被湿线切割是由于水沿着切缝渗下而将晶体不断溶解的结果。如果添加磨料，使溶解与磨损两个因素同时起作用，则可大大提高切割效率。在添加磨料的情况下，须将纤维线换上金属线，以免由于磨损而频频断线。

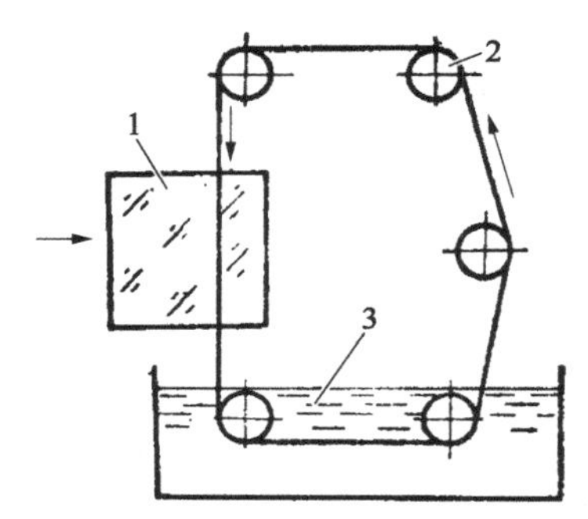

1-氯化钠晶体；2-滚轮；3-水

图 15-5　水线切割

经验证明，用煤油或晶体的饱和溶液调和磨料切割晶体，是比较保险的。如果用水调和磨料则需用温水，千万不能用凉水，因为晶体局部受冷要炸裂。

晶体受冷不行，受热也不行，对温度比较敏感的晶体如氯化钠晶体，这就要求切割线的运动速度不能太高，将线速度控制在 0.5 m/s 左右为宜，以免摩擦热导致晶体局部升温而炸裂。一般说来，只要掌握好水温，水线切割晶体是安全的。

(4) 手锯切割。适用于潮解晶体，如 KDP，ADP 等晶体，常用钢锯加松节油手工切割。冰洲石、铌酸锂、碘酸锂及氯化物晶体常用钢丝锯加砂、水手工切割。

(5) 超声波切割。比一般的水线切割效率更高、切割质量更好，常用于硬质贵重晶体切割，也可用于圆形棒料，或打异型孔。

2) 晶体的研磨与抛光

(1) 磨料的选择。光学晶体的加工，根据晶体硬度不同，而采用不同的方法，选用不同的化工原料。对于莫氏硬度大于 7 的硬质晶体，可用电镀金刚石外圆锯片切割下料，采用金刚石(钻石粉)及其制品(钻石研磨膏、玛瑙粉、宝石粉和白刚玉粉等)进行研磨抛光。

对于中等硬度的晶体如硅、锗、石英等晶体，研磨可用白刚玉和四川乐山的金刚砂。尤其是软质晶体，乐山金刚砂是比较理想的磨料。这种磨料硬度适中、粒度均匀、杂质又少，使用它可使晶体得到较为细腻的研磨表面。

抛光可用金属氧化试剂，如 Cr_2O_3，MgO，SnO_2，Al_2O_2，SiO_2(称白炭黑)，ZnO 和 TiO_2 等球磨后作为抛光剂，低温红粉和白氧化铈有时也用于晶体抛光。

对于个别硬度极低、性能奇异的晶体，也有用绘图墨汁、高级牙膏等作为抛光剂。

表 15－2 为几种晶体加工时常用的抛光粉。

表 15－2　几种晶体加工用抛光粉

晶 体 名 称	抛 光 粉	
	初 抛	终 抛
KDP、KD* P、NaCl、ADP、冰洲石	氧化铈	氧化铁
硅、锗、砷化镓	刚玉粉、氧化铬	钻石研磨液
硒化锌	氧化铬	
氟化物	氧化铈	
石英、铌酸锂	氧化铈	钻石研磨液
YAG、红宝石	钻石研磨液	

(2) 磨盘材料的选择。研磨高硬度的晶体，通常使用中碳钢、不锈钢或优质石料等耐磨材料做磨盘。研磨中等硬度的晶体，粗磨用铸铁盘，精磨用铜盘，铜比铁结构致密，易于得到均匀的砂面。对于那些硬度低或硬度并不低、而物理性能差的晶体的研磨，使用硬质玻璃盘可以避免或大大减少晶体研磨过程中发生炸裂的可能性。此外，玻璃盘便于修整也是一个优点。

抛光时宜采用特软的抛光膜，如沥青、松香、石蜡或蜂蜡，对于中低硬度晶体的抛光膜层材料仍以沥青、松香为主体，有时为了减少变形，可加入某些填充材料。抛光膜层材料要保持高度纯洁，以保证工件的表面疵病合格。

当晶体硬度很低，结构疏松又有较强的解理性时，可用棉花石蜡或沥青蜂蜡盘。前者须用油酸做抛光介质，后者仍用普通蒸馏水。这两种抛光盘主要用于保证晶体的表面疵病合格，但对控制光圈困难些。

抛光潮解晶体时，如以蒸馏水作为抛光介质，就用沥青、松香盘；如以无水乙醇做抛光介质，则用沥青、蜂蜡盘，不加松香，因为松香易溶于乙醇，使沥青、松香盘遭到破坏。

硬质晶体的抛光使用聚氨酯盘、酚醛胶布盘和硬木盘等，而手抛则多用开密集圆槽的铜盘、钢盘和优质石料盘等。

毛毡、丝绒、人造革、平布和的确良等可作为表面疵病要求高、但面型要求不高的晶体的抛光盘材料。

(3) 晶体的几种抛光方法。

化学抛光。是利用化学腐蚀液除去晶体机械研磨产生的表面损伤层。化学抛光虽能得到无损伤的光学表面，但难以得到良好的面型精度。化学抛光的关键是化学腐蚀液的配制和抛光时间的掌握。目前化学抛光已在许多晶体上试验成功。例如用热磷酸抛光 YIG(钇铁石榴石)，能很好消除晶体表面的损伤层。使铁磁共振的线宽变窄，并有利于磁畴的观察；又如加工霍尔元件，只有用化学的方法才能将砷化铟(InAs)霍尔片减薄和抛光。因为单纯的机械研磨抛光所能得到的片子厚度是有限的，当晶片太薄时，由于受研磨时的压力，即使不开裂，也会因产生机械损伤而破坏单晶结构，使载流子迁移率降低，影响器件的灵敏度。砷化铟的减薄与化学抛光可以采用发烟硝酸、氢氟酸、冰醋酸和溴水的混合液作腐蚀液。

化学机械抛光。这种方法是在抛光盘上滴上预先精确配制的化学腐蚀液，然后对晶体进行机械抛光。例如用于红外探测器的锑化铟(InSb)单晶片，为了消除晶片机械加工产生的再生缺陷，采用重量比为 3∶1∶5 的 SiO_2∶H_2O∶H_2O_2 的混合液作为抛光液。其中 H_2O_2 对晶片起化学腐蚀作用，SiO_2 对晶体起机械磨削作用。抛光盘可先用优质人造革完成粗抛，后换优质丝绒精抛。又如在抛光锗单晶时，采用加有重铬酸铵的氧化铬，不仅使表面质量提高，而且抛光效率也高。

水中抛光。是把抛光盘浸在盛有水和抛光液的塑料容器中进行抛光。水面比抛光盘表面高出 10～15 mm。这样，由于抛光盘经常浸在水中，温度恒定，抛光盘表面不易变形。而且抛光粉越研越细，使表面粗糙度和表面疵病都得到改善。

振动抛光。是使抛光盘产生振动，由频率为 50 Hz 的单向半波电流所提供的电磁式振荡器产生振动。工件黏贴在重锤上，由重锤的自转和公转带动工件做同样的运动。粗抛光和精抛光使用不同的纤维织物抛光盘，以不同粒度的氧化铝做抛光粉，抛光硅单晶。

离子抛光。可以得到良好的表面面型精度，而且使表面变质层最小。

3) 环境对晶体抛光的影响

(1) 硬质晶体对抛光时的恒温要求并不太严格。中、低硬度的晶体，由于表面疵病的需要，常常要在比普通室温稍高的环境温度下抛光，一般认为 25～28 ℃为宜。若室温在 20 ℃以下，即使换用软抛光盘也达不到预想的抛光效果；若室温过高，会使抛光盘软化、沟槽弯曲变形，不利于光圈修改。

(2) 一般晶体加工时相对湿度控制在 40%～65%之间。若低于 30%，工房容易产生灰尘，对抛光质量有影响，另外还会产生静电现象，使人产生不适感，甚至个别晶体在低温下会产生组分变化，如倍频晶体——水甲酸锂脱水成无水甲酸锂。对潮解晶体的加工，相对湿度应控制在 60%以下。

4）改善晶体表面疵病的方法

晶体抛光时，除了要有良好的卫生条件，适宜的温度、湿度，均匀的抛光粉，洁净的抛光介质和硬度合适的抛光盘外，还应注意：

（1）抛光应连续进行，不要停机，力争用一完整的工作日完成一个抛光周期。这是因为抛光盘与工件之间的吻合需要较长时间，而抛光粉也需要较长时间才能在抛光过程中被研细。在抛光的后期不能再加新的抛光液，只需不断添加蒸馏水继续抛光 1～2 h 即可。而且正常的抛光规范应使抛光液始终处于将干未干的状态。

（2）软抛光盘虽然表面疵病好一些，但光圈不易控制；硬抛光盘虽然光圈易控制，但易划出划痕。表面软化了的抛光盘就是为了解决这个矛盾。这种盘用硬沥青做抛光盘，然后用适当的溶剂将表面软化，其结果是软化层薄、变形小、容易控制光圈，又由于表面层软，有利于表面疵病的改善。

15.4　几种典型晶体的加工

1）NaCl、KCl、KBr 等晶体的加工

NaCl、KCl、KBr 等晶体的共同特性是质软而脆、易潮解、稳定性差、受热不均匀易炸裂、解理完全、受振动时易沿解理面开裂。

（1）切割。用树脂结合剂外圆锯片在晶体的圆周先切出 2 mm 深的切口，再用刀子劈开。如果工件尺寸不大，可将刀片对准解理方向，用小槌敲击即可开裂，也可以用水线切割。

（2）粗磨。可用 100#、180#、280# 的金刚砂纸进行手工粗磨，也可以用金刚砂加水和少量乙醇的混合液，在转速较慢的铜模上进行。粗磨后不能用水洗，可用干布擦干。

外圆可在外圆机上用砂轮和冷却油磨削，倒边在倒边模中进行，用 320# 金刚砂加冷却油倒边，倒边应宽一些。

（3）细磨。用 320#、W28 金刚砂加乙醇和少量水做磨料，在开有方槽的铜盘或玻璃盘上加工。一般认为玻璃模比铜模好。操作时要戴上橡皮手套，防止潮解。细磨好的，用乙醇清洗干净，放入干燥器中。

（4）抛光。用夹具固定工件，以相对湿度不超过 60%，室温 25～32 ℃为宜，在离抛光盘不远处放置一红外灯，可降低工作区的局部湿度，也可调节抛光盘的软硬。

先用尺寸和面型与晶体相同的玻璃板把抛光盘抛平，再抛光晶体。精抛光时可用氧化铈加乙醇和水，不必拉盘，只需控制光圈。第 1 面光圈抛好后，就抛光第 2 面，控制光圈和平行差。然后解决两个面的表面疵病。

改善表面疵病可用“拉盘”的方法。“拉盘”就是当抛光液即将干时，手拿工件，平稳地在抛光盘上呈椭圆形轨迹拖动，然后，平稳而迅速地把工件从抛光盘上拉下来，这样反复几次，便能保证表面质量。“拉盘”不能过早，否则零件表面会发雾；也不能太晚，否则零件表面会有一片道子，不早不晚才能使表面质量达到一定要求。

2) ADP,KDP,KD* P 晶体的加工

ADP,KDP,KD* P 晶体的外形都是由 4 个方柱体和四方锥体组成,质软而脆,易溶解于水,温差大时易炸裂。此类晶体一般都沿 z 轴方向生长。在晶体中间有两个呈四方锥形不透明的晶种,晶种的锥顶与晶体顶端四方锥体顶点的连线一般为光轴方向,称为 z 轴。定轴前先将晶体部分和晶体顶端的锥尖切去磨平。任选一面粗磨,使其与晶体的 4 个侧面成 90°。再修磨另一面,保证两面平行度控制在 0.01 mm 以内。然后,放入定轴仪中检验,边检验、边修磨,以达到光轴与基准面垂直的目的。

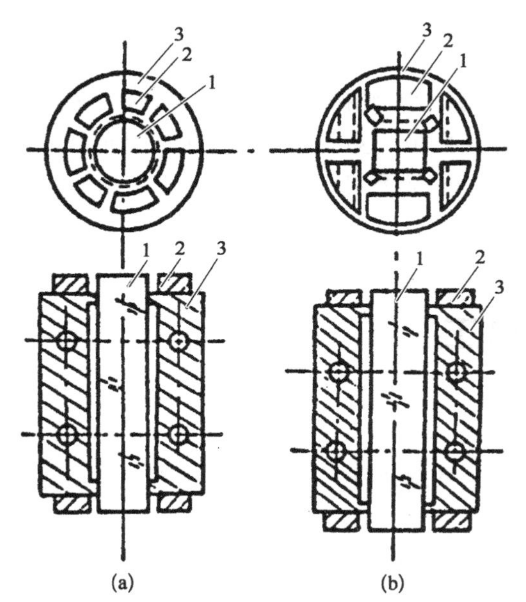

1 -工件;2 -相同材料保护片;3 -有机玻璃垫子

图 15 - 6　KDP 晶体研磨抛光用夹具

(a) 加工圆柱体;(b) 加工四方柱体

此类晶体的切割可采用钢锯加松节油冷却润滑的办法。粗磨可在 100# ～180# 砂纸上手工磨,注意倒边。测量时应注意量具不能与晶体有 10 ℃以上的温差。

细磨和抛光时所用夹具如图 15 - 6 所示。为了保证细磨过程中不使已定好的光轴偏移,在装夹时应使工件尽量居中,事先保证基准面不变动。然后在 400# ～500# 的砂纸上研磨,达到技术要求为止。

KDP 等晶体的抛光基本上与 NaCl 等晶体的抛光相类似。

3) 冰洲石棱镜的加工

冰洲石晶体是一种纯洁的碳酸钙六角系天然晶体,具有完好的多面体外形,有较好的解理性。热膨胀系数各向异性、质脆、易碎、不宜加热,而且振动和局部摩擦都容易使冰洲石炸裂。

(1) 选料。冰洲石晶体的选择必须满足光学均匀性和较高的光谱透射率。检验方法为:① 在暗室内用 He - Ne 激光器照射晶体,激光功率为 1～2 MW,在通光孔径内无散射体为初检合格品;② 用光谱分析仪测定每块晶体材料的光谱透射率,透过波段必须满足 0.22～22 μm;③ 用泰曼干涉仪检查晶体内部的光学均匀性,干涉条纹越直、超平和等距或呈现一片色,则均匀性越好。

(2) 定光轴。采取测定冰洲石的自然晶面与光轴的角度值来定向。

角值的确定。根据冰洲石的物理性能可知,光轴方向均分其等值钝隅锥体,并与锥底截面相垂直,锥底截面形成等边三角形,如图 15 - 7 所示。*DO* 为光轴 z,与几何轴重合。加工过程中以等边三角形 *ABC* 为基准面,自然晶面与基准面间的夹角为 44.61°。由此可知自然晶面与磨制的等边三角形基面夹角为 44.61°时,光轴垂直于等边三角形基准面。

手磨定光轴的基准面。① 磨制第 1 个基准面:磨去 3 个 101°55′钝隅上的顶角,使磨削面垂直于通过由 3 个钝角所组成锥体的等分角线,即光轴。使各个自然晶面与基面的夹角都修正到 44.61°,误差<1′,这样就能获得垂直于光轴的基面。② 磨制第 2 个基准面:以第

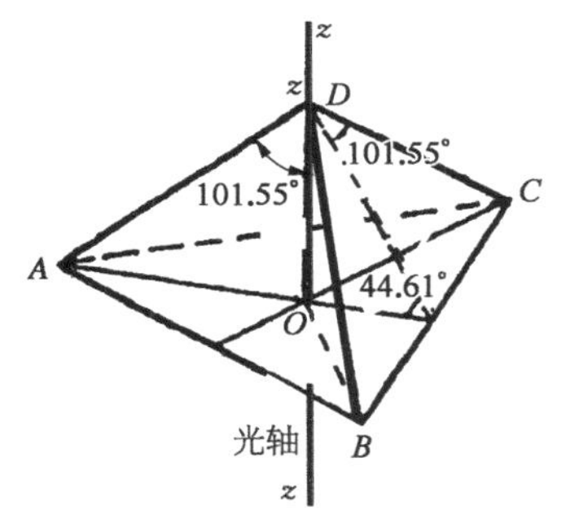

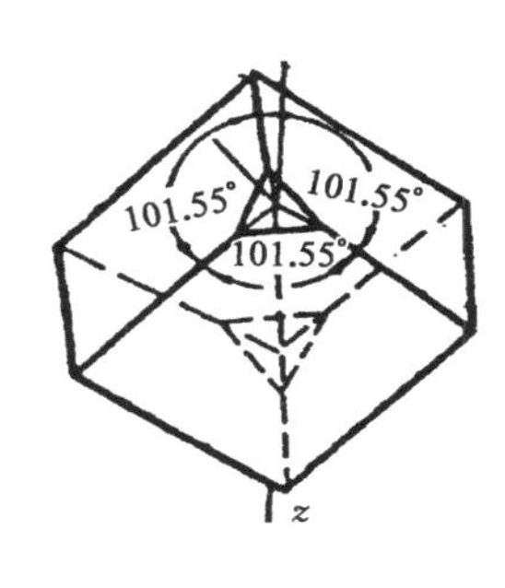

图 15－7　冰洲石自然晶面与光轴间的夹角

1 个基准面为基准，用 502 胶黏在开有等距离槽的平行平板上，磨制第 2 面时，要控制平面度、平行度和厚度，然后，用丙酮浸泡下盘。

(3) 冰洲石的切割与成型。① 将定好光轴的晶体按尺寸划线，切割应留有足够的加工余量。② 在内圆切割机上切割，黏结时不宜采用热黏结，锯切速度不宜过高。③ 磨出与基准面垂直的平面，并成型。研磨时宜用温水调和磨料，模具应适当加温。

(4) 粗磨。为了保证两块棱镜角度的一致性，应以光轴面为基准面，先将一个直角和底面磨到相互垂直，再以底面为基准成盘粗磨；另一底面按图纸要求加工。下盘后，将两块棱镜黏成一条，以光轴面为基准按图成型。

(5) 精磨。精磨后表面达到无划痕即可。

(6) 抛光。可采用石膏上盘，用氧化铈做抛光剂。先抛光以光轴面为基准，顺序抛光直角面和斜面，达到要求后即下盘。

(7) 镀增透膜。为了减少通光面的反光损失，根据透过波段的要求，必须在通光面镀增透膜，达到要求后下盘。

(8) 胶合。根据光谱透过波段的不同要求，采用空气层或透明胶进行胶合。

4) YAG 棒的加工

通过对 YAG 棒的加工，可了解红宝石、蓝宝石等特硬晶体的加工过程。

(1) 选料。将 YAG 棒切去两头，对两端面抛亮，在泰曼干涉仪上进行光程检查，根据干涉图形，划出所需棒的位置。

(2) 切割。用外圆切割机切出三角形棒，再磨成圆棒料；或者用超声波机加工出圆棒料。

(3) 磨两端面。先磨任意一端面，在被加工一段上，可套上保护环，扩大研磨抛光面积，以获得良好面型。将工件置于 V 形槽中，用测角仪测量端面与外圆柱面的垂直度。然后抛光另一端面，控制平行度，用测角仪检查。最后用泰曼干涉仪修光程。好的 YAG 棒光程度均匀性可达每英寸 $\lambda/5$。

5) 石英 $\lambda/4$ 波片的加工

(1) 定向。将石英晶体从晶种处剖开，然后在偏光仪上定光轴找到一个与光轴严格垂直的基准面。初定光轴可用油偏光箱。精确测定用 X 光定向仪，精度可达 15″，其 x，y，z

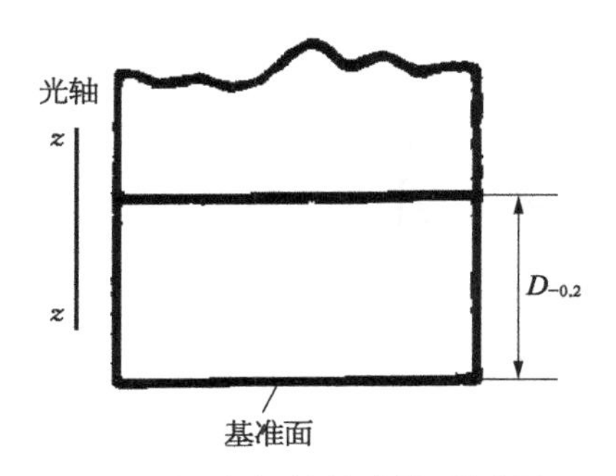

图 15-8 λ/4 波片光轴、基准面、切割示意图

面的衍射角分别为 18°17′,10°26′,25°26′。

(2) 在该材料上切出一个与基准面平行的面,研磨该面,使该面到基准面的距离比 λ/4 波片的外圆直径 D 小 0.2 mm。如图 15-8 所示。

(3) 切片。在内圆切割机上切出一片片与基准面严格垂直的平面,如图 15-9 所示。

(4) 磨外圆。磨出外径为 D 的圆片,圆片的两顶端应保持尺寸相同的两平口。该两平口中心连线即为该圆片的 z 轴方向,如图 15-10 所示。

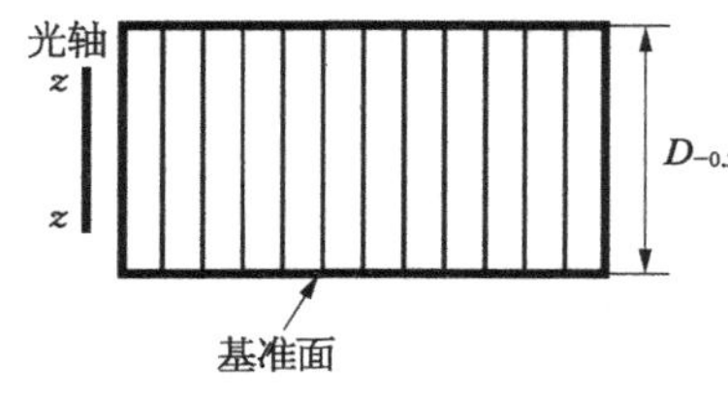

图 15-9 λ/4 波片切割示意图

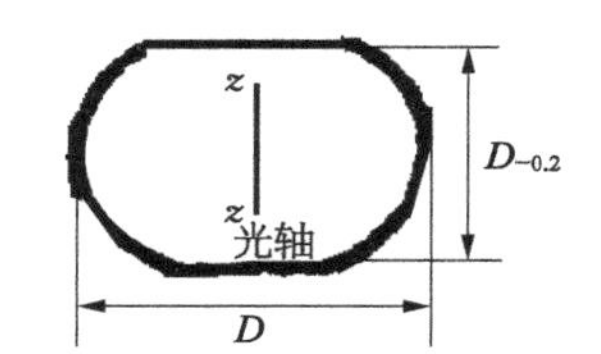

图 15-10 λ/4 波片磨外圆后示意图

(5) 预抛。抛光一面达到了图纸要求,光胶上盘抛光另一面。抛光厚度比理论值大 10 μm 时,在应力仪上检验。厚度初测在立式光度计上进行。

当被检工件放入光路时,旋转检偏器,使检流器读数最小,当工件插入后,检偏器转过 45°,若检流器读数最小,则 λ/4 波片已加工好。

6) BBO 晶体加工

BBO 晶体即偏硼酸钡晶体。这是一种非线性光学晶体,其有效倍频系数为 KDP 的 6 倍,透明区宽、透过率高、光损伤阈值高。

BBO 属三方晶系,负一轴晶,熔点 1 095 ℃、相变温度 925 ℃,莫氏硬度 4,透明波段 190～300 nm,c 面有不完全解理、微溶于水、耐冲击能力差。

由于该晶体较软,不宜用光胶法加工,BBO 倍频器通常为直角六面体或方片状,平行度<10″,即平面度< λ/10,表面疵病Ⅱ级。

(1) 定向切割。用 X 射线定向仪定出 a 面和 c 面,在内圆切割机上沿通光面切成平行的晶体。然后通光面粗抛光,经变频试验确认定轴精度后,再切割成六面体。平行的基准面即通光面。

(2) 修磨。将侧面修磨,使之相邻角度为 90°,同时通光面垂直。

(3) 黏接成盘。因 BBO 热性能差,用黄蜡胶黏接,红外灯下加热。

(4) 研磨和抛光。用金刚砂研磨、氧化铈抛光,用中性水溶液做溶剂。为防止晶体开裂,宜于 50～60 ℃的热水调和磨料,磨盘也应用红外灯加热后使用,清洗水温应在 35 ℃左右。抛光结束时应尽快擦净表面,以防止其微溶解性破坏表面。下盘加热应慢,防止晶体表面湿气过快受热而折出水珠,破坏粗糙度。清洗剂用汽油和乙醚、乙醇混合液,混合液中乙醚宜多些。

7）锗单晶光学零件的加工

锗单晶常作为 CO_2 激光器的输出窗口及红外光学零件。锗单晶外观银灰色，对可见光不透明、性脆、莫氏硬度 6、比重 5.35、熔点 936 ℃。抛光时，与水生成四氧化锗有臭味、有毒，能使人头痛恶心、情绪不宁。锗单晶光学上各向同性。

（1）切割。用内圆锯片切割，切缝小、振动小。

（2）滚圆。用松香和白蜡，以 3∶1 混合配成的黏结胶黏长条滚圆。

（3）粗磨。从 240# 金刚砂逐步更换至 W20 金刚砂。

（4）细磨。依次用 W20，W10，W5 进行。

（5）抛光。抛光是锗光学零件加工的关键。

抛光剂选择。常用刚玉微粉（粗抛光，W0.5）、钻石粉（精抛光，粒度 0.1 μm）、砷化镓研磨液（CaAs，粒度 0.01～0.02 μm、莫氏硬度 8.5，精抛光剂）。

作为抛光剂首先要求颗粒均匀。对于 0.5 的刚玉粉，实际颗粒粒度范围为 0.2～2.5 μm，如粗细不匀太厉害，应该先处理后使用。处理方法有过筛法（4 层纱布间 1 层棉花，过滤 2 次，用其滤过的部分）、筛选法（600 目筛，筛选 3 次，用筛下的）、沉淀法（刚玉粉用蒸馏水泡 3 天，后加少量氨水搅拌，pH＝11～12 即可开始自然沉淀，沉淀时间按粒度需要：W0.1，90 h；W0.25，36 h；W0.15，24 h；W1，12 h；W1.5，6 h）。

抛光胶选择。必须依室温及季节及时调整配方。因为室内外温差，可以通过气流来影响室内，工具、辅助用具也有热惰性，所以室温虽一致，季节不同胶的软硬应该有变化。沥青、松香等是一种复合组分，产地不同，品质不一。当用福建特级松香、玉门三号柏油时，有如表 15－3 所示的配方；当室温在 23～25 ℃时，一般用 3# ～4# 抛光胶。

表 15－3　抛光胶配方

序　号	比　例	柏油/g	松香/g
1	1∶1.5	1.8	2.7
2	1∶2.0	1.5	3
3	1∶2.5	1.3	3.25
4	1∶3.0	1.1	3.3
5	1∶3.5	1	3.5

附录

附录 1　V 形棱镜法测量材料折射率

V 形棱镜如附图 1－1 所示，是由材料完全相同、折射率已知的两块直角棱镜胶合而成的。V 形缺口的张角 $\angle DFG=90°$，两个棱角 $\angle EDH=\angle FGH=45°$。被测试样品加工成直角，放在 V 形缺口中。被测试样品磨成两个互成直角的平面，把它放在 V 形槽内，用折射率油使之很好接触。平行单色光束垂直通过 V 形棱镜的 ED 面后，折射进入被测试样，再次折射后由 V 形棱镜的 GH 面射出。当试样的折射率 n 与 V 形棱镜的折射率 n_0 相同，则垂直于 ED 面入射的单色平行光不发生任何偏折，而从 GH 面射出。这时仪器的读数装置处于零位。如果 $n\neq n_0$，则从 GH 面出射的光线将偏折一个角度 θ，θ 角的大小与 V 形棱镜折射率 n 和被测件折射率 n_0 有如下关系：

$$n=(n_0^2\mp\sin\theta\sqrt{n_0^2-\sin^2\theta})^{1/2}$$

当 $n<n_0$ 时，式中取"－"号；当 $n>n_0$ 时，式中取"＋"号。两种光线传播情况如附图 1－1所示。

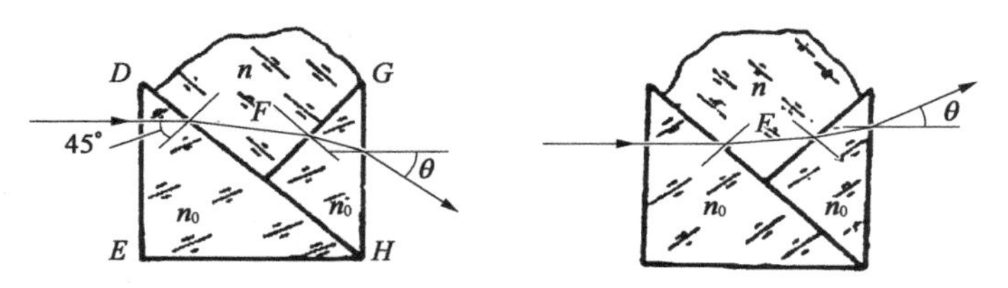

附图 1－1　V 形棱镜法测量折射率

按上述分析，V 形棱镜法的测量精度可达 $\pm1.0\times10^{-5}$ 左右，V 形棱镜法测量折射率除了精度高外，还有两个方面的优点：

(1) V 形棱镜法不像临界角法那样需要比样品的折射率大的标准棱镜，因此具有较大的测量范围，并可选择较硬的玻璃来制造标准棱镜，以减少它的磨损。测量范围大这一优点，对于试制新品种的玻璃来说是很重要的。

(2) 有时介质表面的折射率可能和它内部的折射率不同，在用临界角法测量折射率时是一个问题，而利用 V 形棱镜原理，可得到样品的总体折射率。

当然，用 V 形棱镜法测量光学玻璃折射率时，要通过 n_0 和 θ 间接计算。标准棱镜的 n_0 也是通过测量得到的，它本身存在一定的误差 Δn_0，通常为 $\pm5\times10^{-6}$。在测量偏向角时，使用了对准和读数装置，并通过人眼对准和读数，仪器的误差、人眼通过光学系统的对准误差等将影响读数 θ 的准确度，通常 $\Delta\theta=\pm1.5\times10^{-5}$ rad。

V 形棱镜折光仪是根据 V 形棱镜法原理设计制造的检测折射率的仪器。这种仪器实

际上是一台立式精密测角仪。它除了作为角度测量仪器要求有较高精度的底盘和轴系外，对光学系统还要求较小的二级光谱，并要求杂散光少和成像清晰等。目前，国内外已生产多种型号的V形棱镜折光仪。一般采用国产JCZ-1型V形棱镜折光仪作为普通光学玻璃折射率测量的标准仪器。

附录 2　光学材料均匀性的测量

光学材料不均匀性一般是指因退火不良而引起的折射率的不均匀。光学玻璃不均匀性检测的目的之一就是检查精密退火的质量如何。

光学均匀性有多种检验方法，其中干涉法、阴影法可根据通过被测试样后实际波面对于理想波面的偏差程度判断试样的光学均匀性如何。因为光程决定于试样厚度、折射率两个因素，如果厚度是均匀的，则波面变形必然是由于被测试样中各点折射率不均匀所致。

一般工厂中常用的检测方法是分辨率比值法（又称平行光管法），即根据分辨率的降低与否来确定试样的光学均匀性类别。

此外，尺寸较大的毛坯还可以采用偏光仪检查光学均匀性。下面对几种方法分别作一介绍。

1）分辨率比值法

此方法是利用平行光管测量分辨率大小，用实测读数与空测读数的比值的大小来表示，光学玻璃的均匀性类别 η 的计算公式为

$$\eta = \alpha / \alpha_0$$

式中，α_0 为空测读数，即在光路中未放入被测样品时，前置镜通过平行光管观察时的分辨率数值；α 为实测读数，即在光路中放入被测样品后，前置镜通过平行光管观察时的分辨率数值。

附图 2－1 是分辨率比值法原理图。表面经过细磨的被测试样 6 置于两块抛光过的玻璃夹板 5 中间，利用浸液贴置在一起，于是 5 和 6 组合起来相当于一块抛光的玻璃平板。玻璃夹板用光学均匀性很好的光学玻璃制造（当然也可以不用夹板而将被测试样两面抛光制成一精密的光学平行平板）。如果被测试样的光学均匀性很好，则由平行光管射出的平行光通过 5 和 6 以后仍为平行光，因此分辨率的实测数 α 和空测数 α_0 相等，比值 $\eta=1$；如果被测试样光学均匀性不好，试样中各点的折射率不一致，将引起光程的不一致，而使平面波面通过试样后产生变形，分辨率也相应降低，即 $\alpha > \alpha_0$，于是 $\eta > 1$。光学均匀性愈差，η 就愈大。因此，η 可以作为表征被测试样光学均匀性的一个指标。

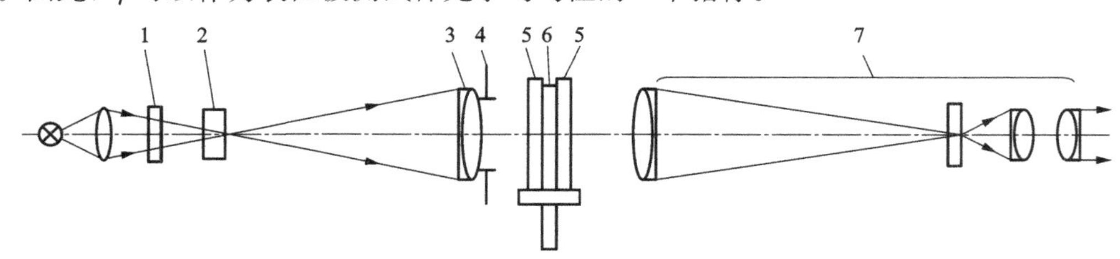

1－毛玻璃；2－鉴别率板；3－准直物镜；4－光阑；5－保护玻璃；6－被测玻璃；7－望远镜

附图 2－1　光学均匀性测量

2）阴影法

用阴影法检查光学玻璃均匀性时，光路安排可以有多种形式，附图 2－2 所示为其中之一。

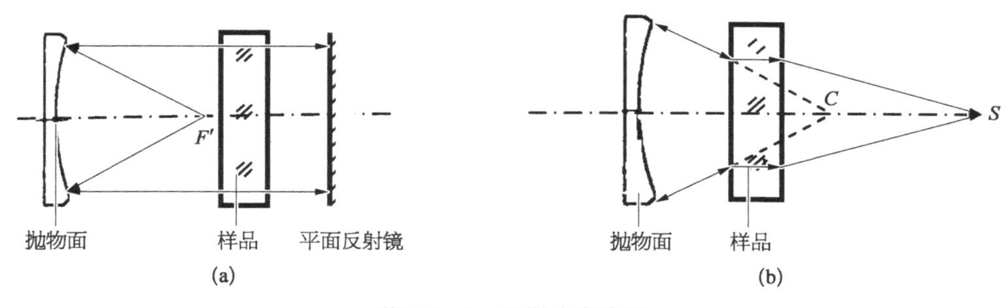

附图 2－2　阴影法光路图

(a) 平面波通过试样；(b) 球面波通过试样

刀口仪的星点孔位于一个高质量物镜的焦点 F' 处，由星点孔发出的光通过物镜后形成平面波。当被测试样未放入光路时，平面波由平面反射后仍为平面波，经过物镜后会聚于焦点 F'。如果物镜像质和平面镜的平面性都很好，则用刀口在 F' 处切割将看到均匀变暗的阴影图。然后将磨成玻璃平板的试样放在反射镜和物镜之间，如果试样各部分折射率不一致，假设试样厚度为 T，折射率的变化为 Δn，则由于各分折射率不均匀引起的光程差为

$$2T\Delta n = a\lambda$$

式中，2 表示光线两次通过样品；a 为一小数或是一正整数。

由于折射率不均匀性使平面波通过试样后发生变形，于是由阴影图的变化情况可以判断被测试样光学均匀性如何。

上式在假设试样的厚度在整个口径内为常数时才成立，实际上这是不可能的，所以，一般情况下为

$$2T\Delta n + 2(n-1)\Delta T = a\lambda$$

式中，n 为试样的平均折射率；ΔT 为厚度的变化量。

所以在做精密测量时，应把试样两表面抛光，使光圈的局部误差做得很小，或以其他方法先测出试样厚度的不均匀性 ΔT。

该方法对光路中的平面反射镜、准直物镜或抛物面镜的质量要求比较高，制备一套测试装置是很不容易的，而且随着被检样品口径的增大，制造难度更大，成本也会成几倍、几十倍地增加，因此上述方法不宜用来检查大尺寸的试样。

附图 2－2(b)所示的光路是为了适用于较大试样的检验而设计的。当被试样未放入光路时，刀口仪的点光源位于凹球面反射镜的球心 C 处，如反射镜的加工质量较高，则反射回来的波面接近于理想球面波，用刀口在球心处切割光束，可以看到均匀变暗的阴影图。把被测试样放入光路后，刀口仪应向后移一段距离，这一距离等于 $T(n-1)/n$。（T 为试样厚度，n 为试样折射率）使其点光源和刀口位于反射球面球心的共轭点 S 处，于是观察者又能

看到阴影图，由于试样折射率不均匀性所引起的波面变形将在阴影图中反映出来。

附图 2-2(b)所示方法，除刀口仪外只需准备一个质量较高的球面反射镜，如被测试样尺寸较大，反射镜直径也要相应增大，但加工问题还是比较容易解决的。因此本方法得到比较广泛的应用。当然这种方法也存在一些缺点，主要在于试样处在会聚光束中，由像差理论知道，处于会聚光束中玻璃平板会产生球差，试样厚度愈大，光束口径增加，其球差愈大。

为了在一定的球面口径与半径比(一般称 R 数)下来检验一定厚度的试样，而不致使球差过大影响测量精度，R 数应有一个适当值，下面简单推导两者的关系。

厚度为 T，折射率为 n 的平行平板在会聚光束中初级球差可由下式给出：

$$\text{初级球差} = T(n^3 - 1)\theta^4/4n^3$$

式中，θ 为球面镜的半孔径角。

通过适当的调焦这一球差可以减少到上式的 1/40，取初级球差影响上限为 $\lambda/32$，则在 $n = 1.5$，$\lambda = 550$ nm 时，可得

$$T\theta^4 = 3.91 \times 10^{-4}$$

应用 $\theta = D/2R$，D 为球面直径，R 为曲率半径，则上式可以写成

$$R\text{-数} = R/D = 3.56T^2/4$$

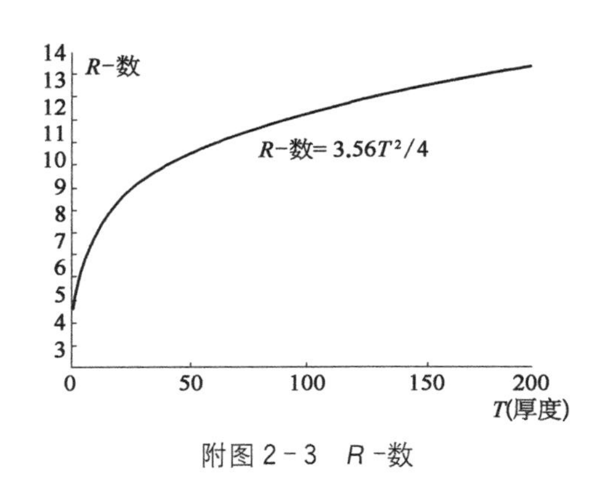

附图 2-3　R-数

把上式以曲线形式表示 R-数与厚度 T 的关系，如附图 2-3 所示。由此可以根据球面镜的 R-数来检验一定厚度 T 的平行平板，而不致使初级球差引起大的影响。

此外，位于会聚光束中的试样如果发生倾斜或试样本身有较大的平行差，将会产生慧差和像散。因此，在安放试样时要摆正，即试样表面应大致垂直于光束的中心光线。在具体测试时可以用下述方法判断试样位置是否正确，在附图 2-2(b)图中，由刀口仪星点孔 S 发出的光束被试样的两表面反射，形成 2 个反射像，如果人眼在刀口后面观察，看不见这 2 个像，说明试样过于偏斜。左右摆动试样，使星点像出现，并大致移到试样中心，这时试样位置已摆正。

3）*干涉法*

当一平面光波通过平行平面玻璃时，若玻璃的折射率是均匀的，则通过玻璃以后的波面仍旧是一个平面波，若玻璃的折射率不均匀，则通过玻璃试样后，其波面就产生变形。如果此种波面与另一相干的平面波叠加，则形成的干涉条纹反映了波面变形的情况。设波面的变形部分 $\delta = m'\lambda$，则折射率的不均匀性为

$$\Delta n = m'\lambda/T$$

下面介绍两种用干涉法原理测量折射率不均匀性的方法。

（1）菲索干涉法。附图 2-4 是用菲索多光束干涉法检查玻璃折射率不均匀性的原理图。在平面 1 与 2 之间形成多光来产生干涉条纹，在没有插入样品时，干涉条纹是在亮背景上形成黑的细直线。

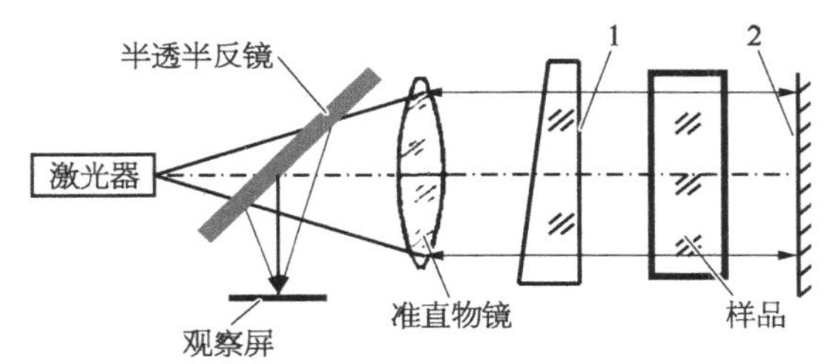

附图 2-4　菲索干涉法检测材料的不均匀性

设 2 条纹间距为 d。插入样品后，由于样品折射率的不均匀性，将引起条纹对直线的偏离，设干涉条纹最大偏离直线为 m'，则光程差为 $m'\lambda/d$（λ 为光波长），该光程差是由于厚度为 T、不均匀 Δn 的样品引起的，即

$$2\Delta nT = m'\lambda/d$$

所以

$$\Delta n = \left(\frac{m'}{d}\right)\left(\frac{\lambda}{2T}\right)$$

为了精确测定 m'/d 的值，可以用照相机把干涉图形拍摄在底片（或干板）上，然后在冲洗好的底片上精确测定 m'/d 的值，由此，计算 Δn 值。

（2）泰曼-格林干涉仪法。用该方法检查光学玻璃均匀性的原理如附图 2-5 所示。用两块平面度较好的玻璃把试样用浸液贴合在一起，形成“玻璃平板”7[见附图 2-5(b)，也可以不用夹板而把被测试样直接抛光成平行平面玻璃板]。当它们未放入光路时，由参考反射镜 6 和测试反射镜 8 反射回来的平面波互相干涉而形成直的干涉条纹[见附图 2-5(a)]。将“玻璃平板”7[见附图 2-5(b)]放入光路中，试样内部折射率的不均匀使由反射镜 8 反射的波面发生变形，不再是平面波，它与反射镜 6 反射回来的平面波互相干涉形成各种形状的干涉条纹，因此，由干涉图形便可判断被测试样的光学均匀性如何。

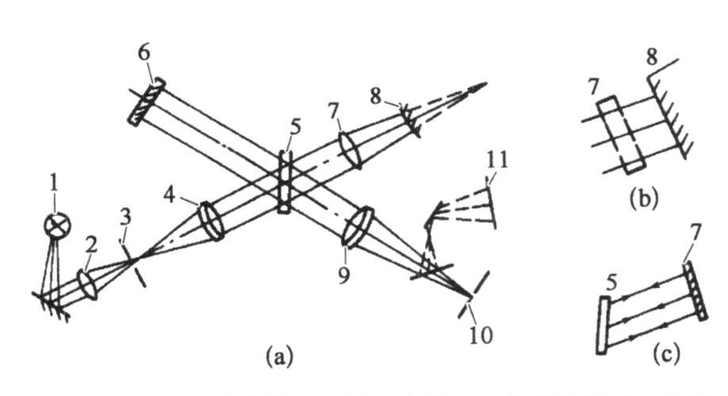

1-光源；2-聚光镜；3-可变光阑；4-准直物镜；5-分束镜；6-参考反射镜；7-被测件；8-测试反射镜；9-观察物镜；10-观察光阑；11-毛玻璃屏

附图 2-5　泰曼干涉仪光路

(a) 干涉光路；(b) 被测试样与测试反射镜之间测试光路改造；(c) 分束镜与被测试样之间测试光路改造

测量方法：① 粗略调节测试反射镜 8，便能看到反射镜 8 反射回来的在观察物镜 9 焦平面上的亮斑。② 在水平方向上转动测试反射镜 8，并转动高低调节钉，使由测试反射镜 8 与参考反射镜 6 反射回来的两个亮斑重合。③ 移动参考反射镜 6，使两束光的光程大致相等（在用激光源情况下，不一定要作这一调节）而得到较好的条纹对比。此时所见到的条纹数可能很多，调节测试反射镜 8 的微调螺钉，将干涉条纹减少到 4～5 条。

附录 3　材料应力双折射测量

光学玻璃在不受力的自然状态下是光学上的各向同性体，未经退火的玻璃由于存在相当大的内应力而成为各向异性体。光学玻璃虽经过退火(即按严格规定的条件缓慢降温)，仍然有一定数量的残余应力存在。因此，当光束通过时会产生双折射现象。

在工厂中测量光学玻璃双折射主要有两种方法，一种是使用应力仪(又称简式偏光仪)，即用全波片的方法测量；另一种是用双折射仪(又称读数偏光仪)是用 $\lambda/4$ 波片法检测。通常应力仪仅用于快速定性检验，根据干涉色的变化鉴定玻璃的退火质量，必要时也可根据干涉色与光程差之间的关系进行定量检验。

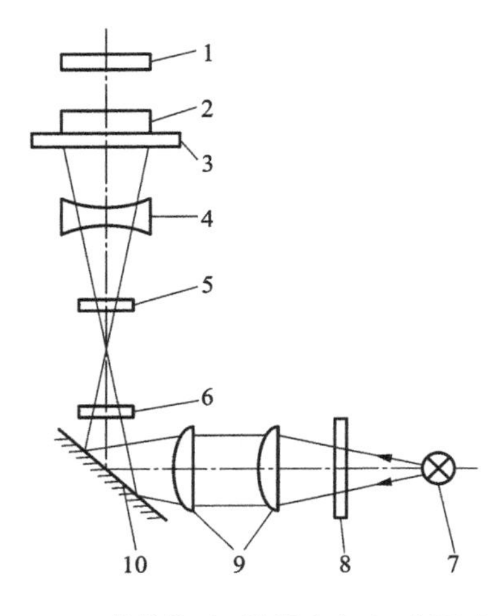

1 -检偏镜；2 -被测玻璃；3 -台面玻璃；4 -发散透镜；5 -全波片；6 -起偏镜；7 -光源；8 -隔热片；9 -聚光镜；10 -反光镜

附图 3 - 1　应力仪

应力仪是利用偏振光干涉原理制成的，其光学系统如附图 3 - 1 所示。通过起偏镜 6 的平面偏振光通过有应力的被测玻璃样品 2，分解为 o 光和 e 光，射出试样时就产生了光程差，通过检偏镜就可看到具有应力特征的干涉图样。

光程差 $\delta=(n_o-n_e)d$，式中 d 为被测玻璃的厚度，当厚度小时，光程差只有 200～300 nm，干涉色为灰白色，不易辨认，不灵敏。故在系统中加入全波片 5，附加程差为 560 nm，当玻璃无应力时，呈现一级紫红色，根据干涉色对紫红色的偏离程度来决定光程差的大小。光程差应是玻璃与波片所产生的程差的相加或相减。识别颜色困难时可用标准比色片，此法简单、快捷，但是误差较大。测量精度要求高时，要用 1/4 波片原理制成的双折射仪测量，如附图 3 - 2 所示。

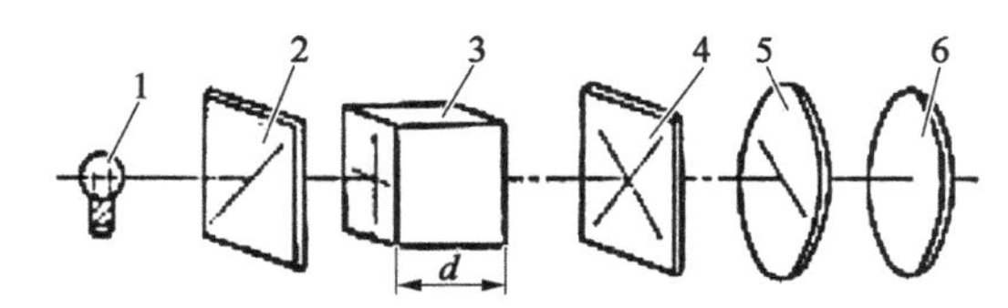

1 -强光源；2 -起偏镜；3 -玻璃样品；4 - 1/4 波片；5 -检偏器；6 -滤光片

附图 3 - 2　双折射仪

平面偏振光通过有内应力的玻璃试样，分解为振动方向互相垂直的 o 光与 e 光，通过厚度为 d 样品后，产生双折射光程差，出射时变成椭圆偏振光，再通过一个 1/4 波片，o 光与 e 光的位相差为 $\pi/2$，出射光又合成为线偏振光，只不过振动方向相对入射偏振光的振动方向发生了转动。

被测试样双折射光程差 δ 与相位差 φ 之间有下列关系：

$$\varphi = 2\pi\delta/\lambda$$

出射偏振光振动面转过的角度：

$$\theta = \varphi/2 = \pi\delta/\lambda$$

或

$$\theta = 180\delta/\lambda$$

白光中包含各种不同波长的光，所对应的 θ 也各不相同。但在使用双折射仪时常常把透过波段在 540 nm 附近的绿色滤片放入光路，以消除其色彩的影响。因此计算时可取 $\lambda =$ 540 nm，于是上式可改写为

$$\delta = \frac{540\theta}{180} = 3\theta$$

出射偏振光相对入射偏振光旋转的角度与样品的厚度有关。光学玻璃的双折射用每厘米光程差表示，即

$$\delta_l = 3\theta/d$$

测量时先将检偏器与起偏器调整到消光，得到暗视场。然后放上被测样品，通过检偏器观察，一般有 3 种情况：

(1) 黑暗中均匀，即无双折射。

(2) 有规则的环形条纹，表示有均匀的内应力。

(3) 图形不规则，表示内应力不规则。

转动检偏器，使暗圈向中央移动直到不动为止，读取刻度盘转角 θ，即可依据下式算出单位长度产生的光程差：

$$\delta = 3\left(\frac{180N + \theta}{d}\right) \ (\mathrm{nm/cm})$$

式中，N 为暗光圈数；d 为被测件厚度。

玻璃试样内部的应力分布不是均匀一致的，与此相对应，试样各部位的双折射光程差也是不一致的。因此，测量试样中不同部位，将得到不同的光程差数值，一般就以试样中部的双折射来代表试样的双折射。

附录 4　光学零件表面疵病的国家标准(GB/T1185—1989)

本标准适用于光学零件完工后的抛光表面的检验。

表面疵病系指麻点、擦痕、开口气泡、破点及破边。

镀膜、胶合、刻度和照相工序所产生的病，由其他技术文件予以规定。

1）*表面疵病分级*

(1) 根据光学零件表面允存疵病的尺寸和数量，共分 10 级。

0～Ⅰ-30 级适用位于光学系统的像平面上及其附近的光学零件，其允许疵病尺寸和数量见附表 4-1 所示。光学系统像平面上及其附近的光学零件，如玻璃分划板、分划尺、度盘或场镜等，其允许疵病尺寸和数量见附表 4-1 所示。

附表 4-1　表面疵病分级(一)

<table>
<tr><th rowspan="4">疵病等级</th><th colspan="7">疵　病　的　尺　寸　及　数　量</th></tr>
<tr><th colspan="5">麻　　点</th><th colspan="2">擦　　痕</th></tr>
<tr><th rowspan="2">麻点最大直径/mm</th><th colspan="4">D_0/mm</th><th rowspan="2">最大宽度/mm</th><th rowspan="2">总长度/mm</th></tr>
<tr><th>至 20</th><th>>20～40</th><th>>40～60</th><th>>60</th></tr>
<tr><th></th><th></th><th colspan="4">允许麻点数量(个)</th><th></th><th></th></tr>
<tr><td>0</td><td colspan="7">在规定检验条件下，不允许有任何疵病</td></tr>
<tr><td>Ⅰ-10</td><td>0.005</td><td>4</td><td>6</td><td>9</td><td>15</td><td>0.002</td><td>$0.5D_0$</td></tr>
<tr><td>Ⅰ-20</td><td>0.01</td><td>4</td><td>6</td><td>9</td><td>15</td><td>0.004</td><td>$0.5D_0$</td></tr>
<tr><td>Ⅰ-30</td><td>0.02</td><td>4</td><td>6</td><td>9</td><td>15</td><td>0.006</td><td>$0.5D_0$</td></tr>
</table>

注：1 直径小于 0.001 mm 的麻点和宽度小于 0.000 5 mm 的擦痕，均不作疵病考核。

2 当 $D_0 \leqslant 60$ mm 时，零件表面任意象限内麻点数量不得超过 3 个，$D_0 > 60$ mm 时不得超过 5 个，任意两麻点内侧间距应$\geqslant$0.2 mm。

3 D_0 为零件的有效孔径(对于环形和非圆形零件，D_0 则是工作区面积的等效直径)，单位为 mm。

Ⅱ～Ⅶ级适用于不位于光学系统像平面上的光学零件，其允许疵病的尺寸和数量见附表 4-2 所示。

(2) 零件表面疵病的尺寸及数量虽未超过附表 4-2 中的规定，但发现有疵病密集在一起的现象时，还须补充测定附表 4-3 各级所规定的限定区域内疵病的尺寸及数量。

(3) 在规定检验条件下，直径小于附表 4-2 中各级下限规定的麻点和宽度小于附表 4-2 中各级下限规定的擦痕，若能明显分开，则不考核；若不能明显分开，则按附表 4-2 考核。

(4) 开口气泡和破点，均作麻点看待，长圆形麻点的直径以此麻点最大轴线和最小轴线长度的算术平均值来计算。

附表 4-2 表面疵病分级(二)

疵病等级	疵病的尺寸及数量					
	麻点			擦痕		
	直径/mm	总数量/个	粗麻点直径/mm	宽度/mm	总长度/mm	粗擦痕宽度/mm
Ⅱ	0.002～0.05	$0.5D_0$	0.03～0.05	0.002～0.008	$2.0D_0$	0.006～0.008
Ⅲ	0.004～0.1	$0.8D_0$	0.05～0.1	0.004～0.01		0.008～0.01
Ⅳ	0.015～0.2	$1.0D_0$	0.1～0.2	0.006～0.02		0.01～0.02
Ⅴ	0.015～0.4		0.2～0.4	0.006～0.04		0.02～0.04
Ⅵ	0.015～0.7		0.4～0.7	0.001～0.07		0.04～0.07
Ⅶ	0.1～1		0.7～1	0.01～0.1		0.07～0.1

注：各级表面粗麻点的数量不得超过允许麻点总数量的10%，粗擦痕总长度不得超过允许擦痕总长度的10%。计算粗麻点数量时，按四舍五入凑整。

附表 4-3 各级限定区域内疵病的尺寸及数量

疵病等级	疵病的尺寸及数量				
	限定区直径/mm	麻点		擦痕	
		总数量/个	其中粗麻点直径/mm	总长度/mm	粗擦痕宽度/mm
Ⅱ	2	2	0.03～0.05	4	0.006～0.008
Ⅲ	3	3	0.05～0.1	6	0.008～0.01
Ⅳ	5	5	0.1～0.2	10	0.01～0.02
Ⅴ	10		0.2～0.4	20	0.02～0.04
Ⅵ	20		0.4～0.7	40	0.04～0.07

(5) 擦痕宽度和长度的算术平均值如没有超过该零件表面允许的最大麻点直径时，则按麻点进行考核。

(6) 破点大于 0.5 mm 时应磨毛，进入有效孔径部分的破边应按麻点进行考核。

(7) 凡发展性疵病均不允许存在。零件表面有效孔径以外的疵病，若不影响零件在镜框中的牢固性和密封性，则不予考核。

(8) 双擦痕和随麻点而来的擦痕均按单个分别计算。

(9) 对表面疵病如有特殊要求，可在技术文件中另行规定。

2) 标注方法

(1) 在图纸上零件表面疵病用字母 B 表示。

例如：$B=$ Ⅰ-20 则表示该零件表面疵病等级为Ⅰ-20 级。

(2) 对于有分区要求的零件，可分区表示。

圆形零件的区域划分，一般按有效孔径的 1/3 划分为中心区和边缘区。例如 $B=0+$

Ⅰ-10即表示该零件中心区的表面疵病等级为0级，边缘区为Ⅰ-10级(疵病数量根据D_0按附表4-1计算)。

对有其他分区要求的圆形零件和非圆形零件，则应在零件图上划出区域范围，范围线用"双点划线"(见附图4-1和附图4-2)，疵病的尺寸及数量根据各区域的D_0按附表4-1或附表4-2计算。

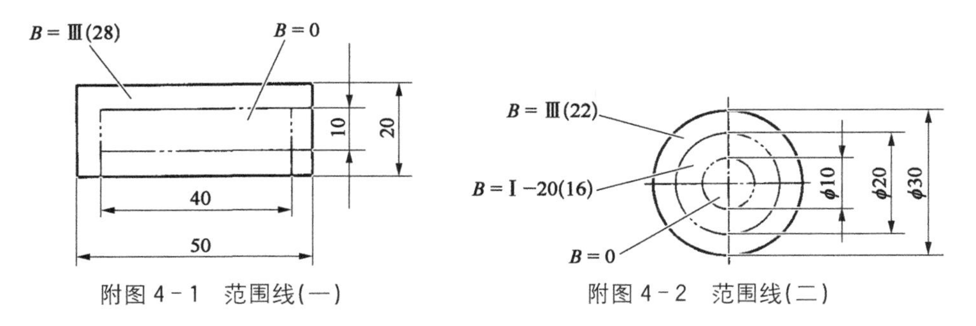

附图4-1　范围线(一)　　附图4-2　范围线(二)

3) 检验方法

检验时应以黑色屏幕为背景，光源为60～100 W(电压为36 V)的普通白炽灯泡。在透射光或反射光下观察。在检验零件时，为了便于发现疵病，观察时允许朝任意方向转动零件，但是在确定疵病大小时，应以透射光为准(不包括棱镜和一面磨砂、一面抛光的零件)。

检验0～Ⅰ-30级零件时，用6×～10×放大镜观察；检验Ⅱ～Ⅴ级零件时，用4×～6×放大镜观察。但对于零件直径小于5 mm的透镜，允许用6×～8×放大镜观察。

检验Ⅵ～ⅦⅠ级零件时，用肉眼观察，但对于零件直径小于30 mm的圆形零件和棱镜、超半球、圆柱体等特殊零件，允许用4×～6×放大镜观察。

4) 表面疵病等级的选择

(1) 关于表面疵病等级选择的建议：

0～Ⅰ-30级：光学系统中的玻璃分划板、分划尺和度盘的抛光表面和聚光分划镜以及位于或非常接近光学系统像平面上的零件。

Ⅱ级：距光学系统像平面较近的光学零件，如棱镜、场镜等。

Ⅲ级：显微镜物镜和目镜、望远镜系统中的目镜和反射镜。

Ⅳ：望远镜系统中的物镜、倒像系统中的透镜、平行光束通过的棱镜和平面玻璃、投影物镜、放大镜、聚光镜。

Ⅴ级：望远镜系统中的物镜、倒像系统中的透镜、接物棱镜和接物保护玻璃、投影及照相物镜、放大镜、聚光镜。

Ⅵ级：大口径的望远镜系统中的物镜和倒像系统中透镜、大口径的照相和投影物镜。

Ⅶ级：大口径的一般天文物镜，各种零件表面的非工作区，不在仪器光学系统中的零件。

(2) 目视仪器及观察的光学仪器，如前置镜、显微镜也可按其表面上的轴上点光束孔径大小来选择：

当出瞳直径$d'_p \leqslant 2$ mm时，

任一表面 n 的光束孔径为

$$D_n = 2 \cdot h_n$$

当出瞳直径 $d'_p < 2$ mm 时，

任一表面 n 的光束孔径为

$$D_n = 2 \cdot h_n \cdot \frac{2}{d'_p} = \frac{4h_n}{d'_p}$$

式中，h_n 为第 n 面的轴上光束边缘光线的高度(mm)。

根据已算出的光束孔径，依照附表 4-4 选择表面疵病的等级。

附表 4-4　表面疵病等级的选择

光束孔径 D_n/mm	疵　病　等　级	使　用　范　围
0～0.5	Ⅰ-10(等值目镜焦距为 10～15 mm) Ⅰ-20(等值目镜焦距>15～25 mm) Ⅰ-30(等值目镜焦距>25 mm)	位于光学系统成像面或距成像面很近的零件表面
>0.5～2 >2～5 >5～15	Ⅱ Ⅲ Ⅳ	位于光学系统成像面很远的零件表面
>15～25 >25～50 >50	Ⅴ Ⅵ Ⅶ	距光学系统成像面很远的零件表面

附表 4-5　粗、细麻点换算表

相当于个数 / ϕ大 \ ϕ小	1	0.7	0.5	0.4	0.3	0.2	0.1	0.06	0.04	0.025	0.015	0.01	0.004
0.004									100	39	14	6	1
0.01							100	36	16	6	2	1	
0.015							44	16	7	3	1		
0.025						64	16	6	3	1			
0.04				100	64	25	6	2	1				
0.06			70	46	25	11	3	1					
0.1	100	49	25	16	11	4	1						
0.2	25	12	6	4	4	1							
0.3	11	5	3	2	1								
0.4	6	3	2	1									
0.5	4	2	1										
0.7	2	1											

附录5　光学零件的表面粗糙度

光学零件表面粗糙度与光洁度

粗糙度		光洁度		零　件　表　面	加　工　方　法
GB1031－83		GB1031－68			
R_a，$R_z/\mu m$	代号	R_a，$R_z/\mu m$	代号		
—	～	—	～	压制或铸造毛坯表面、玻璃板和玻璃管等零件不须继续加工的表面	压制、铸造、吹制、拉制、轧制
50(R_z)	R_z	＞40～80(R_z)	▽3	粗加工表面	用金刚石铣刀或锯片、金刚砂、粒度由60#～150#的磨料或由30#～80#砂轮加工
3.2		＞2.5～5.0	▽5	零件粗磨后的毛面。大型棱镜、平面镜和保护玻璃的侧表面与倒角。直径大于18 mm和配合不高于4级精度的透镜、滤光镜、分划板、保护玻璃及其他零件的圆柱表面和倒角	用粒度240#～W28的磨料或由100#～180#砂轮加工。喷细砂。用金刚石铣刀和锯片细加工
1.6		＞1.25～52.5	▽6	零件精磨后的毛面。中等尺寸的棱镜、平面镜和保护玻璃的侧表面与倒角。毛玻璃表面，直径到18 mm的4级配合与直径大于18 mm的3级配合精度的透镜、分划板、滤光镜、保护玻璃及其他零件的圆柱表面和倒角	用粒度W28～W14的磨料或180#～240#砂轮磨削
0.8		＞0.63～1.25	▽7	零件精磨后的毛面。直径小于18 mm的3级配合精度的透镜和分划板的圆柱面、毛玻璃表面	用粒度W14～W10的磨料或由240#～280#砂轮加工
0.100(R_z)	R_z	＞0.05～0.1(R_z)	▽13	平面镜和保护镜的抛光面，圆形水准泡盖片外表面和其他不在光学系统中的零件的工作面。在这些面上允许有不显著的未完全抛光的痕迹	用抛光粉在柏油、呢绒或其他抛光模上抛光
0.025(R_z)	R_z	≤0.05(R_z)	▽14	透镜、分划板、棱镜、反射镜(包括金属反射镜)等光学零件的抛光面，在这些面上不允许有未完全抛光的痕迹	用抛光粉在柏油、呢绒或其他抛光模上抛光

注：1 1983年制订的新国家标准。R_a、R_z栏内未加注(R_z)者，即为R_a值。
　　2 1968年制订的旧国家标准。R_a、R_z栏内未加注(R_z)者，即为R_a值。

R_z 是基本长度 l 内，从平行于轮廓中线的任意一条线起，到被测轮廓的 5 个最高点(峰)和 5 个最低点(谷)之间的平均距离。

$$R_z=(h_2+h_4+\cdots+h_{10})/5-(h_1+h_3+\cdots+h_9)/5$$

$$R_a=\frac{\sum_{i=1}^{n}|Y_i|}{n}$$

式中，h_2，h_4，…，h_{10} 为峰值；h_1，h_3，…，h_9 为谷值。

峰值与谷值在测量长度 l 中测出，它包含一个或数个基本长度。

光学零件表面粗糙度还常用轮廓的平均算术偏差 R_a 来表征，即在基本长度内被测轮廓上各点到轮廓中线距离 (Y_1，Y_2，…，Y_n 取绝对值)的总和的平均值。

附录6　球面样板的检测

球面样板的曲率半径的精确度及工作面的面型误差是其精度的主要标志，球径仪是主要的检测仪器。激光球面干涉仪及激光全息球面干涉仪是新型的检测设备，对于特大曲率半径的球面应用刀口仪测量。

1）球径仪与刀口仪

环形球径仪测量原理如附图6－1所示，通过测量一个球面的矢高 h 和与它对应的弦半径 r，然后通过计算求得球面的曲率半径，HBH' 为球面的一部分，C 为球心，设球面的曲率半径为 R，弦半径为 r，矢高 AB 为 h，由 $\triangle CHA$ 可得

$$R=\frac{r^2}{2h}+\frac{h}{2}$$

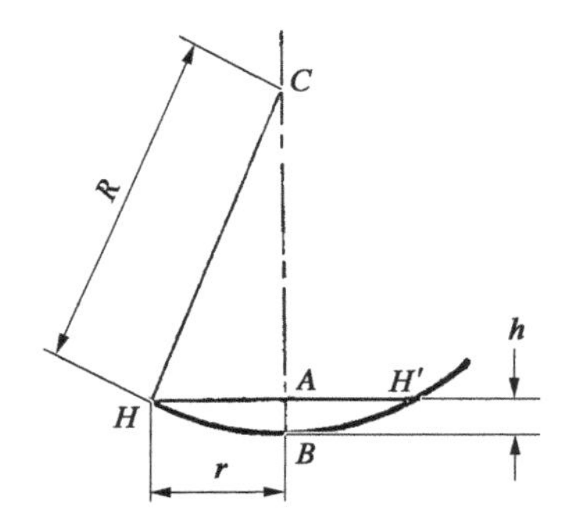

附图6－1　环形球径仪的测量原理图

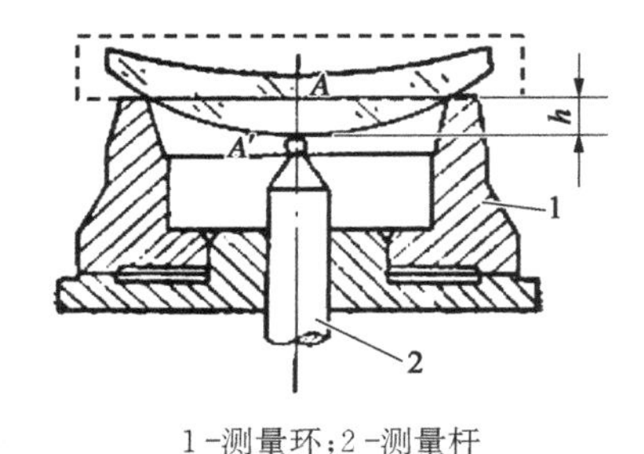

1－测量环；2－测量杆

附图6－2　环形球径仪测矢高

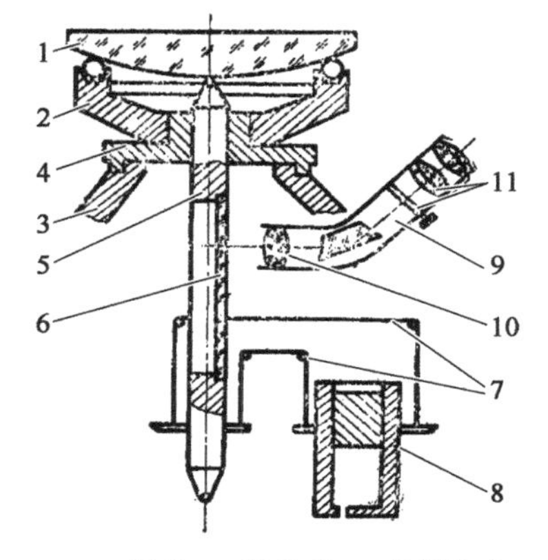

1－样品；2－测量环；3－仪器外壳；4－连接盘；5－测量杆；6－精密刻度尺；7－绳索；8－滑轮与活塞筒；9－测量显微镜；10－显微物镜；11－测微目镜

附图6－3　环形球径仪结构示意图

故如测得 r 及 h 的大小，即可得到曲率半径 R 的数值。

测量凸球面时，被测球面与测环的内棱接触；测量凹球面时，被测球面与测环的外棱接触（见附图6－2）。

在测量时，先将仪器所附的高精度平晶（见附图6－2中虚线框）放在测量环上，测量杆顶端所在的位置相当于附图6－2中的 A 点。在显微镜中读取一个数，然后把需要测量的球面样品放上测量环，这时测量杆的顶点将上升（凹球面）或下降（凸球面）到 A' 点，再记下一个读数，两次读数之差就是矢高 h。

为了使测量环更耐磨、易于制造与使用方便，常常采用“钢球式”测量环（见附图6－3）。被测样品1置于测量环2的3个互成120°分布的钢球上。测量环的半径 r 和

钢球的半径ρ在出厂前都已经过精密测定。在环形球径仪上一般配有9个测量环，以便在测量时选用尽可能大的测量环。

测量环置于与仪器外壳3结合在一起的连接盘4上。在连接盘的圆心位置装一个可以上下滑动的钢质测量杆5，杆上附有精密刻度尺6，其格值为1 mm。测量杆通过绳索7、滑轮与活塞筒8联系在一起。利用活塞筒的重量，使测量杆获得一个向上的力，紧密地顶在样品的表面上。测量显微镜9由显微物镜10和阿基米德螺旋式测微目镜11组成，直接安装在仪器的外壳上，用于测量刻度尺的位置。读数显微镜的目镜测微器的最小读数为0.001 mm。

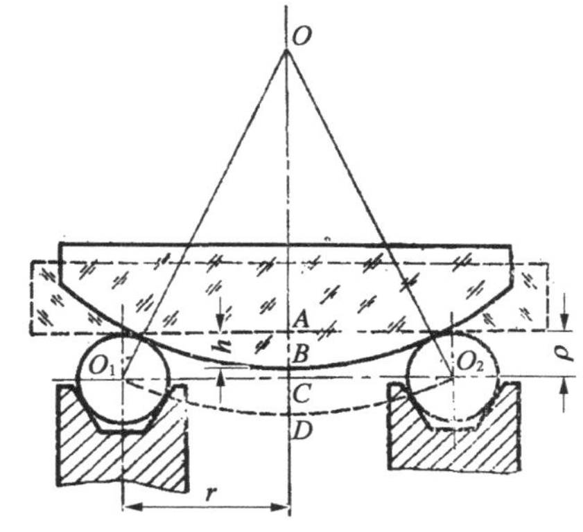

附图6-4 用钢球式测量环的环形球径仪测量球面曲率

钢球式测量环球径仪矢高计算如附图6-4所示，在$\triangle OO_1C$中，

$$R=\frac{r^2}{2h}+\frac{h}{2}-\rho$$

球面是凹球面时，$R=\dfrac{r^2}{2h}+\dfrac{h}{2}+\rho$

计算h采用下式：

$$h=(R\pm\rho)-\sqrt{(R\pm\rho)^2-r^2}$$

式中，"－"用于凹样板，"＋"用于凸样板。

为了提高测量精度，常用双矢高来测量曲率半径，将凹凸对板分别得出两次位置的读数，其读数差$2h'$等于矢高h_1与h_2之和，即$2h'=h_1+h_2$。这时，

$$R=\frac{r_0^2}{2h'}+\frac{h'}{2}$$

式中，$r_0=r+\dfrac{\rho^2 r}{2(R^2-r^2)}$。

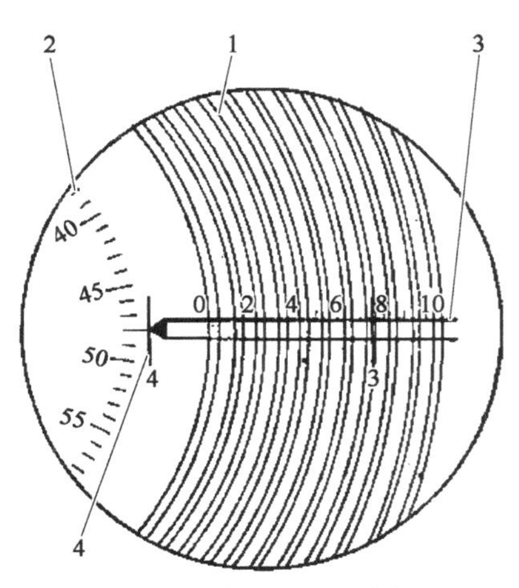

1-阿基米德螺线；2-圆分划；
3-固定分划板刻线；4-刻线像

附图6-5 螺旋测微器测试读数

样板的测量过程如下：

(1) 根据所测样板的直径选取略小于样板直径3～10 mm的测量环，将测环的钢球和定位基准面擦净，装入球径仪基体上。

(2) 把平晶小心地放到测环上，松开扳手使测杆平稳升起与平晶接触。以此测杆的位置为零位（为避免平晶被测杆往上的力顶起，加重锤压牢）。转动微动手轮，使螺旋形双刻线夹住一长刻线，从计数显微镜记下其读数为x_1，例如附图6-5所示读数为3.748 0。

(3) 取下平晶，放上待测样板(也应擦净去尘、加压)由计数显微镜读取另一读数 x_2。

(4) 两次读数之差，即为被测球面对所选项测量环矢高：

$$h = |x_2 - x_1|$$

(5) 将 r，h，ρ 值代入计算公式则可求得 R 值。

为保证一定的测量精度，对一定的 r 值，其可以测量的曲率半径 R 值应小于某一数值，附表 6-1 列出了一套测量环的对应一定精度的曲率半径的最大值。表中 A 级精度按 0.03% 计算，B 级按 0.05% 计算。

附表 6-1　各个测量环测量曲率半径的最大值　(单位：mm)

测环半径 r	7.5	10.5	15	21	30	42.5	60
A 级精度 R	10	18	35	70	140	210	530
B 级精度 R	15	35	60	110	230	440	920

由 $2Rh = r^2 + h^2$ 得

$$\Delta R = \frac{\Delta h(h - R)}{h}$$

由此可见，要使 ΔR 小应使 h 大，而对一定的 r 值必须使 R 小才能使 h 大。

从附表 6-1 可知，最大测量环半径为 60 mm 的球径仪，测量 A 级样板 R 的值只能小于 530 mm，测量 B 级样板的 R 值只能小于 920 mm，大于此值则需要另外的办法。

刀口法可测量大口径、长曲率半径的凹面镜的球面曲率半径，其原理如附图 6-6 所示。

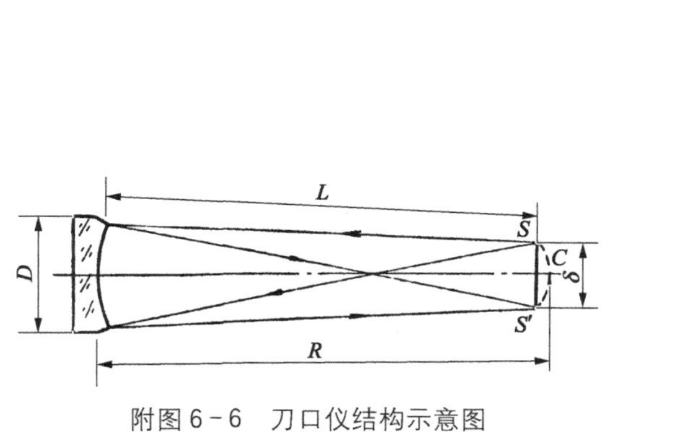

附图 6-6　刀口仪结构示意图

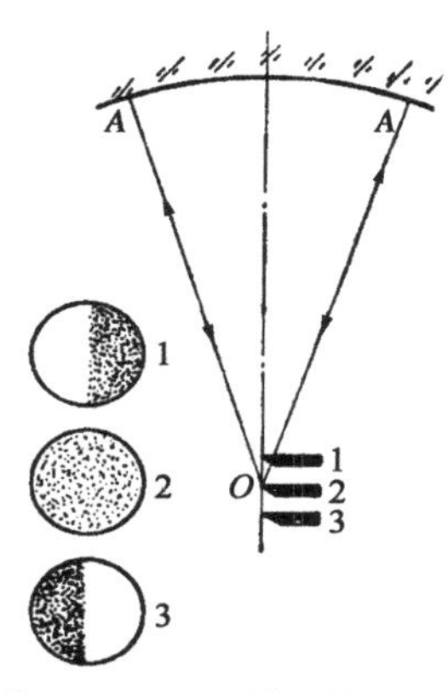

附图 6-7　阴影法检验原理

S 为星点的位置，S' 为刀口的位置，C 为曲率中心，当根据阴影图判断刀口 S' 接近 C 位置时，用卷尺量取 L 距离，这时，

$$R = L + \frac{D\delta}{4L}$$

式中，D 为被测球面的直径，δ 为星孔和刀口的距离。

2）激光球面多光束干涉仪与全息球面干涉仪

激光球面干涉仪主要用来测量球面光学零件表面的局部误差（ΔN）和球面曲率半径（R）。目前以氦氖气体激光器作为单色光源的激光球面双光束干涉仪已应用在光学零件检验中。但仪器中的标准物镜组及被测光学零件表面均未镀膜，故会形成双光束干涉条纹，由于条纹较宽，条纹的判读影响了测量精度，为了提高测量精度，目前普遍采用激光球面多光束干涉仪。

激光球面多光束干涉仪是以氦氖气体激光管做光源来检验会聚光波偏离球面波形程度的仪器。该仪器可以无接触地检验球面曲率半径大于 130 mm、口径小于 1：25 的镀铝膜凹球面反射镜；加上辅助的标准球面镜或平面镜后可以检验平面、凹凸二次非球面反射镜等。

然而，要得到多光束干涉，被检物镜必须镀高反膜，所以这种仪器不适用于抛光工序中的检验，通常只作为光学零件加工终了的高精度零件的定量测量。

检验结果以干涉条纹形式给出，可直接观察，或把条纹图像投射到毛玻璃上供观察测量；也可以照相记录干涉条纹形状，以便于定量测量。由于是多光束干涉，条纹成黑细线状，清晰度、对比度都好，条纹间距可以调得很宽，如果标准面质量优于 $\lambda/50$，检验镜面就可以达到 $\lambda/50$ 的精度。

（1）光学系统。如附图 6－8 所示，单色光经平面镜转向聚光镜 10 聚焦后发散，然后经立方体分光棱镜 9，再经固定物镜 8 变成平行光束。此平行光束通过标准物镜 7(其内表面为齐明面，外表面为同心的标准面。标准面镀膜，其膜层对 0.632 8 μm 波长的反射率为 75%。透过率为 25%）后会会聚或发散，在标准物镜的最后一面（标准面）是和光束同心的。从该面上约有 4%的光能按原路返回，这一部分光线再由立方体分光棱镜 9 反射到目镜观察处，形成一个不动的像点。如果被测的表面（凹面或凸面）调整到和过来的光束同心，则在被测表面上又有 4%的光能被反射回去。经立方体分光棱镜 9 反射在目镜观察处形成第 2 个可动的像点。当把两个像点调到完全重合，即标准面与被测面完全同心时，从标准面上反加的球面波和被测反射面反射回来的球面波发生干涉，因而，通过观察点可以看到多光束干涉条纹。

（2）零件局部误差的检验。为了检查零件表面的局部误差，必须将被测零件的球心调

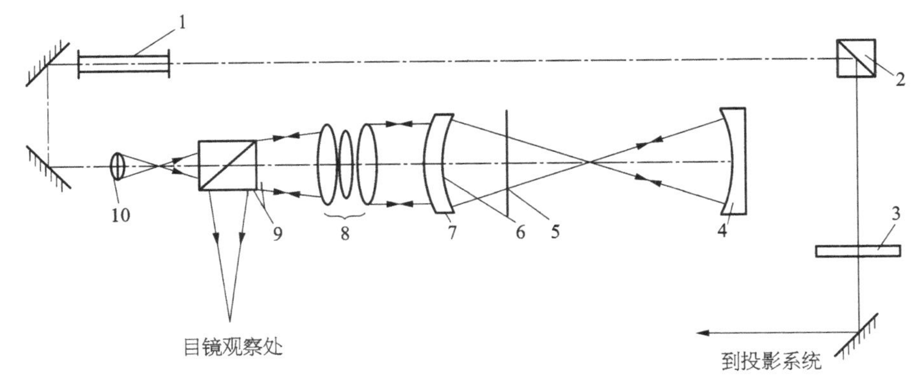

1－激光器；2－反射镜；3－玻璃尺；4－被测凹面；5－凸面安放位置；6－标准面；
7－标准物镜；8－固定物镜；9－分光棱镜；10－聚光镜

附图 6－8　激光球面干涉仪光学系统

整到和标准球面球心严格重合。当两球心在垂直于光轴的同一个平面上但不重合时，看到的干涉条纹细而直，如附图 6－9(a)所示。当两球心在同一光轴上而前后不重合时，看到的干涉条纹为同心圆，如附图 6－9(b)所示，同心圆越密越多；前后差越大。若两球心轴向、横向均不重合时，看到是弯曲的干涉条纹，如附图 6－9(c)所示。如果被测面的球心与标准球面的球心重合，理论上应该看不到干涉条纹，但是这对于测量并不方便，因此通常使两者在垂直于光轴的平面内有极少偏离，使之产生 2～3 条直条纹，这时被测球面的球心与标准球面的球心前后严格重合，如附图 6－9(d)所示。可以从条纹不直的程度判断局部误差的大小。

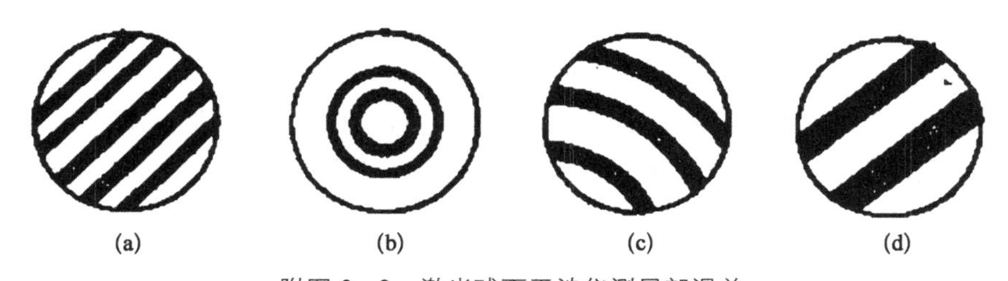

附图 6－9　激光球面干涉仪测局部误差

(a) 细直条纹；(b) 同心圆条纹；(c) 弯曲条纹；(d) 视场可见条纹

(3) 曲率半径的测定。在球面干涉仪上测定零件的曲率半径，原则上是测定球心到顶点间的距离。

第 1 个位置就是被测件的球心和标准件的球心重合位置，如前所述，调好仪器后，在投影屏上读取这个位置的玻璃尺读数。

第 2 个位置有两种情况：① 标准镜头的工作半径短，它的球心在玻璃尺的量程以内，在读下第 1 个位置的读数后，将被测件的表面移动到和标准面的球心重合。判断的方法是在观察点再看到直的干涉条纹为准。这个位置条纹的粗细和被测件的调整无关，只和标准镜头的微量偏摆有关。为此用 4 个螺钉调整标准镜头的微量偏摆以改变干涉条纹的粗细。② 标准镜头的工作半径较大，其球心在玻璃尺量程以外，或者零件表面为凸的情况。这时第 2 个位置不是使被测表面和标准面的顶点接触，而是被测件标准面和被测件的曲率半径之差 ($R_B - R_G$)。

至于标准面顶点和零件顶点接触的判断，可以从投影屏来决定，当旋转前后微动手轮，使零件向前移动、而玻璃尺刻线不再动时，表示刚好接触，玻璃尺的移动方向和刻线在投影屏上的移动方向是一致的。记下顶点接触时玻璃尺上的读数，减去两球心重合时玻璃尺上的计数，即为 $R_B - R_G$，如附图 6－10 所示。

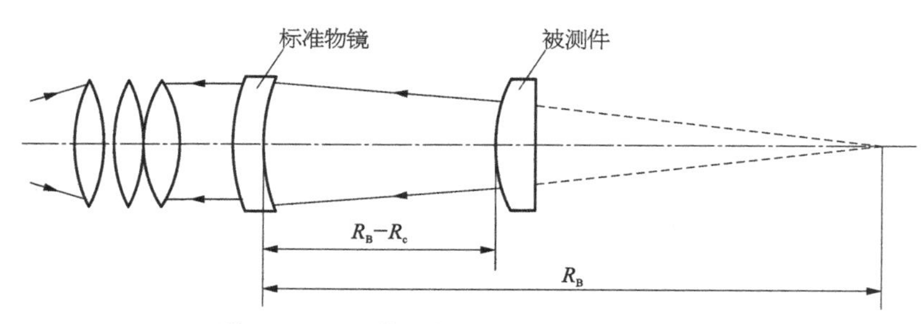

附图 6－10　激光球面干涉仪测量曲率半径

附图 6－11 表示菲索型激光全息球面干涉仪的光学系统。He－Ne 激光束，经扩束透镜 2、直角棱镜 3、显微物镜 4，会聚于物镜 7 的凹球面的球心 C。经分光板 6 反射至物镜 7，由物镜 7 凹球面自准返回的标准球面光束作为参考光，由物镜出射的光束即为检验光束，被检凹球面 8 自准返回光束在 C 附近成像 C'，该波面与全息板 5 因参考光照射面衍射的波面产生相干，由于拍摄全息板时被检球面镜是换用标准球面镜的，显然，如果被检球面存在误差，则在投影屏 9 处看到对应的干涉条纹，全息板起着补偿物镜的作用。与激光球面干涉仪相比，全息板补偿光组代替了固定物镜组，当然，全息板的制作、全息干涉图形对比度的提高、全息图的复位需要妥善解决。如果采用计算机全息图，全息干涉仪的用途更大。

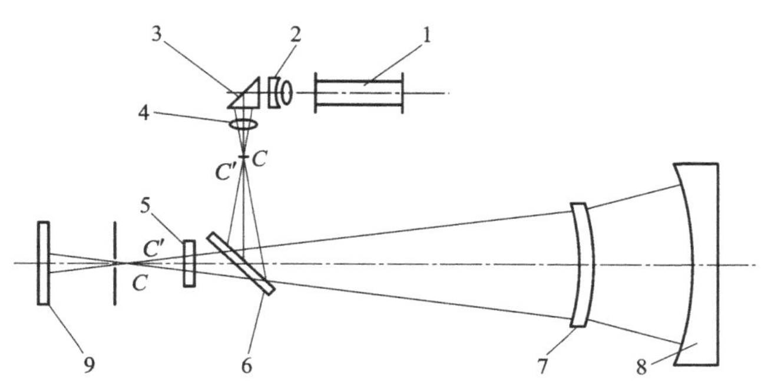

1－He－Ne 激光束；2－扩束透镜；3－直角棱镜；4－显微物镜；5－全息板；6－分光板；7－物镜；8－被检凹球面；9－投影屏

附图 6－11　菲索型激光全息球面干涉仪

附录7　光学零件工艺规程的编制

工艺规程是光学零件加工的主要技术文件，是组织生产不可缺少的技术依据。它反映了生产水平和工艺水平，一个合理的、先进的工艺规程不但能确保零件的加工质量、提高生产效率、有助于组织和管理、促进生产的发展，而且也能反映工厂的工艺水平和生产情况。

1）工艺规程的编制原则和步骤

工艺规程的编制原则是：必须掌握光学零件的制造特点和加工精度，充分考虑现有的条件，发挥现有生产技术作用的同时恰当地采用先进技术和新工艺。当然工艺规程也不是一成不变的，随着技术水平的提高，在一定的时候，工艺规程就要进行修改，以适应新的生产需要。

工艺规程的编制步骤：

（1）全面了解和熟悉原始资料。光学零件图、技术条件、生产纲领、设备性能等是编制工艺规程必须具备的原始资料。光学零件图、技术条件是拟定光学零件工艺规程的基本依据。因此，必须对这些原始资料进行细致的分析和全面的研究，以便拟定出既合理又经济的工艺规程。

（2）根据生产类型确定毛坯类型和加工方法。熟悉、掌握光学零件制造特点，考虑本厂的生产条件尽可能采用新技术、新工艺。制造光学零件一般分单件（或小量）、成批（大、中、小）和大批量生产3种方式。上规模的光学仪器制造工厂多是成批或小批量生产光学零件，则可选用压型毛坯，采用刚性装夹法、先进的光学加工机床和金刚石工具，实现半自动或自动化流水生产；若是小批量生产，则可选用块料毛坯，采用弹性装夹法进行加工。

（3）确定加工路线。首先要根据毛坯类型、零件形状与技术要求、技术水平和生产类型等拟出主要的顺序。其次，要顾及上下工序匹配。

对球面零件：平面先于球面；凹面先于凸面；曲率半径大的球面先于曲率半径小的球面。

对于棱镜：基准面先加工，为提高定位精度，基准面也可粗抛光，角度精度要求高的面最后加工。

如加工透镜时，首先确定先加工哪一面比较合适，再根据生产批量来确定装夹方式（如弹性装夹），然后确定粗磨、精磨、抛光、定中心磨边倒角和镀透光膜的工序。对胶合透镜还须有胶合工序。

一般情况下，为了有利于生产出符合要求的表面，避免或减少表面的损坏，往往先加工尺寸小的工作面，然后加工尺寸大的工作面，因为加工表面大较加工表面小来说，在加工时受损坏的可能性大。

（4）进行毛坯尺寸和加工余量的计算。根据零件的类型、尺寸、加工精度、毛坯种类和车间的生产条件（如工人的技术水平、机床、工具、磨料等）计算加工余量（工序余量和总余量)，确定毛坯的尺寸。

(5) 确定采用的设备。确定所采用的设备包括加工工具、夹具、量具(包括测试仪器)、磨料磨具、抛光粉、辅料、冷却液等，选择适当的加工参数如机床的转速(r/min)、荷重(N_1)等。

粗磨用砂：80号、100号、120号、140号、180号、200号、240号、280号、320号等。

精磨用砂：W28，W20，W14，W10等。

值得指出的是，一般粗磨、精磨各采用2～3号粗细不同的磨料，以提高生产效率。

用金刚石磨具粗磨时，应该根据加工效率和加工质量合理选择金刚石磨具的粒度(80号～120号)、硬度、浓度和结构形式。

(6) 注明主要工序的主要技术要求，如加工工序中的尺寸、加工精度、表面质量及操作注意事项等。

(7) 设计必要的工装夹具。绘制图纸设计专用的工具、夹具、量具(包括测试仪器)并绘出制造图。例如，大批生产透镜，必须设计一套具有一定曲率半径的工具如粗磨模、精磨模、抛光模；夹具如黏结球模，辅助模具如贴置模等。设计好的工、夹、量具的有关数据应填入工艺卡片内。

(8) 编制工艺规程有关目录和各种明细表。以上工艺程序的全部内容均应填写在工艺卡片上。工艺卡片的繁简程度主要由生产类型决定。例如，单件试制生产，只填入主要的工序；若为成批生产就应将工艺卡片写得详细些；大量生产，则应更加详细。

2) 夹具设计要求

(1) 要求定位准确、装夹可靠、装卸方便、成本低。

(2) 对于球面夹具，应保证零件的偏心、曲率半径和中心厚度在允许范围内。

(3) 对于平面夹具，夹具体定位表面应经过淬火处理，以提高耐磨性。定位表面应平直，为提高定位精度，定位表面应开有沟槽；为防止破边和碰伤棱角，夹具上应开有让角槽。

用于玻璃零件加工的夹具主要有弹性夹具、真空夹具和各类机械装夹、磁性装夹、收管装夹、胶黏等方式。弹性夹具收缩量一般选择0.2 mm左右；真空夹具对工件直径要求较严，夹具直径公差应在+0.02～+0.05 mm范围内。

为获得所需的零件形状、尺寸和表面质量，在加工过程中从玻璃毛坯上磨去的多余的材料层叫加工余量。加工余量预留得太大，会造成材料的浪费，又会增加加工工时，若预留得太小，会造成加工的困难。因此，加工余量，要根据具体的加工条件和工艺来选择制订。加工余量要考虑锯切余量、滚圆余量、平整余量、厚度和平行度修磨余量、粗磨余量、精磨余量、抛光余量、定心磨边余量等。

(4) 各工序的计算。锯切余量的确定：

$$f = \Delta_c + \delta_c - 1(\mathrm{mm})$$

式中，Δ_c 为锯片厚度；δ_c 为锯片转动时的振动余量。当锯切深度 $B < 10$ mm时，$\delta_c = 1.5$；当 $10\ \mathrm{mm} < B < 65$ mm时，$\delta_c = 2$；当 $B > 65$ mm时，$\delta_c = 2.5$。

(5) 研磨抛光余量。用散粒磨料研磨时，粗磨余量见有关手册。精磨抛光余量：当零件直径小于 10 mm 时，单面余量取 0.15～0.2 mm；当零件余量大于 10 mm 时，单面余量取 0.2～0.25 mm。对于精度要求高、玻璃材料较软、磨具硬度较大、单件加工时，精磨余量应取大值。

用固着磨料研磨时，粗磨铣切余量见有关手册。一般当直径小于 10 mm 时，双凸透镜单面余量为 0.15 mm，平凸透镜单面余量为 0.075 mm，双凹透镜为 0.1 mm，平凹透镜为 0.05 mm；对于直径大于 10 mm 的工件，余量要稍大些。

定心磨边余量见有关手册。对于易产生偏心的透镜，定心磨边余量为

$$\Delta d = \frac{2\Delta t}{d\left(\frac{1}{R_1} + \frac{1}{R_2}\right)}$$

式中，Δt 为粗磨后能达到的边缘厚度差；R_1，R_2 为透镜的曲率半径，凸面用正值，凹面用负值；d 为透镜直径。

3）光学零件毛坯尺寸计算

各工序的加工余量确定后，就可计算出毛坯的尺寸。

对于双凸透镜：　　$t = t_0 + 2(P_j + P_z)$

对于凹凸透镜：　　$t = t_0 + 2(P_j + P_z) + h_1$

对于双凹透镜：　　$t = t_0 + 2(P_j + P_z) + h_1 + h_2$

式中，t 为毛坯的厚度；t_0 为透镜的中心厚度；P_j 为精磨余量（单面）；P_z 为粗磨余量（单面）；h_1，h_2 为凹面的矢高。

4）确定透镜定中心磨边工艺

按零件的中心偏差要求，确定是否要定中心磨边，若需要定中心磨边，则根据零件直径大小、中心偏差要求的精度和设备情况确定定中心磨边方法。按手册选取定中心磨边的余量并选择定中心磨边用的工具和辅助材料，最后编制透镜定中心磨边工艺规程。

5）确定透镜精磨、抛光工艺过程

先按照工件的加工顺序，加工直径大的一面，若有修厚度尺寸或修边厚差的零件，应先加工直径小的表面；对于具有凹球面的透镜，应先加工凹面；先加工表面疵病要求较低的表面。

其次是设计镜盘和模具。按镜盘大小决定黏结模、精磨模、抛光模的主要尺寸；根据零件的精度要求，设计手修模；根据黏结模、精磨模、抛光模的结构选择材料。

在确定透镜精磨、抛光余量时，应考虑零件的厚度公差大于±0.1 mm，其单面余量选 0.06～0.1 mm。零件的厚度公差小于±0.1 mm 时，考虑余量应加上修磨余量，修磨余量选 0.01～0.05 mm。对于特硬或特软的材料，具体情况还要对余量作相应的修正；若有胶合，还应按照胶合厚度控制工件的厚度公差。

确定了以上情况后，选择精磨、抛光设备及加工辅料，最后编制精磨及抛光工艺规程。

6）确定透镜粗磨工艺过程

粗磨余量应先考虑加工直径较大的一面，凸凹透镜先考虑加工凹面。球面铣磨后，若达

不到表面质量，应安排手工修磨。需钻孔的透镜，应将钻孔工序安排在磨球面之前。铣槽应根据零件结构酌情安排。粗磨余量应根据毛坯种类和尺寸，参照附表 7－1 选取。手工修磨余量和划切余量应参考相关手册选取。粗磨工序应根据余量的大小和磨具的种类，选取散粒磨料粒度号。

附表 7－1　粗 磨 余 量　　（单位：mm）

直径边长		<65		>65～120		>120～200	
单面余量 / 毛坯种类 / 零件种类		底　面	上表面	底　面	上表面	底　面	上表面
透镜	块料	1		1.2		1.5	
	型料	1	0.8	1.2	1	2	1.2
平面镜	块料	1		1.5		1.8	
	型料	1.2	0.8	1.8	1.2	2.5	1.5
棱镜	块料			1.5		1.8	
	型料	1.2	0.8	1.8	1.2	2.5	1.5

根据抛光完工应达到的球面半径和粗磨球面半径的修正量，计算粗磨完工的球面半径。粗磨完工的零件直径应等于定中心磨边前的直径，其公差一般在 0.1～0.3 mm。若不需定中心磨边，粗磨完工直径即为零件完工直径。粗磨完工的厚度尺寸，为零件完工尺寸的上限加上两面精磨、抛光余量，其公差酌情选定。

具有凹面的零件应计算出凹面的矢高，给出总厚度尺寸。倒角尺寸按零件设计与工艺要求给定。

设计粗磨工装时，若采用铣磨加工方法，则由透镜口径大小选择磨轮中径和粒度，计算出磨头中心与主轴中心线的夹角。若用散粒磨料粗磨，需设计单件加工的粗磨模，并设计夹具和选用检验量具。

合理选择磨料、冷却液、黏结材料、清洗材料，最后编制透镜加工工艺规程。

7）绘制透镜毛坯图

毛坯尺寸的确定，按生产量大小尽可能选用热压成型料或棒料。毛坯尺寸为零件完工尺寸加上各道工序加工余量，工序间尺寸公差采用自由公差。型料毛坯尺寸，由粗磨完工的球面曲率半径、直径和修正量经计算而得。按热压成型料的外形尺寸算出毛坯的质量，最后绘制毛坯图。一般应在毛坯外形尺寸下面用括号注明完工尺寸，以便参考。绘制热压成型毛坯图，块料要注明下料的主要外形尺寸。

下面以制造平凸透镜为例设计编制的工艺过程卡片，包括从下料工序到抛光、镀膜、检验等共 34 道工序。当然，这只是加工平凸透镜的工艺参考，实际工作中可根据具体情况制定工艺路线和工艺过程。

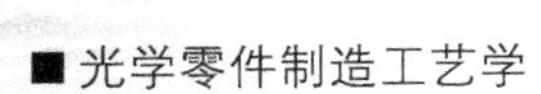

光学工艺卡片	产品号	零件号	零件名称	页次	1
			平凸透镜	页数	4
材料	玻璃 ZK9 GB903—65	毛坯尺寸	22×22×5		

对玻璃的要求		
	Δn_D	3C
	$\Delta(n_F - n_C)$	3C
	光学均匀度	3
	应力双折射	4
	光吸收系数	3
	条纹度	1C
	气泡度	3D

到0.1

其余 2.56

10

R=32.8

$R\infty$

$20_{-0.1}$

$2.6_{-0.1}$

1. 气泡最大直径不大于0.2
2. 边缘厚度差0.1
3. 擦贴度2/3—1/2

序号	主要工序名称	设备	工　　具	磨 料 辅 助	加工件数	备注
1	下料	下料机	铁皮尺、卡尺、锯片	冷却液	1	
2	磨凸出部分	粗磨机	粗磨模	100 号	1	
3	上盘	电热板	方胶平模	黄蜡	121	
4	铣磨第一平面	铣磨机	磨轮、深度尺	冷却液	121	
5	铣磨第一平面厚度不小于 2.9	粗磨机	粗磨模、深度尺	240 号、280 号、W40	121	
6	翻胶	电热板	上胶平模	石蜡		
7	铣磨第二平面为 2.7	粗磨机	粗磨模、深度尺	240 号、280 号、W40	121	
8	下盘、清洗	电热板		汽油	1	
9	划方		钢皮尺		1	
10	胶条	电热板	胶条脚板	胶条蜡	40	
11	磨四、八方、滚圆	粗磨机	分厘卡	80 号、120 号、240 号、280 号、W40	40	
12	检验外圆	工作台				
13	拆条、清洗	电热板		汽油	1	
14	铣磨 $R32.8$	铣磨机	磨轮、百分表、粗磨模 $R32.54\times32.5$	冷却液	1	
15	铣磨 $R32.8$	粗磨机	粗磨模 $R32.88\times30$、百分表、精磨模 $R32.54\times32.5$	240 号、280 号、W40	1	
16	倒角	粗磨机	倒边模 $R13.3$、倍率计	W40	1	
17	粗磨完工检验	工作台			1	

光学工艺卡片		产品号	零件号	零件名称	页次	2
				平凸透镜	页数	4
材料	玻璃 ZK9 GB903—65	毛坯尺寸	22×22×5			
对玻璃的要求	$N=3$					
	$\Delta N=0.3$					
	$B=\text{IV}$					
	$\Delta R=B$					
	$D_0=16$					

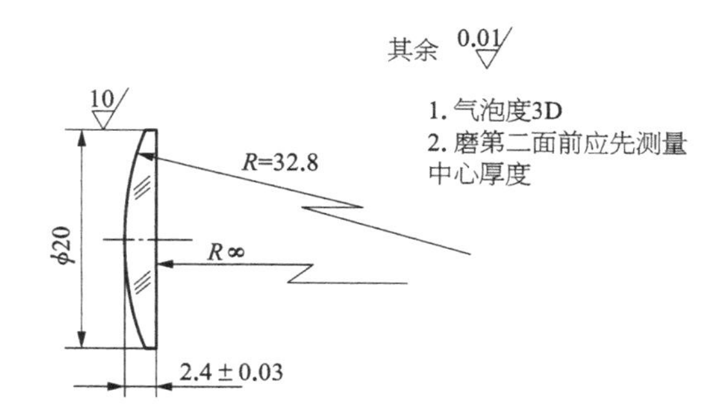

序号	主要工序名称	设备	工　　具	磨料辅助	加工件数	备注
18	上盘	电热板	精磨模 R32.542×32.5、抛光模 R27.2×27.2	火漆	12	
19	精磨 R32.542	精磨机	精磨模 R32.542×32.5	W20、W14	12	
20	抛光 R32.542 涂漆	抛光机	抛光 R35 × 35、样板	旱胶漆、抛光粉、抛光柏油	12	
21	下盘、清洗	工作台		汽油	1	
22	上盘	电热板		火漆		
23	精磨平面	精磨机		W20、W14		
24	抛光平面、涂漆、下盘	抛光机	样板	虫胶、抛光粉、抛光柏油		
25	清洗	清洗机		清洗液		
26	手修	脚踏机	手修模、样板	抛光粉、抛光柏油	1	
27	检验	工作台			1	

<table>
<tr><td colspan="2" rowspan="2">光学工艺卡片</td><td>产品号</td><td>零件号</td><td>零件名称</td><td>页次</td><td>3</td></tr>
<tr><td></td><td></td><td>平凸透镜</td><td>页数</td><td>4</td></tr>
<tr><td>材料</td><td>玻璃　ZK9　GB903—65</td><td>毛坯尺寸</td><td colspan="4"></td></tr>
<tr><td rowspan="7">对玻璃的要求</td><td>$C=0.02$</td><td colspan="5" rowspan="7"></td></tr>
<tr><td>$B=$Ⅳ</td></tr>
<tr><td>$f'=52.462$</td></tr>
<tr><td>$s'_f=50.98^{\pm 0.5}$</td></tr>
<tr><td>$D_0=16$</td></tr>
<tr><td></td></tr>
<tr><td></td></tr>
</table>

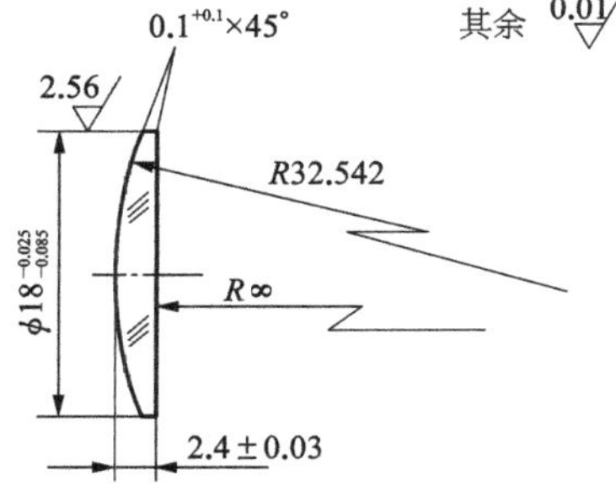

序号	主要工序名称	设备	工　　具	磨 料 辅 助	加工件数	备注
28	定中心磨边、倒边	磨边机	定中心接头 ϕ18、缺口样板 $\phi 18dc_4$	松香	1	
			磨轮	W20		
29	清洗	工作台	倒边球膜	酒精	1	
30	检验	工作台			1	

<table>
<tr><td colspan="2" rowspan="2">光学工艺卡片</td><td>产品号</td><td>零件号</td><td>零件名称</td><td>页次</td><td>4</td></tr>
<tr><td></td><td></td><td>平凸透镜</td><td>页数</td><td>4</td></tr>
<tr><td>材料</td><td>玻璃　ZK9　GB903—65</td><td>毛坯尺寸</td><td colspan="4"></td></tr>
<tr><td rowspan="7">对玻璃的要求</td><td>$B=\text{IV}$</td><td colspan="5" rowspan="7"></td></tr>
<tr><td>$f'=52.462$</td></tr>
<tr><td>$s'_f=50.98^{\pm0.5}$</td></tr>
<tr><td>$D_0=16$</td></tr>
<tr><td></td></tr>
<tr><td></td></tr>
<tr><td></td></tr>
</table>

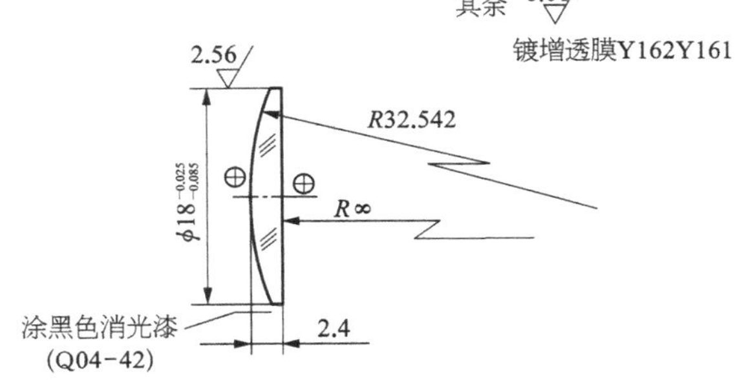

序号	主要工序名称	设备	工　　具	磨料辅助	加工件数	备注
31	镀膜	化学镀膜设备	化学镀膜接头 $\phi18\times0.6$	钛酸乙酯	1	参照化学镀膜工艺手册
				硅酸乙酯		
32	检验	工作台				
33	涂漆	工作台		黑色清光漆		
34	检验	工作台				

附录 8 常用刻划保护层

1）液体蜡保护层

液体蜡保护层按工艺需要分为耐腐蚀和不耐腐蚀两类。这两类均要求有好的切削性能。

下面是一种常用液体蜡的配制方法：

（1）将 8 g 研细的克拉玛依地沥青，溶于 100 mL 苯中，过滤 1～2 次。

（2）将 8 g 国产古马隆溶于 100 mL 苯中，过滤 1～2 次。

（3）将 8 g 乳香树脂溶于 100 mL 苯中，过滤 1～2 次。

（4）将上述 3 种溶液按 3∶2∶1 混合，过滤 1～2 次即可。

液体蜡的种类很多，详细配制方法可参阅参考文献[1]。附表 8－1 列出了几个配方。

附表 8－1 液体蜡[①]的配方

编号	各成分用量比例								备注	烘烤
	沥青或柏油	乳香	松香	古马隆	蜂蜡	真空蜂蜡苯溶液[⑤]	松节油	苯		
机械-化学法用的液体蜡										
1	沥青、乳香苯溶液				10 g			100 mL		
2	3# 专用石油沥青 85 g	15 g						2 000 mL	吊涂时苯 1 000 mL	180 ℃/30 min
3	刻度沥青 10 g									180 ℃/30 min
4	沥青苯溶液 18 mL[②]			古马隆苯溶液 20 mL[④]	蜂蜡苯溶液 7 mL[⑤]			100mL	用于镀金属刻度	170 ℃/20 min 110 ℃/30 min
5	抛光柏油（66 ℃）80 g	10 g					10 mL 以下 30 mL 以下		抛光柏油原为5#	120 ℃/30 min
6	抛光柏油（77～79 ℃）80 g	18 g					30 mL 以下 120 mL			
7	80# 抛光石油沥青 25 g	18 g					120 mL		石油沥青原为5#	
8	10# 建筑石油沥青 58 g		42 g						石油沥青原为5#	110 ℃/30 min
9	10# 建筑石油沥青 85 g	15 g				100 mL				120 ℃/30 min
10		乳香苯溶液 10 mL[③]		古马隆苯溶液 20 mL[④]						

注：① 沥青、乳香等的苯溶液，实际不是蜡，故有的叫漆，但大多数沿用习惯叫法，把用作刻划层的这类溶液叫作液体蜡。这类溶液配好后必须静置，使其陈化，时间越长越好。
② 沥青苯溶液：地沥青 8 g 溶于 100 mL 苯中。
③ 乳香苯溶液：乳香 10 g 溶于 100 mL 苯中。
④ 古马隆苯溶液：编号 4 为古马隆 8 g 溶于 100 mL 苯中；编号 10 为古马隆 10 g 溶于 100 mL 苯中。
⑤ 蜂蜡苯溶液：蜂蜡 16 g 溶于 100 mL 苯中。
⑥ 真空蜂蜡苯溶液：80# 真空蜂蜡 10 g 溶于 100 mL 苯中。

2）固体蜡保护层

下面是一种常用固体蜡的配制方法：

将纯蜂蜡在 200 ℃下煮熬 100～150 h，至其针入度为 17～18 为止。其熔化温度应为 70～75 ℃。为了改善蜡的机械强度和切削性能，可加入适量的蒙旦蜡、松香、白蜡。

详细配制方法可参阅参考文献[1]。附表 8－2 列出了几个配方。

附表 8－2　固体蜡的配方

编号	各种成分重量百分比									适用线度/mm
	蜂蜡	虫蜡	提纯地蜡	合成地蜡	石蜡	蒙旦蜡	棕榈蜡	乳香	松香	
1	100									0.008 以上
2	60	20								0.008 以上
3	50	25								0.006 以上
4	55	20	20		5					0.008 以上
5	56	20	25		6					0.008 以上
6	70	15	2		1					0.05 以上
7	60		10							0.01 以上
8	60	40		15		40				0.01 以上
9	50				10		40			0.01 以上
10	70	20						5	5	0.02 以上

注：表中各配方都可以汽油为溶剂做成液体蜡。

附录 9　刻蚀腐蚀液的配制

机械-化学法的腐蚀液有两种：一是用于腐蚀金属层的腐蚀液；二是用于腐蚀玻璃的腐蚀液。

1）金属层腐蚀液

目前金属层大多数用铬层，也有银层，银加铅锡、铝、铬层，其腐蚀液配方如附表 9 - 1 所示。

附表 9 - 1　金属层腐蚀液配方

金属层	适用线宽/mm	腐蚀液配方	备注
银	0.01～0.02 0.03	10%硫代硫酸钠溶液 } 使用时按 1 ∶ 1 10%铵氰化钾溶液 } 的体积比混合 硝酸 25 mL、蒸馏水 75 mL	混合半分钟后用，时间长了失效
银加上铅锡	0.1	硝酸 70 mL、蒸馏水 30 mL	刷酸 8″
铝	0.3	氢氧化钾 10 g、氢氧化钠 20 g、蒸馏水 100 mL	
铬	0.005	高锰酸钾 10 g、氢氧化钠 10 g、蒸馏水 100 mL[1]	浸蚀 15′

注：1 铬膜腐蚀液的配制方法：将 10 g 高锰酸钾溶于 100 mL 的蒸馏水中，放在电炉上加热，使高锰酸钾全部溶解并自然冷却后，在通风处将 10 g 氢氧化钠放入此溶液中，待完全溶解后即可使用。

2）玻璃腐蚀液

腐蚀玻璃层的溶液主要成分是氢氟酸（HF），由于它的作用，不溶性的硅酸盐和 SiO_2 本身变成可溶性盐类，破坏玻璃表面。以硅酸盐玻璃中的 Na_2SiO_3 成分为例，在溶液中的过程为

$$Na_2SiO_3 + H_2O \longrightarrow 2NaOH + SiO_2$$

$$2NaOH + SiO_2 + 6HF \longrightarrow 2NaF + SiF_4 + 4H_2O$$

产生的 SiF_4 是挥发性物质，但在酸液中能与过量的 HF 生成硅氟氢酸：

$$SiF_4 + 2HF \longrightarrow H_2SiF_6$$

酸蚀后线条的质量与反应中生成的可溶性和不溶性盐类的相对比例和加工条件（用蒸气或酸液浸蚀、反应温度等）有关。

实验证明，含钡的玻璃如 BaK10，BaK9，BaK7，BaF4，BaF7 等都能得到很好的线条，而以 BaK10，BaK7 酸蚀的效果为最好。

各种玻璃腐蚀液的体积比如附表 9 - 2 所示，其配方适用范围如附表 9 - 3 所示。

附表 9－2　玻璃腐蚀液体积比

序号	各种主要成分的体积比						备　注
	氢氟酸	硫酸	磷酸	盐酸	氟化钙	蒸馏水	
			强　腐　蚀　液				
1	30	10	60	3 滴			
2	40	20	40	5 滴			
3	50	10	40	3 滴			
4	50	20	30				也可加几滴盐酸
5	80	20					
6		25 mL			25 g		外加石膏粉 13 g
			中　强　腐　蚀　液				
7	10	30	60				中强腐蚀液与强腐蚀液中硫酸含量一般不大于 30%
8	20	40	40				
9	20	5	75				
10	20	20	60				
11	25	10	65	5 滴			
			弱　腐　蚀　液				
12	2～3	30	10			60	蒸馏水＋磷酸＋硫酸后，冷却到室温，加氢氟酸
13	2～3	40	60	5 滴			
14		60 mL			3 g	40	蒸馏水＋硫酸后，冷却到室温，加氟化钙
15	3～4	5	9.5				
16	10	80	10				

附表 9－3　玻璃腐蚀液配方适用范围

序号	适用线宽	填料颜色	玻璃牌号	腐蚀温度/℃	腐蚀时间/s	备　注
			强腐蚀液各配方适用范围			
1	0.01～0.02	白	BaK7		15～20	
2	0.01 以上	白	BaK7	23～26	10 以上	
3	0.02 以上	白	BaK7		15 以上	
4	0.05	白	BaK7，BaK2	23～26	15～20	
5	0.03～0.05	白	K9	23～24	15～20	
6	0.02 以上	白	K9	23～26	15～20	
			中强腐蚀液各配方适用范围			
7	0.006～0.01	黑	BaK7	23～26	15 左右	腐蚀 F5 时 30～50 s
8	0.01 以上	黑	BaK7	23～26	10 以上	
9	0.01 以上	黑	BaK7，BaK2	23～26	10 以上	
10	0.01 以上	黑	普通玻璃	23～26	10 以上	腐蚀 F5 时 30～50 s
11	0.01 以上	黑	普通玻璃	23～26	10 以上	

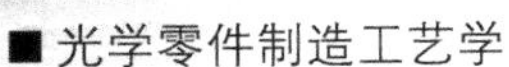

（续表）

序号	适用线宽	填料颜色	玻璃牌号	腐蚀温度/℃	腐蚀时间/s	备　注
弱腐蚀液各配方适用范围						
12	0.003～0.005	黑	BaK7	23～26	60～90	用酒精先浸 5 s
13	0.003～0.005	黑	BaK7	23～26	90～100	
14	0.003～0.005	黑	K6	23～26	60～90	
15	0.003～0.005	黑	K9	23～26	90～100	
16	0.008～0.01	黑		20	330	

注：1 配方中盐酸用量少，没有算在百分比内。弱腐蚀液中氢氟酸一般只用 2～5 mL，根据刻线粗细、温度和腐蚀时间而定，不算在百分比内，配制方便。

2 表中腐蚀液配方和应用范围，特别是腐蚀时间为一般经验数据，使用时必须通过试验确定每批零件的具体腐蚀时间，配方比例也可以适当增减。例如当温度升高时，可减少氢氟酸或硫酸的用量，同时增加磷酸的用量。

配酸到使用之间要有 8 h 以上的时化时间。酸应用塑料瓶（聚四氟乙烯、聚苯乙烯和聚氯乙烯均可）盛放。各种酸的配入顺序为蒸馏水、磷酸、氢氟酸、硫酸、盐酸，切记不要搞乱！

500号耐辐射光学玻璃经受10^5伦琴剂量的γ射线和等效X射线辐照前后的最大允许光密度增量

玻璃牌号	耐辐射性能		玻璃牌号	耐辐射性能	
	ΔD	ΔD_1		ΔD	ΔD_1
QK501	0.065		K507	0.045	0.035
QK502	0.035		K509	0.015	0.030
QK503	0.050		K510	0.060	0.060
K501	0.060		K511		0.035
K502	0.035	0.035	K512	0.060	
K503	0.040		BaK501	0.015	0.025
K505	0.035	0.030	BaK502	0.015	0.020
K507	0.045	0.035			
K509	0.015	0.030			
K510	0.060	0.060			
K511		0.035			

参考文献

[1] 王之江,等.实用光学手册.北京：机械工业出版社,2007.
[2] 曹天宁,周鹏飞.光学零件制造工艺学.北京：机械工业出版社,1981.
[3] 吕茂钰.光学零件制造.北京：机械工业出版社,1974.
[4] 蔡立,耿素杰,付秀华.光学零件加工技术.北京：兵器工业出版社,2006.
[5] 干福熹,等.光学玻璃.上、中册(第二版).北京：科学出版社,1982.
[6] 查立豫,郑武城,顾秀明,等.光学材料和辅料.北京：兵器工业出版社,1995.
[7] 辛企明,孙雨南,谢敬辉.近代光学制造技术.北京：国防工业出版社,1997.
[8] 辛企明.光学塑料非球面制造技术.北京：国防工业出版社,2005.
[9] 瑞・威廉森.光学元件制造技术.田爱玲,苏俊宏,等译.杭州：浙江大学出版社,2016.
[10] 徐德衍,王青,高志山,等.现行光学元件检测.北京：科学出版社,2009.
[11] 程灏波,谭汉元.先进光学制造工程与技术原理.北京：北京理工大学出版社,2013.
[12] D・马拉卡拉.光学车间检测.杨力,伍凡,等译.北京：科学出版社,2012.
[13] 延斯・布利特纳,京特・格雷费,鲁珀特・黑格托尔.光学制造技术.周海宪,程云芳,周华君,等译.北京：化学工业出版社,2015.
[14] 郑武城,黄善书,李汉枝.光学化工辅料.北京：测绘出版社,1985.
[15] 赵彦钊,殷海荣.玻璃工艺学.北京：化学工业出版社,2006.
[16] 黄德群,单振国,干福熹.新型光学材料.北京：科学技术出版社,1991.
[17] 米・德・马尔帝夫.光学零件公差计算.张承扬,等译.北京：国防工业出版社,1980.
[18] 王连发,赵墨砚.光学玻璃工艺学.北京：兵器工业出版社,1995.
[19] 光学零件工艺手册编写组.光学零件工艺手册.北京：国防工业出版社,1977.
[20] 杨建东,田春林,等.高速研磨技术.北京：国防工业出版社,2003.
[21] 祝绍箕,邹海兴,包学诚,等.衍射光栅.北京：机械工业出版社,1986.
[22] 崔建英.光学机械基础.北京：清华大学出版社,2008.
[23] 刘钧,高明.光学设计.西安：西安电子科技大学出版社,2006.
[24] 徐德衍,王青,等.现行光学元件检测与国际标准.北京：科学出版社,2009.
[25] 卢世标.光学零件制造技术.浙江大学光电系教材,2001.
[26] 杨立.光学先进制造技术.北京：科学出版社,2001.
[27] 田守信,马仁勇,郭金宝.高精磨及特种光学零件制造现检测.武汉：华中理工大学出版社,1991.
[28] 潘君骅.光学非球面的设计、加工与检验.北京：科学出版社,1994.

[29] 杨志文,等.光学测量.北京:北京理工大学出版社,2001.

[30] 吴震,等.光干涉测量技术.北京:中国计量出版社,1995.

[31] GB903—87 无色光学玻璃.北京:中国标准出版社,1987.

[32] GB7962—87 无色光学玻璃测试方法.北京:中国标准出版社,1987.

[33] GB2831—81 光学零件面型偏差检验方法.国家标准局批准,1982.10 实施.

[34] GB7242—87 透镜中心误差.国家标准局批准,1987.12 实施.

[35] 中华人民共和国国家质量监督检验检疫总局,中国国家标准化管理委员会. GB/T 7242—2010 透镜中心偏差.北京:中国标准出版社,2010.

[36] 陈汝义.棱镜铣磨中的夹具设计.光学技术,1984(1).

[37] 蔡立.金属结合剂在金刚石丸片精磨中的影响.光学技术,1984(5).

[38] 长春光机学院 733 科研组.高速精磨中金刚石磨具的磨耗分析.光学工艺,1981(2).

[39] 邬烈恭.光学下玻璃加工后的表面结构的研究.现代光学制造技术文集,2002(8).

[40] 邬烈恭.光学加工破坏层研究及粗磨、精磨、抛光工序加工余量的合理匹配.现代光学制造技术文集,2002(8).

[41] 陈速.聚氨酯抛光片在玻璃高效生产中的应用.现代光学制造技术文集,2002(8).

[42] 李应选.透镜不胶盘单件抛光技术.现代光学制造技术文集,2002(8).

[43] 刘树民,任国栋,温久英,等.棱镜夹具设计.现代光学制造技术文集,2002(8).

[44] 刘树民,任国栋,温久英,等.影响棱镜角度精度的几个因素的解决方法.现代光学制造技术文集,2002(8).

[45] 熊长新.高精磨施密特屋脊棱镜手修加工.现代光学制造技术文集,2002(8).

[46] 黄春元.关于胶合透镜脱胶现象分析.光学技术,1983(6).

[47] 舒朝濂.球面光学样板的精度分析.光学技术,1976(1).